化工过程安全自动化应用指南
（第二版）

Guidelines for Safe Automation of Chemical Processes，Second Edition

〔美〕Center for Chemical Process Safety　编著

李玉明　姜巍巍　曹德舜　李荣强　译

张卫华　徐　伟　张建国　校

杨　哲　审

中国石化出版社

内 容 提 要

本指南共有 6 个章节，分别是：过程安全与安全自动化（内容综述）；自动化在过程安全中的作用；自动化系统规格书；过程控制系统的设计与实施；安全控制、报警及联锁（SCAI）的设计与实施；管理控制和监督。后面的 10 个附录是具体章节相关主题更详细的讨论，为读者运用本指南增加了额外的参考资料。另外，各章节参考文献列举了相关的标准规范和最佳工程实践等，为读者进一步延伸查阅提供了方便。

本指南可供过程控制系统的设计、安装、使用和维护人员；负责化工过程安全设计、运行和管理的管理人员、工程师及技术专家使用。对全生命周期负有责任的 7 大类人员（管理、过程安全、工艺过程专家、仪表和控制设计、操作、维护和制造商）都会从中受益。

著作权合同登记图字：01-2018-8864 号

Guidelines for Safe Automation of Chemical Processes, Second Edition

By Center for Chemical Process Safety (CCPS), ISBN：978-1-118-94949-8

Copyright © 2017 by the American Institute of Chemical Engineers, Inc. All rights reserved. This translation published under license. Authorized translation from the English language edition, Published by John Wiley & Sons. No part of this book may be reproduced in any form without the written permission of the original copyrights holder.

图书在版编目（CIP）数据

化工过程安全自动化应用指南：第二版／美国化工过程安全中心编著；李玉明等译 .—北京：中国石化出版社，2020.9
书名原文：Guidelines for Safe Automation of Chemical Processes, Second Edition
ISBN 978-7-5114-5898-8

Ⅰ.①化… Ⅱ.①美… ②李… Ⅲ.①化工过程-安全管理-自动化系统-指南 Ⅳ.①TQ02-62 ②TQ086-62

中国版本图书馆 CIP 数据核字（2020）第 151822 号

中国石化出版社出版发行
地址:北京市东城区安定门外大街 58 号
邮编:100011　电话:(010)57512500
发行部电话:(010)57512575
http://www.sinopec-press.com
E-mail:press@sinopec.com
北京富泰印刷有限责任公司印刷
全国各地新华书店经销

＊

787×1092 毫米 16 开本 29 印张 675 千字
2021 年 1 月第 1 版　2021 年 1 月第 1 次印刷
定价:188.00 元

本书谨献给 Victor Joseph Maggioli

    CCPS 出版的《化工过程安全自动化应用指南(第二版)》敬献给 Victor Joseph Maggioli。Victor 逝世于 2016 年 4 月。他生前就职于过程控制安全委员会，该委员会编写了本书的第一版。他大量引用了杜邦工作获得的知识和经验，该书成为仪表和控制在安全应用中的指导性文件。

    在 2003 年国际标准 IEC 61511 问世前，Victor 就将本指南的第一版提交给每个安全自动化有关的国内和国际标准委员会。Victor 先生在 50 多年里不懈努力，记录整理了化工过程安全和可靠运行所需要的原理、技术、方法和实践。指南第二版专门致敬 Victor 先生的领导才能和技术贡献。

译者的话

自动化和仪表对化工过程安全稳定运行至关重要，怎么强调都不过分。对于化工过程，控制系统一般包括过程控制系统和安全系统，过程控制系统负责执行过程控制任务，安全系统负责执行安全控制、报警、联锁（Safety Controls, Alarms and Interlocks, SCAI）。安全仪表系统（Safety Instrumented System, SIS）属于安全系统的一个特例，是非常重要且常用的安全系统。

对于过程控制系统，业界相对容易理解。而对于安全自动化或安全控制，国内鲜见这样的教材或读物，缺乏完整的理念和方法，致使业界对于安全自动化的理解分歧较多，对功能安全理念和相关标准争议颇多，迫切需要系统的理论和方法的支撑。

本指南是在化工过程中安全可靠地应用自动化系统的基础性文献，自第一版发布以来，一些工业组织已经根据本指南的理念和方法，先后制修订了大量的相关标准和工程实践。其实早在 2008 年，笔者就想翻译出版 CCPS 的《化工过程安全自动化应用指南（第一版）》（1993 年）一书，因为版本老旧，就放弃了。此次翻译出版的是 2017 年第二版。

目前，过程安全得到了普遍的重视。过程安全离不开各种各样的保护措施或安全系统，安全自动化是最常使用的安全系统。过程控制设计与管理如何与过程安全管理有机结合，确保功能安全，本指南给出了一套完整的理念和方法。

本指南的应用对象，不仅仅是过程控制系统的设计、安装、使用和维护人员，还包括负责化工过程安全设计、运行和管理的管理人员、工程师及技术专家。对全生命周期负有责任的 7 大类人员（管理、过程安全、工艺过程专家、仪表和控制设计、操作、维护和制造商）都会从中受益。化工过程的自动化程度越来越高，所涉及的系统也越来越多样和复杂。工艺过程设计和控制系统专家需要充分利用各自的专业特长并通力协作，使仪表控制系统设计和工艺过程设计更紧密地结合在一起。

本指南共有6个章节，分别是：过程安全与安全自动化（内容综述）；自动化在过程安全中的作用；自动化系统规格书；过程控制系统的设计与实施；安全控制、报警及联锁（SCAI）的设计与实施；管理控制和监督。书中穿插了业界发生的20个有影响的事故案例研究，重点关注在过程控制系统和安全系统设计、安装、测试、维护及操作等环节中出现的问题对这些事故的影响。本书后面的10个附录是具体章节相关主题更详细的讨论，为读者运用本指南增加了额外的参考资料。本书在每个章节的末尾都列出了相关参考文献，提供了非常有用的链接，特别便于读者知悉并查阅行业有关的标准规范以及其他相关资料。

本指南由化工过程安全自动化领域具有丰富知识和实践经验的部分行业知名专家编写。十几家公司和组织（国际知名石油化工巨头、自动化供应商以及独立第三方机构等）对本指南进行了审查。最终出版物代表了对过程控制和安全系统的规格书制定、设计、实施、操作，以及维护等各阶段的最新工程实践。

本书中文版的出版得到了中华人民共和国应急管理部化学品登记中心、中国化学品安全协会、中国石化出版社、CCPS的专家学者和石油化工自动化领域资深专家黄步余先生的支持、帮助。另外，还特邀霍尼韦尔公司教授级高级工程师、TÜV莱茵高级功能安全专家张建国先生参与全书的校对工作。在此一并表示真诚感谢。

安全自动化涉及全生命周期的技术与管理，安全工程、可靠性工程与控制工程深度交叉，专业领域宽泛。由于编译水平有限，中文表达不够准确和个别差错难免，敬请各位读者批评指正！

CONTENTS 目录

I

插图清单 〉〉〉〉

表格清单 》》》》

缩略语 〉〉〉〉

AC   Alternating current，交流

ALARP   As low as reasonably practicable，合理尽可能低

AMS   Asset management system，资产管理系统

API   American Petroleum Institute，美国石油学会

ASM   Abnormal situation management consortium，异常工况管理联盟

ATEX   Atmosphères Explosibles，爆炸性环境

BPCS   Basic process control system，基本过程控制系统

CCTV   Closed circuit television，闭路电视

CPU   Central processing unit，中央处理单元

CSA   Canadian Standards Association，加拿大标准协会

DC   Diagnostic coverage，诊断覆盖率

DC   Direct current，直流

DCS   Distributed control systems，分散控制系统

DDC   Direct digital control，直接数字控制

DMZ   Demilitarized zone，非军事区

d/P   Differential pressure，差压

DSSS   Direct sequence spread spectrum，直接序列扩频

DTT   De-energize-to-trip，非励磁关停(失电动作)

EEMUA   Engineering Equipment and Materials Users' Association，工程设备和材料用户协会

EMC   Electromagnetic compatibility，电磁兼容

EMD   Elccto-mechanical devices，机电设备

EMI/RFI   Electromagnetic interference，电磁干扰

EN   European Norm，欧洲规范

ERG   Electronic reference ground，电子参考接地

ETT   Energize-to-trip，励磁关停(得电动作)

F&G   Fire and gas，火气

FAT   Factory acceptance testing，工厂验收测试

FHSS   Frequency hopping spread spectrum，跳频扩频

FNICO   Fieldbus non-incendive concept，现场总线非易燃概念

FISCO   Fieldbus intrinsic safe concept，现场总线本质安全概念

FMEA   Failure mode and effects analysis，失效模式及影响分析

FPL   Fixed programming language，固定编程语言

FSA   Functional safety assessment，功能安全评估

FSK/PSK   Frequency or phase shift keying，频率或相移键控

FSSL   Fail-safe solid-state logic，失效安全固态逻辑

FVL   Full variability language，全变量编程语言

gpm   Gallons per minute，加仑/分

GWR   Guided wave radar，导波雷达

H&RA   Hazard and risk analysis，危险与风险分析

HRA   Human reliability analysis，人因可靠性分析

HART   Highway addressable remote transducer，高速通道可寻址远程传感器

HAZOP   Hazard and operability study，危险与可操作性分析

HFT   Hardware fault tolerance，硬件故障容错（裕度）

HMI   Human machine interface，人机界面

I&E   Instrument and electrical，仪表和电气

IEC   International Electrotechnical Commission，国际电工委员会

IEEE   Institute of Electrical and Electronics Engineers，电气和电子工程师协会

I/O   Input/output，输入/输出

I/P   Current to pneumatic，电/气

IFAT   Integrated factory acceptance test，集成工厂验收测试

IL   Instruction list，指令表

IPL   Independent protection layers，独立保护层

IRN   Instrument Reliability Network，仪表可靠性网络

IS   Intrinsic safe，本质安全

ISA   International Society of Automation，国际自动化学会

ISM   Industrial, scientific, and medical，工业、科学和医学

ISO   International Organization for Standardization，国际标准化组织

KPI   Key performance indicator，关键性能指标

LED   Light emitting diode，发光二极管

LOPA   Layers of protection analysis，保护层分析

LVL   Limited variability language，有限变量编程语言

MAC   Media access control，媒体访问控制

MOC   Management of change，变更管理

MTBF   Mean time between failure，平均失效时间间隔

$MTTF^D$ Mean time to failure dangerous，平均危险失效时间

$MTTF^{SP}$ Mean time to failure spurious，平均误动作失效时间

MTTRes   Mean time to restoration，平均恢复时间

NC   Normally closed，常闭

NFPA   National Fire Protection Association，国家消防协会

NEC   National Electrical Code，国家电气规范

NO   Normally open，常开

MooN   M out of N，N 取 M

NRTL   Nationally recognized testing laboratory，国家认可的检验实验室

OPC   Object linking and embedding for process control，过程控制的对象链接和嵌入

OSI   Open systems interconnection，开放系统互联

PAC   Programmable automation controller，可编程自动化控制器

PC   Personal computer，个人计算机

PD   Positive displacement，容积式

PE   Programmable electronic，可编程电子

PES   Programmable electronic systems，可编程电子系统

PFDavg   Probability of failure upon demand average，要求时平均失效概率

P&ID   Process and instrument diagram，工艺过程和仪表图

PID   Proportional-integral-derivative，比例-积分-微分

PLC   Programmable logic controllers，可编程逻辑控制器

PSSR   Pre-startup safety review，开车前的安全审查

PST   Partial stroke testing，部分行程测试

PTB   Physikalisch-Technische Bundesanstalt，联邦物理技术研究所

PV   Pressure valve，压力阀

QRA   Quantitative risk analysis，定量风险分析

RAGAGEP   Recognized and generally accepted good engineering practice，公认和普遍接受的良好工程实践

RC   Resistor—capacitor，阻容

RF   Radio frequency，无线电频率

RFI   Radio frequency interference，无线射频干扰

RRF   Risk reduction factor，风险降低因子

RTD   Resistance temperature detectors，热电阻

SAT   Site acceptance testing，现场验收测试

SC   Systematic capability，系统能力

SCADA   Supervisory control and data acquisition，监督控制和数据采集

SCAI   Safety controls, alarms, and interlocks，安全控制、报警和联锁

SCFH   Standard cubic feet per hour，每小时标准立方英尺

SCFM   Standard cubic feet per minute，每分钟标准立方英尺

SCMH   Standard cubic meters per hour，每小时标准立方米

SFF   Safe failure fraction，安全失效分数

SIF   Safety instrumented function，安全仪表功能

SIL   Safety integrity level，安全完整性等级

SIS   Safety instrumented system，安全仪表系统

SIT   Site integration test，现场集成测试

SLC   Single-loop controller，单回路控制器

SRS   Safety requirements specification，安全要求规格书

STR   Spurious trip rate，误关停率(误动作率)

T/C   Thermocouples，热电偶

TDMA   Time-division multiplexing access，时分复用接入

TSO   Tight shut off，严密切断

TTL   Transistor-transistor logic，晶体管逻辑

UPS   Uninterruptible power supply，不间断电源

VAC   Volts alternating current，交流电压

VDC   Volts direct current，直流电压

WDT   Watchdog timers，看门狗定时器

术语 〉〉〉〉

异常工况（Abnormal Operation）：运行超出正常操作范围并需要保护系统或训练有素的人员采取纠正措施，以实现或保持过程的安全状态。

访问安全（Access Security）：保护层的核心属性，包括使用管理控制和物理手段来减少无意或未经授权更改的可能性。

管理控制（Administrative Controls）：控制、监测或审核人员性能的程序机制，如上锁/标记程序、旁路审批程序、铅封和许可系统。

合理尽可能低（ALARP）：在合理可行的情况下尽可能降低；应持续努力减少风险，直至所增加付出（在成本、时间、努力或其他资源支出方面）与所实现的风险减少增量严重不相称。术语"低到合理可实现"（ALARA）通常作为同义词（注：ALARA，as low as reasonably achievable）。

模拟（Analog）：由连续可变物理量表示的信息，如空间位置、电压等。

模拟比较功能（Analog Comparison Function）：根据一个或多个模拟输入信号，使用比较运算符产生二进制输出信号的功能。

模拟控制器（Analog Controller）：执行模拟逻辑的非可编程控制系统。

模拟功能/模拟逻辑（Analog Function/Analog Logic）：基于一个或多个模拟输入信号，利用数学运算器产生模拟输出信号的功能。

模拟信号（Analog Signal）：在时间和幅度上都是连续的信号。

结构（Architecture）：可编程电子系统硬件和软件组件的具体配置。

校准前（As-Found）：任何纠正措施或预防性维护活动实施之前的设备状态。

完好如新（As Good as New）：设备以持续保持使用寿命的方式得以维护。

校准后（As-Left）：任何纠正措施或预防性维护活动实施之后的设备最终状态。

资产完整性（Asset Integrity）：见机械完整性。

自动化系统（Automation System）：由传感器（如压力、温度、流量变送器）、逻辑控制器（如可编程控制器、分散控制系统、离散控制器）、最终元件（例如控制阀、电机控制回路）和支持系统（例如公用设施、接口和通信）组成的系统。

可用性［Availability（mean）］：系统能够执行其预期功能的时间分数。系统完全运行的时间分数。

不良设备（Bad Actors）：仪表重复失效的频率不符合设计假设或操作要求。

二进制（Binary）：两个状态组成或涉及两个状态。

二进制功能/二进制逻辑（Binary Function/Binary Logic）：基于一个或多个二进制输入信号，使用逻辑运算符产生一个二进制输出的功能。

二进制信号（Binary Signal）：在时间上可能是连续的，但只有两个可能值（例如，0 或 1）的信号；也称为数字信号、离散信号或布尔信号。

旁路（Bypass）：阻止自动系统的所有或部分功能执行的动作或设施。作为控制系统的一个例子，将系统的一部分置于手动操作；对于安全系统，包括强制点、超驰、抑制、禁用、静音或物理旁路。

铅封（Car Seal）：用于将阀门固定在打开位置（封开）或关闭位置（封关）的金属或塑料缆绳。在操作阀门之前，必须获得适当的授权，通过管理规程控制。物理封带应具有适当的机械强度，以防止未经授权的阀门操作。

声称限值（Claim Limit）：在没有额外硬件故障容错应对危险失效的情况下，设备可以使用的最大完整性水平。限制用来应对随机和系统失效。

共因失效（Common Cause Failure）：由单个事件引起不同设备同时故障，这些失效不是彼此的后果（IEC 61511）。

共模失效（Common Mode Failure）：不同设备同时以相同模式失效（如，相同的故障）。

补偿措施（Compensating Measure）：任何维护或过程操作期间，为应对安全系统性能降级，临时实施计划的和文档化的风险管理措施。

能力（Competency）：按照公认的和普遍接受的良好工程实践（RAGAGEP）做工作的可能性。

组件（Component）：执行特定功能的系统、子系统或设备的一部分。

管道（网络安全）［Conduit（cybersecurity）］：通信通道的逻辑分组，连接两个或多个区域，共享共同的安防要求。

管道（仪表）［Conduit（instrumentation）］：用金属、塑料、纤维或烧制黏土制成的管子来保护和敷设电缆导线。

后果（Consequence）：损失事件的不期望结果，通常以健康和安全影响、环境影响、财产损失和业务中断的成本来衡量。

连续模式控制系统（Continuous Mode）：一种 IPL 的操作模式，一个危险失效就会导致危险事件。

控制系统（Control System）：系统响应过程和/或操作员的输入信号，并产生输出信号，使过程按所需方式运行。

危险失效（Dangerous Failure）：妨碍或禁止既定安全动作的失效。

危险失效率（Dangerous Failure Rate）：设备失效到不安全状态的比率。通常以每年预期失效次数表示。

非励磁关停（失电动作）（De-energize To Trip）：最终元件正常操作状态励磁（带电），失电会进入既定安全状态。这样的电路为非励磁关停电路。

降级状态（Degraded Condition）：系统部分失效而导致的状态。降级的系统尽管具有较低完整性或可靠性，但仍保持应有功能。

德尔菲法（Delphi method）：使用以下程序进行专家投票，选择一组专家（通常为 3 人或 3 人以上），相互隔离，征求他们对某一特定参数值的评估结果和选择理由。向所有专家提供初步结果和对初始评估的所有修改。使用最后评估结果的平均值作为参数的最佳估计值。使用评估结果的标准偏差作为不确定性的衡量标准。整个程序是互动的，互动之间有反馈。

要求模式(Demand Mode)：静止或待机操作模式，系统只在过程要求时才采取行动，否则不启动。当过程要求频率小于每年一次时，为低要求模式。当过程要求每年发生一次以上时，就是高要求模式。

要求率(Demand Rate)：要求数量除以要求发生所经历的总运行时间。

非军事区(Demilitarized Zone)：连接两个或多个区域的公共、受限的服务器网络，以控制区域之间的数据流。

相关失效(Dependent Failure)：失效的概率不能表示为引起失效的单一事件的无条件概率的简单乘积。

设计限值(Design Limit)：保护工艺过程设备机械完整性的过程变量的极限值。

检测到的(Detected)：与硬件和软件失效或故障有关，这些失效或故障不是隐藏的，可以自我显现，或通过正常操作或专门的检测方法发现。

诊断覆盖率(Diagnostic Coverage)：通过诊断检测到的危险失效的分数。诊断覆盖率不包括检验测试检测到的任何故障。

诊断(Diagnostics)：用于发现故障、自动频繁的(与过程安全时间有关)测试(IEC 61511)。

数字信号[Digital Signal(communications)]：时间上离散，幅度上量化的信号。

数字控制器(Discrete Controller)：执行二进制逻辑的非可编程控制系统。

多样化(Diversity)：采用不同手段执行所需功能。

休眠或静止的(Dormant)：达到一个特定的参数水平之前一直处于不活动状态。

励磁关停(得电动作)(Energize to Trip)：回路的最终元件需要电源实现或维持一个特定的安全状态。

工程系统(Engineered System)：一种特定的系统，旨在将一个过程维持在安全的操作范围内，在过程不正常时安全关停，或减少人员暴露于不正常情况的影响。

错误(Error)：计算、观察或测量值或状态与真实、指定或理论正确值或状态之间的差异。

失效(Failure)：失去按照所需执行的能力。

失效模式(Failure Mode)：失效的方式。失效模式可能为功能丧失；误操作(无要求执行功能)；超出容许的状态；或简单的物理特性，如检查中发现的泄漏。

故障(Fault)：内部状态已经无法按要求执行。

故障容错(Fault Tolerance)：在出现故障或错误时继续执行所需功能或操作的能力。

现场设备(Field Device)：直接连接到工艺过程或非常接近工艺过程的过程控制或安全设备；例如传感器、最终元件和手动开关。

最终元件(Final Element)：实现或维持安全状态所必需的物理动作的过程控制或安全设备，例如阀门、开关装置和电机，包括其辅助元件(例如用于操作阀门的电磁阀)。

适用(Fit For Purpose)：以往使用证据证明具有令人满意的性能，根据设备当前状况的评估结果，确定它适合在该应用中继续使用。

频率(Frequency)：单位时间事件出现的次数(通常为每年)。

功能(Function)：一个或多个变量的关系或表达式。

功能性(Functionality)：保护层的核心属性，定义保护层的意图和在总体风险降低策略中采取的方法。

功能安全(Functional Safety)：过程及其控制系统总体安全的一部分，取决于 SCAI 和其他保护层正确实施其功能。

功能分离(Functional Separation)：通过消除执行过程控制和 SCAI 功能共因失效的来源来实现，尽管可能存在相互关联的设备。

良好工程实践(Good Engineering Practice)：工程、操作或维护活动的基础，基于既定的规范、标准、发布的技术报告或推荐的实践或类似文件。

接地回路(Ground Loop)：电气系统使用的电气地线与大地之间存在电压差时产生的。

人因错误(Human Error)：有意或无意的人员行动或未采取行动，产生不适当的结果。

混合控制系统(Hybrid Control System)：使用控制器技术组合的控制系统，通常用于执行不能由单一控制技术充分执行的功能。

独立(Independence)：保护层的核心属性，保护层的性能不能受损失事件初始原因或其他保护层失效的影响。

独立的(Independent)：给定事件 A 和 B，当且仅当 A 的概率不受 B 出现的影响时，A 独立于 B。如果 A 独立于 B，B 同样独立于 A。

独立保护层(Independent Protection Layer)：一种设备、系统或动作，能够防止场景进入不希望的后果，不会受到场景相关的初始事件或其他保护层动作的不利影响。

本质安全化设计(Inherently Safer Design)：一种思考化工过程和生产装置的方式，侧重于消除或减少危险，而不是对其管理和控制。

本质安全化实践(对自动化系统)[Inherently Safer Practices (for automation systems)]：一种思考自动化系统设计的方法，侧重于消除或减少导致系统失效的失效机制。

本质安全化策略(对自动化系统)[Inherently Safer Strategy (for automation systems)]：

四种本质安全策略：

- 减少——减少使用某些自动化特性，这些特性会增加导致系统失效的失效机制。
- 替代——使用能够减少或消除危险失效频率的替代方案取代现有自动化特性。
- 缓和——使用的自动化特性，有利于在较低危险的状态下操作设施；使用的自动化特性，能最大限度地减少或限制自动化系统危险失效对工艺过程操作的影响。
- 简化——指定的自动化特性，要消除不必要的复杂性和减少操作和维护错误可能性，并能容错。

初始原因(Initiating Cause)：在危险评估中，操作错误、机械故障或外部事件或力量，这是损失事件序列中的最初事件，标志着正常状况向异常状况的过渡。

初始事件(Initiating Event)：损失事件开始传播所需的失效或错误的最小组合。它可以由一个单一的初始原因、多个原因或使能条件出现的初始原因组成。

仪表系统(Instrumented System)：由传感器、逻辑控制器、最终元件和支持系统等设备组成的系统，其设计和管理是为了实现指定的功能和性能。仪表系统可以实现一个或多个功能。

仪表可靠性(Instrument Reliability)：依赖于各种维护活动，以确保仪表和控制始终能够做他们应该做的事情。

完整性(Integrity)：保护层的核心属性，按照既定的设计和管理，合理的风险降低是可以实现的。完整性受制于识别和纠正设备失效和系统失效管理系统的严格程度。

IPL 响应时间(IPL Response Time)：IPL 响应时间是独立保护层所必需的时间(IPL 检测超限状态，并完成必要的操作，停止过程偏离安全状态)。

滞后指标(Lagging Indicator)：以结果为导向的指标，如事故率、停机时间、质量缺陷或过去绩效的其他衡量标准。

保护层(Layers of Protection)：设备、系统或人员行动，用以减少特定损失事件的可能性和/或严重程度。

前导指标(Leading Indicator)：面向过程的指标，如执行或符合政策和规程的程度，这些政策和规程支持功能安全管理系统，并具有预测性能的能力。

经验教训(Lessons Learned)：从以往事故中获得知识并运用到当前实践中。

可能性(Likelihood)：事件出现的预期概率或频率的度量。这可以表示为事件频率(如每年事件数)，时间间隔内出现的概率(例如，年度概率)或条件概率(如前兆事件发生的可能性)。

逻辑功能(Logic Function)：在输入信息(提供一个或多个输入功能)和输出信息(使用一个或多个输出功能)之间执行转换的功能。

逻辑控制器(Logic Solver)：执行一个或多个逻辑功能的过程控制系统或安全系统的一部分。

损失事件(Loss event)：发生不可逆转的、有可能造成损失和伤害的事件。

变更管理(Management of Change)：一种管理系统，在实施之前，使用正式程序审查、记录和批准对设备、程序、原材料、工艺过程条件、人员配置、组织等的修改(不是同类替换)。

制造商(Manufacturer)：为用户生产产品的个人、团体或公司。

可维护性(Maintainability)：是指易于维护设备，以识别故障、改善性能、维持核心属性或适应变化的操作环境。

平均失效时间间隔(Mean Time Between Failure)：在设备寿命的规定时期内，在规定条件下连续失效之间的时间平均值

平均恢复时间(MTTRes)[Mean Time to Restoration (MTTRes)]：完成恢复的预期时间，包括检测失效的时间、开始修理前花费的时间、修复的有效时间以及设备恢复运行之前的时间。

机械完整性(Mechanical Integrity)：资产的状态，按照规格书要求正确设计和安装，并保持适用(适合用途)。

指标(Metric)：对难以直接测量的概念提供可观察的测量。

操作模式(SCAI)[Mode of Operation (of a SCAI)]：SCAI 的操作方式，可能是低要求模式、高要求模式或连续模式。

- 低要求模式：SCAI 只在要求时动作，使过程进入指定的安全状态，并且要求频率

不超过每年一次。

- 高要求模式：SCAI 只在要求时动作，使过程进入指定的安全状态，要求频率大于每年一次。
- 连续模式：维持过程安全状态是 SCAI 正常操作的一部分。

N 取 M(MooN)：系统或其一部分由 N 个独立通道组成，M 个通道足以成功完成操作。

绝对不能逾(超)越限值(Never Exceed Limit)：导致操作和机械完整性不确定性的最靠近设计极限的数值。

可操作性(Operability)：设备依据操作规程操作，执行过程运行所需的各种任务和活动的程度。

操作环境(Operating Environment)：可能影响设备功能和完整性的固有条件。

- 外部环境，例如，冬季要求，危险区域分级；
- 过程操作条件，例如，极端温度、压力、振动；
- 工艺成分，如固体、盐类或腐蚀剂；
- 过程接口；
- 整个工厂维护和运营管理系统的整合；
- 通信量，如电磁干扰；
- 公用工程质量，如电力、空气、液压。

操作计划(Operating Plan)：一个文件或一组文件，定义过程设施的战略目标、战术目标和操作约束。注：文件通常包括但不限于，最高和最低目标开工率；目标检修周期；过程可用性准则；关键工艺过程参数的安全操作限值；产品质量限值；工厂人员配置限值等。

操作接口(Operator Interface)：操作人员和控制系统之间信息传递的手段(例如显示界面、指示灯、按钮、喇叭、报警)。专门用于安全信息时，它被称为安全接口。

性能成因(Performance Shaping Factor)：个人固有特征，如个性、疲劳程度、技能和知识，以及工作状况，如任务要求、工厂政策、界面设计、培训和人机工程学。

物理分离(Physical Separation)：当实施过程控制功能的系统可能触发损失事件时，而响应这些事件的 SCAI 功能的系统不能共享任何设备或数据。

以往使用(Prior Use)：根据以往类似操作环境的操作经验，对设备是否适合用途并能满足所需的功能和安全完整性要求进行有记录的评估。

程序控制(Procedural Controls)：见管理控制(Administrative Controls)。

过程控制系统(Process Control System)：系统响应过程及其相关设备、其他可编程系统和/或操作员的输入信号，并产生输出信号，使过程及其相关设备按照所需的方式运行。

过程滞后时间(Process Lag Time)：计算或是估计的数值，表示安全动作完成后的动态影响占用时间(例如，关闭阀门)。

过程操作模式(Process Operating Mode)：任何计划的过程操作状态，如紧急停车后的启动；正常启动、操作和停车；临时操作；切换操作；紧急操作和停车。

过程安全时间(Process Safety Time)：过程出现失效与危险事件发生(如果不采取行动)

之间的时间段。

可编程控制器(Programmable Controller)：基于数字计算技术的控制系统，执行各种功能（如模拟、二进制、顺序）；也称为可编程电子系统(PES)或数字控制器。

检验测试(Proof Test)：执行定期测试以检测系统中的危险失效，以便在必要时，维修系统并恢复到"完好如新"，或尽量接近这一状态。

质量(Quality)：体现一个实体满足各项需求的所有特征。

随机失效(Random Failure)：由于硬件中的一个或多个可能的退化机制随机发生的失效。

冗余(Redundancy)：存在多个执行所需功能或表示信息的手段。

冗余机制(Redundancy Scheme)：见 MooN。

可靠性(Reliability)：保护层的核心属性，设备在所有相关条件下，在规定的时间内按其规范要求成功运行的概率。

可靠性参数(Reliability Parameters)：数学定义特性（例如可靠性、可用性、可信性），用于可靠性工程描述系统及其元件的行为。

远程访问(Remote Access)：任何用户从被访问区域界外通信联络，对控制系统或安全系统的任何访问（人员、软件过程或设备）。

风险(Risk)：根据事故发生的可能性和损失或伤害的程度来衡量人员伤害、环境损害或经济损失。

风险评估(Risk Assessment)：风险分析的结果（即风险估计）用于决策的过程，通过风险降低策略的相对排序或通过与风险目标比较来完成。

风险管理(Risk Management)：系统地将管理政策、规程和实践应用于分析、评估和控制风险的任务，以保护员工、公众、环境和公司资产。

风险降低(Risk Reduction)：衡量某一保护层或系统降低损失事件可能性的程度。

安全失效(Safe Failure)：引发既定安全动作的失效。

安全操作上(下)限[Safe Upper (or Lower)]：正常操作期间应保持的一个工艺过程的极限值。

安全边界(Operating Limit)：导致操作和机械完整性不确定性的数值（计算或估计）。

安全状态(Safety Margin)：达到安全时的过程状态。

保护措施(Safe State Safeguard)：任何的设备、系统或行动，要么在初始事件之后中止事件链，要么减轻其后果。保护措施可以是工程系统，也可以是管理控制。并非所有的保护措施都符合 IPL 的要求。

安全控制、报警和联锁(Safety Controls, Alarms, and Interlocks)：仪表和控制实现的过程安全保护措施，对于特定的场景，用于达到或保持过程的安全状态，并需要提供风险降低。

安全功能(Safety Function)：针对特定的危险事件，由一个或多个保护层实现的功能，其目的是实现或保持过程的安全状态。

安全仪表系统(SIS)[Safety Instrumented System (SIS)]：传感器、逻辑控制器、最终元件和支持系统组成的独立系统，其设计和管理要达到指定的安全完整性等级。SIS 可以实现一个或多个安全仪器功能（SIFs）。

安全完整性等级(SIL)[Safety Integrity Level (SIL)]：分配给 SIF 的离散等级（四个等级之一），用于指定 SIS 要实现的安全完整性要求。

安全手册(Safety Manual)：如何安全应用安全设备、子系统或系统的信息。

安全系统(Safety System)：用于限制或终止事件序列的设备和/或程序，从而避免损失事件或减轻其后果。

顺序控制功能(Sequential control function)：使用模拟比较逻辑、二进制逻辑或其组合来确定工艺过程何时允许切换过程操作模式的功能。

安防(Security)：具有限制参数更改的密码、密钥、程序或其他设备。这些技术用于限制数据访问以及获得数据的条件。

信号(Signal)：用于传输或接收信息或指令的方法，通常是通过电脉冲或无线电波。

误操作(Spurious Operation)：失效导致设备在不需要时动作。误操作直接影响过程的正常运行时间，并可能影响过程的安全。

监督控制功能(Supervisory Control Function)：复杂逻辑，通常在本地过程控制器之外执行，用于高级控制功能，如协调生产管理或执行过程优化。

监督控制器(Supervisory Controller)：控制系统，通常使用先进的商用计算机技术，执行监督控制逻辑，协调一个或多个过程控制器的操作。

支持系统(Support Systems)：人机接口、通信、布线、电源和其他公用设施是系统运行所必需的。

持续性(专指自动化)[Sustainability (of automation)]：某物达到预期性能的能力。如果一项活动被认为是可持续的，它应该能够一直很好地继续下去。

系统失效(Systematic Failure)：失效与预先存在的故障有关，该故障会在特定条件下出现，只有通过修改设计、制造工艺、操作程序、文档或其他相关因素才能消除故障。

做事的方式(The way things are done)：运行设施所采用的风险管理、设计、操作和维护策略。

关停(Trip)：过程停止，可能是来自过程要求或系统的误动作。

不确定性(Uncertainty)：对估计参数真实值的怀疑程度或缺乏确定性的度量，通常是定量的。

用户(User)：拥有或运营过程工业设施的个人、团体或公司。

用户批准(User Approval)：用来确定和记录设备及相关文档、程序和培训适合于预期目的、分类、操作环境和功能复杂性的管理系统。

确认(Validation)：通过审查和提供客观证据证明特定预期用途的所有要求完全满足。端到端测试是新系统或修改系统确认的关键部分。

验证(自动化)[Verification (automation)]：通过检查和提供客观证据证明这些要求已经满足。

最坏可信案例(Worst Credible Case)：被认为是貌似可信和合理可信的最严重的事件。

分区(电气)[Zone (electrical)]：火灾或爆炸危险区域电气和电子设备、所有电线的分级系统。

分区(安防)[Zone (security)]：共享共同安防要求的逻辑或物理元素的分组。

致谢 》》》》

美国化学工程师协会(AIChE)和化工过程安全中心(CCPS)感谢 CCPS 技术指导委员会《化工过程安全自动化应用指南(第二版)》小组委员会成员在编写本指南的整个过程中向项目组提供资料、参与审查、技术指导和给予的鼓励。CCPS 感谢团队成员公司的慷慨支持。CCPS 还感谢技术指导委员会成员在编写这些指南时提供的咨询和支持。

《化工过程安全自动化应用指南(第二版)》小组委员会成员

CCPS 感谢小组委员会所付出的巨大努力和贡献，在过程控制和安全系统应用方面，完善了行业使用仪表和自动化的指南。小组委员会成员包括：

Wayne Garland，**主席**	Eastman Chemical Company
Angela Summers，编辑	SIS-TECH
Mohammed (Rehan) Baig	Bayer
Michael Boyd	Husky Energy
William Bridges	Process Improvement Institute (PII)
Mike Broadribb	Baker Risk
John Day	Air Products
Dave Deibert	Air Products
Richard Dunn	Dupont
Bill Fink	Sage Environmental
Wayne Garland	Eastman
Andrew Goddard	Arkema
Bill Hearn	SIS-TECH
Kevin Klein	Chevron
Len Laskowski	Emerson
John Martens	Exponent
Norm McLeod	Arkema (退休)
Bill Mostia	SIS-TECH
Russel Ogle	Exponent
Justin Ogleby	Solutia

Ken O'Malley	aeSolutions
Eloise Roche	SIS-TECH（以前在 Dow 工作）
Pete Stickles	IoMosaic
Greg Weidner	Huntsman

CCPS 感谢 Angela Summers 和她 SIS-TECH 的项目组，他们代表小组委员会编写了同行评审稿，处理了同行评审意见，并完成了最终达成共识的版本。Bill Mostia 对指南中的附录贡献突出，并成功弥合 1993 年出版物与本出版物之间的技术差距。

DanSliva 是 CCPS 的工作人员顾问，负责协调会议并促进小组委员会的审查和沟通。

《化工过程安全自动化应用指南(第二版)》同行评审委员会成员

在出版之前，所有 CCPS 书籍都要经过同行评审。CCPS 感谢同行评审员的评论和建议。他们的工作提高了这些指南的准确性和清晰度。虽然同行评审员提供了许多建设性的意见和建议，但他们并不对这些指南背书，最后草案发布之前也未提交评审员审阅。

Rahul Bhojani	BP
Zachery Bluestein	Emerson
Randy Freeman	S&PP Consulting
Dirk Hablawetz	BASF
Greg Hall	Eastman
Jennifer Kline	Eastman
Thomas Lamp	Eastman
Keith Lapeyrouse	Process Reliability Solutions
Jennifer Leaf	Eastman
Vic Maggioli	Feltronics（退休）
Tim Murphy	Arkema
Jeff Phillips	Air Products
Richard Roberts	Suncor Energy
Bernd Shroers	Bayer Germany
Paden Standifer	Eastman
Randy Stein	Dow
Jimmy Sullivan	Eastman
Larry Suttinger	Savannah River Site
Hal Thomas	exida
Andy Walters	Air Products

1 过程安全与安全自动化

化工过程是涉及化学品使用、储存、生产、处理或运输的工业活动,可在单一容器或一系列相互连接的容器和工艺设备中完成。由于化学品的危险性质、化学品处理量以及运行状态的不同,会引发不同类型的风险。

工艺设备可采用本质安全化的策略进行设计,确保在预期的工艺参数波动范围内安全操作(例如规定设计限值必须超过紧急状态下工艺参数可能出现的最大和最小量值)。可以设计本质安全化的工艺过程,从而消除与设备密切相关的损失事件。当设备本身设计无法承受异常操作状态时,可以通过功能安全管理来实现过程安全。采用安全保护措施(包括过程控制系统和安全系统)将过程风险降至规定的风险标准。

这样,通过本质安全化设计和功能安全管理(图1.1)这两大支柱所支撑的过程安全管理体系实现化工过程的安全操作。绝大多数工艺过程设计均融合了本质安全化的理念和功能安全管理两方面。从根本上讲,无论采取何种手段来实现安全目标,业主/运营商有责任确认并用文档证明设备是以"安全的方式"设计、维护、检查、测试以及操作运行。

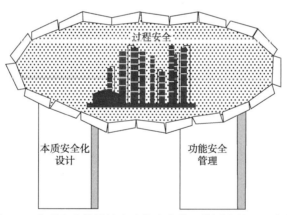

图 1.1 本质安全化设计和功能安全管理共同支撑过程安全

本质安全化设计是通过精心选择技术方案,使工艺过程操作避免过程风险或降低损失事件的概率和后果。"本质"一词是指设计特性成为过程设计的基本属性,是在设计时"植入"过程的"固有"特征。而功能安全管理是通过设置安全保护措施,确保工艺过程出现异常状态时达到或维持安全状态。保护措施可降低损失事件发生的频率和/或减轻其后果。保护措施要通过特定的设计、维护、检查、测试和操作,达到必要的风险降低目标。

通过选择本质安全化的工艺技术、设备设计和操作参数,可以在设计阶段降低或消除过程危险。当应用条件适当,本质安全化设计能够减少或避免对保护措施的依赖。对过程设计和操作计划进行更改,应在项目生命周期中尽可能早地考虑,因为随着项目臻于成熟,变更的相对费用会逐步上升(图1.2)。为应对风险采取的具体手段,其周期成本经常受保护措施的有效性、可用性、可靠性和可持续性等因素的影响。

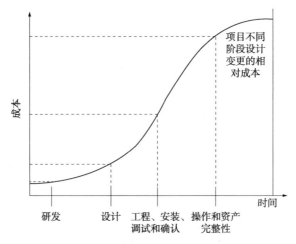

图 1.2　项目不同阶段设计变更的相对成本变化

示例：按照最大操作压力设计管线

考虑这样一种场景：一台泵的最大出口压力可能会造成管线超压。设计团队评估了两个本质安全化的设计方案：①降低泵的最大出口压力；②提高管线压力等级。降低泵最大出口压力需要评估不同过程操作模式所需的流量和压力，从而确保泵的选型能够满足预期的操作要求。更换不同规格的泵而产生的固定成本变化可能较小，也许因对现有泵进行改造导致不同的维护费用。通过改变管线设计使其能承受最大的操作压力，可能需要更多的投资。管线压力等级越高，通常管壁越厚，从而越昂贵。不过这只需要关注一个指标——壁厚，即确保生产装置的生命周期内管线的完整性。如果管线尚未安装，提高压力等级仅是设计指标的更改并因此增加资本投入。如果是已安装的现有管线需要变更压力等级，就要拆旧换新，带来额外的拆除和施工成本。

化工过程安全中心（CCPS）出版的《化工过程全生命周期本质安全应用指南》[*Inherently Safer Chemical Processes：A Life Cycle Approach*（2009b）]，介绍了本质安全化的工艺过程设计理念。CCPS 在发给美国国土安全部的报告中指出："一种技术只有和另一种不同的技术比较时，包括对所考虑某种过程危险或一组危险的详细说明、装置的地理位置以及潜在的受威胁人群等因素的考量，才能被认为是本质安全化"。本质安全化设计涉及四种策略：

- **减少**——减少制造过程或生产装置中蕴含能量或物料的数量。
- **替代**——用含危险成分更少的物料替代；或者选用能够降低或消除危险的工艺过程或者危险物料。
- **缓和**——使用具有低危险状态的物料；尽可能采用危险性更小的操作条件，以危险性更小的方式使用物料或生产设施，最大程度降低危险物料或能量释放造成的影响。
- **简化**——设计生产设施时，消除不必要的复杂性，降低操作失误的可能性，并具有一定的容错能力。

本质安全化设计理念是操作运行计划和过程设计基础的有机组成部分。将这一设计策略融入通用实践，即"做事的方式"，人们就可以依据设备分类考虑特定的设计和管理方式。本质安全化设计涉及各种选项，使工艺过程及其设备在装置生命期内更少地受到人为错误和危险失效的影响。但随着所安装设备的持续老化，当初本质安全化设计的基础条件将会被削弱。例如，30 年前按照本质安全化设计的工艺设备，其基础、罐体或管网现在可能需要更换了。

本质安全化的过程设计完成后，过程操作中的风险可以使用保护措施进一步降低。这些保护措施按保护层（图 1.3）理念实施，它们不是过程设计固有的。工艺过程设置保护层是为了实现功能安全。IEC 61511-1 中的条款 3.2.23（2015）将功能安全定义为"与工艺过程和 BPCS（基本过程控制系统）相关的整体安全的一部分，有赖于 SIS（安全仪表系统）和其他保护层正确地实施其功能"。《化工过程安全自动化应用指南（第二版）》（*Guidelines for Safe Automation of Chemical Processes 2nd Edition*），即本书，将功能安全这一术语和范围定义为：与工艺过程及其控制系统相关的整体安全计划的一部分，依赖于安全控制、安全报警、安全联锁（SCAI）及其他保护层正确地实施其功能。

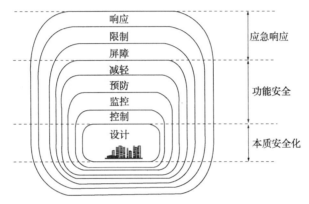

图 1.3   用作风险降低手段的保护层

示例：设计安全联锁保护管道

对于上述超压的例子，若本质安全化设计不能消除超压风险，可采用安全联锁检测过压，并在出现异常状况时隔离压力源。设置安全系统，或者专门的安全仪表系统，可能会比提高管线压力等级所需要的资金少，但通常需要投入更多的精力和努力确保其完整性和可靠性。

自动化系统，无论是手动操作还是自动模式，都是由许多不同的仪表设备构成的复杂系统，它们需要协同运行达到理想的功能状态，从而也就需要许多不同的专业技能和有计划的活动，确保系统按照预期要求正常工作。

对功能安全管理的要求，需要通过分析异常操作状况如何发展成为损失事件来确定。保护层可把风险降低到可接受水平，但这些功能安全特性在设备生命期内（从概念设计至设备更换）会受到人为错误的影响。要想实现可持续安全运行，需要良好的安全文化（表 1.1），主动地查找工艺设备、保护层、预期的工艺操作计划中存在的问题，并采取措施来确保风险降低到实际可达到的最低程度。

表 1.1   良好的安全文化特征［CCPS Human Factors（2007c）］

硬件	良好的装置设计、工作条件和后勤保障； 对工程设计和实施的保护系统有信心，感觉风险低
管理体系	对安全规则、规程和措施有信心； 在利润和产量面前优先考虑安全； 对培训满意； 良好的工作沟通； 良好的组织学习力

续表

人员	人员的安全参与度高； 信任员工管控风险； 安全管理的关注度、参与度和承诺程度高
行为	接受个人安全责任； 经常的非正式安全沟通； 自愿探讨安全话题； 谨慎对待风险
组织因素	工作压力小； 工作满意度高

本质安全化策略可用于自动化系统。在保护层上运用这些策略只能让工艺过程更加安全，而不是本质安全化。不过当在整个现场系统性地采用这些策略时，最终的设计和管理实践就自然地成为"做事的方式"的一部分，成为本质安全化的工艺操作。本质安全化策略可以下面的方式应用于自动化系统：

- **减少**——减少使用会增加失效机制而导致系统失效的自动化特性。
- **替代**——选用能够降低或消除危险失效频率的自动化特性。
- **缓和**——采用便于装置在低危险状态下操作的自动化特性；采用减少或限制自动化系统危险失效对工艺操作造成影响的自动化特性。
- **简化**——在自动化系统的设计中应消除不必要的复杂性，降低运行和维护错误可能性，并且能够容错。

例如，选择公用支持系统（如电源或仪表风）失效后能够自动进入安全状态的设备，替代需要能源支持才能动作的设备。这就是通常所说的故障安全设计原则。很遗憾，故障安全有时被人们错误地理解成了本质安全，认为所有的失效都会导致安全动作的发生。与工艺设备设计一样，不太可能将自动化系统设计成本质安全。相反，*本书采用本质安全化实践这一术语，是想说明自动化系统设计的一种思路，即关注消除或降低能够导致系统失效的失效机制*。

在过程工业有很多类型的系统被用作保护措施。常见的保护系统示例见图1.4。每个圆圈的大小表示系统提供的相对风险降低程度。圆圈的位置则表示系统保持风险降低和可靠性的相对容易程度。即便这些系统的设计和管理能够提供相似的风险降低，系统的持续性仍可能显著不同。过程控制系统、安全报警系统及SIL1 SIS从硬件完整性角度来说，可达到相似的风险降低程度，但SIS的设计、验证和确认过程更严格，所以SIS对系统性失效的适应性更好。SIS性能更具长期持续性。安全阀和单向阀都是机械设备，但安全阀可以达到高得多的风险降低水平，持续性也更好。*选择对系统失效适应性更好的保护层是一种本质安全化的工程实践*。

示例：手动与自动响应的不同考虑

选择报警还是SIS呢？虽然报警看起来是一种简单的选择，但由于操作人员和工人的流动性，维持保护层的可持续性变得困难。未经良好培训的操作人员就可能导致报警系统失效。而SIL1 SIS只要维护良好，其操作状态更具预知性，也更具可持续性。

本指南涵盖了确保工艺过程安全操作的所有自动化系统，包括安全控制、安全报警和安全联锁。这些系统针对特定的异常状态，采取相应动作，使工艺过程达到或保持安全状态。

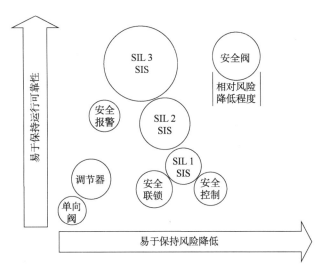

图 1.4　保护层的相对风险降低、可靠性和持续性

1.1　目标

有很多标准和工程实践都阐述了设计和管理自动化系统的目标。在 20 世纪 90 年代，CCPS 发布了第一版《化工过程安全自动化应用指南》[*Guidelines for Safe Automation of Chemical Processes*(1993)]。尽管 20 多年过去了，但该书仍然是化工过程控制中安全、可靠地应用自动化系统的基础性文献。第一版的意图是为培养化工装置的设计、开工、操作、维护、管理工程师及其他人员提供帮助，提升化工行业的安全指标。在过去的 20 年里，世界其他工业组织根据《化工过程安全自动化应用指南》确定的理念和方法，颁布和更新了很多标准和工程实践。

在控制和安全应用中使用可编程设备带来了一系列挑战，促使仪表和控制行业协会在世界范围内制定标准和工程实践，识别和降低硬件和软件失效的潜在影响。美国于 1997 年将 ISA S84.01—1996(ANSI/ISA 1996)接受为国家标准，然后在 2003 年接受了另外一个国际标准 IEC 61511(2003a)。本指南参考的是最新版 IEC 61511，它于 2015 年发布了国际标准的最终定稿(FDIS)。FDIS 是标准出版前的最终草案，在技术上视为完整文件。不过，本指南中的引用和最终发布的标准之间仍可能会有一些微小的不同。

ISA、IEC、API、ASME、NFPA 等机构的许多出版物已经对电气、电子及可编程系统的设计和管理进行了讨论。CCPS 出版了《安全可靠的仪表保护系统指南》(CCPS IPS，2007b)[*Guidelines for Safe and Reliable Instrumented Protective System*(CCPS IPS，2007b)]，对仪表保护系统在安全、环境和资产保护应用的实施提供了指导。这些文件重点从生命周期的角度阐述软硬件选择。这些指南遵循一个相似的框架，说明了每个生命周期阶段应采取的措施，以便适当确定、安装、调试、运行及维护过程控制系统和安全系统。

过去几年一个重大变化是，人们对人因错误，特别是系统性错误，对功能安全影响的认识提高了。技术革命、设备软硬件集成日益增大的复杂性、范围更广的实施策略，包括集中、分散和混合系统、不断发展的控制系统之间互连互通、企业业务管理系统以及互联网等，都引入了新的人因错误源，这些都必须进行有效处理，确保实现安全自动化。当工程实践赶不上技术的发展速度，以往的"*做事的方式*"可能就不足以应付这样的局面了。

在仪表和控制行业协会，这种认知导致了安全生命周期和功能安全管理理念的诞生，包括运用各种综合措施来识别和防止影响系统效能的人因错误。这些措施包括能力评估、验证、功能安全评估、配置管理、变更管理、审核和量化指标。这些系统的有效管理，需要强有力的安全文化来保持设备的完整性和可靠性。在体验成功的同时保持管理层的专注力和支持力，是一个持续的考验。

本指南对如何制订和实施有效的功能安全计划以确保实现安全和可靠的性能提供了指导，阐述了在确定功能安全的组织结构、人员能力、工作质量目标过程中为什么需要严格管理，讨论了过程控制和安全应用所用系统的重大差异。它可用于指导化工过程常规控制系统、降低损失事件风险系统的设计和管理。最后，本指南提供了关键性能指标，用以证明安全运行，超前管理系统的可靠性。

1.2　范围

本指南的应用对象，不仅仅是过程控制系统的设计、安装、使用和维护人员；还包括负责化工过程的安全设计、运行和管理的管理层，工程师和技术专家。多年来，化工过程的操作运行越来越自动化，所涉及的系统也越来越多样和复杂，导致很多未知（或尚未遇见）的系统之间的相互关联和冲突。工艺过程设计和控制系统专家必须明白各自的专业特长，相互协作，使仪表控制系统设计和工艺过程设计更紧密地结合在一起。

对于如何实施和提升过程控制和安全应用方面新上系统和在役系统的过程安全性能，本指南给出了需要考虑的因素和建议。完整的控制系统，包括现场传感器、逻辑控制器、操作人员界面及最终元件。对于逻辑控制器，主要关注了电气、电子及可编程电子系统（E/E/PES）的应用，但其原理可应用到所有类型的控制系统，如气动或液压系统。电气和电子系统是非可编程系统，在众多离散控制系统中均有所应用，如硬接线系统、机电继电器、电机驱动计时器及联锁信号放大器。PES这一术语适用于所有类型的可编程控制器，如单回路控制器、分散控制系统（DCS）、可编程逻辑控制器（PLC）、数字继电器及其他基于微处理器的设备。

1.3　局限性

本指南对安全问题的讨论，仅限于依靠仪表和控制设备的保护措施应用。主要关注影响过程安全的损失事件，但其原理同样适用于防范生产中断、资产破坏相关的损失。

本指南不适用于核电工业。在美国，能源部推荐采用 IEC 61511（2015）设计高安全性的仪表系统用于处理核材料或核废弃物的核电设施。

与分立元件制造行业、材料处理行业或包装行业相关的特殊安全问题，尽管或多或少在过程工业领域也会遇到，但并不在本指南的讨论范围之内。本指南也不涉及火灾保护系统的特殊要求。

本指南不提供损失事件识别或不涉及自动化的风险降低手段设计的详细指导。本指南遵循典型的生命周期过程确定是否需要安全系统，并对这些系统如何设计和实施给出建议。

若需更多参考资料，读者可以参考其他CCPS出版物：

- *Guidelines for Engineering Design for Process Safety*(2012b)
  《过程安全工程设计导则》(2012b)
- *Guidelines for Hazard Evaluation Procedures*(2008a)
  《危险评估程序指南》(2008a)
- *Inherently Safer Chemical Processes*：*A Life Cycle Approach*(2009b)
  《化工过程全生命周期本质安全应用指南》(2009b)
- *Guidelines for Chemical Process Quantitative Risk Analysis*(2012a)
  《化工过程定量风险分析指南》(2012a)
- *Layers of Protection Analysis*：*A Simplified Risk Assessment Method Analysis*(2001)
  《保护层分析：一种简化的风险评估方法》(2001)
- *Guidelines for Initiating Events and Independent Protection Layers*(2014b)
  《保护层分析——初始事件与独立保护层应用指南》(2014b)
- *Guidelines for Safe and Reliable Instrumented Protective Systems*(2007b)
  《安全和可靠的仪表保护系统指南》(2007b)

本指南由化工过程安全自动化领域具有丰富知识和实践经验的部分业界领袖编写。十几家支持CCPS的公司和组织对*本指南*进行了审查并提供了反馈意见。最终出版物代表了对控制和安全系统的规格书、设计、实施、操作以及维护等各阶段的最新工程实践。

1.4　读者对象

本书面向生命周期中负责仪表和控制系统相关活动的所有人员。下文及表1.2给出了生命周期相关活动中通常负有责任的七类人员，同时对学习*本指南*将获益的基本知识进行了高度总结。

- **管理**——负责制定安全稳定运行相关政策以及负责管理体系运行的监管人员。
- **过程安全**——负责过程安全管理的人员。
- **工艺专家**——负责工艺过程设计、自动化、工程实施、验证和确认的人员。职责包括工艺过程的研发、工程及过程控制等方面。
- **仪表和电气(I&E)**——负责仪表和控制的设计和实施人员。
- **操作**——负责工艺过程操作的人员。
- **维护**——负责过程控制系统和安全系统设备的检查、测试及维护的人员。
- **制造商**——负责过程控制和安全系统以及相关仪表设备的研发、市场及销售的人员。

在任何一个组织中，个人或部门都可担当上述角色。用户员工、专家顾问、工程承包商或项目团队的其他具备相应能力的各方在实施新建或改进系统时均可担当上述角色。在一些地方，一个人也可能担当上述的多个角色。由功能安全管理体系来规定个人或部门在各项生命周期活动中的责任。

表 1.2　读者对象和基本知识

读者对象	将从本书获得的基本知识
任何人	角色和职责； 风险标准以及对控制系统要求的影响； 控制系统的核心属性； 控制系统分类（分级）对设计和管理的影响； 生命周期概念； 控制系统和安全系统的关系
管理	管理体系及其基本特征； 管理控制系统所需的工作内容、培训、任务和管理体系； 所需能力和资源； 风险标准和预期结果之间的协调； 建立安全文化
过程安全	管理控制系统所需的工作内容、培训、任务和管理体系； 风险标准及其对危险和风险分析以及独立保护层（IPL）的要求
工艺专家	工艺过程要求规格书； 功能性、可操作性、可维护性及可靠性如何影响设计和操作基础； 安全要求规格书的内容
仪表和电气	工艺过程要求规格书的内容； 安全要求规格书； 用户批准设备； 设备选型、子系统结构、诊断能力、检验测试有效性以及检验测试周期如何影响完整性和可靠性； 仪表和电气可靠性要求
操作	管理控制——访问安全、变更管理、旁路（及手动操作）管理； 操作的事件报告规程——危险事件描述、失效响应、补偿措施、何时执行安全停车、停车失效时如何处理
维护	管理控制——访问安全、变更管理、旁路、配置管理； 维护的失效报告规程——危险事件描述、失效响应、补偿措施、允许的维修时间、检验、预防性维护、检验测试、仪表可靠性保证
制造商	确保其提供的仪表设备安全可靠应用的角色和职责； 功能性、可操作性、可维护性及可靠性如何影响安全运行

1.5　影响安全自动化的事件

《化工过程安全自动化应用指南》第一版出版于 1993 年。在其出版前的 10 年里，过程工业经历了一些重大损失事件，引起了全世界对过程安全管理的关注。

自 1993 年以来，又发生了一些损失事件，促使世界范围内付出更大努力规定安全自动化的要求。其间出版了大量标准和工程实践，本指南也参考了这些资料。从基本电气安全，到报警管理、SCAI 以及 SIS 等基于性能的标准，涉及仪表和控制系统的各个方面。

为强调安全自动化的重要性，将以前的这些意外事件（表 1.3）案例研究分别穿插在本指南。从这些事件中可以吸取很多教训，其中一些事件已成为特定安全问题的代名词，如与得克萨斯城 2005 年事故类似的临时和永久结构的选址问题。本指南并不想赘述这些历史教训，而是将关注点集中在由于过程控制系统和安全系统设计、安装、测试、维护及操作等环节中存在的问题对这些事故的影响。

这些案例不仅是代价高、影响大，其意外事件发生的原因也较为相似。每个工艺过程都曾针对重大事件的概率和后果进行了多次评估。这些评估由不同的人员采用各自的方法，通常在独立的顾问指导下进行。人们按"*做事的方式*"认识并接受了装置中存在的过程危险，普遍认为这些意外事件极不可能发生。对事件严重性升级的认知或预案非常少，因此当意外事件开始出现苗头时，最有机会遏制事件发生的人员却一时不知所措。

尽管每个具体案例都识别出了根原因，但相对于通常采用的单一原因-后果分析，这些案例研究中较多出现的是多重原因和可能条件。在很多情况下事故并不是源于突发失效，而是一系列状态逐渐朝着危险方向发展；控制和监视所依赖的仪表系统不正常、运行人员错误理解或忽视了有效的数据。装置人员经常会怀疑运行异常，却并不及时地进行调查分析并纠正。

表 1.3 安全自动化相关的事件

案例#	地点和日期	工艺类型	装　　置	后　　果
1	Sunray，Texas；2007. 2. 16	炼油厂	丙烷脱沥青（PDA）	丙烷火灾；4 伤；直接损失 5000 万美元
2	Mexico City，Mexico；1984. 11. 19	LPG 接收站	LPG 接收站	爆炸和火灾；死亡 500 余人；伤 7000 余人；疏散 200000 人
3	Hebei，China；2012. 2. 28	农药和制药	反应器	爆炸；25 人死亡，46 人受伤
4	Point Comfort，Texas；2005. 10. 6	塑料	烯烃	丙烯爆炸；16 伤；装置受损严重，疏散一个学校
5	Belle，West Virginia；2010. 1. 23	化工	小批量生产装置	有毒化学品泄漏；1 人死亡
6	Institute，West Virginia；2008. 8. 28	农药	灭多虫-硫双灭多威杀虫剂	压力容器爆炸；2 人死亡；8 人受伤；疏散/重新安置 40000 居民
7	Pascagoula，Mississippi；2002. 10. 13	化工	一硝基甲苯	爆炸和火灾；3 人受伤
8	Bhopal，India；1984. 12. 3	农药	异氰酸甲酯（MIC）	MIC 泄漏；死亡人数超过 100000 人；伤数万人
9	Petrolia，Pennsylvania；2008. 10. 11	化工	发烟硫酸中转站	发烟硫酸泄漏；1 人受伤；疏散装置人员；疏散附近 3 个城镇人口 2500 人
10	Milford Haven，Wales；1994. 7. 24	炼油厂	火炬系统	爆炸；26 人受伤；装置和附近居民区受损；停工 4.5 个月，英国产能损失 10%
11	Longford，Australia；1998. 9. 25	天然气	贫油吸附	气体爆炸和火灾；2 人死亡；8 人受伤；估计损失 13 亿澳元；影响供气 2 周
12	Valley Center，Kansas；2007. 7. 17	化工	储罐	爆炸；12 人受伤；工厂大面积受损；疏散 6000 人
13	Bayamon，Puerto Rico；2009. 10. 23	罐区	储罐	溢流、火灾和爆炸；3 人受伤；17 个罐烧损；近 300 家居民房屋受损
14	Channelview，Texas；1990. 7. 5	石油化工	废水储罐	火灾和爆炸；17 人死亡；相当于一个城市街区的面积被推毁
15	Pasadena，Texas；1989. 10. 23	化工	聚乙烯反应器	爆炸；23 人死亡；130 人受伤；估计损失超过 7.5 亿美元
16	Illiopolis，Illinois；2004. 4. 23	塑料	聚氯乙烯	聚氯乙烯爆炸；5 人死亡；装置严重受损；疏散 150 人
17	Texas City，Texas；2005. 3. 23	炼油厂	烃异构化	爆炸；15 人死亡；180 人受伤；损失超过 15 亿美元

案例#	地点和日期	工艺类型	装　置	后　果
18	Ontario, California; 2004.8.19	化工	环氧乙烷	环氧乙烷爆炸；4 人受伤；工厂大面积损坏，周围装置的人员被疏散
19	Hemel Hempstead, England; 2005.12.11	储油库	储罐	火灾和爆炸；43 人受伤；2000 人疏散；商业和居民财产受到重大损失
20	Macondo, Gulf of Mexico; 2010.4.20	海上采油	海上钻井平台	井喷和爆炸；11 人死亡；17 人受伤；美国历史最大漏油事件；损失数百亿美元

案例 1

地点：Sunray, Texas

工艺：丙烷脱沥青装置（PDA）

日期：2007 年 2 月 16 日

影响：4 人受伤；全厂疏散；炼油厂停工 2 月；产能损失 1 年。

工艺流程图和控制站详细信息：

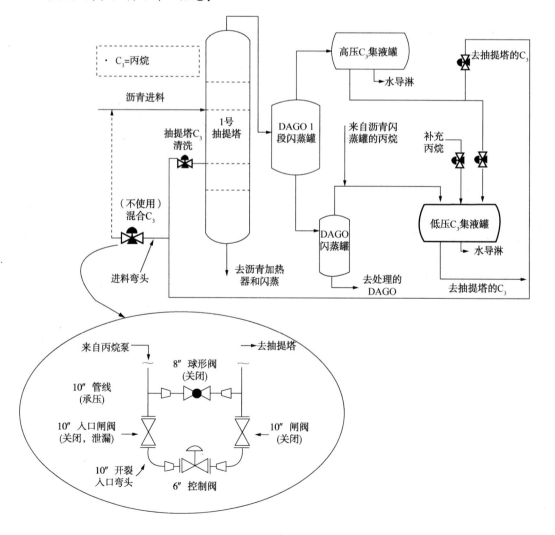

概述：

事故发生前，由于一台关闭的阀门内漏，已停用 15 年的控制站的低点积水。在寒冷的季节因冰冻造成控制站低点弯头开裂。天气变暖时融化，带压丙烷开始泄漏。工人听到了声响并看到蒸气从弯头处喷出。蒸气云飘散至锅炉房被点燃，导致泄漏源回闪。喷射火扩散极为迅速，引发大范围设备和结构损毁。

自动化方面主要教训：

阀门不应作为长期隔离的方式。阀门前后压差将持续向阀座施加应力，最终导致失效；当阀门不进行日常检查、测试，以及对磨损件缺乏维护或更换时情况尤为如此。应对仪表设备的停用做出适当的提示，避免关联管线承压以及残存工艺污染物或副产品积聚（ISA 2012e）。

仪表和控制系统问题：
- PHA 未能识别危险：控制站带盲管段设计，集聚夹带水；
- 控制阀停用时未与工艺过程隔离，也疏于 MOC 审查；
- 控制阀站伴热失效；
- 缺少保险公司建议的、公司标准要求的远程可操作切断阀；
- 1996 年的 PHA 关于安装远程操作切断阀的建议未经实施就被搁置。

信息来源：

CSB. 2008. Investigation report – LPG fire at Valero – Mckee refiner. Report 2007 – 05 – I – TX. Washington，D. C. ：U. S. Chemical Safety Board.

毫无疑问，人们对于控制系统和安全系统能够防止伤害充满信心。但这种信心并没有在事实面前得到验证，因为当这些意外事件发生时，报警、停车及紧急隔离系统没有提供足够的保护。

在每一个事件中，即使对工艺过程、设备、操作、操作历史非常了解，富有经验的人员都不能确认可能（或曾经）存在失效状态。难道这是一种认知偏离，即人们只相信一切都安好？对于异常工况如何发生缺乏认识，或者拒绝接受伤害发生是可能的，这就从根本上限制了责任人正确评估和管控风险的能力。过程安全风险的管控不能靠一系列管理不善的保护措施或者无意义的东西，而是依赖一系列正确的、经过严谨设计和管理的保护措施（Summers 2008，2009）。

1.6　内容综述

本章后面的五个章节，每一个都单独阐述自动化工作过程的一个方面。虽然给出一些良好的过程控制和自动化案例作为引子，但主要关注点是影响安全的某些具体问题，而不是探讨工艺过程单元的一般可操作性和可靠性。本指南讨论了影响过程控制和安全应用的仪表系统在可操作性、可维护性以及可靠性等方面如何选择。

有许多很好的参考资料介绍如何选择仪表并应用到过程控制中，这些参考文献列在了每个章节的末尾。在此也鼓励读者从其他渠道获取知识，把良好的工程实践运用到仪表系统的应用中。

1.6.1   第2章——自动化在过程安全中的作用

随着全世界范围竞争加剧，政府监管愈加严格，客户对于可追溯性和互联互通的需求进一步提高，过程工业正处于转型中。外部条件的变化，要求日常操作更多使用自动化，减少对人的依赖。控制系统的快速技术变革也带来了进一步的挑战和机会。变更管理、系统升级及新设备的使用都在影响着自动化的安全和可靠性。

过程控制系统和安全系统在降低损失事件频率方面发挥着重要作用。所以，第2章简单介绍了选型、设计、工程实施等方面的考虑因素，第3~5章给出了详细指导。自动化系统的长期性能依赖于管理体系的质量和严谨程度。严格的管理体系能够降低人为错误发生的概率，特别是导致过程控制或安全系统失效的系统性错误。管理控制将在第6章详细讨论。

用功能安全生命周期来描述合理选择和实施过程控制系统及安全系统所需的各种活动和作业过程。生命周期强调进行危险分析、实施风险评估，以及识别各种降低损失事件风险方法的必要性。

本书介绍了保护层和独立保护层(IPL)概念，以及利用特定标准识别和评估保护层是否能够作为 IPL 的指导原则。定义好保护层之后，按照风险标准确定所需安全性能。特别强调了各公司都需要在这一领域建立自己的标准，因为这些设计方案涉及对风险可接受性的判断。

在对系统进行识别、分类分级时，读者应注意满足本公司的工程实践或其他应用准则，以及遵守良好工程实践。

1.6.2   第3章——自动化规格书

本章节阐述了正确理解控制系统和安全系统整体功能要求的重要性，以及系统设备故障(或失效)如何导致系统在工艺过程要求时失效。本章节还说明了可以用于降低失效对工艺过程整体安全影响的各种技术。

正确地应用过程控制系统，可以降低异常操作的频率及对安全保护层的要求，从而提升化工过程的安全性。现代技术，如果善加利用，可以带来更好的效果。第3章为过程控制系统，安全控制、报警及联锁等应用提供指导原则。这些指导原则是为了从硬件、软件、人员操作和功能角度对过程控制系统和安全系统的设置进行适当的隔离。这些系统的安全(包括网络安全)可靠集成是实现理想的功能性和可操作性的重中之重。

1.6.3   第4章——过程控制系统的设计与实施

第4章给出了控制系统技术应用、现场仪表(传感器和最终元件)、操作员/控制系统界面需考虑的因素以及过程控制器等方面的指导原则。

讨论了采用单回路控制器(气动、模拟、离散及可编程)及多回路控制系统(DCS 和PLC)时的安全考虑因素，同时还介绍了各种过程传感器和最终元件(如控制阀)的应用。强调的是安全方面，而非一般应用和选型的工程实践，后者在其他资料和参考书籍中多有介绍。

从信息超载问题或如何向操作人员提供充足有效的信息角度阐述操作人员界面设计时应考虑的因素。介绍了在选择用于过程控制的各种硬件时应考虑的因素。

同时也讨论了在供电、接地、配电、具体部件安装、系统间通信及采用先进控制技术等方面相关的安全问题。

1.6.4 第5章——安全控制、报警及联锁(SCAI)的设计与实施

第 5 章专题探讨与安全控制、报警、联锁(SCAI)等相关的问题，确保安全操作，满足公司的风险标准。潜在的系统性失效通过严谨的设计工作过程进行解决，确保能够对系统的要求进行彻底的分析并形成文档。列举了可以用于 SCAI 的本质安全化实践的应用案例。介绍了为系统配备最合适硬件的选择方法以及系统设计应遵循的标准。同时还讨论了应用程序的特殊要求。

本章节还涵盖了为保持完整性、可靠性和安全性在涉及通信方面应考虑的事项。介绍了分离、冗余、多样性等概念，同时讨论了它们对系统整体完整性的影响。为取得可接受的系统性能，也探讨了满足可靠性和可用性要求的集成方法。

1.6.5 第6章——管理控制和监督

本章节讨论了管理控制的必要性和形式，以及保持控制系统长期处于安全操作状态所需的措施。对文档、维护、操作、安防、测试、旁路以及其他适用于仪表系统的相关规程内容也做了阐述。

特别强调了系统设计和功能逻辑的变更管理。对管理控制规程的最低水准要求给出了建议。阐述了工程系统与管理控制的使用。强调采用书面规程而非口头说明的重要性，保证工作执行的一致性和可审核性。

本章节简述了模拟仿真技术的应用，也讨论了支持生命周期活动所需要的人员、能力和技能。最后，强调了对生命周期阶段性交付进行独立验证和评估的必要性，从而避免在整个自动化系统生命周期中产生系统性失效。

1.6.6 其他资料

除了上述说明，本指南还包括了书中采用的术语、缩略语一览表，在每个章节的末尾列出了相关参考文献。

本指南正文章节后面的附录是特定章节相关主题的更详细讨论。附录为读者运用本指南探讨的原理增加了额外的参考资料。

1.7 主要差异

自《化工过程安全自动化应用指南》(CCPS 1993)第一版出版后，又出版了众多的 CCPS 应用指南、国际标准和工程应用实践。每个出版物都论述了功能安全生命周期的基本要求，范围从管理体系概念到仪表和控制的特定工程应用。部分术语已经发生了变化，如采用安全仪表系统取代了安全联锁系统，不过大多数变化从技术角度来说几乎感觉不出来。

更为重要的是，现在更加强调通过组织纪律和安全文化来支持安全和可靠的仪表系统。功能安全涉及工作任务和各种活动的系统性执行，确保仪表设备能够恰当地设计、安装，按照其规格书的要求操作运行并持续满足预期用途直至停用。若通过功能安全实现过程安全要求，用户应负起责任，确保过程是以安全的方式设计、维护、检查、测试以及操作运行。

参 考 文 献

ANSI/ISA. 1996 (Replaced). *Application of Safety Instrumented Systems for the Process Industries, S84.01-1996* . Research Triangle Park: ISA.

CCPS. 1993. *Guidelines for Safe Automation of Chemical Processes* . New York: AIChE.

CCPS. 2001. *Layers of Protection Analysis: Simplified Process Risk Assessment* . New York: AIChE.

CCPS. 2007b. *Guidelines for Safe and Relia ble Instrumented Protective Systems.* New York: AIChE.

CCPS. 2007c. *Human Factors Methods for Im proving Performance in the Process Industries* . New York: AIChE.

CCPS. 2008a. *Guidelines for Hazard Ev aluation Procedures, 3rd Edition.* New York: AIChE.

CCPS. 2009b. *Inherently Safer Chemical Proc esses: A Life Cycle Approach* . New York: AIChE.

CCPS. 2010a. *Final Report: Definition for Inherently Safer Technology in Production, Transportation, Storage, and Use* . New York: AIChE.

CCPS. 2012a. *Guidelines for Chemical Process Quantitative Risk Analysis, 2nd Edition.* New York: AIChE.

CCPS. 2012b. *Guidelines for Engineering Design for Process Safety, 2nd Edition.* New York: AIChE.

CCPS. 2014b. *Guidelines for Initiating Events and Independent Protection Layers in Layers of Protection Analysis* . New York: AIChE.

IEC. 2003a (Replaced). *Functional safety: Safety instrumented systems for the process industry sector - Part 1-3,* IEC 61511. Geneva: IEC.

IEC. 2015. *Functional safety: Safety instru mented systems for the process industry sector - Part 1-3* , IEC 61511. Geneva: IEC.

ISA. 2012e. *Mechanical Integrity of Safety Instrumented Systems (SIS)* , TR84.00.03-2012. Research Triangle Park: ISA.

Summers, Angela E. 2008. "Safe Automation Through Process Engineering," *Chemical Engineering Progress* , 104 (12), pp. 41-47, December.

Summers, Angela E. 2009. "Safety Management is a Virtue" *Process Safety Progress,* 28 (3), pp. 210-13, September. Hoboken: AICHE.

2 自动化在过程安全中的作用

2.1 过程操作

为适应新的市场需求，过程工业工程实践和安全标准一直在不断发展。全球制造业的商业竞争，政府对工作场所的监管日益严格，以及客户对稳定生产和持续提升产品质量的需求都不容忽视。为了降低成本，减少生产过程的波动，提高可靠性和可操作性，提升安全性能，操作方法正在发生变化。

如今，由于工艺过程的复杂性和市场需求的不断变化，全面前期分析和风险管理成为企业的必然选择。风险管理必须与每个特定工艺过程的操作目标充分结合，以确保操作计划与安全目标保持一致(图2.1)。还需要依据实际的操作和维护数据评估自动化系统的安全性能，并在必要时实施变更。

工业界常常会将"规范性"和"基于性能"的工程实践结合起来确保工艺过程设计符合过程安全要求(CCPS 2012b、CCPS 2007a)。企业通过内部的安全规章、工程实践和操作规程，将这些普遍适用原则融入自身的现场安全文化和"做事的方式"当中。经验丰富和训练有素的人员利用其掌握的知识，辅以文件化的实践和标准化模板来设计系统，使人员工作效率以及仪表设备和工艺过程的安全性能达到最大化。

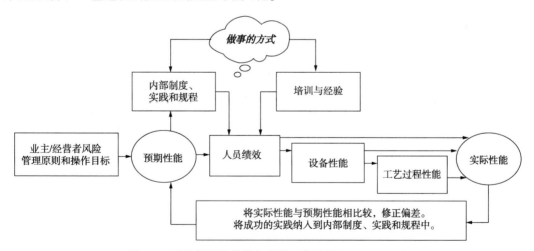

图2.1 质量保证的前馈与反馈工作流程(CCPS 2007b)

未来的过程工业，在本质安全化设计和功能安全设计之间寻找平衡点会面临更大的挑战。实现安全操作的手段之一是研发本质安全化的工艺过程，从工艺过程的源头设计上确保消除或降低风险。CCPS出版的《化工过程安全生命周期本质安全应用指南》[*Inherently Safer*

Chemical Processes：A Life Cycle Approach（2009b）]探讨了通过生产设施的选址、化工过程、装置操作、控制系统设计、操作计划、物料存储等环节降低过程风险的各种方法。作为降低风险的手段之一，本质安全化设计应全面纳入新项目和周期性过程危险分析中（Broadribb，Curry 2010）。只有在优先考虑并实施了本质安全化的策略之后再考虑采用保护层（Broadribb，Curry 2010）。尽管本质安全化设计的机会随着装置建成和老旧不断减少，但通过更优良的设计，通常可以找到最小化风险的方法（图2.2）。

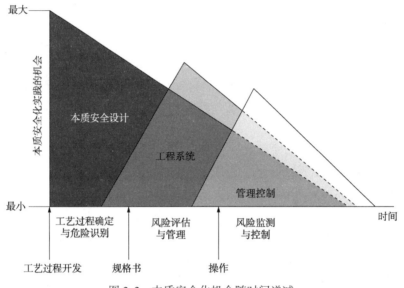

图 2.2　本质安全化机会随时间递减

将风险降低到合理尽可能低的水平（ALARP），第一选择是过程设计采用本质安全化的策略（图2.3）。例如，设备隔离是减少共因、降低失效升级、避免影响多个系统的行之有效的策略。

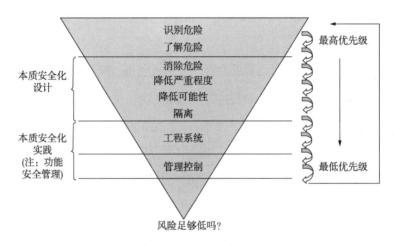

图 2.3　本质安全化设计和保护层在风险管理中的优先级（Broadribb 2010）

对所有可能的损失事件实现本质安全化设计往往不切实际。一旦完成过程设计，就要通过采用诸如工程系统或管理控制等保护措施达到功能安全。一般来说，会带来重大严重后果的事件相较于那些伤害较小的事件需要更多的独立保护措施。

之所以将工程系统和管理控制(图2.3)放在第二位考虑,是由于这些风险降低措施的实施高度依赖严格的功能安全管理计划。只要本质安全化的功能特征还存在,设计为本质安全化的过程就要一直努力下去。然而,工程系统,尤其是那些依靠自动化的系统,对于过程工业的许多损失事件来说,实现ALARP至关重要。例如,安全报警就是提醒操作人员将工艺过程恢复到安全和正常操作状态的重要工程手段。

尽管从降低风险的策略来看,管理控制的优先级最低,但它对于确保工程系统的功能性却必不可少;操作人员要知道系统如何运转,了解如何与其交互动作;维护人员要知道如何使所有仪表设备保持在"完好如新"状态;管理层懂得利用哪些指标评估人员绩效或系统性能。

设计过程控制系统和安全系统时,也可以采用减少、替代、缓和和简化的本质化安全化策略。合理设计的过程控制系统由经过培训、反应敏捷的操作人员进行监控,是除了可靠的过程设计之外,防止损失事件的第一道防线。

控制系统失效后动作的工程系统有很多种,如卸压系统、放空系统、安全报警和安全仪表系统。在损失事件传播的早期采取行动,可以最大限度地减少异常操作的影响(图2.4)。可靠的保护措施在需要达到或维持安全状态时动作。

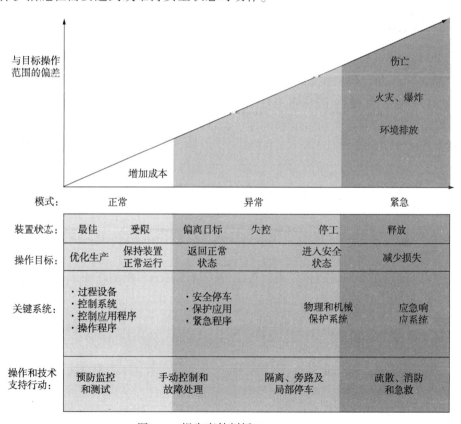

图2.4 损失事件剖析(CCPS 2008a)

如第1章所述,*通过本质安全化实践,可以设计危险失效可能性更低的保护措施,这*

些失效可能来自保护措施设计、支持系统中断以及人为错误等不同环节。例如，将过程控制系统的设计与安全系统隔离并相互独立，就是本质安全化的简化策略在自动化系统中的应用。另一个例子是采用替代策略，即选用具有较低危险失效率的仪表设备。更多将本质安全化策略应用于自动化的例子见第3.4节。

本质安全化实践很大程度上影响到自动化设备的选型、容错能力、对检测到的设备失效以及对检测到的支持系统—例如通信和公用工程（如气源、液压或电源）失效如何做出响应。

*本质安全化实践可应用于安全系统，例如将系统设计成具有容错能力（即安装冗余仪表设备）后，即使仪表设备失效，仍然保持应有的风险降低能力。*不过某些本质安全化实践也造成更高的误动率，即在不需要时动作。如果误动作导致不能忍受的损失，功能规格书就应该规定出目标误动率，以便在设计中采取针对性的应对措施。

最后，本质安全化的策略还可应用于人因工程设计。操作人员界面、维护设施、网络安全配置、旁路方式和访问权限均应考虑如何尽量减少操作规程执行时的人为错误。例如，使用简单的流程图画面为操作人员提供安全变量的冗余指示，就是一种本质安全化的实践。在专门为安全报警设计的独立报警界面上显示安全报警，是另一个本质安全化实践的例子。

2.1.1 仪表技术的发展

从前，控制器曾布置在生产装置的现场。操作人员使用安装在关键生产区域的气动系统手动执行控制任务。20世纪80年代，分散式控制系统问世，该系统将逻辑处理过程从单个本地控制器移入配备专门控制器和相关I/O模块的中央系统。将如此多的功能植入到一台控制器中，增加了共因和系统失效同时影响多台设备、一个工艺单元乃至整套装置安全运行的可能性（Summers 2011a）。

幸运的是，对控制技术改变的需要已经与仪表和控制设备的重大技术进步紧密结合在一起。可编程电子（PE）传感器、控制器和精密节流控制阀的出现，使复杂的过程控制策略更为实际可行。现代控制系统可以执行功能强大的过程控制算法。在将产品质量信息收集并保存在数据存储（或历史数据库）单元的同时，能够对过程测量数据进行记录、对报警状态进行监测，并进行有效的画面显示。

如今，智能仪表、本地阀门控制器、数字现场总线网络和其他新技术正在将控制重新转回现场——即更接近工艺过程和现场操作人员。

■案例 2

地点：Mexico City, Mexico
工艺过程：LPG 接收站
日期：1984 年 11 月 19 日
影响：爆炸和火灾；死亡人数超过 500 人；受伤人数超过 7000 人；200000 人被疏散。

现场照片：

事故前

事故后

概述：

在一个液化石油气(LPG)接收站，由于下游容器过量灌装或其他类似原因，引起管道超压并造成管道破裂。在控制室和管道泵站的操作人员发现了设备操作压力明显下降。但他们都没有意识到压力下降是由于管道破裂造成的。液化石油气持续释放 5~10min 后，形成约200m 长×150m 宽×2m 高的气云并飘至火炬塔顶端，气云被点燃，随之气云火焰猛烈向地面冲击。引发地面多处起火。接收站大部分设施被火焰吞没后才有人按下紧急关停按钮。

液化石油气初始释放约 15min 后，发生第一次沸腾液体膨胀蒸气爆炸(BLEVE)。在接下来的 1.5h 里，LPG 罐受损爆破又引发了一系列的 BLEVE。液态石油气如雨般落下，地面笼罩在大火之中。

自动化方面主要教训：

应急响应计划应考虑可能发生火灾的地点，以及着火时如何安全地实现紧急隔离。应特别考虑按照严格的安全实践(ISA 2010)设置并管理气体检测系统，协助操作人员识别气体泄漏。鉴于客观上操作人员能够可靠响应的能力限制(CCPS 2014b)以及基于本案例中蒸气云大规模快速扩散的事实，建议在检测到泄漏时设置能够自动动作的保护措施。

仪表和控制系统问题：

- 储罐物理隔离不足造成事态严重升级；

- 30%~40%的安全设备，如消防水喷洒系统都不能正常运转或者被旁路；
- 多个总管压力表出现故障；
- 操作人员不能识别系统压力下降的原因；
- 缺少气体检测和紧急隔离系统；
- 火灾造成人员不能接近现场隔离阀；
- 未向公众发布紧急通告。

信息来源：

- HSE(Health and Safety Executive). Control of Major Accident Hazards(COMAH)Guidance Case studies—PEMEX LPG Terminal, Mexico City 1984. Web content last accessed 02-02-2015 (Web link http：//www. hse. gov. uk/comah/sragtech/casepemex84. htm).
- Olson B. F. , and Jose L. de la Fuente. 1985. Report on San Juan Ixhautepec, Mexico LPG Accident. Olson Engineering Company.

在提供了与传统集中控制系统类似的工程工具和组态功能的同时，这种趋势也会降低安装成本。要仔细审查以往使用的证据，并分析各种失效模式的失效率，最终确定新技术是否适用于易引发重大危险的工艺过程控制，或是否适用于涉及安全控制、安全报警、安全联锁的应用场合。

无论分散还是集中式的过程控制系统一旦失效，与其分开设置的安全系统将提供独立的操作和安全停车。现代安全系统与过程控制系统有着类似的优点，即由于可按照不同的工艺单元分别配置各自相互独立的控制器，因此共因失效及系统失效蔓延的风险将大为降低。整体安全功能分隔开，每个安全功能都可以分别进行操作、检验、维护和测试，这样每个功能的安全性能仅影响其特定保护的设备。作为本质安全化的实践之一，更高的分散程度降低了系统复杂性，更易于工程实施和维护，从而成本效益大大提高（Summers 2011a）。

2.1.2　操作人员的角色变化

装置操作人员负责生产设施的连续运行，这就要求操作人员一直监视过程变量并频繁调节众多阀门的开度。尽管配备了自动控制器来提高产量和安全性，但每个控制器也都有自动/手动切换开关，许多控制回路需要在手动模式下正常或间歇运行。这样的操作模式可能是由于控制回路调试、PID参数整定或其他问题需要处理等原因造成的。在手动模式下，操作人员负责控制过程状态，对最终元件（如控制阀）状态的任何更改都需要操作人员人工来完成。

某些操作人员会直接接触化工过程。这些人员采集工艺样品，进行简单分析，通过目视检查罐的液位、流体颜色、管线温度等监控过程状态。操作人员根据过程状态执行启/停泵和压缩机、开/关阀门等操作。由于非常靠近设备，操作人员对现场状态有更直观的感知。不过，操作人员可能并不了解真实的过程状态，在没有仪表和控制系统支持的情况下不能对工艺过程采取正确的操作行动。操作人员也可在处于过程区域以外的控制室内进行操作（参见图2.5的示例），控制室配备有操作人员界面，向操作人员提供如同现场直接观察到的数据。

现代控制室的操作站显示过程设备和过程状态的简化流程图画面。通过这些操作界面，操作人员了解工艺设备内部的操作状态，并在需要改变操作状态时向操作人员提供必要的信息（ISO 2010b，ANSI/HFES 2007）。因为控制室远离工艺过程区域，确保满足对操作状态的直观感知需求，已经成为安全自动化的必要特征（ISA n. d.，ANSI/ISA 2009b，EEMUA 2013，IEC 2014c，ISA 2015c）。

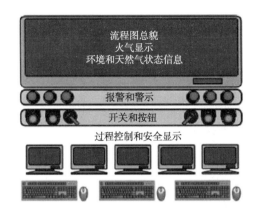

图 2.5   控制室

基于风险的生产装置总图布置要求操作人员远离过程设备。从对人的影响角度，这种隔离的方式是本质安全化策略的体现，因此强烈建议基于风险确定装置设备和设施的布局（API 2009，CCPS 2012c）。不过，在降低损失事件对人员造成安全影响的同时，这样的布局也会导致操作人员与过程设备以及对应的过程控制系统和安全系统的关联不够密切。

现代操作员界面在显示生产管理、产品质量保证和安全管理必要信息的同时，也应保证对操作状态的直观感知。新型操作员界面有意限定图形颜色的使用，依靠简化的流程图和图表画面显示工艺过程状态。为了突出对异常状况的识别，当过程操作超出定义的正常操作范围时，报警系统向操作人员发出警示。设计优良和精心规划的操作员界面可以提高操作人员及时响应异常操作和报警的可能性（ANSI/ISA 2009b，EEMUA 2013，IEC 2014c，U. S. NRC 2002）。为确保最大限度的注意力、更高的完整性和更低的共因失效率，通常给安全报警，特别是需要设置手动停车按钮等的场合，配备专门的安全操作人机界面（ANSI/ISA 2009b，EEMUA 2013，IEC 2014c，IEC 2015，ISA 2015c）。

涉及多套工艺过程单元的联合装置可以配备一个或多个控制室，操作人员在控制室内监控装置的各个区域。控制室内的操作人员通过对讲机与外部操作人员保持联系，偶尔也和外部操作人员直接接触。某些工艺过程需要操作人员既在控制室也在生产区域工作，从操作人员在控制室即刻响应，到可能需要几分钟赶到现场执行特定动作，响应时间差异很大。有些情况下，可能需要数名操作人员共同合作来完成一项任务，也可能在值班操作人员短暂离开时，由另一名操作人员临时代为监控工艺过程。

当过程设备失效时，操作人员通常是第一道防线。典型操作包括重启或切换泵，评估设备失效的后果，工艺过程状态偏离正常操作范围时调整操作参数。操作人员始终是装置操作的首要监控人。随着远程控制室的日益增多，操作人员对过程自动化的依赖越来越大。对于操作人员来说，对操作状态的感知就是要意识到工艺过程正在发生什么，同时要了解面对的信息、事件和自己的行动，现在或下一步又意味着什么。随着操作人员越来越远离设备直接操作，对操作状态的感知能力正在面临更大的挑战，在系统设计、规格书编写和操作规程制定时应充分考虑人为因素（表2.1）。大多数操作人员完全依赖操作界面为其提供的信息来感知工艺过程的操作状态。这可能存在"认知偏差"，即潜意识里倾向于筛选有利于证明自己的想法或假设正确的信息。

表 2.1 远程操作人为因素需考虑的要点

确定通信联络方式
明确任务并编写操作规程，详细描述内操和外操的各自责任
对远程操作提供适当的培训
提供适当的规则并对其进行监控
操作人员应具有远程操作的能力
熟知应急操作，包括如何通信联络
现场和控制室操作人员定期轮换，使其对各自工作岗位有更充分的了解，改善沟通效率
控制系统设计时应确保显示界面提供足够和适当的信息，以便操作人员能实时确定工艺过程正发生什么
如有可能，安装闭路电视（CCTV），用视频监控工艺过程
根据情况制订并执行操作人员巡检计划。操作人员可以识别轻微泄漏和其他可能导致较大扰动或损失事件的先兆。要求完整留存巡检日志，遵守装置巡检纪律
控制室的设计应减少分散注意力的因素
控制室的位置要考虑操作人员现场操作的响应时间要求
如果由一个操作人员间歇进行远程操作，采用操作员停止设备保护操作人员

2.1.3 安全控制的变化

过度地依赖操作人员执行过程控制任务，人为错误导致损失的事件屡见不鲜。本指南引用了几个案例，涉及控制、监视、恢复或停车动作期间的人为错误。提升过程自动化水平，包括报警系统和自动控制动作，可以减少操作人员错误引发损失事件的可能性；不过，控制系统也可能发生故障。现代可编程控制器的复杂性增加了系统性失效引发危险失效，进而导致损失事件的可能性。

将过程控制和安全保护功能集成为一个系统，面对的最大挑战是如何充分考虑人为因素的影响，并确保在系统的全部使用年限内持续保持其性能。人为因素影响过程安全管理的所有方面（第 1 章）。就造成可能的人为错误而言，可以分为正面或者负面的影响因素（表 2.2）。这些人为因素是造成系统性失效的重大诱因，因为实际工作中经常出现的是负面的影响因素。

表 2.2 正面和负面人为因素示例（CCPS 2008a）

正面影响因素	负面影响因素
操作和维护指引	
操作规程的详细程度适当	太泛或太细
用简明、指引式语言书写操作规程	冗长、前后不一致
注释、注意事项和警告与操作步骤分开（例如，在紧靠操作步骤的上方单独用文本框告知）	与操作步骤的描述混在一起
设备有清晰的标识	模糊的标识/位置
操作规程、P&ID、设备等标识保持一致	不一致，甚至相互矛盾
采用适当的图纸、图片、表单、检查表等	全部都是文本文件；仅有文字描述

续表

正面影响因素	负面影响因素
依据书面的操作规程/检查表按部就班地执行任务	执行任务的先后顺序仅凭记忆
操作规程包括适当的监督检查	无交叉检查或验证

人员/设备互动

正面影响因素	负面影响因素
设备易于靠近并且操作便利	靠近作业困难或有危险
设备易于靠近且维护便利	靠近作业困难或有危险
设备布局合理、规划得当	布置混乱、不协调
设备标识清晰一致	标识错误或无标识
顺序与预期的一致	顺序不合逻辑(如 1、2、4、3、5)
部件易于区分	几个类似的部件在同一区域或归为一组
设备易于操作	设备操作困难

操作人员/过程控制界面

正面影响因素	负面影响因素
标识清晰明确	标识错误或没有标识
界面清晰、简捷、具有代表性	不清晰、复杂、易误导
控制系统全自动、整定良好	手动、步骤多
控制系统给操作人员及时发出明确的反馈	无反馈、延迟、易误导
读数、指示以及就地测量仪表性能可靠	不可靠、易误导、工作不正常
读数、指示器以及表头显示等易于读取量值	难于读取，容易读错
现场使用的测量单位一致并容易理解	测量单位不一致(例如℉或℃混用)，混乱，甚至不常用

操作人员对报警的响应

正面影响因素	负面影响因素
操作人员能够 100%响应并有后备人员	无人值守操作、操作人员不能持续在岗、异常情况下响应能力不足
操作人员持续处于在岗状态，依据工艺过程状态实时操作	操作人员脱岗，需要时间弄清楚工艺过程状况
出现偏离时能及早发现	不能查明原因、偏离；检测时间长
优先报警、第一报警、安全关键报警分类显示	没有分类、可能同时报警
误报警或虚假报警很少	许多误报警或假报警，造成真实报警常被忽视或禁止
异常状态时只需采取简单的动作进行控制	过程复杂，需要诊断，存在许多可能的动作选项
对异常状态响应时无时间压力	后果发展太快，操作人员无力及时响应
安全系统可靠、有效	不可靠、无效、未经测试
安全系统从不旁路	安全系统经常被旁路
手动停车程序经过培训和演练	不敢手动停车

紧急操作

正面影响因素	负面影响因素
泄漏能及早检测出来	检测时间长；传感器太少、不可靠、安装位置不当
控制室可用作临时安全避难所，因此可以保证有序停车	控制室位置不安全，有可能需要立即撤离
HVAC 开关易于接近并操作，易于启动	开关位置不清楚，难于接近或不易启动
方便取用个人防护设备逃生和应急操作	个人防护设备不够、没有配备、上锁、无效、未经测试
清晰可见、易于理解的出口路线标记、指示	无引导标示、不明显、不清晰、混乱、模糊

正面影响因素	负面影响因素
有保护并照明良好的紧急出口和逃生路线	出口要经过昏暗或危险的路线
所有紧急隔离阀都可以远程启动或安全靠近操作；快速关闭	未安装在地面上、紧急情况时无法靠近、不可操作
紧急程序易于看到，清晰、简洁	难以获取、复杂、紧急情况不适用
操作、维护、监督和紧急沟通	
交接班时有正式的沟通和交接日志	各班之间沟通不足
控制室和现场操作人员一直保持联络	与现场操作人员没有联络
可靠的控制室/现场通信设备（双向无线对讲机、电话等）和其他联络方式	不可靠、无替代方案，紧急情况可能无法正常工作
清晰、明确、覆盖整个现场的紧急报警系统	区域间或事件之间无区别，一些现场位置听不见报警，不可靠，未经测试
操作人员和维护人员之间沟通良好	无沟通或协调不充分
经常监督检查沟通情况	很少或没有监督检查
操作要求及时传达，遵守约定的通信方式	操作要求模糊，通信方式缺乏一致性
操作环境	
噪声很小，不会妨碍正常通话	需要保护听力
受保护的操作/维护环境	刮风下雨无遮盖
气候条件受控的操作/维护环境	极端温度/湿度下作业
能见度好	雾、烟、昏暗
照明度满足任务要求	照明不足
佩戴的个人防护设施不会影响工作	个人防护用品笨重、破损
任务安排和人员配备	
有限的、合理的加班	加班过度，影响效率
固定倒班安排	换班随意、混乱
任务数量与劳动力良好匹配	任务量超出现有人力
工作节奏正常	不同任务，快速接替
所需的工作任务定期执行	很少定期执行甚至不断变化
操作/维护人员的调整很少	人员调整频繁，缺乏经验
人员培训和资质	
雇佣的人员资质符合任务要求	员工或承包商不合格，包括语言或类似问题
一致、严格的药物滥用管制、筛查制度	存在药物滥用问题
操作人员受过良好培训，可以执行所有正常操作	未接受培训，缺乏经验
针对异常工况进行过培训、演练和模拟	对异常工况、紧急情况准备不足
维护人员接受过良好的技术培训，包括安全作业方法的培训	未接受培训，缺乏经验
精心编排的培训程序，包括继续教育培训	无计划、不完整、落后于预定计划，没有书面记录
培训效果验证，包括测验和考评	无验证或验证不充分

即便采用了先进的、不断发展完善的远程自动化系统，但操作人员仍然需要了解工艺过程正常和异常工况的基本原理。操作人员还要能够在意外事件逐渐发展蔓延期间，按操作要求快速做出响应，以便工艺过程恢复到正常状态，防止大规模泄漏，或做出其他的应急响应。有效利用控制系统技术，同时消除由硬件、软件或人为错误造成系统失效的潜在根源，这对工艺过程的安全操作至关重要。装置自动化程度的日益提高对日常维护工作提出了更高的要求。系统互联确实带来了商业利益，但如果没有对过程控制网络进行妥善防护，会增大网络安全风险。如果安全系统与过程控制系统在控制网络层面没有隔离，网络攻击将同时影响两个系统，情况会更为糟糕。

2.2 装置自动化

大多数过程设计均使用控制系统来实现产品质量稳定，最大限度地减少生产人员的体力劳动，降低重复性工作的人为失误，提高设备的可用性和生产效率，以及增强操作的安全性（Summers 2008）。现代化工生产企业的控制系统可以划分为两类：执行过程控制的系统和执行过程安全动作的系统。过程控制和安全应用通常采用相似的控制技术。

2.2.1 过程控制系统

过程控制系统响应来自工艺过程、相关设备、其他可编程系统以及操作人员的输入信号，输出信号，使工艺过程及其相关设备按照设计要求进行操作（IEC 2015，ANSI/ISA 2012c，CCPS 2007b，CCPS 2014b）。这类系统可以执行模拟和二进制控制、顺序逻辑、联锁、报警管理和信号诊断（图 2.6）。过程测量仪表、画面显示以及对最终元件的控制是过程控制系统的组成部分。人机界面，包括操作人员界面和工程师工作站，也归属在控制系统范围内。

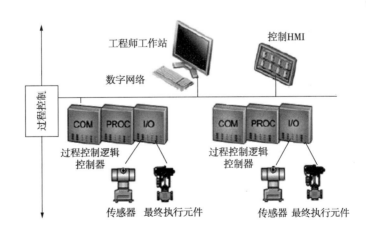

图 2.6　过程控制系统示例

过程控制系统常常使用可编程控制系统，或者由离散控制单元（例如直接接线或机电继电器）、模拟控制器和联锁信号放大器组成的混合控制系统实现。用于维持正常生产过程所使用的控制系统通常称为基本过程控制系统（BPCS）。在 IEC 61511-1（2015）中，术语 BPCS

也特指不遵循 IEC61511 要求设计和管理的系统。为了清楚起见，在本指南中，用于过程控制的系统称为过程控制系统，其逻辑控制器称为过程控制器。

过程控制系统的设计和维护应保证实现可靠的生产和稳定的产品质量。过程控制设备的确定、设计、工程实施、操作和维护应确保过程控制系统失效所导致的异常操作频率（即要求率）低于风险分析中的假定频率，并实现运行目标。

过程控制系统的失效往往是显性的，即操作人员从性能指标（如产量和质量）偏差会很快发现过程控制系统失效。只允许在较小波动范围内操作的工艺过程，相对于那些允许过程控制变量大幅波动的工艺过程，操作人员更容易较早地注意到可能存在的问题。故障发生后，操作人员能很快纠正大多数过程偏差，当然并非全部，这大大降低了对 SCAI 和其他保护措施的要求率。

随着过程控制技术从单回路控制器变成大规模的分散控制系统，控制功能和性能更加依赖数量较少的 I/O 模块。每个模块对应某种特定类型的信号，例如模拟输入或二进制输入，也可以是能够接收各种信号类型的"通用"模块。任何特定的模块出现故障，都可能造成很多控制任务的中断。

由于同一台设备往往承担如此多的控制任务，因此共因失效是采用可编程控制器时需要考虑的重要问题。由硬件、软件或者冗余系统故障导致单一设备失效（单点失效），将同时影响多个控制任务的执行（即共因失效）；这样的情形也会因为软件组态、操作和维护期间的单一人为失误造成（即系统性失效）。事实证明，将信号分配给模块时，分开设置冗余过程测量和最终执行元件，单一模块失效的影响将大大降低，从而提高整个过程控制系统的可用性。

现代的可编程控制器和操作员工作站通过强大的通信技术把过程状态信息有效传递给操作人员，有助于工艺过程的安全操作。另外，这些控制器和工作站为工艺过程参数的自动调节提供更强大和更可靠的控制算法。

在生产装置中也经常会使用监管控制器，它也是过程控制系统的一部分。这些控制器收集数据，用于管理和报告，还可以执行高级控制任务，例如单元优化、批处理反应器的配方管理或统计过程控制。监督控制器通常能提供强大的过程数据分析工具，协助操作人员对过程波动做出响应。不过，由于这些控制器在功能方面与过程控制系统集成在一起，因而此类控制器一般不作为独立保护措施。

过程控制系统的优点得到了广泛认可。但在实际应用中，也随之导致了对过程控制系统的过度依赖，即使是最低水平的过程操作。过程控制任务未能恰当地执行是损失事件产生的最常见原因。过程控制失效可能造成如下后果：①工艺过程正常操作期间操作信息画面显示丢失；②工艺过程波动时，无法充分并快速对过程状态数据进行访问；③通信中断导致不可预知的信号发送到控制阀；④控制系统与现场仪表和阀门之间的往来信号丢失，无法控制或关停过程设备。

尽管可能出现失效，但如果整个系统采用冗余配置，并在设计阶段采取措施消除共因失效，实践证明过程控制系统是非常可靠的。在工艺过程的动态调节时，控制器模块的简单故障会实时显现出来。在使用冗余或容错配置的情况下，通常可以在不中断过程操作的情况下修复故障。控制系统的模块化设计支持多种不同的配置和架构实现相同的功能，但是可靠性却完全不同。为了最大限度地减少控制系统失效引起工艺过程波动和可能的危险后果，有必要精心制订操作计划并实现控制目标。

2.2.2　安全系统

有时安装自动化系统是为了执行过程安全任务。这些系统旨在达到或保持过程安全状态，避免损失事件。安全系统本质上用于监视过程变量的状态，在出现异常情况时向操作人员发出警告，同时支持手动和自动操作，根据需要关停工艺过程。

最常见的安全系统是离散控制系统、可编程控制系统或混合系统(图2.7)。在安全状态点数量有限的场合，离散控制系统已有数十年的使用历史。可编程控制器具有与离散控制系统相同的逻辑功能，但由于硬件和软件集成的复杂性，相对来说可编程控制器的可靠性通常会低些(Summers 2014)。可编程控制器的主要优点是可以更方便地执行复杂的控制逻辑和监视功能，包括计算功能、与过程变量相关或与时间相关的顺序控制。失效率高的组件通过采用冗余可以显著提高可靠性。

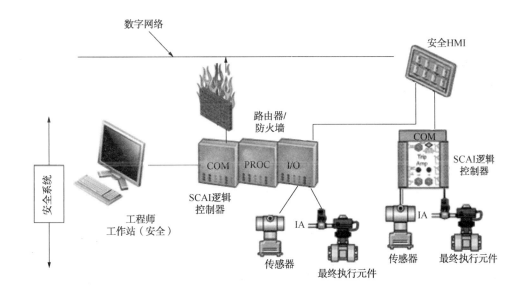

图2.7　安全系统示例

根据 ANSI/ISA 84.91.01(ANSI/ISA 2012c)，SCAI 是用仪表和控制方式实现的过程安全保护措施，用于达到或保持工艺过程的安全状态，并满足特定损失事件的风险降低要求。本章重点讨论工作实践中将哪些仪表和控制功能识别并分类为 SCAI。在第3章和第5章提供了关于制定 SCAI 功能规格书和工程实施的进一步指导。

SCAI 是仪表保护系统(IPS)的安全子集。关于仪表保护系统参见 CCPS 出版的《安全可靠的仪表保护系统指南》[*Guidelines for Safe and Reliable Instrumented Protective Systems*(CCPS 2007b)]。IPS 是用于与健康和人身安全损害、环境影响、财产损失以及生产中断等相关风险的仪表系统。

如图2.8所示，有许多术语可用于对 SCAI 进一步分类。SCAI 的基本特性是监视工艺过程是否偏离正常操作状态。偏离正常操作条件时，会自动采取动作或发出报警。SCAI 执行的动作取决于工艺过程的要求。例如：降低负荷但仍然维持工艺操作；关停特定设备、单元或装置；或者启动紧急隔离和减压系统。SCAI 的动作可以关停全部工艺过程或者是仅影响部分工艺过程操作。

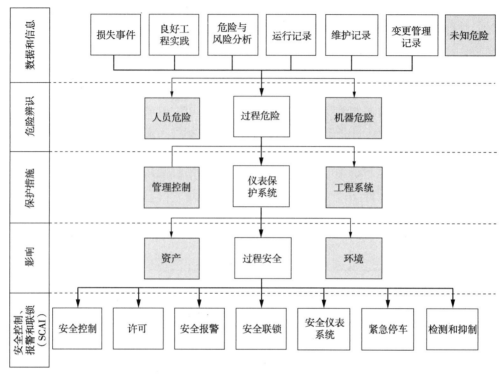

图 2.8　SCAI 分类

SCAI 的设计和管理要确保达到所需的风险降低要求。作为保护措施，在出现特定的异常工况（即工艺过程出现"要求"）时，SCAI 要可靠地成功操作。工艺过程正常操作期间，操作人员不太可能注意到 SCAI 可能出现的功能失效，因为在工艺过程条件达到 SCAI 执行特定响应动作之前，SCAI 的安全功能通常处于待命状态。因此，选用具有早先使用经验的仪表设备非常重要，这样 SCAI 在操作环境的性能表现才能达到预期效果。

操作环境包括可能影响 SCAI 性能的固有条件，例如：

- 外部环境，如防冻需求、危险区域划分；
- 过程操作条件，如极端温度、压力、振动；
- 工艺物料组成，如固体、盐类或腐蚀性物质；
- 过程界面；
- 整体装置的维护和操作管理系统整合；
- 无线通话系统的影响，如电磁干扰；
- 公用工程质量，如电源、仪表空气、液压源。

应了解特定仪表设备在类似操作环境和应用场合过去的性能表现（即"以往使用"），并与制造商声称的品质进行充分比较。同样重要的是，要了解如何进行必要的检查、预防性维护以及测试，维持预期的安全性能。

SCAI 功能失效有时会停止工艺过程的正常操作，这种情形被称为误停车。它的直接后果是：

- 不必要的工艺过程停车和开车；
- 危险的停车和开车；
- 由于它的突发性造成操作人员匆忙采取不当甚至危险的行动。

对于过程安全事件，选择具有较低危险失效率的 *SCAI* 设备是践行本质安全化设计理念 (见第 3.4 节)的具体体现。此外，也应选择安全失效率低的仪表设备，降低误停车率。*SCAI* 设计可以采用冗余配置，防止单台设备失效触发停车，从而提高过程的可用性。

自动化规格书(见第 6.3 节)，着眼于实现完整性和可靠性两大目标要求，也要规定出必要的工程特征和管理控制要求，降低 *SCAI* 在其整个使用年限内的系统性错误。

2.2.3 集成的控制与安全系统

所谓集成的控制和安全系统，如图 2.9 所示，是在数据通信层面将过程控制系统和安全系统连接在一起，向控制室的操作人员提供控制信息。现代控制系统的模块化设计使控制系统可以有各种不同的架构形式。图 2.9 的架构是安全系统控制器与过程控制器充分独立和分离的一个示例。它使用防火墙或安全网关，防止未经认可的数据传输或访问，确保数据的安全完整性(IEC 2015，CCPS 2007b，CCPS 2014b)。第 3.6 节进一步讨论了实现这些重要功能安全特性的其他架构。第 4 章提出了适用于过程控制系统设计的安全考虑。第 5 章关注安全系统设计时应有的安全信息。精心设计和管理的过程控制及安全系统是过程工业实现安全生产的重要保障。

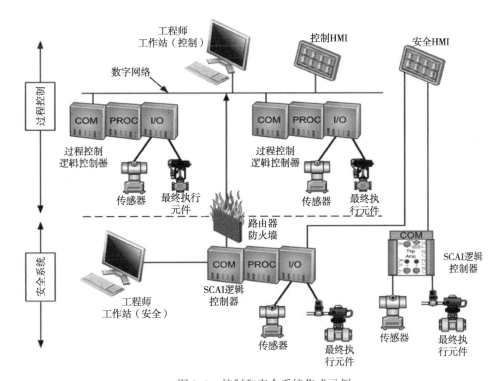

图 2.9 控制和安全系统集成示例

2.3　过程安全框架

过程设计通常从明确产品的产量和质量要求开始。下一阶段是依据选定的标准（如经济性、可靠性、监管和企业要求、可容许的风险等）识别和评估有竞争性的生产技术。优先选用的工艺过程技术还包括识别危险和风险评价。

对于每个工艺过程而言，风险管理始于过程设计的最基本要素：即工艺过程技术选择、过程操作参数、选址、危险物料库存量、装置总图布置以及设备隔离考虑等。在工艺过程设计期间，应深入探讨消除危险的方法，并优先应用本质安全化的设计实践。保持危险化学品的最低库存量；安装管道和换热系统时，要从物理上防止反应性化学品之间的无意混合；选择能承受最大可能压力的容器壁厚；选择最高温度低于化学品分解温度的加热介质等，以上种种措施均可以降低运行风险，在过程设计决策中应予以考虑。

■ 案例 3

地点：中国河北

工艺：硝基胍和硝酸铵

日期：2012 年 2 月 28 日

影响：死亡 25 人；受伤 46 人；周围社区感到震动；2000m 半径范围内窗户玻璃震碎。

现场照片：

概述：

硝酸铵和硝酸胍(可用于制造炸药)反应釜底部发生导热油泄漏，引起火灾。火灾使反应物质受热，进一步引发爆炸。原料和导热油系统曾未经风险评估进行过改造。其他原因包括工人能力欠佳、"安全标准低"，以及装置的工艺操作严重依赖操作人员的人工操作。

自动化方面主要教训：

功能安全依赖于对工艺过程人工操作和自动控制的自动化系统。即使对操作人员进行了充分的初始操作培训和进一步的继续教育培训，由于有的时候化学反应过程剧烈，潜在危险可能发展过快，致使操作人员不能及时响应，无法通过人工干预防止或减轻面临的风险。因此有必要分析可能的损失事件，确定是否需要增加自动控制措施以及设置 SCAI。不过，在完善控制措施时执行 MOC 影响分析至关重要，需要识别变更是否导致新的损失事件或者对原过程危险分析的基础产生影响(U. S. OSHA 1992-2014，CCPS 2008b)。

仪表和控制系统问题：

- 未进行 PHA/LOPA 分析；
- 反应釜无压力或温度自动控制；进料、冷却和排放操作均为手动操作；
- 导热油温度从 210℃ 提高到 255℃，未执行 MOC 影响分析。

信息来源：

China. org. cn. 2012. Oil spill led to factory blast that killed 25.

本质安全化的设计、工程系统和管理控制对工艺过程的资本和运营成本会产生不同的影响(图 2.10)。以往的工程项目更强调降低资本成本和缩短工程时间，因此倾向于倚重工程系统和管理控制而非本质安全化的设计，这种做法使工厂更依赖安全系统和保护层的应用。不过，在过程设计的早期阶段采用本质安全化的设计可能只需简单更改设备的技术规格书，不会对资本成本造成显著影响。本质安全化的设计通常会使解决方案简化，同时降低运营和维护成本。随着自动化复杂性的降低，由于自动化失效而造成工艺过程中断的可能性往往也随之减少。

应该考虑本质安全化的设计对过程操作弹性的影响，因为本质安全化的工艺过程有时会更难以操控(例如，减少或消除单元操作之间的缓冲库存量，会削弱操作的灵活性，操作的波动还会干扰整个系统)。因此，本质安全化的工艺过程虽然减少了过程安全问题，由于操作难度的增加，实际上可能更容易引起工艺过程波动。

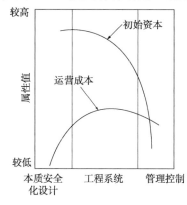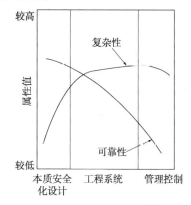

图 2.10　典型风险降低方法的成本与量值变化(CCPS 2009b)

本质安全化的设计通过过程设计本身和操作约束降低危险，而不是依赖安全系统和其他保护层控制危险；管理控制需要较少的资金花费，但要确保操作人员能始终如一重复同样的工作却有困难。所需操作规程的复杂性和管理过程的严格性要高许多，但人工操作的可靠性却相对较低；而对于工程系统来说，由于维持设备性能需要更大的投入，故而工程系统的运行成本最高。不过，工程系统对非正常操作可做出预知响应，因而可以实现高完整性和可靠性。

许多过程涉及的能量和物料在异常工况下可能具有危险性。应当采用本质安全化的策略进行过程设计，消除或减少此类危险的可能性。依赖工程系统和管理控制的保护措施可以降低过程风险。用于过程控制和安全系统的仪表选型及结构配置，对于降低损失事件和后续危险发生的频率起到重要作用。本书为过程控制和安全系统的设计以及操作提供了指导，这些系统是过程工业最常用的保护措施。

2.3.1　保护层

本质安全化的过程设计（CCPS 2009b）通过设计决策（设备选择、装置平面布置等）将可能的危险最小化。即使采用了本质安全化的策略，许多工艺过程设施仍然存在潜在的危险，需要采取其他措施来降低风险。过程控制可以维持正常的工艺过程操作，减少对保护措施的要求率，因此通过过程控制可以降低工艺过程的固有风险。人为错误或仪表设备故障造成的过程控制失效可能导致失控（图2.11）。如果操作人员不能及时识别并纠正，偏离最终可能对保护措施产生一个动作"要求"。

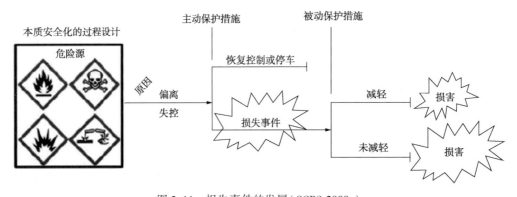

图2.11　损失事件的发展（CCPS 2008a）

保护措施是功能安全管理计划的基本组成部分。在意外事件恶化进程中，保护措施何时并以何种方式发挥作用，将最终导致不同的结果（Summers和Hearn 2012）。主动的保护措施采取行动恢复过程控制或者关停工艺过程。被动的保护措施在损失事件发生后采取行动，防止损失事件进一步扩大，将损害降至最低。所需保护措施的数量及其整体风险降低要求，由损失事件的严重性和失控的频率决定。

保护措施按预定顺序执行，以达到预期的效果。保护措施的响应顺序参见图2.12，即人们熟知的洋葱模型。每一层洋葱代表一层保护措施（CCPS 2007b）。这些保护层由工程系统和管理控制组成，它们协同工作来降低过程风险。随着事件的蔓延，对工艺过程安全运行的影响会逐渐增大，最终后果的不确定性也会提高。

针对特定损失事件配置的保护层数量和类型由安全监管要求、良好工程实践、预期操作

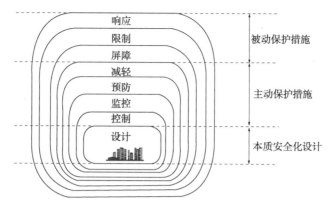

图 2.12　典型保护层(CCPS 2007b)

计划以及企业的风险管理要求决定。多数情况下，一个损失事件要采用多个保护层实现安全保护。每个保护层的安全措施在阻止损失事件发生时，可能是主动、也可能是被动发挥作用，具体描述如下：

- **本质安全化设计**——通过有效使用工艺过程技术、设计方法和/或操作技术进行过程设计，减少或消除损失事件，这种减少或消除方式是永久存在的，并与工艺过程本身不可分割。

- **控制**——通过执行标准操作规程、安装过程控制系统以及过程报警系统，将过程维持在正常操作范围内。

- **监督**——通过保护报警系统、操作人员监视，执行相应的动作，使过程达到或维持安全状态，减少损失事件的发生频率。

- **预防**——采用仪表保护系统达到或保持过程安全状态，减少损失事件频率。

- **减轻**——包括机械设备(如泄压设备、爆破片)及仪表系统(如生命安全系统、高完整性保护系统和反应器灭活系统)。该层的设计意图是为了降低损失事件的频率和/或后果严重性。

- **屏障**——由物理结构组成，例如堤坝、护道、围堰和防爆墙等，通过物理措施减小后果严重性。

- **限制**——设置火气系统、紧急卸放系统、消防系统、水/汽幕、雨淋火火系统和紧急停车系统，减少损失事件的后果严重性。

- **响应**——设置紧急响应系统，通知人员和/或社区就地避难，或疏散至安全区域，并启动应急响应方案。

控制、监督、预防和减轻层可以阻止异常操作超出设备安全操作的限值，从而主动避免损失事件。由于针对某种意图可以进行专门的设计，设计良好的损失事件预防系统可以具有很确定的有效性，并可以使用工程原理预测最终结果。控制层采用大量的工程系统和管理控制监视和控制工艺过程使之处于设定的正常操作范围内。过程控制系统是用于控制层的许多不同工程系统之一。与此相对照，监督层、预防层或减轻层高度依赖于所安装的安全系统，在出现异常工况时达到或保持安全状态。

其他保护层是发生损失事件后，对危险状况做出反应。危险状况可能使人员、财产、环境等陷于一个或多个危险中。屏障和限制层属于被动保护层，在损失事件发生后采取行动。

屏障层围堵泄漏的物料（或能量），需要针对特定危险状况进行专门设计才能发挥作用。例如，防爆屏障的设计必须考虑损失事件产生的超压程度。限制系统主要通过监视不可接受的大气环境，采取行动隔离/排放和/或撤离非必要人员，以此降低危险状况的严重性。缓和危险状况的系统就控制效果而言有很大的不确定性，因为其有效性受特定危险状况的直接影响。

不过，专门设计的限制系统会避免损失事件升级，否则随着损失事件的事态发展会波及周围设备，进而引发其他失效。例如，泄压设备可以提供过压保护，防止设备损坏或失效。

这些设备被认为具有减轻作用，因为它们的动作通常会降低损失事件的严重性。高液位报警器和自动溢流保护系统可提供溢流保护（API 2005；Summers，Hearn 2010a；Summers，Hearn 2010b）。围堰（或堤坝）是围堵管线、法兰或储罐等泄漏造成小规模液体溢出的常见屏障，但不能用于降低易燃、有毒或易爆化学品储罐的溢流风险。

工厂应与社区一道制定应急预案，对损失事件做出适当响应并最终中止损失事件的蔓延。正确执行应急预案，可以防止事态升级，减少危险状况造成的伤害。例如，及时灭火扑救将阻断周围设备和构筑物起火，防止进一步受损。因为应急预案是在危险状况已经发生并造成伤害的情况下启动，所以具有最大的不确定性。这些措施从根本上可以防止恶劣情况变得更糟。但不幸的是，在应对事故过程中应急人员受伤的事件时有发生。因此，有效实施计划、培训、协调和沟通联络对于成功中止事件、尽可能减小损失至关重要。

保护层可能涉及专门的过程设计、过程设备、管理控制、仪表和控制及应对异常和紧急操作状况的计划响应，这些响应可以是自动的，也可以是人工手动执行。操作和维护规程指导人员采取正确的行动以支持和维护这样的保护层，而操作和维护规程本身并不是保护层，因为在对正常和异常操作做出持续有效的响应时，这些规程只是必要的行动指导。这些规程包括：标准操作程序、工艺单元应急程序、预防性维护规程、装置或厂级应急响应程序和社区应急响应程序。对于依赖操作员人工响应的保护层，只有在规定的时间内按照规程的指导执行行动，这些保护层才能发挥应有效果。应向操作人员清楚、明确地说明何时需要采取何种行动，而且这些行动应该经过演练。另外，在下列情况下，应考虑人员行为和认知能力的限制：

- 执行报警管理程序；
- 估计人员的响应时间；
- 估计操作人员失效的可能性；
- 设计响应设施；
- 编写规程；
- 培训操作人员；
- 评估人员能力。

需要审核与保护层相关的规程，验证这些规程是否有效（CCPS 2011）。为被控工艺设施选定的保护策略通常包括由仪表系统执行的过程监视和自动纠正措施。在一些情况下，保护措施既有仪表系统自动动作也有操作人员的人工行动，例如报警系统报警后的人工干预。

对于安全运行，保护层的有效执行是功能安全计划的关键组成部分。保护层可以主动避免损失事件发生；它也可以在损失事件发生后被动做出反应降低其后果。当本质安全化设计和过程设备选择无法避免重大危险时，设置保护层的意义便显现出来。需要验证保护层的设计和管理是否能确保任一保护层失效(设备失效或人为错误),不会损坏其他保护层的有效性。术语"*独立保护层*"用于表明保护层的设计和管理满足七大核心属性要求。

2.3.2 独立保护层

许多工艺过程都需要保护措施来降低损失事件的风险。这些保护措施很多都依赖于自动化,例如控制、报警、联锁、许可、吹扫、隔离、泄压和放空。如果过程相关的重大风险是面向人员和环境威胁,那么必要的风险降低措施可能需要采用多重保护措施,或者采用具有更高完整性的保护措施。为了降低多重保护措施之间共因失效的影响,采用经验证明行之有效的自动化设计和管理实践十分必要,如同在本书中介绍的那样。

在一些情况下,需要认真识别保护措施和独立保护层(IPL)。所有的 IPL 都是保护措施,但并非所有的保护措施都能达到作为 IPL 所必需的属性。当保护层或保护层组合满足以下七项核心属性时,即认为符合 IPL 的要求(CCPS 2007b, CCPS 2009b, CCPS 2014b):

① **独立性**——保护层的安全性能不会因为损失事件的初始原因或其他保护层失效而受到影响。

② **功能性**——保护层在应对损失事件时执行所需的操作。

③ **完整性**——保护层的设计和管理满足合理预期的风险降低要求。

④ **可靠性**——在规定时间和规定条件下,保护层按预期运行的概率(译注:即常说的过程可用性)。

⑤ **可审核性**——能够通过审查操作信息、文档和管理规程,证明其设计、检验、维护、测试和操作实践适当,足以达到并遵循了核心属性要求。

⑥ **访问安全**——采用管理控制和物理方法减少非故意或未经授权变更的可能性。

⑦ **变更管理**——在对设备、操作规程、原材料、工艺过程操作状态等实施变更或修改之前,用来审查、书面记录和批准的一套正式的管理规则和程序。它有别于同类替换的管理。

只有满足以上七项核心属性要求的保护层才能归类为 IPL。

2.3.3 仪表保护层

在许多保护层中,自动化系统起着不可或缺的作用。有些设备提供备用或诊断,而另一些在阻止损失事件中发挥着重要作用。这些设备可作为整体安全系统的一部分(图 2.13),一般至少由以下部分组成:

- 传感器:如压力、流量、温度变送器;
- 逻辑控制器:如可编程控制器、分散控制系统、离散控制器;
- 最终执行元件:如控制阀、电机控制回路;
- 人机界面:如操作人员、工程或维护 HMI;
- 通信:如内部或外部数据传输;
- 公用工程和电源系统。

过程控制系统也可以执行或支持很多与安全系统相同的任务。不过这种多用途系统不是安全系统,因为不满足功能性的核心属性。它不是专门为解决过程安全事件而设计的。过程控制系统一般用于工艺过程的日常运行。操作人员修改控制回路的调节方式等是司空见惯的

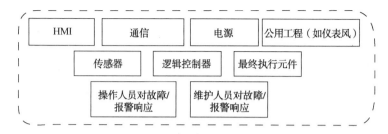

图 2.13　仪表和控制安全系统构成示例（CCPS 2007b）

常规操作；在许多工厂中，对控制系统诸如此类的改动并不需要全面审查、测试和确认。因此，过程控制系统不能被认定为 IPL，除非在系统的设计、操作、维护和测试中采用了额外的约束条件和措施。

当仪表系统上升到安全保护措施这一水平时，这些系统就被确定为 SCAI，并进行特殊的设计和管理，以达到第 2.3.2 节列出的七项核心属性。SCAI 采用各种各样的测量和控制技术进行设计。可以使用机械式和现场安装的传感器；单独或组合使用可编程设备、直接接线继电器和固态逻辑组件作为 SCAI 逻辑控制器使用；输出信号发送到节流控制设备和切断阀。逻辑控制器通常用防火墙和网关与过程控制系统逻辑控制器隔离，以确保数据的安全性和完整性。此外，SCAI 输入传感器和最终元件一般也与过程控制系统的同类仪表设备分别设置；如果 SCAI 与过程控制系统共享传感器或最终元件，只有在共享的传感器和最终元件失效时处于下面的情形，共享才可以接受：

- 不会导致初始事件；
- 可能导致初始事件，但是①有为执行安全功能特意配置的冗余设备，以及②风险分析确认了共因失效足够低。

仪表保护层安全性能，明显受限于识别和预防人为错误、共因失效和系统性失效的严格程度。应当评估仪表保护层的设计，确保与总体风险降低要求相比，其共因、共模和相关失效的可能性足够低。要考虑以下系统的共同失效：

- 保护层；
- 保护层和过程控制系统；

第 6.6 节讨论了对各种控制和安全系统失效因素进行管理的各个方面。评估应该考虑以下几点：

- 保护层之间的独立性；
- 保护层之间的多样性；
- 不同保护层之间的物理隔离；
- 保护层之间及保护层和过程控制系统之间的共因失效。

SCAI 的安全性能取决于其结构、设备选型和设计人员的其他设计考虑及安装和调试管理程序。其后，还取决于员工对操作和维护指标的用心程度。SCAI 的完整性可以采用定性法或定量法描述，这两种方法都可以达到验证安全性能的目的。用户可以将拟用或在役 SCAI 与认可的设计工程实践进行比较，根据从前的操作经验，即以往使用证据，确定是否达到可接受的风险降低水平。其他书籍（CCPS 2007b）曾对所谓的"食谱"（硬性规定）方法做了深入讨论。类似操作环境的以往使用历史可证明 SCAI 适合于特定用途。也可以对拟议或在役 SCAI 进行定量分析，评估风险降低水平和可预期的误中断频率。然后将估测值与操作目标相比较，确定是否满足生产装置的安全要求。

　　严格遵守设计和管理指南，可以确保仪表保护层达到所需的保护水平。以往的实践已经表明，严格遵循设计和工程实施的良好实践，很多生产装置的 SCAI 都已达到合乎要求的安全性能。这些实践有两个共同的特点：①将过程风险按严重性分成几个类别；②针对每个风险类别的可接受程度确定 SCAI 设计（设备选型、系统结构和维护实践）。本书提出了类似的方法论，以阐述良好工程实践在 SCAI 的设计和管理中的应用。

2.4　基于风险的设计

　　有时使用硬性规定（规范性）的工程实践确保工艺过程的安全设计。对于具有长期丰富的经验并对所面临的过程风险了如指掌的场合，这样的实践是行之有效的。许多规范和行业标准都有规定性的要求，这些要求结合了历史（或以往使用）经验及相关行业专家的判断。面对新的技术革新，硬性规定实践的局限性是显而易见的。因为几乎没有历史经验证明其性能，新技术可能伴随着新风险。缺乏操作经验的积累，对于工艺技术的创新，当前的实践经验是否持续有效充满了变数。

　　基于风险的设计并不规定实现安全操作的具体方法。相反，这种设计建立了一个风险阈值，超过这个阈值，风险就认为不可接受。通常可以使用多种保护措施将已识别的风险降到风险阈值以下。本节简要介绍了识别损失事件和确定保护措施的必要活动。这些活动的最终结果，是为采用过程控制和安全系统降低损失事件风险制订出功能安全管理计划。

　　图 2.14 介绍了制订功能安全计划的工作过程，并展示了制定过程控制和安全系统规格书通常需要的主要活动顺序。功能安全计划要定义出活动内容、判定标准、采用的技术和措施，需遵循的规程和程序，以及明确责任方，以便达到下面的目标：

- 证明所有相关过程操作模式的安全要求均已达到；包括安全功能和安全性能要求；
- 检查安装和配置是否适当；
- 获取操作经验后，评估投用后安全功能和安全性能表现；
- 在系统运行期间维持安全功能和安全性能要求（如通过检验测试、失效分析等活动）；

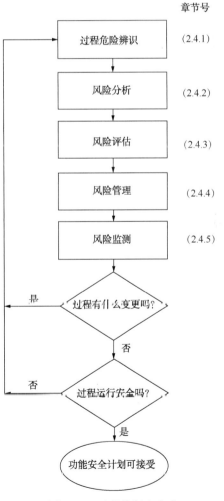

章节号

过程危险辨识　（2.4.1）

风险分析　（2.4.2）

风险评估　（2.4.3）

风险管理　（2.4.4）

风险监测　（2.4.5）

过程有什么变更吗？　是

否

过程运行安全吗？　否

是

功能安全计划可接受

图 2.14　过程控制和安全系统的功能安全计划

- 在维护期间管理过程危险。

该工作流程描述的活动适用于新的过程设计、对现有过程的修改以及附带控制系统改动的设施更新。切入点随不同的工作要求而变化。变更管理（MOC）适用于安装、调试和确认后对安全系统的所有修改。当过程变更影响到危险辨识的基本假设时也同样适用 MOC。危险辨识和风险分析需要定期审查。如果分析结果发生变化，则要在整个工作流程中标示出变动部分。以下是对此工作流程中各项活动的详细叙述。

2.4.1 过程危险辨识

过程危险辨识工作流程的目标是识别并文档化下列内容形成文档：

- 工艺过程技术及其过程危险；
- 为降低或消除过程危险采用的本质安全化设计特征；
- 保持正常操作的过程控制策略。

了解过程偏差如何导致损失事件对于有效评估和控制损失事件是最基本的要求。对计划的过程操作模式进行评估，识别出各自的过程危险。对于新建工程项目，必须首先明确工艺过程技术及其化学特性，从而了解过程危险的特征。新建工程项目以及现有工艺过程修改之前，都应进行危险评估，了解初始原因如何演变成具有危险后果的损失事件。

表 2.3 是一些过程危险示例，它们与设备容量、原料供给、中间产物或最终产品，以及过程操作的物理状态等相关。如果这些危险没有得到适当控制，损失事件可能产生重大影响。初始原因可以追溯到多种类型的自动化失效，包括：

- 被动的设备失效，例如：
  - 填料泄漏；
  - 仪表管路泄漏。
- 主动的设备失效，例如：
  - 在正常量程范围内传感器信号"冻结（不再变化）"；
  - 阀门未按照指令开启；
  - 控制器不能实时响应过程扰动；
  - 电机运行时故障；
  - 操作人员界面显示故障。
- 公用工程中断，例如：
  - 停电；
  - 液压系统故障。
  - 仪表风系统失效。
- 通信中断，例如：
  - 现场设备和控制器之间；
  - 控制器与控制器之间；
  - 控制器和网络之间；
  - HMI 的通信，包括过程控制和安全系统。
- 因疏忽造成的人为失误，例如：
  - 操作人员输入的批次配方不正确；

- 操作人员维护后未正确恢复工艺阀门状态;
- 维护后未开启变送器的根部阀。
- 调试时的人为失误,例如:
  - 操作人员将过程控制回路置于手动控制状态;
  - 操作人员开错阀门;
  - 操作人员未恢复被旁路的安全系统。
- 访问安全管理失控,例如:
  - 操作人员未经批准更改报警设定点;
  - 维护人员未经批准更改仪表配置或组态;
  - 工程设计人员工程师未经批准更改应用逻辑组态。
- 网络安全失效,例如:
  - 远程访问连接处于开放状态;
  - 过程控制器和安全控制器之间的防火墙失效。

表 2.3　导致意外事故后果的影响因素(CCPS 2008a)

过程危险	初始原因	事故后果
装置中下列物料存量大: 　易燃材料、可燃材料、不稳定材料、腐蚀性材料、窒息物、冲击敏感材料、高活性物质、有毒物质、惰性气体、可燃粉尘、自燃性材料。 物理状态: 　高温、低温、高压、真空、压力循环、温度循环、振动、液击、电离辐射、高电压/电流、存量巨大、物料搬运、液化气	密封失效: 　工艺管道、导管/槽、储罐、工艺容器、收集器、挠性管、视镜、垫片/密封。 设备故障: 　泵、压缩机、搅拌器、阀、仪表、传感器、控制失效、误停车、放空、泄压。 公用工程中断: 　供电、氮气、水、制冷系统、空气、热量、传导流体、蒸汽、通风。 人为失误: 　操作、维护、工程设计、管理、安保违规。 外部事件: 　车辆碰撞、极端天气、地震	损失事件: 　排放或泄漏、火灾、池火、喷射火、闪火、火球、受限空间爆炸、开放空间蒸气云爆炸、容器破裂爆炸、沸腾液体膨胀蒸气爆炸(BLEVE)、粉尘爆炸、爆燃、凝相爆炸。 影响: 　有毒、腐蚀、热辐射、超压、抛射物; 其他方面的影响: 　社区、劳动力、环境、公司资产、产量

工艺过程确定和危险辨识工作流程(图 2.15)包括多个循环路径,用来消除或降低过程危险,其中涉及修改过程设计、重新选择过程和控制设备以及改变控制策略。应考虑采用本质安全化设计原则,尽可能减少设置那些日趋复杂或者高度依赖操作和维护专业技能的保护层。该工作流程并不排除依据良好工程实践(或推荐)的保护层,也不是要取消那些技术成熟应用广泛并且实用性强的保护层。

在过程设计初期阶段,应当对工艺过程技术和操作计划进行审查,以了解异常工况导致的潜在操作风险。该风险与过程设计基础、操作计划和现场安全文化紧密相连。明确分析范围并确保充分涵盖过程危险因素非常重要。免于评估的部分应具有充分的技术理由。评估可能的损失事件,以了解可能出现的错误、事件发生的可能性以及可能产生的影响(图 2.16)。损失预防旨在设法减少损失事件发生的可能性。此项工作要求掌握过程设计基础、过程控制系统、保护措施设计和操作计划的知识和信息,并需要了解现场以往操作和维护状况。

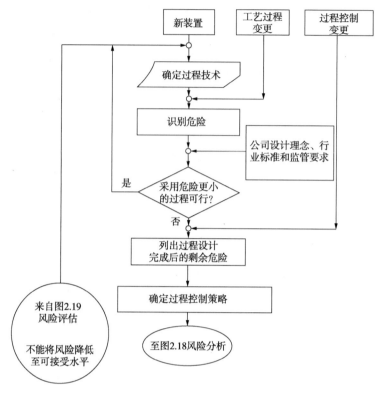

图 2.15　过程危险辨识工作流程

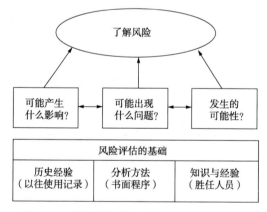

图 2.16　了解风险的各个方面（CCPS 2008a）

识别损失事件的方法在其他 CCPS 书籍中已有介绍（2008a，2001，2014b）。根据不同的工艺过程类型、物料或后果，企业或机构可能采用不同类型的危险评估技术。在整个生命周期的不同阶段可采用多种不同的方法（图 2.17）：

- 初步的危险评估（Preliminary hazards assessment）；
- 假设分析（What-if）；
- 假设分析/检查表（What-if/checklist）；
- 危险与可操作性分析（HAZOP）；
- 失效模式和影响分析（FMEA）；

- 故障树分析（FTA）；
- 事件树分析（ETA）；
- 因果分析（CCA）；
- 人因可靠性分析（HRA）。

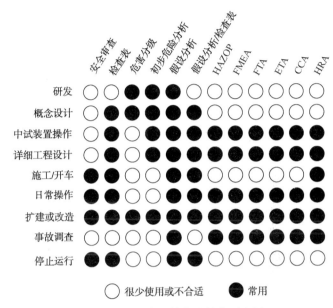

图 2.17　危险评估方法的典型应用

这些方法使用不同的引导词、提问或工具来引导分析人员或团队的思路。一些方法遵循既定的关注项目清单，而另一些则要求针对过程类型提出一系列具体问题。有些方法基于分析人员以及可用的技术信息自行评估风险；另一些技术则采用会议的形式，即分析小组人员通常在一位协调人员的主持下一起协同工作，评估风险。

危险评估通常需要的过程危险信息包括：

- 工艺过程涉及化学品的化学、物理和毒理特性；
- 所有化学品的反应性数据和易燃性，包括高能物料的爆炸特性；
- 工艺过程大概的热平衡和物料平衡；
- 过程设备的初步确定；
- 现场平面布置。

识别出可能的损失事件之后，可以探索降低这种风险的工艺过程。应考虑公司的风险管理理念、良好工程实践和监管要求，确保采用合理的工程实践降低固有风险。减少危险化学品的储存、减少危险物料存量、降低操作温度和压力，以及将溶剂和原料更换为危险性较低的材料，这些措施都可以提高过程的本质安全性。

如第 1 章所述，在考虑了所有可行的过程设计替代方案之后，可能仍然存在一定的危险。这些残余危险是过程固有的，应通过功能安全管理来解决。本章涉及的工作流程有关活动，着眼于确定风险降低所用的系统，对每个风险降低系统的设备进行分级，并确保每个系统的安全性能。

确定过程控制策略，确保过程设计和相关操作计划减少人为失误和设备失效导致过程异常的可能性。对于现有工艺过程，定期对过程控制策略进行重新评估，以便与当前公司的风险管理理念、良好工程实践和监管要求保持一致。控制策略的编写应当足够详细，要确保工艺过程实现产量和质量双重目标。控制策略包括总体控制策略、系统架构、人机界面和系统互联。

控制策略包括控制任务的定义，即如何调节物料、能量和动量的平衡；工艺过程的中间存量和产品库存以及产品质量参数。控制策略不仅包括如何维持正常运行状态，还要考虑工艺过程偏离预定值时必要的恢复操作。第3章讨论制定过程控制系统规格书时需考虑的事项，第4章讨论过程控制系统设备的选型和工程实施。

2.4.2　风险分析

风险分析工作（图2.18）的目标是确定并文档化下列内容：
- 未考虑保护措施时，损失事件的可能性和后果严重性；
- 分析过程所做的假设，包括要求率、初始原因平均频率，以及作为过程控制层一部分的操作约束或人为干预的取值（credit）；
- 需要额外风险降低的损失事件。

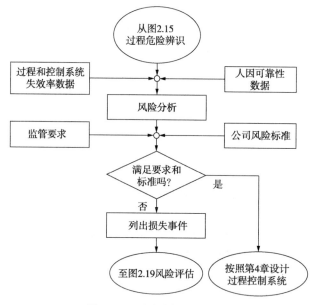

图2.18　风险分析工作流程

过程设计基础和过程控制规格书完成后需再次分析风险。分析团队或分析人员的任务是评估损失事件的风险，同时识别出那些需要增设额外风险降低措施的事件。功能安全管理计划需要考虑与过程安全管理相关的良好工程实践，以及关于可靠性、可维护性和可持续性的任何特别要求。

有效的功能安全管理计划可防止异常操作演变成损失事件。合理设计和实施工程系统几乎可以防止任何事件。

工程系统的安全性能取决于在多大程度上减少那些"可能出错的因素"（表2.4）。例如，违反网络或信息安全管理规定导致损失事件的可能性，与用于限制对物理设备进行访问以及防止网络攻击的管理控制和工程系统的严格程度密切相关。

表 2.4 可能出错的因素

缺乏监督和安全文化	自动化系统知识不足
缺乏工艺过程知识	自动化系统标识和追溯性不好
过程设备标识不当	仪表可靠性程序内容不充分或没有
操作人员的人机界面设计不佳	自动化设备长期处于旁路状态
操作人员(或维护人员)人机界面设计未考虑人机工程学等因素	自动化设备不足或不起作用
脑力任务过多	自动化设备记录保存不完整
优先级冲突	仪表的量值令人误解
通信联络不畅	自动化系统不可靠(例如，过程控制和 SCAI)
常规事务处理懒散	安全报警设置不合适
过度依赖操作人员处理异常操作	何时执行手动停车动作定义模糊
报警过多	对安全联锁/SIS 了解不够
SCAI 过程要求率过高	自动化设备的维护管理工具不足
违反基本要求(例如，设备没有做到失效安全)	访问安全和网络安全管理不够
操作和维护规程不充分	过程控制系统的功能要求规格书未适时更新
实际工程实践不符合书面管理规定	SCAI 安全要求规格书未适时更新
反馈不充分(例如，用于表明必要动作已正确完成的反馈信号设置不够)	检维修时未设置醒目的标识(例如，禁止进入的隔离带、标记等)
过度敏感或不稳定的控制	使用难以学习掌握和难以维护的设备(例如，在人员普遍专业技能匮乏的情况下选用专业 PLC)

风险分析是研究初始原因如何从正常操作演变成损失事件。就大多数损失事件而言，出现初始原因足以引起异常操作。某些情况也可能需要使能条件。使能条件包括各种类型的基本条件，例如环境状态、设备同时失效以及工艺过程操作状态等(Summers 2015)。

过程风险出初始事件的可能性(考虑使能条件，但不考虑保护措施或条件修正因素)和损失事件可能的最坏后果决定。参数超过设计限值导致的危险状况相关的后果严重性不考虑任何安全措施(不论主动还是被动性的)，即不计它们的影响。过程风险可以用以下数学公式表示：

$$过程风险 = 初始事件频率 \times 后果严重性$$

■ 案例 4

地点：Point Comfort, Texas

工艺过程：烯烃

日期：2005 年 10 月 6 日

影响：16 人受伤；装置人员疏散；社区就近避难；一个小学疏散；公路封闭；大火达 500ft(1ft = 0.3048m)高；装置严重受损；停工 5 个月。

工艺流程图和照片（CSB 案例研究图 10、图 8、图 6）：

图 10　车辆碰撞点

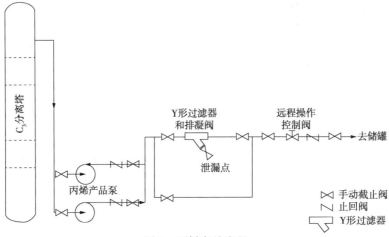

图 8　丙烯产品流程

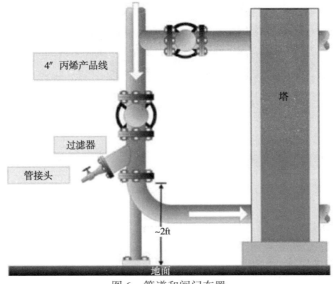

图 6　管道和阀门布置

概述：

事故发生当天，一辆叉车牵引的拖车挂住了安装在液态丙烯管线过滤器上的一个阀门，并将阀门从过滤器上拉了下来，泄漏的物料迅速形成蒸气云，造成操作人员无法接近手动隔离阀以及手动停泵。没有配备远程操作阀门和泵的控制装置。最后从电机控制中心关停了泵。尽管操作人员试图隔离设备并阻止蒸气云进一步扩散，但蒸气云还是被点燃并引发爆炸。

自动化方面主要教训：

应急响应计划应该考虑如何关停设备；一旦发生毒性物质泄漏或火灾，不能靠近并手动关闭阀门时，如何能从安全区域完成紧急隔离操作。

仪表和控制系统问题：

无远程操作的隔离阀；

无远程停泵设备。

信息来源：

CSB. 2007. Formosa Point Comfort Case Study. Case study 2006 – 01 – I – TX. Washington, D. C. ：U. S. Chemical Safety Board.

一个过程偏差所引起的过程风险等级与异常操作的频率和超出设备安全操作限值的后果直接相关。评估损失事件风险采用不同的严格程度(Summers，Hearn 2008)。一般来说，应当基于以下考虑选择具体的风险分析方法：

- 监管要求；
- 公司政策；
- 生命周期阶段；
- 可用的信息；
- 过程复杂性；
- 以往的过程及其设备经验(即以往使用证据)；
- 要求的风险辨识程度；
- 后果严重性。

估算的过程风险不应包括安全保护措施的十损。不过，很多时候分析团队往往考虑被动保护措施(见第2.3.1节)，尤其是火气系统或应急响应程序，存在的前提下评估损失事件，这样做是不对的。在分析后果的严重性时，可以对其定性分级。简单来说，假定一切可能出现的问题都发生了，从造成的伤害确定后果的严重性。严重性是基于最糟的情形确定。

估计的后果严重性需要考虑潜在的泄漏量、持续泄漏时间和具体现场条件(人口密度、厂内交通方式、气象数据等)。严重性可基于后果建模技术，如扩散、火灾或爆炸模型，以及其他实用的仿真技术(Summers，Vogtmann，Smolen 2012，Summers 2015，CCPS 2014a，CCPS 1998a，CCPS 1999)。

大多数组织执行书面的风险分析程序，根据后果严重性对损失事件进行分类。管理层必须将其风险标准传达给风险分析团队，以便团队能做出一致的风险判断。可以使用不同的方法将企业风险标准与过程安全管理结合在一起(CCPS 2008a，CCPS 2009a，CCPS 2000)。

风险标准可以用简单、定性的方式表征，如风险矩阵；或以开放的方式，比如使用合理尽可能低（ALARP）的规则。在 CCPS HEP（2008a）、CCPS LOPA（2001）、CCPS IE/IPL（2014b）等相关书籍以及 IEC 61511-3（2015）中可以查询到这方面的应用例子。以风险分析方法——保护层分析为例，它是按照从初始事件到损失事件的演变顺序进行半定量的风险评估（CCPS 2001，CCPS 2014b）。

风险分析过程最终将形成损失事件及其对应风险缺口的一个列表。只要评估出的过程风险高于风险标准，就会存在风险缺口。具有较高过程风险的事件通常需要多重工程系统和管理控制保护措施将风险降低至风险标准。风险评估工作流程关注采取什么措施弥补风险缺口。

2.4.3 风险评估

风险评估是采用风险分析结果，通过风险降低策略的相对分级，或与风险目标进行比较，从而做出决策的过程。风险评估工作流程（图 2.19）的目标是确定并文档化以下内容：
- 损失事件的初始事件；
- 降低损失事件风险的安全保护措施；
- 每个保护措施的风险降低要求；
- 每个保护措施的最大容许误动率；
- 将安全保护措施分配到保护层；
- 过程控制系统的功能性与可靠性要求；
- 非仪表保护层的功能性要求和风险降低要求；
- 仪表保护层的功能性、完整性和可靠性要求。

借助异常操作、停车、未遂事件和事故调查报告等文档记录，可以更充分地了解现役自动化系统的性能，例如，过程"要求率"或安全保护措施失效概率（Summers Hearn 2008，Summers 2015，CCPS 2003）。工作流程包括评估可选方案，确定风险值和不确定性，然后提出新方案和改进方案的建议。

任何风险分析方法都可用来评估过程风险、损失事件风险和伤害事件风险。风险评估可以使用各种类型的风险标准。

例如，可以通过定性或定量技术确定损失事件频率；在某些情况下，可以用历史（以往使用）数据确定损失事件频率。损失事件的风险基于同一过程风险的可能性与后果关系确定。

损失事件风险＝损失事件频率×后果严重性

在这种情况下，估计损失事件可能性还要考虑所列的保护措施、可能的条件修正参数以及初始事件可能性。后果严重性仍然是考虑了所有可能事故的最坏状况。

通常根据损失事件的可能性和后果严重性对风险进行分级和排序。风险等级用于确定降低风险和针对保护措施缺陷所提出建议的优先级和紧急程度。可以采用各种方式将风险标准传达给负责执行风险分级的人员（Summers，Hearn 2012）。在风险分析的早期阶段通常使用定性风险分级。详细设计后，可采用更复杂的风险分级方法。当事件造成的过程安全风险级别有必要采用 SCAI 时，就要对损失事件进行更详细的分析。

大多数风险分级从定性方法开始。风险分级之前首先要有明确的风险标准。依据风险标准确定各类后果严重性的容许风险与发生可能性的关系。选定的风险标准应在国际公认的接受风

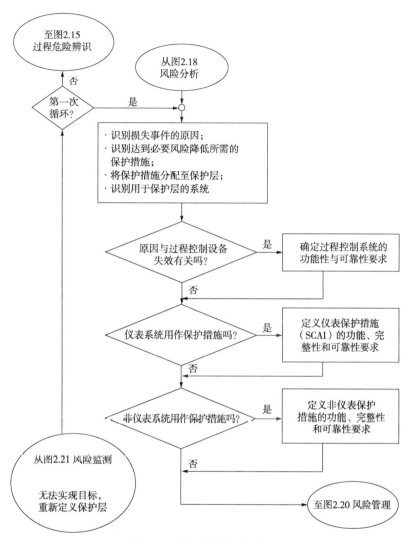

图 2.19　风险评估工作流程

险范围之内(CCPS 2009a)。为确定风险缺口，应将损失事件风险与风险标准进行比较，确定风险降低的要求。如果过程风险不符合既定的风险标准，则需要使用保护措施来弥补风险缺口。

减轻事件可能性的定性分析可能会很复杂，因为这需要团队成员评估许多依赖操作人员干预和自动化操作的系统同时失效的可能性。定性风险评估和半定量评估技术只适用于确定完全独立、较少原因和较低复杂程度的保护措施，因为这些评估方法本身依赖简化的规则和简单的评估技术。

有些事件过于复杂，无法用定性或半定量(如 LOPA)方法评估可能性，特别是多原因事件、初始原因和保护措施之间有共用设备、保护措施之间有共用设备、时间相关以及系统之间相互影响等复杂事件。例如，失控反应事件可能是由多个独立原因一并引发极高压力导致的；火炬负荷减轻系统可能受到泄压系统设计基础的限制。泄压系统设计基础定义了可同时安全泄压的容器数量。定量风险分析(QRA)技术，如故障树分析，经常被用来确定这些复杂性更高的事件频率(CCPS 2014b，CCPS 2000)。由于分析的复杂性，QRA 需要分析人员受过专业培训并具备专业技能，有别于进行危险辨识或一般风险分级时简单组建一个多专业的分析小组。

在风险评估过程中，通过估算风险确定弥补风险缺口的响应排序。那些具有风险缺口的损失事件，也就是说要进一步降低风险以达到风险标准的事件，需要指定关闭风险缺口的优先级。随着更为翔实的过程安全信息的积累，对风险缺口的估计就会更加精准，就可以确定明确的保护措施将风险降至风险标准。用户应该仔细权衡为什么选择这样的保护措施而不是其他。洋葱模型（图2.12）是保护措施实施的一个典型顺序，但这不是确定弥补任何特定风险缺口所用保护措施的优先级。例如，在许多情况下，本质安全化设计鼓励人们优先选择联锁而不是报警，这样可以减少事件发展过程中操作人员出错的可能性。

保护措施分配至保护层，保护层通常定义了一套基本的设计和管理准则。保护措施的分配一般基于损失事件的风险、保护措施在防止损失事件中发挥的作用以及期望达到的风险降低量。通常采用分级系统确定保护措施的类型、用途和性能要求。分级系统通常使用特殊位号、编号、标签、颜色等将设备等级清晰地区分开来。

2.4.4　风险管理

风险管理工作流程（图2.20）的目标是识别并形成文档化下列事项：

- 每个保护层，包括 SCAI 和其他保护措施，所需的系统功能规格书和工程设计；
- 确保访问和网络安全所需的管理控制和工程系统；
- 确保装置人员和 SCAI 之间良好交互的操作规程和有关记录；

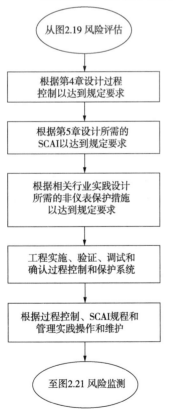

图 2.20　风险管理工作流程

- 确保所需安全性能的维护规程和有关记录，例如检查、预防性维护和检验测试；
- 工程实施、验证、调试和确认计划、规程和有关记录。

风险管理是将管理政策、规程和工程实践系统应用于分析、评估和控制风险中，保护员工、公众、环境和公司资产（CCPS 2008a）。执行风险管理工作流程，编写保护措施功能规格书并完成工程设计，降低损失事件发生的可能性。基于危险识别和风险分析报告、逻辑叙述、操作规程、过程技术文件、P&ID 等信息，为用作保护措施的自动化系统编写功能规格书。

根据过程的具体功能需要描述过程要求，例如，需要采取的动作、设定值、反应时间、启动延时、故障处理、何时需要关闭阀门等，同时也要表达出风险降低要求。功能规格书包含任务和报警列表（系统规格书支持），以及具体的安装、操作和维护注意事项。规格书也要确定如何通过设计实现独立保护层的核心属性，即独立性、功能性、完整性、可靠性、可审核性、变更管理和访问安全。

功能规格书的编制应便于系统交互人员理解，如操作、工程实施、维护和管理人员。该规格书在第 3 章有更详细的阐述，它是系统实施、确认和变更管理等的基础性文件。

从项目实施的角度来看，最终建造的生产装置应满足规格书确定的功能要求和所需的安全性能要求。第 4 章提供了过程控制系统的设计和实施指南。第 5 章介绍了有关安全控制、安全报警和安全联锁需特别考虑的事项。

详细设计应生成一份设备选型清单，用唯一的名称（例如位号或功能位置）来标识设备，并说明所需的检查和检验测试时间。选定的设备应在应用场合具有良好的以往使用历史，辨识与设备运行和维护相关的人因问题，并在设计和实施中做出针对性的考虑。以往使用历史表明安全设备有着成功操作的良好记录，为选型的合理性提供了依据。由于安全设备通常操作在待命状态，失效只能通过检验测试或者工艺过程实际"要求"才能被发现。

详细工程设计包括确保系统适当规划、建造、安装、调试、操作和维护的足够信息。所有设备选型应由用户通过正式流程针对预期操作环境进行批准，批准过程应考虑设备是否符合适当的标准、操作环境、规格书要求以及类似操作环境的以往使用证据（关于 SIS 设备选型的更多指导参见附录 F）。

操作规程涵盖与安全设备交互的安全并得到正式认可的方法，如旁路、人工停车和复位。操作人员经过必要的操作规程培训和演练，确保必要时能采取正确的动作。第 6.4 节介绍了不同类型的操作规程，第 6.4.10 节着重介绍了培训。第 6.6.3 节中讨论的仿真机可以显著提高操作人员的培训效率。

根据所确定的计划进行安装和调试，计划须明确个人和组织的作用和责任，以确保自动化系统满足被控对象安全功能规格书的要求。安装和调试计划定义了确保系统符合操作目标和规格书而采用的规程、措施和技术。所开展的工作应确认并文档化以下内容：

- 接地正确连接；
- 动力源正确连接并可操作；
- 已移除运输固定物和包装材料；
- 无物理损坏；
- 仪表正确安装、校准和组态；
- 设备按其技术要求运行；
- 逻辑控制器按照设计要求处理输入和输出信号；
- 人机界面按照设计要求操作；
- 外围设备，如工作站、打印机、防火墙和网关等均正常操作；
- 系统之间的通信功能正常；
- 安防特性已配置，可阻止未授权访问或未批准的变更。

上述验证工作应该保留记录。如果这些活动出现问题，应及时纠正并记录校准调整后的状态。如果实际安装与规格书有不同之处，应当由有资质的人员进行评估，确定这样的差异对系统安全功能和安全性能是否有影响。如果没有安全影响，则应更新规格书，以便与实际的安装相吻合。如果有负面的安全影响，就要对已安装的系统进行修改，以符合规格书的要求。

安装和调试后，对每个新的或改造后的系统进行端到端的整体测试，证明设备安装符合规格书要求，并在每种过程操作模式下均能按照预期正常操作（见第 3.3.5 节）。应该对测试活动及其结论做好记录。每一过程操作模式可能会出现损失事件，需要新的或改造后的系统执行相应的保护动作。启动之前必须圆满完成确认活动。

开车后，工艺过程就进入了操作和维护阶段，此时应执行前述的操作和维护规程，并做好充分翔实的表单记录，以验证安全系统的实际性能和人机交互情况是否符合预期。这些记录是风险监测的基本输入数据。

2.4.5 风险监测

风险监测的目标(图 2.21)有：

- 识别并防止可能危及安全的系统性失效；
- 确保严格遵守良好工程实践；
- 评估投用后的自动化设备可靠性参数是否符合设计预期；
- 评估过程控制系统是否满足可靠性要求，例如过程"要求率"；
- 评估 SCAI 是否满足其完整性和可靠性要求，例如"要求"时平均失效概率和误动作或误停车率；
- 如果实际失效率大于设计中的假设值，确定必要的修正措施。

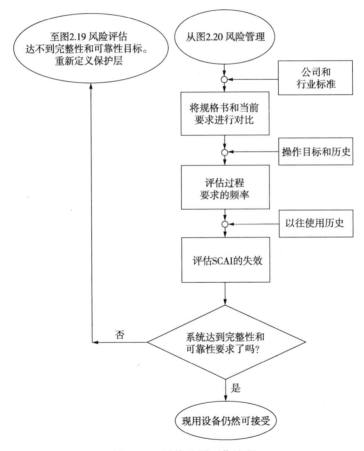

图 2.21　风险监测工作流程

不能只是设想过程控制和 SCAI(包括其相关的操作和维护计划)，一定能够提供详细设计所想要的性能。这些系统很复杂，需要做进一步的分析，了解其潜在的失效。通过一套管理程序，定期将实际性能与预期性能做比较，并采取必要的后续改进行动(见第 2.4.5 节、

第6.8节和附录I)，把风险降至合理可行尽可能低的目标。对当前文档、规程和表单记录进行检查是确定现有设备是否适合其用途的关键活动(CCPS 2006，CCPS 2007a，ISA 2012e，ISA 2015c)。

应当根据当前实践对规格书进行审查，确定应对损失事件风险的安全保护措施设计是否得当。随着时间的推移，在过程操作和仪表及控制系统的维护方面将不断积累经验和教训，工程实践会不断发展进步。应对过程设计和风险评估阶段的假设进行审查，确保系统设计适合现场实施的操作计划。这种高层次评估可以减少错失改进良机以及保护无效的可能性。

可以依据失效率数据，通过定量方法验证实际的失效频率或实现的风险降低。最常用的定量分析方法包括可靠性方框图、故障树分析、马尔可夫模型以及失效模式、影响和危险程度分析。ISA-TR84.00.02(2015d)提供了以下指导：①评估随机和系统性失效、失效模式和失效率；②了解诊断和机械完整性(MI)活动对SIL和可靠性的影响；③查明共因、共同模式和系统性失效的原因；④使用定量方法验证SIL和误停车率。

作为设计和工程实施的一部分，要依据失效率数据完成SIL的验证计算。初始计算可以采用设备制造商、政府资助研究项目以及许多专业团体公开出版的失效率数据。ISA发布了SIS应用的仪表失效率数据(2015d)。CCPS出版的《通过数据收集和分析改进工厂可靠性指南》[*Guidelines for Improving Plant Reliability through Data Collection and Analysis* (1998b)]和《改进过程工业绩效的人因方法》[*Human Factors Methods for Improving Performance in the Process Industries* (2007c)]，分别提供了可供参考的过程和控制设备以及人为行动的失效率数据。"Mary Kay O'Connor过程安全中心"建立了仪表可靠性网络数据库。不论何时，分析使用的失效率数据要能体现出设备性能在操作环境下如何随时间变化。

计算的不确定性与失效率数据是否反映实际安装情况直接相关(SINTEF 2010)。通过以往使用的现场信息来验证安全性能，对于确保充分的风险降低能力应对损失事件至关重要。为了证明数据合适并减少数据的不确定性，需要对操作和维护期间获得的证据进行收集和分析(Summers，Hearn 2008)。

仪表可靠性管理程序不仅仅是收集数据和计算指标。可靠性保证是一个持续的改进过程，现有的低可靠性仪表设备将被更可靠的仪表设备取代，或者对其进行适当的改进，提高其性能。成功的可靠性管理程序将为工程设计提供现场反馈，证明已安装仪表设备适合其用途，并作为更可靠设计方法的基础(Summers，Hearn 2008)。

需要在操作环境下监测每一个过程控制和安全系统的实际性能。制订维护计划(见第6.5节)为检查和预防性维护等活动提供保障，这些活动对于保持设备所需性能十分必要。检验测试应证明仪表可靠性管理程序可以使设备保持在"完好如新"的状态(ISA 2012e)。仪表可靠性管理程序的记录和跟踪是识别性能差距并采取相应行动弥补这些差距的重要质量保证(Summers Hearn 2008，CCPS 2006，Summers 2015)。

■ 案例5

地点：Belle，West Virginia

工艺：异氰酸酯中间产品

日期：2010年1月23日

影响：光气泄漏；死亡 1 人；另 1 人接触光气，向厂外释放，2011 年现场光气操作永久关停。

现场照片：

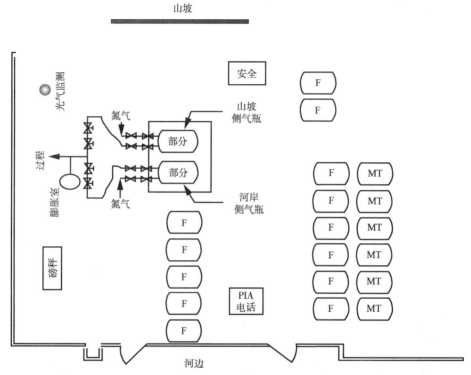

图 19　ALOHA 模型估算的光气扩散浓度分布

概述：

一名操作人员在光气小屋切换气瓶时，由于输送软管破裂，致使远超致命剂量的光气涌向该员工。光气小屋缺乏有效的气体检测和泄漏报警器，在光气初次释放后，导致一名员工处于光气包围之中；另有一名员工可能接触到了光气。

自动化方面主要教训：

软管不具备硬管的机械完整性。由于可以预测的材料老化失效，用于输送危险物料的柔性软管或轻型管材需要小心保护，避免环境应力的影响。需要进行日常检查，甚至按规定的期限进行更换。此事件发生前不久，已经发现同一用途的其他软管严重损坏并进行了更换，但是当时并未意识到此类软管有着同样的潜在风险。该案例中，操作人员在现场作业时输送软管破裂。在仪表和分析仪小屋积聚危险的光气时，同样也积聚了致命剂量的其他气体。在没有仪表保护措施防止初步接触和致命的情况下，如果装备了有效的气体检测器并附带就地报警(灯光、喇叭、无线电报警)装置，本应该可以大大减轻泄漏对装置内其他区域造成伤害的风险。

仪表和控制系统问题：

- PHA 未识别出危险场景；
- 光气小屋或周围没有光气声光报警；
- 没有覆盖装置范围的报警或通告设施；
- 操作人员对光气的热膨胀危险未经过充分培训。

信息来源：

CSB. 2011. Investigation report—Oleum release at E. I. Dupont De nemours & co, INC. Report 2010-6-I-WV. Washington, D. C. : U. S. Chemical Safety Board.

使用书面规程定期进行检查和检验测试，确认操作是否正确，并识别和纠正设计基础以及仪表设备规格书与实际操作状态之间的偏差。制订检验测试计划是详细设计的重要组成部分，它与现场仪表的实际配置和安装方式密切关联。必须对维护人员进行必要的维护规程培训，以确保仪表设备持续保持"完好如新"的状态。检验测试时间间隔应基于相关法规或保险要求、类似运行环境以往使用历史、制造商的建议以及风险降低要求等因素确定。

对于安全自动化系统的操作状态进行实时跟踪和趋势分析很有必要，推荐使用关键性能指标(即监测参数和评价指标)(CCPS 2010b, ISA 2012e, Summers Hearn 2008)，例如：

- 损失事件的频率；
- 异常操作的频率；
- 过程"要求"的频率；
- 过程要求时失效；
- 检查或测试时发现的失效；
- 必要的测试或维护导致仪表设备暂停使用的小时数/年；
- 仪表设备从失效到维修后恢复至运行状态所需小时数/年。

将这些要和以往使用的监测指标与风险评估时的假设进行比较，确定自动化系统是否达到期望的完整性和可靠性。在役过程控制或安全系统的可接受程度由其以往使用证据确定，应确认以下内容：

- 工艺过程实际操作的"要求率"与风险评估期间确定风险降低要求时所做的假设一致。
- 系统的操作和维护记录表明，在所有相关过程操作模式（见第3.3.5节）下，均达到所需的功能性、可靠性和完整性要求。
- 系统的可靠性参数与设计时依据的假设一致。
- 对系统性失效进行有效的管理，满足其风险降低的预期要求。
- 所有文档适时更新，能反映当前的系统状态。
- 对系统负有管理和维护的人员，了解相关失效和共因失效的来源并知道如何防止这些失效。

2.5　在役设施的风险管理

　　新建工艺过程设施时，在项目执行过程中应确定并遵循过程控制和安全系统有关的企业安全标准和指南。就在役设施而言，如果可以证明仪表设备的设计、安装、维护、测试和操作能达到期望性能，则过程控制和安全系统可以保持现状。在评估过程中，应考虑到当前良好工程实践的技术要求，以及历史上曾发生过的损失事件或事故。部分符合或者完全不符合最新的良好工程实践，应用相应文档记录所有决策依据。无论何时，如果认为与当前良好工程实践要求的背离可以接受，就应将这一偏离评判的依据和理由形成书面文档记录，以便日后审查。

　　过程自动化系统的快速发展和不断淘汰，以前所未有的速度推动了现有基础设施的升级和改造。为了迎合新的要求，可能需要对现有系统进行升级或者完全替换现有系统（例如，将气动系统替换为电子系统）。为确保实现可预测、可靠的系统性能，需要仔细检查这些改造对各种系统任务的潜在影响。升级现有系统时，采用全新过程系统相同的评估、验证和确认的程序和方法，被证明是良好的工程实践。

　　涉及危险物料化工过程的控制系统更改时，第一步是分析改造系统或新系统对过程的可能安全影响。应采用与新建工艺过程同样的分析方法，使用本章所叙述的类似技术进行分析。显然，以往审查和工艺过程操作积累的经验，有助于这项工作的进行。不过，当局者迷，就因为熟悉也会疏忽一些关键的相互作用影响因素。因此，在分析时小组成员应包括一些可以提出"假设分析（What-if）"问题的参与者，确保可能被忽视的潜在事件能够被辨识，弥补因认知偏见存在的漏洞。

　　如果记录实时完善，可为评估现有系统与更新系统的相互关联提供可靠依据。在相对较老的装置上，记录可能不完善或已过时，首先要将现有仪表设备和系统的文档更新至本指南所述的水准和详细程度。

　　无论采用了何时发布的标准，过时或性能欠佳的设备都不应以"做事的方式"为借口而熟视无睹。应通过操作和维护记录监测已安装系统的性能。通过检验测试和相关记录确定现有仪表设备是否适合其用途。可以将监测的指标，如过程"要求率"、因故障停用的时间以及平均失效间隔时间（MTBF）等，反馈到危险和风险分析以及工程设计过程作为参考，确保假设条件是合适的。确认工作要求提前准备好相应文档、维护规程、仪表可靠性计划及操作规程等资料。

　　定期的功能安全评估，是通过分析操作和维护记录证明管理体系、现有过程控制系统和

SCAI 的设计能够实现所需风险降低的机会。如果系统未达到基于以往使用评估的要求，不管安装年限有多长，安装设备都不应该保留原状。如果评估表明系统符合要求，则可以根据以往使用证据保持不变。

参 考 文 献

ANSI/HFES (National Standards Inst itute/Human Factors and Ergonomic Society). 2007. *Human Factors Engineering of Computer Workstations,* 100-2007. Santa Monica: HFES.

ANSI/ISA. 2009b. *Management of Alarm Systems for the Process Industries*, ANSI/ISA-18.2-2009 and associated Tec hnical Reports. Research Triangle Park: ISA.

ANSI/ISA. 2012c. *Identification and Mechanical Integrity of Safety Controls, Alarms and Interlocks in the Process Industry,* ANSI/ISA-84.91.01-2012. Research Triangle Park: ISA.

API. 2005. *Overfill Protection for Storage Ta nks in Petroleum Facilities, 3rd Edition,* Standard 2350. Washington, D.C.: API

API. 2009. *Management of Hazards Associated with Location of Process Plant Permanent Buildings*, RP 752. Washington, D.C.: API.

Broadribb, M., M. R. Curry. 2010. "HAZ OP/LOPA/SIL Be Careful What You Ask For!" Paper presented at 6th Global Congress on Process Safety, San Antonio, TX, March 22-24.

CCPS. 1998a. *Estimating the Flammable Mass of a Vapor Cloud*. New York: AIChE.

CCPS. 1998b. *Guidelines for Improving Plant Re liability through Data Collection and Analysis*. New York: AIChE.

CCPS. 1999. *Guidelines for Consequence Analysis of Chemical Releases*. New York: AIChE.

CCPS. 2000. *Guidelines for Chemical Process Quantitative Risk Analysis, 2nd Edition*. New York: AIChE.

CCPS. 2001. *Layers of Protection Analysis: Simplified Process Risk Assessment*. New York: AIChE.

CCPS. 2003 . *Guidelines for Investigating Chemical Process Incidents, 2nd Edition*. New York: AIChE.

CCPS. 2006. *Guidelines for Mechanical Integrity Systems.* New York: AIChE.

CCPS. 2007a. *Guidelines for Risk Based Process Safety*. New York: AIChE.

CCPS. 2007b. *Guidelines for Safe and Relia ble Instrumented Protective Systems.* New York: AIChE.

CCPS. 2007c. *Human Factors Methods for Im proving Performance in the Process Industries.* New York: AIChE.

CCPS. 2008a. *Guidelines for Hazard Evalua tion Procedures, 3rd Edition.* New York: AIChE.

CCPS. 2008b. *Guidelines for the Management of Change for Process Safety*. New York: AIChE.

CCPS. 2009a. *Guidelines for Developing Quantitative Safety Risk Criteria, 2nd Edition.* New York: AIChE.

CCPS. 2009b. *Inherently Safer Chemical Processes: A Life Cycle Approach, 2nd Edition.* New York: AIChE.

CCPS. 2010b. *Guidelines for Process Safety Metrics.* New York: AIChE.

CCPS. 2011. *Guidelines for Auditing Process Safety Management Systems.* New York: AIChE.

CCPS. 2012b. *Guidelines for Engineering Design for Process Safety.* New York: AIChE.

CCPS. 2012c. *Guidelines for Evaluating Process Plant Buildings for External Explosions, Fires, and Toxic Releases, 2nd Edition* . New York: AIChE.

CCPS. 2014a. *Guidelines for Determining the Probability of Ignition of a Released Flammable Mass.* New York: AIChE.

CCPS. 2014b. *Guidelines for Initiating Events and Independent Protection Layers in Layers of Protection Analysis.* New York: AIChE.

EEMUA. 2013. *Alarm Systems - A Guide to Design, Management and Procurement 3rd Edition,* EEMUA 191. London: EEMUA.

IEC. 2014c. *Management of Alarm Systems for the Process Industries* , IEC 62682. Geneva: IEC.

IEC. 2015. *Functional Safety: Safety Instrumented Systems for the Process Industry Sector* - Part 1-3, IEC 61511. Geneva: IEC.

Instrument Reliability Network Database . n.d. Texas A&M University, Mary Kay O'Connor Process Safety Center. https://irn.tamu.edu/

ISA. 2010. *Guidance on the Evaluation of Fire and Gas System Effectiveness* , TR84.00.07-2010. Research Triangle Park: ISA.

ISA. 2012e. *Mechanical Integrity of Safety Instrumented Systems (SIS),* TR84.00.03-2012. Research Triangle Park: ISA.

ISA. 2015c. *Guidelines for the Implementation of ANSI/ISA 84.00.01- Part 1,* TR84.00.04-2015. Research Triangle Park: ISA.

ISA. 2015d. *Safety Integrity Level (SIL) Verifi cation of Safety Instrumented Functions,* TR84.00.02-2015. Research Triangle Park: ISA.

ISA. n.d. *Human Machine Interfaces for Process Automation Systems.* ISA 101 Draft. Research Triangle Park: ISA.

ISO. 2010b. *Ergonomic design of control centres* , 11064:2000. Geneva, ISO.

SINTEF. 2010. *PDS Data Handbook* . Trondheim: SINTEF.

Summers, Angela E. 2008. Automation through process engineering "Safe Automation Through Process Engineering," *Chemical Engineering Progress* , 104(12) December.

Summers, Angela E. 2011a. "Centralized or distributed process safety." *InTech,* November. Research Triangle Park: ISA

Summers, Angela E. 2014. "Safety controls , alarms, and interlocks as IPLs." *Process Safety Progress* . June, Volume 33(2). Hoboken: AICHE.

Summers, Angela E. 2015. "Risk assessment challenges to 20:20 vision." *Process Safety Progress* . June, Volume 34(2). Hoboken: AICHE.

Summers, Angela E., and William H. Hearn. 2008. "Quality Assurance in Safe Automation." *Process Safety Progress*. December, Volume 27(4). Hoboken: AICHE.

Summers, Angela E., and William H. Hearn. 2010a. "Don't Underestimate Overfilling's Risks," *Chemical Processing*. August. Chicago: Putman.

Summers, Angela E., and William H. Hearn. 2010b. "Overfill protective systems – Complex problem, simple solution," *Journal of Loss Prevention in the Process Industries*. November, Volume 23(6). San Francisco: Elsevier.

Summers, Angela E., and William H. Hearn. 2012. "Risk Criteria, Protection Layers, and Conditional Modifiers." *Process Safety Progress*. June, Volume 31(2). Hoboken: AICHE.

Summers, Angela E., William Vogtmann, and Steven Smolen. 2012. "Consistent Consequence Severity Estimation." *Process Safety Progress*. March, Volume 31(1). Hoboken: AICHE.

U.S. NRC (United States Nuclear Regulatory Commission). 2002. *Human-System Interface Design Review Guidelines*, (NUREG-0700, Revision 2). Washington D.C.: Office of Nuclear Regulatory Research.

U.S. OSHA. 1992-2014. *Occupational Safety and Health Standards: Process safety management of highly hazardous chemicals*, 29 CFR 1910.119. Washington D.C.: OSHA.

3 自动化系统规格书

化工过程安全运行往往是通过仪表和控制系统来保证的，它们全程支持各种过程操作模式并执行各种工艺过程、操作和维护任务。这些仪表和控制系统通常按照保持过程正常操作还是安全操作进行分类（见第 2.2 节）。

过程控制系统基于从现场传感器接收到的过程状态信号，通过操纵工艺过程的最终执行元件来调节工艺过程。过程控制系统最重要的特点是数据收集、过程监视、过程控制和诊断。优化过程控制系统以处理大量的过程数据并提供良好的过程可靠性。过程控制系统包括操作人员界面，为操作人员监视和干预工艺过程提供支持，也配备工程工作站，为维护人员对过程控制系统组态和维护提供支持。

SCAI 用作过程控制失效时的独立后备系统。因此，SCAI 系统往往使用专门的现场设备、I/O、网络、工程工作站、组态工具以及操作员界面，用于应对预计会出现的异常操作状态。和过程控制系统一样，SCAI 系统接收来自工艺过程的信号并采取特定动作中止损失事件的发展。一些 SCAI 是手动操作的，要求操作人员采取相应动作完成所需安全功能，而另外一些是完全自动操作的，无须操作人员干预。除了过程控制系统具备的特点以外，SCAI 系统的主要特征还包括风险降低能力、高可靠性、独立性、诊断、在线维修的补偿措施以及访问安全。

3.1 过程自动化系统的生命周期

过程自动化系统从前期准备工作到持续改进的标准生命周期参见图 3.1 和图 3.2。下文将对生命周期架构做简要概述。如需更深入的了解，请参考 CCPS 出版的《安全可靠仪表保护系统指南》[Guidelines for Safe and Reliable Instrumented Protective Systems（2007b）]、IEC 61511（2015）以及 API 554（2007-08）等文献。

在整个生命周期过程中，需要根据新的信息、变更管理和经验教训定期进行危险识别、风险分析和风险评估。第 1 章和第 2 章讨论了如何采用本质安全化实践和功能安全设计来降低损失事件的风险。

使用严格的程序方法详细分析那些后果无法接受的损失事件。危险识别和风险分析将根据适用的监管要求、良好工程实践和公司风险管理理念决定如何减少损失事件。这些信息是工艺过程要求规格书制定的依据和基础。工艺过程要求规格书定义了为确保安全运行所必需的操作限制。

根据公司风险管理策略，风险分析可以验证规划的保护措施是否足以降低损失事件的风险。将每一损失事件发生的概率和后果严重性与风险标准比较，确定是否需要更多的风险降低措施。风险分析时要考虑保护措施的误动作是否导致运行问题或者安全问题。如果这方面不能忽略，就需要设定保护措施的可靠性目标。通过风险分析最终定义出安全要求。

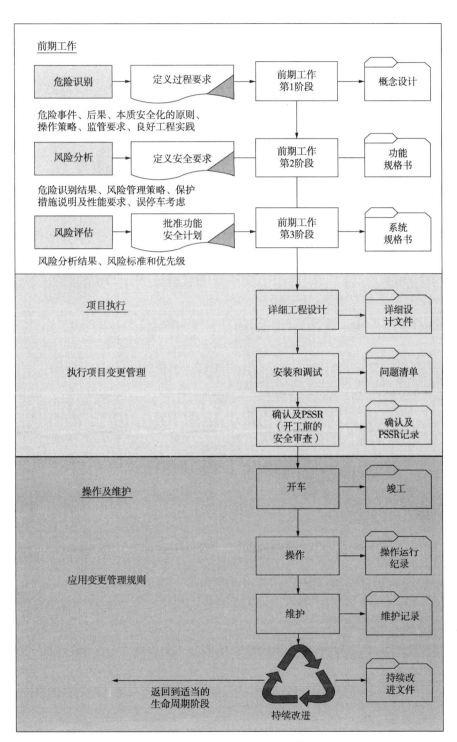

图 3.1　自动化项目生命周期

概念设计

输入
项目目标、成本及进度、过程设计、PFD、设备清单、现有设备及基础设施、适用的标准及实践

输出
概念设计基础、范围定义、性能指标

功能规格书

输入
P&ID、设备清单，操作策略、概念设计

输出
功能规格书，包括测试及性能要求

系统规格书

输入
功能规格书、控制系统策略、SCAI设计实践、报警管理实践、文档要求

输出
系统规格书，包括测试及性能要求、因果矩阵、I/O清单、报警清单、批准的设备清单、应用程序规格书

详细设计文件

输入
系统规格书、设计标准及实践、批准的设备清单、文档要求

输出
设备清单（包括唯一标识、分类、性能要求和维护计划）、详细设备规格书、设备采购、安装/施工图、配置及编程、操作规程、检查及检验测试规程、确认计划

问题清单

输入
详细设计文件、配置管理规程、批准的设备清单、设备和系统手册

输出
检查记录、仪表校验记录、回路检查表

确认及PSSR记录

输入
问题清单、确认计划、开车前安全审查检查表

输出
测试纪录、PSSR记录、开车所批准的控制及安全系统

竣工

输入
开车规程、配置管理规程及变更管理规程

输出
竣工文件

操作记录

输入
性能要求、操作规程、应急操作规程、旁路管理规程、补偿措施及规程、设备访问许可要求

输出
过程安全事件记录、安全报警及停车记录、旁路（或手动操作）记录

维护记录

输入
检查、预防性维护及测试规程、维护许可流程、旁路管理规程、设备手册

输出
诊断报告、检查、预防性维护、测试记录、旁路记录

持续改进文件

输入
更新后的危险识别或风险分析、未遂事件及事故调查、停车报告、失效报告、变更管理记录、审核报告

输出
对设备、实践或培训建议的变更。将经验教训纳入到危险识别、风险分析、人员培训、设备选型、安装实践、操作规程和维护实践中。

图 3.2 自动化项目信息要求

风险评估审查损失事件及其风险降低策略，最终确定工艺过程的功能安全计划。风险评估对特定类型的保护措施进行优化排序。本章重点介绍规格书制定工作流程。第 4 章~第 6 章则为过程控制系统及安全系统的规格书制定、工程实施、操作、维护及管理提供指导。

规格书制定工作流程的目标是明确清晰的定义：

- 自动化系统的功能要求；
- 确保 IPL 七个核心属性必需的方法。这七个核心属性分别是独立性、功能性、完整性、可靠性、可审查性、变更管理以及访问安全(参见第 2.3.2 节和第 3.5 节)；
- 自动化系统设备的选型标准；
- 可编程控制器和仪表的应用程序设计基础。

过程控制及安全系统的功能规格书基于操作目标、人员配备 、企业管理制度、良好工程实践以及初步工艺过程设计信息制定。有时可能需要在风险分析完成后才最终确定需要什么样的安全系统。不过风险分析是为了确认工艺过程设计是否合适，而不是作为一个设计工具。应通盘考虑工艺过程的整体需要制定功能规格书，尽可能降低安全系统的复杂性，尽可能提高其可操作性和可维护性。概念设计阶段应优先考虑本质安全化实践(参见第 3.4 节)。

工艺过程设施的类型和项目执行模式影响项目范围及其执行计划。应考虑设施是新建项目还是在役项目、技术产权归属以及业主的运营方式等，这些因素将影响生命周期各阶段活动的角色和主体责任。项目建设要优先满足政府主管部门的监管要求。项目执行模式通常影响到获取资源的途径，比如：小型项目可能使用内部资源自主执行，而大型项目就需要外部及内部多方协作。

概念设计应确认并定义以下的要求：

- 客户产品及品质；
- 外输产品及品质；
- 原料及品质；
- 过程操作模式；
- 过程操作模式切换；
- 过程可用性；
- 系统可靠性。

通常使用工艺流程图说明主要设备如何布置以实现过程操作目标。规划的控制系统构架应满足这些装置操作所需的可靠性要求。适用的标准和实践可为过程设计及其自动化系统配置提供指导。

项目设计的基础应包括自动化系统的详细功能规格书。功能规格书基于详细的 P&ID 和预期的操作计划编制。它的文件格式和叙述方式应便于自动化系统所有相关人员理解，包括工艺工程、过程自动化、可靠性工程、仪表、电气、操作、维护以及过程安全人员。项目组各专业应提供输入资料，确保自动化系统整个使用年限内满足现场需要。

功能规格书应描述系统要执行的功能以及如何与其他系统相互连接。它也应给出网络安全的最低要求，包括数据如何从过程控制网络传输到商用 IT 网络、企业级服务如何与控制系统共享信息，以及工程承包商、制造商和其他外包服务商对系统远程访问时如何保证信息安全。规格书还要确定每个系统和功能的关键程度和性能要求。

■案例 6

地点：Institute，West Virginia

工艺：灭多威杀虫剂

日期：2008 年 8 月 28 日

影响：爆炸并起火；2 人死亡；8 人受伤；损害范围超 7 英里，40000 名西弗吉尼亚大学学生就近避难，道路封闭。

工艺流程图和 DCS 趋势图：

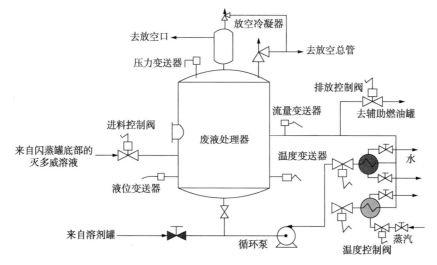

图 10　废液处理器管道系统布置图

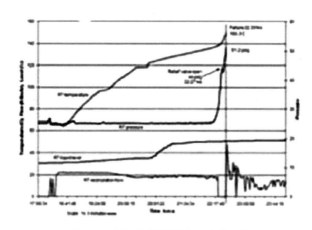

图 11　废液处理器爆炸前过程参数

事故发生在 22∶33，如垂直虚线所示

概述：

灭多威装置安装了新的废液处理器和新的 DCS。开车时 DCS 检查和 SOP 更新尚未完成，而且还发现设备和阀门问题，但没有修复。验证配管完整性、控制系统功能及仪表校验状态所需的溶剂试运也没有进行。在反应器开车期间，例行取样分析表明灭多威浓度达到操作极限的 2 倍多，但仍旧继续开车。溶剂量和温度未达到要求时防止加入灭多威的安全联锁被旁路，确保充分混合的最小循环流量联锁也被 DCS 程序员旁路。当操作人员开始建立循环流量时，温度正常上升。之后因为分程回路设置不正确造成流量突然中断，温度开始迅速攀升，高压报警，同时 DCS 显示的读数高于最大操作压力而且还在上升。几分钟后，发生了剧烈爆炸。

自动化方面主要教训：

操作人员不理解灭多威浓度高的严重性，因此没有对偏差做出正确响应。编程错误使得最小流量联锁被旁路，程序变更后必须测试操作功能。安全联锁被旁路后使风险骤升。本起事故案例说明了多个独立仪表保护层可能出现的失效以及如何使事故蔓延。

仪表和控制系统问题：

- PHA 认为需要 SIS，但没有给出建议；
- PSSR、DCS 培训、SOP 文档、开车专业知识和经验等均不充分；
- 阀门和仪表设备故障及缺失；
- MOC 执行不到位，包括控制系统检查、校验、调试及相关规程更新等多方面都未完成；
- 界区周边空气监测器没有正常操作；
- 废液处理器最低温度安全联锁被旁路；
- 最小循环流量安全联锁被 DCS 程序员旁路；
- 报警设定值设置不合理(处理器压力已经高于最大压力而且还在攀升时才报警)。

信息来源：

CSB. 2008. Investigation report-Pesticide Chemical Runaway Reaction and Pressure Vessel Explosion at Bayer Crop Science. Report 2008-08-I-WV. Washington, D. C. : U. S. Chemical Safety Board. CSB. 2008.

应识别特殊用途的系统，例如压缩机和锅炉的控制及安全系统。应审查该具体应用所独有的风险，采用适宜的安全功能来应对这些风险。对先进控制目标、辅助工具和技术路线等的需求也应书面记录在案并进行论证。

自动化系统必须支持各种过程操作模式的操作计划以及预期的生命周期活动。必须对概念设计阶段的功能要求进行细化，阐明系统在既定的操作环境下，如何实现所需的功能性，并同时支持保护层应有的核心属性(参见第 2.3.2 节和第 3.5 节)。功能规格书应包括 I/O 清单、控制回路描述、仪表设备分类、操作人员界面描述、资产管理系统和历史数据存储等内容。系统制造商和集成商将依据这些信息提供所需的功能和性能。

详细工程实施需要依据该功能规格书进一步编写出构成系统的各子系统及各设备的规格书。详细工程实施包括仪表设备采购、将仪表设备集成为子系统或系统、编制仪表设备正确安装、操作和维护所必需的相关文档。

安装和调试遵循详细工程设计期间制订的计划。计划执行过程识别出的任何偏离都应遵循 MOC 规程妥善解决并跟踪后续的整改过程。也可以聘请相关专家对调试情况进行独立性审查，如过程安全、工艺过程或仪表设备操作、安装及维护等专业领域的专家。

过程控制和安全系统从详细工程实施到交付业主运行部门的项目执行过程中，其间可能需要对功能规格书的某些方面做必要的更改。这些变更通常遵循项目变更管理流程来审查，一个重要的前提条件是经过批准的变更应满足功能规格书确立的商务、项目执行及安全目标。

确认环节是证明即将交付的自动化系统完全符合规格书的要求，具备投用条件。它也是对安装调试阶段各项检查、校验、各仪表设备单机测试记录以及端对端回路测试记录等的检验活动。功能安全评估侧重于审查自动化系统技术文档是否齐备准确，维持系统安全操作的规程是否到位。

运营组织要确保实现安全运行和性能跟踪。操作规程关注系统功能如何保持工艺过程的正常运行、如何响应系统显示及报警、满足何种条件可开始维护活动、设备故障时如何管理风险、事件发生后如何采取人工行动（作为整体风险降低策略的一部分）。操作人员通过记录、跟踪、采取措施响应过程安全事件、异常操作、安全报警、关停、旁路、诊断报警和手动操作，以此跟踪考核系统性能。

通过检查、测试、预防性维护（ITPM）、计划性维护活动以及故障和失效及时的维护维修等计划活动，确保系统性能持续稳定。维护需要完善的书面规程，规定所执行任务的详细步骤以保持系统的适用性。通过记录、跟踪、采取行动响应诊断报警、状态报警、关停、工作指令及失效报告，维护部门以此跟踪考核系统性能。

持续改进对性能保持至关重要。在工艺过程的工作年限内，建立并保持记录来证明系统的设计、安装、测试、维护及操作满足了功能规格书以及达到了生产装置的安全目标。当性能未达到预期时，应考虑对设备、实践、规程进行变更或者加强培训以弥补这些差距。保持工艺过程的预期性能并确保安全操作是相关人员的职责所在。

3.2　功能规格书

过程控制及安全系统的功能规格书描述了每个系统所应有的基本功能、特性以及能力，以达到要求的性能标准（例如：完整性、规模、质量、可靠性、耐用性）。设计期间需要制定多个详细的技术文件，例如：逻辑叙述、因果矩阵、逻辑图、接线图等。有经验的专业技术人员很容易理解这些工程文件。当然对于只负责某项具体工作的人员，会依据自己的职责对这些文档有所取舍。在大多数应用场合，有必要提供这些系统所执行任务及功能的简要叙述说明，有助于操作和维护人员轻松了解如何与系统互动并确保系统的安全操作。

功能规格书需要详细表达哪些内容，通常是由系统和功能的分类来决定。可以结合内部工程实践进行分类，以此定义具体的设计和管理要求，并为每个功能建立以下性能标准：

- 过程控制或安全任务的目标失效频率，其错误或失效可能引发损失事件；
- 安全任务的目标失效概率，其错误或失效使初始事件发展或蔓延；
- 安全任务的目标误动作率，其错误或失效造成过程可用性的意外损失或工艺过程波动。

总的来说，每个系统的功能规格书应包括以下内容：

- 过程控制系统与安全系统的隔离和独立性要求；
- 过程控制系统失效引发的、需要安全系统防止的损失事件；
- 实现过程控制及安全系统功能所需要的任务，包括特定响应时间（或延时）要求；
- 手动操作任何功能的方式，检测手动操作，以及报告年度总停用时间的方法；
- 过程控制及安全系统的健康状况进行自动诊断的要求，以提供操作及维护状态信息；指出故障时需要采取的行动；
- 过程控制及安全系统在每种过程操作模式下如何投用，包括开车前过程变量必须达到的量值，以及如何从安全系统关停或其他设备停车状态安全恢复；
- 过程控制及安全系统的报警，应考虑报警管理、合理化以及优先级排序；
- 检查、测试及预防性维护的相关规定，包括在线或离线维护必要的条件；
- 性能要求应考虑共因、共模和系统性失效；
- 用于检测过程偏差的输入设备，包括唯一标识、用途说明、仪表设备的技术类型、量程、精度、设定值和期望的测试间隔；
- 对工艺过程采取行动的输出设备，包括唯一标识、用途说明、技术类型、关键程度、适用性、响应时间限值和期望的测试间隔；
- 保护过程控制和安全数据的网络安全功能，"区（zone）"和"管道（conduit）"一览表。

3.3 操作目标设计

操作目标是自动化系统设计和规格书制定的基本依据。操作目标确定设计期间要遵循的良好工程实践，也决定项目参与各方的角色和责任。为了确保系统投用后满足操作需要，操作目标要明确描述所需的过程操作模式、操作人员手动操作的要求以及仪表设备可能承受的极端环境条件。另外，还要说明诸如系统总体构架、维护规定、外部连接要求以及远程访问要求等。

3.3.1 良好工程实践

地方监管机构也可能对某些类型的控制及/或安全系统的使用有明确要求。有许多公认的、广泛接受的良好工程实践（RAGAGEP）给出了某些仪表设备特定应用的设计和管理规则。良好工程实践是不断变化的，旧的实践可能被修改或被替换以满足当前过程操作和技术发展的需要。许多工业技术团体或组织出版了许多文献，推荐了与安全自动化有关的良好工程实践，例如：

- 美国机械工程师协会（ASME）；
- 美国石油学会（API）；
- 美国标准学会（ANSI）；
- 美国消防协会（NFPA）；
- 国际自动化学会（ISA）；
- 国际电工委员会（IEC）；

- 电气与电子工程师协会(IEEE)；
- 国际标准化组织(ISO)；
- 美国化学工程师协会(AIChE)。

在执行自动化系统相关工作时，可以审查适用的良好工程实践以便了解惯例做法以及规定性方法。将规定性要求和相关的良好工程实践结合起来运用到设计和管理活动中。对过程控制及安全系统负有职责的部门和人员，应将适用的技术和方法融合到内部工作实践和工具中，这样，良好工程实践就自然成了"做事的方式"(参见图2.1)。

3.3.2　角色和职责

从生命周期的角度，首先是指定系统的具体要求，然后根据系统需要再安排适当的现场人员。不过，事情往往并非如此。系统设计反而必须按照给定的操作目标、维护能力以及现有的管理体系确定并完成功能安全计划。工业控制的快速发展对人员能力、规程，以及专门技能保持持续有效形成了挑战。

因为规格书包含了人机界面和连接要求，对于人员的角色和职责要特别注意在以下这些方面人员的角色和职责：

- 本地/远程人机界面和连接要求；
- 自动化支持能力(例如：工艺过程工程、仪表和电气、IT、制造商或第三方)；
- 集成和网络供应商(例如：逻辑控制器制造商、第三方技术应用或基础设施)；
- 访问安全特性及管理控制。

3.3.3　整体系统结构

当面对大量的可选项完成典型的控制及安全任务时，表面看来只要能达到规格书的要求，任一选项都可使用。然而，自动化系统需要支持每个过程的所有设备，许多资源需要跨系统、跨工艺过程共享。有些仪表设备可能是无法接受的，因为在特定的操作环境下，对其规格书、安装、操作和维护等要求缺乏知识、技能和经验。经验(或以往使用证据)的缺乏会造成超预期的失效率、不能识别的失效模式、未知的集成问题以及较高的系统失效。当类似设备用于多个系统时，这些问题就表现为影响多个保护层的共因或系统性问题。

为了满足操作目标要求，需要对可选项进行平衡，同时还要考虑到几个具体的约束条件：

- 进料或公用工程管理及优化；
- 项目自动化要求；
- 项目IT和电信要求(例如：共享光纤、路由器交换机、网络安全要求)；
- 项目执行和企业集成要求；
- 现场能力是否能够支持仪表设备整个使用年限的维护和管理需要；
- 操作人员如何执行过程控制及安全任务，确保所需人机界面的一致性并尽可能减少人为失误；

- 维护人员如何维护过程控制及安全系统，确保所需人机界面的一致性以及在执行某些任务时需要系统处于何种操作状态。

一致性要求同样适用于系统配置、编程以及网络设计。应在规格书中定义本项目所采用的约定和范例，以便在整个生命周期尽可能减少系统及子系统集成的不匹配并降低系统性失效。这些约定可以基于公司的特定要求或依据行业标准为设计提供的标准范例及指南。例如，ANSI/ISA 95.00.01‑2010《企业控制系统集成 第一部分：模型和术语》(*Enterprise-Control System Integration Part 1：Models and Terminology*)。如果没有标准化的约定和范例，每个系统为达到同样的功能要求就可能有不同的技术方案。虽然这样也可以满足工艺装置最基本的需要，但会导致工程实施、操作和维护需要对具体系统量身定制相应的对策，而无法找出对所有系统都有效的同一个解决方案。很明显，定制解决方案会产生更高的生命周期成本。另外，定制解决方案出现错误的可能性也更大，而测试良好的同一解决方案出现错误的可能性要低得多。应用程序要求规格书应包括：

- 应用程序模块、标识及注释的约定和范例；
- 应用逻辑特定类型的约定和范例，例如算法、诊断、冗余方案、报警报告或执行顺序；
- 操作人员、维护人员及工程界面，例如数据显示、故障处理工具和访问安全性。

3.3.4 过程可用性

从可靠性角度来说，过程可用性是对工艺过程在给定时间内平均可用性的量度。它包括所有的停止运行原因，例如计划性停工、设备维护停工、大检修停工、联锁停车等。过程可用性是操作经历的真实表现，它体现了现有设计结构的实际失效频率、操作环境和维护水平。过程控制及安全系统的冗余配置、故障检测和响应策略对过程可用性有直接的影响。

特定工艺过程的可用性要求通常由企业的经营目标确定。例如装置停车率、生产目标、产品成本或利润率等。这些企业经营目标被转化为对自动化系统的性能要求指标，例如过程控制系统可用性或安全系统可靠性。第4章和第5章分别就过程控制系统和安全系统的性能考虑提供了更多的信息。

3.3.5 可操作性

在所有工艺过程操作模式下，应对每台仪表设备或每套仪表设备进行功能检查和测试。在危险识别和风险分析期间，应对每种操作模式分别进行评估，确定是否需要特定的安全保护措施或保护层，例如旁路或许可。每种操作模式通常具有不同的过程控制及安全系统要求，为达到或保持某些操作模式的安全状态可能需要特定的功能。

应考虑过程控制及安全系统的整个生命周期不同阶段需要完成不同的活动。这些活动可能由工程、操作以及维护等不同的角色主导进行，也可能涉及工程系统和管理控制，包括：

- 报警管理策略；
- 旁路管理；

- 对检测出失效的响应；
- 手动停车要求；
- 数据趋势和归档需要（例如：实时或历史趋势）；
- 指标、报告及反馈。

可操作性还应检查影响过程控制及安全系统实现预期操作能力的操作环境问题。

对操作环境进行检查，辨识仪表设备选型时应考虑的特殊条件，例如：

- 工艺物料的成分（例如：固体物、盐、腐蚀性、物理干扰因素）；
- 工艺过程操作条件（例如：温度或压力的极端情况）；
- 外部条件（例如：防冻要求、可能的腐蚀环境以及危险区域划分）；
- 关键要求（例如：精确度、重复性、零点漂移、耐火和密闭性）。

示例：阀门关闭的关键要求

如果要求碳氢化合物必须与下游完全隔离，阀门的选型规格书就要指定特殊的阀门技术以满足密闭要求。例如，采用双切断阀和排放阀的组合配置或者指定高等级的密封要求。

而在其他应用的场合，阀门的部分失效可能不会显著削弱联锁响应不可接受过程状态的能力。例如，冷却水阀部分失效，假定只能部分打开而不能全开，只要进料被隔离，那么冷却水阀这样的部分失效是可以接受的。

3.3.5.1 过程操作模式

设计必须满足所有计划的过程操作模式的需要，以下是常见的操作模式：

- **开车**——工艺过程准备启动。所有必要的辅助设备进入操作状态。
- **正常（运行）**——工艺过程按照设计意图规定的规程和操作计划进行正常的生产操作。
- **保持**——一个或多个异常状态导致局部工艺过程停车。整体操作状态保持在安全状态。
- **正常停车**——即计划停车。设备按照停车程序倒空以尽可能节省原材料及产品，并尽量减少设备停运期间的安全问题。
- **紧急停车**——工艺过程出现异常状态导致的非计划停车。因设备操作处于异常状态必须立即停运。通常没有机会倒空物料，除非有安全方面的考虑。紧急停车也可能在出现异常操作状态时由操作人员手动触发，比如：火灾、泄漏等。
- **复位**——经检查确认具备投运条件的一个"允许"动作，从过程中断（如，保持）安全恢复到正常操作状态。
- **维护（空置）**——设备已倒空并清洗（如有必要），维护工作准备就绪。

根据工艺过程的操作要求，控制方式在这些状态之间切换。例如：启动高压停车开关将使操作状态从正常切换到紧急停车。操作人员根据检测到的某种异常状态，决定停止正常操作并切换到保持状态；或者采样分析表明有必要添加更多的催化剂让反应继续。从其他控制状态返回到正常运行应经过操作人员确认。

连续工艺过程处于运行或非运行状态，可能需要自动控制完成这些操作，例如准备投运、进料、启动、运行、停车以及准备维护。过程操作模式的转换通常需要一套有序的操作步骤。批量工艺过程的顺控操作，随着顺控逻辑的进行，很自然地会使设备处于不同的操作模式。必须识别有哪些操作模式并分别定义出功能需求，这样设计出的过程控制及安全系统才能管理好生产期间工艺过程可能出现的任何异常状态。

批量操作常常涉及多种操作模式。由于需要在过程控制和安全保护功能之间频繁互动，使得过程控制及安全系统的设计复杂化。批量过程控制依赖预先定义的顺控逻辑，通常需要操作人员的输入指令启动特定的控制步骤。批量操作还可能使用多种"配方"，即用反应物的不同组合在同一设备中生产多种产品。对于每种配方及其相关过程操作步骤，都需要进行分析最终确定一套适宜的操作模式。在反应过程中，常常需要大量的"许可"逻辑以确保正确的批量操作顺序。例如：在安全阀门复位前，必须先向反应器充装 5000gal（1gal ≈ 3.79L）的溶剂。

开车时需要现场作业，操作人员暴露于潜在损失事件的可能性会大大增加。另外，在停车检修期间，也会有大量的各类人员在现场。有很多因操作或维护人员失误导致启动过程失败，设备出现大量泄漏，从而造成重大伤亡的例子。由于这时人员暴露于危险状况的可能性增加，这时的保护功能有必要比正常操作时具有更高的风险降低能力。总之，当操作模式涉及操作人员现场手动动作，如燃烧器点火或依次进行阀门操作，这时出现损失事件将大大增加人员伤害的风险。

应在设计阶段的早期确定特殊操作模式的要求，以尽可能减少工程项目进程的返工或修改。在详细工程实施期间，如果因为出现了未曾预见的操作模式而不得不做大规模的设计变更，会给工程进度和预算造成很大的不利影响。即使为适应操作模式需要做较小的变动，由于这些决定常常影响到设计的许多方面，处理起来也可能会很麻烦。

功能规格书不仅要规定过程控制及安全功能在每种过程操作模式下如何操作，还要确定每种模式的安全操作限值，包括异常时能够保持安全操作的最短或最长时间。由于从一种状态切换到另一种状态时会增加危险，基于状态进行自动控制是非常有益的。

随着过程设备单元数量的增加，操作模式的相互关联变得更为复杂。在只有一个单元时，将该单元切换到保持模式是十分简单的操作。不过，现代的生产装置大都采用一套公共控制系统控制多个工艺过程单元，这势必要考虑多个模式的协调问题。利用控制器可编程技术这一特性，可以在控制程序中组态保护措施，应对操作人员的失误（例如：禁止操作人员试图启动不被允许的状态）。将安全功能和许可、模拟控制回路以及监控程序进行全面的规划，合理地隔离或集成，对于工艺过程的有效控制至关重要。

3.3.5.2 操作人员互动与支持

在 本指南中多次提到操作人员界面，似乎每个工艺设施都是有人操控的。其实工艺设施可能是无人值守、仅在需要时人工操控，或者需要持续的人工操控。即使是需要人工不间断操控的工艺设施，操作人员也可能大部分时间都在远离过程设备的控制室内。

操作人员成功监控工艺过程的能力，取决于人机界面实时并清晰传达过程信息的有效性。操作人员界面设计受到所有过程操作模式操作人员的数量和位置的影响。综合考虑过程控制和安全系统的各个方面要求，有很多方式可以实现人机界面的有效性，但并不是都适合于特定工艺设施。

过程控制和安全系统可以在自动或手动模式下操作，具体取决于工艺过程的特性以及操作人员需要采取的动作（表3.1）。在自动模式下，人机界面自动显示操作步骤所需的过程条件，控制系统对过程设备进行自动控制。在手动操作模式下，控制系统的输入信号显示给操作人员，而操作人员通过控制系统手动更改输出，或直接对现场的最终执行元件进行操作。此外，操作人员可能需要确认自动（或手动）动作是否已经达到了期望的过程参数变化（例如，流量开始增加，说明阀门已按照指令打开）。即使处于手动操作模式，也可能需要对外部设备的动作状态进行反馈监视。

表3.1　自动操作与手动操作

自 动 操 作	手 动 操 作
严格按指令进行：不多也不少。 控制器不会思考，因此无法对其他输入，例如噪声/振动、意外信号等，做出响应。	操作人员会综合考虑所有接收到的输入信息。操作人员对输入做出判断，并调整其行动
自动化设备高度可靠，但对环境条件敏感。自动化严格遵守指令，因此动作结果完全可预见。这意味着出现问题时，系统仍将继续按照控制程序运行，除非此时组态为停止或中断	操作人员动作易于出现错误，甚至这些人为失误比自动化设备出现危险失效的可能性更大。出现问题时，操作人员可能会不知所措，无法及时做出正确响应
除非系统被特别组态，否则它视所有输入信号都是真实的，也就是说系统无法判断来自现场设备的输入信号是否合理。只有与其他可用信号进行比较，系统才可能识别现场设备是否存在故障	操作人员对输入信号是否合理总体上会有感觉，可以排除故障并采取适当的行动，但在偏差无法确定时，也可能忽视真实数据
执行迅速，顺序指令几乎是瞬时执行，只有在设置了延时时才会等待	人的反应会受到能力或时间的限制。连续操作需要工间休息，这意味着有些时间段无法对工艺过程的操作进行持续监控
组态变更可能会无意间影响到其他操作程序（例如：本想改变特定仪表的设定值，却修改了其他东西）	操作人员不容易出现这种错误。不过，有时操作规程已经做了更改，由于操作人员精神紧张或分心，仍可能会使用旧的规程

开车时往往需要旁路以便于工艺过程单元的安全启动。例如在启动泵时，对泵出口低流量联锁进行自动旁路延时。某些模式可能需要许可操作，在进行下一步之前须满足指定的工艺过程操作条件。通常也需要设置许可环节防止出现不可接受的操作状态，例如在确认进料阀关闭之后才能开始再生过程的操作。设置许可操作环节有助于降低手动操作步骤中的风险。

案例7

地点：Pascagoula, Mississippi
工艺：一硝基甲苯（MNT）
日期：2002年10月13日
影响：爆炸；多起火灾，3人受伤；碎屑飞出1英里，多个未遂事故幸免，进入社区避难场所，装置损坏。

工艺流程图(CSB 报告图 2-2-7):

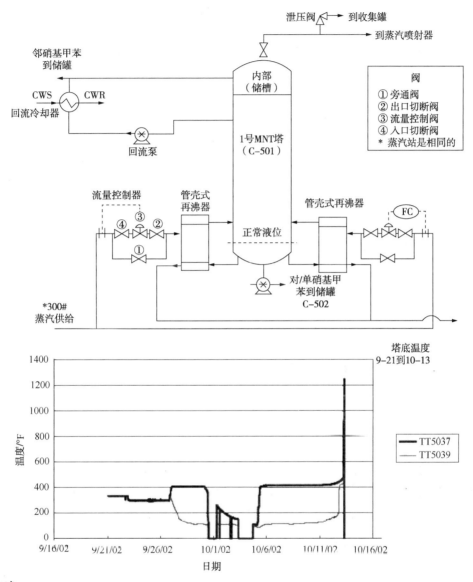

概述:

9月7日,由于上游问题,MNT 蒸馏塔 C-501 进料停止,蒸馏塔在正常真空状态下全部打回流,MNT 量为 1200cal。几周后,一些非重要蒸汽用户被隔离,准备对装置锅炉进行维护,包括 C-501 的两台再沸器。在事故调查期间对 DCS 数据进行了分析,表明两个再沸器蒸汽控制器的流量一直保持,从而塔底温度在数天内没有下降(直到装置锅炉停工),这些都预示着再沸器蒸汽切断阀出现了泄漏。9月27日,操作人员向顶部管线加入氮气破坏了 C-501 的真空。现场就地仪表的量程是 0~200mmHg,因此无法确认真空是否被完全破坏。锅炉于10月5日重新启动后,C-501 的底部温度逐步升高到 450℉,而该温度处于诱发 MNT 分解的范围内。操作人员没有监控这些温度,也没有设置报警。10月12日,塔釜物料累积造成高液位报警,但操作人员没有采取任何行动。10月13日凌晨,操作人员在现场听到塔上部发出巨大声响且看到有物料排出，随即决定返回到控制室躲避。此后不久，蒸馏塔发生爆裂，容器碎片及燃烧的填料块飞出 1700ft。

自动化方面主要教训：

在很多时候，重大意外事故都涉及多种不同类型的系统性失效相继发生。本案例中，工艺过程设计、PHA 分析过程、仪表规格书、压力释放系统设计、维护和操作规程执行等各方面的不足，一起促成了这次灾难性的容器操作失效。如若避免这些缺陷或事故诱因的累积，对技术管理进行有效的监督和审核必不可少（CCPS 2001，CCPS 2014b，IEC 2015，ISA 2012c）。

仪表和控制系统问题：

- 1996 年 PHA 给出的温度联锁建议没有实施；
- LOPA 存在问题；未识别出 PSV 无法应对的场景；未安装高完整性压力保护系统（HIPPS）；
- 预防性维护措施不够，导致隔离阀出现泄漏；
- 未使用蒸汽流量检测隔离失效状态，或者不足以检测出这一状态；
- 关键测量没有设置报警(例如停车时的高温状态)；
- 未检测塔内空气的含量，导致 MNT 分解加速；
- 操作人员未对高液位报警采取行动。

信息来源：

CSB. 2003. Investigation report-fire and exposition at First Chemical Corporation. Report 2003-01-I-MS. Washington，D. C. ：U. S. Chemical Safety Board.

3.3.6 可维护性

过程控制及安全系统的设计要考虑操作目标的影响，现场操作必须有能力一直维持设备的性能。如果选择的设备从纸面上看起来很棒、但难以安装或者难以维护，最终结果可能不会理想。因此，现场对可维护性有下面的预期要求：

- 操作支持能力及人员的角色和责任；
- 维护支持能力及人员的角色和责任；
- 旁路规则及变更管理程序；
- 检查、预防性维护及测试策略。

过程控制及安全系统的性能通过检查、预防性维护、检验测试和维修等活动维持。在正常操作期间，执行安全功能的设备出现未知的危险失效是不可接受的。通过有效的仪表可靠性管理程序发现失效的设备总比事故发生后的亡羊补牢要好。仪表设备操作时间越长，降级或功能丧失的可能性就越大。不过，在操作期间对仪表设备进行过于频繁的在线测试，也有可能增大误停车的可能性，达不到预期的过程可用性目标。

维护的安排通常由工艺过程的操作目标决定。大多数情况下，一般提前数周或数月就安排好了停车计划。更好的安全设计，即综合考虑冗余、诊断以及在线维修和维护能力，可以弥补检验测试时间间隔延长带来的潜在问题。在线测试和维护活动通常需要使用维护旁路，确保在不中断工艺过程的情况下完成这些工作。当使用旁路时，必须有对等的补偿措施，取代因安全保护措施停用造成的空缺。同时，这些补偿措施必须留存书面记录。所谓补偿措施，意味着将降低风险的策略从依靠自动化系统转为依靠操作人员采取相应的行动。工艺工程师和操作人员有责任确定在线维护和测试期间是否仍然能够保持工艺过程的安全运行。

工程和运营人员应确定何时进行检查、预防性维护和检验测试。通过审查生产计划，判定何时可以"接触"设备。对于连续生产的工艺过程，利用短期停车机会或者在定期停车检修期间对安全相关仪表设备进行离线维护是明智选择。对于批量或半批量工艺过程，可以利用批次转换的间歇期间进行维护。通常需要提前几个月安排检修计划，以便在有限的可用停车时间内完成所有拟定的维护要求。

工程和维护界面设计，需要考虑现有的基础设施条件，以及过程控制和安全系统的整体配置策略。当维护人员需要支持多个系统的操作时，人机界面的一致性有助于降低维护成本和可能出现的人为错误。由于从这些人机界面可以访问系统安全功能并修改相应控制逻辑，有必要实施网络安全对策和管理控制。当这些人机界面需要外部或远程连接时，网络风险变得更加严重。

3.3.6.1　外部连接要求

为实现既定的操作目标，常常需要与外部（或第三方）设备进行通信连接，用于传输特定的数据和信息。特定应用程序可能需要特殊的接口和/或通信方式，包括有线、无线、以太网或因特网。例如，某些监管机构需要监视过程数据和信息以确定是否"许可"继续生产。有些市场，比如转运交接，外部通信连接也许会以合同的形式委托下游客户代为维护。对于数据和信息的要求，编制规格书时要做到：

- 准确性；
- 采样频率；
- 传输到网络系统的方式；
- 如何保留记录。

规格书应明确规定外部连接失效时，确保不会导致过程控制及安全系统的误操作。在建立过程信息网络时通常采用分层结构，提供一个从下层读取数据、但不允许写入下层的"非军事化区"（隔离区）（见第3.6节）。外部连接也不应损害软件组态或系统数据的信息安全要求。

3.3.6.2　远程访问连接

操作目标可能包括用于各种目的的远程访问，如远程控制和监视、维护和升级、制造商监视和远程工程维护。术语"远程访问"包括本区域边界以外对控制系统或安全系统进行通信访问的任何系统用户（人员、软件、工艺过程装置或者设备）。过程控制网络架构应支持所需的可访问性，同时确保远程的改动不会导致工艺过程中断。网络安全风险分析应考虑远程访问是否允许与网络其他部分存在不期望的连接。当从远程连接进行操作时，需要考虑连接中断的影响，以及支持过程控制及安全系统操作所需的响应时间。

如果提供远程访问，应特别关注访问安全。直接远程连接到任一设备，例如分析仪或逻辑控制器，通常可以访问到该设备内的每个变量，甚至可访问到组态参数、设定值等。系统设计应将数据访问限制在需要传输的变量，而不允许访问到其他变量或系统功能。远程访问SIS会对工艺装置的安全生产带来特定风险。理想条件下，SIS不应有任何长期存在的外部连接或"管道"，将其陷于外部网络安全威胁之下。

3.4　本质安全化实践

正如第 2 章所讨论的，本质安全化实践可以使保护措施设计有更低的危险失效率，这些失效可能来自保护措施设计，公用工程系统中断或者人为错误。制定一个全面的自动化特性一览表，表明任何细节都有优于其他选择的本质安全化选项是不现实的。一般的做法，是将下面定义的本质安全化策略或原则应用于自动化系统，易于这些策略或原则，再确定可以采用本质安全化实践的细节。

将"减少"原则应用于自动化——减少使用可能增加失效机制，导致系统失效的自动化特性。

- 避免使用与正常或异常操作条件不兼容的配管等施工材料。
- 选用的仪表设备应适应操作的环境条件，无须另外加装防护措施。例如有些仪表设备需要对气候条件进行限制。
- 选用的仪表设备无须额外增设辅助功能单元，以满足特定工艺过程的控制要求。例如：在易堵塞场合采用远程法兰密封引压连接，而不使用需要冲洗的工艺过程连接管路；采用质量流量计进行直接流量测量取代通过压力、温度和密度多参数补偿测量体积流量的复杂方式。
- 选用适合多个过程操作模式的全范围测量仪表设备，尽可能减少测量的盲点。
- 如有可能，避免使用存在固有缺陷的部件，例如视镜、软管、转子流量计、波纹管以及塑料元件。
- 尽可能缩短取压管的长度。
- 将冗余信号分配到不同的输入/输出模块，以尽可能减少共因失效的影响。
- 在同一损失事件序列的触发事件和保护层之间不存在共享设备(例如，传感器、逻辑控制器、最终执行元件、人机界面、通信)，尽可能减少共因失效的关联影响。
- 使用物理隔离，保护 SCAI 免受外部网络攻击(详情参见第 3.6 节)。
- 通过安装便利设施(例如阀门复线)，使得系统测试不会造成异常过程状态，从而减少测试过程出现危险。
- 对盲板、排液口、清洗口和吹扫口采用机械连接，便于进行维护活动。
- 仪表设备的安装，要易于检查、测试、预防性维护等活动。
- 采用先进报警管理技术，将报警减少到一个操作人员即可完全掌控的数量，尤其是在异常操作状态下。
- 在执行安全功能的逻辑控制器中，避免接入与 SCAI 无关的非安全信号，以及执行非安全应用程序。

将"替代"原则应用于自动化——选用能够减少或消除危险失效频率的自动化特性。

- 选用失效率更低或使用寿命更长的设备；
- 使用腐蚀率或侵蚀率更低的配管等施工材料；
- 使用被控参数直接测量的设备，取代使用间接测量的设备；
- 选用公用支持系统(例如电源或仪表风)中断后进入安全状态的设备，而不采用需要能量才能动作的设备；

- 使用安全控制、安全联锁或 SIS 代替用于防止损失事件的过程报警或安全报警。

将"缓和"原则应用于自动化——使用有利于设施在较低危险条件下操作的自动化特性；所用自动化特性尽可能降低或限制自动化系统危险失效对工艺过程运行的影响。

- 正常操作限值处于安全运行限值之内；
- 自动化系统的流程图画面简单直观，并能向操作人员提供安全变量的冗余显示；
- 选择的工艺过程参数设定值要为发现扰动并在达到"绝对不能超越的限值"前完成纠正动作提供充足的时间；
- 对于敏感应用场合，考虑最小流量限值以防断流；
- 限定最大或最小设定值，确保始终保持在安全操作范围内；
- 对过程控制输入和设定值可调范围设置限值；
- 对设定值设置最大更改幅度，防止对工艺过程造成扰动；
- 在根据操作人员指令采取动作前，对这一改变动作设置确认问答步骤；
- 为自动、手动和串级控制的转换提供无扰动切换和设定值跟踪；
- 提供第一事件(First Out)显示和充分的关联辅助信息，让操作人员对过程偏差的原因进行快速诊断和响应；
- 对某个具体动作的量值提供详细的指导，例如：预计需要提前或延迟多长时间、或阀门开度达到百分之多少，才能达到预期要求；
- 对于有固态成分或出现沉积物的物料进行测量时，尽可能贴近并采用诸如法兰式连接，减少引压管路被堵塞的可能性；
- 使用足够成熟的仪表设备，无须经常升级其内嵌软件以及更新应用程序。

将"简化"原则应用于自动化——在确定自动化特性要求时，消除不必要的复杂性，尽量减少操作和维护错误发生的机会，并能容错。

- 降低复杂性，保持功能简单；
- 选用复杂性低的仪表设备，例如：可能出现错误的配置选项少；
- 冗余配置仪表设备并且是简单的冗余架构，对制造错误、维护错误或者意料之外的硬件失效等有一定的容错能力，避免使用复杂配置或依靠理论分析确定最终量值；
- 系统配置或组态确保在诸如通信中断或工艺过程信号中断时进入安全状态；
- 设计时将安全系统与过程控制系统完全独立和隔离，这样有助于简化网络安全要求、审核实践、旁路管控以及管理变更等活动；
- 在专门为安全报警设计的报警界面上显示安全报警[ISA-TR84.00.04 Appendix B(2015c)]；
- 应用报警管理规则建立清晰的报警优先级，便于操作人员关注和判断(ANSI/ISA 2009b, IEC 62682 2014c)；必须从各类报警中很容易辨别出安全报警(ISA 2015c, CCPS 2007c, CCPS 2014b)；
- 操作员 HMI 和安全 HMI 应该直观、友好，便于相关人员浏览；
- 用合理的方式向操作人员提供信息，操作状态一目了然(例如：组态工艺过程总貌、设备总貌等画面)；
- 冗余测量参数的显示应有助于操作人员确认工艺过程状态；

- 对各类文档、操作员 HMI 以及安全系统的现场仪表设备等，采用醒目的特别标识，使用逻辑编号方式对仪表设备分组；
- 阀门应有阀位指示等直观标示；
- 编写用户友好的操作规程，并对操作人员失误引发潜在危险的情形给出明确的警告信息；
- 编写用户友好的维护规程，列明详细的任务和文档要求，并特别指明确保工作质量所需的安全关键任务所在；
- 维修和备件管理规程应明确记录更换设备的部件号，应使用同一编号标记部件及其在库房中的存放位置；
- 设计存放维护器具和备件的库房时，应尽可能减少存取出错的可能。

应该尽量将这些本质安全化实践运用到过程控制和安全系统的设计、操作、维护以及测试工作中。

3.5 核心属性设计

核心属性必须在自动化系统的整个生命期持续保持。危险识别和风险评估过程（第 2 章）专门定义了独立性和完整性的要求。保持投用仪表设备的独立性和完整性也需要一并考虑其他核心属性，由于同时满足这些属性需要比较大的成本付出，因此有必要在早期规格书制定阶段就要统筹规划设计。这些属性是一个有机体，任何一个属性的保持有赖于其他属性严格满足要求。在整个工作过程中，下述这些方面有助于实现 7 个核心属性：

- 制定基于业务需求的工程决策的同时，一定要考虑运行知识和预期的制约；
- 平衡公司经营业务、操作和过程安全的风险管理；
- 将良好工程实践运用到自动化系统的设计、维护、检查、测试以及操作中；
- 采取管理控制措施并对工作过程进行监控，确保符合程序要求；
- 对维护文化和操作纪律进行量化指标管理。

规格书的目标是确保最终的自动化系统设计满足工艺设施的可操作性、可维护性以及安全性要求。安全保护措施的设计要遵循 IPL 的七个核心属性（图 3.3）。为了实现这些属性，要将规格书中对功能性、访问安全和独立性的要求，融入自动化系统的设计基础、管理控制过程、操作纪律，以及用户的安全文化当中。变更管理和可审核性是持续进行的工作过程，可确保系统的完整性和可靠性的持续并不断改进。

在制定规格书时，这些核心属性的设计可能是最重要的挑战，这是因为：

① 对非专业人士来说，这些属性通常并非那么容易理解。例如，可能会有这样的疑问，既然功能正常执行，为什么还要深入研究？

② 如果没有将这些属性要求传达给制造商或集成商，他们所供的仪表设备或控制系统有可能并不适合设计意图。

③ 如果对这些核心属性的要求没有在项目团队中达成共识，投用后的自动化系统在维护、操作，或者经营环境有可能达不到预期水平。

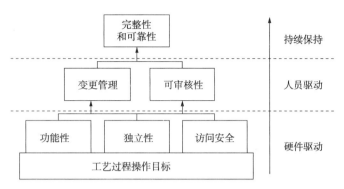

图 3.3 7 个核心属性和操作目标的关系

3.5.1 功能性

过程控制及安全系统执行许多不同的功能，包括对测量的过程变量或操作人员的输入指令做出响应并执行相应的动作、提供诊断和监视功能以及数据收集和报告。在整体风险降低策略中，功能性体现保护层的预期用途，即用什么方式或手段实现风险降低。

3.5.1.1 需要做什么

所谓功能，就是执行操作目标和计划所要求的任务需要自动化系统干什么？处于最高层次。

举例来说，在大型储罐上设置液位/流量串级控制回路，在储罐出口安装一个控制阀将流量保持在目标值。该目标值可调节，使得罐内液位维持在期望范围内；在反应器上设置高压安全联锁，必要时关闭反应器入口管线上的两个切断阀，防止反应器压力达到不安全状态；不过，安全报警实现的保护功能不仅需要检测工艺过程问题并报告出来，还需要适当培训的操作人员按照书面规程采取具体行动来响应。在工艺过程开车时，有可能需要复杂的顺序控制功能，或者在过程单元停车时，需要执行特定的操作顺序。

一些自动化系统过程应用已经有一些良好的工程实践，这些实践为设计人员就具体应用所需的过程控制和安全系统选型提供了良好的参照基准。例如在锅炉、加热器、炉子和压缩机超速保护等应用领域都有很成熟的工程实践。

规划的操作定员及其工作岗位职责也会影响到所需的功能性。例如，如果操作人员位于远程控制室内，过程控制及安全任务可能更依赖完全的自动化。相反，如果操作人员要在过程单元现场启动加热器的燃烧器，就需要配置声光显示单元、开关和按钮的就地控制盘。燃烧器的状态当然也可以在控制室内显示。现场外操执行的功能越复杂，就越需要控制室内操的紧密配合，共同完成燃烧器启动的特定步骤。因此，每个操作人员都应实时掌控燃烧器的状态，并且能够以正确的顺序执行指定的操作步骤。

在制订应对损失事件的功能安全管理计划时，必须根据导致不良后果具体事件演化顺序评估每个拟议的保护措施是否有效。一旦了解了损失事件发展的来龙去脉以及保护措施的详细情况，就会清楚并不是风险分析建议的所有保护措施都能奏效。例如，对于可燃气体点燃发生闪火可能致死的损失事件，一组由火焰探测器启动的喷淋系统在功能上就是无效的。对于该特定危险，有效的保护措施可能是减少初级密封失效的可能性，也可能是精心设计的气体检测系统，快速启动隔离阀并将泄漏的蒸气云控制在非常小的规模。同样，泄压设备以及诸如洗涤器这样的减轻设备，只有泄放量适合其设计规格时才会有效。如果实际的泄放情况超过了设计条件，即使自动化系统的硬件和功能逻辑完全按照设计意图运行，其安全功能执行的最终结果也达不到预期效果。

3.5.1.2　需要多快执行

即使自动化系统的设计能够执行正确的功能，但如果现场设备的动作太慢，或者某些情况下动作太快，它仍然是无效的。过程控制系统必须能以足够快的速度动作，将工艺过程维持在正常的操作限值内。响应时间限值是指系统从检测过程变量到最终执行元件完成动作的最大允许时间。例如：如果喘振控制不能在毫秒级的时间内作出响应，转动设备就可能受到严重的损坏；不过，一个大型的缓冲罐可能需要相对较慢的液位控制回路，以避免下游出现不必要的流量波动。对产品质量的关注是另一个操作约束条件，它可能决定正常控制功能应有的速度。安全控制与其他模拟量自动控制回路有着相同的工作方式，其动态响应时间与其他控制回路相同。

每个自动化功能最终达到的回路响应时间受回路中每个设备执行任务速度的制约。测量误差、检测滞后、逻辑控制器处理速度、通信速度和最终执行元件响应时间是估计系统能否在规格书定义的回路响应时间内完成有效动作时应考虑的主要影响因素。

案例 8

地点： Bhopal，India

工艺： 杀虫剂

日期： 1984 年 12 月 3 日

影响： 有毒气体泄漏；超过 2000 人死亡；100000 人受伤；家畜和农作物损失严重，巨大的经济和声誉影响。

停运的保护措施：

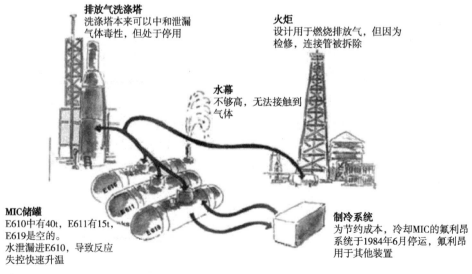

排放气洗涤塔
洗涤塔本来可以中和泄漏气体毒性，但处于停用

火炬
设计用于燃烧排放气，但因为检修，连接管被拆除

水幕
不够高，无法接触到气体

MIC储罐
E610中有40t，E611有15t，E619是空的。
水泄漏进E610，导致反应失控快速升温

制冷系统
为节约成本，冷却MIC的氟利昂系统于1984年6月停运，氟利昂用于其他装置

概述：

事发当晚，甲基异氰酸酯(MIC)储罐610中装有过量MIC，用于紧急情况的备用储罐没

有倒空。系统的压力表不可靠，当储罐 610 的温度开始上升时，罐上的高温报警失效。其他保护措施，包括水幕、制冷系统、排放气洗涤塔和火炬系统，均不能正常操作。

大约 500cal 的水进入了储罐 601，发生了放热反应。操作人员检测到压力升高，但显示仍在正常范围内，操作人员并没有意识到这是出现反应的第一迹象，此时罐内液体正在升温并加速反应。泄压阀起跳，并且随着迅速升高的压力泄放到排放总管而产生巨大噪声。因为所有的污染控制设备均处于停用状态，有毒气体未经任何处理就从火炬排放出来，巨大的蒸气云飘到附近的人口密集区域，造成上千人死亡。

自动化方面主要教训：

仪表和控制系统没有得到有效维护，仪表设备不可靠（CCPS 2014b，ISA 2012e）。装置操作人员不相信仪表显示信息，保护设备的能力需要考虑安全保护措施缺失时工艺过程本身固有的潜在危险（CCPS 2001）。

仪表和控制系统问题：

- MIC 储罐的温度报警不起作用；
- MIC 储罐的压力表不可靠；
- 为了节省开支关闭 MIC 储罐的制冷系统，并没有评估变更对过程安全危险的影响；系统的设计能力无法撤除因水进入产生的反应热量，也无法倒出储罐中现存的 MIC；
- 尽管泄压阀按设计要求起跳并将气体泄放到放空系统，但是泄放量和浓度均超过了排放系统的设计基础；
- 放空系统，包括洗涤塔和火炬，在没有安排足够的替代补偿措施情况下就停运了。不过，即使放空系统正常操作，其处理能力也无法应对该情况，不可能有效处理有毒烟雾。

信息来源：

- Mannan S. 2012. Lee's Loss Prevention in the Process Industries, 4th Edition. Massachusetts：Butterworth Heinemann.
- Atherton J. and F. Gil. 2008. Incidents That Define Process Safety. New York：John Wiley & Sons.

对于安全报警和安全联锁，系统的实际响应时间必须快于 IPL 响应时间（IRT），IPL 响应时间基于该安全功能（即设定的安全保护措施）应对的损失事件演变顺序和设定值两个因素确定。如果安全报警或联锁的响应慢于 IRT，那么事件的演变就如同俗语所说的"脱缰的野马"，这一道防线也就失去了应有的作用。例如：当锅炉内的天然气燃烧器发生熄火时，切断阀的关闭必须足够快，通常仅几秒钟，以防止可燃气体在炉膛内聚集。而另一些损失事件，在触发事件发生后可能需要数小时甚至几天才会使过程参数超过安全操作限值。

确定系统的响应速度要求，通常需要诸如工艺工程师、可靠性工程师，以及对该工艺设施有专门经验的人员共同努力，达成共识。只有这些专家才有能力回答与此相关的问题。首先，必须对过程控制及安全相关的各种过程参数建立"绝对不能超越的限值"。对于安全参数，该数值通常基于过程设备的设计限值确定，并考虑一定的安全余量，因为在工艺过程的生命期内所能达到的实际性能会偏离设计值，有必要考虑该不确定性的影响（ISA 2015c，

API 2014c）。正常控制的限值应处于这些数值范围内，当需要安全功能动作时，有足够的允许响应时间。

过程仿真和反应建模是过程工程师用来确定设备规格或等级的常用工具，自动化工程师可以使用这些工具为控制回路确定初始整定值。这些工程设计工具也有助于理解在没有安全保护措施时，特定损失事件从触发到"绝对不能超越的限值"所用的时间到底有多快。所经历的整个时间就是过程安全时间。这一工程信息还表明，过程参数一旦达到给定安全功能的设定值，离发生不可避免后果还有多少时间。这个时间量值，即给定的安全保护措施必须动作并成功避免意外后果所用的时间，就是IPL响应时间。对于给定的损失事件，安全功能的设定值和IPL响应时间互相关联密不可分，一个改变就会影响另一个，除非对被控工艺过程或设备做了修改。

在规格书制定的初始阶段，为初步合理地确定安全保护措施设定值和IPL响应时间，设计团队对典型安全设备的可能响应速度需要有一个基本了解（表3.2）。否则，团队可能会给出一个几乎没有成功可能性的设定值/IPL响应时间组合。其实只要记住一些通用导则，就可以避免由于不切实际的初始规定造成的后期过度修改。

人员响应，作为安全报警必不可少的有机组成部分，是难以预测响应时间的一个因素。根据人为因素分析，如果操作人员要采取的动作复杂，或者即使只需简单的响应动作但在操作人员培训的规程中没有书面列明，则其成功执行的概率可能会低于预期。

表3.2　典型安全设备的响应时间

设备类型	典型设备检测/动作滞后时间
大多数在线分析仪（包括取样系统的延时）	数十分钟
典型的测温元件	2~10min
其他大部分传感器	5s或更短
大型阀门和变频驱动电机	数十秒到数分钟
小型阀门和其他电机	5s或更短
可编程电子逻辑控制器	3s或更短
人员响应	10~40min或更长

人员无须进行故障分析，只需执行一个简单的、书面明确规定的手动操作，也至少需要预留10min外加执行动作所需时间。这样才能保证人员响应足够可靠，可视为一个有效的安全功能。

如果需要先进行简单的故障分析判断，人员可靠操作所需的最短时间为40min，再加上执行操作行动所需时间。只在极少情况才能认定安全报警能够实现超过10倍的风险降低，此时指定的IPL响应时间应为24h或更长，并且满足SIS的所有其他要求（CCPS 2014b, ISA 2015c表B.1）。所有上述响应时间值都假设有一个完美的报警管理程序，并且已经充分证明在正常和异常的操作条件下，报警负荷都能够保持良好的控制。对于响应时间非常快的设备，如大型转动设备，可能需要专门的技术。

仅仅知道损失事件如何演变到安全功能设定的动作点，并对仪表设备响应时间有一般性了解还不足以确定有效保护措施设定值的最终要求。另外还有两个关键概念是过程滞后时间和测量误差。

当安全功能关闭阀门或关停电机后，过程参数的危险趋势会立即停止吗？不一定。如果有大量的热量存在，其热惯性就需要时间使其趋于平稳。在上游阀门关闭后，如果下游是几百英尺、几百码甚至几英里长的管道，将不会马上停止继续排放或向接收容器泄压。使用如同前述的过程仿真和模型工具，可以确定设备的规格并了解在安全保护措施缺失时损失事件的演变过程，也可以精准估算出特定安全功能从过程变量达到关停设定值到完成动作之后，该工艺过程还需要多少时间趋于平稳，这一延时被称为"过程滞后时间"。虽然它不是 IPL 直接响应时间的一部分，但是必须了解过程滞后时间，并在必要时调整设定值，确保在 IPL 动作完成后，在到达"绝对不能超越的限值"前，工艺过程有时间成功响应。

同样，对于一个处于完全平稳状态的工艺过程参数，模拟仪表不可能一直对过程真实数值完美呈现。即使仪表技术和规格完全适用该过程并且所有规定的维护都得以正确、及时地执行，每个测量设备的性能都存在一定程度的不确定性或测量误差（ISA 2015c）。为了应对这种典型的测量误差，通常使过程参数的目标值落在其仪表量程的 20%~80% 之间。设定值的确定应考虑测量误差的影响，即当传感器的输出处于最大误差并在偏离关断设定值的危险侧时，安全保护措施的动作应该仍然有效。

举例来说，考虑在现有的立式储罐上增加一个新的高-高液位联锁，用来关闭入口管线上的自动切断阀，防止储罐溢流造成灾难性问题。在本案中，假定过程测量使用标准液位测量技术，响应时间约为 2s；逻辑控制单元采用安全继电器，综合考虑滤波器或其他可组态的设定等因素，假定延时 1s；最终执行元件为入口管线一个口径中等规模的阀门，关闭时间大约需要 10s 才能完全到达安全位置。项目团队针对这种情况进行分析计算关断滞后时间之后，确定了安全的、可接受的最大关断设定值。

图 3.4 展示了在初始设定值确定时，仅考虑了工艺过程损失事件演变和典型的仪表设备检测滞后时间，但没有考虑任何过程滞后或测量误差的情况下，会发生什么情况。规格书编制人员根据已知的传感器检测滞后和关断滞后（即安全功能从检测到设定值到动作完成时间）估算 IPL 响应时间。关断滞后时间包括逻辑控制器周期时间、应用程序或变送器电路的额外延时及最终执行元件动作到安全位置的时间。基于这一时间定出的关断设定值非常高，理论上可以在实际过程条件快要达到"绝对不能超越的限值"时能够完成联锁动作。可惜在这个假设的工艺过程单元中，入口管线恰巧高出储罐，并且切断阀相当远，因此当阀门关闭后物料继续流入到储罐中，直到达到流体静力学平衡，这样最终的液位实际上已经处于危险区域。

图 3.5 展示了设定值选择考虑了过程滞后时间的影响。工艺工程师通过仿真估算出过程滞后时间，并因此降低了设定值。这样，在假定安全功能的关断滞后时间和 IPL 响应时间仍维持不变的前提下，就能确保工艺过程全部完成响应动作（即管道中残留的物料全部流入到储罐）之后，最终的实际过程状态没有越过"绝对不能超越的限值"。如图 3.6 所示，考虑了测量的误差范围对设定值选择的影响。如果仪表读数在测量误差范围的下端，这时导致的测量滞后要大于仪表技术和安装因素影响的检测滞后。因此在关停滞后和过程滞后时间确定的前提下，也有必要进一步降低设定值，确保即使在事件发生时液位测量读数恰好在其正常误差范围的低端，仍然能有效地完成安全动作。

上面的例子关注最大关断设定值的确定，这是 SCAI 设计的一个重要限制条件。不过，这是最大值，并且有意将设定值定为尽可能接近"绝对不能超越的限值"本身就存在固有的风险。测量误差、检测滞后和关断滞后取决于仪表设备技术本身以及安装因素等方面。

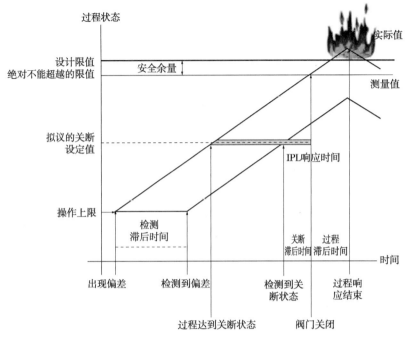

图 3.4 没有考虑测量误差或过程滞后时的设定值

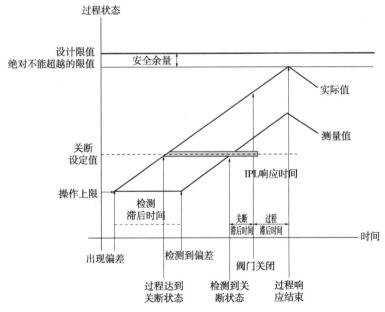

图 3.5 没有考虑测量误差时的设定值

实际投用的仪表设备可能会随着时间的推移偏离这些最初的假设。不确定性，甚至有时是明显的不确定性，与最终竣工时的过程设计、未来过程操作状态，以及过程扰动来源有关。出于这些原因，在指定 SCAI 设定值时，按照安全功能在 IPL 响应时间的一半以内完成是常见的应用实践。通常保护措施的设定值会低于理论最大值，这要牺牲一些操作余量。这也导致工艺过程的正常操作更加接近关断设定值，SCAI 因测量误差启动误动作的机会增大。

因此操作余量应至少不小于总的测量误差，以减少误动作的可能性。如图 3.7 所示，规格书最终给出的设定值应平衡各相关因素的影响，既有合理的操作余量，也要有足够大的 IPL 响应时间窗口。这样即使实际投用的仪表设备选型、安装状况以及实际工艺过程操作状态不能与过程设计时的预期完全吻合，安全保护措施仍然能够有效操作。

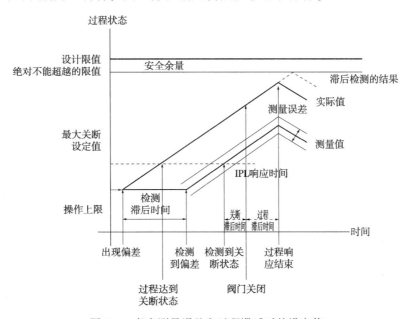

图 3.6 考虑测量误差和过程滞后时的设定值

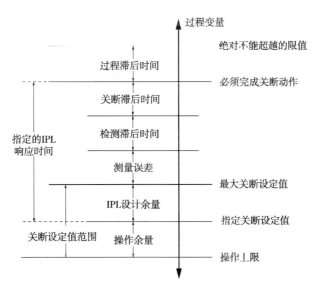

图 3.7 设定值和响应时间与操作和安全限值的关系(改编自 ISA 2015c)

在某些情况下，自动控制动作过快可能与动作过慢同样不好甚至更糟。在一些管道应用中，当流量突然停止或其流动方向突然改变时，可能会发生流体锤击现象，即所谓的水击。对于大口径或长距离的管道尤其如此，大规模输送的物料突然改变速度，产生的压力波或水击可能导致管道破裂。这时有必要规定阀门以较慢的速度关闭以防止水击。这可能需要让设定值更加远离危险状态，允许阀门具有更长的关闭时间。

无线或网络通信的过程控制或安全功能时效性有更大的复杂性。由于所需数据和信息的通信对于实现操作目标至关重要，人们更容易专注于将数据和信息从一个地方传输到另一个地方，而可能忽略其中的细节，特别是那些影响完整性、可靠性、访问安全和变更管理等核心属性的具体问题。尽管将过程变量测量值从一个系统传送到另一个系统有很多方法，但并不能保证所有的方法都可以产生一样的完整性和可靠性，也不是所有的方法都能提供相同的处理速度。在大多数应用中，通信延迟时间长和信号抖动(电子信号或自动化系统中的不稳定变化)是不可接受的。

过程控制及安全系统实时操作，并成功进行响应，通常时间非常关键。点对点通信提供了确定性的数据通道，接收信号所需时间能够估算并且可保持不变。相反，一些无线系统的矩阵配置传输路径是非确定性的，从变量发送到接收的实际传输时间可能会有很多变化。有关常用通信拓扑的更多介绍见附录C.2。如果时间很关键，则应选择确定性的通信方式。无线通信的使用还造成了额外的失效模式以及存在访问安全问题，在自动化设计中必须给予认真考虑。

另外，如果危险事件演变决定的响应时间限制、拟用设定值预测的IPL响应时间、为避免水击所确定的最终执行元件可接受的最小动作时间、为保证操作可靠性期望的操作余量等因素之间出现矛盾，从最终执行元件的动作速度、传感器的选型、控制逻辑处理时间等方面又无法做出妥协，则有必要返回到本质安全化的自动化实践甚至是本质安全化的过程设计：

- 改用不同形式的、本质上更快的安全保护措施，例如采用安全联锁取代安全报警，或者使用基于压力而非温度的安全功能；
- 进一步约束操作限值，为安全保护措施必要的动作时间留出足够的操作余量；
- 改变设备设计，使损失事件的演变过程从本质上变得更慢。

3.5.2　访问安全

为确保指定功能持续保持完好，必须杜绝不可接受的变更。访问安全旨在防止对运行中的过程自动化系统进行未经授权的更改。访问安全依赖于管理控制和工程系统措施降低无意或未经授权改动的可能性。访问安全对于减少人为错误并在受到网络安全威胁时强力恢复至关重要。因此，访问安全方面的缺陷会对其他核心属性产生不利影响；但另一方面，也不能因为限制过于严格，使系统不能得到充分的监控和维护。可见，过程控制及安全系统的设计需要解决在允许安全维护并不断升级网络安全措施的同时，如何限制未经授权的访问。

与过程安全不同，访问安全受到员工和外部公众动机的影响，并在相对较短的时间内会发生明显变化。需要监控自动化系统所处的网络安全环境，辨识可能的变化，及时采取措施应对由此带来的风险。例如，某一环境泄漏事件可能会被媒体曝光，并引起环保团体对该工艺设施的关注。应适时提高该设施的访问安全级别，关注影响安全操作的潜在威胁是否会增加，不论是网络攻击还是物理的侵入破坏。

自动化系统规格书要规定如何管理和加强访问的安全性。对于连接到商业IT网络的系统，规格书应明确是由设施或装置级还是企业级有关部门管控访问安全，以及涉及的支持工具和措施方法。依据系统失效的可能影响，优先考虑在网络层面采用适度的措施防范，严格限制对系统访问的权限。增设物理屏障或网络身份验证手段都是行之有效的措施，有助于提高对网络安全威胁的抵御能力。例如，对应用程序进行交叉检查、对传感器进行写保护、对应用程序下装要求硬钥匙开关给出权限许可等。采用物理屏障和身份验证相结合的方式降低了未经批准(或无意间)更改系统的可能性，这些未经授权的修改即使发生也能很快被发现，从而也可减少长期维护成本。

在系统允许远程访问时，必须采用防火墙和访问授权限制等措施应对网络安全风险。如果支持远程组态变更，规格书应明确说明需要什么必要的设备以及采用何种手段，在数据传输或更新程序下装前完成就地确认。

应该评估系统工程师、操作和维护人员在生命周期各阶段活动中对系统进行访问的不同需求。尽可能将过程控制和安全保护功能隔离分开，以减少对安全功能所用仪表设备进行访问。每次访问到系统内部，都存在对安全功能造成负面影响的风险。只有具备必要的专业技能、足够经验的相应资质人员，必要时配备相应的工具，才能允许访问安全系统，确保降低发生系统性失效的可能性。

大多数化工企业的自动化系统，都配置了良好的网络安全措施和安全访问管理体系。在其他过程工业，生产过程可能包括许多远程设施(例如油田分散的油气井和集输管道)。这些设施可能不具备每天24h不间断进行安全监控的能力。这就存在很高的非授权访问风险，并对过程控制或安全系统造成潜在的损害。根据不同的过程危险，可以采取包括远程安全监控、报警、围栏以及建筑物上锁等各种安全措施。

网络设计必须考虑过程控制和安全功能的保护以及系统相关的完整性。第3.5.3节讨论了如何通过物理分离和功能分离保持不同系统之间的独立性，以减少共因失效以及误操作等系统性失效的影响程度。高完整性的网络设计应解决好如何应对工艺过程和自动化系统数据的脆弱性等安全问题，并采取严格手段支持安全的本地/远程操作，以及工程和维护访问。

3.5.3 独立性

目前的风险分析实践强调保护层独立于损失事件初始原因以及保护层之间相互独立的重要性。由于绝对独立几乎不可能实现，独立性分析主要关注系统的设计、操作、维护和测试的各个方面实现物理和功能分离。

独立性的基本判断，是与初始原因相关的系统出现失效时，能够证明安全层仍然能够实施其功能。相反，当且仅当一个保护措施至少在某种程度上起作用时，另一个保护措施才能有效应对危险，这两个安全措施称之为相关安全功能，它们不能被视为两个独立的保护措施，应该被认定并书面记录作为一个IPL(CCPS 2014b, 3.2.1)。

获取独立性最直接的方式是为各自的用途配置专门的仪表设备。在某些情况下，物理隔离被认为是应对其他属性的最有效手段，例如，为安全系统配置专用的操作员人机界面，提高响应安全报警的人因可靠性。在构建接收信息并采取相应动作的集成操作环境时，应充分考虑操作人员的需求。例如，操作人员在一个系统人机界面上收到报告损失事件发生的报警信号，需要到另一个系统上用不同的键盘输入操作指令。

将过程控制和安全系统集成在一起给独立性带来了挑战，如何保证这种系统配置不损害独立性原则，在功能规格书中经常会被忽视。设计人员应该在设计方案中采取必要的措施管理系统性失效，确保集成的系统能达到整体完整性和可靠性要求(ISA 2015d, ISA 2012e, ISA 2015c)。要对所有可能导致要求的场景进行分析，包括过程控制失效、人为错误、网络攻击和违背访问安全，以及操作、维护、检查或测试活动，甚至共同的检验测试规程和检验测试时间产生的相关性。

随着对 SCAI 整体风险降低要求的增加，需要更加重视减少这些功能之间的共因失效。假设这样一个场景：采用一个安全控制、一个安全报警和一个 SIL1 的 SIF 使风险降低因子（RRF）达到 1000。虽然它们可以在各自的逻辑控制器中实现，但是实现这些功能的现场仪表可能都是相同的，甚至也可能与初始事件的仪表设备共用。如果忽略了这些共因存在的影响，最终的整体保护能力就会被高估。基于这些原因，IEC 61511-1（2015）包括了对 SCAI 保护层之间公共原因影响的评估要求。

特别是一旦 *RRF* 要求大于 10000，则有必要对系统性失效的影响进行定量估算。

应评估共因失效的可能来源，包括同类硬件随机失效的共因部分，以及与公共的工程、操作和维护支持等接口相关的系统性失效。如果没有完全隔离，就应辨识出可能存在的共因失效，并应有明确的措施应对共用设备或公用接口失效，以免影响功能安全。工程设计可能还涉及容错结构，利用诊断切换到备用设备，或者将系统设计为检测到失效时进入安全状态。

任何子系统都可采用容错设计，以确保单点失效不会导致多个系统丧失功能。在定义容错需求时，要考虑网络、公用设施、系统内部和系统间的通信以及人机界面等不同层次的失效对生产和安全操作的影响。在失效导致较大负面影响时，一般倾向于采用冗余配置。

仪表设备的物理隔离是实现各保护层独立性的公认手段，每一保护层使用专门的设备。例如，过程控制功能采用控制调节阀，SCAI 功能的最终执行元件则是单独的切断阀。

实际上，有一些仪表设备可能在执行不同功能的两个保护层之间共享，这一点在本章后面的章节会有更详细的讨论。例如，SCAI 功能用来关闭切断阀和调节阀，SCAI 功能独立于过程控制系统，并且其输出优先于过程控制系统控制调节阀。此时 SCAI 功能与过程控制系统共享调节阀。*在过程控制和安全系统设计时，对这种独立性的缺失对整体安全完整性的影响要进行充分评估，才能确定这样的设计是否可接受。*

保护层会因共享仪表设备失效造成同时丧失其功能，这使得独立性问题变得更难以评估，并且评估所需的技能要求更加专业化。另一方面，鉴于整个生命周期需要多个专业协同完成，客观上增加了确保安全系统具有强健的管理控制并做好审核跟踪的复杂性。长期保持核心属性的能力变得越来越困难，也更加不确定。当存在共享仪表设备时，整体风险降低能力（或失效频率）更依赖于功能安全管理体系的执行质量：

- 遵守管理程序，例如维护文档、保证访问安全、管理变更并对安全性能进行跟踪；
- 验证、评估、变更管理批准和审核的独立性；
- 共享设备运行性能可靠性参数的有关假设，如失效率、诊断覆盖率和停用时间安排；
- 共享设备的检验测试和旁路设计，应确保共享设备处于在线测试或维修时的安全操作；
- 维护人员的能力和技能；
- 维护规程和留存记录的质量；
- 仪表可靠性数据收集；
- 操作和维护纪律。

当两个(或更多)保护层共享组件时,应对共享设备失效导致的降级或功能丧失状态进行全面分析。当在系统内提供了容错机制时,共享组件的失效将导致降级但不会完全丧失其功能。如果没有容错机制,那么,同样的失效会导致两个(或更多)保护层失效。系统分析可以确定共享组件失效的后果和严重程度。

对共享设备的影响分析不仅包括安全功能的传感器、最终执行元件和逻辑控制器,还可能包括人工手动动作。如果功能安全管理计划预期的风险降低要求包括人为干预的多个保护措施,或要求人为干预的保护措施对应的初始事件恰好是操作人员错误,这就意味着人员是共享的。这可能需要通过人因可靠性分析或采用类似的方法确定共享人员对总体风险降低的影响。

3.5.4　变更管理

变更管理(MOC)规程贯穿整个生命周期,确保对过程控制和安全系统的更改能够维持所需的功能性和完整性水平。有别于同类更换,设备选型、管理规程、原材料、工艺过程设计条件实施修改之前,MOC 使用正式的管理程序进行审查、书面分析以及最终批准。

对任何自动化系统的变更管理规程来说,功能规格书都是关键的输入文档。与访问安全和系统独立性有关的决定对如何批准并实施变更的程序影响重大。

修改的想法可能是主动的,比如提高装置的产能;也可能是被动的,例如现有老旧的设备已经停产,在维修时不得不更换为已经升级的仪表设备。变更可能很大(对整个装置的自动化系统更新),也可能很小(更新单一仪表、修改应用程序的某一行或操作规程的某一句表述)。

无论修改的范围是大还是小,主动还是被动,对工艺过程自动化系统或相关管理规程的任何改变都可能影响到过程危险场景的初始事件确定,影响到现有保护措施对这些场景的有效性,甚至同时影响到这两方面。因此,在提出与自动化系统有关的任何更改时,对变更执行的过程进行有效的监督管理是基本要求。

变更可能是永久的也可能是临时的。一些临时变更与维护活动有关,通过详细的旁路书面管理程序进行管控。这些变更一般持续时间较短(例如 24h)。如果临时变更需要维持较长的时间(例如 3~6 个月),恰当的做法是全面遵循 MOC 管理流程并形成完整的文档记录。

在工程项目执行期间,遵循 MOC 规程通常是项目团队及其领导层的责任。项目执行中涉及的任何更改都要依据功能规格书的要求进行评判,这是因为规格书建立了企业经营、操作和安全等方面的基础要求。一旦系统移交给装置或设施的运行管理部门,通常使用现场 MOC 程序审查和批准变更。

由于信息技术(IT)、工程、操作和维护等许多专业都会参与到过程控制和安全系统生命周期不同阶段的活动中,每个专业在自动化系统变更管理过程中的角色和职责都应明确规定。例如,如果维护方判定某仪表设备的可靠性较差,由谁来审核并批准更改选型?完成修改后,变更影响的相关文档也要随之更新,这些都要通知到对系统负有某种职责的人员,并在必要时就如何操作或维护变更后的系统对相关人员进行培训。需要明确各方责任以确保变更评估、有效沟通和后续行动的一致性,以及各专业采用变更后的协作。

MOC 工作流程要确定批准变更所需的审查级别。过程控制和安全系统包含许多类型的仪表设备，非常复杂。这些仪表设备随着使用年限、技术更新换代或者业务要求的变化等因素需要重新选型或者升级替换。MOC 需要明确变更的类型、涉及的专业和人员能力要求以及审批权限。MOC 会充分考虑变更本身的影响和价值，不过，审查还要关注如何以最小的过程操作风险执行变更。

例如，由于存在安全问题修改了应用程序并需要在线下装，这看起来只需要简单地审批一下并按照操作步骤去做就可以了。其实需要考虑的不仅如此，如果下装时工艺过程操作不稳定，下装导致安全系统锁定，危险失效就会使损失事件发展。在评估 MOC 时，要充分考虑为什么一定需要这样变更，以及何时完成最恰当。

■ 案例 9

地点：Petrolia，Pennsylvania

过程：发烟硫酸中转站

时间：2008 年 10 月 11 日

影响：发烟硫酸泄漏；1 人受伤；装置和当地城镇人员撤离；道路关闭。

电源配置图(CSB 报告图 5 和图 4)：

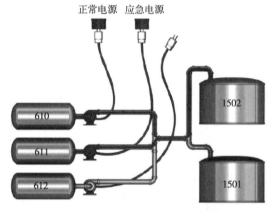

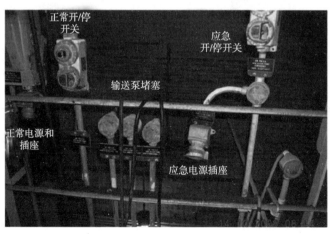

概述：

事发当天，一名操作人员使用主电源用泵从容器 611 抽取发烟硫酸，并使用备用电源从容器 612 抽取发烟硫酸。当操作人员通过 DCS 停止容器 611 抽取时，却忘记使用备用电源的泵仍然继续运转，而 DCS 上没有显示使用备用电源泵的状态。使用备用电源只能就地停泵。正在灌装作业的罐 1502 就地高液位报警灯亮，但是操作人员此时已经离开厂房。5min 后，就地高-高液位报警，但没有采取任何行动。之后不到一个小时，酸雾从罐 1502 排放口流出。再一小时之后，薄雾飘出了厂房。操作人员误判了泄漏原因，通过输送管道吹送空气，导致释放逐渐升级。随着事故被宣布为紧急情况，装置人员撤离。大约两个小时后，通过切断电源才最终使泵停止运转。

自动化方面主要教训：

如果 MOC 没有严格遵守，操作和维护的关键表单记录没有及时更新，一些强制、跳线以及短接线等临时措施没有及时解除就可能长期存在下来。即使是短期或临时的变更，进行危险分析并执行必要的保护措施，其重要性并不亚于新建项目的设计修改。在这次事件中，采用备用电源操作泵这一"临时"措施维持了 28 年，没有任何文档能够表明多年存在的、司空见惯的潜在问题。

仪表和控制系统问题：

- 从事件发生 28 年前，就这样用"临时"电源操作第二台泵，没有使用主电源的自动联锁保护回路，安全措施仅仅是操作人员依据报警手动就地停泵以防止过度灌装；
- 这样的改变没有记录到工厂的文档，也没有纳入联锁逻辑并进行画面显示；
- 使用备用电源时，高-高液位关断联锁被旁路；
- 操作人员已经习惯了周末使用"临时"电源操作第二台泵，但缺少了对"临时"电源初始要求时进行的窗切监控；
- 高液位报警仅用于正常灌装作业时的停泵依据，警报喇叭不工作。

信息来源：

CSB. 2009. INDSPEC Oleum Release Case Study. Case study 2009-01-I-PA. Washington, D. C. : U. S. Chemical Safety Board.

过程控制和安全系统独立有利于 MOC。由于这两类系统有明显的区分，相关人员更加清楚正在访问哪个系统及其功能。分开设置的优势还在于对过程控制和安全系统变更可以使用不同的管理体系，遵循不同的严格程度进行审查和批准。通过分开设置，基于控制系统本身的动态特性和操作的灵活性，一些更改并不需要那么正式的审批流程。如果不分开，过程控制系统与安全系统则归属于同一个管理体系，所有的变更都需要进行详细的审查，充分的影响分析，并最终获得正式的批准。

软件更改对 MOC 的有效性提出了更大的挑战。硬件失效通过可靠性分析进行预测并通过设计对其进行控制相对容易。而软件失效较难预测，因为存在着很多可能导致系统错误或失效的路径和组合。如果软件变更出现了漏洞，不论这 修改发生在系统软件打补丁、更改应用程序，还是对系统软件进行版本升级，投用后就有可能影响或中断生产。在错误的环境、错误的时间进行简单的工程变更就会导致系统崩溃。例如，将应用程序在线下装到运行的系统，可能会由于系统资源过载导致时序出错。

无论是内嵌软件、公用软件还是应用程序，软件变更管理是过程工业领域面对的最大挑战之一。软件升级是市场的普遍现象。软件升级涉及补丁程序、应用程序修改或系统软件的版本升级。软件更新的需求来自许多不同的制造商，如操作系统开发者（例如微软）、内嵌软件设计者（例如系统硬件制造商）或第三方软件提供者（例如报警管理软件）。要使用足够成熟、软件升级不频繁的设备，这是本质安全化的做法。

软件升级或是有益的，例如修补访问安全软件或提供新功能，但必须在不会造成系统功能失效或工艺过程中断的前提下完成。新的内嵌软件或操作系统软件如果与老版本软件产生冲突，下装可能会导致工艺过程、过程控制 4 系统，或安全系统的误操作。软件升级也可能会影响仪表设备的"用户批准"跟踪状态，因此应通过变更管理流程审查软件更新。执行升级的操作步骤还应考虑访问安全和网络安全管理规定。

管理规程应确定如何对软件升级进行影响评估、实施升级时自动化系统或工艺过程的限制条件，以及进行测试和确认所必需的设备。一些制造商可能会通过网络提供软件的自动更新服务。这些特性和所需的外部连接极易使系统受到网络攻击。严格遵守补丁管理流程是保持最新软件特性和漏洞修复的关键，同时还能保持预期的系统功能性。

不中断系统操作进行软件升级，需要进行详细的分析以确定可能的影响、确定必要的限制条件使可能的影响最小。升级后进行测试以确保系统按预期执行其特定功能。根据潜在的影响和系统设计特点，软件升级可以在工艺过程处于全运行状态或者部分运行状态的在线环境进行，或者需要工艺过程停车状态的离线环境完成。

如有可能，快速而永久性地完成预期的更新，而不是作为权宜之计对正在运行的系统临时改一改，以后再谋求彻底完善，这符合本质安全化实践。将临时的更新暂时存储在仪表设备的闪存中，可能会遭受意外的更改。

例如，一台控制器包含执行所有系统功能的应用程序。如果控制器将程序更改并存储在闪存而不是在硬盘中更新程序，控制器一旦关闭并再启动，程序将恢复到修改之前的版本，存储在闪存中的更改将会丢失。选择设备时，要评估设定值、组态和程序的存储方式以及启动时如何初始化。现在许多新控制器都使用非挥发性存储器，这种存储器在掉电时不再依赖电池或闪存。

在设计和编写管理规程时要充分考虑系统本身的限制条件。在上述控制器的例子中，规格书应规定更新程序时如何备份以及控制器上电后如何下装到系统中。目前许多现场智能仪表设备也包含可编程组件。断电时可能的数据丢失也是这些可编程组件的固有弱点。系统设计应确保断电和重新启动后，仪表设备仍然恢复到预期的操作状态和组态。

3.5.5 可审核性

可审核性是指对信息、文件资料和规程进行检查的能力，证明用于实现其他核心属性的设计、检查、变更管理、维护、测试和操作实践得以充分遵循。管理体系往往是通过审核跟踪并批准改进建议逐步完善并趋于严谨。

为了使设计的自动化系统具有可审核性，需要建立文档体系用于记录各类事件以进行风险监测（见第 2.4.5 节、第 6.8 节和附录 I）。例如，需要有审核跟踪记录控制代码或现场仪表的更改（包括最终的验证和确认活动证明这一工作已成功完成）、旁路操作的批准、维护测试和修复活动的执行以及规格书制定、工程设计、安装、操作、维护，变更活动的相关人员的培训。

对于失效会触发损失事件的控制回路以及 SCAI，文件管理系统还必须支持与自动化性能有关的可靠性数据收集。这些数据将用于验证或纠正设计之初风险降低评估使用的信息，这些信息也许明确用于定量风险分析，也许隐含在普遍接受的量值中。

这些数据的收集，其中的一部分可以借助自动化系统的历史事件或数据采集单元完成。这通常仅限于与应用程序有关的事件，它能够可靠地检测到相关事件发生的时间点。例如，通过逻辑控制器启动旁路操作，系统就会获取相关操作的时间及其操作顺序。而在现场通过手动操作改走副线而实现安全联锁阀门的旁路，如果没有将现场信号输入到控制器，历史事件或数据采集单元就无法记录这样的操作活动。其他事件，如 SCAI 的启动也可以自动获取，不过对这些数据可能需要更详细的审查分析，要将误停车和实际"要求"停车区分开来，因为它们对应的数据代表不同的含义。

在其他情况下，例如仪表维护和维修时收集的校准前/后的数据，或者对功能安全评估和审核及时处理的结果，数据采集系统很大程度上依赖于人工数据输入。

规格书要定义审核活动需要装置车间级还是公司级组织实施，也要规定达到预期可审核性需要提供的工具和条件。

3.5.6 可靠性

涉及自动化时，可靠性指的是仪表设备在所有相关条件或状态下，在规定的时间内按照其规格书要求成功操作的概率。因此，一个可靠的自动化系统意味着在需要时有很高的概率完成其应执行的任务，而不需要时误动作的可能性很小。过程控制和安全系统的可靠性是确定生命周期成本的重要考量，并对安全运行有直接影响。过程控制系统的失效是造成损失事件最常见的触发原因之一。安全系统的不可靠性可能导致长时间的功能丧失或引发工艺过程的误停车。在这两种类型的系统中，不可靠性降低了人们对系统的信任，这也是频繁对仪表设备进行旁路、容忍长时间停用最常见的诱因之一。可靠性是一个整体概念，涉及仪表设备选型、工程设计、实施、操作和维护等各方面。

对工艺过程来说，当然期望其过程控制和安全系统能够可靠地执行所需的功能。实现高可靠性需要进行详细的分析和测试，识别导致误操作的所有因素。针对性的设计以及实施良好管理实践是减少这些因素行之有效的措施。对于随机失效，这些措施包括修改系统设计，如选用完整性更高的仪表设备或增加冗余（或备份）配置。而对于系统性失效，则需要采取更严格的管理控制和监督以减少人为错误，如制定的规格书质量不高、没有正确地进行更改、维护不到位，甚至过度使用旁路功能等。

不论仪表设备用于过程控制还是安全保护，频繁出现故障就难以达到业界的预期，人们也会对这样的仪表设备构成的系统产生不信任。仔细分析本书介绍的那些事故案例就会发现，这些事件发生的一个共同条件是仪表的可靠性较差，即仪表设备故障率较高。如果没有一个积极主动的管理程序识别性能不佳的设备并及时采取必要的措施改进其性能，那么完整性就无法保持。

不是每个工艺过程都需要达到同样水平的正常运行时间或可用性。操作目标定义过程可用性要求。对仪表设备的性能进行监测，可以提供数据证明系统是否已经具备了适当的可靠性。在整个生命周期内，适时消除有问题的仪表设备和软件可以显著改善可靠性。过程控制失效越少，对安全系统的"要求率"就越低，从而工艺过程就越安全。安全系统失效越少，操作风险和成本就会更低。

具有高可靠性的关键在于识别仪表设备的失效模式，并采取相应的措施减少这些模式以及单点失效对系统的影响。失效模式的识别可以采用失效模式和影响分析（FMEA）或其他合适的工具完成。分析可以在系统、主要控制组件或 I/O 不同层次完成。如果在任何层级都提供了冗余，那么只有在系统有能力快速地检测出失效，并且有合适的管理规程能够保证及时予以纠正时，可靠性才会改善。

为了保持可靠的性能，控制系统和安全系统的每个设备都需要定期检查、预防性维护和确认。发现故障及时修复、更换或纠正。操作或维护人员必须能够在不对工艺过程造成扰动或误停车的前提下完成这些工作。系统设计和管理规程应该为故障处理、维护和测试等活动提供便利条件，不管是在线状态还是装置停车期间。也需要考虑哪些数据需要自动收集以及如何防止人为错误。支持这些维护任务的信息和数据应该存储在多个地方并可进行检索，例如在控制室的工程师站和操作员站，或者在公司行政楼的办公室。对这些需要访问的地方应评估其安防风险。如需特别的规定限制对这些地方进行访问，应在规格书中明确指明。

为了保持系统性能，包括可操作性和安全性，需要对仪表设备进行必要的定期维护、保养或者更换。仪表设备的安装形式和位置很大程度上会限制执行这些活动的能力。因此，规格书应考虑需要执行的各种维护任务，并应确定支持这些任务所需的附加设备和功能。对于高度危险的工艺过程，在线维护可能面临不可接受的风险。在这些情况下，维护之前可能需要停车以及吹扫置换。例如，如果控制阀没有旁路，则无法在线维护控制阀，必须离线检修执行机构、定位器和阀门存在的问题。如果工艺装置或设施需要较高的可用性，那么停车维护可能不被接受，就需要设计旁路措施。不过，如果安全维护必须在停车状态下进行，那么设置旁路措施意义就不大了。

计划性的工艺过程停车检修，一般用于集中安排处理不宜分散完成的大量维护活动，尤其是那些拆卸管道等涉及人员暴露于过程风险的检修活动，或者升级逻辑控制器固件等极易造成误停车的高风险活动。测试计划应考虑工艺过程计划停车的周期，包括部分停车以及全装置停车。在某些情况下，装置停车间隔比较短，可能足以离线完成所有的维护工作。而有的工艺过程持续生产的周期比较长，为了适应这样的运行要求，需要提供备用的措施以改善过程的可靠性，或者对安全设备进行冗余配置以降低"要求"时失效的概率。同样，有些装置或设施可能希望最大限度地进行在线维护，以尽量减少停车检修的工作量。自动化系统的维护计划应在功能规格书中明确规定出来。

计划性维护的人力资源状况以及所配置的维护设施位置也会影响规格书制定。例如，如果预期需在高处检修或更换一些仪表设备，则需提供永久梯子和检修平台，否则检维修时就必须搭建脚手架，这会非常麻烦或受到很多限制。不过，如果仪表设备的可靠性很高，在很长的操作周期内只需进行简单的检查、预防性维护或测试，或者即使长周期不进行维修仍有足够的补偿措施来应对面临的风险，每次检修时临时搭建脚手架也许是可以接受的。如果仪表设备需要频繁地进行维护作业，那么将其安装在地面容易直接接触到的位置，很明显生命周期成本会较低。

自动化系统作为一个整体，必须有能力支持可靠性目标。考虑因素包括：

- 期望的过程可用性；
- 合同义务，例如，客户对交付产品的承诺；
- 公用支持系统的完整性和可靠性目标，例如仪表风、电源、液压源等；以及对峰值需求的应对计划；
- 电源和接地系统；
- 逻辑处理要求，例如非确定性的矩阵总线由于传输路径不确定，因此不能提供一致的传输速率，而点对点的确定性总线传输速率是固定不变的；
- 高级诊断工具或技术的运用，例如，有些可能对系统资源消耗很大，以至于在通信量处于峰值期间会使系统响应变慢甚至造成死机。

3.5.7　完整性

对于自动化系统，完整性是由各仪表设备发生危险失效的频率以及要求执行所需功能停止损失事件发展时该系统失效的概率决定。导致系统误操作的随机失效率大小与用于确定用户批准设备（参见附录 A、C、E 和 F）的评审流程质量有直接关系，涉及如何设计功能强大的系统（参见第 4 章和第 5 章），以及如何确保仪表设备有足够的可靠性（参见第 6.8 节和附录 I）。通过管理控制和监督管理流程减少系统性失效的可能性，要确保文档的完整和正确性、管理规程的有效性、人员能力以及在工作过程中设置足够的检查环节，以便识别出错误并予以纠正。

自动化系统许多"要求"需要引起相关人员的注意并采取相应动作，例如更改控制变量设定值、响应报警、纠正检测出的故障、执行检验测试以及手动启动停车。成功的操作取决于工艺过程环境特性和人员满足"要求"的能力。有效的操作需要在设计时考虑影响性能形成的各种因素，这些成因都会影响执行所需任务的人为错误率。

现场操作纪律和安全文化最终会影响整个现场保持自动化系统完整性的能力。如表 3.3 所示，化工过程和物理工作环境会大大增加执行任务期间出现人为错误的机会。现场管理制度规定了工作时间、休息时间、轮班制度和疲劳应对策略，这些因素可能会影响生产装置所有仪表设备的操作和维护。人为因素的设计考虑会极大地影响操作人员按照规程做出响应的能力。清晰的操作步骤指引、警告标示和诊断信息对成功发现错误并恢复工艺过程至关重要。对旁路和人工操作管理不善，可能会使多个关键任务同时处于风险之中。过度依赖理论估算而轻视本质安全化实践，可能导致操作风险远高于预期。

本书引用的案例研究很多都涉及维护不足和维护错误促成了损失事件的发生。这些错误发生的频率与不同的性能成因（表 3.4）有关，可以通过工程系统和管理控制来解决。要考虑维护要求与人为因素之间的关联，针对性地设计维护设施和编写管理规程以减少人为错误。在对复杂的工艺装置进行定量分析时，也许表面上看起来具有很高的完整性，但由于出现某些问题时难以进行检维修，实际性能可能会比预想的要差。规格书应考虑维护的便利性，这样才不容易出错。在制定系统设备、通信、人机界面、公用支持系统和其他基础设施的离线和在线维护要求时，如果可行，应包括查找错误的手段和方法。

表 3.3 操作性能成因（CCPS 1994）

操作环境	任务特征
化工过程环境 • 人员介入的频率； • 过程事件的复杂性； • 感知危险存在的难易； • 时间依赖性； • 事件发生的突然性。 **物理工作环境** • 噪声； • 灯光； • 温度。 **工作模式** • 工作和休息时间安排； • 交接班和夜班	**设备设计** • 位置/接近； • 标识； • 个人防护设备。 **控制盘设计** • 信息内容和相关性； • 显示和控制的识别； • 符合用户期望； • 信息分组； • 关键信息和报警一览。 **工作辅助和规程** • 操作步骤清晰； • 描述水平； • 入口/出口状态的说明； • 检查和警告信息的质量； • 故障诊断支持能力； • 操作经验丰富； • 更新的频度
操作人员特性	**组织和社会因素**
经验 • 技术能力； • 处理紧急事件的经验。 **个体因素** • 动机； • 勇于承担风险； • 风险内心平衡理论； • 心理控制； • 情绪控制； • "A"型或"B"型人格（译注：A 型人格特征：争强好胜、急性子、富有攻击性和咄咄逼人；B 型人格特征：松懈、有忍耐心、随和）。 **身体状况和年龄**	**团队合作和沟通** • 工作负荷分配； • 责任明确； • 沟通； • 授权和领导力； • 团队规划和定位。 **管理策略** • 管理承诺； • 僵化的"规则手册"文化； • 过度依赖技术安全方法； • 组织学习力

表 3.4 影响维护的常见性能成因（PSF）

缺乏知识和经验	沟通不畅
任务复杂	重新投用规程不适当
书面资料不全或过时的规格书和图纸	缺乏正确的工具和设备
书面资料不全或规程过时	现场维护用器具管理差
缺乏记录和评价指标	环境条件不舒适
维护设施差	时间压力
仪表可靠性管理规程不足	疲劳
缺乏对重复性失效的判断和响应	个人防护装备的使用

对自动化系统进行审查，确定设备失效如何影响整体的安全完整性，并最终如何影响过程安全。失效的影响越大，就需要采用更高完整性的仪表设备，包括增加系统的冗余度以及提高对管理控制和监督的严格性。

设备制造商可能会对其仪表设备的完整性做出声明。其中有些声称的能力得到第三方评估的支持，有些可能需要执行规定的认证过程。所有声称的完整性都基于设备在相关的假设条件下使用，例如操作环境、使用工况、过程应用和维护质量。定量化的声称似乎更可信，因为给出了具体数值；然而，模型化分析的假设条件可能与实际操作环境不一致。在规格书制定时，使用情况与模型化分析的假设应与计划状态条件进行比较，以确定声称的完整性是否恰当。

从根本上来说，保持安全操作归根到底是用户的责任，因此用户必须确定系统及其仪表设备是否适用并提供了必要的完整性。例如，如果设备手册表明仪表设备需要频繁的离线维护才能达到声称的性能，即使该设备的外特性符合功能和完整性要求，在工艺过程停车检修周期(离线测试机会)较长的场合，选用该设备也是错误的决定，除非工艺过程本身有备用设备维持过程可用性。例如，在配置了备用泵的场合，其中的一个泵就可以停下来检修其关联仪表设备，另一个泵可以支持工艺过程操作。

3.6 过程控制与安全系统集成

过程控制和安全系统发展迅速，他们有着类似的硬件架构并与过程控制网络连接在一起，现代系统看起来几乎像商业IT平台。不过，如表3.5所示，它们之间存在明显的差异，不只是功能和性能要求。

商用IT和现代控制系统互连将会提供广泛的连接和数据访问。不过，将控制系统连接到商用IT系统也为访问控制系统提供了通道。借助这一通道，控制系统也会受到外来的意外修改或恶意操纵。如果违规行为沿着该通道的路径传播，网络安全和管理控制失效将对多个仪表保护层造成共因威胁。不断增长的互联互通需求与确保过程控制系统的独立性需要相冲突。过程控制系统可能是一个损失事件的初始原因，而任何仪表保护层都可以作为防范该事件的保护措施。由于这些原因，与过程控制和安全系统集成的相关讨论大多都集中在是否要使用安全网关将过程控制网络与商用IT系统隔离，以及是否要使用物理和功能手段将过程控制系统和安全系统进行分离。

表3.5　信息技术系统和工业控制系统的对比(NIST 2011)

类　　别	信息技术系统	工业控制系统
性能要求	非实时； 响应必须一致； 需要高流量； 高延迟和抖动可能是可以接受的	实时； 响应有时间限制； 适度流量是可以接受的； 高延迟和/或抖动是不能接受的
可用性要求	重启等响应方式是可以接受的； 取决于系统的操作要求，可用性不足通常可以接受	基于过程可用性要求，重启可能无法接受， 为满足可用性要求可能需要冗余系统； 停车检修必须按计划，并按照天数/周数排进度表

续表

类　别	信息技术系统	工业控制系统
风险管理要求	数据机密性和完整性是最重要的； 容错并不重要–暂时停机并不是重大风险； 主要风险影响是商业延误	人的安全至关重要，其次是对工艺过程的保护； 容错是基本要求，即使短暂的停机都不可接受； 主要风险是不符合法规
架构安全焦点	主要目标是保护 IT 资产以及这些资产之间存储或传输的信息； 中央服务器可能有更多要求	主要目标是保护底层客户端(例如过程控制器等现场设备)； 中央服务器的保护也很重要
意外后果	网络安全解决方案围绕典型的 IT 系统设计	必须在安装到实际工控系统前对安全软件进行测试(例如离线仿真测试)，以确保它们不会危及正常的 ICS 操作
互动的时效性	互动的时效性不太关键； 实施严格限制的访问控制是第一位的，以确保必要的安全	与人和其他紧急事件互动响应的时效性是关键要求； 对工控系统的访问应严格控制，但不应妨碍或干扰人机互动
系统操作	系统设计基于标准的操作系统； 自动工具的可用性使升级变得简单易行	不同的并且可能是专有的操作系统，通常没有内置的安全(security)功能；由于有专门的控制算法以及可能涉及修改硬件和软件，所以软件更改通常由软件制造商进行
资源约束	系统具有足够的资源以支持第三方应用程序	系统的设计旨在支持预期的工业过程，可能没有足够的内存和计算资源来支持添加安全(security)功能
通信	标准通信协议； 主要是有线网络，具有一些本地无线功能； 典型的 IT 网络工程实践	许多专有和标准的通信协议； 使用几种类型的通信媒介，包括专用有线和无线网络(无线电和卫星)； 网络复杂，有时需要控制专家的专业知识
变更管理	在良好的安全(security)策略和管理规程下，对软件及时更改并立足于自动进行	软件更改必须经过彻底测试，在整个系统逐步展开，以确保控制系统的完整性得到维持。ICS 停机通常必须提前几天/几周进行计划和安排。ICS 可能仍会使用不再受软件厂商支持的操作系统
管理支持	允许多样化的支持	服务支持通常是由单一的制造商提供
组件寿命周期	寿命为 3~5 年	寿命为 15~20 年
访问组件	组件通常是本地的，易于访问	组件可以被隔离、远程操作，需要大量的体力巡访各仪表设备

在工控网络安全标准 IEC 62443(2009–13)和技术报告 ISA TR84.00.09(2013)中，整个 IT 网络(图 3.8)被分为 5 个层级：

- 4 级：企业网络；
- 3 级：过程信息网络(PIN)；
- 2 级：过程控制网络(PCN)；
- 1 级：过程控制和安全控制；
- 0 级：现场设备(I/O)。

企业网络(4级)由多个设备构成，将计算机和其他设备与因特网互联，以方便数据访问。企业网络降低了数据用户浏览访问通信和安全协议的需要，同时便于内部和外部数据管理。企业网络与下级之间使用附带严格安全协议的防火墙。

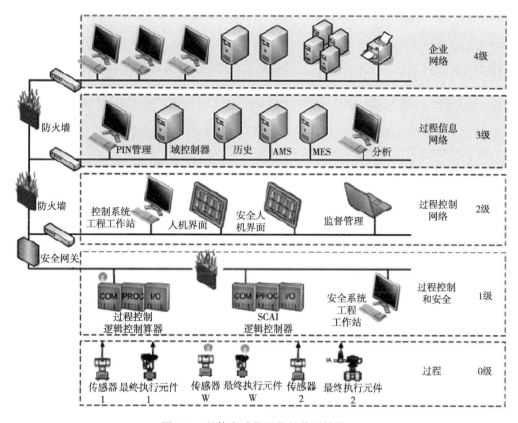

图 3.8　整体自动化网络的分层结构

过程信息网络(3级)是一个中间局域网，通常作为过程控制网络和企业网络之间的连接。过程信息网络(PIN)用于连接各个支持装置或设施操作的计算机和系统。从网络安全的角度来看，过程信息网络提供了一个"非军事化"区(DMZ)，使用一个通用和有限的服务器网络来控制两个或多个区域之间的数据流[IEC 62443(2009-13)]。在典型应用中，PIN 是外部客户端(如管理部门监管或油气储运交接等)访问过程数据和信息的地方，这些数据和信息存储于一个历史设备。使用 PIN 面对外部客户端，消除了过程控制系统直接暴露于外部连接，免受外部攻击。应提供至少具有严格安全协议的防火墙，以避免较低层级受到 PIN 层级的攻击。

过程控制网络(2级)将监督、控制和数据采集设备与过程控制和安全系统(1级)相互连接。过程控制网络是自动化系统的操作层级，系统的用户，如操作、维护和工程，可以通过过程控制网络的人机界面查看系统数据和信息，并在系统上采取操作。控制系统组态管理数据库通常作为工程工作站的一部分、或与工程工作站并列存在于此层级上。用于先进控制监督系统的专用历史记录通常也连接到过程控制网络。用户对过程控制和安全系统进行更改的能力由严格的变更管理和系统安全特性管控。

过程控制和安全系统网络(1级)是使工艺过程按设计意图进行操作的地方。过程控制和安全网络可以细分为多个信息安全区域，可以有多个独立的网络。控制网络是时间关键网络，通常与控制物理过程的仪表设备相连[IEC 62443(2009-13)]。安全网络将 SCAI 连接到网络，用于安全相关信息的通信。

过程层级(0 级)是自动化的基础层级，由负责向上层提供测量数据的现场仪表组成，如压力和分析仪读数、相关的远程 I/O 通信网络，以及电机、阀门和其他过程设备按照过程控制和安全系统网络的指令进行动作。

在所有装置或设施中都有 0 层和 1 层，不论采用就地控制器还是现代控制网络。增加与业务系统的连接需要设置更高的层级(即图 3.8 中的 3 级和 4 级)。本书集中讨论 0~2 层级的设计和管理。

如图 3.8 所示，需要用防火墙来保护过程控制网络免受来自过程信息和企业网络的威胁。在大多数情况下，防火墙只允许更高层级从 PCN(2 层)读取信息。

这种连接的优点，是允许外部人员、制造商，以及用户访问与工艺过程及其设备有关的信息。不过，这样的连接也可能成为意外和恶意访问过程控制和安全系统的通道。因此，防火墙和其他的数据信息安全手段是保持过程控制和安全系统独立性和完整性的关键。

有必要对专门设计的网络隔离形式进行评估，详细检查整个自动化系统的架构，包括过程控制和 SCAI 系统。评估应验证仪表保护层的独立性，如安全控制、安全报警、安全联锁和 SIS。独立性可以通过保护层设计和管理的多样性、保护层之间的隔离以及保护层之间的共因失效最小化等方面体现。

在独立性方面，通常认为采用物理隔离相较于其他依靠分析和测试确保安全完整性的做法是本质安全化的。物理隔离一般来说更容易理解、评估和控制。物理隔离符合第 2 章讨论的保护层概念，并被风险管理领域广泛接受(CCPS 2014b，ISA 2015a)。例如，单独的过程连接、专用的仪表设备、单独的接口可以减少共因、共模和相关失效。隔离还有助于管理人员绩效。对于各自独立的系统，可以由不同的人在不同的时间使用不同的规程进行维护，从而降低潜在的系统性失效。

相比之下，功能隔离由于在物理部件层面没有清晰明显的分离，因此需要更加严格的管理控制，在技术资源上需要更高程度的专业技能以维持预期的长期独立性。一些良好工程实践或地方监管当局会强制要求采用专用的和物理隔离的某些特定类型的安全系统。

通常情况下，评估系统足够独立的重要准则如下：

① 安全系统之外的任何硬件或软件失效不应妨碍安全系统正常操作。

② 过程控制系统组件失效不能既是损失事件的初始原因，又导致安全系统失效。

③ 在不影响过程控制系统正常操作的前提下，可以维护和测试安全系统，反之亦然。

④ 与系统性能要求相比，共模、共因和相关失效的概率足够低。

⑤ 与系统性能要求相比，整个生命周期出现系统性失效的概率足够低。

从装置或设施的操作来说，希望系统紧密集成，以便于过程控制系统和安全系统之间交换信息。不当的集成可能会导致控制器之间逻辑冲突，也会使人员在系统交互操作中产生重大的人因问题。例如，系统集成不够好，可能需要在现场用物理跳线将安全系统旁路，某些工艺过程单元才能开车。设计合理的系统应考虑开车的需要并将临时旁路操作纳入开车步骤，以便操作人员无缝启动。使用跳线当然也可以完成开车，但是使用并按时移除跳线要严格遵循操作规程，如果有纰漏就会导致安全功能长期禁用。有很多类似的未遂事件和事故报道，原因都指向物理跳线没有及时拆除。采用完全自动控制的系统，自动完成不同过程操作模式下的各种任务，相对于需要手动干预并按照详细规程一步步完成这些任务的系统，在本质上更安全。

系统集成的紧密程度有可能会、也可能不会影响完整性或可靠性的整体改善。任何系统的性能以及整个过程的安全性都会受到共因失效和系统性失效的制约，在整个装置的生命期内这些失效都有机会存在。系统集成方式应充分考虑相关人员的能力和技能、操作和维护管理模式、企业的安全文化等各方面的影响，并与管理体系各要素管理的严格程度相匹配。实现可持续的独立性是系统架构选择的主导原则。

过程控制和安全系统架构固有的隔离形式，对管理控制涉及的人为因素、系统性错误和共因失效等方面有显著的影响。功能分开并不妨碍紧密集成。数十年来，过程工业一直使用隔离而又集成的系统。有关过程控制和安全系统集成的一些考虑因素如下：

① 控制和安全数据、诊断、系统信息采用各自单独的数据库，以减少数据同时损坏的可能性。

② 使用各自的组态、工程软件工具和工程工作站以减少共因失效的潜在影响。单一的工具同时用于二者时，应使用各自独有的登录方式。

③ 由不同的人员分别组态过程控制和安全系统。

④ 使用管理控制和物理屏障减少网络和其他安全漏洞，例如病毒、无意的更改、黑客等，特别管控笔记本电脑等便携工具、U盘、远程访问等途径。

⑤ 使用管理控制和变更管理等措施支持组态和版本管理，并减少不恰当、不受控或未经测试更改的可能性。

⑥ 安全系统使用专用软件、硬件和接口，降低系统性失效和共因失效的风险。对于既执行过程控制又执行安全应用的集成设备，功能分离应确保过程控制系统的失效不能导致任何安全功能失效。

⑦ 与其他过程控制或安全系统连接通信时，要使用安全通信系统。过程控制和安全数据的分离是一个关键性考虑因素。

过程控制和安全系统所需的功能性可以通过许多不同类型的架构来实现。一些系统架构在设计上本质安全化，并且在过程控制和安全系统之间提供了清晰而明确的隔离。另一些系统架构没有提供任何的物理隔离，需要在设计时进行深入的分析和广泛的测试，还需要烦琐的管理控制，确保在整个系统的生命期内实现所需的功能安全。

为了便于理解插图所示架构提供的隔离，在本节中使用术语"区（zone）"来表征共享共同的安全要求的逻辑或物理元素分组。一个2区架构是指隔离足够充分，过程控制和安全系统可以按照不同方式进行管理，过程控制系统管理的严格程度要比安全系统低。相比之下，采用1区架构，过程控制和安全系统的所有组件必须采用高度严格、相同的管理控制规程进行管理。

本节使用一系列示意图来说明五种常见架构类型：

① "气隙"隔离系统（2区）；

② 接口互连系统（2区）；

③ 隔离网络集成系统（2区）；

④ 共享网络集成系统（1区）；

⑤ 强相关性组合系统(1区)。

借助这些类型的架构，便于讨论硬件失效、软件错误，以及人为因素的管理，维持风险降低能力的关切、采用哪些典型的方法解决这些问题，以及这些控制方法对操作层面的影响。

有很多种架构可以实现充分的独立性，也有许多架构则不能。接下来的讨论无法面面俱到对可接受的所有可能架构组合一一进行说明。

3.6.1 "气隙"隔离系统(2区)

公认的最彻底的分离形式是在空间上没有任何的连接，即气隙隔离。气隙隔离使过程控制系统和安全系统之间形成自然的物理分离。采用不同技术的逻辑控制器(图 3.9)，如可编程控制器和离散控制器(例如继电器或联锁信号放大器)可轻松实现气隙隔离。在采用多样性系统设计时应注意到系统接口的复杂性。IEC 61511-2 的条款 A.9(2015)作为过程控制系统和 SIS 相互独立的示意图，也是气隙隔离架构的一个例子。过程控制和安全系统有各自单独的人机界面和工程工作站。

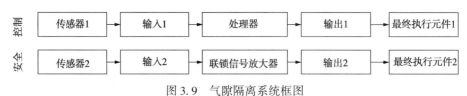

图 3.9 气隙隔离系统框图

在保护安全数据和逻辑免受外部网络安全攻击方面，气隙隔离体现了本质安全化实践。不过，系统之间的完全隔离也失去了通过比较过程控制和安全数据进行诊断、监视以及对过程参数进行实时趋势分析等机会。对于许多工艺过程的操作来说，完全的气隙隔离很难实现，因为有些信息需要在两个系统之间交换，以便于执行不同过程操作模式，例如启动旁路或批量操作。用于保护点火设备的燃烧器管理系统是一个典型的例子，它的启动和停车等信号伴随着吹扫、点火等不同的过程操作模式需要在过程控制和安全系统之间进行频繁的传输。

在气隙隔离的系统之间采用硬接线连接 I/O 信号是广泛接受的通信形式，硬接线的可靠性毋庸置疑(图 3.10)。采用这种方式通信的数据包括但不限于过程操作模式(控制至安全)的改变、手动启动停车(控制至安全)和停车发生的通报(安全至控制)。与其他通信类型相比，从现场硬接线至安全 HMI 或者其他信号显示器提供了最高的完整性和信号传输速度。系统性失效或未经批准的更改仍有可能发生，但是这种类型的通信对于控制各系统之间传输的内容非常有用。硬接线的优点是：

- 不易重新配置，可防止不经意的更改；
- 通信是确定性的并且速度快；
- 通信信号失效仅影响使用该信号的回路；
- 通信失效容易被检测到；
- 具有防止网络攻击的能力。

硬接线的主要缺点是额外的 I/O 通道和接线成本。当需要传输大量的数据时，硬接线变得不切实际。

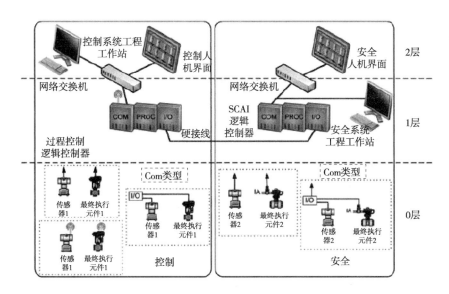

图 3.10　气隙隔离系统示意图(2 区)

3.6.2　接口互连系统(2 区)

接口互连系统使用专门配置的通信接口，在过程控制系统和安全系统之间传输特定数据(图 3.11)。接口互连系统通常允许不受限的读取能力(尽管只能组态特定的变量)，而安全系统的写入则受到设计和规程的限制和控制。采用各种手段确保高质量的数据传输，包括操作人员确认和数据错误获取。通过独立的现场设备和控制器，接口互连系统提供了与气隙隔离系统类似的硬件独立，重要的不同是两个系统之间有直接的互通数据传输。过程控制和安全系统技术可以相似或者不同。不过，技术多样性减少了与硬件失效相关的共因影响，以及在执行生命周期活动中许多的共用人员错误。物理隔离确保了过程控制设备的失效不会对安全功能造成影响。

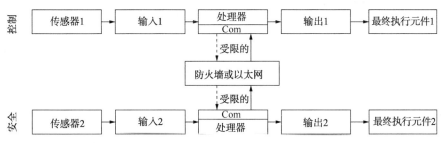

图 3.11　接口互连系统框图(2 区)

通常借助通信模块使用诸如 OPC、Modbus、Profibus、Profinet、TCP 等通信协议进行通信，数据传输受到严格限制。同时，也可能有硬接线连接(图 3.12)。标准 HART 协议，可以向操作人员、资产管理系统和数据历史记录单元传送系统状态、诊断和监视信息。系统之间的数据通信用防火墙进行控制。尽管数据管理越来越集成化，但仍然要确保功能分离并通过分析和测试予以证实。如果达到了功能分离，在数据通信设备不能正常使用的情况下，安全系统能够继续执行其指定功能。

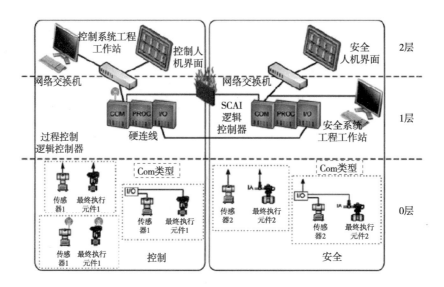

图 3.12　接口互连系统示意图

只要数据传输不是安全功能的一部分，其误操作就不会影响到安全功能的执行能力。因此，通信方式一般不包括在安全性能的量化评估中。不过，由于通信中断会丢失重要的诊断信息和过程变量报告，规格书有必要考虑它们的可靠性要求。如果传输的是安全相关数据，那么通信方式就必须达到预期的安全性能要求。考虑到这些通信设备的完整性和速度限制，不建议将通信模块用于安全功能，例如安全报警。

一些关键输出信号采用硬接线连接。采用通信模块能够以更低的成本将更多的数据传送给过程控制器。由于安全逻辑控制器不直接连接到过程控制网络，所以安全功能可以免受大多数外部网络安全风险的影响。在内部网络安全风险方面，接口互连系统的安防水平不如气隙隔离系统。

3.6.3　隔离网络集成系统(2区)

当数据通信使用集成网络系统时，过程控制和安全系统之间实现清晰的分离和独立更具挑战性。图 3.13 展示了客户端-服务器控制网络，系统集成在相互独立并隔离的网络上。过程控制和安全设备使用独立的硬件、安全数据网关对安全应用程序进行受控的访问。过程控制和安全数据通过网络共享，但过程控制和安全功能由独立系统执行。

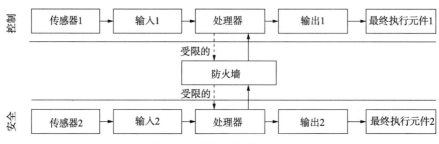

图 3.13　隔离网络集成系统

　　虽然这种架构常常作为同一制造商的整体解决方案，不过，过程控制和安全系统一般采用多样性技术配置(例如两个不同类型的控制器，或者一个是硬接线逻辑单元，而另一个为电子控制器)完成各自的功能。当然，过程控制器和安全逻辑控制器也可能来自不同的制造商。应考虑过程控制和安全系统设备选型的多样性配置。使用不同类型控制器技术可以减少潜在的共因失效和系统性失效。安全功能被隔离在一个专用的网络中，这为应对外部网络攻击提供了一个屏障。如果安全逻辑控制器不具有数字通信能力，例如离散控制器，则安全系统基本上不受网络攻击影响。

　　应对通信网络失效的影响进行检查，以确保写入(或触点状态的改变)操作仅限于那些既定的动作，并且写保护能够降低不良写入的风险。采用各种手段，包括操作人员确认和数据错误获取，确保高质量的数据传输。

　　采用适当的标识，区分过程控制设备和安全设备(图 3.14)。对于气隙隔离系统和接口互联系统，这种架构上的物理隔离，使得过程控制系统完全可以按照操作需求和风险评估时预期的"要求率"去设计和管理。与此同时，安全系统则只需根据安全要求和良好工程实践进行独立设计和管理。

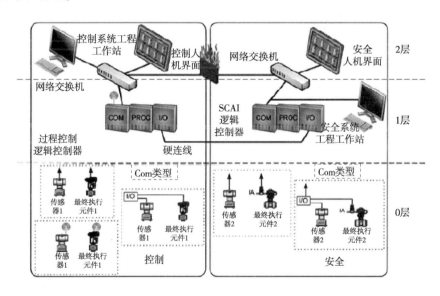

图 3.14　隔离网络集成系统示意图(2 区)

3.6.4　共享网络集成系统(1 区)

　　如图 3.15 所示的是客户端-服务器控制网络，即系统通过共享网络进行集成。如同上述隔离网络集成系统，过程控制和安全系统的主要组成部分仍专属于各自独立的系统。控制器的物理分离允许它们按照各自不同的功能要求进行独立设计。

　　1 区架构共享网络以及其他 2 层设备，如人机界面和工程工作站(图 3.16)。共享设备必须按照安全系统进行管理，这样与之相关的系统性失效可能性才可能足够低。所有与安全逻辑控制器关联的输入和输出都应按照安全系统进行识别和管理，即使共享组件在执行安全功能时的作用微乎其微。这种架构提供的集成更有可能发生数据损坏、访问不当和网络安全问题，从而导致一个问题快速波及整个过程控制和安全系统。像这样的配置，在安全逻辑控制器和网络之间应提供防火墙。

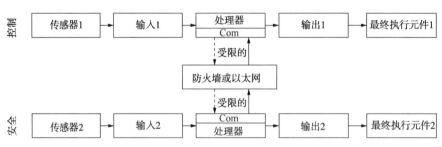

图 3.15　共享网络集成系统框图（1区）

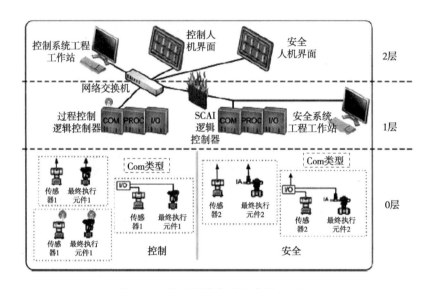

图 3.16　共享网络集成示意图（1区）

这种架构通常依靠冗余和容错来确保整个系统的性能。由于 SCAI 逻辑控制器连接到网络，因此不良通信、未经批准的访问和外部网络攻击的可能性会增加。为确保通信网络不会损害安全系统的完整性，应采取特别的防护措施。2 层设备可以有不受限制的安全系统读取权限，而写入能力应受到限制。作为最低限度，应在安全逻辑控制器和网络之间提供防火墙，将对安全逻辑控制器的写入控制在仅限于安全规格书认可的内容。应考虑在安全逻辑控制器配置就地"允许更改"措施，例如设置硬钥匙开关。具体权限管理方式取决于所声称的安全性能水平。

3.6.5　强相关组合系统（1区）

在前面的讨论中，每个系统都设计有专用通信、处理器和 I/O 组件组成的独立逻辑控制器。当逻辑控制器的组件在过程控制和安全系统之间共享时，共享组件就不是独立的。因为对系统的任何入侵都会同时影响到过程控制和安全系统的运行，因此，网络安全风险大幅增加。*因为需要严格的功能安全管理实践来保证性能，所以，将控制和安全功能组合在一个逻辑控制器不视为本质安全化实践。*

设备制造商可能会使用各种术语来描述其组合系统的架构——集成、嵌入、分区、更高诊断能力等。制造商和分销商不会一直使用这些术语，因为它们没有普遍接受的行业定义。制造商很少明确强调建立严格的功能安全管理系统的必要性，因为他们更趋向于关注易用性和功能兼容性。在系统配置和选型时，经常搞不清楚功能安全要求，但与之相关的结构约束和系统配置要求必须在设计阶段予以正确实施。系统性失效的类型可能包括错误的架构配置、不当的安装和维护，以及未满足操作环境限制等，这些方面对维持所声称的安全性能十分重要。

在共享逻辑控制器组件时，需要通过设计、安装和管理规程处理好下面这些重要的问题：

- 逻辑控制器执行控制和安全功能的能力；
- 为实现组合系统所需的性能，逻辑控制器应有的完整性；
- 防止未经批准或意外的写入；
- 管控对安全功能的访问权限以及管理变更；
- 对可能的网络攻击提供屏障和网络攻击对策；
- 防护系统免受环境问题的影响，例如极端温度、水、灰尘、腐蚀性化学物质、RFI、EMI、雷击、电涌等。

单一设备可能无法实现过程控制和安全的整体目标。逻辑控制器与现场设备和网络进行通信的方式，在任何预期的通信失效状态下，都不应影响 SCAI 所提供的安全功能。为达到安全目标必要的冗余、诊断和测试都会增加控制系统的实施成本。

当系统共享设备(或支持系统)导致互连的系统危险失效时，应将相互连接的系统整体作为单一系统进行分析(IEC 2015、CCPS 2014b、ISA 2015a、ISA 2015b)。分析应考虑存在的共因因素，包括考虑共享的支持系统、公用支持系统、通信等等，它们的失效将影响全局。

为确保硬件完整性，有必要对系统进行定量验证。同时采用定性评估方法，识别系统性错误的潜在来源，以便在系统的设计、确认和管理方面对这些共因问题做出妥善处理(IEC 2015、CCPS 2014b、ISA 2015a、ISA 2015b)。系统分析应验证随机失效和系统失效的概率与整体性能指标相比足够低。声称的安全等级越高，需要实施更严格的管理制度，特别是在设计验证、性能跟踪、访问安全和变更管理方面更是如此。

按照 IEC 61508(2010c)(电气/电子/可编程电子安全相关系统的功能安全)国际标准设计的仪表设备，共享设备的安全手册将提供特定工程实施要求和具体应用限制。在不同的使用场合，对不同类型的功能和所需系统安全性能的要求会有所不同。

当共享逻辑控制器的组件时，对许多损失事件，逻辑控制器可能运行在连续模式。由于共享组件的危险失效可能导致过程控制和安全保护功能同时丧失，所以共享组件必须满足整体完整性要求并按照安全系统要求进行管理。*一般情况下，任何共享组件都必须按照 IEC 61511 进行设计和管理。这是因为对组件所期望的整体性能超越了标准的限制，达到了失效频率<1/10 年或风险降低>10。*

具有较高诊断能力的组件通常会达到更高的完整性，诊断会将失效报告出来以便于及时修复。当没有故障容错时，即使将失效报告出来也会导致特定功能的丧失。如果共享组件发生失效，就会即刻诱发损失事件的演变。高可靠性通常需要故障容错来降低单点失效。实现高完整性和高可靠性通常需要使用较高的诊断覆盖率和冗余度。

图 3.17 表示将过程数据传递给控制器的共享方式。该图使用总线收集过程数据并对工艺过程输出动作。现场布线的大幅减少降低了安装成本，类似于远程 I/O 的效果。这种架构与其他架构之间的重大差异，是在过程控制和安全系统之间共享总线，使其单点失效成为两个系统的共因失效。因此，总线必须满足两个系统的整体功能和性能要求。为了减少系统性失效，总线及其配置必须按照安全系统要求进行管理。系统设计应优先考虑能够有效帮助控制访问、跟踪版本改变、模块化应用程序设计，以及防止未经批准的任何变更。

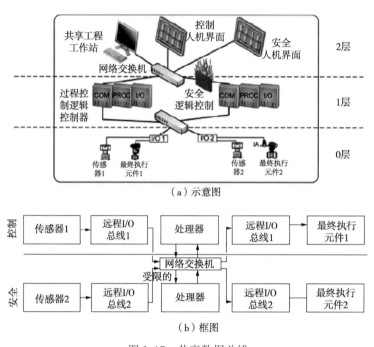

（a）示意图

（b）框图

图 3.17　共享数据总线

图 3.18 将充分独立和隔离的系统表示为 A。共享数据总线表示为 B，并将共享的通信设备标示在安全系统一侧。架构 C 的两个系统采用共同的处理器和通信模块，只保留各自分开的 I/O 模块。这样虽然降低了单个 I/O 模块失效导致同时失去过程控制和安全保护的可能性，整体性能仍受到控制器设计和管理的制约。因此，处理器和通信方式按照安全系统处理。最后一个架构 D 是完全共享逻辑控制器，所有组件都受安全管理体系管控。

如图 3.19 所示的系统配置具有更高的失效可能性（更高的失效率或更低的风险降低能力），这是由于共享控制器和 I/O 卡件带来的潜在共因失效的影响。根据 CCPS《保护层分析——初始事件和独立保护层应用指南》[*Guidelines for Initiating Events and Independent Protection Layers in Layers of protection Analysis* （2014b）]，这种架构在保护层分析时通常不能视为两个回路。这与 CCPS《保护层分析：简化的过程风险评

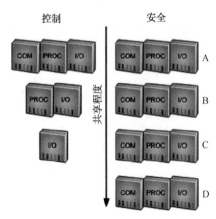

图 3.18　逻辑控制器组件共享示例

估》[*Layers of Protection Analysis：Simplified Process Risk Assessment* (2001)] 的指导意见是一致的。由于这两个回路间的输入或输出卡件是共用的，不满足独立性条件。

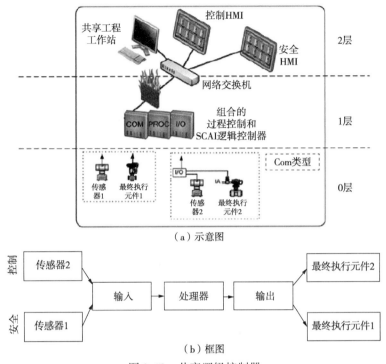

（a）示意图

（b）框图

图 3.19　共享逻辑控制器

实现整体完整性和可靠性需要严格的分析和测试，使得生命周期很多重要问题处理更加困难，例如独立保护层的评估、故障检测和响应策略的开发以及设计验证。

如果整个系统规模很小，非安全应用的单一场合，则设计复杂性和严格的管理限制是可以接受的。对于过程应用的操作目标是控制由多设备组成的过程单元，缺乏控制系统灵活性会给操作带来很多不便。

在设计和实施共享逻辑控制器时，有以下几点需要考虑：

- 借助"以往使用"的规则和方法确定所用的系统架构，使过程控制功能和安全功能之间实现清晰和明确的隔离；
- 评估整个系统，包括处理器、I/O 模块、网关、操作人员界面、工程工作站、通信以及公用支持系统可能存在的共模、共因和相关性失效，验证系统是否满足了整体安全完整性要求，例如总体失效频率或最终的风险降低能力；
- 制定访问安全规则，访问安全功能时需要额外的身份鉴别和批准，例如设置就地开关或密钥；
- 对所有共享接口和组件按照安全系统要求进行处理，除非硬件配置和软件组态为支持人员提供了清晰明确的隔离措施；
- 制定确保网络安全的管理规定，防止网络攻击；
- 使用严格的变更管理规程；
- 提供变更后对安全功能进行确认的方法；
- 限制逻辑控制器写入操作，防止不经意或未经授权影响安全功能。

参 考 文 献

ANSI/ISA. 2009b. *Management of Alarm Systems for the Process Industries*, ANSI/ISA-18.2-2009 and associated Tec hnical Reports. Research Triangle Park: ISA.

ANSI/ISA. 2010. *Enterprise-Control System Inte gration - Part 1: Models and Terminology*. ANSI/ISA-95.00.01-2010 (IEC 62264-1 Mod). Research Triangle Park: ISA.

API. 2007-08. *Process Control Systems Part 1-3,* RP 554. Washington, D.C.: API.

API. 2014c. *Recommended Practice Integrity Operating Windows*, RP 584. Washington, D.C.: API.

CCPS. 1994. *Guidelines for Preventing Human Error in Process Safety*. New York: AIChE.

CCPS. 2001. *Layers of Protection Analysis: Simplified Process Risk Assessment*. New York: AIChE.

CCPS. 2007b. *Guidelines for Safe and Relia ble Instrumented Protective Systems*. New York: AIChE.

CCPS. 2007c. *Human Factors Methods for Im proving Performance in the Process Industries*. New York: AIChE.

CCPS. 2014b. *Guidelines for Initiating Events and Independent Protection Layers in Layers of protection Analysis*. New York: AIChE.

IEC. 2009-13. *Security for Industrial Automation and Control Systems - Part 1-3*, 62443 (99.01.01, 99.02.01, 99.03.03). Geneva: IEC.

IEC. 2010c. *Functional safety of electrical/e lectronic/programmable electronic safety related systems. Parts 0-7*. IEC 61508. Geneva: IEC.

IEC. 2014c. *Management of Alarm Systems for the Process Industries,* IEC 62682. Geneva: IEC.

IEC. 2015. *Functional safety: Safety instrumented systems for the process industry sector - Part 1-3,* IEC 61511. Geneva: IEC.

ISA. 2012c. *Enhanced and Advanced Alarm Methods*, ISA-TR18.2.4-2012. Research Triangle Park: ISA.

ISA. 2012e. *Mechanical Integrity of Safety Instrumented Systems (SIS),* TR84.00.03-2012. Research Triangle Park: ISA.

ISA. 2013. *Security Countermeasures Related to Safety Instrumented Systems (SIS)*, TR84.00.09-2013. Research Triangle Park: ISA.

ISA. 2015a. *Alarm Identification and rationalization*, dTR18.2.2-forthcoming. Research Triangle Park: ISA.

ISA. 2015b. *Basic Alarm Design*, TR18.2.3-2015. Research Triangle Park: ISA.

ISA. 2015c. *Guidelines for the Implementation of ANSI/ISA 84.00.01- Part 1,* TR84.00.04-2015. Research Triangle Park: ISA.

ISA. 2015d. *Safety Integrity Level (SIL) Verifi cation of Safety Instrumented Functions*, TR84.00.02-2015. Research Triangle Park: ISA.

NIST (National Institute of Standards and Technology). 2011. *Guide to Industrial Control Systems (ICS) Security*. Gaithersburg, MA: NIST.

4 过程控制系统的设计与实施

过程控制系统是第一道保护层，该保护层有效运行可以减少异常操作发生频率，提高过程可用性(或正常运行时间)。过程控制系统至关重要，可提供过程报警和警示，操作人员借此可以始终掌握当前过程状况，清楚所需操作的优先级。系统设备健康状态的监控及自动维护任务的执行也依托过程控制系统。本章提供过程控制系统的设计与实施准则。本章不包括 SCAI，SCAI 系统应用在第 5 章介绍。

控制系统(图 4.1)一般由过程控制系统和安全系统组成，过程控制系统负责执行过程控制任务，安全系统负责执行安全控制、报警和联锁(SCAI)。对于一个特定的工艺过程，在确定整个控制系统时，安全考量至关重要。因此应全面考虑整个控制系统，清楚如何将过程控制系统与安全系统集成在一起，实现期望的操作目标，同时相关人员要充分认识并确保系统设计具有足够的隔离和独立。

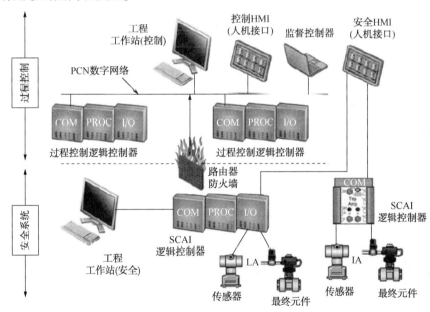

图 4.1　整体控制系统(包括过程控制系统和安全系统)

■案例 10

地点： Milford Haven，Wales

工艺： 炼油厂 FCCU(流化催化裂化装置)

日期： 1994 年 7 月 24 日

影响： 爆炸造成 26 人受伤；装置及附近房屋受损，装置停工 4.5 个月，影响英国 10% 生产能力。

工艺流程图：

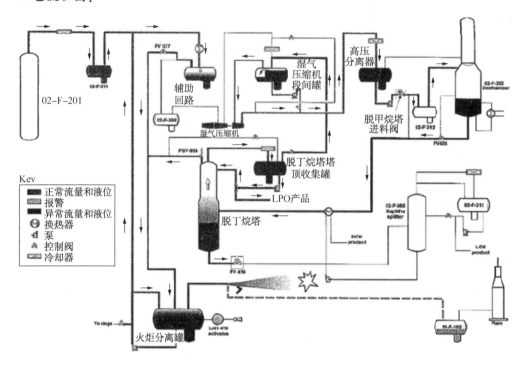

概述：

当时装置区遭遇了强雷暴天气。上游工艺单元因雷击着火，造成部分停车。操作的波动迫使FCCU脱丁烷塔进料中断，随即液位控制阀关闭。当重新恢复进料时，该阀卡在关闭位置，塔液位持续上升。塔液位超高导致泄压阀联锁打开，塔内物料放空至火炬总管系统。湿气压缩机启动时，脱丁烷塔压力上升，进而导致泄压阀再次打开，物料排向火炬。送至火炬的烃液总量远超火炬系统容量。火炬气液分离罐 30in 出口管于薄弱环节处破裂，估计近 20t 的易燃烃类物质释放出来。在距泄漏点约 10m 处，蒸气云被点燃着火。

自动化方面主要教训：

现代 HMI 设计一般都有一个工艺过程总貌画面，集中显示生产装置的构成和各单元之间的关联，以便操作人员理解单元之间的相互关系和影响。详细的流程图画面则进一步提供各单元的具体操作数据。通过报警管理减少工艺过程波动期间不必要的报警数量，并有助于还原事件发生的来龙去脉。HMI 最佳实践表明，宜采用有限的几种颜色和格式反映异常工况以及关键过程变量的趋势，避免令人眼花缭乱的画面和动画。好的操作画面设计，比单靠离散的工艺过程数值或报警一览更能使操作人员注意并直观快速地对过程操作进行响应（ISA n. d）。

仪表和控制系统问题：

- 调查期间，对气体回收系统的 39 台仪表进行了测试，发现 24 台有一定程度的物理缺陷，6 台有严重故障，基本不能正常工作；
- 液位控制阀显示开，实际却卡在关闭位置；
- 过多的报警（最后 11min 内 275 个报警）；
- 报警优先级设置不合理（87% 定为了高优先级）；
- 报警响应培训不足；
- HMI 总貌画面设计欠佳，缺少阀门故障诊断信息的显示；
- 控制室设计存在人机工程学方面的问题；
- 操作人员对异常工况的感知不足（涉及培训、报警系统、HMI、人机工程学）。

信息来源：

- Atherton J. and F. Gil. 2008. Incidents That Define Process Safety. New York：John Wiley & Sons.
- HSE（Health and Safety Executive）. Control of Major Accident Hazards（COMAH）Guidance Case studies–The explosion and fires at the Texaco Refinery，Milford Haven. 24th July 1994.

过程控制系统由许多不同的部件构成，例如：

- 现场仪表（例如，测量元件、传感器、变送器、最终元件和执行器）。
- 执行控制算法和逻辑的过程控制器。可安装在控制室、现场或机柜间（例如，单回路控制器、分散控制系统、可编程控制器、离散控制系统、本地过程控制器）。
- 监督控制器。在管道储运和远程设施领域，这些控制系统可能是指监督控制和数据采集系统（SCADA），可用于远程控制、数据采集和过程优化，以及用于现场和公司生产管理系统之间的通信。在化工生产领域，监督系统可以用于执行先进过程控制功能，提供矩阵控制、预测控制或其他复杂的控制逻辑，这些都超越了传统过程控制器的能力。
- 操作人员界面用于访问过程操作状态以及过程控制系统运行状态相关的信息，也包括成套设备的独立控制系统（如燃烧器管理系统、压缩机、制冷橇装机组等）相关的信息。

- 工程/维护界面，用于工程访问组态设置、应用程序、工具软件和历史数据库。
- I/O模块及相关信号连接，也包括为收集历史数据，提供过程数据与外部访问的连接。
- 其他诸如电源等辅助设备以及接地系统。
- 可编程控制器所需的系统软件、数据库和应用程序。

过程控制层的成功运行取决于过程控制系统和操作人员两方面。过程控制系统失效以及操作人员错误均会导致工艺过程处于异常操作状态。如第3章所述，应规定过程控制系统的功能性、可靠性和可操作性要求，对确保安全稳定运行至关重要。

过程控制系统的总体要求受功能安全计划和操作目标的影响。首先根据行业实践、监管要求和以往操作经验初步辨识安全要求。随后通过危险辨识和风险分析，确定具体的过程设计和操作计划。其他操作和可维护性要求来自操作目标。

在完成详细的规格书编制和过程控制系统设计之前，应对工艺过程及其预定的操作有充分的理解。由于过程工业工艺装置繁多，所需的专业知识视工艺过程而定，因此无法在此详细说明。但负责过程控制系统设计的人员通常应了解：

- 工艺过程目的及其操作计划；
- 工艺过程的基本特点和设计要求（连续、批量或半批量）；
- 基本的工艺过程物理和化学属性；
- 人员、社区、环境和运行设施面临的可能危险；
- 设备和工艺过程参数的限值；
- 工艺过程的稳态和动态特性；
- 正常和异常过程操作模式；
- 配套服务、公用工程等的可用性和质量；
- 操作和维护团队的责任和能力；
- 异常过程操作的原因和后果。

有了这些输入信息后，设计人员下一步要确定必须控制或监测哪些过程变量。需要考虑产品质量、库存、生产能力（产量）、设备保护和经济可行性（例如，原料和公用工程消耗最小化）以及安全和环保问题。

前两步的重要信息应包括在过程控制系统的功能规格书和安全系统的安全要求规格书中。重要的是，详细设计前需要补齐缺失数据，并加入规格书文档中。

编制详细的过程控制规格书的第三步是确定哪些过程变量或状态可以直接测量，哪些可以从其他测量值推断。还应考虑可靠性、精度、重复性、测量速度、量程以及测量单位。有关传感器选型的更多指南，可参阅附录E。

第四步是确定哪些控制变量或过程状态可自动操控，哪些由现场操作人员通过手动界面安全操控。这样，就可以编制最终控制元件（例如手动隔离阀、自动控制阀、紧急切断阀、电机控制站等）初始清单。有关最终元件选择的更多指南，参阅附录E。

下一步，毫无疑问也是最复杂的一步，是初步的过程控制应用程序设计，确定控制算法结构，以满足过程控制系统功能规格书所需的过程控制。有关通过测量变量与操控变量实现的闭环控制，通常是单回路、负反馈以及模拟控制功能。应确定控制器动作和量值范围。应明确采用的二进制逻辑和模拟比较功能，其用于指示所关注的事件，如故障警告和过程状态高/低报警等。同样，过程控制系统功能规格书所列各个过程操作模式（如顺序控制逻辑）之间切换的触发条件和允许转换逻辑关系也要明确定义。

对于不同的过程操作模式，许多模拟和开关量控制动作会有所不同，这点必须在控制算法的详细设计中体现。此外，也需要合理设计执行生产管理和/或先进控制优化策略的监督控制功能。

在进行初步的过程控制系统结构设计过程中，还应考虑到操作员界面、工程和维护界面的相关要求。

基于对拟选用传感器的信号类型、期望的控制和界面功能、最终元件的信号类型等过程设计等信息的初步了解，就可以选择构成过程控制系统的控制器数量和技术。关于控制器的更多指南，可参阅附录 A。

然后，根据拟采用的过程控制策略进行危险辨识和风险分析（见第 2.4 节），以保证所设置的过程测量、控制器和最终元件动作的独立性，甚至必要的多样性。

控制器技术确定之后，就可着手进行最终的详细设计任务，如初始整定值选择、有助于操作人员处理控制器问题的辅助变量辨识、设计操作员界面和工程界面的详细显示画面、计划组态管理和历史数据库的数据结构以及设置控制系统不同级别和特性的访问权限等。

完成上述各项任务，有许多可供参考的文献资料和应用指南，例如安全工程设计参考书、过程控制教材、期刊文章、规范和标准。以前的经验或以往使用历史记录也会起到很大的作用。

设计和选择过程控制系统需要团队合作。工艺、仪表和控制专家组成的整个团队一起解决一系列涉及安全的问题，包括风险分析辨识出的安全问题，概括如下：

- 应实现的目标性能（例如，可靠性、"要求"的频率或总失效率）；
- 应对工艺过程进行怎样的严格控制，以便将 SCAI 可能的"要求"频率降到最小；
- 过程控制系统的设备可靠性，包括电气过载、电源线老化等引起的，以及诸如由水、结冰、腐蚀性气化物、信号干扰、受热和振动等外部环境影响导致的设备失效；
- 各种设备的失效模式，包括仪表、控制器、最终元件以及支持系统（如电源、气源、伴热等）；
- 不论何时，特别是工艺过程操作出现波动期间，都能以合理的逻辑向操作人员显示过程状态，使操作人员快速、容易、清晰地理解并判断正在发生什么问题；
- 避免暴露于过多风险的个体保护，例如由于不良的电气（安全）接地、高压接线以及高温表面等防护不当导致的风险；
- 电气设备选型应符合所需的电气危险区域分级（即可能含有易燃气体、爆炸性气体或粉尘的区域）；
- 对参与过程控制系统操作和维护人员进行适当的培训，包括变更管理、防止未经授权的在线修改以及访问安全。

完成如图 2.15 所示的危险辨识和风险分析的初步工作之后，开始进行详细的自动化系统设计。如前文所述，在设备、配管、仪表和自动化系统详细设计临近结束时进行一次更为详细的分析，确认设计满足了所有安全要求并为可能的变更留出时间。融合本节所述的操作

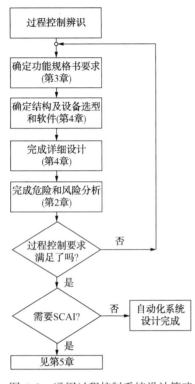

图4.2　通用过程控制系统设计策略

和安全要求，通常的设计策略如图4.2所示。

本章主要是从过程控制系统初步设计需要考虑的基本内容入手，包括仪表信号类型、过程控制系统和安全系统常见的基本逻辑功能以及更高层级控制目标，进行一般性讨论。接下来简要讨论不同的过程控制器技术，介绍辅助系统设计的考虑因素，例如操作员界面、供电和接地。也要讨论历史数据、数据库的管理以及过程控制系统应用程序开发涉及的安全问题。最后，强调确保文档清晰明确、实时更新，以及易于理解的重要性。

本书旨在介绍更安全的自动化实践，所讨论的内容不会涉及整个工艺装置控制策略差异的细节，例如连续、批量或半批量设计的不同之处。

在分析更安全的自动化实践时，无论为实现操作目标和操作计划采取什么样的控制策略，对于更安全自动化至关重要的高层次概念具有相当的普遍性。每一个过程的控制策略可以是独一无二的，但有个事实是显而易见的，即如果过程控制设计和实施合理完善，工艺过程对安全系统的"要求"就会更少，随之损失事件发生的可能性也就会更小。

4.1　现场输入和输出信号的类型

在讨论基本控制功能、高层次控制目标和控制器技术之前，有必要先介绍一下过程控制和SCAI系统最常见的现场输入和输出信号类型。

4.1.1　模拟信号

模拟信号在时间和量级上都是连续的。每一时刻都有可读取的数值，可以是仪表量程内的任一值。汽车仪表盘指针式速度表就是显示模拟信号的常见例子，它是从油门踏板送至汽车发动机控制系统的车速实时信号。工业领域的温度、压力和液位传感器读数传送到过程控制器，都是常见的模拟输入信号。还有模拟输出信号，它通常由控制器发出，用于控制调节阀的阀位，使阀门处于全开和全关之间的任意位置，或者用于设定电机变频器速度。

4.1.2　二进制信号

二进制信号却只有两个值，0或1。在工业领域，二进制输入信号通常表示阀门开或关位置、电机开或停状态，或者传感器开关的闭合或断开状态。同样，控制器的二进制输出信号通常就是一些命令，用于打开或关闭阀门、启停电机、或将逻辑真值0或1状态发送到另一个系统。二进制信号有时被称为数字信号、离散信号或布尔信号，为了清晰并避免类似术语之间的混淆，在本书中统称为二进制信号。

4.1.3　数字通信信号

数字信号定义为时间上离散的信号。也就是说，只有在特定的时间点上有一个信号值，并且是明确的量值(即信号只能呈现其范围内的特定值)。可编程控制器和一些基于数字计算机技术的新型现场仪表设备均采用数字通信信号。

由于大多数现场仪表设备使用模拟或二进制时间连续信号，因此必须通过信号转换系统将信号转换成数字计算机可以理解的数字化波形。图 4.3 和图 4.4 展示了模拟信号、二进制信号与数字化之后的不同。数字通信方式有许多种类型，更详细的内容参见附录 C。

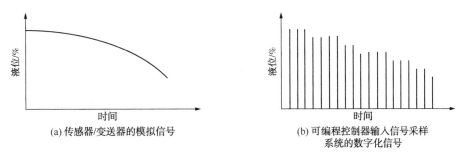

(a) 传感器/变送器的模拟信号　　　(b) 可编程控制器输入信号采样
系统的数字化信号

图 4.3　模拟信号原始值和数字化之后的对应值

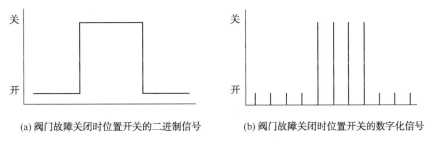

(a) 阀门故障关闭时位置开关的二进制信号　　(b) 阀门故障关闭时位置开关的数字化信号

图 4.4　二进制信号原始值和数字化之后的对应值

4.2　基本应用程序功能

了解了现场仪表信号的最常见类型之后，现在讨论应用程序功能的基本类型：

- 模拟控制；
- 二进制控制；
- 模拟比较；
- 顺序控制。

不论工艺装置的自动化控制是连续、批量还是半批量，过程安全自动化通常都包括这四类基本功能。此外，有些工艺装置还使用监督控制功能执行生产管理或先进过程控制。

4.2.1　模拟控制功能/模拟逻辑

模拟控制功能是根据一个或多个模拟输入信号(例如，温压补偿计算体积流量的各个信号或其他模拟控制回路信号)，通过数学运算符(例如，加法和乘法)产生模拟输出变量。过程控制系统中的模拟控制回路(有时称其为常规调节回路)用于控制诸如反应器温度和压力等操作参数。流量、液位控制以及串级控制也是模拟控制功能的典型例子。附录 A 讨论了各种不同类型模拟控制功能的安全特性。

4.2.2 二进制控制功能/二进制逻辑

与模拟逻辑相对应的是二进制逻辑。二进制控制功能使用逻辑运算符(例如，"或"和"与")把一个或多个二进制输入信号转换成二进制输出变量，例如切断阀关闭或泵电机启动的信号。二进制控制功能也称为离散控制，有时也包含在控制回路范围内。为清晰起见，本指南使用术语"二进制控制功能"或"二进制逻辑"。

二进制控制也用于协调多台设备的正常操作以及避免异常操作状态发生。例如，如果反应器放空阀处于打开状态，则不能打开反应器进料阀。

二进制控制有两种基本类型：反馈控制和前馈控制。对于反馈控制，储罐的高液位开关可能与进料切断阀构成联锁。当液位开关检测到高液位时，该切断阀联锁关闭，防止储罐溢流。前馈控制用于执行其他动作之前必须具备特定的条件，这样的控制通常也称为"许可"。它常常需要将二进制控制逻辑与顺序控制逻辑或者模拟比较逻辑组合使用。例如，当 A 阀打开之前反应器顺序必须处于"加入成分 A"过程操作模式，就形成了一个"许可"条件。同理，当压力超过预定的设定值时，二进制控制功能可用于打开切断阀给反应器泄压。许可条件必须易于操作人员辨识，即操作人员必须能够明白哪些条件会引发许可动作发生。

许多场合也用于处理异常过程状态的过程变量监视和操控逻辑。这种监视逻辑不同于SCAI，因为监视的过程变量和逻辑常因过程操作模式的改变而有所不同。例如，有些监视逻辑可能需要验证每步顺序动作是否按照指令执行(例如，阀门确已打开)。监视逻辑也用于确定是否发生了意外的状态改变，必要时进行报警。

除了联锁和异常处理逻辑以外，还应考虑其他类型的二进制信号和动作。例如，启动信号或启动许可都是二进制信号。可通过手动按钮触发启动信号，该按钮直接与过程控制系统连接。类似的逻辑也用于保持为"真"的停止信号，用于关停特定设备或将顺序控制逻辑置于保持状态。在可编程控制器中，二进制信号的状态改变，例如启动许可，也应包括在事件日志中。在一些应用场合可能需要采用事件顺序记录器，帮助操作人员了解意外的操作状态切换、模拟控制回路模式改变或报警等发生的顺序和因果关系。

4.2.3 模拟比较功能

模拟比较功能使用比较运算符(例如，大于、小于或等于)将一个或多个模拟输入信号转换成二进制输出。当涉及模拟信号时，为了实现过程变量监视和异常处理，有必要使用模拟比较功能。例如，使用这种逻辑确定是否满足触发报警、跳车或过程操作模式切换的条件。

无论使用二进制逻辑还是模拟比较逻辑，异常管理都允许对特定异常工况执行不同的动作，例如：

- *异常工况，但不严重*——控制系统应警告操作人员目前所处的异常状态。控制系统无须执行校正动作。

- *异常工况*——意味着控制系统必须执行自动纠错或控制工艺过程进入预定的安全状态。
- *恢复正常*——可能需要执行必要的恢复逻辑，协助返回到正常操作状态。

模拟比较逻辑常用于二进制控制回路的输入变量，例如当模拟信号高于或低于特定的设定值或处于两个设定值之间的范围内时发送信号到泵的电机控制器。

4.2.4　顺序控制功能

过程启动条件与正常操作所需条件差别很大时，会出现许多不同的工况。可能意味着开车状态有些联锁可能会投入使用，但正常操作状态并不用这样的联锁，反之亦然。从一种状态切换到另一种状态时，也可能需要改变控制器的算法。不同子系统之间必须保持良好的通信，以操控工艺过程这些状态之间的转变。

当工艺过程一步步地执行其预先规定的过程操作模式时，就会有顺序控制变量存在。顺序控制逻辑使用许多模拟比较和二进制逻辑，以确定过程处于哪一个操作模式，何时允许该过程转换到另一操作模式。顺序控制有时称为批量控制，但由于连续和半批量生产装置以及批量过程设施都可能使用顺序控制，为清楚起见，本书仅使用术语"顺序控制"。在设计顺序控制策略时，每个独有的过程操作模式有时被称为一步。

无论顺序控制策略用于电机的简单启停，还是用于复杂的批量过程，过程设备的控制动作和状态都随时间而改变。因此，时间和事件顺序都是顺序控制策略设计时的重要考虑因素。

在过程操作模式中引发状态改变的事件有时称为触发事件。触发事件通常基于过程变量（例如，达到反应温度的终值）的量值或由某个特定时间周期完成（例如，保持 1h）触发。有时需要几个事件同时发生才能触发顺序的改变。在允许某些过程操作启动之前，需要验证正确的操作条件存在是基本的操作准则。

假设这样一种工况：反应器处于冷却降温步序（顺序控制）并且该批次温度低于 100℉（模拟比较逻辑）时方可启动泵出任务（出口阀和泵的二进制控制）。顺序控制、模拟比较和二进制控制逻辑的组合，可防止温度高于 100℉（$1℉ \approx -17.22℃$）时意外启动泵，例如，此时反应器仍处于反应过程，或者还未达到此任务正确的过程操作模式。

4.2.5　监督控制功能

监督控制功能通常是用于协调生产管理或通过先进过程控制进行过程优化，往往涉及更复杂的功能。可将上述简单功能进行复杂的组合集成到先进功能块或模板，用于完成更高层次过程管理目标。在许多应用场合，由于需要使用先进的逻辑功能，因此会采用专门的监督控制器来执行这些监督控制功能。监督控制器采用与个人计算机类似或不同的硬件和软件。

4.3　过程控制目标

本节将阐述用于指导规划应用程序的编程结构，这是选择过程控制系统技术的前提。过程控制系统必须能够支持各种高层次控制目标。作为开展过程控制应用程序结构概念设计的第一步，设计团队应考虑将过程控制功能规格书中的过程控制要求进行分组，归纳为下列高层次的控制目标：

- **安全管理**——该目标是确定过程控制器与安全控制器之间收发数据的相关要求。在对过程控制系统内用于此类数据传送的逻辑进行更改时，应参照安全管理的要求进行变更管理和控制。这一控制目标涉及的活动包括 SCAI 数据管理、根据 SCAI 输入执行的控制动作，以及从过程控制系统向 SCAI 发送指令。*这些活动不包括 SCAI 本身功能的执行。*有关 SCAI 功能设计和管理的更详细讨论参见第 5 章。

- **设备控制**——该目标包括传统意义上过程控制应有的内容。设备控制包括执行模拟控制功能、二进制控制功能、模拟比较和顺序控制逻辑的仪表设备和应用程序功能。

- **过程管理**——该控制目标关注于监督、调整和管理过程的平衡。操作人员采取措施减轻干扰，避免过程波动。生产管理任务和先进控制功能也属于本控制目标。

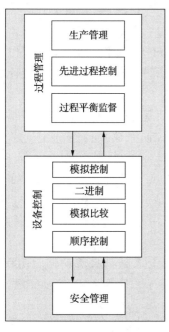

图 4.5　过程控制目标

如果应用程序用于完成高层次的目标，则可采用一台单独的控制器执行该应用程序，与执行其他应用目标的控制器物理隔离。在图 4.5 中，各层（例如安全管理层）的性能水平均不依赖于上一层。可接收上一层的命令（例如打开 A 阀），但即使上一层出现故障，该层仍将继续正常工作。用于完成不同目标的过程控制系统部件和控制功能，在设计它们之间的关联关系时，应确保执行其他控制目标任务的单元出现问题，本部分仍能成功执行确定的安全自动化目标。

这些控制任务可分成不同层次（图 4.5），始于最下面的安全管理，往上是更高层的任务，例如生产管理、调度和信息管理。

只有当下层工作正常时，上层才能有效使用。例如，如果设备管理层不正常，过程管理层将没什么意义。相反，如果过程控制系统向 SCAI 系统传送的通信信号中断，只要 SCAI 功能正常，工艺过程仍可保持安全。这些规则适用于所有层之间的接口。

图 4.6 展示了不同层之间的交互关系以及操作员界面的作用。虽然图示模型每层都有一个操作员界面，但它们之间可能并非相互独立。该图只是简单说明操作人员通常需要与控制任务互动。界面允许操作人员终止上一层的指令，并可以直接输入信息。上一层故障仍需保证下一层继续运行是必需的能力要求。

例如，在设备控制层中，操作人员需要有能力将模拟控制回路从远程设定点切换到本地设定点，并输入具体设定值。其原因可能是过程管理层的先进控制优化程序出现问题时，给模拟控制回路提供一个不可接受的设定值。

如图 4.6 所示，如果下层认为指令不合逻辑，则下层应有能力拒绝来自上层的指令（例如，安全管理层拒绝不安全的指令）。图 4.6 还表明数据可进入系统的每一层。不过，如果多层均需要该数据，则该数据必须输入到需要该数据的最下层，然后向上传送。任何层都可以产生输出。

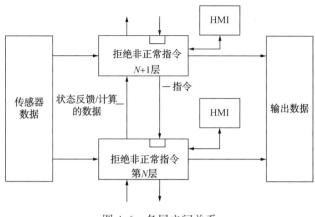

图 4.6   各层之间关系

4.3.1   安全管理层

安全管理层(图 4.5)可让操作人员访问 SCAI 数据和信息。*此层不执行任何安全功能*。控制系统内的任何安全逻辑应和控制逻辑隔离,确保在对任何逻辑修改时能清楚地辨识出安全逻辑。安全管理层可能是一个网络攻击途径,该途径不需要突破过程控制器和安全控制器之间的防火墙(见第 3.6 节)。

操作人员可以通过安全管理层按照操作规程与 SCAI 功能通信。例如,操作人员可以依据旁路管理规程和变更管理的批准流程执行旁路操作(参见第 6.4.8 节、第 6.5.7 节、第 6.7 节)。安全管理层通常为使用开关、键盘或按钮执行 SCAI 最终元件的手动停车提供便利。另外,操作员解除 SCAI 联锁的请求也可从本层发出并接收 SCAI 发出的警告和报警信息。

在任何过程控制目标层,包括安全管理层,操作人员不应有更改 SCAI 组态(或应用程序)的能力,亦不允许采用无保护的方式从操作员界面向 SCAI 系统写入信息。例如,未经保护措施和管理批准直接对 SCAI 功能旁路。SCAI 设计和维护策略应尽量减少在被保护过程设备操作期间进行 SCAI 旁路操作。

除了向操作人员提供信息和为操作人员手动动作提供支持以外,在安全管理层还可依据从安全控制器接收到的输入信号自动触发控制动作。这样的控制动作包括超驰正常设备控制功能,停泵或将过程控制阀置于手动,并将输出设置为 0,以使过程控制阀进入停车状态。*这些活动不包括执行 SCAI 功能,SCAI 功能有独立的最终元件,这些元件是 SCAI 的组成部分,并由 SCAI 动作*。当 SCAI 启动安全报警、安全控制或安全联锁时,过程控制系统将自动地协调被控单元设备的最佳响应。

安全管理层的设计应考虑操作人员执行具体动作时可能给过程操作带来不利影响。系统组态应使这些负面影响最小。

例如,当开关处于手动位置时,操作人员就可在手动模式下打开自动切断阀。需要注意的是,过程控制系统与 SCAI 系统之间的接线应设计为在手动位置时不会旁路掉 SCAI(参见图 4.7),这点很重要。

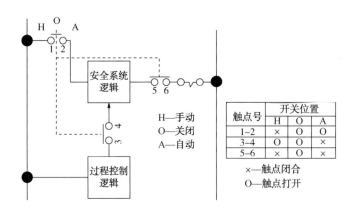

图 4.7　手动操作

不过，在手动模式下，来自控制层（顺控逻辑）关闭阀门的信号被旁路。当开关处于手动位置时，安全系统接收手动选择信号（1-2 要求阀门打开），并通过触点 5-6 给继电器线圈供电。如果安全系统确定过程状态不安全，安全系统就会停止供电。在自动位置，阀门开/关请求通过控制逻辑并经触点 3-4 送出。同样，在此期间如果安全系统确定过程状态不安全，安全系统仍可停止供电。在"关"位置，触点 5-6 打开，无法向继电器供电，因此阀门保持关闭。

4.3.2　设备控制层

本层允许操作人员将特定的控制回路置为手动。在此期间过程安全可以保障，因为 SCAI 设计独立于过程控制设备，因此仍保持操作正常。可通过操作员界面、控制盘开关或两者的组合执行控制回路手动模式。

过程控制层也有保护逻辑，但仅对产品质量或小的设备损坏进行保护。此层设计意图并不是为了保护人员、环境和重大设备危险。*此层不执行任何安全功能。*

例如，如果反应器温度超过上限值，反应器需要停车，因为高温有可能引发失控或分解，最终导致人员伤害、重大设备损坏、环境危害。该功能应分配到 SCAI 层，并按第 5 章所论述的实践进行设计。而"如果泵出口阀门没有处于正确的阀位将禁止反应器泵出操作"则是可以分配到过程控制层实现保护功能的例子之一。在这个示例中，如果输送不当产品可能会被污染，但不会造成安全危险（注：一些物料混合可能带来重大危险，预防这些危险的保护措施应归类为 SCAI）。

自动控制也在这一层执行，但此时控制器处于自动控制模式，将过程变量控制到特定的设定值。

最后，设备控制层包含操控过程操作模式切换的顺序逻辑。如前文所述，步序是顺序逻辑的一个组成部分，代表一个具体过程操作模式（例如，加入成分 A）。完成每步目标所需现场设备动作的逻辑在设备控制层实施。

4.3.3　过程管理层

过程管理从根本上来说就是执行必要的控制任务，按照操作计划控制工艺过程。操作人员能够通过超驰设备控制层的顺控逻辑触发每一步来左右生产任务的执行。操作人员有责任确保各步按正确的顺序执行。如果过程管理层设计完美，操作人员就可以使一系列设备的单元操作自动地按顺序进行，只需向系统简单地输入指令"生产一个批次的 B 产品"。生产 B 产品的所有相关设备(通常作为一条产品线)将执行顺序逻辑，按照每步触发条件自动完成所需过程操作模式，直到完成该生产任务为止。

过程管理层还与生产管理有关。用最简单的方式向操作人员提供信息，告知实施生产计划所需的物料和设备已准备就绪。这些层的主要功能是保留某些形式的设备预防性或预测性维护历史记录，这并不是为了避免工艺过程的停工，而是防止在执行某一特定过程步或过程操作模式期间出现故障。不过，它也提供在不同产品或牌号之间进行生产过程有效切换的能力。通过远程监督控制器，以更高层自动化的方式协调不同生产设施之间的生产。

最后，过程管理层还与生产效率有关。有些过程控制系统使用先进控制策略，自动优化操作变量设定值，以便在设备安全操作限值内以更低成本实现生产目标。先进控制策略通常使用通用的监督控制器(参见图 4.1)。它们采用与个人计算机相同的技术，具有相应的能力、速度和结构，以便开发先进控制策略的复杂应用程序。要完成先进控制，可能需要访问大型历史数据库。这种先进控制历史数据库通常专用于这种用途。在这种情况下，它们通常通过过程控制网络连接，但与更常见的过程信息网络上的历史数据库有所不同。

在生产中进行更改时，不管是基于生产管理目标对不同产品组合进行改变，还是按先进控制优化的要求对一组压力和温度参数做重大的调整，都会对操作的稳定性甚至安全带来一定的风险，因此，在生产管理层向设备层发送信号时，应始终先进行验证再接受。这意味着对计划好的自动化生产程序在其投用前要先进行测试以确认正确性(也就是说不能把任务下装到一台不适于生产该产品或者不具备所需完整性或可靠性的设备)。一旦操作步程序被下装(即下装到控制器)，可能需要从控制器回读配方，并与原配方比较，以确定下装是否正确。如果不正确，该操作步不能被启动。

4.3.4 报警和仪表的合理性评判

在为上述三个过程控制目标制定控制说明时，除了初始自动化功能规格书(第 3 章)中阐述的仪表、报警和警告以外，可能会辨识出更多的需求。有一点是明确的，即给操作人员提供的所有基本信息应满足不同过程控制目标需要，并以实用的方式给出。不过，为了避免信息过多削弱操作人员对工艺过程进行操控的能力，需要对报警和仪表设置的合理性进行专业论证。

在自动化功能规格书中已经定义的过程控制或 SCAI 之外新增的仪表设备，论证其合理性时应考虑各方面的影响因素。增加仪表会随之增大维护和维修材料费用以及其他资源。有必要采用专业的仪表合理性论证程序，确保对增设仪表设备进行全面的成本/收益评估。

在某种程度上，增加报警可能比单纯增加仪表需要进行更专业的论证。项目团队可能觉得与特定过程控制设备有关的报警是"免费的"，只是需要简单的组态。其实向操作人员提供不必要的报警会导致危险的后果。报警泛滥(短时间内大量报警快速涌现)和滋扰报警(不需要操作人员执行必要动作的报警)，将降低真实安全报警时操作人员实施有效响应的可能性。许多过程工业意外事件都表明无效的报警管理是导致操作人员对事件响应不足的重要原因。附录 D 为这些常见的报警管理问题提供了有效的实践指南。

4.4 过程控制器技术选择

在全球竞争的时代，过程工业实现卓越的操作和高性能的过程安全面临巨大挑战。过程控制技术的功能性、可操作性和可维护性对这一目标的影响比任何其他设备系统更大。选择的技术应足够成熟，控制器性能应久经考验，其产品还不能老旧过时，以便用户充分利用新技术的优点和能力。

设备选型应考虑整个工艺过程生命期的总成本，包括系统升级和软件维护。过程控制的传感器和最终元件技术选择很大程度上取决于设备所接触到的工艺过程状态(例如，化学物料、操作温度和压力)和实现控制性能所需的精度。附录 E 介绍了化工行业过程控制使用的许多典型的现场设备技术。在另一方面，控制器选择不仅仅取决于参与控制的仪表等级，而且有赖于可操作性和可维护性目标以及许多其他需要考虑的因素。本节讨论特定的应用场合如何选择适当的控制器技术。

实际应用可能需要模拟控制、二进制控制、模拟比较、顺序控制逻辑，甚至监督控制使用更先进的算法。设备分类、性能要求、管理决策、可接受的标准化、维护以及操作因素均会影响过程控制器的选择。控制器是过程控制系统的关键部件，选择过程控制系统时首先要按第 3 章讨论的内容确定其功能要求。应考虑其可用性、可靠性、可维护性和安全性等各方面。

尽管大多数现代化工过程系统设计依赖于可编程控制器，但在某些应用中，高速或远程连续过程使用气动和液压系统以及在简单批量生产过程使用直接硬接线系统仍很常见，其中有些过程仅使用模拟设备和离散控制器系统进行控制。此外，在过程控制系统设计中，控制器并不是必须选择的唯一设备。整个过程控制系统，包括现场设备，依赖很多不同的部件(图 4.8)。

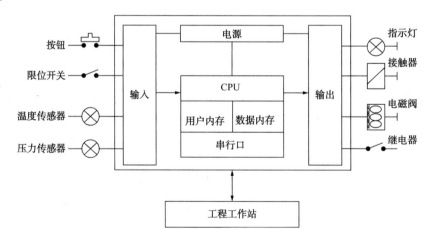

图 4.8   通用可编程过程控制系统

下面从安全观点对模拟、离散、可编程、监督和混合的控制器技术进行比较，解释这些技术之间的基本差别。在控制器选型时，系统设计者必须理解每种技术的局限性。有关控制器技术的更详细内容，参见附录 A。

4.4.1 模拟控制器(Analog Controllers)

模拟控制器是非可编程的系统,该系统执行模拟逻辑,并将一个或多个模拟输入信号转换成模拟输出信号。模拟控制系统可采用气动、液压以及电子技术。

采用空气或其他气体的气动控制器以及采用流体压力操控的液压控制器都是基于管路连接,这些技术可能源于维多利亚时代。

另一方面,模拟电子控制器是由非可编程标准电路元件,如运算放大器、电容和电阻等构成。这些元件通常执行单回路的比例-积分-微分(PID)控制功能。不过,随着印刷电路板技术的发展和应用,也有多回路模拟电子控制器。

上述的这些模拟控制系统已经用了几十年,现在仍旧很常见。应从安全的视角注意它们之间的些许不同。

电子和液压系统本质上比气动系统快(当使用标准频率-响应技术测量时),使用人为阻尼可能使电子系统慢于气动系统。电子控制器稍准确一些,因为电子控制器的放大器增益比气动挡板-喷嘴放大器的增益要高。另外,可靠性也是一个重要的安全因素。在正常环境下,一般认为现代电子设备与气动装置一样可靠。但当存在爆炸性气体或粉尘时,气动模拟控制系统的所有设备几乎都是本质安全的(无点火源),而电子设备却必须经过特殊设计,以符合电气危险区域分级的要求。气动模拟设备适用于简单、就地控制(现场安装)的应用场合。气动控制完全独立于任何电子系统,并且不需要电源。这使得气动控制特别适用于备用场合,特别是当过程控制系统断电时。

■ 案例 11

地点: Longford, Australia

工艺: 天然气处理

日期: 1998 年 9 月 25 日

影响: 爆炸和火灾;2 人死亡;8 人受伤;1# 装置损毁;2# 和 3# 装置停工,5%供应中断,250000 名工人被遣散回家。

工艺流程图:

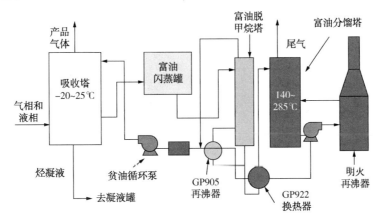

报警

出现许多滋扰报警的报警盘

概述：

1 号 LPG 装置用贫油分离两个吸收塔 LPG 中的甲烷。事故发生前的夜晚，超出正常量的凝液进入装置。吸收塔 B 的温度为手动控制，此时温度低于正常凝液温度、浓度偏高的轻组分进入，吸收塔塔底液位升高。由于温度偏低，从塔去凝液闪蒸罐的凝液出口流量受限。凝液液位上升，直至与富油出口物料混合。混合物闪蒸到低于正常温度，从而降低了富油闪蒸罐和下游设备的温度。各罐的液位受到工艺状态变化的影响，贫油泵流量低联锁停车。贫油换热的中断，导致装置温度进一步下降。有些容器的温度低至-48℃，包括再沸器 GP905。由于这种极端的温度变化，使法兰发生变形，下游的换热器 GP922 出现泄漏。操作人员设法通过重启贫油泵让热贫油流过 GP922 来解决问题。同时热贫油也流进了 GP905。几分钟后，由于担心温度变化太快，操作人员尝试使用手动控制减少流过 GP905 的流量。但太迟了，波动期间受低温影响变脆，然后再引入热油，GP905 换热器发生断裂，释放出油气气云。气云漂移到 170m 外的加热炉，随即被点燃。

自动化方面主要教训：

报警管理应将报警数量减少，只保留那些需要操作人员采取动作的报警。管理良好的安全报警程序实现的风险降低，完全依赖于操作人员对报警及时、准确地响应。长期出现高频率的过程报警或出现大量不需采取行动的报警，极易导致不良的报警响应习惯（ANSI/ISA 2009b）。

仪表和控制系统问题：

- 每天 100~1000 条报警，其中许多为滋扰报警；
- 关键的气动指针记录仪不能正常操作；操作人员麻木；
- 关键报警无优先级，报警系统无效；
- 有经验的工程师不在现场。操作人员和当班管理员不清楚手动操作会给过程安全带来怎样的后果。

信息来源：

Atherton J. and F. Gil. 2008. Incidents That Define Process Safety. New York：John Wiley & Sons. Hopkins A. 2000. Lessons from Longford：The ESSO Gas Plant Explosion. CCH Australia Limited.

模拟电子控制器通常提供一个工作站，操作人员可以将控制器输出置于手动模式。当工作站保持手动操作最终元件时，允许在此期间更换控制器。

4.4.2 离散控制器（Discrete Controllers）

离散控制器是与模拟控制器相对应的二进制控制器。离散控制器是基于一个或多个二进制输入信号并产生一个或多个二进制输出的非可编程设备。离散控制器有时俗称为数字控制器或开关控制器，为清晰起见，本书中避免使用此类术语。离散控制器技术包括直接接线（有时称为硬接线）系统、机电设备以及固态设备。尽管整体是非可编程的，但个别设备可能含有可组态的电子部件，例如设定延时时间。离散控制器的优点是系统简单，易于理解、配置以及维护。离散控制器潜在的系统性错误概率明显低于可编程控制器。

4.4.3 可编程控制器（Programmable Controllers）

可编程控制器通常也称为可编程电子系统（PES）或数字控制器。为清晰起见，并为了避免与使用类似词汇的其他自动化术语混淆，本书主要采用"可编程控制器"。

可编程控制器采用数字计算技术。与先前讨论的控制器技术相比，在执行不同类型的控制功能方面有明显的不同。

当用模拟控制器执行模拟控制功能时，其输入将被连续监视，控制算法连续进行解算，模拟输出也将连续进行操控。相反，用可编程设备执行相同的模拟控制功能时，需要对模拟输入信号进行周期性扫描采样，以生成数字化波形，控制算法按顺序解算，模拟输出也是周期性刷新。

上述控制器有几个隐含的安全问题。其中之一，模拟控制系统的单个失效往往只影响一个控制回路，但是在数字系统中，单一部件失效（该部件可能由多个回路共用）可能影响多个回路。不过，当数字系统采用可靠性高的部件和冗余配置时，多数情况会超越单回路模拟系统的那些优点。

输入和输出扫描采样也会使每个控制功能响应时间出现小的延时，对传感器扫描采样时可能错失某些高速变化的输入信号。正因为这个原因，某些工业部门对需要高速检测的工业设备，其自动化控制策略还是主要依赖模拟技术。

在讨论离散控制器与可编程电子的顺序控制和二进制功能时，与前面阐述的有关模拟控制的设计原则相类似。

不过，总的来说可编程控制器通常执行顺序控制更简单，计算能力更强大，比分立的离散继电器和开关更易于再组态。另外，与通过单独模拟和二进制信号的硬接线相比，通过数字网络更易于实现大量数据通信。

可编程设备具有配置灵活、计算能力强以及易于再组态等特点。例如，可编程控制器很容易执行延时（或纯死区时间）计算和具有很长积分（或重置）时间的PID控制算法。数字通信系统具有更宽的带宽（即产生更准确的信号、几乎无噪声），与模拟控制系统部件相比，有更低的信号漂移和常见错误。

　　另外，可编程控制系统还有以下优点：

- 多变量和非线性控制的复杂控制算法；
- 在线优化和过程辨识；
- 卓越的数据采集、显示和存储能力；
- 可使用过程模型确认传感器性能；
- 强大的通信能力。

　　可编程控制器系统的优点是过程操作控制更好、更安全。还可以连续自动测试和诊断以及减少对定期手动测试的需要。不过，可编程控制器也有一些缺点，其中包括：

- 可能发生信息过载；
- 使用过滤和压缩的数据；
- 在硬件和软件两方面都增大了失效模式的数量和复杂性；
- 操作人员的责任区域更大；
- 部分操作人员对工艺过程的细节不够熟悉。

　　可编程控制系统的嵌入式软件和操作系统软件（由制造商提供）以及应用程序编程和组态，都会出现软件错误的影响。嵌入式软件存在的错误在系统安装、组态和检验期间可能不容易发现。在某些情况下，运行相当长的一段时间也不容易发现这些错误，直至特定事件巧合触及执行该错误字段才会最终浮出水面。程序运行期间也可能出现其他问题（例如，奇偶校验能力中断、软件"看门狗"计时器中断、外部噪声引起不可检测的数位改变）。可编程控制系统主要经历了以下技术发展过程：

- 多回路直接数字控制，单一强大处理器；
- 单站数字控制器，单一微处理器；
- 多回路可编程控制器，单一处理器；
- 多回路分散控制系统，多个微处理器。

　　现代多回路过程控制系统主要是 DCS 和 PLC，两者都能够执行模拟控制和顺序控制功能（图 4.9）。两个系统有很相似的部件：

- 现场设备；
- 输入和输出（I/O）模块；
- 控制器；
- 人机界面；
- 工程界面；
- 监督控制；
- 业务系统集成设备。

　　DCS 架构是过程状态驱动的，并直接将过程数据呈现给操作人员。操作人员与工艺过程不断互动，以保持过程按预期操作。操作人员根据现场输入/输出，以及模拟趋势、各种显示画面直接获取过程信息。现场输入/输出通过就地接线、现场总线、网络等与 DCS 连接。操作员界面为过程操作提供完整的窗口，使操作人员能够监视和控制远程工艺过程。操作人员的工艺知识和操作经验对于维持过程性能至关重要，因为操作人员需要依据产品牌号或生产环境的改变适时调整过程操作状态。操作员界面失效将导致关键信息中断，因此在自动或手动触发停车之前，应考虑工艺过程还能安全维持多长时间的连续运行。为了保证操作人员有效响应异常操作状态，报警管理是确保安全操作的重要措施。

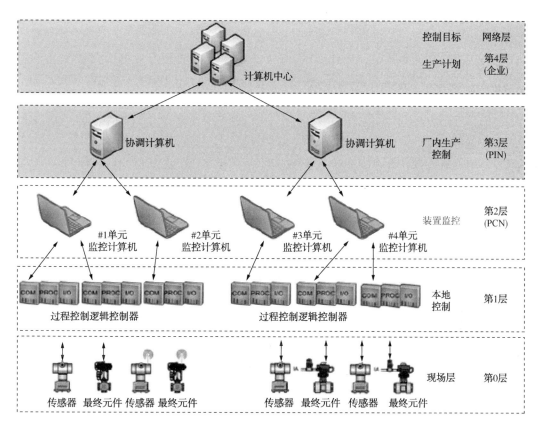

图 4.9 过程控制架构

　　在有些 DCS 架构中，I/O 模块、网络和接口服务器均采用冗余。并行处理和冗余通信确保了系统的高可用性。虽然冗余增加了成本和复杂性，但可以减少非计划停车。在许多情况下，冗余 DCS 部件也可在不中断过程操作的前提下进行在线更换。对于连续工艺过程，特别是停车可能导致生产损失事件发生时，应考虑采用冗余设计。

　　DCS 支持很多复杂控制算法，标准应用程序库通常具有强大的内置功能。大多数现代DCS 和 PLC 制造商允许使用 IEC 61131-3(2013)给出的五种编程语言。这些语言分别是梯形图逻辑、结构化文本、指令表、功能块和顺序功能图；但在某些应用中，这些编程语言可能受到使用限制，因为自定义修改可能产生兼容问题。有很多为特定工艺过程开发的标准功能块，它们已经在 DCS 软件平台内经过了大量实践验证。大多数 DCS 系统都提供了模板和广泛的标准功能程序库，使组态变得简单直接。

　　DCS 的典型应用包括模拟控制回路，具有 100~500ms 范围或更长的扫描速率，以及高级过程控制功能，如串级回路、模型预测控制、比率控制和前馈控制回路。针对控制器资源、正常和波动状态下过程变量预期变化率，权衡或优化所用的控制器扫描频率非常重要。对于连续过程的控制，1s 或以上的扫描速率在很多场合是可接受的。

　　与 DCS 系统不同，PLC 结构通常是事件驱动的，并且以事件的形式向操作人员提供操作数据，包括状态信息(例如，开/关、运行/停止)和异常报警(如振动高)。操作人员对过程进行控制的角色主要是处理异常情况。操作员界面可在现场设备旁就地设置，或远程操作员工作站。控制器将显示给操作人员的信息收集到一个数据库，后期可对这些信息进行分析。

PLC 有标准功能库工具箱，借此可以自定义功能或例行程序，以处理大多数数字应用。在多数情况下，PLC 用于控制高速现场设备，例如电机和透平驱动，这些设备要求控制器扫描速率小于 10ms。PLC 也可以用于简单批量过程的顺序控制，在这样的场合，PLC 以特定的处理速率采集事件数据并执行过程控制。PLC 适用于很少甚至不需操作人员与其常规互动的工艺过程。

PLC 系统通常不采用冗余设计，因此成本往往低于 DCS，但 PLC 可用性更低一些。如果 PLC 必须离线进行组态、更换或工程变更，则可能需要被控工艺过程停车，从而降低了过程可用性。如果过程可用性不是关键的考虑因素，PLC 技术可能是一个好的选择。

在许多情况下，过程控制系统会同时采用两种类型的可编程控制器，用于控制工艺过程的不同部分。现代模块化、撬装式过程控制，常常使用专门的 PLC 作为控制器。

4.4.4 监督控制器(Supervisory Controllers)

随着可编程控制器功能的日益增强，过程控制器与独立监督控制器之间的区别变得不太明显。本节将讨论具有专用操作员和工程界面的监督控制器应用。

监督控制器通常向操作人员报告过程操控数据，或通过操控过程控制系统的设定值间接调整工艺过程。监督控制用于实现高层次的控制，例如成本优化、约束控制、基于模型的控制、超驰控制、多变量控制和过程统计控制。通过监督控制器，任何过程变量都可以通过可编程控制器应用程序链接到过程控制系统的任意设定值，克服了许多过程控制系统的局限性。使用个人计算机系统相同的计算技术和应用程序语言，突破了许多工业控制器的计算能力限制。监督控制器尽管可靠性高，但也不是总处于在线状态。监督控制器通常不设置冗余，因为在监督控制器停机期间，过程控制器仍然有能力控制工艺过程的持续操作。

4.4.5 混合控制系统(Hybrid Control System)

在许多情况下，工艺过程的最优控制涉及上面几种技术的组合使用。

例如，控制器保持简单、低成本的 PLC 结构，但操作员界面、报警管理和组态工具采用类似于 DCS 制造商提供的方式，就是典型的混合系统。

在另一些情况下，已经开发出专门的控制器混合应用技术。电流开关已演变成了联锁信号放大器，用于执行模拟比较逻辑，这样，离散控制器就可以接受现场仪表的模拟信号执行动作。将信号采样器与基于数字计算技术的可编程控制器相结合，就可以将模拟信号转换为离散时间对应的量化波形，便于后者计算以及数字通信。

应将混合系统的具体特性与过程控制系统规格书的要求进行对照，以确保系统的扫描速率、系统可用性、报警管理、系统诊断、可扩展性、模块化等方面满足设计要求。

4.4.6 辅助设备

仅有控制器和现场仪表不足以完全满足过程控制系统的目标要求，还必须指定和选择一系列辅助设备。

4.4.6.1 操作员/控制系统界面(接口)

操作员界面的设计质量对控制室操作人员监视过程运行水平影响很大。操作人员人机界面通常由多个部件组成，包括一个或多个显示屏、报警盘、摄像机或者盘装指示灯等。控制室操作人员可通过触摸屏、键盘、按钮或开关对工艺过程进行操作。

在日常操作中，安全运行要求操作人员扮演互动角色。如果操作人员对工艺过程非常熟悉、了解过程状况，并具有责任心，就有能力诊断异常状况并快速、自信地解决问题。*操作员界面通常称为人机接口(HMI)，是支持操作人员安全平稳进行操作的主要因素。设计合理的操作员界面可以快速地向操作人员提供准确、清晰、简明的信息。*

总体来说，有效的界面设计应是以合乎思维逻辑的方式组织信息，按照信息的优先级展示给操作人员，如图4.10所示。应考虑为操作人员提供不同类型的操作界面，包括控制室界面(例如，控制盘、壁装开关、视频显示)和现场界面(例如，就地盘装指示灯或就地显示)。仪表盘已不大用于大型过程控制系统，但在许多专用设备以及小型装置操作中仍旧广泛使用。

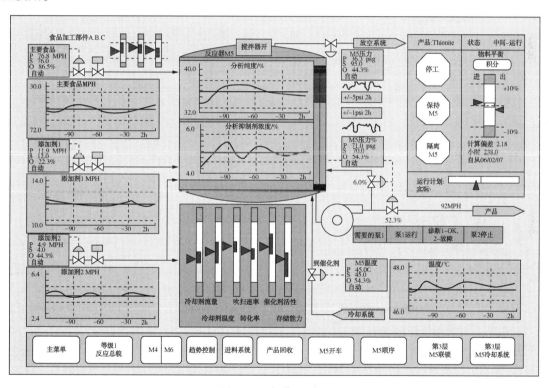

图4.10 操作员画面

操作员界面在过程操作出现异常，如紧急状况时尤为重要。操作员界面必须为被控过程提供持续统一的控制环境，便于操作和维护人员采取快速、果断的纠正措施应对异常工况。工艺过程和安全报警是显示在操作员界面上的重要过程信息。基于合理化流程划分报警的优先级，从而辨识出安全报警或任何需要严格管理的其他报警，并采用专门的组态方式使其明显区别于一般报警。更多相关内容参见附录G。关于流程图画面持续一致性的特别考虑，参见第4.5.7节。

除了第 4.5.7 节所述的主要操作员画面和相关的输入设备外，监督控制器也可能有操作员界面。该操作员界面提供监督计算机控制系统的一些最重要信息和特性，其中包括：

- 基于特定时间基准的历史数据收集/报告，例如小时/天/月等时间基准内的任意值；
- 报警/信息；
- 过程控制器和现场仪表之间的连接；
- 系统状态/信息；
- 帮助信息显示；
- 计算机控制的输入信号诊断/暂停；
- 显示（总貌、实时记录、趋势图表、状态值等）；
- 积分（重置）饱和状态；
- 重启状态的计算机应用程序。

监督控制器的操作员界面通常无冗余，因为监督计算机一定时间范围内的工作中断通常是可以接受的。一般也会为应用程序和过程控制工程师提供画面显示，便于对监督计算机维护以及对程序进行修改。

4.4.6.2　通信网络

大多数过程控制系统都涉及一定程度的数据通信，包括从一个控制器向另一控制器传送相关硬件和软件的信息。

互联设备进行信息交换涉及三个主要方面：接口、协议和配置。通信接口与电子设备有关，例如连接的设备类型、信号特性及其兼容性。协议定义出交换信息的数据格式。这包括了一组需要交换的信息以及如何交换的规则。协议控制设备之间动态链路的建立，并提供交换的信息结构。通信配置常常称为拓扑或网络架构。通信拓扑说明系统如何组织和配置。当通信网络涉及大量的设备时，应考虑提供容错的网络拓扑。关于通信系统方面的更多内容，可以参见附录 C。

4.4.6.3　配电系统

配电和正确接地是过程控制系统可靠性的基本保证。过程操作和维护都需要规定配电系统的基本准则。配电的详细技术讨论超出了本书的范围。不过，附录 B 以配电系统典型方块图的形式强调了良好的电气设计实践。另外，附录 B 还讨论了为改进人员安全和确保控制信号完整性的考虑因素（电气接地方面）。为了避免涉及多相配电和接地系统本身的复杂性，在此只讨论单相配电系统。

配电和信号接地系统的故障也许是自动化系统硬件失效的最大来源。特别是安装产生的接地回路，是最常见的失效之一。当电气系统的工作接地线与保护接地线之间存在电位差时，就会产生接地回路。该电位差借助管线或其他设备形成电流回路。这样衍生出的错误电流将影响控制系统的正常信号，即出现俗称的鬼信号，严重时导致误停车或者错误的控制动作输出。因此，在自动化系统的设计和维护中要特别注意在电源和电气接地之间进行适当的隔离以及对控制系统信号进行保护，这是确保安全、可靠的基本准则。

配电系统设计需要详细了解电气技术和严格遵守标准规范。因此，通常应由电气专业人员执行这项专业工作。电气公用工程对化工装置自动化安全性的重要性如何强调也不过分。配电系统设计应经过多专业审查，以减少难以预知的系统性错误对多个功能的潜在影响。

应根据工艺过程操作要求确定所需电力系统的可用性。供电系统的波动，可能会造成一些工艺过程停车，这只是一般生产性经济损失。而有些则不然，可能会导致不安全或者严重的负面影响。过程控制系统从供电角度可分为两类：①可以承受毫秒级供电扰动而不中断重要控制功能的仪表系统；②出现此类瞬变时无法继续正常功能的仪表系统。

采用电子和机械技术的控制系统或者即使依靠可编程设备但不用于主要过程控制或安全功能的控制系统属于第一类；而主要控制或安全功能采用可编程技术的控制系统一般属于第二类。毫秒级电源瞬变通常会导致用于自动监视和控制过程设施的许多可编程模块的瞬间运行中止。

对于可能受电源瞬变影响的控制系统，通常采用不间断电源(UPS)应对短暂断电的影响，以保持持续供电。UPS也用于保证ETT(得电动作)应用场合启动停车响应。UPS降低断电导致过程控制中断或产生不必要安全动作的可能性，改善过程控制和安全系统的可靠性。UPS技术有多种类型(例如，外动力发电机，或者采用固态技术的DC/AC逆变系统，在交流电源和电池之间进行切换等)。过程控制最常用的UPS系统由冗余交流供电加上电池充电器、电池以及静态逆变器组成，这样构成的AC电源将外网的大多数瞬间扰动隔离在控制系统之外。由于供电系统设计要考虑所有电源中断时工艺装置安全、受控地停车，因此即使正常情况不受电源瞬变影响的控制系统也有必要设置UPS，以便留出时间执行规定的停车程序。

附录B分别给出了控制系统有UPS或者无UPS时的典型配电方块图，还对采用这两种配电方式时控制系统接地的主要考虑因素做了相应的概括说明。方块图展示的电源系统用于本质安全化操作，即采用失电动作(DTT)的控制系统。对于采用得电动作的控制系统，必须考虑额外的电源系统设计因素。

4.4.6.4 仿真系统

对整个装置，包括由过程控制系统执行的功能，进行计算机仿真是一种实用、有时甚至是必不可少的方法，可用于充分了解工艺过程特性，进而开发和测试切实可行的过程自动化设计方案，尤其适用于全新过程设计、高度耦合关联的工艺过程，以及具有不常见动态特性的工艺过程。

动态过程仿真有助于对控制功能响应时间等性能要求的深入理解。在动态仿真过程中，对仿真的传感器读数进行建模，使其尽可能接近工艺物料的实际变化，以及在模拟和二进制控制系统操作时工艺设备参数的预期响应。这些类型的仿真通常需要先进的工程建模工具，并用于评估复杂的工艺设备设计。此类仿真也有助于理解工艺过程如何响应控制波动，以及有多快演变成可能的损失事件，进而帮助选择正常操作限值、安全操作限值、安全功能设定值，以及绝对不能超越限值等关键操作参数。

■ 案例 12

地点：Valley Center, Kansas

工艺：化工产品罐区

日期：2007年7月17日

影响：12人受伤；6000人疏散；罐区损毁；碎片散落到邻近社区；严重的生产中断。

设备图：

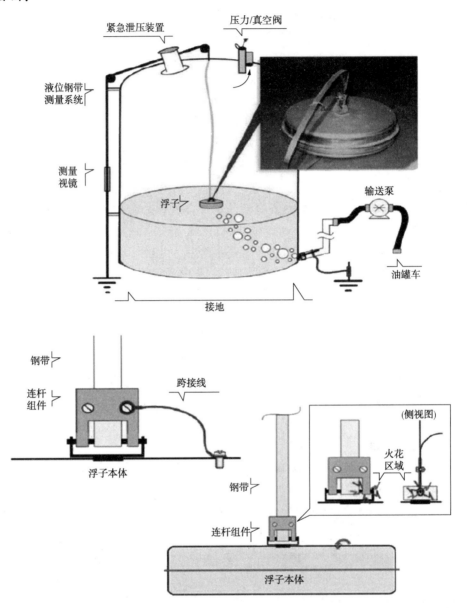

概述：

事故前，15000gal 储罐液位计浮子的连杆松动，造成金属浮子与接地的连杆失去良好的电气连接。在向罐内输送石脑油期间，浮子正常移动使其产生静电，静电随后产生火花并点燃了罐内的易燃气体。

自动化方面主要教训：

在仪表设备选型时，深入了解操作环境至关重要。设计阶段必须考虑接地和电气跨接线的要求。即使仪表信号接线无误，物料流经设备或在搅动的气液相界面也会产生静电。对于非导电流体，静电只能缓慢地消散到接地系统，因此可能需要增设额外的安全保护措施，例如对仪表设备采用惰性气体增压等防爆措施。在其他场合，也有很多因接地或跨接线配置不当导致事故的例子，包括便携式容器(例如金属手提箱或桶)灌装、石油溶剂和燃油软管输送、在固体物料处理设备中伴随固体物料输送的粉尘流动、未充分清理的容器采用高压喷射清洗等(API 2008，NFPA 2014b)。

仪表和控制系统问题：

- 没有对物料 MSDS 所列危险特性进行充分的辨识(例如，无导电特性测试数据，没有声明易燃非导电液体需要接地和跨接线等警告事项)；
- 储罐液位计浮子接地不当。

信息来源：

CSB. 2008. Static Spark Ignites Explosion Inside Flammable Liquid Storage Tank at Barton Solvents. Case study 2007-06-I-KS. Washington，D. C.：U. S. Chemical Safety Board. CSB. 2008.

要经常采用更简单的过程控制系统仿真验证应用程序、操作员流程图画面、操作规程等功能的正确性。操作人员借此可熟悉新的操作程序，体验依据输入应有的预期响应。如果发现超出预期，就要分析原因并在系统投用前进行必要的修改。通过仿真技术，可以提高过程安全水平，改善操作人员培训效果，并可大幅缩短开车时间。

仿真也是操作人员进行持续培训的主要工具。使用离线仿真进行定期培训，可以提高操作人员面对罕见工况的操作能力。尤其是在安全报警响应方面特别重要，操作员响应常会导致部分停车，通过定期仿真训练，有助于提高预判能力，确保时刻准备在规定条件下采取正确动作，避免不必要的心理恐惧。

4.4.6.5 过程控制系统数据库

过程控制系统可以使用数据库进行控制系统组态和集成管理，并进行过程信息数据收集。前者通常称为组态管理数据库，后者称为历史数据库。

组态管理数据库存储过程控制系统部件的相关信息，包括各部件是如何配置的、各部件彼此如何关联，控制器内嵌软件中可组态参数的设置(例如，可组态的控制器扫描周期时间)。除了过程控制系统硬件的相关信息以外，组态管理数据库或可编程控制系统还可能包括构成应用程序的标准软件功能块(例如模板或模块)的相关数据。

由于组态管理数据库用于应用程序开发、控制系统集成和变更管理，通常位于过程控制网络。在一些情况下，组态管理数据库被嵌入到控制系统的标配工程工作站中。缺少这些传统组态管理数据库架构的系统，例如许多可编程逻辑控制器(PLC)，一般会使用第三方软件增补这样的功能。

对于建设周期长的项目或面临相对频繁改动的过程设施，可能需要使用并行的组态管理数据库结构，以便在对主数据(即竣工资料)进行维护的同时帮助项目阶段信息处理。为避免混淆不同版本、不同阶段的信息资料，需要执行严格的变更管理实践。

相对于组态管理数据库，过程控制系统历史数据库具有完全不同的用途。历史数据库按设定频率或在规定事件发生时，收集选定的控制器输入和输出实时数值以及过程控制系统的内部变量，并存储一段时间。这些存储的数据随后可以用于各种用途。

如果历史数据库用于收集先进控制系统使用的数据，历史数据库就成了实时过程控制的基本组成部分。先进控制历史数据库通常专用于这种用途，并位于过程控制网络中。先进控制器技术常常会对先进控制历史数据库类型和大小的选择起到推动作用。

过程控制系统历史数据库更多用于收集过程数据以便后期分析，例如过程设备效率评估、SCAI 系统性能跟踪或事故调查。这些历史数据库通常连接在过程信息网络上。选择过程信息历史数据库时，需要考虑一些更重要的参数，包括待收集数据点的数量、数据收集需要达到的最高速率、删除或转移到另一存储位置之前数据存储在历史数据库内的时间。

4.4.7　选择控制器类型和数量的其他考虑因素

由于处理器技术、操作员界面以及处理器之间通信不断发展，各类控制器都有许多设计上的变化。现代系统不同类别之间的差别变得越来越模糊。强调系统类型的不同更多是制造商的营销策略，并非真正的结构差异。事实上差异只是存在于技术之间，系统设计师应该知道并了解各种技术的优缺点，并根据系统的设计要求做出选择。

为了执行特定的过程控制策略，除了考虑各种过程控制器技术的功能能力和局限性，在选择控制器的数量和类型时，还有许多其他因素不能忽略。本章节将讨论失效频率、响应时间、编程工具和冗余。有关 SCAI 控制器技术的选择，留待第 5 章阐述。

4.4.7.1　失效频率

一般来说，过程控制系统设计和管理的重点是确保该系统可靠地完成控制任务并维持正常操作，例如 PID 模拟控制、二进制逻辑以及顺序控制。过程控制系统也能够提供其他功能，如报警、监视，以及按照特定设计和管理实践要求执行过程停车。当检测到故障和瞬时通信中断时，通常的响应是采用故障前的"正常值"继续保持过程操作。过程控制层失效是导致损失事件的原因之一，因此在决定继续维持操作时应考虑控制器失效的潜在后果。

过程控制系统的性能受硬件和软件设计的限制。大多数过程控制系统都采用通用的过程控制器，这些控制器在输入/输出卡或 CPU 层面几乎没有在线冗余，这些部件的诊断覆盖范围也有限。即使采用冗余配置也是一用一备方式，即当内部诊断检测到主处理器存在问题时，备用处理器才会投入工作。冗余过程控制器通常都是这种热备用或热插拔处理器架构，这在很大程度上限制了潜在的性能表现。

为了维持多个设备构成的系统正确运行，通常要求单一设备的性能要比整个系统所需性能高出一个数量级。例如，如果要求整个过程控制回路达到 1/10 年的失效频率，那么过程控制器的失效频率通常需要大大低于 1/10 年，比方说小于 1/100 年。

4.4.7.2　响应时间

不同工艺过程有不同的信号处理要求。有些过程信号处理需要恒定的并且预知的刷新时间，而有些过程对响应时间要求相对比较低。所需性能会因工艺过程的动态特性有显著的不同。如第 3 章所述，对响应时间的要求应包含在控制系统的功能规格书中。

应了解不同过程操作模式对响应时间的不同要求。为了保持过程控制或避免损失事件，要求系统运行尽可能快看起来似乎是合理的，但有时过程操作太快也会产生危险。因此要根据过程要求确定响应时间，有时可能需要尽可能快，而有时有必要设置延时或阻尼，以降低系统响应。

许多现代控制系统都配置软件对同步和异步事件的响应时间进行测量。对于没有此特性的系统，有许多软插件包可用于执行这种功能。

由于不同类型的控制功能有不同的响应时间要求，分类配置各自的控制器并能独立优化是明智之举。例如，顺序控制通常不像模拟和二进制控制回路那样要求快速的刷新时间。因此，顺序逻辑(例如，开车、批处理或计划停车)既可与控制回路在同一处理器内执行，也可以采用更普通的控制器，例如只需能够操作监督控制活动即可。

如果某些特殊工艺过程需要高速扫描(例如，要求快速响应用于监视外部事件)，主要用于模拟控制功能的过程控制器可能并不适合用于二进制或顺序控制。DCS 执行二进制控制或 PLC 执行模拟控制就是这样的例子。

4.4.7.3 编程工具

不论是在线(即当过程设备正在该控制器控制下操作)，还是离线(如当该控制器控制的过程没有处于操作状态)应用，不同编程技术会有很大的不同。如果对当前操作干扰很小时，有些控制系统允许在线修改，而有些控制器技术却只能在离线状态下进行。

在执行在线修改时应格外小心，防止设备发生意外操作。进行离线修改虽然比在线更安全，由于下装机会不多，往往大量的更改任务需要一次执行，因此，如果下装前没有充分测试(例如，通过仿真)，开车时仍可能导致过程波动。

4.4.7.4 冗余

冗余通过提高系统的平均无失效时间改善系统的整体可靠性。另外，冗余可以使维修更简单并进而提高系统可用性。冗余是硬件和软件设计师共同关注的问题，它影响仪表部件的选择，具体要求应在规格书中明确表述。

以下情形应在过程控制系统中采用冗余设计：

- 由于安全或业务原因，必须确保控制系统的高可用性；
- 连续生产过程；
- 控制系统需要在线维护。

设计和安装恰当的冗余系统应允许：

- 出现单个失效时控制系统仍继续正常工作；
- 当主单元失效时，冗余备份应以无扰动方式自动投入运行(即在控制器或控制模式切换期间不会引起被控设备不必要的扰动)，因此操作人员除了从报警知道发生了失效以外，不需采取特别的额外操作；
- 对一个单元进行维护时，冗余单元仍保持继续运行；
- 向操作人员报告冗余失效状况，以便及时维修失效期间，系统会处于降级状态，降低了整个系统的可用性实施维修时，可能需要补偿措施管理相关风险(关于补偿措施的更多详情，参见第 5.2.8 节和第 6.4.8 节)。

冗余单元可相互监控，或者使用一台独立的主计算机监控所有冗余单元。冗余系统应能够识别部件、软件或通信失效，并且安全、无扰动地将操作切换到备用单元。

下面讨论典型可编程控制系统部件的冗余。在一些二进制信号和模拟控制回路中，传感器和最终元件也需要采用冗余设计。

① **操作员工作站**——操作员工作站通常由多个界面构成。多个界面并不能保证冗余。为保证一个工作站故障时能够保持连续访问过程和报警信息(当没有报警盘时)，可能要求冗余操作员工作站。为了实现这样的冗余，涉及冗余的操作员画面、数据输入方式以及电子部件配置等各方面。

② **通信**——过程控制网络通信至关重要。为了保证通信可靠，冗余通信必不可少。采用在线诊断自动地检测并行和串行通信总线的硬件失效是基本的技术要求，如果这种失效不能被检测、诊断出来，就谈不上修复。通信控制器也应冗余并自动切换。通信控制器或路径失效时，应向操作人员报警。

控制和 I/O 处理器之间的通信有另外的层次结构(参见附录 C)。也应检查这些处理器是否冗余。

③ **控制器处理器**——执行关键控制功能的过程控制器通常需要冗余，并基于工艺过程的需要实现自动、无扰动切换。切换应足够快，以满足过程动态要求。不是所有处理器都需要冗余，例如，特殊的上位监督处理器可能不需要冗余。这类监督计算机不执行关键过程控制功能。

④ **输入/输出**——可编程控制器的 I/O 有多种不同形式的冗余。如果内置冗余无法满足特定应用的需要，可以考虑在输入/输出模块层面进行隔离，以提供额外的容错能力。

⑤ **电源**——过程控制系统设计也应考虑电源冗余，以提高系统可用性。

有些可编程控制器使用非永久性存储器储存数据或支持在线修改，但这种处理器只在电源有效时才能保存数据。停电期间，这些控制器将丢失在线修改的内容，重新上电启动时，控制器将恢复到原来存储的程序。当使用非永久性存储器时，需要有备用电池。由于电池失效并不容易察觉，应定期检查和更换。电源和配电系统的相关讨论，另见第 4.1.5 节。

4.4.7.5　选型方法

控制系统工程师应仔细审查所考虑的硬件/软件能力，保证以清晰、易懂的形式执行过程设计要求。例如，PLC 能够高效地执行联锁逻辑，并且采样时间较短—即扫描速率更快—但组态工具往往受限。DCS 通常适用于执行模拟控制并能组成更大的系统网络，但处理二进制信号或顺序逻辑可能需要特定的模块或处理器。

控制系统设计人员可能需要进行投资收益研究，对各种可用选项进行分析，并选择出特定要求的最佳方案。目前，有许多工具和技术可用于帮助量化那些大多定性而难于定量的问题。

如分层任务分析[CCPS(1994)]等技术，擅长于协助此类决策过程，自 20 世纪 70 年代以来开始用于工业领域。这种详细的任务分析提供一个全面而合理的框架，用于对问题结构化、表征并量化其要素、将这些要素与总体目标相关联以及评估可选解决方案。

选型过程应考虑这样一些问题：

- 所用系统是否支持与在役系统的接口？
- 所用系统是否缩短了项目的工程时间？
- 所用系统是否缩短了过程控制程序的组态时间？
- 所用系统现在和将来一定时期是否支持工业网络接口？
- 所用系统现在和将来一定时期是否支持企业软件接口？
- 面对可能的共模失效(即单一失效影响多个回路)，系统能否正常工作？
- 是否评估了各种设备的独立性、故障容错和可靠性？

4.5　应用程序详细设计

当根据过程控制功能规格书选定了控制器及其辅助系统，以及确定了初步的逻辑结构之后，就可进行详细应用程序设计。有许多本质安全化的实践可以融入过程控制应用程序设计。*例如，如果信号、电源或控制器的通信中断，系统程序应执行安全动作，这是本质安全化实践之一。*

4.5.1 一般应用程序设计

应用程序应以模块化方式编写。例如，自动化功能规格书应分解成工艺单元、设备模块、控制回路等（即将工艺过程划分为更小的部分）。使用预定义并经过良好测试的标准程序模块执行这些较小的应用功能，而不是将所有功能看成一个整体编写定制逻辑。这样做可以使系统更灵活、调试和故障处理更容易、便于更有效地形成应用程序文档，这些标准功能模块也可以在其他项目再次使用。

开发新的应用程序应采用软件开发生命周期流程，考虑特定功能及其复杂性。由于可编程技术的动态特点以及最佳实践不断发展，以前适宜的做法可能不再是最好的方法。用户应及时更新现行软件开发和文件编制相关实践，并根据工艺过程需要予以实施。另外，如果应用程序编程规则不能保持一致可能导致长期可持续性问题，并增加系统性风险。例如，如果在一个程序中使用计时器计时，而在另一个程序中使用计数器计时，那么在将来的修改中，其中一个可能会被误解的风险将大增。保持程序的一致性可以增强对程序的正确理解，并有助于整个系统的故障分析和处理。

将 SCAI 逻辑镜像到过程控制系统的做法值得考虑（即选用与 SCAI 相同的一套传感器连接到过程控制系统，并在应用程序中完全复制 SCAI 逻辑）。这样就可以通过比较两个系统之间的模拟和二进制输入信号是否存在差异，比较两类控制器相关逻辑的执行情况，进而检查信号的完整性。

4.5.2 程序模块划分

如今的过程控制系统为软件工程师提供了极大的灵活性。这种灵活性是一个重要属性，允许高效开发自定义应用程序。不过，大多数软件应用都是这样，即灵活性越大，可能导致更大的、也许是不必要的复杂性。

为执行特定的过程控制任务，开发应用程序有很多不同的方式。如模块化和自上而下的设计，这样的软件设计理念已经在系统工程设计中使用了 50 多年。然而，这些理念的应用却不尽相同。应用程序员往往把系统设计看作是艺术而非科学。四个独立的软件工程师，面对相同的控制问题，往往会开发出四种完全不同的算法。所有算法都可以高效运行，但是在程序格式（可读性），更为重要的是，在信息的数量和组织（模块化）方面会不尽相同。需要采用严格的方法，有效地设计并始终如一地实施控制系统。

当使用统一的格式和技术时，控制软件的支持和维护将简单化。未采用结构化格式的逻辑在故障分析和处理时会因条理不清晰变得困难。

要开发易于操作和维护的控制系统，需要控制工程师、软件工程师、生产及维护主管在以下方面达成共识：

- 操作员界面的设计，包括总貌画面、故障处理/维护画面；
- 控制逻辑文档的格式；
- 将控制程序划分为简单的模块，这些简单模块可在整个控制系统中重复使用。

任何程序组态开始前，应就拟采用的结构化方法达成一致。这样的共识体现在应用程序要求规格书中，并定义出整体规划、模块化要求、可读性以及必要的注释内容等。

通常情况下，80%的组态过程可以划分成模块，这些模块在整个过程控制系统可重复使用。示例包括控制逻辑、控制阀跟踪、定时器、流量计算器。当模块开发完成并通过使用仿真技术测试后，模块就可重复使用，且风险很小。应详细说明这些模块的结构和用途，以减少模块可能的误用——系统性错误。

另外20%可以代表定制逻辑，这种逻辑对于某一特定过程是独一无二的。使用一致的格式并形成有效的文档，就使得定制逻辑易于理解，并便于维护。

使用结构化和模块化方法，程序可以变得更易于阅读、故障处理、修改和扩展。有许多过程自动化出现严重问题的例子，都涉及其系统没有遵循严格的生命周期开发过程。这些系统尽管能够按照控制规格书的要求执行正常功能，一旦需要进行故障分析和处理，或者执行必要的修改时，完成这些工作变得异常困难。现代控制系统配置灵活，甚至构成复杂多样，采用结构化方法就可以确保应用程序可跟踪性和可维护性。

4.5.3　模拟控制逻辑的安全设计

在批量生产装置过程控制系统中，其模拟控制基本上与连续过程的模拟控制回路一样。它以同样的方式参与模拟过程变量的监视和操控。不过，批量生产过程在操作上是不连续的。由于频繁启停，这样的工况为模拟控制增加了一个新的维度。在这些瞬态期间，控制参数，如控制器增益调节，可能必须改变，以获得最佳动态响应。

正是由于批量处理的这种特点，过程设备在生产批次间隔期间闲置不可避免。另外在完成批量生产的特定步序后，控制器也会出现闲置状态（例如，流量控制器只在反应物进料时才使用）。在闲置期间，应评估控制回路响应，如是否出现积分饱和，适时调整过程控制策略，解决潜在的偏移问题。另外，配方、产品牌号和过程本身也可能经常变化。所有这些因素增加了依赖批量过程模拟控制回路进行操控的需求。

即使对同一设备也常常需要不同的控制策略，这可能涉及切换到不同的控制器或改变控制算法。控制策略的选择可能取决于不同产品的工艺特点，应在过程控制系统规格书和操作规程中做出相应规定。

工艺过程通常都有最佳操作条件或状态，该条件或状态会以最短的时间和最低的成本获取最大的产品收率。对于一些工艺过程，可接受的操作窗口非常小。可能会根据过程变量与时间的曲线关系（批量反应器大都适用）对操作进行控制，控制策略以此为参照进行参数调整。不过，当变更产品牌号或使用不同配料时可能会出现问题。它有可能导致反应速率改变，从而影响控制器的参数整定。这也可能需要不同的关系曲线，意味着控制系统应能生成新的关系式。

也可能有必要监视更多的变量以便采取监督行动（例如，如果某一特定手动阀未关闭，系统置于保持状态）。

积分饱和对于许多控制回路都是常见的，包括单回路和多回路控制。随着改进控制、提高产品质量、节能等方面的日益重视，大多已不可能再允许直接比例控制固有的偏差[图4.11(a)]。当要求过程必须严格控制在设定值时，通常控制器需要增加积分作用[图

4.11(b)]。基于误差的变化率(或斜率),增加一个微分项可以预测未来过程响应,从而缩短控制动作的稳定时间[图 4.11(c)]。

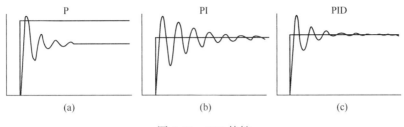

图 4.11   PID 特性

当控制器存在积分作用时,任何持续偏离设定值的过程偏差都会导致控制器输出至饱和状态。这意味着控制器输出达到最大值或最小值(取决于偏差的方向)。

积分饱和(图 4.12)会导致过程变量超调。在许多过程中,控制超调是影响产品质量的关键因素。例如,在开始放热反应之前通常需要预先长时间加热,可能会发生这个问题。当反应器温度慢慢升高至开始反应时,此时控制器输出可能已经积分饱和了。一旦反应开始,如果积分项不能快速地降下来,就会出现温度超调。

防止积分饱和的一种方法是按斜率或逐步地改变设定值,这可防止误差变大而使积分项饱和。只有控制系统能够跟上斜率,这种技术才能起作用。如果跟不上,控制器仍然饱和;另一种可以用来克服积分饱和问题的技术是使用重置开关。

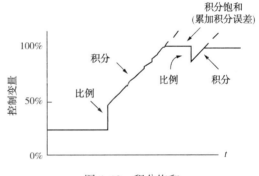

图 4.12   积分饱和

有些过程需要两级切断,在物料达到目标输送量前的某一点,启动开关,将进料设定值降低到一个较低值。这样做是为了更精确控制最终的输送总量。例如,常见的进料操作采用两级切断,就是通过逐次降低模拟进料控制器的流量设定值实现的。

由于最终元件不能立即关闭,从最终设定值开关启动到最终元件实际切断物流这段时间内,仍有一些物料从流量计流过。因此,在进料的最后阶段,改为较低的流量进料,尽量减少超调。在达到最终设定值后,数据采集系统继续记录通过流量计的物料,就可以知道实际的物料量。

关于不同模拟控制回路结构的更详细讨论,参见附录 A。

4.5.4   顺序控制逻辑的安全设计

确定事件的顺序和时序特性是非常重要的设计问题。它也会随过程操作模式而改变(见第 3.3.5 节)。这些事件应被分成一些可管理和可定义的对象,例如,操作阶段,或者控制步骤等。ISA 88(ANSI/ISA 2010)和 IEC 61512-1(1997~2009)给出了执行顺序控制的准则和应考虑的因素。

顺序控制策略不只是将稳态干扰引起的设定值偏差降到最小,还常常涉及适时选择可替代的控制动作，对剧烈环境变化、设备失效或重大生产负荷调整等事件做出响应。在开车和停车过程中，可能需要其他模拟和二进制控制策略。基于事件改变控制动作，成为划分顺序控制策略的通常原则。

批量生产过程通常采用大量两个状态操作的设备，如自动截止阀。其他常见的两个状态设备包括泵和电机。批量过程控制的这些频繁开或关控制要求，增加了控制系统应用程序的难度和复杂度，因为在工艺过程的每个阶段都必须执行许多开或关动作。这可能导致一些问题，例如：

- 顺控步骤的执行顺序不正确；
- 顺控步骤执行的时间点或持续时间不正确；
- 输入工艺过程的物料不正确；
- 输送物料的数量不正确或输送的速率不正确。

4.5.5 监督控制逻辑的安全设计

由于监督控制程序的执行周期常常以更低的扫描速率进行，甚至是断续操作，因此通常不能依靠监督控制计算机对不安全的过程状态进行保护。监督应用程序往往允许在更接近安全限制边界的状态下运行，由此降低了安全余量。

为了避免出现安全问题，监督控制器只能操控本地过程控制器处于自动模式时的控制回路设定值。除了计算机失效进入备用模式或在系统初始化进入自动模式之外，监督控制器通常不能改变本地控制回路的操作模式。组态到控制回路的钳位和限制值，不允许通过监督程序进行修改。

诊断功能应内置到监督程序中。最危险的失效就是不能检测到的失效。例如，计算机应监控仪表输入过程变量的坏值，包括超过量程的上下限、信号恒定不变，或智能数字传感器报告的故障模式。失效响应策略通常是采用失效前的最后一个有效值继续保持计算机控制，并将过程变量的坏值向操作人员报告。当使用冗余传感器时，另一种策略是旁路故障传感器。过程控制器也可暂时禁用自动控制模式。

4.5.6 过程控制变量初始化

初始化为不同操作模式提供无扰动切换，以避免过程波动。初始化是适用于过程控制和监督控制策略的操作程序。

下列情况下，通常需要对过程控制系统的控制回路进行初始化，其中包括：

- 单回路初始化(无扰动切换到自动)；
- 串级初始化(主副设定值以及饱和状态)；
- 多级控制(自动比例和自动偏置)。

除了切换模拟控制的操作模式外，初始化还包括滤波、累加器复位以及收集过去的数值供初始化时使用。

监督控制器的初始化有时称为重新启动，通常有三个选项：

- **冷启动**——监督控制器可通过重新启动命令进行初始化，而不影响过程控制系统。在这种模式下，监督控制还没有重新连接到过程控制系统中。因此，每个控制回路都是单独初始化，并从手动操作切换到自动控制。

● **暖启动**——在这种模式下,监督控制器停用时间不长,而且过程没有明显变化。自动控制系统自动跟踪预定的初始化过程,以完成从手动操作到自动控制的无扰动切换。

● **快速启动(热启动)**——在这种模式下,系统中断的时间非常短(1~2min)。所有处于手动模式的控制回路将被直接返回自动控制。

4.5.7 操作人员界面设计

操作人员在过程控制中扮演关键角色。复杂的工艺过程可以在操作人员的监督下处于安全操作状态,他们监视异常工况并采取适当措施来纠正偏差。由于操作员界面传达的信息量巨大,并借助它执行很多可能的操作,操作要求非常苛刻,动作结果也可能不确定。图4.13显示了三种不同层次的操作人员显示画面:①总貌;②单元操作;③详细控制。

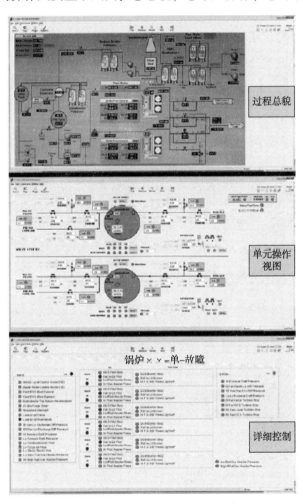

图4.13 操作员界面(总貌到详细画面)

与以前相比,如今的操作人员面对着更多的信息;将这些信息进行解码、辨识和合理使用是过程安全操作的关键。因此,*操作人员界面设计的目标是在按照需要提供必要的信息,并按预期加以使用,使操作人员的行为表现最优化。*要创建高性能显示画面,设计人员需要熟悉人为绩效的限制并透彻理解人机工程学设计原则的最佳实践。

应从正常和异常工况操作两方面审查整个工艺过程，确定所需信息的类型和操作界面的最优布局。确保能够及时向操作人员提供清晰、明确的信息。也应分析确定所需的输入和输出信号，以满足控制要求，同时也要提供在电源、仪表风、液压源或设备失效时的应对措施。通过这样的分析，确保画面输入输出信号点数、操作站数量，以及操作特性和方式等都能够得到完全确定。

可考虑将可以相互验证的仪表读数排布在画面的相邻位置显示。例如，将相关的流量读数布置在储罐高液位显示量值的旁边。这种安排有助于操作人员对意外报警更迅速、更准确地判断实际过程状态。从本指南给出的许多案例研究可以发现，事故发生前都向操作人员呈现了异常工况的操作数据。不幸的是，由于缺乏信息的相互验证和偏差确认，操作人员否定了这些与预期过程状态相左的意想不到的信息，忽略了过程波动的早期征兆。

需要专门的操作员功能使操作人员与控制系统进行通信（例如，如何选择过程操作模式、更改控制参数、分配产量、启动过程或设备）。利用操作人员显示画面和数据输入操作站，操作人员和工程师能够看到具有动态数据和控制回路的流程图，监控修改，并在必要时干预过程设备的自动控制。批量控制系统的操作员界面往往会更复杂一些，因为操作人员需要执行许多不同的操作。例如，操作人员可能参与资源分配（例如，选择合适的软管进行原料输送，或者选择哪些储罐接收新产品）。操作人员除了参与和配方有关的活动外，还需监控批量过程的操作以及大量的其他活动。

有必要赋予操作人员干预过程操作的能力。不过，只有在非常危急情况下，操作人员才允许中止运行，否则应优先处于保持状态。操作被分成多个步骤，操作程序由执行相关设备功能的一步或多步组成。每步边界处设置有效的保持状态点，为再进一步细分操作提供方便。这也不是说每步边界一定要有保持状态点，一般来说，有效的保持状态点只能设置在各步的边界处。

4.5.8　建立过程控制系统数据库结构

组态管理数据库的结构设计，应使过程控制组态信息从逻辑关系上合理分组，确保需要时便于存储和检索。理想情况下，数据库信息结构易于区分不同控制网络分区的数据（例如，现场仪表，SCAI系统与过程控制器，过程控制网络部件与过程信息网络或企业网络部件等）。当组态管理数据库作为过程控制系统的有机组成部分时，可能不允许用户更改数据库结构。其他组态管理数据库可提供便于修改的通用缺省结构，也可以提供完全非结构化的环境，以便用户自行开发自定义结构。对特定结构的要求应在规格书中规定，而不能认为参与到项目设计、安装、操作和维护中的每个人都会懂得如何使用控制系统配置和集成所需的工具和方法，以及想当然地认为装置人员懂得使用这些信息的方式。

先进控制历史数据库的结构通常是固定的，可依据先进控制系统所需的格式和频率，提供高级控制应用所涉及每个回路的必要信息子集。应按照规格书的要求，认真对待高级控制历史数据库的组态，否则可能会使控制效果欠佳。

过程信息历史数据库通常有更灵活的结构。可以以不同的速率（例如，每秒、每分钟、每小时等）收集不同组别的过程信息数据。由于计算机磁盘空间的实际限制，采用更高频率收集数据通常会对数据点的数量或可以存储的时间长度等有相关约束性限制。出于同样的原因，过程信息历史数据库通常只收集过程控制系统可用的数据点子集的数据。过程信息历史数据库应考虑收集的数据点包括：

- 模拟和二进制控制回路的输入/输出位号；
- 当前顺序控制过程操作模式的变量；
- 对 SCAI 产生"要求"的相关变量；
- 表明 SCAI 部件故障的变量；
- 表明操作人员通过控制器进行手动干预操作的变量。

由于不同的采样速率以及用于长期存储的数据可能被压缩，在解释过程信息历史数据库的数据时必须小心。这些数据被处理后可能会掩盖过程的快速振荡或偏移。信息丢失太多，不利于诸如回路整定或事故调查期间重现事件顺序对数据的需要。解决这个问题的一种可行方法，是确定一个需要采用高速扫描的过程信息数据点清单，便于回路整定以及进行设备相关事件的调查，因为在事件的进程中状态改变可能非常快速。一方面这些点应以高频/短期保存历史数据集的形式用于上述意图，另一方面以低频/长期保存历史数据集的形式存储于数据库中用于一般意图的过程监控。先出（第一故障）位号（代表引发联锁启动的第一个设备）以及事件顺序（SOE）监控的位号都需要高速采集状态信息。某些极高速应用（例如，转动设备监控）可能需要专用的历史数据库，该历史数据库可在 1s 内多次采集信息。

4.5.9 数据采样和分辨率

可编程控制器的数据采样策略有多种类型，因此用户应了解每个子系统如何进行扫描，以及如何将数据向系统的其他部分报告。典型的 I/O 通道扫描在 5～200ms 之间；甚至有一些系统允许用户改变扫描速率。这些数据通常以串行传输或并行总线的形式发送到控制器。

串行传输可以是周期性的，也可以在出现异常状况时传输相关数据。两种方法都可能在测量或控制系统内造成时间滞后。周期性传输通常会在每次扫描时产生固定的滞后时间，而基于异常报告的传输，将产生不定的滞后时间，取决于工艺过程状态改变的快慢。在大多数过程应用中，这些延迟只占整个系统滞后时间的很小部分，特别是当控制阀用作最终元件时更显得微不足道。不过，在快速回路中，滞后时间影响明显一些，不应忽略。

并行 I/O 总线不像串行系统那样出现传输延迟。不过，并行 I/O 总线容易受到共模噪声的影响。随着串行传输速度和可靠性的提高，除背板和电路板层面以外，并行 I/O 系统似乎要被弃用。

故障检测和报告通常由内部诊断来完成，例如采用内部看门狗计时器。参见附录 F.2.3。

4.5.10 验证数据质量

可编程系统应具有可接受的故障容错能力。这样，即使有一些"异常"输入数据，也能够被识别出来，确保程序算法、采用的输入数据以及生成的输出数据保持正确。通过对软件进行测试可保证输入输出逻辑关系的正确性，但是如何处理输入数据的"异常"值，则需要在前期设计时予以考虑并进行适当的系统分析。

尽管"异常"数据来源有所不同，但可以根据其起因以及对控制系统的影响划分为一些常见类别。表 4.1 列出了数据错误的典型来源，以及用于检测错误并减少其潜在影响的常见纠正措施。

编写程序时，应该对控制系统内部传输数据的准确性做出一些预估判断。通常，可以假设通过内部存储器或背板传输数据的完整性是有保障的。当在背板、I/O 或者 CPU 中检测到硬件失效时，通常都会设置一个系统完整性标志，程序员可以将其用在系统组态中，确保系统做出适当的响应。

每个程序模块使用或传输给系统内其他模块的任何数据，都应验证其数据有效性，这符合良好的工程实践。对数据执行限值检查，如允许有效数据通过，而如果无效则生成异常报告，这是数据质量管理的常用技术。如果数据异常，程序员应根据系统分析所定义的过程要求、系统限制或其他准则做出决定。

表 4.1　数据错误的可能来源

数据源	可能错误	纠正措施
现场测量	噪声	过滤器
	超出传感器量程的波动	超限检查并报警
	仪表失效	限值检查并报警
		对给定值进行限值检查
		通过最近的正常值进行限值检查
		带信号选择的多台现场仪表
		通过误差检测进行数据校正
	现场失电	硬零点检测并报警
	I/O 系统失效	完整性检查并报警
操作人员手动数据输入	异常值；键入错误	互相影响限值检查并报警
外部数据系统串行通信链接	异常传输	限值检查并报警
		信息有效性检查
		缺省限值检查
	异常值	限值检查并报警
		缺省限值检查
应用程序	程序错误	严格的测试
		限值检查并报警
	输入数据限值允许无效计算	缺省限值检查

NAMUR（国际过程工业自动化用户协会）NE 43（2003）是处理异常过程信号的参考标准之一。首先需要诊断异常过程信号是否真实（即过程参数实际上已经超出了正常操作范围），或者是否因现场设备失效引起。在图 4.14 中，当电流信号小于 3.6mA 或大于 21mA 时，说明传感器故障。该标准明确界定正常测量范围应为 4 ~ 20mA，并允许传感器信号处于低（3.6 ~ 4.0mA）和高（20 ~ 20.5mA）范围内，这样用户就能够根据信号量值区分是实际过程状态还是设备处于失效状态。

如果异常读数是由可检测的现场设备失效引起，那么设计者必须清楚过程控制系统应该如何动作。例如，默认采用失效前最后的正常值一般是可接受的，即控制逻辑将被检测到设备失效发生前接收到的最后一个正常值继续用作输入值。在其他过程控制策略中，使用确定的静态值可能会导致损失事件，因此在解决仪表问题之前中止过程运行会更安全。功能规格书应规定饱和信号值是否视同为故障信号，并确定如何在应用程序中取舍。

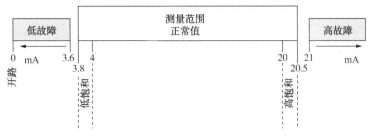

图4.14   NAMUR NE43 过程信号状态(2003)

4.5.11   设定控制器执行速率

为了减少 CPU 的负载，具有多回路处理能力的控制设备通常有不同的扫描速率，这意味着允许用户选择执行控制算法的频率。执行时间范围通常从 0.1~60s。虽然 0.2~0.3s 的执行时间对于大多数回路是足够的，但诸如压缩机喘振控制等可能需要小于 0.1s 的扫描时间。相比之下，在具有大型设备的连续装置中，即使在波动情况下，周期时间较慢的控制器也能较好地用于响应时间较慢的过程变量，且效果很好。用户需要识别这些应用，并根据这些要求进行设计。

4.5.12   设计事件日志系统

能够及时追溯和跟踪一系列事件和操作人员动作是大多数工艺过程状态所需的重要功能。用户应了解上级主管部门对保留事件日志和记录的相关要求，采取必要的措施确保合规。以下列出了通常应记录的事件类型：
- 报警；
- 启动；
- 确认；
- 消除；
- 要求操作人员更改；
- 设定值；
- 控制模式；
- 输出；
- 旁路；
- 复位；
- 操作员信息；
- 系统要求操作员输入；
- 操作员响应；
- 操作员启动操作或顺序；
- 操作员状态信息。

为了正确理解所产生的数据，用户需要明白日志功能如何实现以及信息如何产生。根据不同的系统特性，信息日志不一定按照时间顺序进行记录。

事件顺序记录器，或者记录通告设备，对辨识的报警进行电子记录或纸质打印记录，并标示出报警发生以及恢复正常的日期和时间。这样的记录用于辨识报警，可以按照报警点编号或报警简短信息等格式进行记录。

事件顺序记录也可用于确定并记录通告设备输入信号状态变化的时间。事件顺序记录器通常可以快速扫描现场触点，存储密集发生的报警信息，并按时间顺序逐条打印。时间可以精确到毫秒，这样就可准确地分析事件发生的先后顺序。除了触点类型外，也可以记录模拟输入信号的状态改变时间。

如若可能，事件日志应动态记录影响过程控制的所有操作人员动作，这包括切换到另外的控制器、报警设定值以及控制器模式的改变（例如，自动到手动或远程到本地）。这些信息应该加上时间标签，以帮助评估损失事件或未遂事件的来龙去脉。

事件顺序记录器对排除滋扰报警帮助很大。另外，它能够记录通告设备操作的完整历史。记录器通常有几种可用的模式。在标准模式下，所有输入点的状态改变都会被记录下来。在快照或触发模式下，指定某个输入点作为触发信号，用于启动对所有输入点的记录。在触点柱状图模式下，可以对某一输入点做连续监控，用这种方式可以很容易地辨识出滋扰报警触点信号。大多数事件顺序记录器具有 1ms 的分辨率。只要触点状态改变速度不超过 1ms 的分辨率，触点状态改变的时间轨迹都将被完整地记录在触点柱状图中。

高速扫描输入点的状态改变（实际发生时间标签在 1ms 内）通常只能使用专门的事件顺序记录器（即专用于记录事件顺序的硬件/软件）才能做到。如果事件顺序记录功能集成在过程控制系统内（例如，在控制器或 PLC 内）实现，通常不可能达到 1ms 的分辨率。因为它受到过程控制系统扫描时间的限制。这也意味着数据的时间标签可能不准确。

4.5.13　访问安全计划

本指南首版以来面对的最大挑战之一，也许就是来自网络安全威胁。通俗来讲，早年的过程控制领域受益于*封闭式网络安全环境*。由于过程自动化系统采用专门的硬件和软件，被认为对黑客不具吸引力或者不可能成为攻击目标。不幸的是，由于通用操作系统等新平台的采用，增加了被攻击的可能渠道，封闭式网络安全环境逐渐不复存在。

系统安防应优先考虑，对可能影响安全系统的任何网络连接设备都应进行评估。作为最低要求，应评估每个系统及其接口，以确定不当访问造成的潜在影响。应采用必要的工程系统和管理控制措施，对可能触发失效导致损失事件的通信点进行防护，确保可靠操作。

- 应辨识关键系统。关键系统通常是指一旦受到威胁将会影响过程安全运行能力的系统。
- 应辨识关键数字资产，如可编程控制器和相关的数字通信网络，并采取适宜的安防控制策略，以确保其应有的过程风险降低能力。关键数字资产可定义为一旦受到威胁将直接或间接影响关键系统的基于微处理器的设备。

为了建立适当的保护策略，要了解可能会被利用的攻击向量对各种系统造成破坏，包括可能从一个系统转道攻击另一个系统。五个可能的攻击向量如下：

- **无线**——辨识利用无线技术为控制系统提供潜在途径的关键数字资产。
- **联网**——未受保护的网络连接可提供进入控制系统的途径。这些途径可能并不明显。有些远程访问接口甚至可以安装在可编程控制系统的单个卡上，以方便远程供应商访问。
- **物理**——应评估访问设备配置或组态的能力，并采取适当的保护措施，以监控、检测、报告所有的访问活动。应考虑采用外部设备（例如 USB/闪存驱动器）进行数据恢复或交换时可能导致的病毒感染。

- **供应链**——存在软件问题的设备也可能进入供应链。
- **数字媒体**——无论是有意还是无意，系统都有可能被常用的媒体设备感染或利用，例如无处不在的闪存驱动器。

为了应对这些威胁：

- 与过程控制系统交互的操作人员需要明白网络攻击的潜在来源和类型；
- 结合成熟的控制技术，开发并应用网络安全计划防范攻击向量。ISA/IEC-62443（IEC 2009-13）为过程工业建立有效的网络安全对策提供了指导原则。
- 所有过程控制系统或多或少地包含了表 4.2 所示的数据访问和操控层面的安防要素。这些层次通常都采用密码或硬锁保护。

表 4.2 数据访问和操控层次

访问模式	说　明
监视	数据可看不可改；是远程操作台或处于待机状态后备系统的典型模式
操作	正常操作模式允许操作人员操控设定值、控制模式、输出，以及启停更高层次的顺控逻辑和系统
调整	允许对回路进行参数整定、改变报警设定值、超驰操作，以及改变其他寄存器变量。正常情况下，用户不能访问系统参数。此模式通常保留用于特殊情况，如回路整定、故障处理或一些类型的故障恢复模式
编程	此模式可能因系统支持在线和离线编程功能的能力而有所不同。在线更改意味着在过程控制系统正常操作期间修改程序。离线编程是指所有更改不在实际操作的系统内执行。更改完成后，新的控制程序将与旧程序交换，在一定程度上将对控制系统的控制功能是否平稳过渡造成影响。在修改后的程序实际投用之前，应考虑这两种方法的各自影响

参 考 文 献

ANSI/ISA. 2009b. *Management of Alarm Systems for the Process Industries*, ANSI/ISA-18.2-2009 and associated Technical Reports. Research Triangle Park: ISA.

ANSI/ISA. 2010. *Batch Control Part 1: Models and Terminology*, 88.00.01-2010. Research Triangle Park: ISA.

API. 2008. *Protection Against Ignitions Arising Out of Static, Lightning, and Stray Currents*, RP 2003. New York: API.

CCPS. 1994. *Guidelines for Preventing Human Error in Process Safety*. New York: AIChE.

IEC. 1997-2009. *Batch control - Part 1-4*, 61512. Geneva: IEC.

IEC. 2009-13. *Security for Industrial Automation and Control Systems - Part 1-3*, 62443 (99.01.01, 99.02.01, 99.03.03). Research Triangle Park: ISA.

IEC. 2013. *Programmable controllers - Part 3: Programming languages*, IEC 61131-3. Geneva: IEC.

ISA. n.d. *Human Machine Interfaces for Process Automation Systems*. ISA 101 Draft. Research Triangle Park: ISA.

NAMUR. 2003. *Standardisation of the Signal Level for the Failure Information of Digital Transmitters*, NE043. Leverkusen: NAMUR.

NFPA. 2014b. *Recommended Practice on Static Electricity*, 77. Quincy: NFPA.

5 安全控制、报警及联锁(SCAI) 的设计与实施

过程危险辨识(见第2.4.1节)和风险分析过程(见第2.4.2节)用于识别损失事件及其风险降低所需要的安全保护措施。根据后果严重性,可进一步进行风险分析,以便更详细地了解损失事件。在任何过程生命周期阶段,均可采用各种过程危险辨识技术获取风险分析的基础信息。可采用以下方法确定安全保护措施的需求和分类:

- 定性法(如PHA);
- 半定量方法(如LOPA);
- 失效率数据和统计模型(如QRA);
- 工业标准;
- 保险要求;
- 经验教训和以往使用历史;
- 内部实践。

从根本上讲,上述所有方法都取决于对潜在损失事件及其发生频率的理解。如果不遵循诸如第2.4节中讨论的,公认和普遍接受的方法而采用其他替代方案,要特别慎重。

采用本质安全化准则进行过程设计,要比采用诸如SCAI等安全保护措施更可取。当功能安全策略需要实施像SIL4这样的高风险降低要求SIF,或者期望采用多个仪表保护层实现诸如风险降低>10000时更是如此。尽早辨识可能的损失事件并分析其可能性和后果,就为通过调整过程设计降低风险争取主动。待到设计阶段进行初始过程危险分析,再考虑按照本质安全化的准则修改过程设计就变得更加困难。后期阶段进行风险分析,SCAI可能就是风险管理能够采用的唯一解决方案了。

过程设计应着眼于通过本质安全化的策略和借鉴良好工程实践消除或减少损失事件。正如第2章的论述,如若切实可行,就不用SCAI替代更安全的化工过程设计或鲁棒性更好的过程、控制或机械设计。简化、减少、替代和缓和的本质安全化策略不仅适用于过程设计,也适用于过程控制和安全系统设计(见第3.4节)。

■案例 13

地点:Bayamon,Puerto Rico

过程:汽油储罐

日期:2009年10月23日

影响:3人受伤;4个社区1500人疏散;11个储罐毁坏;震级里氏2.8级,2英里外窗户震动,11英里外可听到爆炸声;火焰达100ft高;大量的个人及环保诉讼;破产;现场关闭。

现场照片：

概述：

事故发生当天，在将无铅汽油手动输送至多个储罐的常规输油作业期间，一个储罐发生溢流。由于高估了储罐充油时间，当储罐开始溢流时，操作人员还没有到达储罐现场。没有液位高报告知操作人员出现异常油位，也没有自动溢流保护系统来停止进油或切换到其他路径防止溢流事故。最终形成气云并被点燃，引发火灾和爆炸。

自动化方面主要教训：

根据 API 2350，在没有设置高液位报警、完全依赖人工监视（被划分为 1 类系统）向储罐输油时，操作人员应全程关注输送作业。在输送开始后的第一个小时和最后一小时需要连续监视储罐的液位，而在输油的中间段，必须每隔一小时检查一次液位。

仪表与控制问题：

● 由于涉及多储罐同时输油作业，储罐充装速率计算变得复杂；

● 自动储罐计量（ATG）测量数据可能错误；

● 罐容量表（用于根据检尺读数确定已罐装体积）可能错误；

● 无油位连续监控设施；

● 没有设置高液位报警；

● 没有设置自动溢流保护系统。

信息来源：

● Jimenez，C，K Glenn，G. Denning. 2011. Explosion and Fire at CAPECO：Engineering Failure or Prevention Success？. Paper presented at 2011 International Oil Spill Conference.

● U. S. Environmental Protection Agency. 2011. Securing Cleanup From Ashes at the Puma Energy Caribe Site. Washington，D. C.：U. S. EPA. Federal Emergency Management Agency. 2009. Fire Crew at the burned out oil tanks after the refinery explosion in Puerto Rico. Washington，D. C.：FEMA.

通常，所有危险和风险分析方法都会辨识出安全保护措施，这些危险和风险分析方法都涉及所有过程设计特性、过程控制系统（第 4 章）、SCAI（第 5 章）和管理控制（第 6 章）的考虑。第 4 章介绍了如何设计并实施过程控制系统，探讨通过可靠的过程控制系统设计降低异常操作（及对后续保护层"要求"）的可能性。

要以团队方式制订完善的功能安全计划，成员包括操作、工程设计、维护、工艺专家和顾问等（见第 2.4 节）。这种方法的优点是可以对各种可能的方法、技术和措施进行评估，以便最终确定适合于操作和过程控制目标的最优选择。要考虑各种直接和间接成本以及收益。例如，应考虑充分有效的人力资源、预算限制、现场文化以及过程可用性目标要求。

第 4 章讨论的许多过程控制系统设计理念也适用于 SCAI 的设计和实施。本章基于第 4 章相关指南，讨论专门适用于 SCAI 设计和实施的其他要求。本章讨论的实践应与本书其他章节确立的基本原则和实践结合使用。

SCAI 是最常见的安全保护措施，用于防止异常操作状态演变成损失事件。*SCAI 是采用仪表和控制实现的过程安全保护措施，针对特定的危险事件，用于实现或保持过程安全状态，并实现必要的风险降低[ISA 84.91.01(ANSI/ISA 2012c)]*。多数情况下，采用这样的设计规则，即当 SCAI 使过程置于安全状态后，该过程一直保持在该安全状态，直到操作员启动复位为止。使用本章指南的前提条件是：

● 辨识损失事件的可能性，并估计后果严重性；

● 确定是否需要 SCAI 降低过程风险；

● 确定每个 SCAI 功能的风险降低要求。

采用 SCAI 可以实现多种功能。这些功能可以是自动的，由系统接收过程信息，并不依赖操作人员采取必要的动作。这些功能也可能包括操作人员，通过 SCAI 界面接收过程信息，并借助 SCAI 最终元件对过程做出必要动作。这些功能包括：

● 检测异常情况，启动安全状态动作。

● 基于时间和事件的逻辑，启动安全状态动作。

● 对 SCAI 设备进行诊断监控，并在检测到故障时采取特定的响应，以维持安全运行。

SCAI（参见图 5.1）需按功能规格书进行系统的设计和管理，以便实现所需的风险降低。SCAI 还应满足既定的可靠性、可操作性和可维护性要求。如图所示，系统通常包括支持安全功能的设备并完成基本任务，如诊断、维护和操作支持，以及数据存储等。负责执行安全功能的设备，整体性能必须实现所需的风险降低。功能安全管理系统涵盖图 5.1 虚线框内的整个系统。

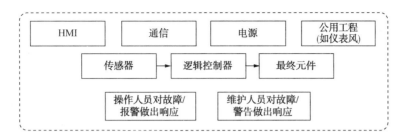

图 5.1　SCAI 硬件和软件涵盖的范围

本章给出的设计和实施指南适用于 SCAI 以及与过程控制系统进行安全、可靠的集成。美国石油学会（API）、美国国家防火协会（NFPA）和其他应用标准规定了 SCAI 在特定应用场合控制危险的专门要求。本书可能会经常引用这些特定要求作为示例，但并不说明或解释这些应用标准本身。

5.1　SCAI 分类

安全考虑指导 SCAI 设备的选择和实施。如第 2.2.2 节所论述，SCAI 还有许多其他名称，关键是要辨识和分类 SCAI 针对损失事件提供的特定功能。根据 ISA 84.91.01（ANSI/ISA 2012c），SCAI 是用仪表实现的安全保护措施，是实现过程安全事件相关的风险降低所必需的。该 ISA 标准规定了分类和管理 SCAI 仪表可靠性的要求，但对于哪类安全保护措施更好、更具可持续性，或者更易于维护，并未做出任何评判。操作目标会大大影响最终的选择。如图 1.4 所示，有些 SCAI 相对于其他类型可持续性更好。

IEC 61511-1（2015）第 9.3.2 条将过程控制系统达到的风险降低能力限制在小于 10 倍，而严格设计和管理的安全系统达到的风险降低能力可大于 10 倍。无论声称的风险降低能力是多少，用于 SCAI 的设备都必须纳入仪表可靠性管理程序之中，其中包括文档、规程、管理控制以及质量保证（ANSI/ISA 2012c，ISA 2012e）。

5.1.1　安全控制

安全控制正常运行支持过程控制，并在过程波动期间动作，以阻止损失事件的发展。安全控制的示例可能是高温限制控制器，当温度接近操作上限时，超驰并降低进料控制器设定值。同样，高压限制控制器可能会超驰蒸馏塔再沸器的蒸汽流量控制器，以将塔压保持在安全操作范围内。安全控制通常在高要求或连续模式下操作。

图 5.2 给出了采用可编程逻辑控制器和离散逻辑控制器技术实施安全控制的示例。两个系统都执行安全控制功能，但每个系统的设计和管理限制了其风险降低能力。未按 IEC 61511（2015）设计和管理的安全控制也可称为 BPCS IPL。安全控制（不符合 IEC 61511）声称的风险降低 ≤10（IEC 61511-1 第 9.3.2 条）。按照 IEC 61511 设计和管理安全控制时，它就是人们熟知的 SIS（见第 5.1.4 节）。

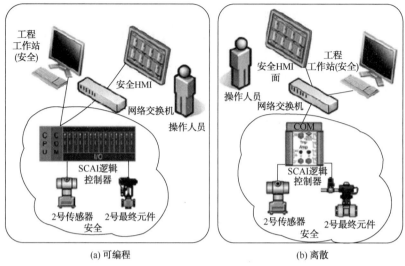

图 5.2　采用可编程逻辑控制器和离散逻辑控制器的安全控制示例

5.1.2　安全报警

安全报警是在出现异常状态时发出警报，操作员根据书面规程执行响应动作，使过程返回到安全状态。对于不符合 IEC 61511 标准的安全报警，声称的风险降低应≤10(IEC 61511-1第9.3.2条)。当按照 IEC 61511 设计和管理安全报警时，它就是人们熟知的 SIS 报警(见第5.1.4节)。多数安全报警在高要求模式下操作。

安全报警不仅包括传感器、逻辑控制器和报警输出设备，还包括操作人员确定采取所需动作的界面、操作员用来启动动作的界面以及采取所需动作的最终元件(图 5.3)。有关报警系统设计的更多指南，请参考 ANSI/ISA 18.2(2009b)、IEC 62682(2014c)以及 IEC 61511(2015)。附录 D 给出了报警管理概述。对报警进行有效管理是确保安全报警可靠操作的必要活动。

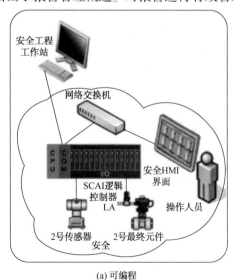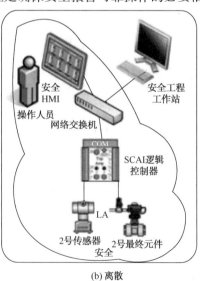

图 5.3　采用可编程逻辑控制器和离散逻辑控制器的安全报警示例

安全报警声称的风险降低能力，受限于操作人员出错的可能性。应通过测试、演练或场景模拟仿真，对操作人员牢记所需动作的程度以及按照规定时间采取动作的能力进行确认。

5.1.3　安全联锁

当工艺过程变量达到规定限值时，安全联锁自动动作，以达到或保持过程的安全状态（图5.4）。安全联锁通常以高要求模式操作。在一组安全操作条件得到确认前，通过防止过程设备动作保证安全的联锁称为许可（关于许可的更多解释，见第4.2.2节）。在工艺过程处于特定的操作阶段，或在执行特定的过程操作任务时，"许可"联锁以及阀组的顺序操作通常都是连续模式。相反，超过规定阈值时动作的安全联锁通常是高要求模式或低要求模式的操作。

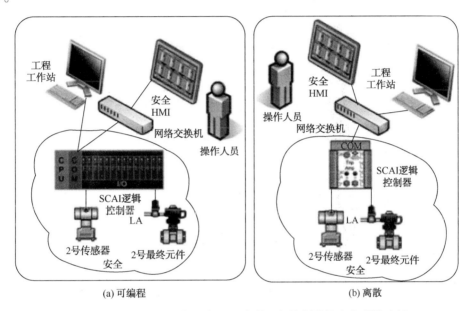

图5.4　采用可编程逻辑控制器和离散逻辑控制器的安全联锁示例

未按照 IEC 61511（2015）设计和管理安全联锁时，安全联锁也可称为 BPCS IPL。不符合IEC 61511 标准的安全联锁，其声称的风险降低<10（IEC 61511 第9.3.2 条）。当按照 IEC 61511 设计和管理安全联锁时，它被称为 SIS（见第5.1.4节）。

5.1.4　安全仪表系统

IEC 61511 第1部分~第3部分（2015）规定了一种特殊类型的 SCAI，即安全仪表系统（SIS）。该标准根据 IEC 61508（2010c）框架制定，面向过程工业。IEC 61508 涵盖许多工业领域的安全相关系统。在过程工业，制造商主要采用 IEC 61508 对其仪表设备进行安全认证，而过程工业领域的最终用户则参照 IEC 61511 实现整个安全仪表系统的正确实施。

IEC 61511 的具体要求用以解决过程工业领域的特有问题。若实现风险降低>10 倍，一个重要的关注点是处理好设计和管理实践引入共因失效和系统失效的潜在影响。该标准要求在生命周期的每个阶段都要进行共因、系统性以及相关性等失效成因的评估。该标准还包括一系列规定性要求，以确保本质安全化实践得以优先考虑。例如，IEC 61511 的第11.4 条采用系统最小硬件故障裕度（HFT），强制规定结构约束要求。*最低 HFT 要求基于过程工业领域用户的实际应用经验，解决可能的系统性失效。*例如，本质安全化实践要求在使用设备冗余时应采用尽可能简单的冗余架构为制造错误、维护错误或意外的硬件失效提供故障容错能力，而不是使用复杂配置或依靠理论分析来证明安全。IEC 61511（2015）中还有许多其他规定性要求，将会穿插在本章予以介绍。

除非过程控制系统按 IEC 61511 进行设计和管理，否则安全仪表系统必须独立于过程控制系统并与之隔离，以确保 SIS 的安全完整性不受影响（IEC 61511 第 11.2.4 条）。图 5.5 展示了 SIS 与过程控制系统在网络层面的集成。通过安全网关或防火墙控制通信，以限制传输给安全逻辑控制器的内容。对 SIS 数据的只读操作一般是可接受的也常常是需要的。

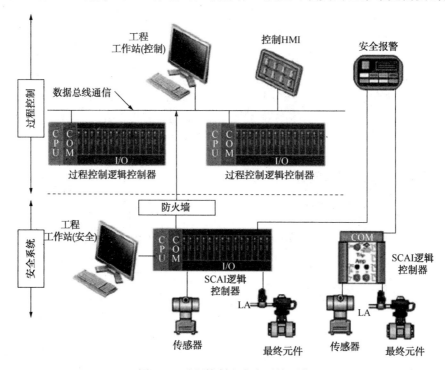

图 5.5　过程控制和安全系统网络

SIS 通常设计为低要求模式运行，对 SIS 的过程要求率低于 1 次/年。在高度受控的工艺过程中，SIS 可能很少对过程采取动作。在低要求模式下，按要求时平均失效概率来判断 SIS 的安全性能。而对于有些事件，由于控制系统的可靠性或其他操作问题，要求率高于 1 次/年。应对这样高要求率的 SIS 被称为高要求或连续模式系统。在高要求或连续模式下，损失事件频率完全取决于 SIS 的危险失效率，这时 SIS 的安全性能依据其平均失效频率评判（ISA 201，5d 附录 I）。

ISA84 委员会制定了一系列补充技术报告，提供 SIS 专题和应用的指南和实例。其中三份技术报告 ISA-TR84.00.02（2015dL）、ISA-TR84.00.03（2012e）和 ISA-TR84.00.04（2015c）给出了 SIS 生命周期和相关要求的全面概述。有许多良好工程实践都包含了 SIS 应用：

- ANSI/ISA-84.91.01-2012（2012c）过程工业安全控制、报警和联锁的辨识和机械完整性；

- IEC 61508（2010c）电气/电子/可编程电子安全相关系统的功能安全；
- IEC 61511（2015）功能安全：过程工业领域的安全仪表系统；
- ANSI/ISA 84.00.01-2004（IEC 61511 Mod）（2004）功能安全：过程工业领域的安全仪表系统 第1部分：框架、定义、系统、硬件和软件要求；
- ISA-TR84.00.02（2015d）安全仪表功能（SIF）安全完整性等级（SIL）评估技术；
- ISA-TR84.00.03（2012e）安全仪表系统（SIS）的机械完整性；
- ISA-TR84.00.04（2015c）ANSI/ISA 84.00.01 实施指南；
- ISA-TR84.00.08（即将出版）无线传感器技术安全应用指南；
- ISA TR84.00.09（2013）安全仪表系统（SIS）的相关安防对策。

5.2　设计考虑因素

安全要求规格书确定降低损失事件风险所必需的 SCAI 功能。必须了解如何针对每个损失事件进行系统设计，以确保：

- 与其他 IPL 以及产生"要求"的原因独立和隔离；
- 风险降低；
- 可靠性；
- 故障减轻和硬件故障裕度；
- 诊断能力；
- 可维护性（例如，易于维修、配置、检验测试）；
- 对应用程序更改进行控制以及安全访问。

在不同仪表保护层之间共享设备（见第2.3.3节），同时执行过程控制和 SCAI 功能，是共因失效和系统失效的重要来源，会对 SCAI 的安全可靠性能造成负面影响。并不容易认识到的是共享管理系统相关错误的负面影响，例如，对风险评估、设计验证、人员能力保证、仪表可靠性、确认和变更管理等规程的共同影响。*SCAI 设计和相关管理控制必须解决好硬件和软件之间独立性的缺失以及 SCAI 和过程控制系统生命周期管理之间的任何关联。*

5.2.1　独立与隔离

每个 SCAI 必须完全独立于初始原因，并独立于降低特定损失事件风险的任何其他安全保护措施，否则在风险分析中必须考虑独立性缺失的影响，包括可能产生的系统失效，如设计、操作和维护环节的人为错误，以及可能产生的随机失效。

IEC 61511（2015）和 IEC 61508（2010c）使用了"独立"和"隔离"，但并未作为术语给出定义。在考虑与另一个系统之间的关系时，才会对独立性进行评估。*一个系统的独立性是指另一个系统处于失效状态的情况下，它能够成功执行其功能的能力。*如 IEC 61511 第11.2.10 条所述，如果共享设备失效导致 SIS 危险失效并同时对 SIS"要求"时，SIS 不能与过程控制系统共享设备，除非经过全面的分析确认整体风险仍可接受。

如何在不同生产设施实现独立和隔离，往往取决于逻辑控制器平台以及 SCAI 不同于过程控制的工程特征和管理控制（人为因素的影响）。因此，负责设计、过程控制、维护和操作的人员必须了解如何针对特定的装置进行 SCAI 的设计和实施，以实现声称的安全性能。

如第 3.6 章所述，公认的隔离通常是在各系统之间进行物理隔离以及在硬件和软件上进行功能隔离。对于每个损失事件，SCAI 相对于所防范的初始原因应隔离、独立，以确保与风险降低要求相比，将共因和系统失效降低到足够低的水平。

当系统通过物理手段隔离时，人们更易识别、分类和管理控制系统及其应用。当执行过程控制功能的系统触发过程安全事件时，执行 SCAI 功能的系统对这些事件做出响应，它们之间不共用任何设备或数据时，就实现了物理隔离。

另一方面，尽管可能存在互联设备，但通过消除执行过程控制和 SCAI 功能的共因失效来源，这就在功能层面实现了隔离。在功能隔离情况下，系统可能被集成在一起，以方便各种系统操作；不过，在实现此类连接时，应确保共因失效的潜在影响降低到足够低的水平。

总之，尽管存在互相连接的设备，但 SCAI 功能能够始终独立执行，并不依赖正常过程控制系统的数据或信息。也就是说，SCAI 执行安全功能所需信号通道的所有部分（从传感器到最终元件）都必须按 SCAI 进行设计和管理。

例如，如果安全联锁是在安全控制器读取传感器输入信号并完成计算，然后将输出信号传送给过程控制器驱动共用的最终元件，这样就在安全控制器和过程控制器之间形成了明显的相互依赖。另举一个类似的例子，如果一个过程控制功能和一个 SCAI 功能都使用同一个传感器，该传感器首先接到过程控制器，然后通信到安全控制器。同样，安全报警时，操作员采用按钮触发安全动作，不过该按钮首先连接到过程控制器，然后通信至 SCAI 系统，以触发最终元件动作，这也形成了相互依赖。在上述所有示例中，过程控制器的危险失效将导致 SCAI 无法执行安全功能。

在共用最终元件示例中，避免产生不可接受相互依赖的一种解决方式，是 SCAI 逻辑控制器使用位于最终元件上单独设置的电磁阀或接触器，把进入安全状态的指令直接发送到最终元件。在这种方案中，用于执行正常控制动作的电磁阀、执行机构或电机驱动装置不影响 SCAI 系统操作共用最终元件的能力。另一个可替代的设计方案，是将过程控制器操作最终元件的指令先通讯到安全控制器，并将代表这一请求的变量整合到 SCAI 对最终元件的控制逻辑中。要特别强调，来自过程控制器的操作指令无论如何不能妨碍或旁路 SCAI 输出给最终元件的指令（进入安全状态）。此替代方案比前述直接连接到单独电磁阀有更高程度的相关失效，但是附加共用部件需要按 SCAI 标准进行管理。

同样，在共用传感器或中间按钮的示例中，把传感器或按钮的信号分开并分别独立地发送给过程控制器和 SCAI 系统，可将共因降到最低。如上所述，相关性稍高的可接受替代方案，是将现场设备先连接到 SCAI 系统，再从该系统通信至过程控制器。

在大部分工艺过程运行中，过程控制系统可能会有很多系统失效的机会，因此有必要将过程控制系统与 SCAI 进行功能隔离（见第 3.5.3 节、第 3.6 节和第 5.2.1 节）。由于过程控制系统和 SCAI 通常需要共享一些过程数据，因此也并非期望两个系统完全彻底的隔离（例如，完全的气隙隔离）。利用数据交换可在操作员界面显示 SCAI 状态，在公共历史数据库收集信息，以及访问操作显示界面的共享打印机。尽管直接接线可能成本低，但采用这种通信方式通常可以传输大量重要的操作信息。通过实施网络安全对策，系统之间可以进行接口互联或集成，也可以通过可靠的安全网络连接成强相关性组合的形式。如第 3.6 节示例描述的系统结构，应使用防火墙和安全网关，管控数据从一个系统传输到另一个系统。

在缺乏独立性的情况下，应评估组合系统所能实现的整体风险降低能力，充分考虑设计、工程实施、操作、维护和管理人员相关性导致的系统失效影响。

一般来说，隔离需要每个功能采用各自的传感器、最终元件、输入/输出部件、逻辑控制器、嵌入式软件、操作系统和应用程序。有些隔离，如配电与信号隔离，已经严格执行多年，以确保所需的可靠性和信号完整性。

IEC 61511-1（2015）第9.4条要求对每个损失事件所涉及自动化系统的共因失效、共模失效和相关失效进行评估。如果执行安全仪表功能（SIF）的 SIS 设备也执行非安全功能，如诊断、测试以及过程控制，则任何可能对 SIS 操作产生负面影响的关联设备都应作为 SIS 的组成部分进行处理，并按 IEC 61511 第11.2.2 条的要求对其进行设计和管理。在评估影响时，应考虑设备失效、非法访问和网络安全风险等因素。

当一台设备，即便是一台 PLC，用于两种功能时，单一失效，无论是随机失效还是系统失效，在产生触发事件的同时，也会导致 SCAI 失效。很显然，使用同一设备执行多个功能时，它是共因失效、共模失效和相关失效的重要诱因，必须在分析中适当考虑。以前曾采用检测开关、硬接线电气部件和机电最终元件，如电机控制电路或电磁阀操作的切断阀来执行 SCAI。这种硬件配置从本质上与过程控制系统物理隔离，并具有不同于过程控制系统的差异化特性。两类系统具有固有的独立性，更易于控制其系统性错误，同时也易于理解、评估和确认。由于这两类系统差异明显，通常由不同人员和部门对其进行设计和维护。这两类系统在部件、技术或人员支持方面共享较少。即使后来出现了可编程控制器，这种隔离依然保持完整，主要是由于过程控制和 SCAI 采用特定功能的不同硬件。

如今大多数现代数字系统都能够支持过程控制和安全应用。有些系统甚至已按 IEC 61508（2010c）认证为兼具两种功能。不过，能够支持这两种功能并不等于接受单个系统失效导致损失事件的风险。

举个例子：过程控制功能和 SIL 1 的安全功能共享可编程控制器。那么，至少该逻辑控制器用于双重功能必须是"经用户批准的"（见附录 F 和第5.3.2节），也意味着应符合 IEC 61508（2010c）。进一步地，硬件和软件实施必须遵循安全手册的要求。应形成充分完整的系统设计文件，以便功能要求可追溯到独立模块化分区的具体回路。系统和任何其他共享部件的设计和管理必须符合 IEC 61511（2015）的要求，并支持所期望的整体安全性能。过程控制功能只需按照共享平台安全手册进行正确的设计和执行，不必视为 SIF，因此也不需要满足 IEC 61511 的全部要求。不过，所有相互连接、通信、维护、变更和对系统访问必须严格按照 SIS 进行管理。

隔离用于：

- 在正常过程控制系统操作活动中，将人为错误对 SCAI 的影响降到最低；
- SCAI 与过程控制的升级隔离，防止 SCAI 嵌入式软件和操作系统软件遭遇不经意的误更改；
- 明确识别 SCAI 设备和系统，有助于确保 SCAI 得到安全和正确维护；
- 便于过程控制系统和 SCAI 各自单独测试和维护；
- 可跟踪和审核对 SCAI 控制器的访问请求，从而增强访问安全；
- 提高抵御网络攻击的能力；
- 将共因失效、共模失效和相关失效降到最低。

应在整体控制系统概念设计的早期阶段考虑隔离问题。良好的隔离实践包括：

- SCAI 应用程序尽可能做到安全(例如，不设置远程访问，为过程控制系统和 SCAI 编程设置单独访问路径)。
- 提供物理隔离，尽可能减少共因和人为错误。
- 通过确认和测试证明功能独立性。
- 清晰识别并区分过程控制设备和 SCAI 设备，如将 SCAI 的传感器、执行机构、逻辑控制器、输入/输出模块、接线以及机架等设置专门的标识或标签。
- 明确区分 SCAI 与过程控制系统的文档。
- 为安全设备提供权限和写保护，防止来自非认可信息源的通信。

5.2.2 风险降低

通过风险评估过程(见第 2.4 节)生成 SCAI 功能及其目标风险降低的列表。SCAI 设计和实施的主要目标是确保所安装和维护的系统达到所需的风险降低能力(见第 3.5.7 节)。如第 5.1 节所述，所需的风险降低要求对分类分级影响很大(表 5.1)。

表 5.1　SCAI 分类分级和所需风险降低

分类	所需的风险降低	分类	所需的风险降低
安全控制	≤10	SIL1 SIS	>10 ~ ≤100
安全报警	≤10	SIL2 SIS	>100 ~ ≤1000
安全联锁	≤10	SIL3 SIS	>1000 ~ ≤10000

SCAI 操作依赖于构成整个链路的一系列子系统。整个链路的强度受制于其薄弱环节。一般来说，若实现风险降低>10，需要满足下面的要求：

- 保持功能简单；复杂性会增加人为错误的可能性。
- 设备选型遵循"用户批准"流程；该流程依据现场反馈的操作和维护经验评价仪表设备的性能，即"以往使用"证据(见附录 F 和 ISA 2015c)。
- 使用简单的冗余架构，为制造错误、维护错误或意外硬件失效提供故障容错，而不是使用复杂配置或依靠理论分析。
- 尽可能使用自动诊断检测和报告失效。
- 通过有效的检验测试和维护设施方面的人因工程措施，减少维护错误。
- 实施仪表可靠性管理程序，确保设备适用性(见附录 I)。
- 严格管理控制和监督过程(见第 6 章)，特别是访问安全、变更管理和确认方面。

监测运行设备是重要的质量保证活动，它验证 SCAI 是否提供了充分的风险降低和可靠性(见第 2.4.5 节、第 6.8 节和附录I)。在过程工业有很多不同的行业组织或机构为仪表可靠性管理程序提供了指导和支持。仪表可靠性管理程序、维护文化以及组织纪律对 SCAI 整体性能有重要影响。

IEC 61511(2015)第 16.2.9 条要求监测 SIS 的可靠性，以确定实际失效率是否与当初评估风险降低时所用的预期失效率一致。对于 SCAI，应监测、记录和调查"要求"时的失效、诊断报警、误操作以及检验测试发现的失效。应对反复出现的失效进行调查、确定原因，并采取纠正措施减少再次发生的可能性。良好的设计、设备选型和维护可持续保证安全、可靠的性能。

应依据仪表可靠性记录和人因错误数据，判定声称的风险降低水平是否合理。IEC 61511 推荐的生命周期的第 4 阶段功能安全评估，应着眼于检查 SCAI 相关的操作和维护记录，以确认设备在所有预定的过程操作模式都能满足设计要求。失效跟踪和分析对于确认早期风险分析的假设是否恰当，以及支持验证和风险监测等活动，是非常重要的措施（见第 2.4.5 节，第 6.8 节和附录 I）。

有关 SCAI 失效的一些考虑因素如下：

- 危险失效，无论是检测出的还是未检测出的，都是安全性能不良的证据。
- 由于其固有的复杂性，可编程控制器编程和组态的人因错误可能更难以检查发现和纠正。
- 固态设备通常有类似的失效"开"或失效"关"概率。
- 安全系统应优先采用本质安全化实践设计（见第 3.4 节）。安全控制器输出通常设计为出现失效时进入预定的安全状态。
- 实际诊断能力有可能是无法测试或验证的，在这种情况下，无法保证诊断能达到预期水平。
- 安全设备应按照安装和维护手册［或安全手册（若有）］中关于安全应用的要求执行。
- 应调查失效原因，并采取纠正措施降低再次发生的可能性。
- 测试不充分会导致有些失效不能被检测出来，增加了过程"要求"时危险失效的可能性。所有部件都必须接受完整的功能测试，甚至诊断功能本身也要测试。
- 数字系统对电源、接地和屏蔽问题更为敏感。如果 SCAI 发生瞬态失效，通常会涉及接地问题。
- 环境状态会影响逻辑控制器，特别是灰尘、潮湿和热量积聚。
- 如果 SCAI 失效时仍期望保持工艺过程的持续操作，则应采用相应的补偿措施，确保提供同等的风险降低能力。即使在系统平均恢复时间（MTTR）内保持操作，也同样适用这样的规则。如果在特定的 MTTR 内无法完成修复、仍期望保持过程连续运行时延长维修等活动，则需要通过变更管理程序确定是否修改或额外增加补偿措施。

5.2.3　可靠性

可靠性定义为在需要时设备执行其功能的概率。对于 SCAI，可靠性的含义通常更狭义，是指系统失效引起过程误关停（例如，反复不断的报警或无原因过程停车）的可能性。SCAI 用于降低损失事件的风险，但可能引发可靠性问题。不同的工艺过程对误动作的敏感度是不一样的。过程停车大多会导致生产终止。对于一些处于满负荷或超生产能力运行的工艺过程，这种终止就意味着无法挽回的生产损失。而对于运行在低负荷状态的工艺过程，还可以在恢复操作后增大产量挽回生产损失。用于辨识并表征这些可靠性问题的量化指标通常是平均无误动作失效时间（MTTF$_{误停}$），误停车率或滋扰报警率。

只要可行，就应尽量使用本质安全化的设计，因为 SCAI 误动作会影响工艺过程操作的可靠性。误操作也可能对其他系统产生过程"要求"。例如，如果在过程安全时间内没有采取必要的措施恢复正常操作，则出口切断阀的误关闭就可能导致容器溢流。因此，应在安全要求规格书中指定可靠性要求。一般来说，如果误动作的成本很高，平均误动作时间的目标值一般应大于 10 年。通过误动作的故障容错结构、选用高质量设备和实施全面的仪表可靠性管理程序等措施，降低误操作的可能性。

风险降低和可靠性目标有时相互矛盾，需要在过程"要求"时有高的成功可能性，同时又有低的误动作频率之间寻求平衡。要达到这种平衡，需要辨识和控制 SCAI 失效的所有可能故障，即安全还是危险失效。

5.2.4　故障减轻和硬件故障裕度

SCAI 是复杂的安全保护措施，需要一系列成功动作，以实现所需功能性和风险降低。这一系列动作的任何故障都可能导致 SCAI 无法完成其功能。若取得风险降低>10，需要采用不同的故障减轻技术，以应对导致 SCAI 失效的随机故障和系统故障可能性。在设备选型时，应考虑本质安全化实践和故障避免技术。故障容错要求会影响系统或其子系统的冗余架构。*故障避免技术和本质安全化实践用于尽可能降低发生故障的可能性，而故障容错则是将故障导致系统失效的可能性降到最低。*

- **本质安全化实践**——对可能的设备失效进行分析，并将系统组态为失效后进入安全状态，以降低风险。要考虑公用支持系统(如仪表空气、氮气、电力、液压源)中断时会发生什么情况。所有 SCAI 设备设计为公用支持系统失效时进入预定的安全状态，这在本质上更安全。如采用执行机构弹簧返回、关断阀故障时自主关闭、电磁阀失电关停(DTT)、失效断开继电器以及变送器组态为检测到失效时置于关断方向的极值等，都是本质安全化设计的例子。*带电关停系统不采用本质安全化实践设计，因此这样的系统需要冗余、故障检测和报警，并自动频繁地进行回路测试，以确保功能安全。*

- **故障避免**——通过设计消除可能的失效模式，或者选用失效率低、使用寿命长的设备。这些措施可以尽可能地降低失效可能性。通常采用失效模式和影响分析(FMEA)辨识失效模式，以便修改设计，避免失效。通过使用具有"以往使用"记录的设备实现故障避免，"以往使用"表明该设备在过去类似的操作环境和过程应用中具有足够低的失效率。故障避免的一个例子是选用危险失效率低的联锁信号放大器。

- **故障容错**——将设备并联实现单一功能，以便在出现一个或多个失效时系统仍能成功操作。硬件故障裕度需要系统或其子系统冗余设计。冗余需要考虑两个设计因素：所需的风险降低和预期的误停车率。故障避免和本质安全化实践只应对已知(即可检测出的)故障，而冗余技术则针对已知及未知的故障。故障容错设计，特别是多样性冗余可有效降低潜在的系统性失效。

5.2.4.1　SIS 最低硬件故障裕度

为达到和维持风险降低>10，必须满足的设计约束条件之一是硬件故障容错能力，采用术语最低硬件故障裕度(HFT)。硬件故障裕度是 SIS 架构硬性规定的冗余水平。该冗余旨在保持有效的安全性能，即使设备已发生危险故障也是如此。例如，1oo2 或 2oo3 配置的传感器，其安全硬件故障裕度为 1，这意味着其中任一个传感器存在未检测到的危险失效，SIS 仍会在"要求"时正常操作。与之相反，1oo1 或 2oo2 配置的传感器，其安全硬件故障裕度为 0，任何设备存在未检测出的危险失效都会导致"要求"时失去其安全功能。硬件故障裕度还可减轻某些方面的系统性失效，比如，在 SIS 设计时许多假设条件中的不确定性。

IEC 61511-1[2015]确定了 SIS 的最低 HFT 要求。*IEC 61511 第 11.4 条旨在关注系统性错误限制 SIS 风险降低能力的可能性，特别是在高 SIL 应用中更应注意。*根据指定的 SIL 以及 SIS 是在要求模式(低或高要求)还是连续模式下操作，用简单的表格定义了 SIS 或其子系统的最低 HFT。也可以选用 IEC 61508-2（2010c）中更复杂的方法（路径 1H 和 2H），但在本章节中不做进一步讨论。当选用 IEC61508 结构约束的判断方法时，用于支持定量分析的任何可靠性数据都应基于类似的操作环境，并应考虑系统性失效的潜在影响。

IEC 61511 功能安全标准的最低 HFT 要求中，综合考虑了有关的一些假设条件，一定程度上会影响设计的其他方面。特别是在计算 PFD 或失效频率时，所采用的可靠性数据应至少为统计学置信区间上界的 70%。另外，无论采用固定程序语言（FPL）（例如，智能变送器）还是有限可变语言（LVL）（例如 PLC），任何可编程设备都必须具有至少 60% 的诊断覆盖率。

当 SIS 由独立的子系统（例如，传感器、逻辑控制器和最终元件）组成时，最低 HFT 要求适用于子系统层面，这样就简化了设计分析。如果子系统内非主要部件故障的频率与安全完整性等级（SIL）要求相比非常低，则这样微不足道的故障无须在最低 HFT 要求中予以考虑。不过，这样的简化需要以数据为依据进行合理性论证并形成详尽的文档。HFT 要求适用于 SIS 或其子系统，而非子系统内的设备层级。同样，HFT 分析通常将不影响 SIS 成功操作的设备（例如，工程师站、历史数据库、维护管理系统）排除在外。

最低 HFT 是 SIS 设计的强制性约束条件，最终设计的故障容错能力可能会高于此要求。为达到目标误停车率，综合考虑安全性和可用性的最终冗余配置通常会超过最低 HFT 要求。

5.2.4.2 冗余架构

为了满足最低 HFT 要求，支持所期望的检验测试周期，或实现风险降低和误停车率目标，可能需要采用冗余设计。冗余架构通常定义为由 N 个设备可用，其中要求至少 M 个设备功能正常就能成功启动输出动作（表 5.2）。用 $MooN$ 这样的简单符号表示冗余架构，例如，1oo2 表示两台设备中必须有一台设备功能正常，SCAI 才能成功操作。

表 5.2 风险降低能力与典型冗余架构的关系

风险降低	典型冗余架构	风险降低	典型冗余架构
≤10	1oo1，2oo2	>100~≤1000	1oo1，1oo2，2oo2，2oo3
>10~≤100	1oo1，2oo2，1oo2	>1000~≤10000	1oo2，2oo3，2oo4，1oo3

冗余架构可应用于任何子系统，包括现场设备、I/O 卡、处理器和通讯单元。所有子系统不必采用相同的冗余水平。例如，传感器采用具有良好性能记录的单一设备，而为了尽可能降低下游泄漏可能性采用冗余的最终元件，这是很常见的回路配置。根据应用场合需要、设备可靠性、风险降低要求以及维护策略等方面，确定每个子系统的冗余水平。

HFT>1 的系统采用并联连接，以减少单个故障或单点失效的影响。HFT 值表征在确保系统正常操作的前提下，能够容忍多少个硬件危险故障存在。举例来说，硬件故障裕度=0 表示可以容忍零个危险故障（例如，1oo1）。随着系统 HFT 增大，出现更多故障才可能导致系统失效。HFT=1 表示可容忍一个危险故障（例如，1oo2 或 2oo3）。需要注意，表征减轻危险故障影响的 HFT 和避免误停车的容错能力不是同一概念。

在评估损失事件可能性时，应确定无法阻止损失事件产生的最小设备失效个数。控制逻辑中的表决可能与导致损失事件的表决关系不一样，在存在多个危险点时，如，热点检测或气体泄漏探测，尤其如此。

示例：反应器热点检测

在平推流反应器内可能会形成热点。热点指局部高温区域。高温可能导致各种非常不利的事件，如分解、失控反应以及容器 MAWP 降级。为了检测是否形成热点，经常在反应器内设置多支热电偶。有时，反应器会划分成多个区，热电偶被水平分布在每个区。

热电偶容易烧断，导致开路，并使测量信号超量程。应采取措施将此类失效检测出来，并组态为进入预定的安全状态。这种多热电偶应用的情形可能会造成反应器出现较高的误停车率。SIS 设计应考虑应对误停车的故障容错能力。

针对反应器的不同结构，多支热电偶应有能力在过程安全时间内检测到热点的存在。比较普遍的做法是在反应器的每个物理分区安装三支热电偶。如果所有三支热电偶都能够检测到该分区的高温，则热电偶可按 2oo3 进行表决，从而降低误停车率。如果每支热电偶的安装位置代表不同的热点，则应在每个位置安装多支热电偶，构成 2oo2 或 2oo3 表决。

对于有多个分区的反应器，热点检测通常在每个位置或分区采用 2oo2 或 2oo3 表决。对于整个反应器，最终实施时通常简化为 2ooN。例如，如果有 3 个分区，每个分区有 3 支热电偶，每支热电偶都能够检测到是否热点存在，则每个分区的表决是 2oo3。而在 SIS 控制器内逻辑组态时通常按 2oo9 表决实施，与传感器的所有可能组合都要考虑到相比，这大大简化了逻辑设计。不过，SIS 的功能描述应清楚地说明每个分区热偶采用的是 2oo3 表决检测危险事件，并且应基于 2oo3 而非 2oo9 表决估算实现的风险降低能力。

图 5.6 说明不同冗余方案及其逻辑图，以及配置设备总数(N)中必须正常操作的设备(M)数量列表。图 5.6 列出的这些典型冗余配置类型中有时带有后缀"D"，例如，1oo2D。它表示其中的每个设备都具有外部诊断能力，可以检测设备失效并报告出来。例如，可将 SCAI 传感器与另一台传感器(SCAI 或过程控制)进行比较或检查超量程来提供外部诊断。如果检测到的失效用于改变应用程序的冗余方案(例如，将 2oo3 降级为 2oo2 方案)，则表中所示故障容错可能不再准确。在失效存续期间，降级操作通常导致风险降低能力下降，有必要采取相应的补偿措施(见第 5.2.8 节和第 6.4.8 节)。

冗余方案	逻辑图 (带电状态)	危险故障裕度 (HFT)	误关停 故障裕度	停车所需 设备数量	操作所需 设备数量
1oo1		0	0	1	1
1oo2		1	0	1	2
2oo2	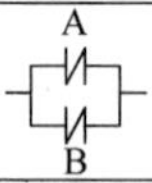	0	1	2	2
2oo3	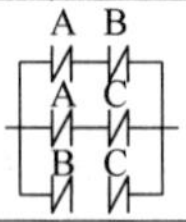	1	1	2	3
2oo4	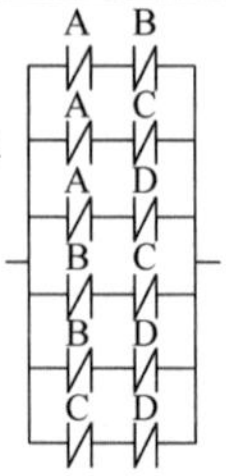	2	2	2	4

图 5.6 冗余方案、操作和故障裕度

风险降低≤10 的 SCAI 和 SIL1 SIS 通常不需要冗余，除非所用设备可靠性不高，如分析仪和火灾探测器。只要符合基本的可靠性数据置信度和诊断覆盖率限制［IEC 61511-1 条款 11.4(2015)］，SIL1 不需要冗余配置，即 HFT=0 的最低要求对于要求模式和连续模式的 SIS 设计都适用。

对于 SIL1，应根据用户批准规则选择设备，并确保适用于预期的操作环境和安全应用场合。图 5.7 给出单一传感器、单一逻辑控制器和单一失电动作最终元件的两类 SIS 示例（CCPS 2007b，ISA 2015d）。

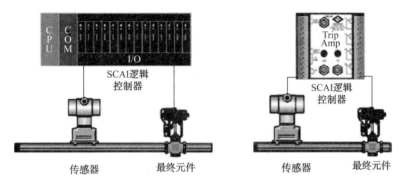

图 5.7　采用可编程逻辑控制器和离散逻辑控制器的 SIL1 基本结构

对于 SIL2 的最低 HFT，要求模式 SIS 与连续模式 SIS 不同。对于要求模式操作，不需要冗余配置(最低 HFT=0)。尽管如此，有时为了满足更高的风险降低要求、便捷的在线测试、减少人为失误的潜在影响，或者延长 SIS 的检验测试间隔时间，仍可能需要冗余配置。不过，如果 SIS 在连续模式实现 SIL2，设计必须确保任何子系统出现单一危险失效时仍具有正常操作的能力，因此冗余配置是基本要求(最低 HFT=1)。后者唯一例外情况是：

- 相对于 SIL 要求，部件的失效率非常低，可从 HFT 分析中忽略；
- 对于非可编程设备组成的子系统，如果采用冗余设计，由于相关附加失效的增多，反而会导致整体的过程安全性降低。

后一种情况其实很少见。不符合标准规定的最低 HFT 要求，必须进行书面的合理性评估，提供足够的证据，证明简化结构仍适合预定功能并能达到所需的 SIL。换言之，所建议的替代结构必须等同于，甚至优于，遵循最低 HFT 的设计。通过分析认定故障裕度为 0 即可时，相对于目标 SIL，必须确保相关部件具有非常低的危险失效率(可以将其忽略)，实际上才能达到同等安全性能。

对于 SIL2，设备选型应基于用户批准原则(参见附录 F)，并确保适用于预期操作环境和安全应用场合。图 5.8 是使用单一传感器启动冗余最终元件失电关停的 SIS 示例。

无论 SIS 是在要求模式操作还是在连续模式操作，SIL3 SIS 从传感器经安全逻辑控制器到最终元件必须全冗余结构，*即至少 HFT=1*。

与连续模式 SIL2 HFT 的例外情况一样，如果设想 HFT 配置低于最小 HFT 值要求时，需要以数据为基础进行全面的合理性论证，通过书面文件提供必要的证据，证明相对于目标 SIL 具有可忽略的危险失效率。

对于 SIL3，设备选型应基于用户批准原则(参见附录 F)，并确保适用于预期操作环境和安全应用场合。图 5.9 是使用冗余传感器启动冗余最终元件失电关停的 SIS 示例。

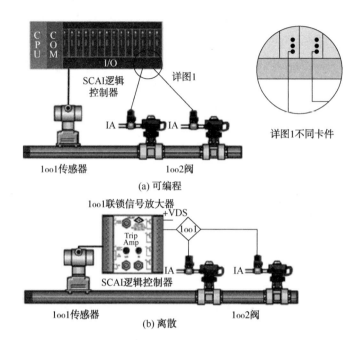

图 5.8　采用可编程逻辑控制器和离散逻辑控制器的 SIL2 基本结构

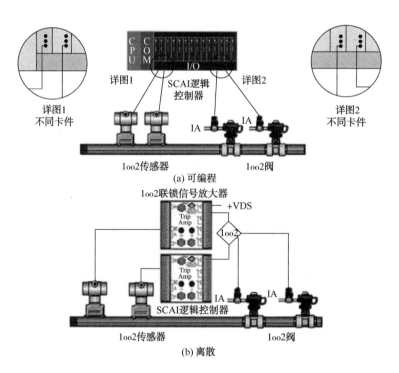

图 5.9　采用可编程逻辑控制器和离散逻辑控制器的 SIL3 基本结构

5.2.4.3　多样性

在 IEC 61511-1 条款 3.2.16(2015) 中，将多样性定义为采用"执行所需功能的不同手段"。可通过不同物理手段、不同编程技术或不同设计方法实现多样性。由于多样性降低了潜在的共因失效影响，也被认为是本质安全化实践。不过，由于多样性往往使系统结构更复杂，违背了简化设计的本质安全化设计准则，也增加了日常管理的复杂性。

多样性旨在通过系统或子系统内设备不同类型的冗余方式，使共因失效和系统性失效最小化。不过，如果这样做会引入不可靠的设备或增加人为错误的可能性，采用多样性会得不偿失。每个多样性设备都应符合用户批准准则，确保安全且适合于预期操作环境(见附录F)。

设备最终必须实现共同的经营和操作目标，从根本上消除共因很难做到。操作计划要求所有功能协同工作，为工艺过程的日常操作提供保障。另外，特定过程单元的各种自动化系统通常共用电力、接地和其他公用工程等支持系统，也共享工程、操作和维护等各岗位支持人员。

虽然硬件多样性是最主要的多样性关注点，但也应认真考虑各生命周期任务的责任实体多样性。例如，当委任共同的人员、采用相同的设备和规程对自动化系统进行设计、工程实施、安装和维护时，或使用共用界面访问不同系统时，系统性错误更易引入到多个系统中。举例来说，应考虑建立不同的工作团队，分别完成过程控制和SCAI各自的任务。对于长期操作和维护各个方面，包括规程、人员、界面、岗位地点和公用工程等，都应适时考虑多样性规则。

案例 14

地点：Channelview, Texas
工艺：环氧丙烷-苯乙烯单体(POSM)
日期：1990 年 7 月 5 日
影响：爆炸造成 17 人死亡；附近街区夷为平地，损失 15% 产能。
现场照片：

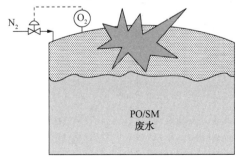

概述：

POSM 装置废水储存在一个 900000gal 的常压罐中。水中的烃类物质包含过氧化物，过氧化物释放氧气和烃类气体，用氮气吹扫罐中的这些气体。常规设计采用连续调节的氮气吹扫，防止形成易燃气相空间。由于罐容很大，会消耗大量的氮气，最终决定采用氧分析仪控制氮气吹扫量。

事故当天，储罐气相外输压缩机故障。储罐维持运行，不断补充氮气并放空至大气。在压缩机再次投运之前，操作人员为管道和仪表进行改动而停止了氮气吹扫。氧分析仪给出了氧气浓度可接受的错误显示，导致氮气吹扫量不足，氧气和烃类气体浓度逐步增加并达到爆炸范围。当压缩机启动时产生了火花并发生爆炸，摧毁了储罐及其周围很大区域。

自动化方面主要教训：

分析仪和其他传感器在正常量程范围内可能会出现失效。由于操作人员或自动诊断很难检测到此时的故障状态，因此这是最危险的失效类型。事故发生后重新设计系统时，采用冗余氧分析仪（2oo3 表决）检测氧气含量，并且将分析仪三个信号之间进行比较，偏差过大时给出报警。另外，分析仪的另一个危险失效机制是采样系统流量中断。其原因可能是由于隔离不当、过滤器或样品预处理系统堵塞或者管路弯曲出现死角。建议在采样回路设置流量检测，并在样品流量中断时报警（CCPS 2012c）。

仪表与控制问题：

● 氧分析仪故障；

● 维护期间氮气吹扫停止，氧气读数误显示为正常状态；

● 氧气分析仪没有冗余配置，或者检测危险状态的其他仪表缺乏。

信息来源：

OGJ. 1991. "ARCO Spells Out Cause of Channelview Blast," Oil & Gas Journal, Vol. 88, Issus 29.

系统多样性的示例包括：

● 采用不间断电源（UPS），并配置可切换的电池，再加上独立且不同类型的备用电源，确保用电可靠性；

● 使用不同技术类型传感器监控同一过程状况；

● 使用不同类型的过程测量参数监控是否出现异常操作状态；

● 使用离散、非可编程逻辑控制器与可编程控制器并联构成冗余结构；

● 采用独立、不同技术类型的 SCAI 构成冗余结构。

当使用可编程控制器时，多样性可能仅用于硬件（例如，不同制造商的多个独立系统），或仅用于软件（例如，由不同团队采用不同设计、编程和测试技术完成多个独立执行的应用程序），或在硬件和软件方面都考虑多样性。以下给出可编程控制器多样性的其他一些示例。

过程控制系统和 SCAI 嵌入式软件的多样性——嵌入式软件由硬件制造商提供，是硬件正常操作必需的软件。嵌入式软件的多样性通常需要不同的可编程控制器。需要特别注意的是，这种方式需要为多系统提供合格的技术支持，并增加从设计阶段到工程实施、培训、维护和维修（例如，备件）等全生命周期成本。

过程控制系统和 SCAI 应用程序的多样性——应用程序组态是指为执行系统所需安全功能进行编程。由单一的团队同时完成过程控制系统和 SCAI 应用程序组态，会增加系统性失效的可能性。更有甚者，如果这些应用程序在同类控制器执行，或者编制应用程序的团队也负责完成对这些程序的验证测试，则这种系统性失效的可能性会进一步增大。潜在的系统失效限制了组合平台的性能(见第 3.6 节)。在编制功能规格书和安全要求规格书时，考虑如何运用多样性原则是本质安全化实践的体现。由不同的编程人员(不同的个人或不同的团队)分别进行多个应用程序的组态，可大为减少系统性错误的可能性。

5.2.5 诊断

诊断用于检测并报告 SCAI 失效，以便操作人员立即采取措施，确保过程安全，并由维护人员及时纠正检测到的失效。增加诊断有利于安全；不过，诊断机制也增加了 SCAI 设计的复杂性(有时感觉该复杂性似乎不必要)。额外配置硬件和软件可能会降低可靠性，而更大的复杂性会增加系统错误的风险。

执行诊断的设备和诊断算法本身都应定期进行测试，以验证诊断功能是否正常，并在适当的界面以合适的优先级报告故障。对诊断组态应有版本控制措施，并应在检查和检验测试期间进行定期确认。确认应确保所有诊断都按规定优先级报告到适当的界面。

可编程控制器的某些危险失效模式(附录 I)已有详细记载。可编程控制器对诊断的需求比非可编程技术要大得多，因为可能发生失效的部件数量明显增多，而且部件失效导致危险的可能性相对较高。设备制造商持续升级其内嵌诊断程序，以自动诊断内部问题以及外部接线问题。不过，目前仍然需要用户实施诊断，确保能够检测存在的危险失效模式，包括：

- 逻辑控制器；
- 传感器；
- 最终元件；
- 动力源，如电力、仪表风和其他公用支持系统；
- 通信；
- 接线，特别是带电动系统。

诊断可以在设备内部(例如，内嵌诊断)或由外部设备提供(例如，由 PLC 比较两个变送器信号)。制造商在其产品中提供内部诊断，用户必须自行实施系统的外部诊断。

诊断可能是主动的或被动的。主动诊断持续检查被诊断硬件和软件区域，以确保性能正常。被动诊断根据需要(例如，当发出指令时)只检查所质疑的硬件和软件区域。SIL 要求高的可编程器件建议采用主动诊断。可以使用一系列不同的诊断技术，囊括现代逻辑控制器和智能仪表的不同类型失效。

可以在过程控制系统组态中复制 SCAI 的全部功能要求，即所谓的镜像概念(CCPS2014b，ISA2015c)。镜像用于异常状况报警和/或使工艺过程停车。镜像可作为识别 SCAI 故障的手段。因为过程控制系统提供的镜像逻辑执行 SCAI 相同的功能，该镜像不应被认为是独立保护层。镜像增加了组态和维护的复杂性，不过，可以提高整体安全可用性。对过程控制系统来说，SCAI 镜像可能会使其可靠性稍微降低。

附录 C 讨论了各种安全通信方案(例如，安全网关)。应提供诊断，以确保该通信链路能够及时且安全地将 SCAI 的状态发送至过程控制系统，而不影响隔离要求。当所传递的信息对于执行安全功能(例如，安全报警)必不可少时，执行这些诊断并向操作人员报告通信失效的回路响应时间应与过程安全时间进行比较。响应时间应确保操作人员有足够时间对检测到的失效做出判断并采取相应的补偿措施。

5.2.5.1 被动诊断

被动诊断是非常好的故障处理辅助工具，尤其适合非关键应用。仅在指令测试或过程要求等外部触发源对仪表设备有质疑时，对这些设备实施监控的被动诊断才会启动。因此，被动诊断的好处在于能向操作人员告知检测到的故障。不过，当检测到的故障被报告出来时，操作人员此时可能正需要该系统对被控对象执行操作。

举例来说，高压力时电磁阀应失电动作。由于电磁阀故障，当压力高时电磁阀失电，却并未完成应有动作，最终元件也就没有随之正确响应。采用被动诊断可以显示最终元件并没有正确改变状态(图 5.10)。

图 5.10　被动诊断

多数设备的诊断覆盖率低于 90%，某些远低于 90%。覆盖率不足多与设备本身、安装和操作环境等诸多因素有关。这些因素包括执行诊断功能的设备存在潜在故障、开发诊断算法过程出现系统性错误、诊断算法无法检测到设备所有失效，以及 SCAI 设备可能发生超出设备检测能力的失效。

5.2.5.2 主动诊断

主动诊断可模拟超出操作范围状态，并检查结果。如果确定了结果不正确，则可以停车或立即实施补偿措施等安全决策。前者导致过程可靠性问题，可通过选定的冗余方案予以应对(见第 5.2.4 节)。后者要考虑操作人员实施补偿措施的响应时间是否足以保证安全操作。主动诊断的例子包括超范围测试、输入状态偏差比较和输出状态命令比较。这些诊断的运行频率不应对控制器的应用程序时序产生负面影响。主动诊断频率应结合过程安全时间考虑。

主动诊断的优点是显而易见的，其主要缺点如下：

- 逻辑更复杂，增加潜在的系统性失效。
- 故障处理会增加潜在的共因失效。
- 由于诊断需要增加设备数量，会降低系统可靠性，可能意味着导致更高误停车率。额外的诊断需求必须与误停车可能性进行权衡。
- 由于诊断和相关报警也必须测试，增大了测试难度和复杂性。

可编程控制器主动诊断通过集成测试软件和硬件完成，但不能干扰工艺过程的正常操作。可通过多种方法实现此诊断，包括：

- 增加辅助硬件和软件来监控可编程控制器性能，如在 WDT 中做的那样。
- 提供冗余并行系统，以便在一个系统进行测试的同时，由另一个系统仍然对工艺过程提供保护。

5.2.6　可维护性

高质量的仪表可靠性管理程序对于维持 SCAI 整个生命周期的性能必不可少（见附录 I）。对于 SCAI，要按照 ISA-84.91.01（ANSI/ISA 2012c）的要求进行测试。在 ISA 技术报告 ISA-TR84.00.03（2012e）："安全仪表系统机械完整性"中，明确提出了 SIS 的仪表可靠性问题。ISA 技术报告的指导建议同样也适用于 SCAI。该主题在第 6 章中另有更详细的讨论。

为证实安装后的设备按功能规格书要求执行操作，并确定设备适合其用途，有必要进行测试。本指南使用术语"检验测试"意味着用*证据*表明设备达到了所需功能。检验测试生成的数据信息输入到量化指标中，用于跟踪和改善仪表可靠性，并确保仪表可靠性管理程序足以保持风险降低和误停车率等要求（ISA 2012b，参见附录 I）。所需检验测试时间间隔应在安全要求规格书（SRS）中规定，并应基于设备的可操作性和可维护性需求以及风险降低约束条件。

有必要对 SCAI 定期进行完整的功能测试，并覆盖现场传感器到最终元件的整个回路，但初始测试完成后不必再同时对各设备进行测试（例如，每个设备可能有不同的测试间隔时间）。不过，定期进行端到端测试属于良好实践，特别是检修期间工艺过程重新开车前的，检修期间有可能会导致因疏忽被禁用、损坏或更改设备。另外，在线测试期间检测到的任何问题都应在 SRS 规定的平均恢复时间（MTTR）内迅速纠正。测试要确保 SCAI "完好如新"恢复操作并满足预期用途，这样的状态要持续保持到既定的下一次测试。

保留测试文档，并用于跟踪 SCAI 设备的实际操作性能（即以往使用数据）。清楚地记录校准前和校准后状态，对于了解设备性能变化趋势以及监控设备老化情况非常重要。测试期间收集质量数据也是仪表可靠性管理程序的重要组成部分。

设计过程应考虑到测试要求，确保测试设施的安装为所需在线和离线测试提供保障。测试设施可能会增加整个 SCAI 的复杂性。例如，可能需要安装额外的现场硬件，如泄放阀或隔离阀，在配管和测试设施设计时还要考虑容易接近 SCAI 设备。第 6.5 节中有更详细的测试介绍。

5.2.7　应用程序实施和安防

第 4.2 节介绍了过程控制系统软件的实施。IEC 61511-1（2015）条款 10.3 和条款 12 给出了 SIS 应用程序的更多要求和指南。附录 H 也给出有关应用程序执行的指南。此外，在实施 SCAI 应用程序时应考虑以下内容：

- 存储设备（例如，硬盘、U 盘或其他便携式存储设备、软盘等）用于 SCAI 之前，应使用合适的防病毒软件检查病毒。U 盘或闪存可带入能够攻击控制系统的病毒，例如，Stuxnet 和 Flame 病毒。
- 当硬件变更时（例如，升级主处理器或输出模块），制造商的内嵌软件通常也需要更换版本。用户应与制造商密切合作，以确保与其他系统部件相兼容。理想情况下，在 SCAI 系统实施前，应先在使用相同控制器类型和结构（例如，仿真系统）的非关键设备上进行更改，并验证系统性能。如果内嵌软件版本被更改，应对应用程序进行全面测试（见第 6.5.8 节和附录 H）。
- 为满足其特定需求而修改制造商的内嵌软件，用户应慎重处理。这会使系统软件变得与众不同，或"独一无二"。这样会增加未来不兼容、增加系统性错误以及失去制造商长期支持的可能性。

- 如果在工艺过程操作期间变更程序(例如，更改定时器设定值)，可能会出现意想不到的问题。应制定访问限制对策，防止在没有变更管理和授权的情况下在线修改控制器组态设定值或应用程序变量值。由于程序漏洞会导致系统故障，因此在线编程尤其危险。程序代码应离线编写，并在下装之前进行充分测试。

- 易于编程也容易让未经授权的人员容易更改 SCAI 程序。即使人员具备控制器编程的知识，但有可能并不知道用于安全系统的编程方法。应执行安防策略，程序更改需要就地允许(例如，钥匙开关)等限制措施，以降低意外下装或影响 SCAI 功能的网络攻击风险。

- 易于编程也会导致未经充分评估或形成书面记录的快速更改。应落实管理控制措施，确保 SCAI 应用程序的更改按照变更管理要求(见第6.7节)得到批准，并符合安全下装的管理规定。

- 设计应考虑是否存在禁止在线编程的过程操作模式。如果这些模式存在，应在应用程序规格书和相关文件清楚说明这种限制。进行审核活动时，应审查实际操作是否遵守了这些限制条件。

- 许多系统允许对输入和输出点进行强制"on"或"off"操作。这相当于为机电系统的继电器触点设置旁路。强制是系统本身检查期间经常使用的功能，但可能会导致 SCAI 动作无效，因此强制的使用应加以限制和管理(见第6.5节)。

- 程序应简单，易于理解，这通常涉及：
  - 使用模块化编程，将程序分解成更小部分。
  - 避免使用"或非(NOR)"和"与非(NAND)"函数。
  - 尽可能在程序中加注说明性文本。
  - 避免结构变量和数组。
  - 应用结构化编程技术。
  - 创建防御性程序，检测异常程序流或数据值，并按规定方式做出反应，从而对网络攻击提供实时响应。

- 切实做好前端工作，以充分规范应用程序要求和应用程序开发技术方法，从而减少潜在的系统性错误。在应用程序开发过程中验证逻辑。

如第5.2.7节所述，过程控制系统应用程序编程和 SCAI 应用程序编程分别由不同的人员执行更可取。这将减少逻辑功能编程时发生系统性失效的可能性。应限制有权访问 SCAI 的人数，以减少未授权、考虑不周或无记录变更的可能性。

SCAI 应用程序的任何更改都应执行变更管理规程(MOC)，确保更改不会影响 SCAI 的风险降低能力以及增大误停车率(见第6.7节)。变更后，任何受影响的功能都应进行彻底测试。

5.2.8 补偿措施

IEC 61511-1(2015)要求，当 SIS 设备处于旁路或出现故障不能提供特定的风险降低时，SRS 应辨识并明确规定用于减轻相关风险的补偿措施。不能及时对 SCAI 失效做出响应，以及在需要时不能启动手动停车，已成为许多过程安全事件的诱因。在将 SIS 恢复到完全操作状态期间，补偿措施用于弥补此时缺失的风险降低能力。

补偿措施可包括但不限于使用替代的仪表功能、降负荷操作(或甚至停车)、随时准备手动停车对工艺过程进行的连续监控，或者限制访问正常可接近的区域。所有补偿措施必须为有效防控过程危险发挥应有功能，并且应独立于产生过程"要求"的原因以及应对该过程危险的其他独立保护层。补偿措施使用的设备必须包含在仪表可靠性或机械完整性管理程序中。

5.3　SCAI 技术选择

有很多技术可供选择，并成功用于 SCAI。应基于正式的业务流程选择技术，本书称之为用户批准过程(附录 F)。适用性证据应包括：

- 制造商质量管理和配置管理体系的考虑；
- 设备技术说明书和安全要求规格书；
- 类似操作环境该设备的性能表现；
- 支持各项指标的操作经验累积量(即以往使用经验)。

IEC 61511-1 条款 11.5(2015)给出了有关基于 IEC 61508 和以往使用证据选择 SIS 设备的更详细规定。附录 F 讨论了每类证据的优缺点。附录 I 提供了使用历史记录跟踪仪表可靠性的指南。仪表可靠性量化指标的示例见第 6.2.3 节。

SCAI 设备可以使用任何技术，包括可编程电子、硬接线电气设备、机电继电器、固态逻辑、固态继电器、气动系统、液压系统和上述任何技术的混合配置。这些技术用于逻辑控制器参见附录 A，用于现场仪表参见附录 E。过程控制应用有许多久经考验的现场设备，其操作和维护记录为选择适用于 SCAI 的设备提供了依据。

选用的技术应是符合应用要求的最简单、最可靠的系统，同时应满足所有环境限制条件(例如，必须适合安装在电气危险区域)。

技术选择应有能力达到所需风险降低和误停车率要求。

示例：误停车

现场接线电磁耦合可能导致输入信号虚假闭合，在上电和在线调试输出模块时，由于快速的电压瞬变可能导致输出信号虚假导通。使用信噪比足够好的输入和输出卡件应对噪声干扰，消除上述问题。

要慎重考虑输出模块共用电源熔断器配电设计，避免单个电子部件失效造成主熔断器烧断，导致整组输出卡件供电中断。虽然说电源中断会造成诸多不便以及潜在的经济损失，但这种失效被认为是安全的。在这种应用场合，要注意合理地进行电源分配。

应选择高性能、工业级仪表设备用于 SCAI(附录 A、C 和 F)。对于安全要求规格书(SRS)和操作目标，应考虑设备失效模式、总失效率、危险失效率和安全失效率。应仔细审查制造商提供的数据，了解其确定失效率的方法，因为数据通常是在严格控制的环境状态收集得到的，并且厂商的分析报告可能并没有考虑工艺介质及其操作环境的影响。在做出设备是否适用的判断时，应主要以现场记录和维修经验为依据。在选择适合 SCAI 应用的设备时，应优先考虑以下方面：

① 有类似操作环境良好的性能表现证据(即以往使用)；② 主要的工程设计变更每年少于一次。

▉案例 15

地点：Pasadena，Texas

工艺：高密度聚乙烯

日期：1989 年 10 月 23 日

影响：爆炸当量达里氏3.4级，23 人死亡，130 多人受伤，碎片飞出6英里。

影响区域：

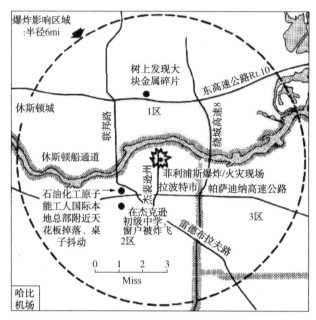

概述：

在对反应器底部的沉降管进行日常清堵作业时，临时气源被错误地连接到隔离阀的气动执行机构上，导致阀门打开通向大气，而不是关闭和隔离。维修人员没有注意到这个错误。在短短的几秒钟时间内，40t 易燃物质被释放到大气中。大规模的蒸气云团在 1～2min 内被点燃，在接下来的 45min 内，还发生另外两次爆炸。

自动化方面主要教训：

气动阀门的执行机构有两个气源接口。一个接口将气源送到执行机构隔膜的底部，气压推动阀门打开；另一个接口将气源加到执行机构隔膜的顶部，推动阀门关闭。当连接颠倒时，控制系统将信号错误地发送到执行机构另一侧，与预定操作方向恰好相反。书面维护程序、醒目的标识，以及采用不同形状的气源接口等措施都可以有效地防止此类错误(ISA 2012e)。

仪表和控制系统问题：

- 没有配备可燃气体探测系统；
- 控制室离装置太近(被摧毁)；
- 气源接口大小和型式相同，容易接错；
- 气源接口标识不清晰；
- 气源重新接到阀门执行机构后，没有进行检验测试或确认来证明阀门是否正确操作；
- 没有双切断隔离系统；
- 紧急报警声音不能覆盖整个生产装置。

信息来源：

- Mannan S. 2012. Lee's Loss Prevention in the Process Industries, 4th Edition. Massachusetts：Butterworth Heinemann. Atherton J. and F. Gil. 2008. Incidents That Define Process Safety. New York：John Wiley & Sons.
- OSHA. 1990. Phillips 66 Company Houston Chemical Complex Explosion and Fire：A Report to the President. Washington， D. C. ：Occupational Safety and Health Administration.
- United States Fire Administration TR-035 Phillips Petroleum Chemical Plant Explosion and Fire Pasadena， Texas(October 23， 1989)， Washington D. C. ， National Fire Data Center.

并非所有设备都来自同一制造商，实现每个SCAI应用所需的完整性、可靠性或功能性。有些设备在某些应用场合性能不理想，但在其他地方则表现良好。在选择任何设备之前，必须充分了解每个应用的具体要求，以确保适用于预期用途。

在为SCAI应用选择适宜的传感器、信号接口、通信、逻辑控制器和最终元件时，需要考虑的事情很多。本章涉及这些考虑因素，而详细讨论参见附录A、C和F。

SCAI采用许多不同类型的传感器和最终元件。由于涉及的设备数量众多，如果从设计到实施没有很好的正确规划，对这些设备的维护可能会出现资源不足。在选择传感器和最终元件时，应尽量降低发生失效的可能性，从而减少维护和测试需求。当确信传感器或最终元件可能存在某些已知的问题时，有必要采用冗余结构，以降低SCAI操作的不确定性。

传感器和最终元件安装方式或状态，不能影响SCAI可靠性或整体风险降低能力。作为SCAI组成部分的现场元件应采用独有标识，不能与过程控制系统的现场元件相混淆。通常采用特别定做的标牌或标签。也可使用不同油漆颜色使设备从远处清晰可辨，但使用油漆必须谨慎小心。在很多现场，油漆妨碍阀杆移动或油漆遮盖就地显示和面板的情况屡见不鲜。

现场设备的安装方位应考虑工艺过程连续操作期间能够方便地进行测试。在有些情况下，可能需要对这些设备，特别是传感器和最终元件，设置适当的旁路措施，以便于测试。

5.3.1 传感器

应基于以往历史记录和性能表现，按最高完整性和可靠性要求选择传感器。需要风险降低>100 时，通常需要冗余，以确保硬件故障裕度，应对系统性失效。在传感器选型时，精度、重复性和响应时间是非常重要的考虑因素。不管其安全性如何，选择设备首先应满足功能规格书要求。

SCAI 设备和过程控制设备需要隔离，以应对整个自动化系统操作和维护阶段的人为因素影响。SCAI 设计应考虑人员能力及其局限性，合理分配操作人员和维护人员的任务。在本书引用的案例研究中，最常见的相关失效大都涉及过程控制系统和 SCAI 规格书编制、安装、操作、维护、测试，以及执行旁路功能时出现人为错误。

当传感器的性能存在不确定因素的影响时（例如，工艺介质中含有固体颗粒并可能覆盖传感器检测部件），可考虑采用多样性冗余配置。同型或多样性冗余配置的每台传感器都应适用于过程应用，并满足精度要求，冗余配置提供某种程度的保障，即在过程出现"要求"状态需要 SCAI 响应时，这些传感器中至少有一台能够正常地操作。*使用独立的过程接口、吹扫、伴热以及其他良好的工程实践，也能将操作环境引起的失效降到最低。*

传感器独立和隔离要从过程连接开始。例如，如果使用两台压力变送器构成冗余结构，则应有各自独立的过程接口（图 5.11）。应考虑使用管理控制和工程系统，以确保过程接口的变更管理，例如，采用铅封或链锁固定根部阀的打开状态。

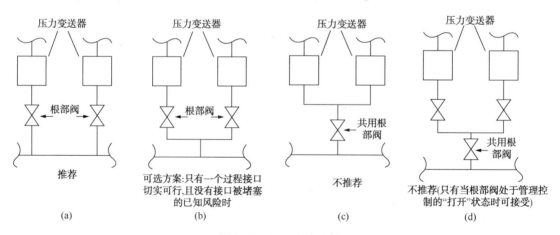

图 5.11　过程连接示例

独立和隔离也适用于 I/O 模块的信号分配。使用冗余传感器时，将其分配到各自的输入卡、各自的输入机架和 I/O 通信通道，通常认为是良好的工程实践，这样可以避免单一硬件失效或人为错误导致多个传感器被禁用或触发。图 5.12 给出了 I/O 点分配到不同模块的示例，这会降低单一输入或输出模块造成 SCAI 整体失效的可能性。SCAI 也可使用开关量传感器（例如，流量开关、压力开关等），它仅有两个状态：断开或闭合。开关提供二进制输入信号给 SCAI，使输入电路得电或失电。*检测到所监控的危险过程状态时使输入电路失电是本质安全化的设计实践。*使用开关的缺点，是仅在达到设定状态时才给出信号，这就限制了外部诊断的可能性。二进制开关量信号仅能指示开关触点是否打开（即，肯定发生了问题，但不确定是什么问题），不能提供传感器出现失效时的诊断信息，也无助于分析为什么出现了故障。只有频繁地对开关进行测试，才可能达到满意的安全性能。

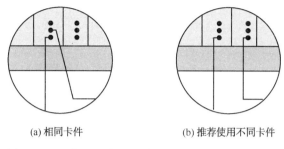

(a) 相同卡件　　　　　　　(b) 推荐使用不同卡件

图 5.12　冗余 I/O 分配在同一卡件与不同卡件示意图

　　SCAI 通常使用模拟传感器测量实时动态变化的过程信号。从风险降低观点看，模拟信号的主要优点是能够支持外部诊断。通过诊断辨识出过程信号的异常并给出相应报警。在系统中嵌入诊断程序用于检测失效，在技术上并不困难。同样，工程设计将两个模拟信号进行比较，如果差值超过某个预设值并持续了规定时间时给出报警，例如，差值超过 5% 并持续了 3min，意味着其中某台传感器可能存在故障，这样的诊断方式也是容易实现的。应将传感器组态成检测到失效时置于安全状态（例如，故障时输出值置于安全方向）。采用单一传感器时某些类型的失效有可能难以检测出来。一些可用的检测方法包括：

- 超范围分析；
- 信号"无变化"持续时间超过设定值；
- 跟踪另一个传感器（如过程控制系统的传感器）的状态或与其进行比较；
- 与相关数据进行比较。

　　采用模拟信号的另一个优点是其测量值可直接用于复杂的计算逻辑。由于系统测试的复杂性和更大的潜在系统性失效，直接测量比通过计算或推断间接得出测量结果更为可取。此外，对 HFT 的要求也得用于计算涉及的所有仪表设备。所需的复杂计算必须在规格书中给出详细定义，并通过严格的故障插入、模拟和测试对计算准确性进行确认。

　　无论是安全相关信号还是过程控制信号，启动报警或关停的传感器应在操作员界面（HMI）上显示。如果不显示，这些"无警示触发器"不会向操作人员提供任何警示或报警，将对故障处理造成困难。如果操作员没有足够信息进行判断、不能确认工艺过程重新启动是否安全时，也会对恢复正常操作造成延误。应采取措施为确认相关工艺参数状态提供必要的信息。

　　采用可编程电子（PE）技术的传感器，组态更加灵活方便。不过，也存在负面因素，在规格书制定、安装和调试方面，相关人为错误的可能性也更大。对可编程电子传感器的内嵌软件以及应用参数组态，也需要比照可编程控制器进行管理和控制。对传感器访问的权限管理，必须考虑支持组态的网络、手操器或其他外部连接设备的安防要求。除非进行授权的维护活动，平时应通过写保护停用这些接口，或者断开外设的连接。

　　可能需要冗余配置满足风险降低要求和目标可靠性，使用 HFT 应对系统失效。冗余也可以帮助操作人员辨识异常操作状态并对其做出响应。前提是测量相同变量的两个独立传感器不会同时出现失效。不过，完全相同的两台传感器由于共因机制的存在，可能会导致同时丧失功能。采用两台不同类型的传感器构成多样性冗余，只要每台传感器都能提供可靠的性能，则可减少这个问题的影响。采用两台传感器构成冗余，其输出信号不一致的状况很容易被检测出来，但仍有可能不能明确指示过程报警状态是否实际存在。

将三台传感器配置为三取二（2oo3）冗余架构，可及早发现失效传感器。失效传感器由两个正常传感器表决出局，并仍然能够维持系统的继续运行。不过，此时应向操作人员发出报警，确保及时关注到失效传感器并及时采取措施将其恢复到正常工作状态。否则，如果有第二台传感器也处于失效状态，两台失效传感器的表决结果将使剩余的那台正常传感器出局，导致应用程序或操作人员判断出错。如第5.2.8节所述，需要采取必要的补偿措施，应对冗余传感器组任一传感器失效可能导致的风险降低能力受损。

5.3.2 逻辑控制器

逻辑控制器的选择应满足完整性、可靠性和功能性要求。成本和易于修改是选择 SCAI 逻辑控制器的重要考量，但对安全并不是最关键因素。目前有许多不同类型的逻辑处理技术可以使用，其中许多也通过了 IEC 61508（2010c）合规性的正式评估。这些技术包括模拟、离散以及可编程控制器（见附录 A）。

由于系统的集成度越来越高，分析判断 SCAI 逻辑控制器与过程控制系统的独立和隔离状况变得更加困难（见第3.6节和第5.2.1节）。由于半导体芯片层面失效时的"on"或"off"状态在失效机理上没有区别，因此具有固态元件的仪表难以执行本质安全化实践，即故障安全（fail-safe）。此外，包含多个微处理器的复杂可编程控制器辨识其失效状态比机电设备，如继电器或联锁信号放大器，也同样更加困难。

现代可编程控制器可以采用差异化硬件（网络集成，功能隔离）完全集成为分散通信结构（例如，直接连接到控制系统数据高速公路），也可以采用完全共用符合 IEC 61508（2010c）的控制器硬件，甚至其他逻辑控制器技术，通过串行接口（例如，通过以太网或Modbus）与过程控制系统实现数字化连接。选择可编程控制器时，应考虑以下因素：

- 内嵌和操作系统软件的评估；
- 在类似装置应用并经历了足够时间考验的以往使用证据；
- 制造商高品质控制器方面的声誉；
- 有关编程、网络安全对策，安全手册和工程工具等方面有完整的文档，用以支持逻辑控制器操作、维护以及变更管理等工作需要；
- 应用程序所用存储器，要确保电源掉电后能够恢复，此类存储设备包括非挥发性存储器或者具有后备电池支持的存储器；
- 可提供及时并具有足够能力的技术支持。

无论采用何种技术，逻辑控制器应设计为失电时以及关键系统部件故障时，进入特定的安全状态。SCAI 应以这样的方式设计，即一旦将工艺过程置于安全状态，那么就要一直保持在这个安全状态，直至操作人员给出复位指令。因此，当 SCAI 逻辑控制器的电源恢复后，或者其故障被修复后，不应自动地将输出复位并允许工艺过程重新启动。

当所需风险降低能力>10时，应将控制器配置为冗余结构并采用适当的诊断技术，以尽量减小危险失效的影响。逻辑控制器应能够检测并报告其输入和输出的失效或异常改变。自诊断还应实时确认处理器是否成功扫描所有 I/O 点。执行以下措施可以减少系统性失效：

- 采用复杂程度低的设备；
- 提高硬件故障裕度；
- 技术多样性；
- 简单、易于理解，模块化设计方法；
- 本地访问控制，以防止对逻辑控制器进行未经批准授权的任何更改。

当需要手动启动 SCAI 输出时，在 SRS 中要明确定义手动停车的方式：是独立于 SCAI 逻辑控制器，还是直接连线至逻辑控制器作为输入（通常用于顺序停车）。设置独立于逻辑控制器之外的手动停车开关能够提供更好的安全性，因为即使 SCAI 控制器出现故障的时候，该开关仍可以切断输出信号的电源。手动停车开关不应作为正常顺控或过程操作模式转换的组成部分。不过，可以将手动停车开关集成到正常停车程序中，有利于操作人员增强对这些开关功能的了解和必要时对它们的信赖。

所有逻辑控制器，不论是可编程控制器还是非可编程技术的设备，都应该考虑这些方面：

- 可以依据 IEC 61511（2015）以往使用规则评估认可，也可以是基于 IEC 61508（2010c）的正式评估。但对于必须达到 SIL3（或更高）风险降低能力的逻辑控制器，需要 IEC 61508（2010c）的正式评估。
- 为了实现所需的可靠性和风险降低要求，根据实际需要选择单一或冗余结构配置。
- 冗余输入信号应该分配在各自的卡件、各自的输入卡机架，甚至不同的 I/O 通信通道。
- 冗余输出信号应该分配在各自的卡件、各自的输出卡机架，甚至不同的 I/O 通信通道。
- 如果切实可行，对冗余输入或输出信号实施主动诊断，以检测信号之间是否存在差异。
- 通过专门的人机界面、对所有互连设备执行写入限制以及高度受限的数据通信，与过程控制系统隔离。

5.3.3 最终元件

阀门和电机控制电路是最常见的 SCAI 最终元件。最终元件包括实现所需功能的所有关联设备，例如，停泵涉及电机启动器，而启动泵则包括启动器和泵本身。应根据特定的应用需要选择阀门，包括使用条件、关断的速度和密闭级别、所需风险降低、可靠性、执行机构要求（即气动还是电动、阀门失效应处于开还是关位置），以及在类似操作环境的性能表现（即以往使用证据）。

最终元件的设计应采用本质安全化实践。阀门通常设定为信号动力源中断时处于打开或关闭位置，如配置弹簧复位式气动执行机构实现这样的意图。大多数 SCAI 将最终元件设计为正常操作状态时最终元件带电（即失电动作）。不过，这样的设计在意外失电时最终元件会导致 SCAI 误动作。应通过备用系统确保供电可靠性（见附录 B）。

有些特殊情况可能需要阀门在动力源中断时保持当前阀位。当使用双作用阀门时，由于没有弹簧复位，则需要仪表风驱动阀门到达安全阀位。仪表风中断时双作用阀门处于气源中断前的开度。如同任何关键支持系统中断时面临的境况一样，仪表风系统设计必须确保支持系统的持续有效以及气源管路的完好，因此需要配置储气罐并监视气源压力，以保持安全应用所需的风险降低能力。

虽然每个应用场合各有不同，通常来讲，能为系统提供能量的阀门通常为故障关闭（例如，蒸汽阀），而从系统带走能量的阀门通常是故障打开（例如，冷却水阀）。最终元件不应给系统带来额外危险。例如，在一些应用场合，球阀关闭时工艺介质滞留在球体内可能会引起过压（对于容易气化的一些液体很常见，如液氨和液氯）。因此，对于这样的工况有时会设计特殊措施，阀门关闭时会将球体内残存的物料放空至上游管道。

可采用串联（1oo2）或并联（2oo2）电磁阀冗余结构操控阀门。图 5.13（a）中，其中一个电磁阀（1oo2）动作（失电），就可以释放气动执行机构的气源。图 5.13（b）中，两个电磁阀（2oo2）必须都动作（失电），才能排出气动执行机构的气源。在图 5.13（b）的电磁阀冗余结构中，如果靠近阀门的电磁阀动作，但仪表风未经另一个电磁阀的排气口排出，这种冗余配置的整体效果就会受影响。排气口堵塞是比较常见的故障现象。因此，采用此方案时需要采取必要的预防措施，避免电磁阀排气口的意外堵塞（例如，昆虫巢穴、油漆、保温层）或气源管路折弯阻碍仪表风的正常流动。

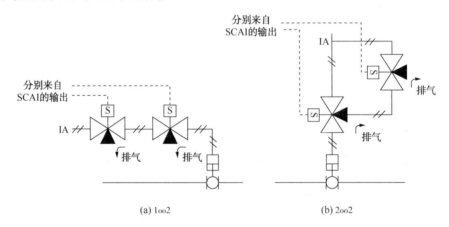

图 5.13　双 SOV 配置（1oo2 和 2oo2）

切断阀或隔离阀应选用弹簧驱动使其达到安全位置的气动执行机构，除非提供不间断气源或其他备用系统（见附录 E.1.6）。应根据具体应用场合和 ANSI/FCI 70-2（2013）指南确定这些阀门选型的切断泄漏等级。遗憾的是，无论其规格书怎么说明或做出规定，所有阀门都存在潜在的泄漏可能。随着在役时间的推移，磨损会大大增加泄漏的可能性以及泄漏量。如果泄漏可能导致爆炸或其他危险状况，则应配置冗余阀门，以降低阀门向下游泄漏物料的可能性。有时也可能考虑其他更复杂的阀门配置组合。

需要采用冗余最终元件以确保工艺过程的隔离时，控制阀可以用作 SIS 切断阀的备用措施；或者为满足风险降低要求而需要冗余的最终元件时，如果控制阀能够满足开关速度和泄漏等级等性能要求，并且与初始原因保持足够的独立，也可以与 SIS 切断阀一道构成所需冗余结构。控制阀作为 SIS 的唯一最终元件一般是不可接受的，除非该控制阀失效不会触发损失事件，并且符合安全要求规格书的性能要求。要注意，除非控制阀失效不会触发损失事件，否则控制阀不能用作满足最低 HFT 要求的手段。

双切断阀和泄放阀组合通常用于防止通过阀门泄漏到下游管道。例如，NFPA85、

NFPA86 和 NFPA87 要求锅炉、熔炉和加热炉的天然气或燃料气的进料管线采用双切断阀。双切断和泄放阀组合配置(图 5.14)显著降低了泄漏到下游设备的可能性。接收到关断指令时，串联切断阀关闭，同时泄放阀打开。泄放阀为第一台切断阀泄漏的物料提供了一个更低的压力路径，防止两台切断阀门之间压力积聚，避免物料通过第二台切断阀泄漏到炉膛。可以使用吹扫气体或阀门间压力监控进一步增强双切断阀和泄放阀组合体的性能。

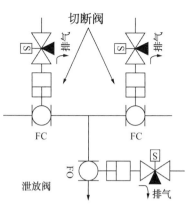

图 5.14　双切断阀和泄放阀组合

当 SCAI 动作导致停车时，控制系统也应处于一种安全状态，以便停车原因调查完毕后重新安全启动工艺过程。可通过 SCAI 系统发送停车信号到过程控制器，触发过程控制器的这一协同动作。采用独立于过程控制系统的 SCAI 设备直接驱动控制阀，也是不错的设计思路。例如，可以在控制阀定位器和执行机构之间安装受 SCAI 控制的独立电磁阀。需要通过 SCAI 将电磁阀复位，控制阀才能返回过程控制系统的控制。

最终元件的位置反馈是重要的人因工具。只要 SCAI 或操作人员手动将最终元件置于特定状态，都应验证最终元件实际达到该状态与否(例如，通过使用限位开关、传感器等)。如果最终元件没有达到所需状态，位置反馈信号将警示操作人员存在操作异常(例如，输出指令与最终动作反馈不一致报警)或者应用程序直接触发纠正动作。也应提供阀门实际阀位的就地现场指示。就地指示应在距离该阀 2~3m 开外就能清晰看到。应特别考虑关键阀门的阀位指示方式，以确保无误。

工艺管线上的气动控制阀和切断阀的电磁阀应被视为最终元件的一部分(即视为执行机构的一部分，其冗余配置只影响到执行机构而非阀体)。电磁阀选型应综合考虑适当的可靠性和可用性。采用冗余电磁阀可以进一步提高最终元件的可用性(见第 5.3.3 节)。

电磁阀的安装位置应确保阀门的正确操作。如果阀门有定位器，则电磁阀应安装在执行机构和定位器气源管路之间并在动作时直接泄放执行机构气源，而不是安装在定位器的气源输入侧。当电磁阀限流而伸动作变慢时，可使用快速排气阀加速阀门执行机构的动作。

用于 SCAI 意图的控制阀执行机构的配管、仪表管路和管件应设计良好，正确安装并适当支撑固定。其安装方式应抵御或适应当地恶劣气候条件，如暴雨、沙尘暴或冰冻。应根据应用工况选择适当的材料，对存在腐蚀危害的现场环境一般优选不锈钢材质，发生火灾时要求阀门即刻失电动作的场合，则可能需要采用塑料管材配置该阀门的气源管路。

5.3.4　安全系统的人机界面(HMI)

在所有事故中，80%~90%涉及人为错误。导致这些错误的常见原因包括错误或混乱的信息、信息不充分或太多、控制要求不明确以及设计质量欠佳。有效的 SCAI 设计需要从人为因素的特点出发，减少操作人员错误的频率和影响。虽然某些工效学原理是工作站环境设计的一部分，不能改变，但仍然可以通过优化配置一些其他特性，提高操作人员界面的有效性。

在制订适宜的安全系统人机界面(HMI)要求时，需要考虑许多问题(参见附录 G)。HMI 设计应遵循良好的人因学工程实践，适应操作人员所接受的培训水平。需要操作人员人工干预的安全动作数量是整个设计的最大影响因素。操作人员手动动作的步骤及顺序越复杂，需要与安全界面进行交互就越紧密。其他值得关注的方面有：

- 在任何损失事件发生期间，需要操作人员处理的安全报警的最大数量。
- 安全报警优先级和呈现方式的报警管理原则。
- 安全警示和数据显示的操作界面设计原则。
- 安全报警的隔离要求。
- 允许完全读取访问的同时，如何控制对预定义数据和功能的写入访问。

操作员界面应清晰、简洁地显示过程和 SCAI 状态，避免误解。工艺过程越复杂，或涉及的风险越大，对高级显示技术的需求也就越大（例如，依据过程功能、设备的不同，将报警分组显示）。无论操作人员的界面是常规的控制盘面还是画形显示屏幕，都是如此。如同过程控制器 HMI（参见第 4.5.7 节）一样，应在流程画面上将每个参数能相互证实的测量值靠近显示，便于更快速地辨识异常操作工况以及故障排除。

手动干预控制器输出的操作界面功能也必须同样慎重设计。应在安全系统 HMI 设置旁路状态显示，并在旁路期间定期重复报警以作提示。

有时需要设置独立于 SIS 逻辑控制器之外的手动停车开关（有时称之为紧急停车开关），直接操控 SIS 最终元件。

SCAI 回路动作时应有适当的报警显示，并记入日志，以支持后续的过程要求率分析。将第一事件报警（first-out）显示与事件顺序记录功能以及数据历史记录功能结合起来，并组态到 SCAI 或过程控制系统的应用程序中，或者通过常规盘装报警器或等效设备进行显示。第一事件顺序报警设计应遵循 ISA S18.1(1992a)。

5.3.5　通信

由于控制系统对各过程单元进行分散控制，各部件、子系统和系统之间需要很好地通信（或网络化连接）。附录 C 讨论了通信链路信息传输和 SCAI 通信技术适用性之间的关系。

需要深入了解 SCAI 通信系统，确保与 SIS 通信相关的问题都得到充分考虑。其中包括：

- SCAI 系统背板间的通信；
- 共模失效的辨识；
- 如何处理过程控制系统和 SCAI LAN、串行链路，以及数据高速通道通信；
- 通信的诊断；
- 多路传输和远程 I/O 的采用；
- 光纤的使用。

5.3.6　远程数据采集

现在的控制系统在技术上可实现过程控制系统和 SCAI 的全网络集成，与企业网实现网络连接，或者远程下装更新的软件程序，这也增大了遭受网络攻击的风险。通过过程控制系统（2 区）或直接使用集成网络（1 区）对 SCAI 的外部访问都是可接受的通信方式。

如果外部入侵后果很严重，可以采用气隙隔离（见第 3.6.1 节）或接口互连（见第 3.6.2 节）的通信方式，以减少损失事件发生的频率。如果被入侵的后果相对较低，则可以采用集成 2 区(见第 3.6.3 节)或集成 1 区(见第 3.6.4 节和第 3.6.5 节)的网络配置方式，需要依据可能的访问频率进行选择。

如果仅需要对 SCAI 系统进行只读访问(例如，数据记录、报告、诊断)，也可以考虑使用单向路由器，将数据导入控制系统网络外部的镜像服务器。在这个被形容为"数据二极管"的方案中，从过程控制系统和安全系统集成控制网络的外部进行数据写入被禁止。

如果允许 SCAI 程序远程下装，则不应直接通过因特网执行这些操作。远程下装应受到管理控制的约束，并采取必要的网络安全对策，以确保 SCAI 功能不会受到潜在威胁的损害。在 1 区配置中(见第 3.6.4 节和第 3.6.5 节)，过程控制系统必须视同为 SCAI 进行设计和维护。如果过程控制系统和 SCAI 共用工程工作站，则该站有必要按照 SCAI 安防级别进行管理。

5.3.7 电源的考虑因素

SCAI 可以设计为失电动作(De-energized-To-Trip，DTT)、得电动作(Energized-To-Trip，ETT)，或者两者兼具的控制方式。相较于 ETT 设计，DTT 设计在电源失电时将触发 SCAI 功能动作，使工艺过程进入安全状态，一般认为 DTT 比 ETT 系统本质上更安全。如果误动作可能引发重大损失事件，则优选 ETT 系统。有些电机的电源设计可能兼有 ETT 和 DTT 两种形式的部件，它们必须协调操作才能使电机关停。

相对于 ETT 系统，DTT 系统具有以下优点：

* 设计更简单；
* 本质安全化的设计；
* 该设计方法具有最广泛的操作经验(即，以往使用)。

ETT 系统的主要优点是有更低的误停车率，因为失电不会立即触发进入安全状态的动作。其主要缺点是电路完整性的任何缺失，如熔断器熔断或接线断开，都会导致功能性丧失。必须采取线路监控措施确认电路完整性，并在电路完整性受损时发出报警。不过，更要注意当电路持续处于通电状态时，电涌有可能足以导致熔断器熔断或损坏接线。基于这样的原因，在采用 ETT 系统设计时必须进行危险分析，评估电源中断的潜在风险，并辨识独立于 SCAI 之外可供采用的应急手段，确保在电源缺失时仍能实现安全动作。

许多应用规则对 DTT 或 ETT 系统都同样适用。下面简述每种类型的主要特点。

* DTT——此类电路在正常操作状态下带电，失电则触发进入安全状态的动作。在许多情况下，*将 SCAI 设备按照这样的方式设计和配置是本质安全化的，即失电时设备失效置于特定的安全状态，即故障安全(fail-safe)*。DTT 设计可以采用常开或常闭触点。

图 5.15 展示了常开触点(a)在得电时输出处于闭合(b)状态。该触点的未用状态(例如，打开或关闭)是指该设备存放在货架时的原始状态。因为触点设计为电源失去时断开(c)，因此就断电而言，系统正常操作时处于得电状态被公认为本质安全化。触点的未用状态(a)和关停状态(c)相同。DTT 设计也能很好地应对熔断器熔断、接线断开，以及火灾造成电缆桥架损坏等各种失效模式的影响。

图 5.15　DTT 常开触点不同状态示例

■案例 16

地点：llliopolis，lllinois

工艺过程：聚氯乙烯

日期：2004 年 4 月 23 日

影响：爆炸；5 人死亡；2 人住院；4 人受伤；装置受损、化验室、安全和工程部门建筑物毁坏；150 人撤离；道路关闭。

反应器厂房剖面图(CSB 报告图 7)：

概述：

事故当晚，反应器 D306 正在进行清理作业，其他所有反应器都在进行 PVC 生产。从上部冲洗完后，操作人员下楼准备从 D306 底部排出冲洗废水。操作人员下楼时走错了方向，来到反应器 D310 的下方，试图打开底阀排空反应器。但反应器压力安全联锁使之无法打开。据推测，操作人员认为他是在 D306 作业，进而判断当前的联锁有误，于是将紧急旁路气源软管连接到执行机构强制开阀。对这样的旁路作业既没有申请许可，也没有通知任何人。VCM 反应器 D310 经底阀迅速泄放，该操作人员尝试封堵过程中，蒸气云着火。

自动化方面主要教训：

使用不可靠的气源软管为最终元件的安全联锁设置旁路，是不可接受的随意做法，这种非固定的方式极易失控，也不能给出报警。在需要为现场操作人员提供就地手动旁路设施时，要确保这些手动旁路设施的接触和使用足够可靠。需要采用专门的工程手段进行保护，并由管理规程进行管控(IEC 2015)。

仪表与控制系统问题：

- 采用气源软管将联锁旁路，既未遵循操作规程，也未取得相应的授权；
- 除了管理控制以外，旁路设计没有考虑访问限制的措施；
- 在试图封堵泄漏时忽略了启动该区域报警；
- 1992 年 PHA 分析辨识出了此场景，但建议从未被采用；
- 1999 年 PHA 再次辨识到此场景，但小组结论是现有联锁足矣；
- 在本次事件前后，同类装置发生了多起 VCM 转移过程中的类似未遂事件。

资料来源：

CSB. 2007. Investigation report-vinyl chloride monomer explosion at Formosa Plastics Corporation. Report 2004-10-I-IL. Washington, D. C. : U. S. Chemical Safety Board. CSB. 2007.

举例说明图 5.15 所示的应用，一个机械式的低流量开关，常开(NO)触点在流量高于设定值(正常操作)时处于闭合状态，当流量低于设定值时打开(停车状态)。这就是在很多应用场合采用的本质安全化的设计。

冗余可以用于输入设备，在电路完整性受损时改善可靠性。在主电源掉电时，可采用不间断电源系统(UPS)为系统提供短期的应急供电。UPS 应具备足够能力，并应定期进行测试，确保主电源停止时能够按照设计要求维持系统正常操作。也可通过更复杂的冗余结构提高输出设备的可靠性，其成本会高于单一配置结构。

- ETT——此类电路需要动力源(电源、气源、液压源等)才能达到安全状态，因此不符合本质安全化设计实践。当需要电力激活停车电磁阀、断路器关断，以及需要电力(通常 125 VDC)使机械锁定电气触点跳脱的中压开关柜，都是 ETT 系统应用的例子。ETT 设计可以采用常开或常闭触

图 5.16　ETT 常开触点不同状态示例

点。图 5.16 使用常开触点(a)保持打开(b)，直到输出得电(c)。由于电源缺失时触点被设计为打开(a)状态，就断电而言，正常时不带电系统不是本质安全化的。触点的未用状态(a)与所需的关停状态(c)相反。ETT 系统的供电可靠性是安全关键因素，应纳入风险降低能力评估。ETT 设计容易受熔断器熔断、接线断线，以及火灾造成如电缆桥架损坏等不可检测失效的影响。

得电关停系统应具备：

- 采用诊断措施，检测输入传感器与逻辑控制器之间，以及逻辑控制器与最终元件之间电路的故障。
- 电池供电的后备直流电源或不间断电源系统(UPS)提供足够电力，使过程进入安全状态。

- SCAI 系统断电时报警。
- 电源失效时，能够将工艺过程置于安全状态的独立措施。

● ETT/DTT——根据最靠近最终元件所采取的动作，通常将系统划分为 DTT 或 ETT。整个系统也可能包含 ETT 和 DTT 两种形式的部件。例如，图 5.17 所示的电机控制回路（MCC）。

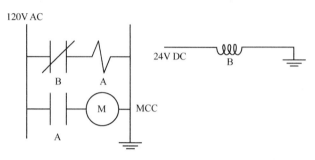

图 5.17　具有 ETT 和 DTT 部件的电机控制电路示例

在过程处于正常操作时，逻辑控制器为继电器线圈 B 提供 24VDC，使 B 的常闭触点处于打开状态；在检测到异常状况时，继电器 B 失电（DTT）。

当继电器线圈 B 失电时，常闭（NC）触点 B 为继电器线圈 A 提供 120 VAC 电源，使得触点 A 的常开（NO）触点闭合，提供运行大型电机 M 运行所需的电源（ETT）。

参 考 文 献

ANSI/FCI. 2013. *Control Valve Seat Leakage*, 70-2. Cleveland: FCI

ANSI/ISA. 2004. *Functional Safety: Safety Instrumented Systems for the Process Industry Sector - Part 1: Framework, Definitions, System, Hardware and Software Requirements*, 84.00.01-2004 (IEC 61511-1 Mod) Part 1. Research Triangle Park: ISA.

ANSI/ISA. 2009b. *Management of Alarm Systems for the Process Industries*, ANSI/ISA-18.2-2009 and associated Technical Reports. Research Triangle Park: ISA.

ANSI/ISA. 2012c. *Identification and Mechanical Integrity of Safety Controls, Alarms and Interlocks in the Process Industry*, ANSI/ISA-84.91.01-2012. Research Triangle Park: ISA.

CCPS. 2007b. *Guidelines for Safe and Reliable Instrumented Protective Systems*. New York: AIChE.

CCPS. 2012c. *Guidelines for Evaluating Process Plant Buildings for External Explosions, Fires, and Toxic Releases, 2nd Edition*. New York: AIChE.

CCPS. 2014b. *Guidelines for Initiating Events and Independent Protection Layers in Layers of protection Analysis*. New York: AIChE.

IEC. 2010c. *Functional safety of electrical/electronic/programmable electronic safety related systems,- Parts 0-7*, IEC 61508. Geneva: IEC.

IEC. 2014c. *Management of Alarm Systems for the Process Industries*, IEC 62682. Geneva: IEC.

IEC. 2015. *Functional safety: Safety instrumented systems for the process industry sector - Part 1-3*, IEC 61511. Geneva: IEC.

ISA. 1992a. *Annunciator Sequences and Specifications*, 18.1-1979 (R1992). Research Triangle Park: ISA.

ISA. 2012e. *Mechanical Integrity of Safety Instrumented Systems (SIS)*, TR84.00.03-2012. Research Triangle Park: ISA.

ISA. 2013. *Security Countermeasures Related to Safety Instrumented Systems (SIS)*, TR84.00.09-2013. Research Triangle Park: ISA.

ISA. 2015c. *Guidelines for the Implementation of ANSI/ISA 84.00.01- Part 1*, TR84.00.04-2015. Research Triangle Park: ISA.

ISA. 2015d. *Safety Integrity Level (SIL) Verification of Safety Instrumented Functions*, TR84.00.02-2015. Research Triangle Park: ISA.

ISA. Forthcoming. *Guidance for Application of Wireless Sensor Technology to Safety Applications*, TR84.00.08. Research Triangle Park: ISA.

6 管理控制和监督

6.1 引言

第3章讨论了过程控制系统和安全系统功能规格书的制定。第4章和第5章为这些系统的详细设计和工程实施提供了指导原则。管理层有责任规定适用于这些系统设计和管理的具体工业标准和导则，并确保整个系统生命周期都得以遵循。依据当前良好工程实践进行管理，并对自动化系统进行合理的设计，就为实现高水平的运行可靠性奠定了基础。

成本驱动的管理决策可能影响安全生命周期各阶段活动的有效执行，进而会影响 SCAI 所需的能力。管理层应合理分配有效的资源，完成 SCAI 规格书制定、安装、调试、操作、维护以及各项测试活动。管理层应确保有足够的管理控制和工程系统，降低整个生命周期出现人为错误的可能性。

过程控制系统提供：①工艺过程正常操作以及过程切换期间所需的自动调节；②操作人员能够判断手动指令得以成功执行的操作状态信息。即使高度自动化的工艺过程，也离不开操作人员的干预，包括定期选择产品生产流程、停止或者启动设备，以及修改操作条件实现质量控制。当工艺过程或其控制系统出现失效时，操作人员还需要对问题所在进行检测并采取必要的应对措施，对过程操作进行监视。操作人员和过程控制系统一道，构成了大多数工艺过程最基本的保护层。

仅凭自动化系统无法保证安全。虽然说通过提高自动化程度可以增强安全操作的能力，从长期来看，这些高度复杂系统的完整性和可靠性仍然取决于人的行为。管理层确定系统的安全和可靠性能优先次序；工程师设计系统并编写程序；操作人员监视并指导过程操作；维护人员进行检查、预防性维护和测试。这些对工艺过程的管理控制和监督活动，确保了过程控制系统和安全系统在其整个服务期内实现并保持所需完整性和可靠性。

系统设计完整性评估应在整个设计过程几个不同阶段进行。对系统的任何更改，都要进行必要的审查，评估对风险降低策略的影响，确保系统的功能要求和核心属性（见第 2.3.2 节和第 3.5 节）得以持续保持。在生产装置的整个服役期间，要定期进行评估和审核，以验证管理控制和仪表可靠性计划是否足以维持所需的安全性能。持续的管理控制和监督，取决于企业对安全的承诺以及功能安全管理体系的执行，功能安全管理体系，旨在通过合理的技术评判确保安全操作。

这些管理控制和监督过程的有效实施和执行，最终要证明对工艺过程进行安全操作的管理承诺。管理控制和监督所需的最低程序化要求包括：

- 向负有相关职责的人员提供完整的、适时更新的、易于理解的功能规格书；
- 日常和异常工况时的操作规程；
- 操作人员监视、自动诊断、检查和检验测试等环节辨识出故障和失效时，如何做出响应；

- 对相关人员进行系统操作和维护的培训;
- 验证、确认以及开工前安全审查的规程;
- 检查、检验测试,预防性维护和停工检修的日程安排和规程;
- SCAI 相关的可靠性参数跟踪以及趋势分析;
- 自动化系统更改的管理规程,包括过程控制系统和安全系统;
- 跟踪和分析过程控制(要求率)和安全系统(要求时失效)的安全性能;
- 审核操作和维护活动是否符合相应的管理程序。

在工艺过程操作开始之前,应该制定这些规程并对相关责任人进行培训。在这些规程制定过程中,需要所涉及的管理、工程设计、维护、操作、安全以及其他部门人员的积极参与。

6.2 自动化系统的组织和管理

为制订有效的管理控制系统,必须认真评估相关组织的能力。生产设施采用基于可编程控制器的现代自动化系统,与采用不可编程的模拟和离散控制器实现自动控制相比,人员编制可能基本相同,但是对操作和维护人员所需的技能要求却有很大的不同。另一方面,每班多人操作与每班只有一名操作人员相比,或者 24h 轮班值守与非连续值守相比,安全报警的有效性大相径庭。

6.2.1 组织和人员配备

当决定采用过程控制系统和安全系统时,管理层就有责任保证其性能得以发挥。参与到自动化系统的相关人员,要明确其职责所在,并根据工作岗位接受必要的培训,以达到所需的工作质量。应建立管理规程,确保在自动化系统的整个服役期内,相关责任人员有足够的能力维持其正常操作。应考虑:

- 支持人员的能力和资格;
- 所需的平均恢复时间(MTTR);
- 所需支持人员的数量;
- 保持技术知识更新以及从经验教训中学习的培训要求;
- 变更管理规程;
- 企业内部或外部资源长期的技术支持;
- 负责 SCAI 的人员和过程控制系统编程、组态或修改的人最好是两套人马。这有助于减少系统性错误的潜在影响。

6.2.2 人员能力方面的考虑

作为人力资源和个人发展计划的一部分,几乎所有的组织都有某种形式的能力确认方式。*简单来讲,能力是指一个人在多大程度上能够正确地完成一项工作*(CCPS 2015)。过程安全能力涉及促进人员学习和集体积累经验的工作活动。为提升过程安全能力,组织必须主动建立过程安全能力目标和实施计划,并为满足这些目标持续努力。

相关人员至少要具备相关的专业知识,包括受控工艺过程和执行过程控制和安全系统所需功能的设备。另外，还应包括以下的实践经验和相关技能：

- 监管过程安全的法律和法规要求；
- 过程应用及其预期的操作，特别是对那些新工艺或复杂流程的操作；
- 损失事件及其潜在后果；
- 预期的 SCAI 风险降低能力；
- 过程控制系统和 SCAI 技术类型；
- 传感器和最终元件技术类型；
- 每个系统的编程或组态能力，知晓特定应用中哪些功能或特性限制使用；
- 流体动态特性，包括对过程安全时间和 IPL 响应时间要求和评估；
- 操作人员和过程控制人员双方操作约束；
- 系统和外围设备之间的通信方式和通信协议；
- 对工器具的要求和使用；
- *如同本书中所描述的过程安全理念。*

6.2.2.1　生命周期人员配备

如果期望自动化系统保持安全、可靠和高效操作，在其整个生命周期各阶段都要配备足够的人员。在项目执行的早期阶段就应安排合格的人员参与，所需人员的数量取决于项目的规模。一旦自动化系统投用，也需要有能力的人员监控其性能。

在规划人员配置要求时，可能需要考虑以下问题：

- 由一个人同时负责过程控制系统和 SCAI 是不可取的，这样会增加人为错误同时影响两个系统的可能性(即系统性失效)。
- 在生命周期的适当节点，由经验丰富的评审人员进行全面的功能安全评估。不论是新的 SIS 项目还是在役 SIS 的修改，评审人员应来自项目团队之外。
- 为验证、确认和评估活动留出足够的时间和资源。
- 对于时间关键的生命周期活动，应安排后备人员，以应对不可控的事件发生。
- 在执行任何生命周期活动时，人员培训会花费大量时间，要估计对执行所需任务在时间安排上的影响。

还应对自动化系统所在的组织进行评估。过程操作和仪控维护之间要密切合作，形成一个团队，并相互沟通。组织结构在处理各专业角色之间具有一定的灵活性，会更有效地达到预期结果。

6.2.2.2　管理组织的变动

有资质的人员晋升新职位或调到新的项目组时，可能对过程控制系统和安全系统专业支持的连续性方面造成一些影响。不仅要考虑专业支持的持续性，还要评估专业岗位空缺时间的影响。

《组织变动期间过程安全风险管理指南》[*Guidelines for Managing Process Safety Risks During Organization Change* (CCPS 2013)]讨论了各种类型的组织变动可能成为损失事件的潜在影响因素。该书建议将变更管理规则运用于过程安全体系人员职责变动的管理，也包括负责过程控制系统和安全系统的人员。人员调动或晋升是职业发展的需要，但要考虑人事变动对过程安全产生的影响。

6.3　过程安全信息

准确且最新的过程安全信息是有效管理体系的关键要素。在当今不断变化的环境中，人们总是在寻求不断完善的途径，但是也需要了解功能安全管理的大格局，以及它如何影响"做事的方式"。随着时间的推移，可能会潜移默化地接受一些不安全的系统变更，除非清楚地说明该系统在每种操作模式下做什么？为什么这样做？以及如果达不到预期该怎么办？当前的文档应保持如下最新内容：

- 危险和风险分析的假设条件和分析结果；
- 过程控制规格书；
- SCAI 安全要求规格书；
- 设备手册和详尽的规格书；
- 安装图纸；
- 检查、预防性维护和测试记录；
- 操作规程；
- 维护规程；
- 安防管理规程；
- 变更管理记录。

文档应易于理解，并以适合预期意图的行文方式编写，例如，维护规程的叙述形式应着眼于现场技术人员的理解能力和工作背景。文档的结构形式应易于查阅，需要时可以方便地检索并阅读。需要版本控制，以避免出现彼此不一致的多个文件副本。应指定主文件的数量和存放位置并告知相关人员。还应当定义变更后受影响文档的更新时限。对于工艺装置的相关技术文档，在自动化系统投用并经过试运行周期后，每月或每季度更新一次是可以接受的。

应特别注意成套设备的文档管理，例如橇装设备和集成的终端显示设备。如果只有极少数人知道其技术细节，成套设备很容易变成所谓的*黑匣子*。制造商提供的成套文档应足够详细，便于相关人员理解并满足培训需要。

应用程序的文档管理也是重要一环，应包括详细的程序规格书、变更记录以及测试计划。应用程序备份必不可少，在做出任何更改后，应及时备份并存储。备份应能完全恢复因设备损坏或失效而导致的系统操作中断。

仪表设备的可靠性记录应在其服务期内保持有效。记录应至少包括以下信息：

- 检查和测试的具体描述；
- 检查和测试的日期；
- 测试和检查人员姓名；
- 被测试系统或仪表设备的序列号或其他唯一标识；
- 测试和检查结果，包括校验前/校验后数据。

过程控制系统和 SCAI 的文档都应有版本控制并标注日期，否则未更新的版本与现实操作就可能冲突。管理规程应有文档更新的时间限制要求。该时限应考虑变更的频度，不至于因文档更新滞后造成混淆。

应留存 SCAI 所有变更的记录，包括更改的内容、修改的原因、完成日期，以及批准和执行责任人。这为评估系统的当前状态提供依据。

也需要保留 SCAI 所有维修或更换部件活动的记录。从中可发现硬件组件潜在的老化征兆，并用数据佐证 SCAI 的性能是否仍然符合设计时的假设条件。

6.3.1　过程控制规格书

应将过程控制的所有要求形成正式的书面文档，特别是要编制包含功能要求和性能要求的规格书。过程控制策略中的限制和假设条件应全部表述在文档中并让操作人员知晓。过程控制系统的文档应包括：

- 功能规格书；
- 控制和指示回路的组态数据，包括必要的示意图；
- 管线和仪表流程图（P&ID）；
- 仪表规格书和接线图；
- 逻辑描述或叙述；
- 特殊控制策略；
- 输入和输出点分配；
- 正常、异常和紧急操作的接口要求；
- 预期的测量参数指标和报告形式。

应指定专人负责管线和仪表流程图（P&ID）、操作手册、控制规格书和软件备份等资料的适时更新。应认真考虑负责此项工作的人员状况。如果只安排唯一人员负责维护文档，可持续性是个问题。该关键人员一旦不能在岗，装置的安全和运行效率就有可能受到影响。

应仔细阅读过程控制设备制造商的操作和维护说明。工程人员应向操作和维护部门提供一整套完整的文档，确保系统能够正常操作并获得技术支持。所有文档都应在系统的整个服务期内保持最新状态。操作和管理规程、顺控、报警和监督控制等，都有必要形成书面文件。

软件备份方式通常与可编程控制器相关联，系统崩溃后通过先前存储的备份进行软件恢复。备份越新、越完备，恢复到正常操作状态就越顺畅。相反，如果备份文件不完整，或者版本控制不当，则可能会造成信息丢失。如同其他的项目图纸和文档一样，软件备份应使用正式的保存系统存储。备份的频次应在文档管理规程中规定。文档管理规程应涵盖需要备份的应用程序以及需要备份的控制、显示和通信信息数据库，同时要确保定期对当前的系统状态进行备份。至少有一个副本存放在远离控制系统所在控制室或机柜室的安全地方。备份应正确标记日期和内容，以备将来参考。

6.3.2　安全要求规格书

为使现场人员正确理解并保持 SCAI 功能，需要对每个功能给出清晰、简明的文字描述。操作人员需要据此了解这些系统功能的设计意图以及如何安全地与其交互。维护人员需要了解如何检查、测试和维护系统，确保其应有性能。工程人员需要这些文档确保未来进行更改时，仍然保持所需的功能性和过程可用性。负责 SCAI 的所有人员，应具有描述 SCAI 设计意图和操作方式的最新系统文档。

安全要求规格书(SRS)是一组基本信息文档,是为实现功能性和完整性必需的系统设计要求。由于自动化系统的复杂性以及与不同专业有很多关联,这些基础信息通常需要以多种不同的格式提供。尽管工业标准没有对 SRS 文档格式做出具体规定,一般认为应使用结构化的格式将这些必要的信息以清晰、简明的方式组织起来,并考虑不同受众的特点。总之,SRS 对负责 SCAI 的人员来说,应是透明、易于理解并便于访问。

应将 SCAI 的功能描述提供给负责 SCAI 的每个专业人员,其行文方式要易于理解。必要时可以采用过程 P&ID 和系统因果逻辑图进行补充说明。功能描述向操作和维护人员解释系统如何工作,帮助操作和维护人员正确理解设计意图。至少应说明与安全有关的以下问题:

- 为确定不安全的操作状况,需要监视哪些过程变量;
- 这些变量对于安全至关重要的原因;
- 表征安全或不安全状态的关键量值;
- 防止进入不安全区域需采取的措施。

SCAI 文档完整且最新,是保持 SCAI 安全可靠性能的基本要求。SCAI 旨在提供保护,以防止不期望事件发生,因此,文档成为确保与 SCAI 交互的每个人了解其功能以及如何保证性能的关键。应制定文档管理规程,确保 SCAI 文档反映系统竣工的、最新的状态。对这些文档的要求与过程控制系统的文档相类似。

应特别重视功能描述不充分的问题。有时需要图形化表示,如总貌画面、方块图、二进制逻辑图、原理图、流程图等,一起构成完整的功能描述。为清楚起见,有时还需要安全系统的详细接线图。也可能需要简化的逻辑图,并采用流程图的形式展示监视过程变量与安全动作之间的逻辑关系,这样即使缺乏经验的操作人员也容易理解。作为灾后系统恢复预案的一部分,应将应用程序的副本保存在安全的地方。

IEC 61511-1(2015)条款 10.3 包含为 SIS 制定 SRS 时需要详细阐明的信息列表。通常,SCAI 的 SRS 应陈述以下内容:

- 特定过程状态的检测;
- 达到或维持安全状态的手段;
- 所有本质安全化的设计原则考虑,包括采用失电还是得电动作的选择;
- SCAI 操作模式(要求/连续);
- 应用程序,包括根据定义的输入和输出,达到或保持安全状态所需的逻辑结构;
- 可能导致危险状况的安全状态组合或最终元件失效;
- 故障预防/减轻;
- SCAI/过程控制系统隔离;
- 多样性;
- 软件方面的考虑;
- 诊断;
- 专用于安全的操作员界面;
- 通信(如与过程控制系统的接口);
- 人为因素,包括维持 SCAI 完整性所需的手动动作;
- 启动旁路依据的条件以及如何解除旁路;

- 所需的风险降低能力；
- 最大允许的误停车率；
- SCAI 的平均维修或恢复时间；
- SCAI 响应时间；
- 手动停车和复位要求；
- 检验测试时间间隔，以及测试和检查要求；
- 潜在共因失效模式的辨识，以及最大程度降低其影响的技术措施；
- 电磁兼容性（EMC）；
- SCAI 所在装置的过程和环境条件。

6.4　操作规程

过程控制系统和 SCAI 需要相应的操作规程。设备的复杂性、灵活的操作模式以及各种任务不可能一直不变，这都需要书面文档提供正确操作所需的足够知识。这些规程应强调所需行动的重要性，而培训则应强调所需行动的理由。了解每项行动的重要性，可以提高对遵循规程的认识，并确保对规程做出任何更改时，都要在充分考虑规程意图的基础上进行影响分析。

操作规程应该清晰、易于理解并保持持续更新。采用书面规程可以避免口头交流可能出现的不一致。规程可以是文本格式、流程图、原理图或过程画面等形式。规程提供的信息应简洁、正确，并且在首次和后续装置开车之前即可使用。应表明应对异常操作所期望的过程控制系统和安全系统动作。操作规程应确保操作人员知晓如何有效地与 SCAI 交互动作，以及这些动作预期得到的结果，例如预期过程状态会如何改变。

操作规程通常也被称为"标准作业程序（the Standard Operating Procedure，SOP）"。这些程序涵盖不同类型的操作活动，例如：

- 正常操作规程；
- 安全操作规程（有时称之为关键规程）；
- 异常操作规程；
- 交接规程；
- 安防管理规程。

SCAI 设备的可靠和安全操作需要同类的规程。与 SCAI 规程有关的其他考虑事项应作为单独的一个专题予以陈述，与其相关联的操作人员手动操作规程的管理也是如此。下面将讨论上述每项规程的细节及其与安全自动化的关联。第 6.7 节专门讨论维护和测试规程。

6.4.1　正常操作规程

正常操作规程关注生产装置或设施在正常操作状态下，如何确保过程控制系统和安全系统的特定功能得以正确发挥，制定的规程基于日常的（例如，每日、每周或每月）例行操作需求。设备制造商提供的文件手册往往强调其所供设备本身的特定要求，一般提供不了与过程操作有关的指导信息。因此，有必要针对具体装置完成日常生产任务所需的操作规程。例如，确定正常操作的边界、安全操作的限制条件，以及基于操作计划规定"绝对不能超越的限值"。

在正常操作规程中，应向操作人员提供必要的、明确的信息，特别说明在执行规程步序时可能会出现怎样的偏离，以及这样的过程偏差会进一步导致怎样的异常操作状态。这些规程可能包括以下信息：

- 过程设备的正常和安全操作限制条件；
- 正常或异常操作期间，控制回路处于手动操作模式时的特定动作、约束或限制条件；
- 特殊控制回路(例如，比例控制、串级控制)，要着重规定正常操作期间如何将其保持在自动模式；
- 开车时的旁路和许可，包括何时使用、何时解除以及何时不允许进行这样的操作；
- 不应随意更改的整定参数值；
- 设定值的可调范围限制；
- 联锁或超驰控制的详细描述；
- 在控制逻辑修改之前，需要通告和批准的规程；
- 出现异常情况时，需要告知其他相关人员的管理规程。

6.4.2 安全操作规程

相比之下，某些过程操作会有更大的危险性。有些时候，某单一步骤执行不当就可能使执行该规程的人员处于危险境地。有些短期操作状态出现的并不频繁(例如，开车、降级操作、维护或停车)，与之对应的控制/安全逻辑或者某些设备投用的机会也不多，这样的任务在执行过程中会增加出错的可能性。另外，操作人员如果对这些不经常执行的任务缺乏训练和实操经验，也会进一步增加出错的风险。

执行这些容易出错任务的规程，需要考虑一些专门的举措或介绍性说明，以降低潜在的人为错误。有关控制回路操作涉及安全的信息，通常也包含在书面规程中，以便于将其辨识为关键任务，并强调维持正常和安全运行的重要性。例如，可以使用结构化表格编写规程，并在每步执行完毕后相关责任人签字确认，有助于降低违反步序执行规程的可能性。同样，在采用安全操作规程时，可能设置向关键支持人员额外通告的环节，甚至直接将这些人员纳入执行规程的主体责任中。这些规程还应体现哪些操作人员对装置内人身安全的监护负有特别责任或承担专门角色，以应对执行关键任务时面对的固有危险。

安全操作规程应描述需要完成的操作和维护活动，关注以下方面：

- 装置或单元停车，包括需要手动停车的过程状态；
- 开车，包括首次开车，以及停车后和维护后的再次启动；
- 从正常操作设备切换到备用单元；
- 启动或停止设备；
- 对拟维护设备做必要的准备工作；
- 对运行的设备进行维护；
- 验证 SCAI 信号的精度
- 从一种设备操作模式切换到另一种操作模式(例如，从手动切换到自动，反之亦然)；

- 从一种操作状态切换到另一种操作状态(例如，从开车到正常，或者从保持到正常);
- 工艺单元的进料量或操作负荷重大调整;
- 不同牌号产品的切换操作;
- 对过程控制或安全设备进行在线测试;
- 对过程控制回路或 SCAI 进行在线维护;
- 对关停信号的预报警进行响应。

安全操作规程与正常操作规程通常包括在同一文档管理系统;不过，也应该采用一些措施，使得操作人员能够明确地知道哪些是安全相关的。例如，可以作为单独的一部分，或者使用特殊符号标记出安全操作规程。

■ 案例 17

地点: Texas City, Texas

工艺过程: 炼油厂异构化单元

日期: 2005 年 3 月 23 日

影响: 爆炸; 15 人死亡; 180 人受伤; 装置损毁; 损失超过 15 亿美元。

工艺流程图:

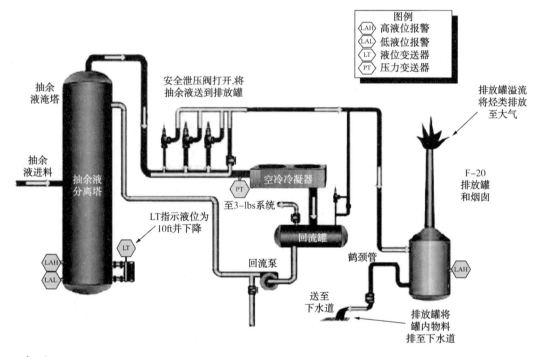

概述:

事发当天早些时候，ISOM 装置抽余液分离塔检修后重新开车。按照以往惯例，操作人员将塔底部的液位故意升至超出开车规程给出的操作限值，直至达到液位变送器的量程上限。在塔不断进料期间，出口阀被手动保持在关闭状态，而后实际液位远远高出了仪表可以读取的范围。由于校准不当，在流量计指示抽余液以>4700bpd(桶/天)的流量送出塔时，实际流量其实为零。当时进料量为 20000bpd，却没有液相从塔底送出。再沸器的燃烧器点火后，塔釜底部温度上升。随着液位计检测液体的温度升高，并由于温度在浮筒液位测量中对所用比重补偿计算的影响，事故发生时，DCS 画面显示液位从 97% 逐渐下降到 80%。当底部液位控制阀和相关切断阀打开时，重抽余液开始对进料预热。温升速度超出了开车规程规定的限值，最终温度升至目标值以上，这种开车时偏离书面规程的情况，并非罕见。

不到半小时，塔底汽化以及塔液位的不断升高，进料口处的低温液体被提升到塔顶管线。液体压头导致同一设定值的安全阀打开并将液体排至排放罐。液体从排放罐顶部排放口喷涌而出，并在底部周围造成大量液体聚积。喷溅不到 1min 发生了爆炸，很可能是附近的一辆汽车驶过将其点燃。

自动化方面主要教训：

操作人员需要了解过程仪表在不同操作条件下的性能表现，如改变过程流体的比重，或者液位高于差压液位变送器顶部引压管嘴，则变送器无法正确读取液位的实际变化。开车是生产装置中最危险的操作模式之一，此时仪表出现读数偏差过大的可能性较高。需要有足够的人员在岗，确保关键趋势和报警得以认真监视和分析判断，并在工艺参数报警并高于正常值的整个期间得到正确的响应(ISA n.d.)。

仪表和控制系统问题：

- 没有执行 PSSR 活动；开车前也没有对塔底液位仪表进行校验。

装置开车规程要求将塔底液位控制在 50% 没有被遵守，接下来也没有执行将控制器置于自动(AUTO)模式的规定。回路处于手动(MANUAL)模式并将输出置为 0，手动操作在 DCS 操作界面上显示为红色。

- 当塔底温度变化率以及最高温度明显超出规程限值时，无动于衷。
- 交接班交代不充分。两个高液位报警之一出现失效没有注意到，或者没有告知接班人员。
- 操作人员对 DCS 读数重视不够。
- 没有意识到液位超过允许范围的影响，如液位高于顶部管嘴；或被测液体温度升高而没有补偿修正的影响，如温度升高→密度降低→液位测量值错误地显示降低。HMI 画面设计不便于检测到流量不平衡状态。
- 重抽余液流量计校准不当。
- 紧急报警未启动。

信息来源：

- Baker, J. et al., 2007. The Report of the BP U.S. Refineries Independent Safety Review Panel. London：BP.
- CSB. 2006. Investigation report-Refinery explosion and fire at BP Texas City. Report 2005-04-I-TX. Washington, D.C.：U.S. Chemical Safety Board.
- Atherton J. and F. Gil. 2008. Incidents That Define Process Safety. New York：John Wiley & Sons.

6.4.3　异常操作规程

应将潜在的异常状况评估作为风险评估的一部分，进而编写响应规程，并据此对操作人员进行培训。对操作人员进行规程和过程危险场景两方面的培训，可以有效防止那些已知的异常状况演变成损失事件。过程控制系统和SCAI是否受到异常状况的直接影响可能并不是主要关切。事实上，当工艺参数偏离正常状态时，需要操作人员以不同的方式做出响应，过程控制系统和SCAI是执行响应的关键部分。因此，书面程序应对较常见的异常工况和紧急操作处理提供指导。在处理以下情况时，需要对操作人员所采取的行动给予特别指导：

- 当仪表电源、液压源或仪表风中断时；
- 当关键公用支持系统，如冷却水、蒸汽以及电力等中断时；
- 当原料或其他关键物料中断时；
- 当火灾或化学物质泄漏，特别是对周边社区造成可能的影响时；
- 泵密封失效；
- 管线破裂；
- 当接到电话威胁，或发生其他危险行为时；
- 恶劣天气状态；
- 当操作界面黑屏，控制室操作人员失去对工艺过程的监控时要采取的行动；
- 当系统随机停止操作时(例如，顺控程序停在未知状态)。

6.4.4　交接规程

当过程操作的责任从一个功能组转移到另一个功能组时，就会发生交接。有效的沟通对于交接是基本前提，确保相关责任人员了解过程控制系统和安全系统当前的运行状态。人员更替可能会造成关键信息的丢失。常见的交接是设备从过程操作转到维护，或者相反。应制定交接规程，规定具体步骤和相关活动，确保无缝交接，例如：

- 辨识设备类别的标记和责任人员；
- 检查设备时的特殊要求；
- 设备启动的特殊要求(例如，起步时先低速运行一段时间)；
- 特殊调整(例如，阀、泵密封)；
- 控制设备的启动条件。

在各功能组交接双方进行清晰、正确和完整的沟通，可以采用检查表逐项落实，并最终由交接双方签字确认。当大型维修工作完成后，将系统从维护班组移交给过程操作时，下面的一些项目可以包括在检查表中：

- 硬件维护项目已完成，并与当前的系统要求一致；
- 已验证现场传感器根据现场仪表校验任务清单完成；
- 已验证并测试了从现场到控制室设备的信号接线和通信链路，确保能正常操作；
- 已验证测试了所有最终元件的失效方向，符合设计要求；
- 操作界面的修改及其相关操作人员响应动作测试完成
- 对应用程序的修改，或者内嵌软件的升级已经过测试，确保安全功能仍符合设计要求；
- 新的或改造的过程控制系统和安全系统已经过测试，确认功能正常；
- 针对新的或修改的功能，对操作人员进行了相应培训。

交接班得当也是重要一环。将过程设备和过程控制/安全系统当前状态向接班同事交代清楚，对于确保正常和安全的操作极为关键。信息缺失或不完整可能会危及安全。例如，交接班时应说明仍在执行的旁路，以便下一班维持必要的补偿措施。曾因没有将旁路状态正确转达给下一个班，发生过未遂事件和意外事故。

对于关键内容，可以考虑用书面文件形式交接，例如采用检查表记录关键设备以及过程控制/安全系统的当前状态，并在交接班时进行口头信息核对。确保必要的信息以及时和易于理解的方式交接。

6.4.5 安防管理规程

可编程设备，特别是网络设备的广泛使用，网络安全成为重大关切。每个互连和接口都是故障和错误的潜在接入点。应采用管理控制和工程系统监视和控制以下活动：

- 工程活动，例如：修改、添加或者删除某些控制/安全功能；
- 维护活动，例如：诊断、更换或者维修设备；
- 操作人员，例如：修改报警、设定值、数据报告以及事件日志；
- 制造商，例如：内嵌软件、操作系统以及硬件升级。

制定这些规程的关注点包括：①授权完成这些活动的人员；②采用什么措施防止对系统未经授权访问；③在不影响其他功能的前提下，如何完成批准的工作。针对过程控制与安全，或低与高风险降低要求，定义不同的安防等级。对过程安全没有负面影响的更改可能不需要限制访问。而对安全功能造成影响的更改，通常要纳入变更批准、验证和确认等管理程序。对于安全应用的可编程系统还需要额外的工程特性，例如仅供特定授权人员使用的钥匙或密码，以及对访问活动自动记录和报告。为了控制远程用户的更改或网络攻击，一项重要的良好工程实践，是设置就地许可开关，只有当开关启动后才能对应用程序进行改动。

6.4.6 操作人员/过程控制交互规程

操作人员通过操作界面与过程控制系统进行互动。操作、故障排除和问题整改，需要操作人员完成一系列的活动，例如：

- 将功能置于手动、超驰或旁路操作模式；
- 更改设定值；
- 更改工艺过程的操作模式；
- 暂停顺控程序或操作步骤；
- 旁路某一功能或操作步骤；
- 增加某一功能或操作步骤；
- 超驰某些条件；
- 终止某一操作步。

风险分析也需要考虑手动操作会出现哪些错误并影响损失事件发生的可能性。逻辑功能设计应包含发现并修正具有安全后果的错误。操作人员/过程控制交互规程要定义操作人员可以进行的修改活动以及限制，例如设定值修改每 15min 不超过量程 10%的幅度。如前所述，规程需要定义谁有权采取行动、依据什么条件决定何时采取行动是安全的，以及如何记录操作动作。

6.4.7　批处理装置的特别考虑

批次生产涉及一系列操作步骤，例如物料添加、反应过程以及最终产品出料。操作人员依据书面的操作规程，常常手动启动操作步骤并适时改变操作模式。批处理装置通常循环使用一系列操作步序，每天甚至几个小时就完成一个批次。如果操作人员出错或误解了过程数据，再采取了错误的操作，就可能造成产品不合格，甚至触发损失事件。在批处理过程中，关联步序的协同操作增加了潜在的人为错误。批处理生产装置通常也会生产多种牌号的产品，涉及不同的程序步骤、过程操作条件以及不同的安全要求。如果操作人员需要关注多个同时执行的步骤，就可能需要更多的时间才能注意到过程偏差。潜在错误包括：

- 生产过程步骤没有按照正确的顺序、正确的时间或正确的时间间隔进行；
- 错过或跳过生产过程中的某一步骤；
- 改变速率或进程过快；
- 加错物料或添加数量不正确；
- 对设备失效的响应不当。

批处理操作规程有必要描述生产过程的步序以及管控标准。规程针对产品配方给出原料添加、阀门顺序开闭指令、设定值更改，以及如何记录过程变量等详细要求。批处理操作特别需要严格遵照规定的顺序和数量添加各种原料、催化剂、抑制剂、溶剂或其他成分，确保最终产品的质量、一致性以及安全操作。

在执行这些规程时，操作人员利用过程参数的测量数据确认是否可以安全启动操作步骤，并操控最终元件对工艺过程及其设备进行操作。操作人员对过程的大部分操作依赖现场传感器、逻辑控制器和最终元件。安全操作依赖操作人员正确可靠地与控制系统交互动作。

ISO 9002 或类似的质量控制标准为制定适当的、详细的操作规程提供了一个纲领框架。遵循这样的规范，批处理过程自动化有望降低潜在的错误率（ANSI/ISA 2010）。统计过程控制技术可以为产品质量、是否遵守操作规程两方面的监控提供很好的手段。

6.4.7.1　多产品管理

如果使用相同的过程单元生产多种产品，则可能需要采用额外的规程和控制方式以防止批次间的交叉污染。这些规程应妥善解决如何从一种产品安全切换到另一种产品。例如，在不同批次转产过程中，可能需要对生产设备进行吹扫或清洗。

6.4.7.2　配方管理

配方管理程序（ANSI/ISA 2010，IEC 1997-2009）允许操作人员选择主配方或控制配方；基于实验室数据和设备特点进行必要的更改；生成一个生产配方；最后将生产配方下载到批量控制器。最终选定的配方用于生产该批次产品。生产配方是控制配方，在批量生产的过程控制系统中实时操作运行。即使使用自动配方，在批处理操作过程中也可能需要操作人员依据操作状态对配方进行必要的更改。操作规程和管理控制程序要规定谁对配方负责、谁有权更改配方、谁可以选择配方，甚至谁批准编辑好的配方并最终用于产品生产。

对于每种产品或牌号，都应创建所需配方的参数及其量值清单。这些参数由用户各自单独命名，并通过该名称进入系统访问。是否允许操作人员修改配方数据以创建生产配方？对可以输入的数据是否需要给出限值？当多个单元用于生产相同产品时，系统是否应根据不同单元的生产能力自动调整配方？为避免潜在的危险错误发生，可能需要对操作人员的操作做出必要的约束和限制。可采用数据质量检查机制(例如,输入值是否在可接受的范围内)检查并修正错误。

为确保过程安全,不同配方可能有不同的安全操作限值或关停设定值。配方自动化系统应采用这样的组态方式,即不允许操作人员直接输入安全变量,因为不正确的输入值可能导致系统被禁用。可以考虑采用系统确认机制和限制更改幅度减少输入错误。例如,在一些应用中,允许操作人员更改批次缩放参数;而在其他应用中,由自动化系统基于选择的批处理量自动按照比例计算出这些参数。

操作特性定义完成后,下一步是将数据输入配方管理系统。这可以通过在线操作模式或离线工程模式来完成。

① **配方选择、编辑及下载**——操作人员一般从配方总貌显示界面中选择要使用的控制配方。如有必要,操作人员随后对配方可以进行适当的修改以满足特定批次的需要。如果配方可能用在多处(即多个反应器),则操作人员可适当选择下载到其中一处。在这一点上有必要进行一些验证检查:

- 系统应将选定的配方与允许的控制程序列表进行比较,只有当操作人员激活相应的控制程序才可以最终下载;
- 系统应确保所选配方与选定的过程设备兼容。

对于有些工艺过程,这些一致性检查可能是操作人员、班长、主管等的责任。在操作规程中可能需要规定在执行批次生产的顺序控制逻辑中如何设置并操控这些必要的检查。

② **修订和维护**——配方数据库的维护包括以下功能:

- 防止配方未经授权修改(例如,可采用钥匙锁定或密码系统进行防护);
- 根据需要将配方复制到其他系统;
- 保留所有编辑后的更新配方副本;
- 确定配方允许使用的目的地(例如,哪些配方可以用于哪些生产设备)。

③ **文档/验证**——工程和操作双方都需要执行配方文档验证程序,检查现有的配方并产生统计学意义上的可重复的结果。

6.4.8　SCAI 的特别考虑

SCAI 是重要的过程安全保护措施。与过程控制系统一样,需要使用操作规程说明 SCAI 如何影响过程操作,以及期望操作人员采取哪些动作以响应警告信息和报警。SCAI 操作规程应陈述每个 SCAI 功能的启动条件,期望操作人员采取怎样的操作动作,工艺过程会如何响应这些动作。SCAI 相关的操作规程应规定已知的过程操作模式,包括异常工况和暂态模式等如何操作。SCAI 规程应阐述:

- SCAI 旁路准则;
- SCAI 的校验和测试;
- 对 SCAI 报警的响应;
- SCAI 降级或禁用时的补偿措施(包括旁路以及检测到失效时);
- 经批准的操作人员与 SCAI 的交互动作;
- SCAI 不能纠正偏差时的应急措施。

定期进行保鲜培训和仿真测试训练,提高操作人员处理异常工况时正确处置的能力。

6.4.8.1 SCAI 的旁路准则

工艺过程运行期间旁路 SCAI 设备和功能会大大增加风险。每个装置或设施应建立统一的旁路管理策略。在保持过程运行的同时，旁路安全措施需要进行彻底的危险分析，在确保足够的风险降低能力的前提下实施旁路操作。旁路方式和必要的补偿措施应该提早确定，最好是在设计和工程实施阶段妥善落实。

有许多旁路 SCAI 设备的方式。旁路策略应关注如何检测并报告未经批准的旁路，如：

- 调整变送器的零点；
- 调整变送器的量程；
- 调整变送器的吹扫流量；
- 自动阀配置手动装置；
- 打开自动阀的旁路管道；
- 增加过滤器以减少仪表信号噪声；
- 安装物理跳线；
- 去分析仪的量程校准气持续打开；
- 旁路限位开关。

应制定书面规程以确定如何使用旁路，并在旁路时采取必要的补偿措施维持风险降低能力。例如，操作规程应陈述旁路期间必须实时监控哪些特定的工艺过程状态，并且当这些过程变量表明工况异常时应采取怎样的应对动作。

实施旁路之前，应通过变更管理流程获得批准。对于在线测试或维护，旁路审批一般是借鉴或直接纳入变更管理流程。应在旁路策略中规定最大允许的旁路时间，由于在此期间旁路设备无法使用，其预期功能被屏蔽，应实施对等的补偿措施以确保必要的风险降低。如果旁路时间预计会超过最大允许时间，则旁路延时需要获得额外的批准。旁路规程也应包括旁路日志记录以及将旁路状态如何告知受影响人员的要求。旁路日志应便于操作人员查阅，一般应包括如下的内容：

- 哪个功能被旁路；
- 何时启动旁路；
- 谁批准的旁路；
- 谁被授权解除旁路。

补偿措施应持续保持到系统恢复到正常操作模式。在交接班时，对那些仍处于旁路的功能回路应逐一确认并做好交接。旁路解除时间以及执行人等信息都应记录下来。

6.4.8.2 SCAI 输入信号的在线校准

有必要对现场传感器的校准状况或健康状态进行查验。应制定操作规程，逐步描述校验时的安全考虑，如：

- 何时进行校准的验证；
- 校准的计划时间；
- 是否需要补偿措施；
- 如何完成校准；
- 授权责任人。

6.4.8.3 SCAI 报警响应规程

操作规程应涵盖操作人员应对报警工况必须采取的预期动作[IEC 62682(2014c)]。SCAI 报警通常具有较高的优先级和特定的响应时间要求，这些都需要在规程中明确说明[ISA-TR84.00.04(2015c)附件 B]。报警可能表明，如果操作人员不立即采取手动干预使过程恢复到正常操作范围内，联锁或 SIS 将很快达到自动动作"要求"，强制关停势必对生产造成影响。对于一些损失事件，操作人员响应 SCAI 报警可能是唯一的保护层，操作人员及时采取正确的响应动作尤其重要。对于所有的 SCAI 报警，应确定如何响应，编写书面的报警管理规程并进行培训。这对于确保按照规程管理报警、缩短响应时间，以及尽可能减少人为失误很有必要。

SCAI 启动后，操作人员可能还需要采取其他的动作。这些动作应在规程中明确规定，可能包括：

- 手动将工艺过程某些部分置于安全状态；
- 通知技术支持人员和管理人员；
- 收集数据以便进行停车事件调查；
- 确定初始原因并整改问题；
- 复位 SCAI，重新返回安全运行。

多数 SCAI 设计都十分重视诊断措施，在过程运行期间对设备失效做出报警。操作规程应定义操作人员对报警的预期响应动作。在许多情况下，需要采取补偿措施，确保所要求的风险降低仍然能够保持。如果 SCAI 具有容错能力，并且只对其中的单一设备进行旁路，这种降级情况的风险降低能力可能还是足够的。在报警的合理化统筹阶段，应定义报警优先级和最大响应时间。应考虑所要求的风险降低和失效后果。例如，具有冗余传感器的 SCAI 所实现的风险降低可能取决于传感器诊断出的失效是否能在设定的时间内恢复。或者如另外一个例子，一旦逻辑控制器诊断出失效，可能要求操作人员将受影响的过程单元手动置于安全状态。

6.4.8.4 补偿措施实施规程

当使用自动化设备为过程安全事件提供风险降低时，这样的设备被视为 SCAI[ANSI/ISA 84.91.01(2012c)]。SCAI 检测到失效时，应使过程进入安全状态，除非可以保证按照风险标准继续安全操作。安全系统的性能降级运行或维护期间，补偿措施规程是临时替代的风险降低手段，仪表和控制系统如何支持补偿措施的实施，必须包括在仪表可靠性程序中。

补偿措施也可用于 SCAI 在线测试和维护期间旁路设备的安全。建议在单一仪表设备层面设置旁路，而不是针对了系统或整个安全功能层面。当采用冗余结构时，对单台仪表设备旁路，降级的系统保持正常工作，此时风险降低可能低于正常能力。操作规程应说明过程操作的限制，例如允许的持续时间，可接受的过程操作模式，以及修改后的安全操作限制。操作人员应在采用任何旁路方式之前，审查保持安全必需的前提条件。补偿措施实施规程与其他操作规程一样，应定期地进行审查和审核等管理活动。

6.4.8.5 操作人员/SCAI 交互规程

尤其要注意，必须防止对 SCAI 进行未经批准的改动。通常 SCAI 或者完全限制修改，或者采用可靠的工程特性降低操作人员对安全保护措施不经意的损害。通常，SCAI 交互规程要定义操作人员可以改动的变量或参数，例如批次配方，也要规定更改后必要的确认步骤。

6.4.9　操作规程的管理

应定期审查所有的操作规程，确保一直保持最新。这也提供了很好的培训机会，有助于加强操作人员和支持人员对规程的认识和了解。可以将操作规程组态到过程控制系统的帮助画面，不过，对其做任何改动都需要遵循变更管理的规定。另外，应将异常工况操作规程装订在纸版硬拷贝文档手册中，并易于查阅。确保在异常工况出现时，操作人员可以随时获得过程波动状况下所需的响应指令。

6.4.10　培训

即使具有清晰的过程安全信息和足够详细的操作规程，还要对参与到自动化系统的设计、安装、操作，以及维护的相关人员进行适当的培训。培训是过程安全核心要素之一，管理层承诺是达到目标要求的关键所在。培训需要投入相当大的精力，安排适当的时间和资源。设计人员可能需要对完成设计工作所需的方法和程序进行培训。维护人员可能需要接受日常工作、故障排查及处理，以及预防性维护等技能培训。使用这些仪控系统的过程操作人员，需要培训如何快速高效完成所在岗位的操作任务。所有相关人员必须在不影响 SCAI 功能或不产生潜在不安全状况的前提下，完成本职工作。

随着对安全预期的持续强化，与自动化系统的初始培训相比，在役运行期间持续的培训同样重要。应为操作和维护人员的技能更新提供定期培训。培训应涵盖系统任何更改部分，以及探讨安全功能如何更好地操作。

持续培训管理程序，是操作人员能力认证程序的必要组成部分。一个行之有效的培训方式，是对工艺过程及其控制进行在线或离线仿真。第 6.6.3 节讨论到了这项技术。在使用过程控制系统和 SCAI 设备时，有必要对四个操作工况进行专门的培训：

- 正常工况；
- 开车工况；
- 停车工况；
- 异常工况。

6.4.10.1　正常工况

在日常的过程操作中，操作人员执行常规的操控任务以保证对过程的持续控制。需要监视以下方面：

- 控制器状态，例如，处于自动或手动模式；
- 设定值；
- SCAI 状态，例如，投用状态、旁路状态。

培训应关注完成每项任务的方式，知其然也知其所以然，还包括要及时发现异常状况出现的各种征兆。如：

- 对日常报警信息的响应；
- 辨识输入变量是否是错误量值、超出正常控制限值，或者是否逼近安全操作限值；
- 根据控制阀位估计流量值；

- 将压力和温度的显示曲线与预期值进行比较。

应尽可能针对操作计划和过程实况进行培训，但也应包括设备使用、诊断程序等方面的一般性培训。再次强调，在做出任何更改之后，建议后续的培训应涵盖这些修改内容。所有与过程控制/安全相关的操作规程都应与操作人员一道定期审查。

■ 案例 18

地点：Ontario，California

工艺：环氧乙烷

日期：2004 年 8 月 19 日

影响：爆炸；4 人受伤；社区人员撤离；装置损毁。

CSB 报告和安全视频中的图片：

概述：

事故发生那天早些时候，控制系统显示灭活室的 EO 系统失效。操作人员决定使用控制室操作台上的按钮中止循环。循环中止后，灭活室内物料被移至曝气室。为了维修作业，灭活室保持打开状态。一番检查后未发现任何问题，便找来维护人员并允许他们省略了清洗步骤，直接从循环的最后阶段介入。操作人员及其主管认为清洗操作只是为了保证产品质量。由于灭活室内已经没有产品了，也就没有必要再进行清洗。这需要将密码保护的联锁旁路，该联锁是确保灭活室的门被打开之前，要通过一系列清洗步骤清除其中的 EO。旁路之后几分钟，灭活室的门打开时，排气也自动打开，约 50 磅的 EO 进入了通风系统。当 EO 从灭活室释放出来时，就地监视器检测到了泄漏，但是时间却不足以在蒸气云点燃之前使氧化剂关断，或者警示人员撤离。火焰回火点燃灭活室内残留的 EO，引起大规模的爆炸。

自动化方面主要教训：

操作人员应针对每项预期任务的设计意图进行培训。在这起事故之前，操作人员应该接受过有关清洗灭活室除去内部极易爆炸物料的培训。操作规程也应清楚地描述了安全系统的功能和试图防止的危险。如果操作人员及其主管对为什么要求他们这样做（或者要求设备这样做）不明就里，就不应授予他们可以旁路的权限。

仪表和控制系统问题：

- 对清洗步骤的安全用途以及相关危险缺乏足够的认知；
- 没有气体浓度报警；
- 可以将清洗步序逻辑旁路，给了走"捷径"的机会；
- 控制室窗户不防爆。

信息来源：

CSB. 2006. Investigation report – Sterigenics. Report 2004 – 11 – I – CA. Washington，D. C. : U. S. Chemical Safety Board.

6.4.10.2　开车工况

对于许多工艺过程来说，短暂的变化状态是最危险的，如开车、停车、维护、临时操作等。在培训时，要强调这些状态和正常操作状态切换过程中存在的特定危险以及短暂变化状态操作期间存在问题的可能性是否增大。在开车期间，也要妥善处理好诸如控制器初始化以及某些报警禁止等特殊要求。如果条件许可，应考虑使用仿真软件预先演练。应确定哪些区域对遵守操作规程/控制顺序有更严格的要求，确保安全操作。应在首次开车之前与操作人员充分沟通，弄清楚必须如何做的原因以及出现偏差的可能后果，即使正常投产以后，也要对操作人员定期强化遵循操作规程的要求。

6.4.10.3　停车工况

应特别关注过程和设备为何停车和如何停车。例如，当需要维护时，应针对设备人员介入工作做好培训。还要落实与自动化系统相关的一些特别注意事项，例如，当更新操作系统版本（内嵌软件）时，需要做好哪些工作以避免潜在的损失事件发生、非冗余系统仪表设备如何检验测试、对 SCAI 仪表设备如何检验测试，或者有哪些维护工作只能在工艺过程停车后才能进行。重要的是，必须辨识停车或大修期间，哪些 SCAI 必须保持持续运行，例如，气体检测、喷淋系统和某些分析仪报警。如果在重新开车之前需要自动化系统初始化，这些方面的要求也应进行培训。

6.4.10.4　异常工况

过程操作出现异常工况时如何做出响应，特别是期望操作人员响应报警并采取手动操作，可能需要进行专门的高级培训。操作人员应接受以下培训：

- SCAI 完成什么功能？例如，设定值以及过程反应；
- SCAI 防控的损失事件；
- 旁路开关的正确操作和管理，以及在何种情形下使用旁路；
- 手动停车开关的操作以及何时启动这些手动开关；
- 对诊断报警的响应。

培训还应包括正常操作期间可能出现的紧急状况；在线维护所需准备工作；某些时段，在没有后备系统，如备用电源等情形下，如何保持操作；或其他类似的情况。另一个可能的状况是画面"黑屏"，导致操作人员无法从 HMI 监视或控制过程。在这种情况下，过程控制器和安全控制器仍在运行，但是已经看不到任何报警信息，除非有盘装信号报警器等辅助设施。应该对操作人员进行培训，以应对这些可能的状况出现时做出适当的响应。使用仿真系统进行培训被公认为是行之有效的方式。

6.5　制订维护计划

不管过程控制系统和 SCAI 设计、选型、安装和正常操作中付出多少努力，仪表可靠性程序会最终决定这些系统是否能够达到预期性能。CCPS 的《机械完整性体系指南》[*Guidelines for Mechanical Integrity Systems* (2006)] 和《ISA-TR84.00.03 SIS 的机械完整性》[*Mechanical Integrity of Safety Instrumented Systems* (SIS, 2012e)]，为所有工艺过程设备建立机械完整性程序提供了指导。这些指导性文献探讨了在仪表可靠性程序中如何制订并执行质量保证管理程序，其中包括：

- 设备清单和维护计划；
- 检查、测试和预防性维护规程；
- 对负责人员培训监测仪表可靠性量化指标方面相关内容；
- 监测可靠性参数并对负面趋势做出响应的规程；
- 收集数据和记录信息的质量控制；
- 仪表测量精度降低的处理。

虽然 ISA-TR84.00.03 (2012e) 专门针对 SIS，其推荐的计划与实践也可以应用于过程控制系统和 SCAI。该技术报告是"资料性参考文件"，为建立有效的 MI 程序提供指导意见和建议。MI 程序通过可追溯和可审核的文档，证明 SIS 及其设备持续保持"完好如新"的状态。该技术报告讨论了建立 MI 计划时如何辨识人员的角色与责任、建立有效的 MI 程序重要考虑因素，并详细举例说明了用于支持 MI 各种活动的用户工作流程。作为 MI 程序的一部分，收集的数据和信息可用于确认依据 ISA-TR84.00.02 (2015d) 进行的 SIL 验证计算是否正确，以及确认是否与 ISA-TR84.00.04（2015c）附录 L 有关 SIS 设备选择中阐述的设备选型和持续使用评估规则相一致。

对于 SCAI，维护活动是为了确保设备以"完好如新"的状态运行，这些维护活动应覆盖整个系统。应制定书面规程，及时发现失效和降级状态并完成维修工作。维护规程应陈述全面测试 SCAI 设备所需功能必须完成的每个步骤，如故障报警、诊断报警、关停设定值及其相关响应动作。这些维护活动的日常安排，依据操作环境取得目标性能所需的条件确定。应以安全、及时的方式处理影响性能的任何缺失。维护计划延期应纳入变更管理规程，应考虑由于维护延期导致 SCAI 潜在操作异常的风险。

维护规程应解决：

- 为确保过程控制系统和安全系统的可靠性，需要进行哪些计划性检验、预防性维护和检验测试活动；
- 需要执行哪些规程来确保检验测试的质量和一致性，并确保更换任何设备后进行足够的确认；
- 在过程控制系统和安全系统的操作或维护期间，需要什么工程系统和管理控制措施来防止或限制不安全状态的后果；
- 过程控制系统或安全设备发生故障或失效时，应遵循哪些维护规程。规程应阐明：
  - 故障诊断、修理和允许的恢复时间；
  - 重新确认和测试；
  - 缺陷设备的报告和管理；
  - 依据预期对设备性能进行跟踪，对趋势进行分析；
  - 对过程要求率和 SCAI 可靠性参数进行跟踪，对趋势进行分析；
  - 需要进行哪些在线测试，如何完成，以怎样的频次进行，测试和维修期间会出现哪些错误以及如何影响安全或过程可用性；
  - 在正常工作时间、夜间，以及周末和节假日等不同时段，可以分别进行哪些维修活动；
  - 维护和测试作业需要什么工具设备、何时可用、谁负责保养；
  - 在单元大修期间、按照既定时间表，或者依据检测到的降级状态，分别进行哪些测试活动；
  - 确定执行各种维护任务的具体责任人员，以及如何进行培训，以便高质量地完成相应工作。

维护规程还应确保关键数据记录的完整和信息准确，例如校准前/校准后状态、维修结果、所做的修改或更换，以及执行人。维护规程应确认任何系统内以及互连系统之间的数据通信。规程也应确认所有系统访问控制和网络安全对策的有效性。

6.5.1　工程和维护工作站

维护和工程工作站通常要有高于操作员界面的权限，另外这些工作站也称之为维护或工程界面。工程工作站用于可编程控制器的组态，执行与正常过程操作的操作员界面相互分开的特定维护功能。SCAI 相关的维护或工程界面，需要额外的安防特性，确保它们不会成为更改活动不受控的法外之地。对于 SCAI，建议采用单独的工程工作站以便支持管理控制。对于风险降低要求>10 的 SCAI，为达到可接受的访问安全级别，需要单独的工作站。

通过任何工作站进行访问和操作活动都应受控，防止危及过程控制系统或安全系统。访问应限于对仪表设备和功能技术要求等方面富有经验的人员。应考虑采用多层访问的身份验证措施。虽然使用密码可以作为一种安全措施，但在生产装置的操作环境中，密码很容易外泄。

应使用对 SCAI 工程工作站访问权限进行限制的安全技术措施。应在过程开车之前让相关人员了解有关工程和维护工作站安全策略的书面管理文件。应考虑使用本地硬钥匙开关，禁止对控制器的任何改动，并应在开关启动时报警以便告知操作人员。在不使用工作站时断开连接是非常安全的方法。

6.5.2　远程数据采集和诊断工具

有些可编程控制器有可能被连接至远程诊断中心。制造商从其办公室或维修中心运行专门的诊断程序，分析故障系统，并确定必要的维护行动，使远程故障系统恢复到正常操作状态。

这样的维护方式为加快维修提供了便利条件，但也可能对过程控制系统或 SCAI 的安防产生不利影响，并会对装置的过程可用性或知识产权带来风险。彻底了解远程连接诊断规程的特性，以及可能对可编程控制器操作产生怎样的影响，显得非常重要。现场操作部门应对何时允许远程访问具有最终控制权，并在必要时可终止特定的访问进程。

在考虑远程访问 SCAI 时，安防对策尤为重要。SCAI 的设计、操作和维护应包括适当的网络安全对策，以保持所需的风险降低能力。用于执行、操作以及维持网络安全的措施不应损害 SCAI 的正常性能。

安防对策包括策略、管理规程以及技术保护措施。对于 SIS，在执行 IEC 61511(2015)生命周期的每个步骤时，都应考虑到网络安全风险。远程访问是系统连接的一种形式，应按照 IEC 61511-1 条款 8.2.4 要求，纳入安防风险评估中。例如，在进行危险和风险分析时，应考虑远程访问衍生的特定风险，如在生产管理、工程、制造商、客户、外部黑客等各方面的影响。

6.5.3　备件

在制订过程控制系统或 SCAI 维护计划时，如何管理备品备件至关重要。设备会失效，有时甚至在过程操作的紧要关头偏偏出问题。拥有所需部件并且保持性能完好，不仅能确保快速恢复正常操作，也是一种安全保障手段；过程控制系统或 SCAI 功能出现失效的时间越短，过程操作越安全。

存有备件并不能想当然地认为就能保障不时之需。存放条件恶劣可能会导致备件性能受损。建议提前做好一系列的备件管理工作，确保必要时有足够的、功能正常的备件供应。为达到这些要求，需要妥善处理以下几个方面：

- 足够数量、适宜的备件；
- 避免灰尘、过度潮湿和极端温度影响的储存设施；
- 妥善存放和运输，减少物理损坏；
- 对于微处理器，提供应对电磁环境导致损坏的措施；
- 对于 CMOS 电路板，提供应对静电导致损坏的措施；
- 交接备件时，要确认状况是否良好；
- 有时某些备用组件需要通电状态存储，确保从备用状态平稳投用到正常操作状态，应妥善处理好这种特殊要求；
- 在投用之前，对备件的内嵌软件版本进行确认；
- 对备件的安防要求做出明确规定，防止被用于非预期的应用，以及避免遭到恶意破坏。

在某些情况下，可能期望将备件存储在厂区外，例如制造商的仓库。这时应考虑非工作时间备件能否及时送达现场，如何保证备件的性能完好。要针对面临的诸如此类的一系列问题做出规定。

6.5.4 预防性维护程序

仪表设备的失效率或平均无失效时间，通常取决于主动的预防性维护活动。打一个简单的比方，如果你希望私家车达到预期的行驶里程，就需要适时更换机油保证润滑。除了制造商推荐的预防性维护活动之外，SCAI 还需要其他规程确保持续的安全运行。在制定这些规程时，要意识到需要的风险降低能力越高，重视程度就要越高。包括建立一个质量保证体系，跟踪仪表可靠性变化趋势，以辨识在役仪表设备是否有任何问题存在。制作关键部件的统计质量控制图，有助于检测降级的早期征兆。

制定预防性维护规程，有多方面的积极意义：

- 运行离线诊断程序，检查硬件和软件的功能性；
- 设计用于测试特定安全相关控制功能的仿真程序；
- 定期更换使用寿命到期的仪表设备；
- 定期清理设备，清除正常操作过程中可能导致故障的灰尘堆积或其他外来杂物。

预防性维护的时间由制造商建议、以往使用历史、其他所需维护以及离线维护时机等多方面因素决定。预防性维护应最大限度地提高设备的可靠性和可使用寿命。对于建立的系统维护规程，要通过验证管理程序确认没有违背可用性评估中明确规定的任何假设条件。

对过程控制系统进行预防性维护时，不应存在危害执行人或受控过程的任何危险状态存在。应始终遵守安全管理规程。在确定工艺过程是否安全时，不应完全依赖过程控制仪表的量值。在采取任何行动之前，必须进行独立的验证。维护过程不应依赖控制信号使设备保持在安全状态。例如，用控制信号保持阀门关闭不足以确保完全隔离危险物料。此时应采用诸如手动切断阀或盲板等独立措施隔离危险源。

■ 案例 19

地点：Hemel Hempstead，England

工艺：燃油储存

日期：2005 年 12 月 11 日

影响：爆炸和火灾；超过 43 人受伤；2000 人疏散，商业损失和住宅损毁。

现场照片：

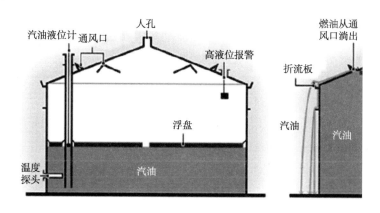

概述：

事发前一天，912 罐正在接收汽油。第二天早上，虽然储罐继续充装，储罐自动计量（ATG-Automatic Tank Guaging）系统显示液位却不再变化。液位信号"恒定"是已知的危险失效模式，此时变送器输出卡住，信号不再反映过程状态。操作人员很难检测到这种类型的失效，因为输出值仍然在过程变量的可接受范围内。

"用户""高报"和"高-高报"三个液位报警限来自同一台变送器信号，因此共用变送器的失效使这些报警统统失灵。按照惯例，操作人员接到"用户"报警时会通过终止输送控制液位。由于该报警不起作用，操作人员没有采取动作停止输送作业。

在 ATG 高-高液位上方，设计并安装了独立的高液位开关，用于关闭储罐入口阀并启动声音报警，遗憾的是该开关此时处于失效状态。原因是在维护人员完成测试后，没有按照维护规程将开关测试臂用挂锁锁上，高液位开关一直被禁用。根据该开关设计原理，没有挂锁，当浮盘升起时，触点无法启动。这是典型的系统性失效，再一次表明操作规程、必要的标记以及相关培训对维持系统完整性是何等重要。

后来，油罐溢流，罐内的汽油从罐顶部通风口溢出，在罐体周围形成蒸气云团。槽车司机和罐区外人员发现异常后启动了火警，接着消防泵也被启动。但很快发生了爆炸，可能是在消防泵启动时引燃。

自动化方面主要教训：

当挂锁没有重新将测试臂固定在正常操作位置时，高液位检测功能被禁用。制造商手册中有一条警告，明确要求测试完成后需要将挂锁归位。对维护人员进行培训时，应着重强调如何正确测试设备，以及如何确认设备是否已返回到正常操作状态。应使用标牌和警示符号增强对关键特性和配置的认知。另外，仪表维修规程也应包括对不可接受的高失效率项的检查。例如，在本案例中，模拟液位计在事发前的近几个月内已经出现了多次故障。应提供书面指导，说明在此类的情况出现时，如何上报至设备维护和装置主管以进行调查和整改。

仪表和控制系统问题：

- 风险评估不充分，或者没有进行风险评估；
- 模拟液位计没有进行维修，在事发前的 3 个半月内接连发生了 14 次危险失效(卡住)；
- 未认识到模拟液位计的关键性，未关注或记录频繁发生危险失效的安全隐患；
- 液位开关不能正常操作；
- 没有发现模拟液位计失效，导致 ATG 系统功能丧失("信号恒定不变")；
- 由于模拟液位计失效，导致 3 个报警都没有动作；
- 更换液位开关没有采纳足够的变更管理程序；最终导致独立高液位联锁失效；
- ATG HMI 画面不充分；
- 没有进行测量确认/偏差报警；
- HMI 上有 ESD 按钮，但从未启用。

信息来源：

HSE. 2007. Buncefield Standards Task Group(BSTG) Final Report. UK：Health and Safety Executive.

6.5.5　执行测试时的时间约束

任何形式的测试都需要预先计划、安排资源以及确定时间窗口。大多数测试只能在新建工程结束时或设备大检修期间、一切安装就绪并在装置开车之前进行。负责测试的人员往往面临高效、快速完成测试工作的压力。快速有效的测试，需要制订全面的计划和详细的规程。紧凑的日程安排需要良好的协调：让合适的人、在合适的时间进行现场测试和在工作站上操作，按正确的程序步骤协同完成。需要管理层做出承诺，确保在过程开车之前进行彻底的测试和故障修复。

6.5.6　检验测试策略

仪表可靠性程序包括各种类型的活动，如检查、维护、校准、维修/更换以及检验测试。过程控制和安全设备需要按照指定的时间间隔进行测试，以证明设备符合要求。测试形成的证据，用于证明自动化系统具有功能规格书确定的功能。

主要有两种类型的测试：①离线测试；②在线测试。在项目的设计阶段，应规定所需测试的方式。如果需要进行在线测试，应提供测试点或其他支持测试的手段，以免测试期间需要拆除并重接线路。

所需测试的频次取决于失效率或风险降低要求、以往使用历史以及制造商的建议。如果设备的失效率低于预期，可以调整测试间隔时间更长些。反之，则可能需要更频繁地进行测试。在某些情况下，特别是仪表设备在役多年后，应根据测试的历史记录(以往使用历史)、操作经验以及硬件降级等情况，重新评估测试时间间隔。

SCAI 设备需要一个严格的、有良好书面规定的仪表可靠性管理程序。可靠性管理是否成功，取决于现场是否有能力保证安全设备持续处于"完好如新"状态(见附录 I)。应建立仪表设备管理台账，用独有的标识识别 SCAI 设备，并包括必要的检查和检验测试时间间隔等要求，以确保设备保持适合既定用途的性能。*测试周期不得低于既定操作环境 SCAI 设备可靠性指标所必需的频率。*

6.5.6.1　离线测试

离线测试是指工艺过程停运进行的测试。因为测试不会产生过程波动之忧，这种测试可以做到非常详细和全面。离线测试可能包括以下内容：

- 过程传感器的操作；
- 端子布置、信号类型以及量程等；
- 通过功能测试或仿真验证应用程序；
- 硬件模块的插入和更换；
- 控制器诊断和故障插入测试；
- 最终元件的操作；
- 输入信号、逻辑控制器，或者最终元件的诊断；
- 流程图画面及其相关数据、警告信息和报警等的测试；
- 控制器程序扫描循环时间；
- 旁路和复位功能；
- 系统对现场仪表、信号和通信接口失效等的响应。

应对新安装仪表设备以及在装置停车期间对系统所做修改进行离线测试。执行测试的人员应熟悉硬件和软件操作及其功能要求。

在系统返回正常操作之前，应特别注意，确保解除测试所加的"强制"操作。例如，在维护模式下，"强制"打卅关键阀门进行测试。一旦测试完成，应解除或禁用系统"强制"功能。

6.5.6.2　在线测试

很多时候，必须在工艺过程正常运行期间进行一些测试。在线测试需要特别的安全考虑，因为任何意外或不正确的动作都可能导致异常工况出现。对于必需的在线测试，应在功能规格书中予以明确。可能需要专门的测试设备或便利条件才能确保安全地完成在线测试活动，如附加的传感器、测试取压口、旁路或隔离阀。

在进行任何在线测试之前，应制订周密的计划并获得授权批准。测试计划应描述测试的目的、测试步骤和管理程序、执行测试的人员、要收集的预期数据和信息，以及测试期间可能需要的特殊预防措施，确保装置的安全运行。有时可能有特别规定，在线模拟仿真进行离线测试，确保被测功能的适用性。通常，在线测试包括以下内容：

- 过程传感器的测量精度；
- 最终元件及时达到正确状态；
- 不存在没有书面记录的更改；
- 任何新的或修改的应用逻辑功能正确(预先进行了离线测试)。

6.5.7　维护旁路

需要维护旁路支持的测试和维修活动，应在功能规格书中规定。将过程控制系统和安全系统的仪表设备置于手动、旁路或超驰控制的准则应在现场操作和维护规程中予以明确定义，并应根据预期对其使用情况进行监视和跟踪。

对于 SCAI，旁路需要专门的授权和批准。应在旁路之前告知操作人员，以便协同采取对等的补偿措施，填补因旁路造成的任何风险缺口。SCAI 允许旁路的最长时间应由操作人员确定并在维护规程中规定。所有 SCAI 的旁路状态应记录在旁路日志中，便于将总旁路时间作为关键指标进行跟踪，并与预期进行比较。

采用开关或其他方法给出许可旁路指令时，应有书面规程进行管控，防止同时多个信号被旁路。恢复到正常状态并得到独立确认之后，才能签字认可所有作业已完成。在 SCAI 设计允许的条件下，应自动记录旁路开关的动作位置变化并加注时间标签。再次重申将总旁路时间作为关键指标进行跟踪，并报告出来。

6.5.8　可编程控制器的维护

虽然现代控制器诊断性能非常全面，但控制器的某些失效却并不在诊断范围之内。应定期执行计划好的检验测试，检测未能诊断出的失效。SCAI 的测试包括确认内部诊断是否正常，以及检测特定类型的硬件失效。可能需要故障插入测试(即通过断开部件连接、将输入或输出短路，或者切断设备电源等人为产生的失效状态)。

6.5.8.1　可编程控制器测试

过程控制系统通常是动态的、主动的系统，一旦发生问题，就会导致过程运行偏离预期状态，会立刻引起操作人员的注意。客观上减少了对过程控制系统的测试需要。不过有时也有例外，这些情况是：

- 控制器的系统软件升级之后；
- 通信或网络配置更改之后；
- 硬件升级或更换之后；
- 制造商推荐进行某种测试时。

没有任何设备能够做到自始至终完全无误地运行。诊断通常是重复简单的操作，例如在内存中以固定的字节形式写入并读回。这些操作被大量的重复进行，进而可以辨识出导致间歇性失效的部件。制造商利用硬件技术(重试)和软件能力(错误检测和校正码)检测这些偶发错误。

硬件诊断程序应详细记录所需的测试通过次数，以及软的或可恢复错误的最大数量(通过/失效准则)。同样重要的是，认真地遵循这些程序并将校准前/校准后结果记录下来。

硬件测试还应验证与 SCAI 相关的所有输入、输出物理连接和软连接(通信链路)是否正确。这包括传感器、I/O 接口和最终元件。对传感器和最终元件的功能操作进行确认也应是硬件测试的一部分。

6.5.8.2　可编程控制器的维护程序

随着制造商技术的发展，可编程控制器维护的一个关键点是需要持续管理其内嵌软件的不断升级。可编程控制器通过内嵌软件的升级延长其使用寿命。升级可能会与现有的控制器组态冲突，并可能破坏系统设计的安全特性。例如，控制器升级可能更改智能变送器诊断能力和相关失效信号的电流(mA)值。如果应用程序中没有做出相应的修改，则 SCAI 可能无法再实现所要求的风险降低。

当制造商淘汰旧版本的内嵌软件时，即使正在操作的控制器没有问题，也需要升级或更换。不同版本的内嵌软件可能貌似区别不大，但也会使设备的整体性能表现大相径庭。升级内嵌软件应在对现有操作系统彻底确认的情况下完成，保证不会因升级产生任何问题。

某些情况下，也可能决定不对内嵌系统软件进行更新，这样的安排必须与制造商达成协议，即使后期发布了修订版，也对某个特定版本给予长期支持。甚至有必要让制造商为特定版本或硬件模块指定独有的部件号，并同意在约定的时间段内保证技术支持。

可能有必要在某个时间点及时将操作系统升级到新的版本。在实际投用之前，也需要对软件的修订版本进行测试，确保控制器的正确性能。对升级后的系统进行确认测试，是为了验证其仍然满足功能规格书的要求。

在控制器恢复到正常操作状态之前，应有足够的时间完成全面的确认测试。时间安排应包括检测到任何错误后必要的整改时间。

6.5.8.3 应用程序测试

应用程序应被验证并获得彻底的确认。通过检查程序独有标识的变化（例如，循环冗余检查），了解在初始现场验收测试之后是否进行了修改，借此最大限度地降低所需的测试覆盖范围。测试通常离线进行，包括依据最后测试的版本对现有应用程序版本进行确认，对软内存错误进行检查以及对可在线更改的任何参数进行审查。

6.5.9 外包维护

承包商人员通常也会介入维护和测试活动，尤其是在大修期间需要大量的人力资源时。最终用户应确保承包商人员提供的支持能力能够满足系统的维护需要。根据不同生命周期阶段的活动或者依据系统分类，可能需要指定专门的技能和能力。选择外包维护人员时需考虑的问题包括：

- 人员对相关设备的维护或测试能力；
- 人员是否能及时到位；
- 满足现场资源需求的承诺；
- 承包商在检查和预防性维护方面的知识；
- 承包商在设备测试和故障排除方面的经验；
- 是否有明确的规程、深入辨识问题的书面方法和执行标准、校验前结果用于完善现场管理；
- 乐于将维护和测试经验分享给合作伙伴；
- 商业机密和安防关切。

6.5.10 其他方面的维护考虑

维护工作完成后，建议进行必要的检查，确认设备是否符合既定用途。如果在维护活动中出现过可能产生损坏的行为（例如，不小心施加测试电压、测试探针造成过短路、临时拆除电磁屏蔽罩或者对静电放电保护不足），则需要检查应用程序以及内存中的数据。必须将程序或存储数据可能的损坏检查出来。可编程控制器应包含常规错误检测程序（例如，启动时的操作校验以及程序执行期间的周期性操作校验）。

维护规程应有必要的规定，确保设备投用前解除因维护作业设置的任何旁路。维护期间，无论过程单元处于停车还是处于在线操作状态，这都是不能忽视的问题。最好是保留所有旁路的清单，并要求签字以确保维护任务完成后将其全部解除。

6.6 人为和系统失效管理

即使人员接受过良好培训并依据完整、准确的书面规程进行操作维护，仍就可能出错。由于当今自动化系统的规模和复杂性不断上升，管理控制和监视在减少损失事件风险方面的重要性不容置疑或降低。执行任何生命周期活动的人为错误，会降低甚至抵消自动化系统提供的各种程度的保护能力。由于装置人员与整个现场的多个功能和系统进行交互动作，人为错误是系统性失效的主因。

本书的案例研究提供了一些示例，描述如何分析总结事故教训，发现和应对人为错误。一旦发生未遂事件和意外事故，就需要收集数据，进行根本原因分析，以及采取必要的整改行动防止事件再次发生。从错误中学习是被动的方法，因为事件发生在错误整改之前（图6.1）。被动方法归类为过程安全金字塔内的滞后指标（参见第6.8.1节）。过程安全管理的意图是追求损失事件为零。因此，亡羊补牢尽管可取，但并非上策。应采取积极主动、前瞻性的措施，从根本上减少潜在的人为错误。

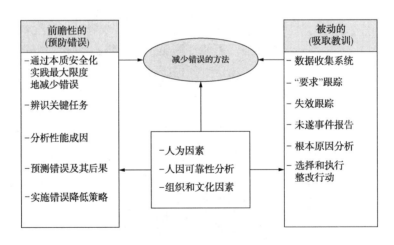

图6.1 减少人为错误的方法（摘自CCPS 1994）

■ 案例 20

地点： Macondo，Gulf of Mexico
工艺： 海上钻井
日期： 2010年4月20日
影响： 爆炸和火灾；11人死亡；17人受伤；严重的环境破坏，墨西哥湾区重大经济损失，钻井平台毁坏，重大声誉损失。

防喷器吊舱（BOP Pods）：

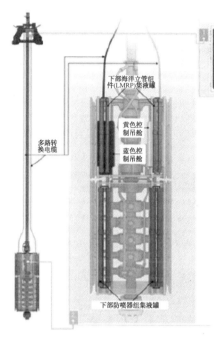

防喷器控制面板

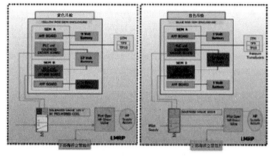

图6　事故发生时黄色（左侧）和蓝色（右侧）舱内的
电池情况和电磁阀103接线一览表

图2-5　按下BOP控制面板上的按钮；通过MUX电缆将电信号
向下发送到位于LMRP的黄色和蓝色BOP控制吊舱，BOP
蓄能器在紧急情况期间向控制舱提供液压动力

概述：

　　事发当天，油井正在准备封堵并临时停用。钻井液清除后，烃类向上流动经过破损的水泥"泥浆"屏障。随之而来的液压"反冲"使油气进入将钻机连接到井口的立管。随着流体朝着钻机继续向上流动，操作人员关闭了环形防喷器，但未能密封住。操作人员试图转移流入的流体，但分流器连接在了另一个容器上而不是通向平台外。操作人员也关闭了防喷器闸板，成功地关闭了环形空间，但导致钻管内的压力飙升，导致该管路在防喷器（BOP）内弯曲。已经处于闸板上方的物料沿立管持续上升。

　　钻井平台上的烃类最终释放出来，接着被点燃并引起爆炸。操作人员试图手动启动紧急断开系统，但爆炸中断了钻井平台的通信。这也造成了断电和液压丧失，并导致锚定系统的自动模式功能（AMF-Automatic Mode Function）启动并触发全封闭防喷器闸板。蓝色AMF吊舱上的接线错误造成关键电池耗尽，使得吊舱无法使用。黄色AMF吊舱上的双线圈电磁阀也接线错误，但第二个接线错误导致9V电源失效，使电磁阀动作并关闭了闸板。由于钻管弯曲，闸板未能起到隔离作用，流体仍持续流动。在钻井平台上，可燃气进入了控制盘所在的房间，控制电源紧急关断联锁已被旁路不能切断供电，随后发生了爆炸。可燃气报警器也被旁路了大约一年，因此没有响起撤离警报。

自动化方面主要教训：

　　接线错误应在维护后通过确认测试辨识出来。在任何维护活动后也应进行功能测试，确保设备按照设计要求操作运行。在这个特殊装置的海底深处，管路的意外弯曲最终导致闸板的安全动作失灵。这也表明，在与以往使用明显不同的操作条件下，需要对安全系统设备的性能进行更严格的评估和密切监视（IEC 2015）。

仪表和控制系统问题：

- 防喷器系统安装在比以往设计更深的地方，导致启动时出现无法预料的管路变形，破坏了隔离闸板联动锁闭的有效性；
- 在测试和调试期间，未能辨识出 AMF 蓝色和黄色吊舱上的接线错误；
- 控制室电源紧急关断被旁路，盘柜点燃了可燃气体；
- 可燃气体报警被抑制，没有响起撤离警报。

信息来源：

- CSB. 2014. Investigation report – Explosion and fire at the Macondo well at Deepwater Horizon Rig. Report 2010-10-I-OS. Vol. 1. Washington，D. C.：U. S. Chemical Safety Board.
- CSB. 2014. Investigation report – Explosion and fire at the Macondo well at Deepwater Horizon Rig. Report 2010-10-I-OS. Vol. 2. Washington，D. C.：U. S. Chemical Safety Board.
- BOEMRE. 2011. Report regarding the causes of the April 20, 2010 Macondo well blowout. Washington，D. C.：The Bureau of Ocean Energy Management，Regulation and Enforcement.

预防错误前瞻性的做法始于设计之初的本质安全化实践（参见第 3.4 节仪表和控制示例），更好地管理各种性能成因（表 3.3 和表 3.4）。应辨识关键任务，确定这些任务所要求的输出。如果在执行任务的任何环节出现错误，应详细分析对安全的影响（参见第 2.4.2 节），了解潜在的后果。降低错误策略应适用于任何有安全影响的任务。这些降低错误策略通常是将工程系统和诸如审查、评估和审核等管理控制相结合。从实际情况来看，有太多的机会导致错误出现，有必要遵循严格的质量保证过程，检测和整改错误。一些认知现象因"群体思维"而变得更糟，因此要考虑通过独立的审查和评估，打破群体思维范式和失真。

6.6.1 验证

在验证活动中，生命周期阶段的输出，无论是文档、硬件或是软件，都要根据初始危险和风险分析依据的数据和假设条件进行审查，以确定是否一直有效。验证的目的是确保整个控制系统生命期涉及的各项活动业已完成，所需的各种文档齐备，所安装的仪表设备适合其用途。随着自动化系统从概念设计到安装投用，新的资料和信息不断积累，会影响设备在特定的操作环境下是否还适合其用途。

设计过程各阶段都要进行验证活动。通常涉及项目设计的同行审查、应用程序仿真测试、安装、检查以及试运行。通常在每个阶段完成时进行验证，确保该阶段的"可交付"成果满足要求。验证的严格程度、深度和广度，以及频次可以针对每个项目量身定制，综合考虑项目的大小、复杂性以及被控对象涉及的过程危险。应注意程序审核人员的独立性，特别是涉及 SCAI 时尤其如此。应用程序要求规格书要定义验证的要求。

自动化系统的持续性能验证，是通过仪表可靠性程序监督操作和维护记录并找出差距。控制设备的验证通常侧重于过程可用性和生产目标的实现。对于 SCAI，关注点是尽量减小 SCAI 设备在"要求"时失效的概率和误停车率。设计阶段取决于设备分类，可以采用定性或定量方法，对设计关键指标进行跟踪验证。当选用定量验证方法时，估算出的风险降低能力和误停车率要与规格书明确要求的目标值进行比较。定性验证有许多种形式，其中之一是由对设计项目有丰富经验的专家进行审查。而另一种方法，是对照工程设计实践和检查表，逐项审查（表 6.1）。

表 6.1　承受精神压力的个体及其认知现象(CCPS 1994)

现象	特　点
防御性回避	可能有很多种形式。例如,一个人可能会选择性忽视危险迹象,通过分散注意力回避面对的危险。防御性回避的另一种方式是"互相推诿",总想依赖他人做出决定
强化群体认同	对持不同意见的成员施加压力,筛除可能不利于群体自满情绪的外部信息,保护群体自身共识的倾向
承担风险的勇气上升	群体操作而非单打独斗时,趋向于接受更大的风险。对此现象有各种不同的解释,比如,群体幻想他们控制的系统无懈可击、对任何潜在的问题责任共担、有能够承担更大风险的人在场,以及通过讨论增加了对问题的熟悉程度和处理问题的信心
活在过去	承压群体倾向于集中精力关注以往,而轻视事件的演变
过度控制的倾向	人们往往对他人不放心,趋向于试图包揽一切,而不是下放职权
采取"观望"策略	随着危机后果越发严重,人们似乎越不愿意立即作出决定,坐等获得更多信息
短暂的精神麻痹	短暂丧失对现有信息的合理利用能力。危机来临时从反应迟钝突然转变为神经过敏
降低关注面	随着压力的增加,按需分配注意力的能力会降低
"隧道视野"	这也称之为"假设锚定",人们倾向于寻求信息,证实对过程状态最初形成的假设,而忽视未被证实的信息
思路僵化	总想使用现成的,但不一定是最有效的解决方案
思维偏激	倾向于用单一笼统的原因,而不是综合考虑一系列原因解释问题
主题游荡和包囊现象	主题游荡是指人的思维在各种问题之间游移不定,肤浅地对待每个问题。包囊现象是指精力过度集中于细枝末节,而忽视了其他更重要的问题
老套刻板	回归习惯性的或预设的行为模式,这种行为模式源于过去经历讨的类似情况,当然某些方面也不尽相同
过分紧张	恐慌会导致一个人的思维混乱。可能无法认识到所有的可选项,匆忙抓住一个似乎可以立即解决问题的做法

对于 SIS,验证活动确保仪表设备能够达到所需风险降低和误停车率要求,子系统满足最低硬件故障裕度要求,以及系统最终实现所需的功能性和安全完整性等级(SIL)。ISA-TR84.00.04-1(2015c)附录 K 提供了有关最小硬件故障裕度要求的更进一步讨论,ISA-TR84.00.02(2015d)陈述了 SIL 验证计算的相关细节。本书附录 I 给出了数据收集和关键指标等方面的指南。

6.6.2　过程控制审查规程

目前许多公认的过程安全标准[CCPS(2008a)]都有对过程控制的审查建议。这些建议涉及整体功能安全计划,包括何时开始正式的审查活动、审查应该涵盖哪些内容,以及由哪些人员执行审查活动等。过程控制系统和 SCAI 系统是这些审查内容的有机组成部分,有时也可能需要对这些系统分别地、各自独立地进行审查。例如,复杂的控制系统进行 C-HAZOP(计算机 HAZOP)分析之后,对其进行任何形式的审查时,小组成员应包括熟悉过程控制系统和 SCAI 系统操作和维护的人员,以及参与过程安全审查的人员。在审查过程中也可能需要制造商参与,确保充分考虑了设备的所有特性,要特别关注那些未使用的特性是否会影响过程操作。

由于有些系统结构复杂，采用简单的方法进行分析就比较困难。逻辑功能分布在多个控制器中，可能只有技术专家才真正明白它们如何相互连接。在工艺过程早期设计阶段的安全审查中，还涉及不到这些问题。只关注控制的端点（即哪些过程变量被测量和控制），评估这些变量参数的更改对过程安全的影响是不够的。有时会掩盖控制逻辑失效可能导致的中间状态或其他负面影响。特别是将复杂的控制策略嵌入到可编程逻辑中更是如此。对单个控制回路的程序更改可能会影响到其他回路。一个简单的操作，例如只修改某个变量的地址，如果处理不当，很可能会严重影响过程安全。因此，有必要建立充分的审查规程，防止在程序改动期间发生诸如此类的问题。

对于新装置，应将过程控制系统的审查视为整个过程安全审查的一部分，但可能会应用更详细的分析技术。考虑因素包括：

- 对过程控制系统的控制逻辑进行分析，确定其失效如何导致异常操作；
- 对所有操作画面、维护或工程界面进行评估，确定访问安全以及网络安全对策的有效性；
- 如果控制系统任一部分死机或以其他方式停止工作，评估对过程安全产生的后果；
- 针对控制系统失效原因和后果，确定安全系统设计是否考虑了足够的应对措施；
- 评估控制系统如何安全复位并恢复到当前运行状态；
- 系统特性的设计和选择，要考虑矫正、修理或更换故障设备时不易出现人为错误；
- 整个自动化系统结构设计规格书，应该清晰地说明安全系统与过程控制系统的明显区别。

过程控制系统和安全系统的设计，应按照自动化系统相关责任人易于理解的方式形成文档。合格的工艺过程、控制系统、仪表以及电气等不同专业的人员，在适当的时间节点，依据操作、维护和安全人员提供的资料主导审查活动。有时也邀请项目之外的人员参与，以提供更新颖、无偏见的输入信息。在安全影响可能超出工艺装置边界时，也可能需要来自公司之外的人员参与。

6.6.3 仿真

将自动化系统的测试仿真系统与工艺流程仿真系统结合起来，可为确认、测试更改以及操作人员培训提供强大的工具。计算机是工艺过程设计和控制系统设计的得力助手。计算机建模通常是指在工艺过程的稳态（或平衡）条件下，使用计算机完成各种工艺过程参数计算。计算机模型可包括物料、能量和动量平衡以及相平衡关系、化学反应速率表达式、物理性质相关性、状态方程和设备相关性（例如压缩机和泵的压头/处理量曲线）等因素。建模用于确定稳态条件下工艺过程和控制设备的设计参数（例如，设计的生产负荷所需管线尺寸和阀门口径）。

动态仿真，有时称之为动态建模，是利用计算机通过求解平衡方程的动态形式（即以时间为自变量的常微分和偏微分方程），模拟工艺过程随时间变化的行为。采用动态模拟可以更好地了解瞬态和非稳态条件下工艺过程的行为。更具针对性的实时仿真系统是将运行仿真程序的计算机连接到外部实际的系统硬件（有时称之为硬件实操仿真）。例如，在计算机中用软件程序模拟蒸馏塔，外部连接与该蒸馏塔过程控制系统实际配置相同的硬件。

实时仿真可以用于：

- 工艺过程动态运行的设计；
- 开发过程控制策略；
- 评估正常和紧急操作规程；
- 在操作界面上培训操作人员。

实时计算机仿真也为控制设备在实际安装和使用之前进行彻底的测试提供了便利，有助于改进过程控制系统的安全和性能。在FAT(工厂验收测试)期间，借助对实际应用的仿真测试，可以更好地确认设备是否符合功能规格书要求，以及设备在负载条件下是否具有足够的性能表现。要对照软件程序所依据的数学或概念模型对此类计算机仿真系统进行充分验证，并在条件许可时，尽可能根据实际工艺过程数据对仿真结果进行确认。

仿真可以面向整个工艺装置(所谓的全流程图仿真)，或者只针对一个特定工艺过程任务。简单的仿真既可以用在大多数过程控制系统上，也可以是运行在仿真模式的单回路控制器上。对自动控制进行严格的仿真模拟，通常要求：

- 仿真系统与外部硬件保持同步(即，在计算机程序内的模型响应时间既不能太快也不能过慢，与实际工况尽可能匹配)；
- 计算机的数值积分计算不要求与外部输入信号同步，即从外部硬件实际读取(例如，模拟信号转换和更新)之前可以开始计算；
- 数值积分步幅相对于数值精度和稳定性要足够小，并且与外部(数字)控制硬件的控制间隔(或取样时间)相比也要小。

6.6.4　工厂验收测试(FAT)

在设备发运到现场之前，有必要先完成FAT(Factory Acceptance Test)。全面的FAT可以最大限度地降低现场调试期间发现工厂遗留问题的数量。更为重要的，这是用户验证并认可所交付系统实现其特定功能的节点。FAT应按照合同双方约定的验收规程，在用户人员现场见证下，进行逐项检查、测试，并留存书面记录。FAT计划应规定：

- 被测试设备的版本(包括硬件和软件)；
- 拟测试的类型；
- 与测试有关的潜在危险；
- 测试案例(Test Case)和详细描述；
- 测试合格的标准；
- 测试环境，如工具、测试支持系统、接口和通信；
- 测试场景搭建和所在物理地点；
- 测试记录文档和问题后续处理。

本书附录J给出了典型的FAT规程，可根据需要作为执行此任务的指导。

6.6.5　确认

确认是最终核实已安装系统的功能、量值、显示等完全正确。当新设备安装后，或者在役设备的功能做了修改后，都要经过测试等活动确认系统功能正常。确认是证明并确保最终交付的系统满足了功能规格书对预定过程操作模式的各项功能要求。确认规程定义如何进行确认活动，且不能使工艺过程处于损失事件的风险之中。确认计划应确定以下内容：

- 何时进行必要的确认活动；
- 确认人员独立性要求；
- 确认活动所需的设备和设施。

一旦新的或修改的 SCAI 安装完成，就要进行确认。确认是检查最终交付的系统完全符合 SRS。测试活动包括每个功能的端到端测试，以确保传感器和最终元件接线正确，设备按预期正常操作。确认涵盖旁路操作、手动停车、复位、访问控制和安防对策。确认测试通常需要由工程人员、操作人员和维护人员组成工作小组，这些人员的角色和职责，应在确认活动的书面规程中明确规定。

确认是装置整个生命期重复进行的关键活动。最常见的是新建或改造的设备、过程控制系统或 SCAI，在投用之前进行确认。这也可以视作日常管理活动的一部分，以确保现有系统功能完备。确认应涵盖过程控制系统和 SCAI。对于可编程控制器，应依据应用程序要求规格书对应用程序进行确认。

确认计划至少要落实以下几个方面：

- 安装的系统与功能规格书和安装图一致；
- 控制器中的应用程序是正确的版本；
- 系统能够按照既定的正常和异常操作模式实现其功能；
- 系统接收到"坏值"时仍然能够按照指定的功能操作；
- 所有计算功能；
- 过程控制系统和其他互连系统的异常状态不会影响 SCAI 操作；
- 过程控制系统与其他系统之间的通信不会导致数据过载等异常状态；
- SCAI 和其他系统之间的通信不会导致 SCAI 失效；
- 通信中断时能够实现指定的动作，并且在通信恢复后，系统返回到特定状态；
- 公用工程(例如电源、气源或液压系统)中断时能够实现指定的动作，并且在公用工程恢复后，系统返回到特定状态；
- 传感器、逻辑控制器和最终元件按照其规格书要求执行功能；
- 安全和操作界面显示正确的信息，包括状态警告、诊断报警和安全报警；
- 旁路和开车超驰能够按照规定操作；
- 复位功能符合规定；
- 手动停车能正确操作；
- RFI 和 EMI 存在时仍能正常操作；
- 访问控制和网络安全对策。

确认应证明系统能够按照其功能规格书要求进行操作。确认应包括各种设备的相互作用(包括启用/旁路/降级)、执行诊断功能、显示报警和警告信息、安全状态以及响应时间。经过全面的查验，确保在系统投入操作之前发现并解决可能存在的问题。在 ISA - TR84.00.03(2012e)中，详细讨论了 SIS 的确认活动，该技术报告推荐的确认工作流程、执行的任务以及考核指标，通常也适用于 SCAI。

为确保工作质量，确认活动要依据书面规程进行，详述测试时要执行的每个步骤。确认规程应细化到针对每个功能，定义测试时需要记录的数据和信息。采用标准化的表格能够更好地记录测试结果，并说明测试期间进行了哪些修复活动。ISA-TR84.00.03(2012e)给出了针对不同 SCAI 设备的一般性规程示例。该技术报告也提供了失效调查报告和对"要求"事件进行跟踪的示例。确认活动相关文档应由责任人签字，并作为系统运行期间出现并处理问题时的参考资料。执行测试的人员应对其确认的每个项目签注姓名和日期。

如果同一过程单元安装了多个安全系统，则测试规程应确保每个安全系统独立于其他系统各自进行测试。在测试逻辑控制器时，可能还有其他需要特别关注的问题。例如，在工艺设备连续运行期间，需要对系统的某些部分进行测试。在进行这种类型的测试时，逻辑控制器提供的保护功能可能需要停用或部分旁路。为了确保测试期间对工艺过程仍保持足够的保护能力，应采取必要的补偿措施。需要特别关注的问题包括：

- 对系统某一部分进行安全测试的同时，不会对系统的其余部分造成潜在的负面影响；
- 仅被测逻辑旁路的处理方法；
- 测试期间，如何使用其他技术监视或检查关键变量，不管是直接还是间接推断；
- 为了安全顺利测试，可能需要调整操作状态。

对每个系统进行独立测试至关重要。系统各部分之间可能存在一些协同行动，可以利用通用模板，但每个系统都应有各自批准的书面测试规程。

系统小范围维护或小范围修改后进行的确认活动，可能不需要像首次或重大修改后那样的广度和深度。确认的范围应在确认计划中明确定义，应涵盖更改涉及的可能影响。做出最终决定显然需要一些合理的工程判断。确认至少应清楚表明系统是按照其功能规格书的要求进行操作。

确认完成后，系统返回到正常运行状态。作为例子，工艺过程危险引入之前应确保完成以下工作：

- 所有旁路功能都应解除并返回到正常操作位置；
- 所有工艺过程隔离阀应按照开车要求和规程设置；
- 所有测试用材料都应清除干净；
- 消除所有调试活动所做的超驰和强制许可。

6.6.6　功能安全评估

功能安全评估是通过独立评估安全系统的设计和性能表现，证明符合约定的标准规范和工程实践。基于系统的技术新颖性或复杂性，也可以考虑对过程控制系统进行评估。

在下面所述的生命周期不同阶段，应考虑进行功能安全评估：

- **阶段 1**：在完成危险辨识和风险分析并编写安全要求规格书之后。
- **阶段 2**：安全系统设计和工程完成之后(译注：此处原文有误)。
- **阶段 3**：安装、调试和确认工作已经完成，人员接受了与其职责相关的培训之后。
- **阶段 4**：获得一定的自动化系统操作和维护经验之后。
- **阶段 5**：对自动化系统进行了较大规模的修改之后以及停用之前。

功能安全评估的规模和范围，取决于评估审查的特定活动。对可交付输出评审的严格程度取决于许多因素，例如自动化系统已经投用的时间长短，以及对自动化系统修改的数量和范围。

功能安全评估计划应明确评估的范围、评估人员及其必要的技能和经验，以及评估应产生的信息。评估小组一般包括自动化技术、系统应用以及工艺过程操作等专业领域具有丰富经验的人员。计划还要依据评估小组成员在生命周期活动中的职责，规定所应有的独立性水平。对于安全项目，前述阶段 1~3 的评估小组至少应包括一位没有参与本项目工程设计的资深人员；阶段 4 和阶段 5 至少需要一位不涉及本项目安全系统操作和维护的资深人员。

执行功能评估，是为了确保系统的当前状况满足设计意图并符合用户的工程实践和期望。在评估之前，应有充分的证据表明很好地完成了设计、安装、验证以及确认活动。这些证据的可用性和有效性，本身就是评估的审查内容之一，它们代表了系统设计或装置的当前/批准状态。

评估小组应能够获得他们认为有必要的任何信息。包括从危险和风险分析、设计，再到安装、调试以及最终确认的全部文档资料。功能安全评估的频次，会因工程项目系统构成的难易程度有所不同，但至少应在危险物料引入到工艺系统之前进行一次功能安全评估，参见第 6.6.7 节。

对于在役工艺过程，应评估每个 SCAI 功能的"要求"次数，确保设计发生的"要求率"与最初 PHA 的假设相一致。例如，如果原始估计 SCAI 大约每 10 年有一次"要求"，而实际 SCAI 每年会有一次以上的"要求"，这就需要基于现实操作经验（即，以往使用规则）对风险分析报告的假设条件进行更新。据此将导致更高的风险降低要求，或最终确定 SCAI 是在高要求模式而不是低要求模式操作。

评估小组还应审查历次周期性检验测试的结果，辨识测试过程中反复出现的设备失效；审查操作或维护工作程序，辨识哪些设备经常检测到失效；审查平均恢复时间记录，辨识实际维修所用时间超过预期的情况；审查操作记录，确认系统是否按照预期规定的性能操作且没有出现不可接受的误关停。现实状态和预期之间存在差距时，要优先关注并采取必要行动确保达到所要求的风险降低。例如，如果评估小组认定某 SCAI 功能多次的周期性检验测试中都发现变送器故障，则有必要重新评估与变送器相关的设计选型、安装方式以及维护实践是否存在系统性错误。

6.6.7　开车前的安全审查（PSSR）

有一种类型的安全审查，称之为开车前的安全审查（Pre-Startup Safety Review，PSSR），应在新建或改扩建的工艺过程开车之前进行。IEC 61511-1（2015）阶段 3 的功能安全评估，是 PSSR 的关键输入。自动化系统的安装、调试和最终确认活动全面完成以后，同时操作和维护规程也已经制定完毕，并在危险物料引入装置之前，进行此项功能安全评估。PSSR 应确认以下内容：

- 施工和设备安装均符合详细的规格书要求；
- 安全、操作、维护和应急预案等规程，都已经准备就绪；
- 已进行了危险和风险分析，并根据功能安全计划将 PHA 给出的意见和建议全面落实或实施；
- 所做的修改都已通过了变更管理流程的批准；
- 员工培训已经完成，并向操作和维护人员提供了必要的信息；
- 系统测试、验证和确认已经完成；
- 通过确认活动，认定系统操作符合功能要求。

6.6.8 系统失效与问题解决

只有及时有效地处理发现的问题，进行风险分析、评估或调查活动对降低风险才有实质意义。在本书列举的几个案例分析中，对之前的评估缺乏有效响应是引发事故的原因之一。对这些评估和审核活动的管理，通常涉及组织如何发挥高级资深人员的监督作用。应认真执行既定规程，确保迅速跟进和落实以下活动给出的意见和建议：

- 危险辨识和风险分析；
- 验证活动；
- 确认记录；
- 功能安全评估；
- 审核；
- 未遂事件和损失事件调查报告。

6.7 变更管理

变更管理适用于启动、记录、审查和批准自动化系统的任何更改，这有别于同型替换（例如，采用相同型号和版本的设备替换老旧或损坏的设备）。该管理流程针对已投用系统的硬件、软件和各项管理规程的所有方面。对于自动化系统，配置管理是变更管理的关键组成部分，防止随意修改内部配置或组态参数（除非得到批准）。

工艺过程可能会频繁更改，改进效率和生产率、节能、减少废料等。基于这些变更，一般需要过程控制和安全应用的自动化系统做出相应的调整。对自动化系统的修改可能会对过程安全产生重大影响，因为过程控制设备失效是异常操作的常见原因，安全系统失效则会拒绝采取行动来防止损失事件。表6.2提供了一些更改示例，应当评估它们对自动化系统的影响（CCPS 2008b）。

表6.2　可能影响自动化系统设计的变更示例（CCPS 2008b）

工艺设备变更	例如结构材质、设计参数和设备配置
过程控制变更	例如更换仪表和控制单元、更改报警设定值、修改控制功能或改变应用程序
操作和技术变更	例如，改变过程条件或限制、重新配置工艺流程、增加产能、更改原料和产品规格、引入新物料或旁路设备
改变规程	例如，标准操作规程、安全作业实践、应急程序、管理控制规程以及检查/维护规程
安全系统修改	例如，某些安全系统设备停用时仍允许工艺过程运行、正常运行期间旁路联锁、更改关停设定值、修改冗余配置、增加报警，替换为不同制造商的或不同型号的设备
变更检查、测试、预防性维护或维修要求	例如，推迟装置大检修、延长检查/测试时间间隔，或更改测试规程
变更现场基础设施	例如，更改仪表风系统、安装临时电源或重新布置控制室
组织和人员配置变化	例如，减少每班次操作人员数量、将本地技术支持改为远程服务、有经验的SCAI设计和管理人员流失或将工作任务重新分配（例如，将某些维护任务指定给操作人员）
政策变化	例如，改变允许的加班工时，设备选型改为低成本竞标程序
其他PSM系统要素变更	例如，修改MOC规程，增加紧急变更申请的规定，取消对工作的独立评估和审查要求
其他修改	包括"感觉"像变更但不符合上述各类变更，例如采用新的规范和标准，改用电子系统管理数据

需要分析以确定变更对自动化系统功能或性能要求的影响。可能需要进行其他相应的附加改动，以维持安全性能。过程控制和安全应用审查过程可能需要不同的严格程度。如果内部实践没有明确规定验证和确认要求，则需要在 MOC 文档中定义清楚。

鉴于控制和跟踪应用程序以及组态版本的复杂性，可编程控制器的变更管理面临着重大挑战。采用可编程控制器的好处之一，是不需要额外硬件就可以对应用程序的组态进行快速、便捷的更改。修改的便利性，貌似不需要制订计划和实施文件，事实恰恰相反。可能只有参与这些活动的人员清楚所做的变更会导致投用的可编程控制器难以维持修改的安全性。变更管理出问题可能会导致潜在的危险状况被忽视，或使临时变更的影响远超预期。

当设备制造商对内嵌软件发布升级版时，也存在潜在的变更影响。通常以下情况需要对内嵌软件进行修改：

- 制造商不再支持现有版本；
- 现有软件中存在缺陷或所谓的漏洞。

内嵌软件版本修订可能会对控制器的操作产生预料不到的影响。内嵌软件的版本修订和任何更新都应通过变更管理规程进行审查和批准。

在 CCPS 的《过程安全变更管理指南》[*Guidelines for the Management of Change for Process Safety* （2008b）]一书中，提供了有关 MOC 的更多指导。在实施所要求的变更之前，应对变更进行装置范围的审查。应由熟知工艺过程及其操作的技术人员和操作人员组成的小组进行此项审查。正式的审批流程应是变更管理规程的一部分，在做出任何可能影响安全的变更之前，必须获得书面批准。审批流程应包括来自工程、工艺、操作、维护和安全的负责人员。一旦获得批准，应更新文档来体现变更内容，并应对人员进行培训，了解所做变更如何影响自动化系统的操作和所需完成的任务。

审查活动应形成文档，清楚说明达成一致决定的依据和理由。变更应有书面描述，详细说明变更的内容、变更原因以及哪些损失事件受到影响。变更管理包括解决所有负面安全影响的内容。应制订包含所有关注项目的详细检查表，提供便于审查的便利方法。建议负责自动化系统的人员熟知何时以及如何进行变更管理。

6.7.1 过程控制系统的变更

过程控制系统的更改涉及安全后果有限的，像警告、质量控制报警、画面显示特性以及诸如此类的内容，可以使用最低限度的审查完成修改。可能需要履行一些正式程序，例如针对这些变更的检查表。通常可以由负责系统维护的人员在操作批准的前提下完成。不过，有些变更可能需要额外的审查和批准。

这可能包括对以下内容的变更：

- 控制策略；
- 控制算法：
  - 增加/删除控制回路；
  - 增加/删除串级；
  - 增加/删除比率控制功能；
- 过程联锁；

- 量程；
- 最终元件失效位置；
- 传感器技术；
- 制造商软件更新；
- 第三方软件更新；
- 系统备份。

变更经过审查、批准和实施之后，在投入正常操作之前，应进行测试。测试可以在操作和技术小组的监督下在线完成，或者使用离线仿真程序完成，也可能借助过程控制系统提供的在线仿真功能进行测试。测试应对变更涉及的所有预期操作场景的运行情况进行确认，包括过程单元的开车和停车。要对使用新控制规程的操作人员培训这些内容。

过程控制系统变更规程应包括：

- 变更图纸或其他逻辑文件；
- 确定变更是否对相关设备的危险分析产生影响（可能需要更改 SCAI）；
- 审查和批准过程控制变更；
- 独立验证更改是否正确；
- 确认系统操作。

6.7.2　SCAI 变更

SCAI 属于安全措施，修改需要严格审查，SCAI 改动不当很难被检测出来，恐怕只能在"要求"出现并无法进行正确操作时才能发现。应制订详细的审查流程，以确保 SCAI 不会因自动化系统变更而受到损害。评估 SCAI 变更是否可接受，所考虑因素与过程控制系统变更的要求相同。其他安全考虑包括以下内容：

- 安全操作限；
- 过程安全时间；
- 关停设定值；
- 逻辑处理器，无论是硬接线的还是可编程的；
- 安全动作；
- I/O 要求；
- 顺控程序的任何修改；
- 旁路或超驰控制；
- 输入、输出或其他组件硬件类型；
- 增加/删除任何关停触发事件；
- 增加/删除任何最终元件。

通过过程控制系统访问 SCAI 数据，应遵守第 3.4 节、第 3.5 节、第 3.6 节和第 5.2.1 节所述的独立性和隔离标准。操作人员可以查看并确定任何输入、输出状态或要发生的控制动作，但不能直接更改其中的任何一个。

审查过程应包括正式的书面批准。一般而言，在系统处于在线运行期间不应对 SCAI 应用程序进行更改。当需要在线更改时，应谨慎制订计划并进行测试，防止出现安全系统拒动。在线更改期间，应可以快速恢复以前的软件版本。修改程序投用之前测试所有修改内容是基本的要求。所需测试可包括本章前面所述的端到端测试。

变更审批管理应考虑：

- 确定变更如何影响过程要求率；
- 确定变更如何影响 SCAI 的风险降低能力和误停车率；
- 根据规范性要求或行业标准（例如安全手册、本质安全化实践、内部实践和外部标准）审查拟议的变更；
- 确认 SCAI 文档更新符合要求且完整。

为确保 SCAI 的功能性和完整性，对所做变更及其批准依据，以及证明功能性所做的全面确认测试等记录，形成完整的文档非常重要。除非系统文档已经更新，相关人员已经收到修订的系统操作指导并且接受过培训，否则修改后的系统不应投运。

6.7.3　访问安全

并非所有改动都遵循预期的流程。应有管理控制手段防止未经授权的修改。这些管理控制确保只有通过变更管理规程批准才可执行更改活动。变更管理为评估变更对过程控制参数和应用的影响建立了标准化流程。操作人员在过程操作中会对各种参数不断调整，如果某些操作涉及变更范畴，就需要得到事先批准。操作人员的操作规程和培训要涵盖这些内容。

必须严格控制 SCAI 的改动，并遵循变更管理规程。变更审查的严格程度通常高于过程控制系统的更改。访问安全防止对任何系统的非授权旁路，例如操作人员将控制功能置于手动、旁路现场设备或修改设定值。管理控制防止系统操作的错误调整，从而保持特定的功能性。在执行维护活动期间，例如对校准或组态参数进行修改时，可能会出现不当调整。管理控制手段包括写保护、密码、钥匙开关以及频繁的审核。

6.7.4　网络安全

使用可编程控制器为自动化系统未经授权更改增加了新途径。外部网络攻击的主要目标是国家的关键基础设施和生产能力。构建有效的、结构化的安全对策应对这些威胁，需要务实的措施并适当地执行和维护。行之有效的解决方案必须解决好信息系统安全的基本问题并满足工业自动化系统的特殊要求。

管理控制和安全对策应确保只有授权的用户才允许访问控制系统，并具备足够的知识技能完成对硬件配置和软件组态的更改。对 SCAI 的访问应在功能上受限，如果可行，也应考虑物理限制措施。SCAI 的工程工作站不应设置在大量人员可以接近的地方。具有可编程界面的操作台都应位于受限制区域（带锁的办公室、门禁工作区、受监控工作区等）。为完成批准的变更或者满足仪表可靠性程序要求等目的，获取授权访问应考虑以下内容：

- 使用密码保护进行功能限制；
- 本地访问的物理限制不能依赖软件，应采用诸如就地钥匙或开关等措施；
- 对应用程序或数据通信进行访问，应进行严格的身份验证；
- 应建立管理规程，确保只有授权人员才能对系统进行访问；该规程应包括管理控制，可以考虑诸如账户管理等手段；以及工程安全措施，如用户身份验证等；

- 管理规程要规定允许访问的条件以及预期目标，确保正在从事的活动不能损害安防性能。

网络安全方面的要求正在持续不断地变化。IEC 62443(2009-13)系列标准"工业自动化与控制系统的网络安全"(Security for Industrial Automation and Control Systems)为应对这些安全威胁提供了全面的规范框架。ISA TR84.00.09(2013)则专门针对 SIS 讨论了网络安全关切和安防技术。

6.8　审核、监测和指标

如同其他系统一样，管理控制程序本身也会降级失效。采用审核、监测和指标用于检测管理控制何时不再按预期目标使用，或者何时不再具有所需的有效性。一旦发现问题，应及时纠正管理控制缺陷，以便持续保持自动化系统的性能。

6.8.1　监测和指标

CCPS 成员共同分享全行业过程安全指标的愿景(CCPS 2010b)。在此讨论的度量指标是可观察的，方法可以洞察难以直接测量的过程安全。推荐的一套定义和阈值形成了完整的测量机制：

- 表明公司或行业管理绩效的变化，用于驱动绩效的持续改进；
- 形成公司到公司或行业部门到部门的管理基准；
- 作为可能导致灾难性事件的过程安全问题的前导指标。

一套全面的前导和滞后指标程序为驱动不断改进，以及何时需要采取必要行动降低损失事件发生的风险提供有用的信息。图 6.2 给出了典型的过程安全前导和滞后指标的金字塔模型。

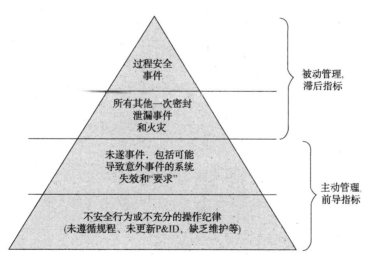

图 6.2　过程安全金字塔模型

前导指标(CCPS 2010b)具有前瞻性，表征关键工作流程、操作规程或防止损失事件保护层等的性能表现。这些指标衡量安全管理体系健康状况的重要方面。过程控制系统的性能是安全操作的前导指标，其失效往往是异常操作的初始原因。IPL模型（见第2.3.2节）中的过程控制和其他预防性保护层是主动、前瞻性的，用于降低损失事件发生的频率。对前导指标进行监测、跟踪以及数据收集，会辨识安全系统有效性恶化的早期迹象，并且在任何泄漏（Loss of Containment，LOC）事件发生之前，有机会采取必要的补救措施，恢复这些安全系统的有效性（Summers and Hearn 2008）。

无论某个特定度量指标归类为滞后、前导或未遂事件，目的都是为了建立很好地表征可能导致严重事件的状态指针（CCPS 2010b）。

改进程序的基本要素都是如何准确衡量现有系统的性能或绩效。不论异常事件是否造成实质性伤害，发现异常的根本原因十分必要。调查结果可用于微调管理规程、更换不可靠的设备、评估保护层设置是否合理及其有效，并确定过程控制系统和SCAI的能力。对异常事件的分析也可以用于培训人员的技能，避免重蹈覆辙。

作为最低要求，应严格执行管理规程，以便于将现有自动化系统的性能或管理体系的绩效与预期要求进行比较。这些规程的目标是为了：

- 辨识并防止可能危及安全操作的系统性失效；
- 监测并评估与过程控制系统相关的"要求率"是否与预期一致；
- 监测并评估仪表可靠性参数（参见附件I）是否符合设计假设；
- 如果"要求率"或失效率大于设计假设，确定必要的校正措施。

对于SCAI，前导指标（表6.3）提供了监测仪表可靠性的途径。跟踪仪表可靠性变化趋势、跟踪系统的降级运行，以及记录这些系统的运行情况都是基本的管理要求。文档的完整性也是一个关键指标，质量保证流程受制于安全要求规格书。评估预期和实际行为之间存在的差异，并进行必要的修改以确保功能安全。良好的跟踪需要监测以下内容：

- 每个SCAI的"要求"原因和"要求率"；
- 每个SCAI误动作的原因和频率；
- 每个SCAI应对"要求"时的响应动作；
- 每个SCAI的失效和失效模式，包括在正常操作、检查、测试或工艺过程出现"要求"等不同工况期间辨识出的失效和失效模式；
- 提供部分补偿措施的设备失效和失效模式。

6.8.2　审核

安全自动化依赖质量保证流程来保证过程控制系统和安全系统的正确操作（CCPS 2007b）。如图6.3所示，质量保证采用计划、执行、检查和行动（PDCA）循环管理流程。该流程将管理控制、操作规程、维护规程和工程文件的预期管理目标与实际结果进行比较，以辨识合规性方面可能存在的差距。

应定期确认各项管理规程是否得到遵照执行。这可以通过计划性审核在役系统、管理控制、文档和记录，以及以往使用历史积累的数据来完成。审核为装置管理、工程设计、操作和维护提供了有益的检查点，以了解功能安全计划如何将失效降到尽可能低的水平。透过审核信息，会辨识出未正确遵循的规程，促使后续采取改进措施。

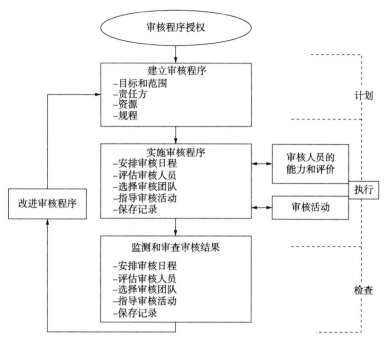

图 6.3　审核程序流程图(CCPS 2011)

表 6.3　与 SCAI 有关的前导指标示例(改编自 ISA TR 84.00.04)

关键性能指标	公式——可交付输出
安全要求规格书	
SRS 不完整的 SCAI/%	$KPI/\% = 100\times$(SRS 信息不完整的 SCAI 数量/SCAI 总数量)
没有 SRS 的 SCAI/%	$KPI/\% = 100\times$(没有 SRS 信息的 SCAI 数量/SCAI 总数量)
项目/MOC 批准之前完成的 SRS/%	$KPI/\% = 100\times$(项目/MOC 批准之前完成的 SRS 数量)/(SIS 项目/MOC 的总数量)
仪表可靠性	
检查：SCAI 逾期/%	$KPI/\% = 100\times$(逾期数量/按照预定计划的数量)
检查：逾期天数	排列图列出落后于预定计划的天数 注：用于衡量并对比目前逾期检查和/或已完成检查的情况
检查：未通过/%	$KPI/\% = 100\times$(未通过数量/已完成的数量)
检验测试：逾期/%	$KPI/\% = 100\times$(逾期数量/计划好的数量)
检验测试：逾期天数	排列图列出落后于预定计划的天数 注：用来衡量并比较目前逾期的检验测试和/或已完成的检验测试
检验测试：SCAI 未通过/%	$KPI/\% = 100\times$(未通过数量/已完成的数量)
校正维护：逾期/%	$KPI/\% = 100\times$(逾期数量/计划好的数量)
校正维护：SCAI 逾期天数	排列图列出校正性维护落后于预定计划的天数 注：用来衡量并比较目前逾期的校正性维护和/或已完成的校正性维护
校正性维护：不符合规格书要求的/%	$KPI/\% = 100\times$(达不到规格要求的数量/已完成的数量)
未能投用/%	$KPI/\% = 100\times$(SCAI 未能投用的数量/SCAI 总数量)

关键性能指标	公式——可交付输出
降级运行	
SCAI 停用：总小时数	排列图列出停用的小时数 注：用来衡量并比较目前停用的 SCAI 和/或恢复操作的 SCAI。停用包括在过程处于操作状态并存在过程危险期间，SCAI 不可用的时间。
SCAI 停用/%	$KPI/\% = 100 \times$（停用小时数/过程运行总小时数）
SCAI 降级/%	$KPI/\% = 100 \times$（SCAI 降级小时数/过程运行总小时数） 注：降级包括部分 SCAI 旁路，但仍然能够自动执行其功能的任意时间
SCAI 停用：指定维修时间以外的小时数	排列图列出超出指定维修时间的小时数 注：用来衡量并比较目前超出指定维修时间的 SCAI 和/或也超过指定维修时间的已维修 SCAI
SCAI 停用：超出指定维修时间/%	$KPI/\% = 100 \times$（超出指定维修时间的 SCAI 数量/在考察时间段内 SCAI 停用总量）
SCAI 停用：未获得 MOC 批准/%	$KPI/\% = 100 \times$（停用并且未获得 MOC 批准的数量/SCAI 停用总量）
运行监视	
启动：由 SCAI 触发引起的启动中断/%	$KPI/\% = 100 \times$（启动中 SCAI 触发出现次数/总启动次数）
报警：平均出现率	$KPI =$ 考察时间段内报警总数/考察时间段
报警：报警泛滥分布	排列图列出按时间顺序每 10min 间隔内出现的报警总数
报警：每 10min 出现率	$KPI = 10min$ 时间内报警总数/10min
报警：被禁止百分比	$KPI =$ 被禁止报警总数/报警总数
报警：持续存在	排列图列出持续存在超过 24h 的报警小时数 注：用来衡量并比较目前仍持续存在的报警和/或已清除的持续报警
停车：SCAI 对潜在损失事件的响应百分比	$KPI/\% = 100 \times$（SCAI 因响应潜在损失事件触发的停车次数/系统总数）

现场员工、独立个人，或者双方合作，都可以对自动化系统进行审核。管理层可能希望对组织的不同部门进行不同级别的审核，以获取从一线员工到上级管理层影响过程安全绩效方面的信息。

对于 SCAI，审核团队成员应包括独立于 SCAI 主要责任者之外的人士。用于审核的管理规程，应与功能安全管理计划相吻合。审核规程应规定审核活动的频次、所需的独立性程度（例如，部门内部、组织内部或外部第三方）、必要的文档，以及后续如何跟进。对现有的管理控制进行定期审查，通常被纳入内部管理方针和实践活动中。至少应包括：

- 自上次审核以来的所有改变，并核实文档保存状态；
- 对组态设置是否存在非计划或无记录更改进行抽查；
- 审核上次审核以来与 SCAI 有关的所有设备或控制逻辑问题，以确定存在的问题是否会降低系统的功能；
- 上次审核以来 SCAI 启动情况，以确认真实的"要求率"是否与设计时的假设相一致；
- 上次审核以来的检查、预防性维护和检验测试等活动的记录，确认执行这些活动的频次以及 SCAI 的性能是否与设计时的假设相一致；

- 审核旁路记录，包括手动操作和超驰控制；
- 核实所有文档的正式版本与工作副本是否一致；
- 审核操作人员对系统功能和操作的理解程度；
- 审核任何拟议的变更是否符合系统的设计意图。

审核程序可以由工艺、工程、维护、操作和安全代表共同制订。建议至少有一位本地组织之外的人员，可以是本公司外地的员工或者公司外部的第三方顾问，确保审核活动公正准确。

参 考 文 献

ANSI/ISA. 2010. *Batch Control Part 1: Models and Terminology,* 88.00.01-2010. Research Triangle Park: ISA.

ANSI/ISA. 2012c. *Identification and Mechanical Integrity of Safety Controls, Alarms and Interlocks in the Process Industry,* ANSI/ISA-84.91.01-2012. Research Triangle Park: ISA.

CCPS. 1994. *Guidelines for Preventing Human Error in Process Safety.* New York: AIChE.

CCPS. 2006. *Guidelines for Mechanical Integrity Systems.* New York: AIChE.

CCPS. 2007b. *Guidelines for Safe and Reliable Instrumented Protective Systems.* New York: AIChE.

CCPS. 2008a. *Guidelines for Hazard Evaluation Procedures, 3rd Edition.* New York: AIChE.

CCPS. 2008b. *Guidelines for the Management of Change for Process Safety.* New York: AIChE.

CCPS. 2010b. *Guidelines for Process Safety Metrics.* New York: AIChE.

CCPS. 2011. *Guidelines for Auditing Process Safety Management Systems.* New York: AIChE.

CCPS. 2013. *Guidelines for Managing Process Safety Risks During Organizational Change.* New York: AIChE.

CCPS. 2015. *Guidelines for Defining Process Safety Competency Requirements.* New York: AICHE.

IEC. 1997-2009. *Batch control – Part 1-4,* 61512. Geneva: IEC.

IEC. 2009-13. *Security for Industrial Automation and Control Systems - Part 1-3,* 62443 (99.01.01, 99.02.01, 99.03.03). Research Triangle Park: ISA.

IEC. 2014c. *Management of Alarm Systems for the Process Industries,* IEC 62682. Geneva: IEC.

IEC. 2015. *Functional safety: Safety instrumented systems for the process industry sector - Part 1-3,* IEC 61511. Geneva: IEC.

ISA. 2015c. *Guidelines for the Implementation of ANSI/ISA 84.00.01- Part 1,* TR84.00.04-2015. Research Triangle Park: ISA.

ISA. 2012e. *Mechanical Integrity of Safety Instrumented Systems (SIS),* TR84.00.03-2012. Research Triangle Park: ISA.

ISA. 2013. *Security Countermeasures Related to Safety Instrumented Systems (SIS),* TR84.00.09-2013. Research Triangle Park: ISA.

ISA. 2015c. *Guidelines for the Implementation of ANSI/ISA 84.00.01- Part 1*, TR84.00.04-2015. Research Triangle Park: ISA.

ISA. 2015d. *Safety Integrity Level (SIL) Verification of Safety Instrumented Functions*, TR84.00.02-2015. Research Triangle Park: ISA.

ISA. n.d. *Human Machine Interfaces for Process Automation Systems*. ISA 101 Draft. Research Triangle Park: ISA.

Summers, Angela E. and William H Hearn. 2008. "Quality Assurance in Safe Automation," *Process Safety Progress*, 27(4), pp. 323-327, December. Hoboken: AICHE.

附录 A　控制系统考虑事项

除了第 4 章的简要介绍，本附录主要补充说明控制系统设备技术(例如，控制器或逻辑解算器)的选择。对气动/液压技术(附录 A.1.1)、离散电气与电子控制技术(附录 A.1.2)、可编程控制系统(附录 A.1.3)和监督控制系统(附录 A.1.4)逐一进行探讨，其中许多技术既可用于安全应用也可用于过程控制，谈及每种技术时会说明安全考虑事项。

如今的过程控制系统很少单纯采用一种技术，逐渐发展为融合多种技术的混合系统。附录 A.1.2.3 讨论联锁信号放大器，已从单一控制器技术向不同技术集成演变，以满足过程控制系统提供更多功能性的需要。选择控制器时应考虑的事项本章将给出说明。特别讨论了不同类型的模拟控制功能(附录 A.2)。附录 C——通信，专题讨论控制器之间的接口技术；附录 E——现场设备考虑事项，则涵盖通用的现场仪表技术。

不考虑技术类型，单就控制系统的应用来说，根据其主要目标通常可分为两大类别：过程控制系统和安全系统。如同在第 3.5.1.2 节所讨论的，安全系统将工艺过程保持在"绝对不能超越的限值"以内。过程控制系统将过程状态维持在正常操作上下限之间。过程控制是为了保证工艺过程在设计条件下安全高效地进行生产。尽管过程控制系统可能不执行任何安全功能，但在这里还是强调了"安全"一词。它对安全的作用体现在将过程保持在正常操作范围之内，并当过程偏差不可接受时通过调节使其恢复常态。有效的过程控制系统会降低安全系统的"要求率"。

并非所有控制器技术都能很好地适合这些不同的目标。不过，自本指南第一版出版至今，20 多年间过程控制系统技术已有了长足的进步。许多经大量使用证明十分可靠的技术，如非可编程气动、液压、电气以及电子技术，已在过程控制和安全系统中有了几十年的应用历史。

可编程控制器当今被广泛采用，无论是分散控制系统(DCS)，还是可编程逻辑控制器(PLC)。

从早期的硬接线逻辑和第一代可编程控制器开始，安全系统技术也已发生了很大变化。硬接线逻辑采用安全继电器和联锁信号放大器，广泛地应用于各种工艺过程，特别适用于小型或特定用途的系统。可编程控制器被认可用于安全应用场合(参见附录 F)并受到青睐，是因为其具有易于实施、灵活性高以及可与其他系统(例如，操作人员界面或过程控制系统)几乎无缝数字通信等特点。不过，这些特性也增加了潜在的系统性失效，有必要在工程实施和后续管理中遵循严格的工作流程。网络互联带来的更多复杂性，使得过程控制系统和安全系统之间确保清晰、明确的隔离变得越来越困难(参见第 3.6 节和第 5.2.1 节)。

技术选择要针对具体应用，它取决于功能规格书和操作目标的要求。可靠性、功能性和本地支持能力是主要考量。对于安全系统控制器技术选择，成本和易于配置等方面的考虑，一般是次要因素。

现代控制系统更加互联和开放，不仅要考虑回路层面，还要考虑系统层面。在设计过控制系统或安全系统的控制器及其接口时，有必要了解不同系统所能提供的过程控制功能类型方面的知识。过程控制系统一般通过两种截然不同的控制功能类型对现场设备进行操控，即模拟控制功能（例如，用于控制阀和变速驱动电机）和二进制控制功能（例如，用于截止阀和电机接触器）。为了在不同的过程操作模式（第 3 章）中协调控制功能，也经常需要顺控逻辑。最后，为了检测诸如报警状态启动或过程操作模式转换触发条件等事件，需要模拟比较逻辑。正如第 4 章所讨论，连续过程设施、批量过程设施以及半批量设施均会用到所有类型的功能，只是程度不一。对于给定控制器需要执行的功能，是决定过程控制系统技术选型的主要依据。

没有一种特别的技术能够满足每个应用场合或用户需求。例如，有必要通过风险分析确定自动化系统提供的安全功能是否符合安全要求规格书。在过程控制系统和安全系统之间要有明确的隔离，也要避免这些系统不必要的复杂性，这将大大降低引起系统性错误的可能性。

A.1　控制系统技术

第 4 章介绍了不同类型的控制器技术，从模拟控制器到混合系统。本节将介绍应用每项技术的其他考虑事项，包括不同控制器技术的发展简史。

A.1.1　模拟控制器

模拟控制器的基本任务是采用诸如求和或乘法等数学运算，将一个或多个模拟输入信号转换为模拟输出信号。调节控制阀开度或调节变速电机驱动器的频率都是典型的例子。这些控制器可用于过程控制和安全系统所需的模拟控制功能，不管是连续、批量还是半批量工艺过程。

概括起来，模拟控制系统有以下优点：
- 简单、容易理解、技术成熟；
- 可靠、相对稳定；
- 具有单回路完整性；
- 快速，不依赖扫描时间；
- 不需要编程；

缺点是：
- 受限的控制功能灵活性；
- 占用大量的安装空间；
- 不具备数字通信或接口能力。

大多数模拟控制器都可实现手动和自动控制模式之间无扰动切换以及设定值跟踪和抗积分饱和。这些重要特征有助于控制器模式切换时防止输出到最终控制元件的信号跳变，避免造成稳定的工艺过程出现扰动。有关模拟控制功能的更多信息在 A.2 中详细讨论。

20 世纪 70 年代中期分散控制系统问世之前，单回路模拟控制器（气动、液压或电气）是控制功能的主要实现形式。即使今天，某些老旧装置仍可看到它们的身影。其实，在特定工业应用领域较新的装置中还在选用（例如，移动控制应用）。单回路模拟控制器提供的功能有限，在许多过程控制系统设计中已被更现代的单站数字控制器取代，这些小型可编程设备可提供更广泛的功能性（例如，控制算法、数学计算、限值和钳位、超驰等），不过，最终它们都逐步被可编程电子控制器淘汰。

A.1.1.1 气动/液压控制系统

两种基于流体的模拟控制技术：气动和液压，早年也被用于过程控制和安全系统。气动和液压系统的优点是系统所有部分几乎都是本质安全的（即不存在点燃气体、液体或粉尘的能量），因此通常可用于任何危险区域。气动和液压系统也能直接驱动最终元件。这些技术的局限性在于需要相对更大的安装空间，一般不像其他技术那么精确，需要额外的辅助设备实现与电气或可编程电子系统连接，并且需要气源和液压供给等支持系统。气动和液压系统最常见的失效原因是水、油或颗粒物等混入造成气、液管路污染。

气动控制技术在过程控制和安全系统中使用历史悠久。当然，随着其他技术的引入，显得不再流行。气动控制技术的缺点是：

- 与电子系统，特别是可编程控制器连接的能力有限；
- 计算能力和精确性有限；
- 由于气动介质的可压缩性，对信号变化的响应不及时，控制或安全回路信号传输产生滞后；
- 气动信号传输距离不能太长，以缩短响应时间；
- 气动管路长会引起明显的信号延迟；
- 难以通过冗余改善系统可靠性；
- 支持气动系统所需非电子工程和机械技能维护人员市场越来越小。

液压系统的应用，一般限于气动系统无法提供所需驱动力以及没有仪表风系统的边远场合。液压系统在过程控制和安全系统的应用有限。不过，由于动力源可维持高压，液压系统对某些最终元件能够提供更高的驱动力，从而有更快的操作速度。液压系统有各种各样的控制组件，主要用于机械控制。其缺点是：

- 与电子系统，特别是可编程控制器连接的能力有限；
- 计算能力有限；
- 由于涉及高压，可能会泄漏；
- 通常不适用于需要传输管路较长的应用场合；
- 本地液压泵系统通常只针对特定应用专门配置；
- 安全关键应用需要配置冗余的液压动力系统；
- 需要精心维护以保持良好的操作状态；
- 支持液压系统所需非电子工程和机械技能维护人员市场也越来越小。

在一些应用场合，相较于它们本质安全特性带来的好处，如果其缺点还能被接受，气动和液压仍是可以考虑继续使用的控制和安全系统技术，特别是在机械工业领域。

在过程工业领域，气动和液压系统很少用于安全系统。不过，工艺装置的成套机械设备可能包含液压或气动元件。这些系统可以视作安全系统的一部分，驱动安全系统的最终元件以及提供本地控制。

这些动力系统和本地控制系统中，有的可能相当复杂并包含逻辑功能。其中一个例子是流化催化裂化装置的反应器再生催化剂和废催化剂阀门，这些阀门通常由液压系统控制和驱动。这些系统可能会相当复杂，并提供过程控制和安全系统双重功能。

在所有类型的模拟控制器中，大多数问题都源于动力源质量或操作环境，如温度、振动和腐蚀。如果制造商说明书规定的应用环境条件和使用建议与实际操作环境不匹配，潜在的失效率会增大。

A.1.1.2 模拟电子控制系统

模拟电子控制系统由标准电路元件构成，如图 A.1 所示。随着这些系统的发展，工程执行和系统维护所需的技能越来越普及。由于这些设备制造更加紧凑，所需的安装空间变得更小。较之气动和液压系统，功能配置更灵活、响应速度更快（除非故意减慢）。模拟电子控制器随之成为早期气动和液压系统的替代升级产品，直到可编程控制器技术出现。

对于所有电气或电子系统（不只是模拟电子控制器），最常见的失效是断电、电源质量差（来自 EMI 的电噪声、电涌和过载）或高温引起的。一个普遍认可的近似值是，温度每升高 $10℃$，设备的预期寿命将减少一半。此规则是基于阿仑尼乌斯（Arrhenius）方程式，它表明失效时间是 $e^{-E_a/kT}$ 的函数，其中 E_a＝失效机制的活化能，k＝玻尔兹曼（Boltzmann）常数，T＝绝对温度。基于同一方程，可推论若温度每降低 $10℃$，电气系统的预期寿命会翻倍。高温还可能导致误操作。其他操作环境问题，如灰尘、腐蚀、潮湿和空气湿度，也会显著降低电气和电子设备的使用寿命和可靠性。

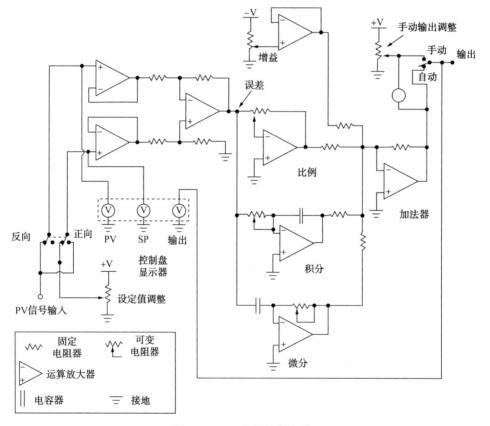

图 A.1　PID 电子控制电路

A.1.2 离散控制系统

离散控制系统由非可编程电子部件制造，提供特定的二进制功能。术语"离散"通常表示其功能由两个状态组成，例如 ON/OFF。离散控制器可以有一个或多个二进制输入信号，采用二进制逻辑运算符[例如，与(AND)、或(OR)、非(NOT)]实现逻辑功能，并生成一个或多个二进制输出信号。离散控制系统可提供过程控制以及 SCAI 所需的二进制控制和顺控逻辑功能。

数字继电器、数字定时器和单站数字控制器有时会组合使用，也归类为离散控制系统。不过，由于这些设备操作依赖内嵌软件，将它们一并放到附录 A.1.3 的可编程控制器进行讨论。

二进制逻辑可通过硬接线系统、机电设备、马达驱动定时器、固态继电器、固态逻辑或者故障安全固态逻辑等实现。这些技术在本节逐一讨论。

A.1.2.1 直接接线(硬接线)系统

直接接线系统是将二进制传感器的输入信号直接连接到最终元件。系统架构可采用大多数人员都容易理解的符号表达其功能。这种最简单的直接接线系统主要缺点是没有执行动作结果的任何反馈，如图 A.2(a) 和图 A.2(b) 所示。通常采用 DPDT(双刀双掷)触点的开关或传感器配置弥补这一缺陷，即将第二组触点连接到过程控制系统，用于显示电磁线圈激活情况，如图 A.2(c) 所示。

如果安全应用使用硬接线逻辑，建议使用本质安全化接线方式[例如，失电动作(de-energize-to-trip)]并附加触发关停和最终元件动作状态的反馈。硬接线系统的设计也要确保与过程控制系统任何接口(或连接)的失效都不能禁用安全功能。

A.1.2.2 机电设备

市场上有很多类型的机电设备(Electro-Mechanical Device，EMD)，其中包括一些符合 IEC61508(2010c) 的安全相关设备。EMD 已广泛用于许多过程控制和安全应用场合，使用历史悠久，技术成熟。许多使用该技术的传统系统已存在多年。

EMD 可与其他直接接线设备、固态或可

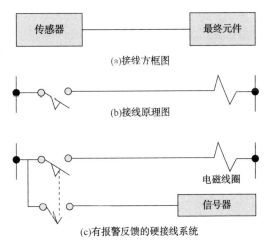

图 A.2 硬接线系统接线方框图、接线原理图和有报警反馈的硬接线系统

编程控制器集成为混合系统。用作离散控制器的 EMD 包括继电器、状态调节器和定时器。在只需简单的逻辑功能就能实现操作目标以及其他技术，尤其是可编程电子系统因成本、复杂性、支持能力或操作环境限制等因素不宜使用的情况下，常常使用 EMD。由于 EMD 造价低廉、易于使用和维护，是被选用的重要考量之一。EMD 的失效模式和本质安全化特性很容易理解，安全应用 EMD 的设计和工程实施相对简单。

ISA 技术报告 TR84.00.04(2015c) 附录 N：设计指南，讨论了 EMD 在 SIS 中的应用。IEC 机械功能安全标准 62061(2005b)："机械安全-安全相关电气、电子和可编程电子控制系统的功能安全"(*Safety of machinery-Functional safety of safety-related electrical，electronic and programmable electronic control systems*）以及 NFPA 79（2015）："工业机械电气标准"（*Electrical Standard For Industrial Machinery*），给出了 EMD 在机械安全应用中的指导原则。

安全应用成功使用 EMD 的用户，一般遵循一些简单的指导原则。包括：

- 安装位置适合操作环境（施工、密封、危险区域等级等）；
- 根据使用记录证明具备所需的必要性能；
- 基于以前的使用历史记录，经用户批准用于特定应用场合；
- 当公用支持系统中断时，处于"故障安全"状态。

机电设备的优点有：

- 失效模式清晰明确，易于辨识；
- 对小型系统而言更经济合理；
- 结构简单，易于仪电技师理解，更容易获得技术支持；
- 每个功能都由各自单独的设备控制，因此不会因单个失效导致系统的整体功能丧失；
- 无须编程知识和经验。

机电设备的缺点是：

- 对于大型系统而言经济性不好；
- 缺乏诊断（可使用外部手段，参见附录 A.2）；
- 修改逻辑需要重新接线或其他物理改变。

EMD 逻辑系统用于安全应用应符合以下规则：

- 线圈失效或失电时触点断开；
- 适当材质的双触点串联接线；
- 安装限能负载电阻，以防止触点熔接粘连；
- 为电感负载配置适当的触点灭弧措施。

在低能量负载（例如，50V 或更低，和/或 10mA 或更低）的应用场合，触点可能需要特殊的材质或设计（例如，银或金触点、密封触点），以实现最小的"湿电流"，避免不可靠的继电器切换性能。该电流没有一个绝对的、公认的最小数值，因为保持触点清洁以及突破表面薄膜电阻所需的最小电流很大程度上取决于触点材质和电路设计。将这些特殊设计的触点用于安全相关应用时，还应该进行失效模式和影响分析，以确保 EMD 系统的设计遵循本质安全化实践。

有些 EMD 可能并不适合于下面的情形：

- 控制逻辑快速循环，致使触点开闭状态频繁改变（例如，必须考虑电气和机械的动作频次额定值）；
- 定时器（例如，电动-气动延时继电器）；
- 闭锁继电器；
- 复杂逻辑。

A.1.2.2.1　机电继电器

使用内部连接的继电器线圈和触点以及其他硬接线的 EMD 来执行逻辑功能的控制电路，通常被称作继电器逻辑系统。这些系统已广泛应用很多年，即使今天业界仍有大量在役的复杂继电器系统。继电器是最常见的 EMD，在现代自动化领域仍占有重要地位。如果使用得当，可以用来执行控制系统的任何二进制逻辑（因此被称为继电器逻辑）。继电器还常用于：

- 将一个离散电压信号隔离，或者将其转换为另一个电压等级信号(例如，通过中间继电器将24VDC转换为120AC，反之亦然)；
- 利用继电器线圈控制的多个触点，将一个信号控制的逻辑转换为多个输出；
- 用作最终元件(例如，电机启动接触器或电源接触器)。

机电继电器先以其名问世，后来此术语又应用于输入和控制器之间，或控制器和控制系统最终元件之间的任何连接设备。通常涉及将一个信号电平转换为另一个信号电平。电磁线圈也属于仪表继电器类别，通常分配一个第二字母为"Y"的位号，与中间继电器，隔离器或电/气(I/P)转换器类似。

继电器有明确定义的操作状态[例如，得电或失电时常开触点(NO)或常闭触点(NC)]。安全系统继电器通常分为失电动作(De-energize-To-Trip，DTT)或得电动作(Energize-To-Trip，ETT)。最常见的失效模式是继电器机械部件无法操作，以及继电器触点无法打开(或无法闭合)。

继电器的操作性能取决于重力、磁力、杠杆和弹簧等因素。并非所有继电器的机械操作方式都相同，在某些情况下，继电器的安装方向对可靠操作有很大影响。安全系统使用的继电器应有更可靠的运行保证。触点熔接粘连是继电器最值得关注的问题，如果使用低电压或低电流触点，触点氧化不可忽视。有些继电器采用密封触点，并通过磁力操作触点，一定程度上能够解决继电器使用中的这些问题。不过，它们通常在电流负载能力方面受限(例如，簧片继电器)。

一种称为安全继电器的新型继电器最初是为机械安全而研发，逐渐推广到过程工业应用。安全继电器已获得很多认证机构的批准，适用于多种应用场合，包括安全报警、安全联锁和SIS。这些继电器提供了广泛的安全功能，通常融合冗余和诊断技术，辨识触点和线圈失效。安全继电器可以是机电、固态或数字等类型。机电强制导向(或正导向)继电器的触点具有机械联锁机制，因此，继电器的两个触点(NO/NC)不会互相牵制，即使其中之一出现了熔接粘连，也是如此。

离散EMD技术(继电器、定时器、联锁信号放大器等)越来越可靠，有些还具有智能特性。市面上已经有符合IEC 61508(2010c)的继电器和离散关断模块可供选用。对于小型系统，继电器可提供高完整性、高可靠性、高性价比解决方案。在过程控制系统中，继电器可为二进制逻辑提供冗余，或作为可编程控制器输出的关键组成部分，例如，中间继电器。通过对过程控制系统重复过程测量，可以用作继电器系统的外部诊断。

A.1.2.2.2　马达驱动定时器

简单的继电器可提供离散ON/OFF逻辑。当控制应用需要时间延时时，在执行ON/OFF逻辑之前使用定时继电器获取所需的定时功能。定时继电器有很多类型，包括单纯机械设备、具有气动定时元件的设备，以及各种电子和数字设备。正确应用定时继电器的关键，是选择正确的定时功能，并了解各类定时器的失效机理和失效模式。

马达驱动定时器，通过内部电力驱动马达提供定时功能。马达驱动定时器已在很多重要安全场合使用，例如，燃烧器管理系统的吹扫时间设定，都表现出了良好的性能。多数马达驱动定时器都需要配置锁定机制或采取其他方式最大限度地减少对关键设定参数的不经意篡改。特别是顺控操作的凸轮型旋转定时器更是如此。马达驱动定时器在定时精度以及处理高频次循环逻辑等方面，其性能表现受到一定的限制。

A.1.2.3 联锁信号放大器

离散机电继电器不能直接与模拟信号连接，但模拟信号有时会用作继电器逻辑电路的输入。一般采用电压/电流转换开关设备作为这两种信号类型的接口。此类技术应用的典型代表是联锁信号放大器（有时也称为关断放大器），适用于安全应用场合。联锁信号放大器也是混合控制系统常用的另一种控制器技术，多数此类设备作为独立控制器单独操作，实现简单的安全功能。联锁信号放大器有非编程和可编程两种类型（图A.3）。有些联锁信号放大器已获得用于 SIS 的第三方安全认证。

图 A.3　可编程和非可编程联锁信号放大器

联锁信号放大器可用于执行许多不同类型的控制系统功能。联锁信号放大器最常见的用途是在超出用户设定信号限值时改变继电器触点的状态。根据联锁信号设定值，将电流或电压（例如，4~20mA 或 0~10V DC）模拟输入转换成二进制信号输出。这些联锁设定值通常是可以现场调整的，即使是非可编程设备。联锁信号放大器也可以为现场传感器供电，以及执行模拟–模拟或二进制–二进制转换，也可将转换信号发送给其他控制器，如可编程控制器。

凭借固有的低危险失效率，这种简单实用的技术已使用数十年，并在安全应用表现出了高完整性。与用作 SIS 组成部分的任何硬件一样，应该对选用的联锁信号放大器进行分析和测试，确保所需的完整性和可靠性。

A.1.2.4 固态控制技术

在 20 世纪中期，随着半导体晶体管取代真空管技术，出现了固态电子这一术语，其技术并得以发展。固态控制器通常执行与 EMD 同样的控制功能，但没有可动机械部件。

A.1.2.4.1 固态继电器

在过去，固态继电器多用于高频次循环（重复）逻辑的应用场合。遗憾的是，固态继电器得电闭合状态可能出现无法打开的失效，并且这种危险失效状态比机电继电器失效率更高。设计应增加适当的特性尽可能将这种潜在的不安全失效模式（例如，非故障安全动作）降到最低。固态元件失效通常归因于高的电压瞬变率（dV/dt）、高温或过载。不过，所有这些都可通过适当的系统设计解决（例如，浪涌保护、阻尼、通风、熔断等）。下面介绍一些固态继电器的其他应用。

A.1.2.4.2 固态定时器

在不必承受可编程控制器的成本和高复杂性，只需要简单性能的应用场合，可以考虑使用固态定时器。固态定时器技术可分为电阻–电容（RC）电路或脉冲计数电路。RC 定时设备一般不适于安全应用，其重复性差并存在不安全的失效模式。不过，RC 电路常常用在脉冲计数定时器的时间设定部分，这样的混合使用形式通常是可以接受的。

脉冲计数定时器，有时也称为数字定时器，有很多方法生成定时器计数电路使用的脉冲。包括：

- 交流电频率(50Hz 或 60Hz)；
- 电子振荡器；
- 石英晶体振荡器。

有些情况下，与 RC 定时器相比，脉冲计数定时器技术更适用于比较简单的应用场合。例如，如果没有第二个电源支持，这种定时器很难执行"OFF 延时"定时功能。

应选用具有良好可靠性记录以及适当精度的定时器。对于 SIS 应用，可考虑使用以晶体振荡器做脉冲源，且证明可靠性高的定时器。

A.1.2.4.3 固态逻辑

固态逻辑是指由互补金属氧化物半导体(MOS)、电阻-晶体管逻辑(RTL)、晶体管-晶体管逻辑(TTL)以及高抗扰逻辑(HNIL)等晶体管组件构成逻辑电路。这些组件可以独立组装、可以安装在可插拔板卡上，或者高度集成在高密度芯片里。电路板制造属于高度专业化领域，由拥有专有技术的厂商完成。这些逻辑电路与典型计算机类设备的不同之处，是没有中央处理单元(CPU)。它们将各种逻辑组件，如与(AND)、或(OR)、非(NOT)等按照直接接线方式固化成一体，执行特定的逻辑功能。

过去，固态逻辑，如 TTL，通常与继电器等组件直接连线集成在一起，提供安全联锁功能。这些混合系统可能有多种不确定的失效模式(系统内一个或多个设备的失效模式不可预料，或者系统失效后其信号的 ON/OFF 状态不能确定)。系统设计应该了解这些可能的失效模式，并采取针对性解决措施。

A.1.2.4.4 故障安全固态逻辑

故障安全固态逻辑(Fail-Safe Solid-state Logi，FSSL)是一项成熟的技术，它在很多方面可视为机电继电器逻辑的固态版本。通常情况下，FSSL 产生具有特定幅度、相位和周期的脉冲序列。正常的脉冲序列被看作"真"或"1"逻辑，而所有其他信号(例如，接地，持续"ON"或"OFF"状态)则被看作"假"或"0"逻辑。

FSSL 技术的优点是危险失效率低、简单以及无须编程。FSSL 也有如下的局限性：

- 缺乏更改逻辑的灵活性；
- 器件安装空间密集；
- 逻辑器件连线复杂；
- 缺乏固有的通信功能。

A.1.3 可编程控制系统

执行模拟控制功能的控制器技术通常可分为两类：模拟控制器和可编程电子控制器。模拟控制器已在本附录前面进行了讨论。除了更适合模拟技术的一些机械应用场合以外，可编程控制器已经广泛取代了模拟系统。

可编程控制器的优点有：

- 易于系统配置和/或可编程；

- 灵活性高；
- 易于更改；
- 节省空间；
- 具有数字通信能力；
- 改善操作人员界面性能。

缺点如下：

- 由于在一台设备内集成了更多的控制功能，失效影响范围大；
- 存在回路完整性丧失的可能性；
- 控制功能实现方式更加抽象，如果缺乏编程语言及其操作的详细知识，对实际执行的功能就难以理解，因此，要求操作和维护人员有更高的技能水平；
- 易于更改也潜在地造成更多的出错机会、逻辑修改未书面记录，因此，难以维持文档的完整和准确。

可编程控制器存在难以辨识或不可预知的失效模式。这些失效可能是由于恶劣的环境影响、电气噪声（例如，焊机、双向无线对讲机，甚至其他计算机）、空调系统失灵以及系统改造（例如，更换的电路板固件或软件的版本不兼容）等因素造成。

例如，这些系统比模拟系统更易受到电磁干扰（EMI）的影响。在某种程度上，连接到控制系统的各种接线可看作是巨大的分布式天线。为足以避免 EMI 影响，设计应在以下环节考虑必要的措施：

- 系统接线；
- 布线路径；
- 设备及安装方位；
- 电磁环境；
- 功率；
- 接地；
- 屏蔽。

可编程控制器还比模拟系统对电源干扰更加敏感。电路板集成芯片、存储芯片和处理器组件排布紧密，更容易因电源干扰和静电放电等造成损坏。

制造商应提供已知控制器失效模式列表。该表有益于针对特定过程应用进行控制器选型，并根据这些失效的影响制定保持过程安全的应对策略。对于可编程控制器，必须分析重新启动方式是否有可能导致不安全的操作。例如，是继续保持关停前的输出状态还是复位到初始状态？

可编程控制器选型时需要考虑的一些重要因素包括：

- 系统可扩展性（小规模控制系统扩展为大规模控制系统）；
- 系统集成；
- 系统开放性；
- 控制功能分配；
- 操作员界面性能；
- 设计、操作及维护方面涉及的人为因素；
- 附加功能 [如：模型预测控制、批处理、模糊逻辑、AMS、专家系统、神经网络、

CMMS，实验室样品管理、制造企业系统(MES)等];

- I/O 能力和辅助设备安装(marshalling);
- 老旧系统硬件整合到新版本系统的兼容性;
- 新版本软件与老版本系统的兼容性;
- 最终用户支持能力;
- 制造商支持能力。

这些因素不仅影响过程的正常操作，而且还影响安全。例如，系统可扩展性和控制功能集成能力的缺乏，可能导致混合系统的技术支持、维护和文档管理出现问题。专有控制器技术可能造成技术上不灵活以及对老旧系统的不支持。而反过来说，易于集成特性和互换性技术的滥用，也会负面影响技术支持、维护、安防以及文档管理。分散控制涉及控制系统如何将控制功能在物理上分配(例如，设备功能能力、回路数量)或者在地理空间上布置(例如，简单地将控制器盘柜和操作人员界面分散安装在不同的区域)。在规划上述这些问题时，应考虑对设计和维护方面的影响。

A.1.3.1　可编程控制系统简史

20 世纪 50 年代中后期，计算机开始用于化工过程控制。早期常用的控制方式是采取直接数字控制器(DDC)，即计算机直接读取传感器信号并操控最终元件。另外，监督控制系统是采用计算机读取传感器信号并操纵气动和模拟电子控制器的设定值。这看起来很烦琐，但却为过程工业生产装置开启了通向数字计算机世界、采用可编程电子系统的大门。

20 世纪 60 年代后期，可编程逻辑控制器或可编程控制器，通常称为 PLC，在汽车行业问世，取代了控制汽车生产线的继电器逻辑电路。PLC 是第一个广泛使用的工业用可编程控制系统。Modicon 和 Allen-Bradley 是 PLC 领域的先驱。PLC 普及的主要推动力是生产新车型时改装汽车生产线的灵活性。没过多久，PLC 的优势就在过程工业得到了认可，特别是应用在顺序控制领域。

20 世纪 70 年代中期，出现了另一种可编程控制技术，称为分散控制系统(DCS)。霍尼韦尔和横河公司是这项技术的先驱，许多其他公司也随后跟进。尽管分散控制术语本身意指控制的功能分散，但实际上这些系统是对分散架构的大型多回路可编程控制器进行集中控制。控制器的操作员界面安置在控制室，在物理空间上与控制器分开。控制器 CPU 以及其他控制功能设备，如历史数据库、现场输入/输出多路转换器、高级控制模块等则安置在机柜室，通过数字通信总线实现它们之间的数据传输。现代 DCS 有更高的分散灵活性、控制灵活性，并且操作界面更友好。人们习惯将 DCS 控制器视同为过程控制系统，但实际上 DCS 是由数字通信网络把分散控制设备连在一起的一种复杂技术。

20 世纪 80 年代，一些公司开始在安全系统中使用 PLC。1984 年，ISA S84 委员会成立，旨在解决可编程控制器在安全系统应用中存在的问题。人们关注的议题包括其有限的诊断能力、系统可靠性问题以及各种失效模式存在的可能性(硬件、软件和人因)。到了 20 世纪 90 年代，可编程控制器厂商开始寻求第三方安全应用认证[早期是依据德国 DIN 19251(1995)等标准，后来是遵循 IEC 61508(2010c)等国际标准]。

现代的整体控制系统(图 3.8)通常是将多回路可编程控制器、独立离散控制器、安全控制器、操作人员界面、监督控制器、数据收集元件和其他控制设备等集成在一起，并通过通信网络将这些分散安装在不同物理区域的设备连接起来。过程控制可以使用 DCS 或 PLC。

虽然这两种技术都基于数字计算机进行运算，也都是可编程控制器，但传统上是由不同的技术群体进行维护。控制专家和 DCS 专家侧重于 DCS，而仪表工程师、电气工程师和仪表技师通常更熟悉 PLC。PLC 设计用于多种环境条件的装置现场，而 DCS 通常安装在气候条件受控的室内。近年来，现代 DCS 设计的环境条件要求已接近 PLC，而有意思的是，PLC 现在也普遍安装在气候条件受控的室内。

A.1.3.2　数字继电器和定时器

现代技术已使得用户能够对数字继电器进行编程或组态，执行简单的逻辑功能。例如，许多定时器都是基于可组态的数字继电器技术。

数字继电器本质上是低等级的可编程电子设备，其内嵌软件不向用户开放，用户一般只可对设备功能进行组态而很难更改底层的系统程序。使用这类设备时需要审慎考虑它们的功能和失效模式。

尽管一些数字继电器有额定的安全等级，但在工程设计时仍然需要考虑可能的危险失效模式（例如，失效时不能置于安全状态）。

A.1.3.3　单站数字控制器

单站控制器是基于数字计算机技术的可编程设备，通常可以执行模拟控制、模拟比较、二进制控制和顺序控制逻辑等功能。单站控制器包括单回路控制器、多回路控制器和顺序控制器（图 A.4）。采用单回路控制器（SLC）的好处，是单一失效仅影响一个控制回路（即，影响单回路完整性）。

虽然 SLC 可能有多个输入和两个控制器，但只有一个输出到最终控制元件。而多回路控制器的优点是可实现更复杂的多个回路控制，这些回路之间的内部通讯很简单，输入数据可以共享，也节省盘面安装空间。多回路控制器的缺点是控制失效可能影响多个回路，并且所有功能共用一个操作面板。

(a) 可编程单回路控制器　　　　(b) 多回路控制器

图 A.4　可编程单回路控制器和多回路控制器（施耐德电气的 Eurotherm 提供）

单站数字控制器（有时称为过程自动化控制器）可设置多种控制模式：手动、自动、就地/远程设定、监督，或直接数字控制。为了从外部改变控制器设定点或输出，控制器必须处于正确模式，例如，远程或外部设定点跟踪以及外部防积分饱和反馈。

单站数字控制器有多种类型，特别是用于温度控制的。这些控制器通常最多支持 8 个控制回路，根据需要配置操作面板。此类控制器大多设计两个控制回路，允许在一台控制器执行串级和前馈控制策略。

多数单站数字控制器都有多个 I/O 和多个回路。从理论上讲，由于多个回路受到共模失效的影响，会增加此类失效相关的风险。实际上单站控制器很可靠，常用于高度关联的多个控制回路，此时共模失效不是突出问题。根据应用情况，多回路控制器应考虑的问题包括控制器的失效模式及其影响、共模失效、通用数据库共享、内置用户操作接口的限制以及通信能力等。

A.1.3.4　分散控制系统(DCS)控制器

DCS是有多个I/O模块的多控制回路控制器，通常是高度集成并按物理区域分散分布的系统，如图A.5所示。

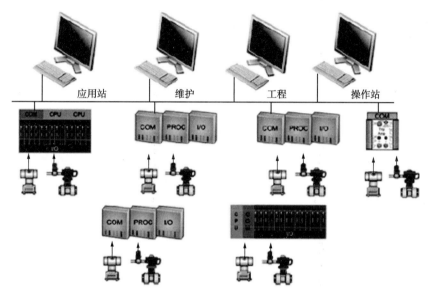

图 A.5　典型 DCS 架构

多回路控制器提供了灵活的控制环境，可以组态简单到非常复杂的控制回路。控制器和现场多路转换器收集的数据可用于数据高速公路的其他控制和数据收集模块，也可通过操作员界面提供给操作人员。控制回路可使用控制器提供的软件进行组态或编程。DCS接口为设计操作员界面提供了极大的灵活性，从各种数据列表和虚拟控制器面板形式到全过程流程图画面显示。如果设计合理，流程图画面有助于提高操作人员了解工艺过程处于正常和异常操作工况的能力，从而使生产装置更安全，更高效。

多回路DCS控制器，由于自身固有的特征，其共模失效机理会影响到控制功能的执行。虽然现代DCS控制器非常可靠，但从操作和安全角度，必须考虑控制器全部或部分失效(例如，I/O卡、电源、通信卡等)的影响。

必须考虑控制器的性能问题，将控制器、回路和I/O存在失效的风险分散。现代控制系统操作界面一般远离控制器，这些界面包括特制的操作台面、大尺寸监视显示、触摸屏和基于PC的显示器。现场I/O处理器可远程放置。有必要评估包括内部控制器、I/O失效以及DCS与外部设备通信等在内的所有可能失效模式。通常，通信中断会导致控制器按照最后的设定值继续操作。提供冗余的接口和通信网络，可以有效地应对通信失效。现代DCS通常有较高的集成度和冗余度。当网络包含其他制造商的设备时，要对通信进行专门评估。

现代DCS控制器具备模拟、二进制、模拟比较、时序顺控逻辑，甚至将它们组合使用的能力。它们一般有冗余控制器架构和冗余通信网络配置。现代DCS是复杂的系统，在设计、组态、操作和维护等方面需要大量的技术信息。因此需要配备具有专业技能的从业人员。了解系统能做什么或不能做什么，会发生怎样的失效及其后果，这些对于实现系统预期功能很有必要。在 DCS 选型、硬件配置、系统组态以及变更时，了解潜在的失效模式也很重要。

DCS 的预期寿命可能很长，随着时间推移，工艺装置不可避免地会扩容改造，所以确保 DCS 原始设计和系统硬件配置 I/O 点留有足够备用余量非常重要。为预料之外的控制要求或工艺过程扩展留出余地是明智选择，因为如果当初控制器 I/O 点全部使用，即使只增加一两个回路成本也可能很高。备用余量一般为在用 I/O 点数量的 10%～35%，这取决于对未来装置扩容的预测。多个控制器备用余量便于选择在适当位置增添 I/O 点，以满足未来控制要求。多数单套 DCS 控制器对回路数量，甚至 I/O 总点数都会有限制。在考虑整体备用余量时，有必要一并考虑增加 DCS 设备以及 I/O 辅助配套设备机柜的备用物理空间。

DCS 控制器的类型很多，从简单的可组态控制器到完全适用 IEC 61131-3（2013）编程语言的控制器，选择的灵活性很大。DCS 使用大量参数，每个参数又有一系列设置选项。配置管理对系统可维护性和持续稳定性非常重要。除基本控制器以外，DCS 通常还有其他设备，可提供先进的控制策略、过程和控制系统事件历史、计算机访问以及各种类型的通信功能。依据完整的系统图，并对系统和设备层面进行失效模式和影响分析（FMEA），是非常好的工程实践活动，可以确保可靠的系统操作并有效应对所有可能的失效问题。

DCS 需要特别注意安装环境条件以及电气和接地要求。现代 DCS 控制器已改进了对环境的苛刻要求，即使如此，也仍建议在机柜室安装空调设施，温湿度异常很容易导致系统组件故障或损坏。要遵循制造商的安装要求并持续保持，避免 DCS 控制器过早失效和/或不稳定运行。在电源、接地和屏蔽要求方面尤其如此。

A.1.3.5 可编程逻辑控制器（PLC）

普遍认为 PLC 比 DCS 适应性更强，但需要特别注意其使用环境。必须遵循制造商对环境条件以及电气和接地的建议，并在 PLC 的整个使用年限内予以保持。PLC 处理器和本地 I/O 要安装在有空调的室内，以防止温度过高、空气中的化学物质腐蚀、灰尘等等。远程 I/O 通常要适应各种室外安装环境。从可靠性和维护角度，一般不建议将 PLC 处理器安装在现场（即使能用于这样的现场环境条件）。

随着技术的进步，早期 PLC 安装的许多限制已不复存在。现今单台 PLC 往往具有更大的可扩展性，不过，一般只配置少量控制器。PLC 也具有 PID 和机械移动控制能力，可处理大规模的数字和模拟 I/O 信号。

PLC 一般有两个局限性：一是与其他控制平台的集成能力；另外就是与 DCS 相比，内置的功能较少，它不像 DCS 需要那么大的编程要求。总体上，PLC 的计算机电路主要关注顺序控制或二进制逻辑优化，而非模拟控制功能。

PLC 控制器的主要编程语言是继电器梯形逻辑和功能方块图逻辑。不过，依据 IEC 61131-3（2013）标准，PLC 编程语言已经扩大为五种标准编程语言：梯形逻辑、功能方块图、结构化文本、指令表和顺序功能图。要充分了解特定 PLC 的编程指令集以及硬件和软件操作的独有特性。因为不同制造商的 PLC 产品，甚至同一个制造商的不同型号，其工作方式差别很大。像梯形逻辑和功能方块图这样的 PLC 编程语言，通常被归类为有限可变语言（Limited Variability Language，LVL），这意味着组态应用程序时访问不到 PLC 操作系统的语言层次。使用这些语言有助于避免应用程序编程出现差错，但也不是说这样组态逻辑功能就无懈可击。有些 PLC 会允许使用诸如 BASIC 或 C++这样的高级语言编程。这些编程语言称为全可变语言(Full Variability Language，FVL)，若使用此类高级语言编写应用程序则需更加谨慎。SIS 应用程序组态不允许使用这些 FVL，除非完全遵循 IEC 61508-3(2010c)关于软件研发的相关要求。

还必须清楚了解特定 PLC 控制器如何执行梯形逻辑，以确定预期逻辑的执行方式。例如，有些 PLC 控制器按行扫描执行梯形逻辑，而另一些则可能按列扫描执行程序。

现在有一种新型数字控制器，称之为可编程自动化控制器(programmable automation controller，PAC)，在某些应用场合可与 PLC 相媲美。这类控制器在编程方面更像 PC 而非 PLC，应该说它是工业级 PC。PAC 编程可用 Visual Basic、C、C++这样的 FVL 语言，或者采用 IEC 61131(2000-13)规定的语言，不像 IEC 61511 (2015)只推荐采用 LVL 语言。为此，在用于 SIS 时要特别留意前面已陈述的可用编程语言限制。这类控制器的优点在于有更大的灵活性，更方便地按照自我定义的控制策略编写程序。这样的控制器看作计算机更恰当，并以此考虑它的编程语言、系统程序编译以及它的操作系统。PAC 在硬件和软件方面有着与个人计算机相同的失效机理，在应用时应进行 FMEA，辨识潜在的失效模式。

A.1.3.5.1 安全配置可编程控制器

早在符合 IEC 61508 的控制器出现之前，通用型 PLC 已成功用于安全系统应用。IEC 61511-1 (2015)条款 11.5.5.5 规定，如果满足本条款要求并且按照条款 11.5.5.6 进行了正式评估，安全配置可编程控制器可用于 SIL1 和 SIL2。ISA-TR84.00.04 附录 M (2015c)提供了进一步的应用指导。

A.1.3.5.2 安全可编程控制器

安全可编程控制器日臻完善，与过程控制系统的集成更加紧密。有很多已获得 IEC 61508(2010c)标准认证的可编程控制器可供选用。对于安全认证设备，用户都有必要研读它的认证报告。用户要依据制造商提供的安全手册，了解并遵循该产品安全应用的操作和安装说明。一般来说，不管实际的系统架构如何，现代安全控制器都可支持大多数 SIS 所需的功能类型。主要考虑事项是编程工具、形成文档的便利、版本控制特性、安防特性，也许最重要的可能还包括现场和当地的厂商支持能力(例如，技术、备件、控制器检验测试和培训)。

非安全配置的可编程控制器，某些失效模式有可能难以识别或不可预测。这些失效可能是由于环境恶劣、电气噪声(例如，焊机、双向无线对讲机和其他计算机设备)、温湿度控制系统失灵，以及系统修改(例如，更换不兼容版本的电路板或软件)等各种因素造成。因此，最后的确认测试环节对于确保控制器实现所需安全功能非常重要。

A.1.3.6 可编程控制器

A.1.3.6.1 控制器输入和输出(I/O)

可编程控制器提供广泛的输入/输出选项，这些都影响到通信(附录 C)、冗余特性以及硬件和软件技术。每种类型控制器都有执行预定功能所需的 I/O。另外，受制造商的设计思路影响，每种控制器类型都有独有的性能特点以及配置可选项。I/O 设计应考虑并理解以下问题：

- 架构；

- 冗余；
- I/O 通信；
- I/O 接口（例如，二进制、模拟或专门的信号类型）；
- I/O 接口模块电源限值；
- 失效/风险分布；
- 机架负载；
- 电源要求。

混合 I/O 类型的通用 I/O 卡现在已很普通。例如，一块输入卡可接入电流、电压、热电阻（RTD）和热电偶等不同类型的输入信号。不过，一般不建议将模拟信号和二进制信号混合连接在同一块卡上。

考虑控制器的 I/O 卡及其信号接线的一些注意事项有：

- 将 I/O 视为单独子系统。
- 将 I/O 负荷分散到控制机架（例如，功能分组、风险分散、备用数量和 I/O 类型）。
- 合理选择 I/O 分组以及分配每块卡的各个通道，与过程系统架构相匹配，以便 I/O 故障维护不会过于影响系统性能。
- 合理选择 I/O 通道分组、通道分配、冗余，分散 I/O 卡或机架失效的风险。I/O 卡通道数量过多和非隔离卡的使用会让风险集中。
- 考虑影响过程控制 I/O 的所有独立或隔离要求。
- 选择之前，了解 I/O 子系统中可用的所有选项。
- 了解 I/O 子系统所需的电源分配和接地要求（附录 B）。必须考虑每个机架的电源负载。有些 I/O 卡通过背板接地，可能需要将背板安装在隔离器上，并与仪表接地分开。
- 选择 I/O 冗余配置以满足过程可靠性需要。
- 接线方式应考虑便于维护和故障排除。
- I/O 适当隔离，特别是处理 3 线和 4 线设备、接地热电偶以及与计算机连接等应用场合。
- 多输入不能跨接共用同一个接地。

A.1.3.6.2 I/O 通信

大多数 DCS 具有本地机架专有通信方式和采用专有通信网络的现场多路 I/O。现代控制器大都能够使用多种数字总线和串行连接与现场设备进行通信。PLC 通常使用专有通信网络，为本地和远程 I/O 的配置提供更多的灵活性。I/O 有时可以通过非专有串行通信网络（如，Modbus）进行通信，也可通过使用诸如 Modbus / TCP、OPC 或其他协议的以太网非专有传输系统进行通信。只要采取了适当的网络安全措施，上述的通信方式都可接受。采用专有通信方式，系统的集成能力是受限的，系统配置方案要具有充分冗余并适用于过程应用的控制要求。

I/O 通信问题包括：

- 通信架构的可靠性和完整性。例如，制造商可能提供不了冗余硬件，如果用户的工艺过程本身是"冗余"的或者是批量生产过程，非冗余架构也可接受；
- 可以在通信系统接地之间实现电气隔离，例如，通过光电隔离或采用光纤连接方式；

- 为本地 I/O 通信提供持续的环境状态控制和电气隔离；
- 选择远程 I/O 连接方式，有许多可能的拓扑结构(总线、星形、环形等)，每种拓扑结构都有各自的优缺点，取决于具体应用。系统设计需考虑的问题包括冗余方式、对共模失效的易感性、距离限制(主干网和支路)、长度扩展方式、终端电阻要求、电缆类型以及屏蔽接地要求。在选择分布 I/O 方案之前，应分析这些注意事项。

A.1.3.6.3 I/O 接口

二进制信号 I/O 接口问题可能包括：

- 输入负载电流与传感器触点设计的匹配(例如，低电流会造成触点氧化，可能导致误动作或不稳定的信号)。
- 使用直流(DC)灌电流输入存在的问题(例如，如果对地短路，拉电流输入可能处于误闭合状态)。
- 使用 DC 有源输出存在的问题(例如，如果对地短路，灌电流输出可能处于误闭合状态)。
- 要管控输出漏电流，如限制固态输出的漏电流(例如，如果输出漏电流过高，输出被粘连，对于像先导式电磁阀或用作报警器输入信号这样的负载，输出无法断开)。
- 布线设计互不干扰，尤其是长距离敷设。在特定情况下，由于接线之间或现场设备的电感或电容特性，交流(AC)I/O 可能无法正常操作。
- **强烈建议 I/O 接口设计尽可能采用本质安全化实践。得电动作的 I/O 设计不是本质安全化实践，因此有专门的工程实施要求，尤其是在 SCAI 应用时要特别注意这一点。** 在这样的应用场合，公认的实践包括回路监视、电源冗余、低电压报警、配置仪表风备用气瓶或液压蓄能设施。当电气开关设备(> 600 VAC)或电动阀门(MOV)被用作最终元件时，通常就需要配置得电动作的驱动电路；而对于双作用阀门，则需要配置加压驱动管路。
- 尽量减少由于噪声造成的误操作。I/O 的 EMC 兼容性应符合 IEC 61131-4 (2013)或同等标准的要求。
- 在 I/O 机架和/或主端子板上将不同类型信号隔离。

模拟 I/O 接口问题包括：

- 模拟输入模块的数字通信分辨率要满足各种过程控制的需要。如第 4 章所述，将模拟信号转换为数字化波形信号时，采样过程会对量值数字化造成一定程度的数据丢失。数位分辨率越高，数字量值就越接近输入信号的真实值。设定值、转换触发器和其他模拟比较值的选择必须考虑信号数字化的影响。现代 DCS 通常提供±15 位输入分辨率(±32，768 位)，有些可达 24 位(16 位、777 位、216 位分辨率)。PLC、独立可编程控制器和混合控制器可能有更多的分辨率类型，其中 12 位分辨率(0~4095 计数或 0~4000 计数)是比较常见的。输出信号通常是 8 位分辨率(0~255 计数)，这对于过程控制已经足够了。移动控制通常需要较高输入/输出分辨率，有一些数字输出设备可能更甚。分辨率也与再现模拟输入信号的数字化信号保真度有关。模拟输入模块对模拟输入信号的采样频率，至少要快于奈奎斯特-香农(Nyquist-Shannon)采样定理所描述的输入信号最高频率的 2 倍，以避免信息的过度丢失。要有足够高的分辨率以满足各种应用场合的需要。

- 过程控制模拟量输入模块的精度要满足各种过程控制的需要。信号精确度（例如，输入模块采集的传感器信号读数与过程实际值的误差为全量程的多少或多大比率）与信号分辨率（传感器信号可以分成多小的数字通信位数）不是同一概念。即使控制器可以直接接受连续模拟信号，输入模块本身采集数值时也会有很小百分比的误差。一个I/O点总精度包括I/O模块测量模拟值的精度，以及信号模/数转换时被分割为数字化波形的分辨率一起造成的整体误差。

- 要考虑电阻匹配。输入模块负载电阻（通常为 250Ω），结合现场设备接受的实际电压（例如，现场设备正常操作需要保证最低电压，可参考制造商的现场设备负载曲线）以及输入模块供给的回路电源电压，可以确定现场接线的最大允许长度。输出接线长度由输出模块所连接的负载（最常见的是I/P转换器或定位器）的能力决定。

- 确定输入模块采用隔离型还是非隔离型。输入信号采用隔离方式是首选，但输入卡板价格会比较高。非隔离式输入可能会导致共因失效、通道串扰和/或接地问题。通道与通道之间，或者通道与系统之间，如果隔离电压选择不当，也会造成可靠性降低。要特别关注共模电压参数，因为某些输入I/O模块的共模电压参数为30V或更低。输入端子超过这样的电压限制会产生不确定的后果，因为信号接线之间本质上会产生内部接地回路（参见第4.4.6.3节和附录B关于接地回路的讨论）。所有计算机I/O、专用控制器I/O，以及3线或4线制电流回路都应采用隔离输入方式。

特殊的I/O连接（RS-232、RS-422/485、以太网、Modbus、HART、现场总线、智能变送器、本质安全栅、无线等），有关I/O接口问题有：

- 无线I/O关注点-关键程度、天气对可靠性的影响、访问点布局、协议、开发标准、信号路由、骨干网等。

- PID I/O卡的选择，要与控制处理器的PID功能相匹配，满足显示、参数整定等要求（要提供控制器应有的所有功能特性）。

- 专门的点对点通信卡选择和应用（不应降低系统完整性）。

- 高速板卡的选择（例如，系统信号处理的响应时间，要确保能达到所需性能）。

- 噪声抑制和距离限制（电流回路优于电压回路）。

- 3线和4线制4~20mA电流回路接口和接地问题。

- I/O机架的信号隔离。

RS-232/RS-485/RS-422回路有一些额外限制，对其技术特性要有充分的了解。RS-232通信电缆长度应限制在50ft（15m）以内，其信号传输速率也受限（例如，通常小于19200bit）。了解其信号交换、波特率、奇偶校验以及配线等指标要求很重要。RS-485/RS-422回路对长度的限制更宽泛（例如，<4000ft或1200m），操作的波特率可以更高，这取决于通信电缆的长度。有2线（半双工）和4线（全双工）两种通信形式。适当的接地也是重要考量，全双工回路需要额外的接地。

A.1.3.6.4 可编程控制器程序的总循环时间（周期时间）

可编程控制器程序的总周期时间包含执行操作系统任务、读取输入、进行控制计算以及输出结果。周期时间由控制器的设计决定。由于可编程控制器总周期时间有这样一些影响因素，可能会使其响应速度比模拟控制器更慢。如果工艺过程参数变化非常快，就要高度关注这一特性。不过，可编程控制器的程序循环在1s内超过30次时，就可比肩具有0.001s输入信号滤波器的电子模拟控制器，实现快速、稳定的控制。由于回路死区时间的存在，周期时间可能与总的回路响应时间不成比例，对这一点应进行分析。多数 DCS 控制器有固定的或在一定程度上可调的循环时间。通常认为 PLC 比 DCS 控制器更快。

对于大多数回路来说，过程控制器的周期时间足以满足过程控制任务的需要。只有那些确实需要快速响应的回路，才有必要特别关注周期时间。如果由于控制器程序规模增大、I/O负载调整等造成了控制器周期时间的改变，PID 执行时间也会随之不同，有可能导致参数整定出现问题。PLC 周期时间受应用程序数量的影响更大。过程控制领域随着智能化设备和数字通讯现场总线的广泛应用，开始进入数字时代。应该认识到，与可编程控制器通讯的现场数字设备有各自的数字更新时间，这可能导致额外的，但又不那么明显的数字通信延迟。

可编程控制器的控制间隔和I/O扫描速率如果可调整的话，应在提供稳定控制的前提下使控制器处理器的负荷最小。I/O 扫描时间不应低于输入信号最高变化频率的一半，以提供足够的信号保真度。通常建议总周期时间应大约为有效过程时间常数的 1/10（见 A.2.2.11）。其他仿真表明，为获得最佳控制回路性能和计算机使用效率，设置的总周期时间比过程死区时间快 4~10 倍为佳。

当可编程控制器连成网络时，周期时间和响应时间呈现出全新维度。除了控制器循环时间之外，界面或其他控制设备的更新时间（例如，操作人员界面显示信息刷新的速度有多快）对操作人员来说特别重要。尽管控制回路的每个控制器和通信链路每个段有快速的响应时间（例如，1s），由于各部分的延迟会逐渐累积，控制回路的总响应时间最终可能达到 55s 或更长。当操作人员通过操作界面给出指令时，操作人员当然期望像模拟或离散控制器那样直接输出动作，但现实并非如此。例如，操作人员按下显示界面的按钮打开阀门，指令首先下达到控制器，经过控制器周期时间，到达现场；接下来，等待现场设备响应完成，再从现场返回反馈信号，通过控制器内部循环扫描，最终在操作界面更新信息。这样的事件顺序完成通常需要 10s 或更长时间。现场仪表设备响应也有延时，例如，智能变送器的更新时间可能达到 250ms。

A.1.3.6.5 可编程控制器的处理器负荷

处理器负荷用完成所有计划任务所用的周期时间（例如，占用 60%）或剩余周期时间（例如，40% 处理器时间余量）来表示。对于可配置 DCS 控制器，处理器负荷通常受限于容许的 I/O 点数和组态功能块的数量，在应用层面是显而易见的，用户很容易据此对实际负荷做出估计。PLC 处理器负荷通常受程序大小和容许的 I/O 点数限制，由于这将直接导致周期时间变慢或超限，因此更应关注。

不同过程控制器如何处理编程和功能负荷对安全的影响是重要考量。处理器的操作系统对负荷的限制形式各有不同。有些系统可能会对组态过程的每个功能进行负荷分配，并在组态编程层面限制处理器负荷。另外一些系统可能允许组态为多重扫描形式执行代码，并据此进行负荷分配。有些系统还可能存在负荷自动递减的情况。例如，冗长的控制器程序需要几个周期才能执行一次，使得响应时间难以估计。取决于扫描的重新开始方式，有些软件指令可能永远不会执行，或者可能需要很长时间才能执行，导致 PID 算法无法正确操作。另一个例子是负荷递减（甩负荷），当达到预设负荷极限时，会使外部通信中断。外部通信中断可能丢失操作人员所需的关键数据或协调信息，这很危险。用户必须研究过程控制器规格书，了解处理器负荷的限制，以及当过程控制器在接近和超过负荷限制时会出现怎样的操作状况。

A.1.3.6.6 可编程控制器存储器

由于存在可配置内存，需要关注几个方面的安全问题。通常，DCS 控制器的内存根据设计回路数量和 I/O 容量确定。PLC 内存容量的可选范围更宽一些。选择足够容量的 PLC 处理器很重要，包括考虑到所需备用容量。一般来说，在保护环境、设备以及工艺过程这些典型应用中，额外的编程不可避免，因此有必要具备一定的备用内存容量。为了满足程序更改或增加新的指令集等控制器系统软件升级的需要，也必须有最低的备用内存容量。为确保可靠性，对内存的存取操作应该有诊断，例如，检查校验和或奇偶校验。

A.1.3.6.7 可编程控制器冗余

冗余有不同的类型。1∶N 或 N+1 冗余是一个控制器作为 N 个控制器的备份，其中 N 可以是一个或多个。这种冗余形式是利用诊断（如，检测出已知失效模式），在出现失效时保持持续控制。不过，并不能应对未检测到的或共模失效。安全考虑事项包括：如何快速地检测出危险失效，同时程序、数据和控制机制随之做出响应；备份数据库与当前操作数据库是否匹配；如何测试；以及失效导致冗余丧失时处于怎样的降级状态。备用控制器可能在处理器之间或处理器与 I/O 之间存在共模失效，会使冗余机制整体丧失。同样，软件共模失效也会造成冗余控制器整体失效。出现硬件失效后，必须立即更换故障控制器，尽快恢复到 1∶N 冗余。应定期确认备用控制器的程序是否与当前运行的相同。如果冗余机制执行不当，实时数据库有可能会受到损坏。

多数 DCS 和普通工业 PLC 采用在线热备方式提供 1∶N 冗余。在热备冗余中，一个控制器是主控制器，另一个是备用控制器。在理想的情况下，两个控制器有相同程序，读取相同的 I/O，并且保持同步。DCS 就是这样，系统自动将两个控制器的程序保持一致，而 PLC 系统通常由用户完成同步。必须意识到，由于处理器共享公共的通用组件（例如，切换单元、共享 I/O 等），并且依靠系统诊断检测失效（在切换到备用之前必须首先检测是否存在失效），并不存在真正的独立性。当系统诊断检测到主控制器存在失效时，系统切换到备用控制器。对于已知的可检测失效出现时，这种方案可提高系统可靠性。不过，它并不能改善风险降低能力，因为不能防范未检测到的危险失效。如果第一个控制器出现危险失效并且未被检测出来，整个系统会瘫痪。在热备系统中，未检测到的危险失效不会导致像两个独立通道冗余架构（例如，1oo2）那样的安全动作，后者的任一控制器自行执行必要的安全动作，而不受另一个控制器性能的影响。

手动后备是另一种形式的冗余，可将其他控制器（模拟或数字）或手动操作站手动切换到控制回路。过程控制器手动后备的意图是补偿可用性的缺失。手动后备系统必须谨慎设计，定期进行测试和升级，从而在现代化生产过程中保留一席之地。业界工程实践常见的一种做法是在控制器中设置软开关，使控制器信号输入能从正常控制变送器切换到独立的报警变送器。这可以弥补控制功能的缺失，或简单地切换至报警变送器就可对本回路的变送器进行检查维护。在有些情况下，这些选择由操作人员自行决定。不过这样的操作方式有时会有问题，比如报警变送器回路用作保护措施，而控制回路是可能的触发原因。依靠相同变送器用作报警和控制，保护措施会丧失，因此应对操作人员的选择进行管理控制，适时采取必要的补偿措施，以确保能够提供足够的风险降低能力。

另外，有些场合单独配置与运行系统同步的备用机架，其中的组件全处于热备或准投用状态，相较于冷备用(即，不通电)，提高了系统整体可靠性。如采用这样的配置方式时，应就相关细节与设备制造商讨论。

安全控制器，特别是那些声称具有高可靠性的控制器，通常采用模块化冗余。模块化冗余使用多个输入、处理器和输出模块。在每个层面都采用冗余机制，确保不管失效通道如何，都会进行所需操作。冗余配置方式通常由所声称的风险降低、声称的可靠性，或将二者综合考虑确定。有些控制器的冗余处理器并不完全在线，而采用热备方案。这种热备架构可能适用于风险降低要求≤10的安全应用，一般不适合于风险降低>10的场合。

A.1.4 监督控制系统

如第4章的介绍，监督控制系统是分散控制系统的一种形式，集中管理的(有时是远程的)监督系统收集数据、执行高级计算，并将命令写入到本地过程控制系统。通常情况下，监督控制用于生产管理，如石油天然气工业普遍采用的SCADA系统或用于过程优化，如化工工业的先进过程控制应用。

当在本地过程控制系统之外单独执行监督控制功能时，独立设置的监视控制器基本上是采用与个人计算系统相类似的技术。

基于这样的原因，这里不再讨论更多的技术设计细节。不过要注意，由于这些系统通常并不是专门为工业应用开发的设备，因此在环境要求和网络安全控制设计等方面要特别谨慎对待。

A.1.5 混合控制系统

没有任何一种单一控制器技术能够适合所有应用。另外，预期的使用寿命与技术进步速度相比要长很多，因此在设备更新改造时，往往会新旧技术同时存在、混合使用。在某些情况下，采用混合系统是基于多样性、容错能力或者为了过程控制功能与SCAI相互独立等要求的考虑。混合系统可降低系统性失效和共因失效的风险。不过，混合系统总架构的复杂性，对于长期管理来说，确保文档和规格书等持续保持最新，显得更为关键。

离散控制与其他技术相结合是常见的混合系统。离散控制器和可编程控制器组合对于防止随机和系统误差提供了自然而然的多样性。离散控制是可编程控制器更经济的备用手段。由于很多离散控制器可以安装在现场，从而支持就地停车，降低了安装成本和复杂性。可编程控制器为过程变量提供诊断。这通常需要把附加的设备配置到过程控制系统中，以便允许不同控制器技术之间通信。例如，将独立的联锁信号放大器回路、独立的报警电路或备用数字控制回路连接到DCS或PLC，实现监控意图。

A.2　过程控制应用的其他考虑事项

虽然过程控制器的能力和功能实现方式各有不同，但许多控制系统的概念对于所有的现场应用是共通的。很多控制策略在DCS或PLC出现之前就已得到了广泛应用。模拟控制技术采用硬件执行控制功能，而可编程控制器实现这些功能则通过软件。本节将讨论更多通用概念和算法的安全含义。有关这方面的问题也可参见Vilanova和Visioli(2012)、Liptak(2005)以及ISA(2004)等有关资料。

A.2.1 简单化

过程控制器的性能取决于配置、如何应用、过程特性以及实现最稳定操作的控制准则。将过程变量保持在设定值或某一正常操作限值内，使安全保护措施的"要求"降到最少，从而降低过程风险。控制的有效性以及最终的装置安全，一定程度上取决于操作人员对控制系统功能的信任。由于可编程控制器具有易于更改及易于构建复杂控制回路等特性，很容易导致控制策略出现不必要的复杂性。一旦操作人员感觉控制回路没有提供有效控制（无论是正当理由还是主观判断），他们就想把回路切换到手动，或者不投串级、计算机控制，或者前馈回路，这意味着预期的自动控制策略无法实现，进而装置的受控性降低。过于复杂的回路、对控制回路理解不充分，或者某些回路需要过多的维护，也会导致这些回路经常处于手动操作状态，甚至操作人员对其关注度降低。最有效的控制方案通常是越简单越好。

A.2.2 模拟控制功能

A.2.2.1 比例-积分-微分（PID）控制

PID 控制功能或一些子集（例如，比例控制、比例积分控制）是过程工业中最常见的反馈控制算法，19 世纪 90 年代就已经开始使用了。不过，PID 控制及其派生算法并非全能，对于滞后时间很长的系统和非线性增益的过程或系统的控制工况可能会出问题。PID 控制也被称作三参数控制。

实际上 PID 术语可能有不同的含义，例如，比例带[$PB=(1/K) \times 100\%$]对增益（ K ）、重置对积分以及速率或超前对微分。PID 参数可以有不同单位，例如，每分钟重复置位多少次、每次重置多少分钟，或者 Ki。术语"重置"源于气动控制器如何执行置位动作，是指通过积分作用使当前控制动作重复的频次。了解有关术语是理解控制算法如何操作的第一步。

PID 算法可以是串联（交互式、依赖形）或并联（非交互式、独立形）。串联 PID 算法是控制器的输出分量连续相加，PID 各分量并非与比例带（增益）无关。例如，改变比例带（增益）会改变对控制器输出的积分和微分作用影响。由于难以用机械方式执行并联 PID 计算，因此，气动 PID 控制器一般采用串联 PID 算法，早期电子控制器大都沿袭了这样的技术路线。在并联（非交互式、独立形）PID 算法中，PID 各分量分别相加求和，以形成控制器的最终输出，这些计算都能在可编程控制器中实现。一些系统提供了各种形式的、可供选择的计算等式。

PID 方程根据输出的计算方法，有两种实现方式（例如：位置形式、直接计算，或者速率形式、增量计算）。模拟 PID 控制器通常使用 PID 算法的位置形式，其中 PID 控制器的输出直接根据偏差计算。PID 的速率形式，是依据两次扫描的增量变化，并将其加到前一次扫描的输出上完成计算，这对于大多数基于扫描的可编程控制器来说是很理想的算法。速率 PID 控制器在控制器输出为脉冲或程序步应用场合时[例如，脉冲宽度调制（PWM）、移动控制（步进电机）]，或控制器由计算机进行增量控制的情况特别有用。PID 的速率形式在防止积分饱和方面更加灵活，并且在控制器输出更新计算失效时，会使被控工艺过程处于当前状态。在扫描时间明显快于过程时间常数值的情况下，位置或速率形式在计算性能上没有差别。

模拟控制器实现 PID 受限于模拟技术，这和用于可编程控制器的算法有所区别，因而各自采用了不同的整定参数方式。系统从模拟控制升级为可编程控制器时，可能会有问题，因为不再使用已经习惯的现有整定参数方式，需要适应新的方法。

多数现代可编程 PID 控制器允许微分模式仅作用于过程变量，而不用于控制器的总偏差。这意味着设定值的瞬间突变不会引起控制器输出的震荡。在有些可编程控制器中，控制器的扫描时间会影响整定的常量值。具有可调扫描时间或者扫描时间基于逻辑数量和被扫描 I/O 数量的控制器(例如，PLC)，可能更会如此。

可编程控制器，甚至有些气动和模拟电子控制器，都具有输出限值(钳位)和防积分饱和等可选功能。输出限值可用于限定阀门行程或限制提供给串级副回路的设定值范围。出于安全意图的输出限制可采用物理方法实现，例如阀门开度限制或流量限制(例如，管线中的限流孔板)。对于模拟控制器来说，应对积分饱和问题比可编程控制器更麻烦，后者有多种防止积分饱和的方法。当明显超调会影响正常和安全操作时，如采用模拟控制器，应选用带有防积分饱和功能。

控制回路采用其他信号处理功能(例如，滤波、比例缩放、特性化处理、可变增益、开方计算等)时，必须谨慎对待，以保持稳定控制和安全操作。例如，将孔板的差压测量值进行开平方，使流量信号与开方值之间线性化。获取开方值有很多方法，如可使用智能变送器、外部单配的开方计算模块或继电器，或者在可编程控制器中完成开方计算。在低流量时，开方计算输出信号变得非常小且不稳定，一般都有开方计算低流量信号切除。由于易于实现，知道在哪儿完成开方计算显得更为重要。维护时有必要了解控制回路实现开方运算的仪表设备，以及所有其他信号的操控关系。为了减少系统性错误，开方运算的实现形式应在整个控制系统中保持一致。

滤波通常用于去除信号中的高频干扰分量。应注意确保滤波后的信号精确不失真，不论用于控制或显示。对滤波的进一步讨论，参见附录 A.2.2.9。

A.2.2.2　自动/手动切换开关和设定值

自动/手动模式选择开关可以在控制器上，也可以在控制回路中单独设置，用于确定工艺过程处于自动还是手动控制。手动控制是由操作人员直接控制最终元件的位置。处于手动控制的回路数量以及回路控制是否频繁打手动，是衡量生产装置自动控制率的重要指标。如果控制系统多个回路处于手动操作，或者处于手动操作的时间过长，应该调查原因所在，以确定在控制系统规格书、参数整定、维护或其他方面哪些环节存在问题，影响了自动操作。其分析思路也适用于实际设定值偏离理想值的情况。由于这些值都是人为控制的，它们决定了工艺过程控制状态的好坏以及生产率的高低，可能会导致控制效果有比较大的差异，甚至不同操作班次会各不相同。

当自动过程控制回路被用作 SCAI 时，需要管理控制，并且大多需要对自动/手动开关的操作也进行访问权限限制。管理控制的权限限制应包括：

- 限制自动/手动开关处于手动位置的时间长度；
- 手动时所需的补偿措施要求；
- 所有关键设定值或整定值更改时都要遵循变更管理(MOC)的审批流程。

对于用作保护措施的超驰控制回路，例如蒸馏塔再沸器蒸汽流量控制的高压超驰，本质安全化方案会让操作人员更清楚超驰控制功能的意图，但不允许操作人员对控制系统参数或操作模式进行更改。现代控制系统中，对蒸馏塔组态高压超驰回路很容易实现，这样的控制回路设计有助于提高安全性并减少火炬排放。

A.2.2.3 输出或参数限值(钳位)

可编程控制器可提供可调参数或输出限值(钳位)。这些软输出限制一般用于防止控制阀开关超过预期开度，或者防止控制阀达到行程限制时仍然指令其继续开或关。使用输出限值时，一般要与阀门行程限制相匹配。阀门行程限制的输出限值可防止阀门过度全关或全开。参数限值可用于限定传送到串级系统副回路的设定值范围或限制操作人员手动输入范围。

如果特别关注安全问题，就不要依赖软输出限值，因为将控制器切换手动时可能会允许输出超出限值。此类限值也可通过软件或组态轻易地更改。如果输出限值很重要，建议考虑现场设备直接安装硬件限位措施。

A.2.2.4 重启和本质安全化输出值

有些系统允许指定初始值或重启输出值。控制专家可以在控制器初始化或重启时设置安全的控制器输出值。可编程控制器通常还可以将过程测量值组态为故障时保持故障前最后一个正常值。如第4章所述，取决于整个过程控制设计策略，这可能不是充分确保安全自动化设计的最佳选择。能为参数、输入或控制器输出指定本质安全化量值的能力是一项重要的安全特性；然而，在选择本质安全量值时，还必须考虑适应各类操作状态和模式。功能规格书应对操作人员如何知道发生了失效以及在控制器失效时采取怎样的动作做出明确的定义。长时间按本质安全化量值进行操作，可能使整个控制系统运行效率低下。

A.2.2.5 积分饱和

当输出转换器、定位器输出、阀门行程、过程输出、变送器输出或控制器输入等的限制阻止控制器检测或降低回路偏差响应时，会发生积分饱和现象。例如，对两个控制器输出信号进行高或低选择，可导致未选中输出的控制器因检测不到对过程的任何影响，促使控制器仍不断地改变输出，试图控制该过程。偏差的长时间存在就会导致积分动作最终使控制器输出达到极限。在过程测量值超过设定值之前，积分动作不会改变对控制器输出作用的方向。这将造成过程变量显著超调，使得控制响应严重滞后，甚至可能导致不安全的操作状态。积分饱和通常出现在超驰、限值、喘振、批量顺控以及pH值控制回路。由于小的比例和积分作用能延长控制器输出的逆转，所以对于滞后周期较长和过程增益较大的工艺过程来说，饱和持续时间较长。应该适当使用控制器防积分饱和功能。可编程控制器的某些积分算法会避免出现饱和现象。

A.2.2.6 设定值限值

在主控制器操纵副回路设定值时或者操作人员给定任何回路的设定值时，设定值限值能防止其量值处于期望限值之外。当控制器模式改变时，应考虑是否保持原有限值。对于关键应用，应考虑在阀门上设置物理限位措施。

A.2.2.7 无扰动切换

当控制器从自动切换到手动，或者从手动再切回自动时，如果切换之前设定值未设置为测量值，则可能会使被控过程出现扰动。现代控制器会自动执行设定值跟踪操作，但一些早期的模拟电子和气动控制器没有此功能。某些控制方案可能还会涉及多个控制器需要考虑无扰动切换问题。更多细节讨论参见附录A.2.2.11中的串级控制。

A.2.2.8 变化率限值

变化率限值是指对控制器输出的变化速率进行限制，避免受控变量变化过快可能造成不安全的状态出现。例如，变化率限值可用于总管提供多路进料的应用场合，如果某一单元进料量快速增加可能导致其他单元进料无流量。变化率限值还可用于限定设定值，不管是操作人员手动更改，还是将其他控制器或者计算机等的输出作为设定值。

A.2.2.9 滤波和信号特性化处理

对控制器输入信号进行滤波常常会降低回路的性能，甚至有时难以正确设置。滤波可以降低信号噪声并使信号平滑，信号似乎更加稳定，但是滤波可能会扭曲真实值并且使控制器难以整定(实质上是将滤波加到 PID 算法中)。滤波通常会造成回路性能变差。因此，滤波只建议用于某些特殊应用场合，即最终确实改善了(而非仅是信号表面上美观)整体控制效果。现场设备也可以有滤波(阻尼)设置。

工艺过程通常不会像有滤波那样稳定，输入滤波功能会使输入值的显示、报警、联锁和外部通信掩盖真实的状态。如果关键回路使用了不当的滤波措施，有可能出现危险状态才会发现信号已经失去了稳定性。一般而言，对于更安全、更稳定的控制系统，应将所有滤波时间常数降到最小。使用滤波只是为了使显示或存储过程数据看起来更好的话，不能算是好的工程实践。

信号特性化处理可用于改善控制回路的性能。它可应用于输入和输出，也可用于信号线性化，例如，pH 值和温度测量值。信号特性化处理也能用于非线性阀门增益的补偿，如对阀门进行等百分比特性处理。特性化处理通常需要使用多项式函数或分段线性化(例如，五段线性化)对非线性特征进行建模。功能更强大的控制器能提供各种功能和计算步骤，很容易对输入或输出信号进行特性化处理。如果测量值或阀门非线性特征是可预测的，特性化处理能够使控制回路性能和过程安全得到显著改善。

A.2.2.10 信号选择

有时需要超驰控制器输出以保持安全操作或保护工艺设备。另外，选择性控制策略可能会从两个或多个变送器中选择高、低或中间信号。例如，如果分析仪失效后果不可接受，可采用三个分析仪并选用中间值作为最终信号。另一个例子是控制固定床反应器的最高温度(例如，最高温度点位置可能在整个床层上移动)。在整个反应器床层不同位置测量温度，选择最高温度用于控制。其他示例包括压缩机出口压力控制被入口压力超驰、压力超驰反应器温度控制、塔底再沸器蒸汽高压超驰，以及压缩机出口流量控制被出口压力超驰。

当选择控制器信号时，必须处理好两个问题。第一个问题是未选回路可能会出现积分饱和，从而影响回路的无扰动切换。未选的控制器总是试图参与控制却无法实现，导致积分饱和。相对来说，位置控制器是计算绝对的总输出，而控制器的速率算法则是计算控制器输出的变化。尽管位置形式的控制需要初始化，却会从本质上防止手动到自动切换和计算机失效期间发生输出积分饱和以及输出扰动。速率算法妨碍超驰控制的安全使用。当使用信号选择器时，可能很难知道哪个信号正参与控制，或许需要额外诊断，特别是涉及失效问题的判断。

第二个问题是信号选择过程的无扰动切换。速率形式具有优势，因为未选控制器的输出可设置为等同于正处于控制的控制器输出，从而使切换无干扰。

A.2.2.11 串级控制

串级控制是指一个控制器的输出作为另一个控制器的设定值，这两个控制器称为串级控制。通常由两个控制器、两个测量变量以及一个被操纵变量组成。内层控制回路通常称作副回路，其控制器称作副控制器或从控制器，而外层控制回路通常称为主回路，其控制器称为主控制器。最常见的串级控制是两个 PID 回路；不过，其他控制器也可以构成串级（例如，内部模型控制串级控制器）。

串级控制能够：

- 在影响主变量前通过调整副回路的干扰，提高过程安全性和可操作性；
- 通过减少副回路过程的相位滞后克服过程本身的增益变化，提高主回路的响应速度，并允许通过主回路精确操纵副回路物料或能量流动；
- 当副回路速度比主回路速度快很多时，可以大幅提高控制性能。

串级控制的典型示例包括反应器温度控制回路为出口冷媒温度控制回路提供设定值，一个控制器为阀门定位器（控制器）提供设定值，以及换热器出口产品温度为换热器蒸汽压力提供设定值。

尽管串级控制能提高性能，但也存在一些问题限制了其应用。当本地设定值控制切换到远程设定值控制时，主回路控制器输出和副控制器设定值必须一致，才能实现副回路的无扰切换。如果对串级控制不采用无扰动切换，副回路控制器就可能不稳定并导致异常操作。副回路设定值的瞬变引起的微分作用也会干扰工艺过程的稳定。对总偏差的微分作用会使有些回路出问题。实际上，副回路必须比主回路快 3~10 倍，串级控制才是最佳操作状态。如果副回路较慢，主回路必须通过减小增益（即增加比例带）使其与副回路步调一致。如果主副控制器都有积分作用，那么这两个控制器可能都要有防积分饱和措施。图 A.6 是串级控制的示例。

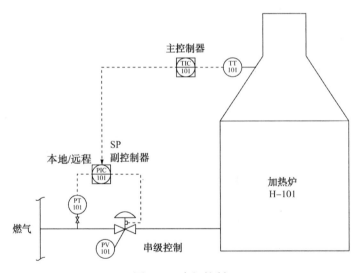

图 A.6　串级控制

A.2.2.12　前馈控制

反馈控制的主要限制之一是在实施控制动作之前必须先出现偏差。而在有些情况下，有必要预测干扰的影响并采取相应的控制动作将干扰对过程的影响降到最低，前馈控制就是为此意图开发的控制策略。前馈控制的基本概念是测量重要的干扰变量并在造成过程波动前采取纠正措施。前馈控制的一个例子，是当蒸汽需求量或负荷增加或减少时，预测所需锅炉给水量随之发生的变化，以更好地控制锅炉汽包液位。

有效使用前馈控制一般需要某种形式的工艺过程模型。通常与前馈操纵变量的反馈控制一起使用,例如,带有反馈修整(用于校正前馈模型的小偏差)的前馈控制。需要了解受控变量如何响应干扰以及操纵变量两者的变化(定时、过程时间常数、超前/滞后设定值等)。过程模型越精确,前馈控制就越好。要慎重考虑达到控制限值和异常操作会发生什么情况。这些回路越复杂,越需要更多的关注。如果不能恰当地执行前馈控制,操作人员会被迫将回路退出前馈控制。图 A.7 举例说明了带有反馈修整的前馈控制。

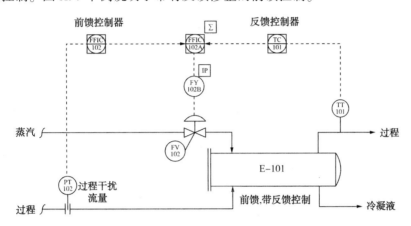

图 A.7　带反馈修整的前馈控制示例

A.2.2.13　比例控制

前馈比例控制系统用于两个变量保持固定比例。流量控制系统是最常见的比例控制系统,其中一个流量(*通常为受控流量*)与另一个流量(*通常是可变流量*)保持固定的比例。这种经典控制的例子是加入与主物料流量有关的添加物,例如,空气量与燃料流量的比例、辛烷添加剂与汽油流量的比例、十六烷值添加剂与柴油流量的比例,以及除垢添加剂与机油的比例。比率控制要求成比例的变量相互之间呈线性(即,两个流量应线性化)。通常,比率计算在受控变量控制回路之外。不过,如果将基于两个流量变送器信号的比率直接用作流量控制器的设定值,则可能导致非线性回路增益和控制问题。图 A.8是比例控制系统的示例。

A.2.2.14　其他控制算法

在某些应用场合,还有一些其他控制技术可提供更稳定更安全的控制。一些通用可编程控制器包括自适应增益、合成、史密斯预估、模型预测、动态矩阵、基于人工智能(例如,专家系统、神经网络和遗传算法)和自整定技术。自整定控制器需要有对参数分别整定的能力(因为在同一时间操作时可能相互作用)。有些控制器是基于模型的,要求过程处于正常操作状态或范围。也有专门用于特定工业应用的控制器存在,例如,压缩机防喘振控制。通常这些控制技术用于执行先进过程控制的监督控制器。如果先进控制方案失败,应审查功能规格书并评估潜在风险。确保已安装系统能够防止导致异常操作的任何失效。先进控制系统,特别是第三方的控制系统可能会有长期支持问题,例如,将来需要时制造商是否能提供技术支持?

A.2.2.15　其他考虑事项

如果计算会导致不安全状态,则应通过算法和现场物理手段限制计算的输入和/或输出。要修正问题,而不是消除。例如,采用较小值,而不只是限制控制器算法的数值信号。避免

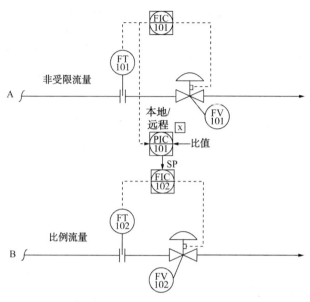

图 A.8　比例控制示例

除零和其他非法的数学运算。计算应该现实可行且受制约。计算要考虑失效和操作模式（正常和异常）。计算并不能在任何时候都能做到完美。

可编程控制器可以进行大量的计算，该能力是把双刃剑。可编程控制器灵活性更高、功能更强，并可依据推断变量值进行控制。当控制算法执行额外计算时，有些情况可能会在控制回路中增加额外的滞后时间，特别是涉及分析仪时更是如此。执行此类计算，要确保控制器的处理顺序不会过度增加滞后时间或产生其他问题。滞后时间会降低系统性能，影响控制变量与设定值的接近程度。必须考虑失效对计算的影响，例如，提供计算输入的变送器失效以及计算输入和输出的取值范围。过程控制计算失效会导致对安全系统更多的"要求"。因此，在设计过程控制系统时，控制算法越复杂（例如，串级控制、前馈、比例控制），就需要更多的仪表构成回路，要确保它们全部正常操作才能实现所需的功能。增大复杂性与较简单化的解决方案相比，完整性和可靠性会更低。

A.2.3　控制器整定

控制器整定准则必须符合功能规格书要求。只有清楚地了解过程技术，才能将规格书要求转化为控制器整定准则。从传统整定方法，如 Ziegler-Nichols 法（最大增益和反应曲线法）和 Cohen-Coon 法，到如今的自动整定法，目前有很多整定方法可供使用。一旦选定整定方法，则必须确定控制器整定准则。准则必须包括采用设定值变化还是负荷干扰整定回路，以及过程应该如何响应，如，四分之一振幅衰减比、积分绝对偏差（IAE）、积分时间绝对偏差（ITAE）、积分时间平方差（ITSE）和积分平方时间差（ISTE）等。

整定方法必须与使用它的控制器算法相匹配。例如，对于相同用途的模拟和可编程控制器可能有不同的整定方式。PID 有多种不同算法，如标准型并联型或串联型，了解控制器采用什么算法很重要。还必须了解和辨识参数及其单位（例如，增益与比例带、每次重复所用分钟数与每分钟的重复数、工程单位与无量纲值等）。必须在操作人员配合下通过开环或闭环方式测试，确保正确执行整定方法。整定方法也必须和工艺过程相匹配。过程可能是自调整的、非自调整的、高度非线性，或者可能有较大滞后时间或时间常数。可根据工艺过程知识、装置测试、仿真或自整定程序确定控制器的整定值。

监督控制计算机或历史数据库收集的压缩和平均数据通常不适合于确定控制器的整定参数。趋势显示对于有些回路整定可能太慢。单独的信号记录仪有助于整定控制回路。

对于被控单元的安全运行，关键控制回路的整定参数管理非常重要。如果允许操作人员不遵循 MOC 规程就可以修改整定参数，则容易导致过程控制降级。

A.2.4 控制器诊断

控制连续工艺过程时，过程控制系统的模拟控制回路持续运行，部分控制系统失效会导致过程偏离正常操作限。连续过程模拟控制功能失效通常会自我显现出来。不过，在批量生产装置中，控制系统按照过程操作模式指定顺序运行，此过程的控制逻辑会经常改变。由于有些控制回路或控制设备仅在特定的过程操作模式才会操作，因此各个回路或设备的失效只有在执行其功能时才会暴露出来。过程控制系统的设计应采用一些实用技术，让操作人员易于发现控制器和控制设备的失效。

参 考 文 献

DIN (Deutsches Institut für Normung). 1995. *Process Control Technology; MC Protection Equipment: Requirements and Measures For Safeguarded Functions*. DIN 19251 (canceled). Berlin: Beuth Verlag BmbH.

IEC. 2000-13. *Programmable Controllers - Part 1-8*, IEC 61131. Geneva: IEC.

IEC. 2005b. *Safety of machinery - Functional safety of safety-related electrical, electronic and programmable electronic control systems*, 62061. Geneva: IEC.

IEC. 2010c. *Functional safety of electrical/electronic/programmable electronic safety related systems, - Parts 0-7*, IEC 61508. Geneva: IEC.

IEC. 2013. *Programmable controllers - Part 3: Programming languages*, IEC 61131-3. Geneva: IEC.

IEC. 2015. *Functional safety: Safety instrumented systems for the process industry sector - Part 1-3,* IEC 61511. Geneva: IEC.

ISA. 2004. *Annunciator Sequences and Specifications*, 18.1-1979 (R2004). Research Triangle Park: ISA.

ISA. 2015c. *Guidelines for the Implementation of ANSI/ISA 84.00.01- Part 1*, TR84.00.04-2015. Research Triangle Park: ISA.

Liptak, Bela, ed. 2005. *Instrument Engineers' Handbook, Fourth Edition, Volume 2: Process Control and Optimization*. Boca Raton: CRC Press.

NFPA. 2015. *Electrical Standard for Industrial Machinery*. 79. Quincy: NFPA.

Vilanova, Ramon & Antonio Visioli, ed. 2012. *PID Control in the Third Millennium: Lessons Learned and New Approaches.* New York: Springer.

附录 B 电源、接地及屏蔽

B.1 供电和配电

电源系统可靠性和电源质量对化工过程的安全和有效控制影响很大。由于过程控制系统规模一般要比安全系统大得多，配电系统的技术规格书一般由过程控制系统的需求决定。美国和世界部分地区的配电系统设计采用 NFPA 70（2014a）、National Electrical Code（NEC）（国家电气规范），其他地区采用 IEC 60364（2005-11）Electrical Installations for Buildings（建筑物电气设施）。应遵守制造商的安装要求和建议，除非与当地电气规范的要求和法规冲突。若有任何分歧，应与制造商和当地管辖部门一起协商解决。

B.1.1 非电动力源

最常见的非电动力源是气动和液压方式，其中气动最为常见。在某些偏远的地方，如天然气长输管道站场，由于缺少电力或仪表气源，有时也会采用天然气作为仪表和阀门的动力源。

气动系统，如仪表风，要求空气洁净，露点一般低于-40℃，供压范围一般为 80～100psig（5.4～6.8bar）才能保证可靠操作。气源不干净和/或带水是导致系统失效的最常见原因。仪表风应符合 ISA-7.0.01-1996（1996），Quality Standard for Instrument Air（仪表风质量标准）的要求。ISO 8573（2001-10）和 ISO12500（2007-09）是压缩空气的国际标准。可靠的仪表风系统一般要求配置冗余的压缩机、空气干燥器、过滤器，还需配备一个大型储气罐，确保在供气系统中断时有足够的应急供气能力。工厂风不应用作仪表风。在可能需要人员进入的受限空间场所（正常或异常操作期间）使用仪表风时，将氮气作为仪表风的备用措施是危险的。氮气作备用系统时应通过危险分析进行审查，确保具有完善的管理和操作规程以及充分的安全保护措施，避免人员暴露于氮气环境中。

液压源的可靠性取决于液压液体是否洁净以及供给是否可靠。液压液体应适用于所需的应用场合，制造商的建议应予以遵守。液压液体应不含杂质和水。若液压液体中含水就可能冻凝，这会导致各种问题，包括在液压管路被堵塞的任何元件处产生高压。

相比而言，将天然气用作动力源并不常见。采用天然气驱动仪表应考虑其应用场合是否适用。

设备采用气动、液压或机械动力系统并包含储能机构时，执行任何标记或挂锁作业规程时应特别小心。

B.1.2 配电系统

各种仪表系统都需要电源分配系统进行安全高效配电。图 B.1 展示了一个可以在两条工厂馈线中进行自动选择的配电系统。随着现代数字仪表的出现，这种类型的配电方式已经比较少见。即便安装隔离变压器，这种系统也会将电网的电气干扰（例如，电压骤降、电涌、供电不足等)传递到仪表负载。现代配电系统必须包含必要的设备隔离措施,以方便安全维护和未来扩容改造。

隔离变压器可以降低供电线路中的电气噪声,有些特殊设计的隔离变压器可大幅降低噪声。隔离变压器可以是无、1、2、3级静电(电容耦合)噪声屏蔽,其降噪能力逐级提高。供电干扰可能会穿越隔离变压器传递。这些干扰一般为频率较高的噪声,并在馈线自动转换开关将供电线路切换到备用时、电容器组切换时,甚至在雷电天气时产生。它可能导致复位、重启及其他异常行为。采用这种电力配电系统的现代数字仪表及其他敏感仪表一般还需要某种额外的供电线路调节措施(例如,铁磁谐振变送器、稳压器、滤波和浪涌保护等)。隔离变压器一般不建议用于现代可编程控制器。

以下仪表系统通常足以应对图B.1配电系统的一般电气干扰,不会遭受任何损坏。不过,误停车和控制中断仍可发生。

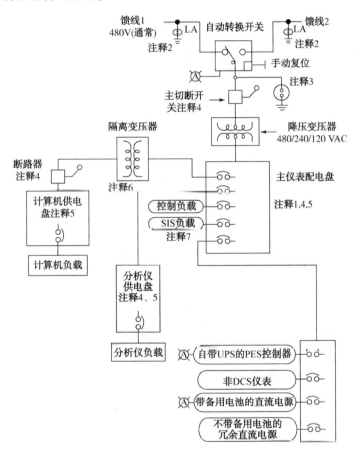

注:
1. 冗余控制模块应通过分开的、单独的断路器来供电。尽可能使用独立的供电盘;
2. 应安装避雷器;
3. 应安装快速浪涌放电器;
4. 短路和过载保护未示出。请参阅适用的规范标准;
5. 可编程控制器、分析仪以及计算机供应商的电源配电和接地要求各不相同,设计应符合其特定要求;
6. 计算机可能需要在该处连接为单点接地系统;
7. 基于PES技术的SIS将需要额外的电源调节措施和/或备用电池,以维持装置的安全操作

图B.1　无须不间断电源(UPS)的典型配电系统框图

- 盘装机电仪表和离散控制器技术通常对切换瞬态变化可能造成损坏并不敏感，不过切换瞬态变化会引发误停车。
- 可编程控制器有完备的电池备用电源，在主电源供电中断时可维持操作数分钟。
- 监督过程控制计算机可承受电源突然中断，而不会失去对装置的监督控制。
- 只用于监视目的的辅助仪表系统，如大多数过程分析仪，相对于模拟仪表，对电力线路的干扰更敏感。

从各种电源干扰恢复至正常操作状态时，某些仪表系统可能需要专门的重启程序。干扰也可能导致计算机复位。在发生这些电源干扰时，带有数字通信的仪表通信链路易受影响。光纤具有隔离作用，同时可避免电磁/射频干扰（EMI/RFI）。建筑物之间敷设的光纤电缆不应有金属加强芯。参见 ANSI/TIA（2012）。

配电系统设计需重点考虑如下事项：

- 系统应有两条来自不同变电站的可靠、独立和不同的馈电线路，以保证最大的供电可靠性。
- 所选择的每一条馈线应能为仪表系统提供优质电源（包括最低噪声、电压稳定、良好的频率控制与高可靠性）。
- 在图 B.1 所示的配电系统中，涉及很少的电源调节措施。控制系统和仪表设备通常需要配备线路稳压器、滤波器、频率调整措施等。一般需要由经验丰富的电气专家对这些电源调节设备进行取舍。
- 需提供适宜的带手动复位的自动转换开关，以便在供电中断时从所选馈线转换到备用电源。应向操作人员提供警示或报警信息，显示出：①转换到了备用电源；②哪路电源掉电。
- 仪表配电盘入口应安装快速电压浪涌放电器。所有浪涌放电器连接应尽可能地靠近它们所保护的电路。配电系统中的其他位置（例如，维护入口或与公用工程用电的接入点）通常需要安装避雷器。参见 API RP 2003（2008）、NFPA 78（2011b）、IEC 61024（1998b）、Motorola R56（2005）、IEEE C62.41.1（2002a）。长距离馈电线路可能需要额外的防雷保护。如需要，可使用电源调节措施维持或提高下游各分支或一组线路的供电质量。浪涌保护器应具有足够的耐受能力，最大限度地减少断电［参见 IEEE C62.41.1 和 IEEE 1100（2005d）］。
- 配电系统必须包含设备隔离措施，以便为维护和未来修改提供便利。
- 在配电分支层面的配置上，应与过程控制系统以及 SCAI 的冗余原则保持一致。冗余电源模块应分别连接到各自的配电支路，以免断路器或熔断器断电时出现公共单点失效，最好从主仪表配电盘处分为两路分别供电。
- 在工厂异常工况操作规程中，应包括断电时的应急响应。
- 电源一般先从主断路配电盘接出，再将该路电源连接到下一级分路配电盘。每个分路配电盘应配置适当容量的过电流断路器或熔断器，以便再进一步可靠地为控制系统模块分别配电（例如，操作站、交流-直流电源以及各仪表子系统）。
- 良好的电路过载设计实践，需要选用适当的断路器和熔断器，例如，过电流保护仅对出现电路故障的部分采取有效防护动作，避免断掉系统其他正常部分的供电。
- I/O 电源系统设计必须考虑是使用隔离 I/O，还是共享一个共用中线或直流回路的

I/O。一般来说，隔离 I/O 是一个不错的选择，只是比较昂贵。

- 对于 I/O 输入，在仪表回路设计中应满足抑制共模失效的具体要求。即符合规格书中给出的输入点能承受的最大电压指标要求。如果超过该电压，输入卡中就会出现接地回路，导致读数错误。

B.1.3 配置 UPS 的配电系统

大多数可编程控制器本身几乎没有电能储备，一般设计为电源电压低于最小值持续超过几毫秒时就会启动自动断电程序。通常需要配置不间断电源(UPS)，如图 B.2 所示，确保为过程控制系统和 SIS 提供可靠、稳定、具有电池后备的优质电源。电网停电时为装置安全停车提供保障，并在此期间对安全关键变量进行持续监控，例如火灾和气体探头、压力和温度、阀位等，并一直坚持到电网供电恢复。其他重要的配电考虑因素包括：

- 建议配置手动转换开关，便于人工选择 UPS 的 AC 馈线。
- UPS 需要两路电源输入，并在 UPS 系统维护时不会影响控制系统电源的可靠性和可用性。当 UPS 失效时，通常利用 UPS 静态切换开关选择外部电源直接向控制系统供电。
- 在维护 UPS 系统时，手动旁路开关需要先接通外部电源再切断 UPS。
- UPS 蓄电池应设置在有保护措施以及环境状态受控的区域内，限制人员随意接近并保持通风。蓄电池存在氢气泄漏、短路时因高能产生快速加热和火花，以及电池漏液等潜在的操作危险。应配置氢气探头探测潜在的氢气释放。氢气探头的安装位置应考虑氢气比空气轻的特性，还需要注意任何通风死角。有关蓄电池的技术细节，请参阅 NEC (NFPA 2014a) 第 480 条和 IEEE 标准 484 (2002b)。在电池系统选型和设计时需要考虑这些潜在的危险。现代阀控铅酸蓄电池(VRLA)，如凝胶或 AGM 类电池，都是密封设计的，在正常状态下不排放氢气，并且是重组型电池(生成的氢与生成的氧结合生成水)。VRLA 电池在正常放电/充电过程中不会释放氢气，但内部氢压过高等异常状态下也会释放氢气。对于小型系统，这类电池一般不需要采用任何特别的通风措施，遵循制造商的建议即可。大中型系统可能需要额外的通风和隔离。对于使用大量电池组为过程控制系统/SIS 供电的大型 UPS，建议安置在专门的电池间，配置适宜的通风措施，并限制任何无关的非专业人员进入。
- 电池容量应足以保证电网停电时安全运行以及工艺过程的安全有序停车。通常情况下，电池容量提供的电能可支持控制系统 30~240min 的连续操作。火灾和气体系统的后备电池供电应维持 30min 以上。
- 应为操作人员提供电源系统报警信号，至少指示以下问题或状态：①UPS 控制和电源电路内出现的失效；②DC 汇流排掉电/电池电压过低；③自动静态转换开关将电源从 UPS 切换到了备用电源；④手动旁路操作启动；⑤主电源掉电；⑥备用(可选)电源掉电；⑦自动转换开关(ATS)切换到了备用馈线(如果存在)。
- UPS 系统必须包含设备隔离措施，以便为维护和未来修改提供便利。
- 设计电气系统时，应从安全和操作角度考虑低电压或电力系统晃电时的系统反应及其对过程的影响。这应包括在危险辨识和风险评估过程中。低电压不脱网是电机在这种工况下保持操作的常见方法。对长时间停电的应对方法是自动启动柴油发电机，有时

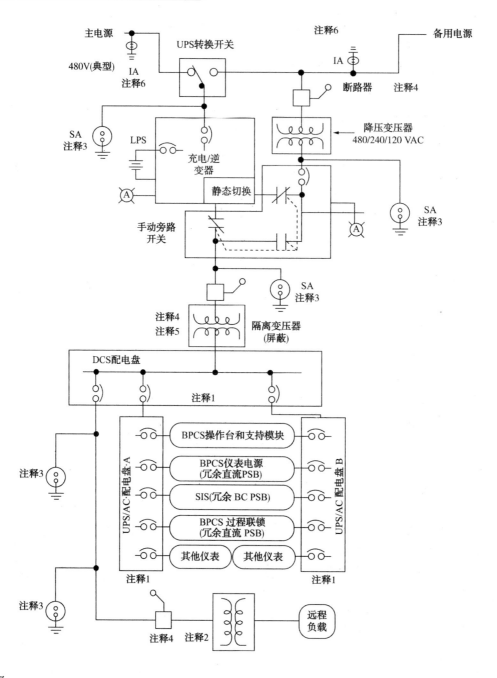

注释

注释1：通过分离的配电盘分别给冗余 DCS 模块供电；

注释2：在 UPS 向处于不同接地点的负载供电时，推荐在负载处采用隔离变压器；

注释3：应安装快速浪涌放电器；

注释4：短路和过载保护未示出，请参阅适用的标准规范；

注释5：BPCS、SIS 和远程负载供应商的电源调节方式和接地要求各不相同，设计符合厂商的具体要求；

注释6：应安装避雷器

图 B.2　需要不间断电源（UPS）时的典型配电系统框图

也将发电机连接到控制系统 UPS。设计时应注意确保发电机和 UPS 兼容。如果将发电机接在 UPS 备用馈线上，则应考虑备用馈线的电源调节措施。

- 中线双接地(例如，在主仪表变压器/配电盘处接地，也在次级配电盘处接地)违反 NEC 规范的规定，由于在接地桩间产生环路电流，可能导致潜在的电源问题。如可能造成 UPS 出现无故切换到备用电源。新出厂配电盘通常都会安装接地母排，当该配电盘作为次级配电盘时，该接地母排就不应再连接到接地桩。
- 选择的 UPS 必须能够承受任何电感负载引起的高浪涌电流冲击。此外，UPS 的容量必须考虑潜在的非正弦谐波负载，例如切换电源。
- 一般不建议由 UPS 向远离控制室/机柜间的负载供电，因为这样更容易导致外部故障威胁。如果不可避免，建议安装隔离变压器并配置适当的浪涌放电器。
- 计算机外围设备，如打印机、非控制设备、电动工具以及家用电器(如咖啡壶、冰箱、微波炉)，不应连接到 UPS 供电电路。也不建议在 UPS 电路上采用插座无差别配电。如果必需配置，应明确标识。

B.1.4 其他电池供电的仪表系统

对于远程缺少就地电源的仪表设备，一般也会采用带备用电池的太阳能供电。对于这些场合的系统，考虑因素主要是获取太阳能的气候环境和气象状况、环境条件(如温度、湿度、腐蚀等)、极端温度、危险区域分类、电池寿命和备用时间。

无线仪表日益普遍，它通常使用电池供电。一般采用锂电池。电池的不可持续性是关注点之一。电量总会耗尽，需要更换电池。电池寿命一般为 3~10 年。易于更换也是电池的一个考虑因素。强烈建议采用电池管理程序。

无线仪表电池寿命受仪表能耗影响，包括测量、处理和转换数据、表头就地信息显示以及通过无线电传输/接收数据等各环节所需能耗。影响电池寿命的因素可能包括：

- 标准和间接操作的设备功耗；
- 刷新速率(例如，变送器每分钟启动测量、报警和传输数据的次数)；
- 由于射频连接不稳定或出现错误导致通信传输不断重试；
- 初始连接以及重新连接到系统(即系统关停和启动、停电、维护等)；
- 表头本地显示功耗；
- 设备无线电输出功率(例如，瓦特)；
- 系统对动态设备参数的查询请求(即无线电诊断、操作和诊断计数，AMS 信息等)；
- 与其他现场设备通信的信息路由数量；
- 操作人员组态更改或手动调取设备参数数据；
- 自然环境状态，如操作温度和湿度；
- 电池质量、保质期、储存温度、保养和处理等。

B.1.5 采集电源

从微观层面，采集电源仍是处于发展中的领域，它从当地的周边环境采集能量。传统的采集手段是在宏观层面(例如，太阳能、风能等)。新技术关注机械能(例如，振动)、热能(例如，来自温差梯度)，或 RF 能源等在就地或微观层面上的存在形式。ABB 开发了一款仍处于现场测试阶段的无线 HART 温度变送器，它由安装在电路板上的微小型热电发电机提供电源，发电机由蒸汽管路和周围环境之间的温差驱动发电。高共振能量转换也是发展中的领域之一，它通过交变电磁场源设备和负载设备之间的谐振采集电能。这些新兴技术在安全仪表应用领域尚没有积累足够的以往使用经验。

B.2　安全可靠的接地

"接地"在英语国家采用不同的术语，"earthing"或者"grounding"，习惯不同而已。北美以外以及不采用 NFPA NEC 70（2014a）的地区一般采用"earthing"一词。本附件电源和接地图所示的 IEC 配电类型等同于 TN-S［见 IEC 60364（2005-11）］。

接地可定义为电路或设备与大地之间的，或接到等同于大地的导体上的导电连接，无论连接是有意为之还是无意。不过，并非所有接地点的大地电位都是相等的，在两个不同接地点之间的连接可能形成接地回路，存在接地电流。在构筑物内采用一个共用接地桩，或者在装置区构建成同一接地网，其用意都是为了尽量减少接地电位差，以及减少系统中的对地电阻。

过程控制系统中的电气接地问题，很多文献都有详细的技术讨论。相关专业人员应熟悉以下参考资料：

- API-RP 552（1994）；
- API-RP 2003（2008）；
- IAEI-Soares Book on Grounding and Bonding（2011）；
- IEC-TR 61000-5-2（1997）；
- IEC-61024-4-2（1998b）；
- IEEE-1100（2005d）；
- IEEE-142（2009）；
- IEEE-484（2002b）；
- Mardiguian-Grounding and Bounding，Volume 2（1988）
- Morrison-Grounding and Shielding Techniques in Instrumentation（2007）
- Motorola-R56（2005）；
- NFPA-780（2011b）；
- NFPA-NBC70（2014a）；
- Ott-Noise Reduction Techniques in Electronic Systems（2007）
  UL-1778（2003）；
- Vijayaraghavan，Brown & Barnes-Practical Grounding，Bonding，Shielding and Surge Protection（2004）。

图 B.3~图 B.5 是控制系统的典型电气接地系统。本节只是对这些图中详细系统接地的概述。

所有电源和接地系统必须按照适用的规范、标准和工程实践进行设计。强烈建议电源和接地采用以下特性：

- 为设备提供简洁清晰的标识，例如字母数字组合字符、颜色编码，或者接线编号。
- 使用铭牌、标牌、位号或颜色等方式清晰辨识设备分类。这些信息应让工厂人员一目了然。

- 保证设备可追溯到相关文档。
- 提供并维护配电和接地系统的竣工文档。
- 制定预防性维护程序，以达到可靠性和可用性目标要求。
- 定期测试和检查配电和接地系统，以确保实现可用性和可靠性目标。
- 使用变更管理规程，审查对配电和接地系统的任何修改。

一般而言，在每个控制和通信模块机柜间需要分别设置两种电气接地系统。第三种接地系统，即防雷接地系统不在本附录讨论范围之内，读者可参考 API RP 2003（2008）、NFPA 78（2011b）和 IEC 61024（1998b）。

第一种接地系统，通常称为建筑接地，用于保护人员免受电击危险的伤害。建筑接地也经常被称为安全接地。建筑接地是装置接地系统的一部分，有助于为装置提供等电位接地网[参见 NFPA 78（2011b）]。建筑接地是将所有建筑物钢结构、公用管道和基础钢构件，电气连接到埋入地下的低阻抗金属网中。一般是围绕建筑物四周设置一个接地环路，并将其与建筑物钢结构、辅助接地汇流条以及装置接地网连接起来。接地环路为建筑接地的一部分。其他接地系统也可连接到接地环路上。控制系统设备以下部分通常连接到建筑接地系统：

- 穿线管和其他金属线槽系统；
- 仪表盘和架装机柜；
- 电气设备和器械的外壳；
- 开关设备的金属外壳；
- 仪表变压器的中线；
- 设备保护接地；
- 可能会带电、需要连接在一起的电气导电部件[NEC 第 250.4 条（NFPA 2011b）]。

设备连接到建筑接地，通常是在设备和就近的、接地的建筑钢结构之间采用裸导体相连。需要对接地导体进行必要的保护，以免遭机械和化学损坏。建议采用带绝缘护套的接地导体（如，一般采用绿色或带黄条的绿色绝缘护套）。

建筑接地系统也有一些需要单点接地连接的子系统。单点接地是具有星形拓扑的系统，并只有一条路径连接到建筑接地系统。单点接地也提供公共的系统参考点。应该为电缆屏蔽层和本质安全栅设置单点接地子系统[参见 IEEE 1100（2005d）、API RP552（1994）、Morrison 2007 和 Ott 2007]。每个子系统的接地导体应有唯一的标识/位号，并具有绝缘护套，以方便维护。所有这些接地系统都需要按 NEC 第 250.50 条（NFPA 2014a）连接在一起。

在安装控制设备的区域，静电防护也是需要关注的问题之一。一般而言，机柜室地板应有一定的对地导电性，以消除静电荷的聚集。计算机房的活动地板应符合 IEEE 1100（2005d）的要求。活动地板釉面的对地电阻一般在 $10^6 \sim 10^9\Omega$ 范围内（需要与控制/计算机设备制造商确认其特定要求）。参见 NFPA 77 Recommended Practice on Static Electricity（2014b）（推荐的静电防护实践）。

第二种电气接地系统为电子参考接地（ERG）。电子参考接地的设计应遵照 IEEE 1100（2005d）的指导原则。对于许多可编程控制器，满足以下要求是必要的：①为 I/O 信号和设备提供公共参考点；②最小化内部故障；③保持控制信号的完整性。下面的设备通常连接到电子参考接地：

- 监督计算机；

- 过程控制器；

- 安全控制器。

相互连接并形成 ERG 网络的所有导体和汇流条必须与建筑接地路径绝缘。对噪声敏感的控制系统组件，应从电压参考端子排绝缘的接地连接处，分别连接到隔离接地汇流条（ERG）。远程 ERG 应星形连接到主 ERG 汇流条，以最大限度地减少由于接地故障、雷击或其他意外接地电流造成接地电位升高产生的电压漂移。

主 ERG 汇流条通常既与建筑接地系统连接，也要连接到在图 B.4 中标示为主参考接地-高可靠接地系统，其接地桩通常打 3 根，以确保稳定的参考电压。ERG 对建筑接地，只能连接到可靠的建筑接地单点上。为方便噪声诊断，有时需要临时断开此连接。只有安全允许的情况下，才可以这样做，并且要非常地谨慎小心。为此，有些公司在建筑接地系统和 ERG 之间安装一个断路开关（为安全起见，在开关周围留出火花间隙）。

准备好详细的接地图纸，按照竣工资料维护好接地系统，并在控制系统调试前对接地系统进行全面完整的测试，为接下来的控制系统调试奠定基础。对竣工后的接地系统做好维护以及定期测试，对于化工装置安全自动化非常重要。测试应确认建筑接地的电阻及其可持续性。周期测试一般为 5 年或更短。

以下是可编程控制器接地的其他重要考虑事项：

- 根据 NEC 规定，所有电气设备的金属外壳必须接地（电气连接在一起并接地），以保护人员并保证过流保护装置及时操作。

- 按照 NEC 第 250.6 条（NFPA 2014a），为了防止金属汇线槽引入外部各种意外的电流，需要在进入机柜处与其隔离。即使如此，出于人员安全考虑，机柜仍然需要接地。

- 根据 NEC 第 250 条（NFPA 2014a）的规定，接地导体（导线和汇流条）的规格必须足以泄放最大可能的故障电流。

- 如果新建设施计划利用现有接地系统，需要进行深入分析和测试以确定其适用性。新建或扩容改造现有工艺装置，可能需要相应升级接地系统。

- 隔离变压器有的在其初级和次级变压器绕组之间采用屏蔽，有的则没有屏蔽。有屏蔽的变压器可减少上游供电系统存在的电气噪声波及下游。当可编程子系统，例如监督计算机，也作为控制系统的一部分时，应采用此类隔离变压器抑制噪声。不过，隔离变压器在低负荷操作时，有可能会丧失其噪声抑制能力。

- 隔离变压器的次级则可为变压器下游的 AC 电路建立一个新的、另外的单一接地参考点。通常情况下，仪表变压器（图 B.3）次级的中间抽头接到建筑接地系统，以建立 AC 供电电压参考点；接地的 AC 中线在配电系统中的所有其他点上都要与建筑接地隔离。参见 NEC 第 250.96(B)、250.146(D) 以及 406.4(D) 条（NFPA 2014a）。根据规范要求，上述的单一接地点也可能在变压器次级侧的第一道断开处建立。图 B.3 和图 B.4 说明了这两种隔离变压器的接地方法。

- 由于 AC 电源来自 UPS 或备用电网馈线，因此建议 UPS 输出侧采用有屏蔽的隔离变压器，并提供单一接地参考点。UPS 和备用电源隔离变压器应共享公共中性接地线。

- 监督控制计算机大都需要特殊的接地系统才能正常操作，即使此设备未连接到不间断配电系统。计算机设备通常要求机柜外壳的所有部分都要与建筑接地系统进行电气隔离，与建筑接地系统最终单点连接除外。因此，需要采取特殊的接地隔离措施和机械安装规程，以防止通过建筑物的电气穿线管、地板或墙体等造成计算机机柜外壳的不经意接地。参见 NEC 第 250.96 条（NFPA 2014a）和图 B.3。

- 采用控制室外部电源供电（例如，分析仪大楼中的气相色谱仪、其他四线制仪表）的仪表输入信号，通常参考另一接地电位。当这些信号输入到可编程控制器时，必须与远程接地进行电隔离。应遵循制造商的配电和接地现场指南。

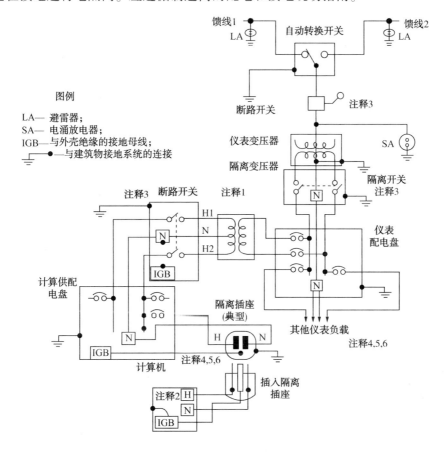

注释
注释1：隔离变压器按照制造商规格书接地；
注释2：计算机和电子设备的机架和底座需要与建筑接地系统电气隔离；
注释3：短路和过载保护未示出，参见适用规范；
注释4：为保证"单点"接地，IGB 地线必须有绝缘护套；
注释5：根据适用标准规范计算短路所需地线规格；
注释6：电源和接地系统必须根据适用规范、标准和实践设计
图 B.3　不需要 UPS 的典型电气接地系统

- 最远端 IS 安全栅和接地桩系统（例如，到电源系统接地）之间的本质安全（IS）对地电阻不得超过 1Ω，通常通过仪表连接。对于 IS 接地，遵循 ANSI/ISA RP 12.06.01-2003：Recommended Practice for Wiring Methods for Hazardous（Classified）Locations Instrumentation Part 1：Intrinsic Safety（2003）"危险（分类）场所仪表接线方法推荐的实践第 1 部分：本质安全"。
- 编程控制器的接地电阻通常设计为 1Ω，一般最小电阻不得超过 5Ω。
- 应考虑每年度季节性周期对接地电阻的影响。

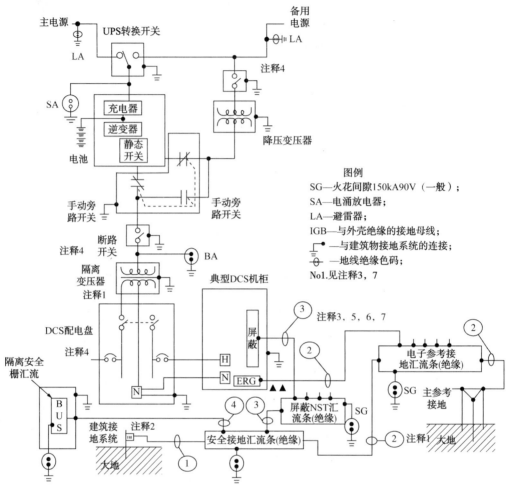

注释

注释1：隔离变压器按照制造商规格书接地；

注释2：分析接地噪声时可能暂时中断连接，注意—需要取得安全许可证；

注释3：接地线色码应与PE供货商协商；

注释4：短路和过载保护未示出，采用适用规范；

注释5：为保证"单点"接地，IGB地线必须有绝缘护套；

注释6：根据适用标准计算短路能力所需地线规格；

注释7：进行接地噪声测试时需要辨识接地线色码；

注释8：电源和接地系统应根据适用规范、标准和实践由合格人员设计

图 B.4　需要 UPS 的典型电气接地系统

- 设计时应考虑接地系统使用期内可能发生潜在的电化学腐蚀，包括地面加固材料的影响。

- 接地系统的设计应考虑如何对其进行测试、增加以及维护。

- 对于设备或接地环境缺乏实际经验的新建项目，宜采用保守设计。

- 可编程控制系统的配电和接地系统设计，需要专门的专业技术知识。将任何新上控制系统设备连接到电子参考接地、ERG 扩展，或者建造新的控制室时，都需要对每个项目详细的控制系统接地方案进行正式审查（同行、第三方等）。在可编程控制器安装之前，制造商的系统接地技术专家应首先对详细接地图进行审查。

B.3 信号屏蔽和接地工程实践

为了防护控制系统免遭电磁、静电或辐射噪声等干扰源的影响，控制系统的信号接线要严格地采用屏蔽和屏蔽接地工程实践。另外，对于控制系统信号与电磁噪声源的物理分离要求，在附录 E 和 Soares Book on Grounding and Bonding（IAEI 2011）"接地和电气连接"中都有讨论。图 B.5 展示了本领域的诸多良好工程实践。过程仪表电缆的屏蔽通常为 100% 覆盖的铝箔——聚酯胶带类型。编织屏蔽通常限于同轴或双轴电缆，它是将铝箔和编织物组合使用。

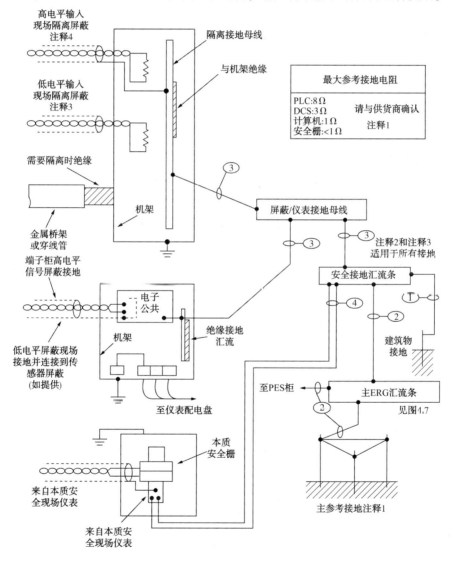

注：
1. 设计电子参考接地系统，按上表提供电阻值；
2. 确定接地电缆尺寸符合供货商/NEC 要求。如果这些要求冲突，选择较大规格；
3. 低电平仪表信号低于 100mV；
4. 高电平仪表信号不低于 100mV；
5. 接地线绝缘层颜色应同 PES 供货商协商

图 B.5 典型仪表系统信号屏蔽和接地实践

图 B.5 展示了单个信号采用双绞线、整体屏蔽并接地的接线方式。信号线绞合大大减少电磁（电感耦合）和其他共模噪声。对双绞线的屏蔽进行适当的接地，可以明显地减少静电（电容耦合）噪声和 RFI（辐射）噪声［见 Ott（2007）］。双绞线绞合越密（即双绞线绞合 360°的长度），降噪效果越好。双绞线绞合一周的长度通常约 3in，对于化工厂和炼油厂中的大多数应用足够了。

低电平仪表信号电缆（热电偶、热电阻、4~20mA 等）的屏蔽接地，应连接到电路的零信号参考电位，它通常是系统或仪表的参考接地，例如 ERG。通常位于仪表信号供电的控制或设备室内。热电偶为低电平信号（通常小于 100mV）的应用，在现场的传感器端部可能是接地的。如果热电偶在现场端接地，热电偶补偿导线的屏蔽也应在相同的点位接地，或者连接到仪表参考接地，以确保不会由于接地系统的电位差导致测量错误。

屏蔽防护的设计，应考虑控制系统或工艺过程是否会产生任何额外的电磁场"威胁"（例如，无线仪表、控制器、视频传送装置、操作人员对讲机、电力系统布线、电弧炉、大型过程电加热器等）。可采用 FMEA 对潜在的威胁进行评估。

在炼油厂或化工厂中，电缆屏蔽只能在一个点接地。原因在于接地基准不同（不同电位），将会导致在屏蔽层中产生接地电流，形成接地回路。要记住并非所有接地点的电位都相同。必须保证从现场仪表到 I/O 的信号电缆屏蔽层不能间断。如果单点接地是在主 ERG 汇流条处，屏蔽接地可以在主端子盘或端子柜内连接。

电源、接地和屏蔽设计以及现场维护规程必须一致，以确保整个设计年限内设计的完整性。

有些计算机和控制设备室构成法拉第（Faraday）屏蔽，这时要额外增设垂直接地电缆，并延伸到环绕天花板形成接地回路。这通常被称为光晕（Halo）接地。

B.4 SCAI 特别考虑事项

可靠的动力源对于 SIS 的可靠运行至关重要。一般需要不间断电源（UPS）才能达到必要的正常操作时间。

所有仪控设备均应提供可靠电源（见第 4.4.6.3 节）。建议 SCAI 采用专用回路（同一断路器或熔断器）供电。SCAI 设备可共享共用备用电源，如 UPS。

对于带（得）电动作的 SCAI 组件，应确保电源掉电或接线完整性受损状况能够被检测并报警。由于失电导致系统处于危险失效状态，在检测到失效时应立即提供补偿措施。这些补偿措施通常包括备用电源，确保在无法恢复正常供电的特定时间内，能够使工艺过程按照规程顺序停车。对于 SIS，类似的要求参见 IEC 61511-1 条款 11.2.11 和 11.6.2（2015）。这些条款关注电源有效性和电路完整性。如果能够按照安全要求规格书对这些诊断定期进行测试，诊断功能也可以设置在过程控制系统中实现。

要特别注意接地要求，以免出现接地回路问题。接地要求参见 B.1 和图 B.3~图 B.5。

对于 SCAI 的电源和接地，强烈建议具备如下特性：

- 配电和接地系统的设计，应确保其性能指标（即可靠性、安全性、失效模式等）与风险降低要求一致。

- 电源和接地的设计应符合危险和风险分析中的假设。
- 对电源和接地的设计及安装，进行必要的 FMEA 分析。
- 采用可靠的 AC/DC 配电、良好的接地工程实践以及高质量的电源系统。
- 可编程设备配置 UPS。

参 考 文 献

ANSI/ISA. 2003. *Recommended Practice for Wiring Methods for Hazardous (Classified) Locations Instrumentation - Part 1: Intrinsic Safety*, RP12.06.01-2003. Research Triangle Park: ISA.

ANSI/TIA. 2012. *Telecommunications Infrastructure Standard for Industrial Premises*, 1005-A. Arlington: Telecommunication Industry Association.

API (American Petroleum Institute). 1994. *Transmission Systems*, RP 552. Washington, D.C.: API.

API. 2008. *Protection Against Ignitions Arising Out of Static, Lightning, and Stray Currents*, RP 2003. New York: API.

IAEI. 2011. *Soares Book on Grounding and Bonding, 11 Ed.* Richardson: IAEI.

IEC. 1997. *Electromagnetic compatibility (EMC) – Part 5: Installation and mitigation guidelines – Section 2: Earthing and cabling*, TR 61000-5-2. Geneva: IEC.

IEC. 1998b. *Protection of structures against lightning*, 61024-1-2. Geneva: IEC.

IEC. 2005-11. *Electrical installations for buildings - Parts 1-7*, IEC 60364. Geneva: IEC.

IEC. 2015. *Functional safety: Safety instrumented systems for the process industry sector - Part 1-3*, IEC 61511. Geneva: IEC.

IEEE. 2002a. *Guide on the Surge Environment in Low-Voltage (1000V and Less) AC Power Circuits*, C62.41.1 - 2002 (Rev. of IEEE C62.41-1991 and C62.41-1980). New York: IEEE.

IEEE. 2002b. *Recommended Practice for Installation Design and Installation of Vented Lead-Acid Batteries for Stationary Applications*, Standard 484. New York: IEEE.

IEEE. 2005d. *Recommended Practice for Power and Grounding Electronic Equipment*, Standard 1100, The Emerald Book. New York: IEEE.

IEEE. 2009. *Recommended Practice for Grounding of Industrial and Commercial Power Systems*, Standard 142, The Green Book. New York: IEEE.

ISA. 1996. *Quality Standard for Instrument Air*, 7.0.01-1996. Research Triangle Park: ISA.

ISO. 2001-10. *Compressed Air - Parts 1-9*, 8573. Geneva: ISO.

ISO. 2007-09. *Filters for Compressed Air - Parts 1-4*, 12500. Geneva: ISO.

Mardiguian, Michel. 1988. *Grounding and Bonding, Volume 2.* Gainesville: Interference Control Technologies, Inc.

Morrison, Ralph. 2007. *Grounding and Shielding Techniques in Instrumentation*, 5th Ed. New York: Wiley Interscience.

Motorola. 2005. *Standards and Guidelines For Communication Sites*, R56. Libertyville: Motorola.

NFPA. 2011b. *Standard for the Installation of Lightning Protection Systems*, 780. Quincy: NFPA.

NFPA. 2014a. *National Electrical Code (NEC)*, 70. Quincy: NFPA.

NFPA. 2014b. *Recommended Practice on Static Electricity*, 77. Quincy: NFPA.

Ott, Henry. 2007. *Noise Reduction Techniques in Electronic Systems, 2nd Ed*. New York: Wiley Interscience.

UL. 2003. *Uninterruptible Power System*, Standard 1778. Northbrook: UL.

Vijayaraghavan, G., Mark Brown, & Malcolm Barnes. 2004. *Practical Grounding, Bonding, Shielding and Surge Protection*. Burlington: Elsevier.

附录 C　通信

第 3 章所述的控制系统结构使用了中性的技术术语。事实上，随着可编程电子技术几十年来的发展，DCS 和 PLC 系统的功能能力和性能日趋接近。就第 3 章的深入讨论而言，二者之间已基本没有本质区别。不过，DCS 和 PLC 技术一开始在功能能力和应用场合上有明显的不同，本附录将讨论这些年来通信技术的发展历程，其中会有意分别参照 DCS 和 PLC。长期以来，本行业的自动化从业者往往认为 DCS 和 PLC 分别是过程控制系统和安全系统的代名词。考虑到 PLC 已广泛延伸到过程控制应用中，本章会淡化这样的认知。

第 3.6 节概述了过程控制和安全系统集成的相关问题，举例说明不同集成结构的高层级评估。自动化从业者应对控制系统通信方面更详细的结构和技术有所了解，本附录将：

- 介绍通信系统的分类；
- 涵盖一些最常见的通信系统拓扑；
- 实施过程控制和安全系统集成的详细通信设计应关注的技术考虑因素和目标。

C.1　通信分类

通信系统通常按系统所传送信息的层级进行分类。举例来说，图 C.1(a) 展示了第 3.6 节中相关的层级。图 C.1(b) 是采用 ANSI/ISA 88.00.01 2010 (2010) 和 IEC 61512 (1997~2009) 的类似分层。虽然这两个图所示的分层在层级上存在差异，但在工程实践上很难将给定的通信系统严格划分到其中某一层级。

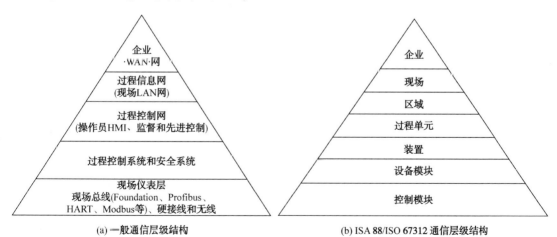

图 C.1　通信层级结构

由于本书采用图 C.1(a) 的层次结构，因此下面将对其中的不同通信层级做更加详细的讨论。不管处于哪一个层级，可靠、高质量的电源、适当的屏蔽，以及良好接地都是通信系统进行可靠信息传输所必需的前提条件(见附录 B)。

C.1.1 现场仪表层(现场总线、硬接线和无线)

该层主要是现场仪表与控制器层进行通信。该通信层的物理层面主要采用硬接线，尤其 SCAI 更是如此，例如，4~20mA 或二进制开/关信号。由于更高的灵活性、诊断特性、信息可用性、可维护性、资产管理能力以及安装成本降低等优势，现场仪表数字通信(例如，HART、FOUNDATION、PROFibus、Modbus 或其他开放式现场总线)，或者专用数字通信(例如，Honeywell DE)应用越来越普遍。无线仪表设备(用于监视和过程控制)已发展成为该通信层物理层面可行的选项之一。无线技术在附录 C.2 中叙述，并在附录 C.4 中做详细讨论。

20 世纪 70 年代，随着 DCS 和 PLC 内部数字通信的出现，设备之间也需要进行通信。1979 年，Modicon 发布了一种简单的开放式串行数字通信协议，称为 Modbus。Modbus 很快被业界接受为约定俗成的标准，成为最早的现场总线之一，尽管当时人们并没有意识到这一点。20 世纪 80 年代后期开始，出现了诸如 Profibus (1987)、HART (1990) 以及 FOUNDATION(1994)等其他现场总线并得到发展，目前有 50 多种现场总线。ISA 50.02 (1992)和 IEC 61158 (2007-14)是为现场总线标准化而制定。现场总线直接连接到仪表，通常以较低的通信速率进行操作，例如，FOUNDATION H1 和 PROFIBus PA 的速率为 31.25kbit/s，而 Modbus 一般限定为 19.6kbit/s。更高级别现场总线的网络速率可能会更高些，例如，FOUNDATION HSE (100Mbit/s) 和 PROFibus DP (9.6~12Mbits/s)。电磁干扰(EMI)和射频干扰(RFI)噪声是现场总线电缆敷设和网络路由需要关注的问题。

大多数现场总线依托于工业组织，这些组织寻求现场总线协议的标准化并推广使用。他们通常有各自的网站(例如，www.fieldbus.org、www.profibus.com、www.modbus.org 等)，从网站上可以找到关于现场总线应用和安装的资源和文档。但是，标准化并不一定意味着不同制造商的同类现场总线之间有完全的互操作性，或者有相同的实施特征。例如，厂商对 Modbus 不同的解释而受人诟病。

20 世纪 90 年代中后期开始，用于 SCAI 的第三方认证现场总线开始出现，如 Safety Bus p(1995)、PROFIsafe(1999)、ASIsafe(2000) 和 FOUNDATION SIF(2006)。这些第三方协议通常采用所谓的黑通道技术(译注：其定义可参见 IEC 61508)，它们是在标准协议之上附加安全通信层，以实现额外的安全功能性。ISA TR84.00.06"过程工业领域安全现场总线设计考虑"[Safety Fieldbus Design Consideration for the Process Industry Sector Applications(2009)]，为这些类型的安全现场总线应用提供了指导原则。

诸如 FOUNDATION 这样的现场总线，也具有与现场设备进行多点通信并将过程控制功能分散到现场设备的能力。将控制功能分散到现场设备时，应进行风险评估，以确定通信网络可能的失效模式及其影响。

C.1.2 过程控制和安全系统

该通信层由两个子层组成：控制设备子系统之间通信(通过背板实现板到板通信)和子系统内部通信(子系统模块到模块，或者设备到设备通信)。

- **子系统之间通信(通过背板实现的板到板通信)**

该层对用户来说大都是直观、显而易见的。它由设备之间的内部数字通信以及通过并行内部总线连接构成。外部电气环境或者屏蔽和接地不当所致噪声，是该层的主要通信问题。另外还有绝缘不好和电缆耐用性问题。"工程变更单"是制造商用来跟踪设备和软件更改的常用文件。审查制造商的工程变更单可辨识制造商发现了哪些问题以及如何予以纠正。这有助于掌控通信问题，并确定这些问题是需要即刻采取补救措施，还是留待下次升级时解决。

- 子系统内部通信(子系统模块到模块，或者设备到设备通信)

子系统内部连接通常是直接接线和点对点(point-to-point)的串行连接。电缆完整性、屏蔽和布线是主要关注问题。通常是特定制造商系统内模块之间的连接，如就地(并行)或远程(串行)I/O连接。该层设备-设备之间采用串行通信，如PLC或DCS之间的Modbus，或同一网络上控制设备之间的对等(peer to peer)通信。

C.1.3　过程控制网

控制系统网络层连接控制器、监督控制器(例如，先进控制模块)和其他控制系统模块(例如，HMI、历史数据库、外来设备/PLC网关、现场输入/输出多路转换器、工程站等)。该层通常是专用且高速的通信层，它与子系统内部通信类似，但是相连的设备在地理位置上可以是分散的。高速网络电缆屏蔽通常有不同于低速网络的接地和布线要求。一般采用光缆延展控制网络，并提供网络电气隔离。由多个控制器关联执行的任何控制或安全应用，都应进行风险评估以及失效模式与影响分析(FMEA)。对于安全应用，风险评估和FMEA还应着重考虑如何确保独立性、适当的硬件故障裕度、所需的RRF以及足够的访问限制措施。必须提供强有力的安防对策，防止从现场LAN网(见附录C.6.3)对本层未经授权或不受控制的访问。

C.1.4　过程信息网(现场LAN网)

工艺装置或设施一般都有将PC等连接在一起的局域网(LAN网)。这些网络可连到过程控制网络，为工程师和管理层提供过程操作相关信息。这些PC通常从LAN网经由广域网(WAN网，后面讨论)访问互联网，并可访问便携式存储设备，这可能引发网络安全问题。本网络通常是基于以太网的高速网络。应遵循制造商关于电缆布线的建议。子网隔离、网络和人员(和特权)访问过程控制网，以及防火墙都是本层网络需要考虑的问题。当通信电缆敷设穿越建筑物之外时，系统设计应针对接地点不同以及接触雷电可能性等考虑适宜的对策。建议建筑物之间通信采用光缆。本层的网络失效不应影响过程控制层。本层(有时也称为非军事化区或DMZ)也通过防火墙在现场网络和企业网络之间提供隔离。

C.1.5　企业(广域)网

广域网(WAN网)也称作远程网。这些通信系统用于连接公司内外相距甚远的各种系统。远程、具有监督控制系统的无人值守设施(例如，管道站场、无人值守海上平台)除外，广域网一般不用于过程控制系统。此类网络可使用各种传输介质(例如，金属、光纤、微波等)，为企业管理层提供企业级的信息。应遵循制造商关于电缆布线、接地和路由的建议。该层网络失效不应影响其他层。

C. 2 常见通信网络拓扑

通信网络可组态成各种拓扑结构，有些拓扑结构如图 C. 2 所示。所选定的拓扑结构取决于制造商的通信架构、用户所需功能以及所在通信层级。分层通信架构在过程工业中很常见，用于将装置现场和企业层面的信息连接起来。点对点或总线/多点通信是设备连接常用方式。现场仪表通常采用点对点、星形或多点结构。无线典型采用点对点、星形或网状拓扑结构。局域网使用多点连接，有时为确保高可靠性采用环形配置方式。

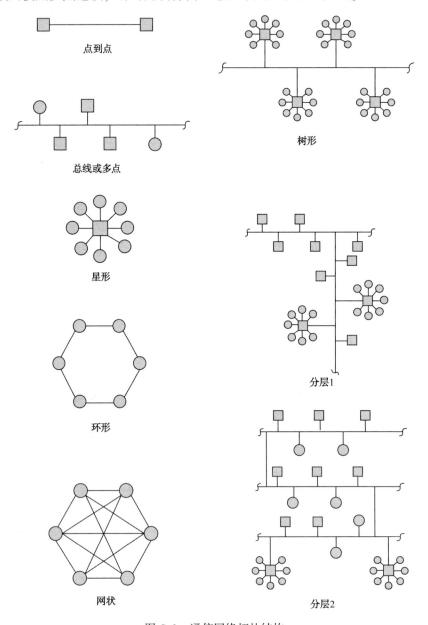

图 C. 2　通信网络拓扑结构

过程控制的通信网络一般采用冗余设计。选定的通信网络拓扑结构和冗余应达到所需可靠性、独立性，并满足设计规格书的功能要求。

各种网络拓扑结构有不同的安装和路由要求，应按制造商的建议执行。一些附加的考虑因素包括：

- 所有拓扑结构都有最大长度限制。不过，通常有可扩展网络的设备。这些设备应在所连接的网络之间提供隔离。
- 当网络离开建筑物，或者通信链路较长时，建议在不同层级之间进行光电隔离（通常由光纤提供）。
- 所有电缆拓扑都有终端要求（例如电阻、电阻和电容等）。相对于电缆"死头"，这些终端相当于为系统提供了无限的线路延展，没有"回声"。"死头"会引起"回声"及其他潜在的通信问题。对于非常短的线路可能无须这样做，但仍应遵循制造商的建议。没有适当安装终端是新装置常见的问题。
- 总线（多点）和树形拓扑通常具有特殊的分支端头安装要求和连接点最大长度限制。
- 总线（多点）、星形和树形拓扑可能有设备数量限制，不论是物理硬件还是逻辑设备。

C.3 设备之间通信

一般通过通信栈控制设备之间的通信。最著名的通信栈模型（图C.3）是开放式系统互联（OSI）模型（ISO/IEC 1994）。图C.4和图C.5给出了两个通信栈的图示。许多其他通信栈模型都基于OSI模型，但一般层数更少些。OSI建模定义了通信栈以及与用户应用的通信接口，但并不包括用户。当展示通信栈（例如，PROFIbus和FOUNDATION）时，一般包括称作用户应用层的第8层（译注：应该是第7层）。其中一个示例是现场总线基金会（Fieldbus Foundation）的通信栈，如图C.5所示[见现场总线（2003）]。

OSI 模型		
数据单元	层	功能
数据	应用	网络过程连接，连接到过程控制应用，生成或解读数据，也可以提供加密或解密
	表示	数据表示、加密/解密，确定计算机表示数据的方法
数据段	会话	应用程序主机间通信，建立通信会话、安保、身份验证
数据包/数据报文	传输	端到端连接、可靠性、数据恢复和流量控制（例如，TCP）
	网络	路径确定，提供地址分配和数据包的转发方法
帧	数据链路	物理（硬件）定址，帧格式化
位	物理	物理介质（金属导线、光纤等）、信号以及二进制传输（RS-232、RS-／422/485、现场总线、专有等）

图 C.3 OSI 通信栈

用户一般只涉及通信栈中的物理层、数据链路层和应用层。物理层是互连介质，通常是金属导线或光纤，以及信号电气特性，例如RS-232、RS-485、FOUNDATION等。举一个例子，数据高速通道可寻址远程传感器协议（HART）可以采用双绞线4～20 mA电缆（物理介质），利用频率或相移键控（FSK／PSK）传输调制[有关HART在物理层上的其他要求，参见

（HART 1999）］。数字通信信号由两个频率组成－1200Hz 和 2200Hz 并叠加在 4~20mA 上，分别代表位 1 和 0（信号/电气特性）。

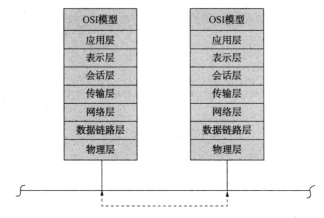

图 C.4　OSI 通信栈之间通信

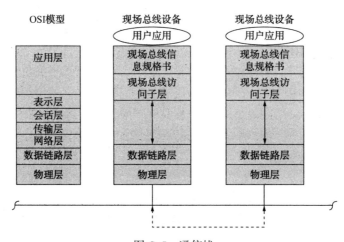

图 C.5　通信栈

　　数据链路层提供网络设备之间传输数据的功能和程序手段，检测并纠正物理层传输中可能发生的错误。数据链路层负责分帧、物理寻址、流量控制、错误控制、访问控制和媒介访问控制（MAC）。数据链路层和应用层之间的各层通常对用户是透明的，一般只有程序员对这些层感兴趣。

　　应用层是最接近用户的层，它与过程控制应用进行相互通信。该层与具有数字通信接口的过程控制应用对话。用户层的过程控制应用或者与现场 I/O 通信，或者与采用现场总线协议的其他过程控制应用通信，也可以与 HMI 或者先进控制模块进行通信。两个设备必须使用相同的协议、相同的数据格式，并且具有物理和逻辑双重连接，大多是由制造商、第三方或者他们共同提供的网关实现此通信。制造商的网关通常只支持某些协议，而第三方网关有大量可支持的协议（例如，大于 100）。

　　多数通信协议都有错误捕获技术，如奇偶校验、纵向冗余校验、循环冗余校验以及少数情况下的纠错码。SCAI 通信方式一般采用黑通道，在标准协议通信栈上附加安全层（如，PROFIbus 的 PROFISAFE、Emerson 的 SISNet，以及现场总线基金会的 FOUNDATION FF-

SIF)，而标准通信协议本身并未感知安全层的存在(即，它相当于处在黑暗之中)。这样的方式用于提供安全诊断，验证安全通信通道是否处于功能正常状态。白通道安全协议从设计之初就基于 IEC 61508 (2010c)，包含安全通信功能。在详细分析和测试基础上获得批准后，黑通道安全协议也能够用于实现等同于白通道协议的安全功能。

黑通道协议的优点，是可以用在标准、非受信的网络硬件上，同时仍能满足连续或高要求模式高达 SIL3 的要求。白通道系统必须有用于安全应用的相应认证。在黑通道安全通信中，安全部分对传输媒介是透明的，协议也只有安全任务被操控处理(例如，I/O 超时、时间标签、错误检测和纠正、检测到通信中断时做出响应动作、安防特性等)(Verhappen 2012)。

应注意的是，通信协议本身并不知道正在传输的数据/信息类型或者其含义，只需数据符合现场总线通信格式。例如，两个制造商可能都使用 Modbus，由于对 Modbus 数据位的定义不同，一个设备传输的数据可能不能被另一个设备理解，反之亦然。

与控制器外部的应用程序通信对用户通常是透明的，并由控制器之上的控制网络进行操控处理(Liptak 2011)。

C.4 无线通信

无线通信通过点对点微波和卫星通信实现。无线通信可认为是一种串行通信方法，具有潜在的偶发连接中断，以及意外的通信信号侵入或干扰存在。这些系统一般用于诸如 SCADA 的远程地点通信，在难以使用标准电缆布线的场所采用现代无线设备。无线技术已在远距离应用中得到广泛使用，以前由于电缆布线成本限制或距离等原因，这些场合很难进行测量和控制，如某些转动设备、罐区以及移动平台。在现有电缆系统备用量无法满足少量新增设备需要，又不期望花费太多的情况下，有时也会选用无线技术。采用网状网络架构的无线技术已很成熟，它改善了可靠性和连通性。

IEEE 802 是一系列 IEEE 标准，主要用于 LAN 网。多个 IEEE 802 工作组为无线通信奠定了基础(例如，802.11 和 802.15)。这些工作组都有各自的标准系列，阐述各种无线通信形式以及确定它们的技术规范要求。IEEE 802.11 (2012)是一套关于 WLAN 网(也称为 Wi-Fi)的标准。该标准通常用于无线 PC 网络和某些仪表。IEEE 802.15.1 (2005a)标准是蓝牙无线通信的基础。该标准没有继续维持，蓝牙技术联盟(SIG)管理蓝牙技术规范要求。有些测试用仪器设备制造商采用蓝牙与允许应用蓝牙的设备(例如，蓝牙 HART 调制解调器、危险区耳机等)进行通信。大多数现代无线仪表遵循 IEEE 802.15.4 (2005b)(俗称 Zigbee)，利用在工业、科学和医疗(ISM)领域免许可证(免费)UHF 频段的标准载波频率。ISM 频段划分在全球不同地区有所不同。所支持的三个频段是欧洲使用的 868~868.6 MHz 频段、北美使用的(915±13)MHz 频段以及在全球大部分地区免许可证使用的(2.450±50)GHz 频段。由于其国际影响力，2.4GHz 频段最常用。

使用 IEEE 802.15.4 (2005b)无线电技术的两个标准是 IEC 62591 (2010d)(无线 HART)和 ANSI/ISA 100.11a (2011c)。IEEE 802.15.4 无线电采用两种技术传输其数据，即直接序列扩频(DSSS)和跳频扩频(FHSS)。DSSS 是一种通过在数据中加入伪随机噪声来将数据信号传播到宽频谱上的调制技术。相反，FHSS 在预定义通道之间伪随机跳频。这两种方法提供的无线通信不容易被拦截，并且一般不会出现明显的相互干扰。IEEE 802.11b/g/n（2003c/2003b/2003a）蓝牙和 802.15.4 无线电可在同一频段操作。

无线通信通常使用点对点、星形或网状拓扑结构。ANSI/ISA 100.11a（2011c）和无线 HART 都能利用网状拓扑提供自我组织、自我修复的网络路径选择。有关无线通信拓扑结构的示例，见图 C.2。

大多数无线应用场合只用于监视，而非过程控制；不过，过程控制应用也已开始出现。安全和关键应用也是类似的状况。有些制造商使用 ANSI/ISA 100.11a（2011c）协议隧道能力成为 TUV 认证的通信协议，如 PROFIsafe，为无线安全应用提供可靠的通信。

截止到本书出版时，ISA 84 委员会并未支持直接使用无线执行 SIF，这是业界对技术评估后形成的共识。*ISA 84 委员会和本书建议，无线应用仅限于监视功能以及所需风险降低 ≤10 的 SCAI*。确实，也可能存在某些安全应用场合，除无线比较适合外，找不到更合理的检测或执行动作的其他方法（例如，在转动或移动设备上），或者有的场合无线技术提供的额外风险降低是其他手段无法做到的。适用无线的一个安全应用例子是移动式手动关停操作。

尽管不能取代硬接线方式的手动关停操作，利用移动能力启动手动关停也有其可用之处。例如，使用无线远程遥控发出手动关停指令，使正在吊装作业的龙门吊或其他负载控制装置停止移动。正在编制的技术报告 ISA TR84.00.08，将会对无线传感器的技术规范提供指导，仅限于控制和监视应用，实现有限的风险降低能力。在无线通信用于过程控制或任何关键应用之前，建议先进行 FMEA 和风险评估。

有关无线系统的一些考虑事项如下：

- 在工艺设施中安装或增加无线网络和其他无线电波源，需要加以管理。许多家用设备也使用相同的 2.4GHz ISM 频段，例如，微波炉的工作频率一般采用 2.4GHz，并经常在整个 2.4GHz 频段内发射非常杂乱的信号。依据 IEEE 802.11（2012）和 802.15-1（2005a）操作的设备使用这些相同频段，就会受到相互干扰，越多的无线设备操作，就越会增加数据冲突和干扰的可能性。监视无线通道上的错误和重试率是管理无线网络的一个重要方面。

- 无线传输有距离限制，建筑物、储罐和过程设备等物理屏障可能会进一步限制距离。频率越高，传输距离越短，例如，对于相同功率，900MHz 信号传输距离会比 2.4GHz 信号远 2 倍。

- 可视光线应用的无线设备对天线方位改变很敏感。

- 雨、雨夹雪、雾、雪等天气状况可能会干扰无线信号。即使晴天也可能有问题，太阳耀斑会产生宽频谱无线电噪声和电离层干扰，影响无线电传输。

- 大多数无线现场仪表都依靠电池供电，由于电池寿命不同，使得仪表的电池管理成为保持长期系统可靠性的关键。

- ANSI/ISA 100.11a（2011c）允许通信协议的隧道化，使得通过无线连接使用其他协议，例如，Modbus、Profibus 或 DeviceNet 等协议。无线 HART 会为 HART 打开通道。

- 符合无线标准并不意味着不同制造商设备之间有互通性。

- 软件定义的无线电（SDR）是一种可对无线通信构成风险的黑客技术。

C.5 常用通信配置

有各种常用通信配置方式可供选用。本节将讨论其中一些技术，以及如何用于各类SCAI。

C.5.1 集成通信

独立系统之间的通信通常采用硬接线或串行链路连接。如果独立系统来自同一制造商，则通常采用专有通信协议。如果源自不同制造商，通常使用诸如 Modbus 或 PROFnet 等开放式协议。正如第 3 章所述，应在过程控制系统和安全系统之间（或处于不同安防分区的安全系统之间）加设防火墙（无论是网络还是主机），以便针对这些通信链路所引起的网络安全脆弱性提供相应的对策。图 C.6~图 C.8 中图示说明了几种典型配置。

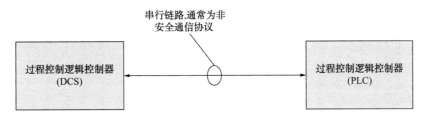

图 C.6　过程控制系统之间通信链路

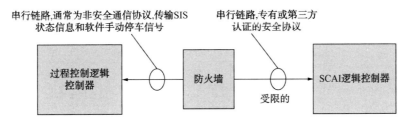

图 C.7　带防火墙的过程控制系统与 SCAI 通信链路

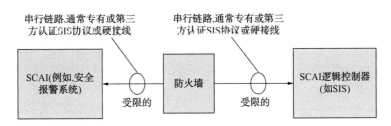

图 C.8　SCAI 之间的通信链路

C.5.2 机电设备（EMD）与可编程控制器之间通信

EMD（例如，继电器联锁信号放大器和定时器）可通过硬接线直接连接到可编程控制器，或者连接到远程 I/O 或网关通信设备，以串行通信方式为可编程控制器提供信息［图 C.9（a）和图 C.9（b）］。

C.5.3 固态逻辑与可编程控制器之间的通信

固态逻辑接口类似于机电设备接口，实现与可编程控制器的通信。不同之处是，必要时固态逻辑系统和可编程控制器之间的连接可以是低电平信号（小于24V）。由于固态逻辑到可编程控制器的接口有这样的优点，即可在低能级实现连接，因此输入接口本身不太复杂，通常尺寸也比较小。使用低电平信号的缺点在于对噪声干扰更敏感。

C.5.4 气动/液压系统与可编程控制器之间的通信

气动和液压系统也需要与操作员界面和可编程控制器互连。这些系统通常用于就地控制，仅具有有限的监视能力。气动或液压信号必须先转换为电信号，以便按照与机电和固态逻辑相同的方式处理通信问题。它的结构类似于图C.9（a）和图C.9（b）所示，不同之处是在将气动或液压信号连接到可编程控制器I/O之前，需要用转换器将气动或液压信号转换成电信号。

C.5.5 I/O通信

I/O有一些不同的配置选项，例如：
- 可编程控制器的本地I/O；
- 远离可编程控制器的远程I/O；
- 采用串行格式（例如，分散I/O）；
- 配置单独的I/O控制器（例如，通常为分散控制系统配置的I/O多路转换器）。

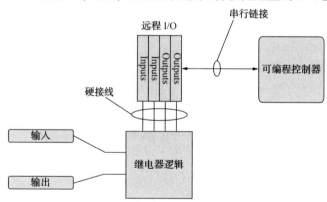

(a) EMD到可编程控制器通信采用远程I/O

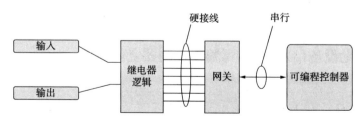

(b) EMD到可编程控制器通信采用网关

图C.9 机电设备到数字设备之间的通信

本地 I/O 的优势在于集中访问 I/O 信号。远程 I/O 的好处是 I/O 模块更靠近传感器和最终元件，减少了安装的复杂性和接线成本。远程 I/O 系统的缺点也是显而易见的，由于控制器与 I/O 之间有一定的距离，只能通过就地指示灯显示 I/O 状态。而工程工作站一般处于控制器旁边，就近读取实际的 I/O 信号状态。因此，在对 I/O 进行故障处理时，远程信号访问增加了维护的复杂性。本地和远程 I/O 如图 C.10(a)和图 C.10(b)所示。

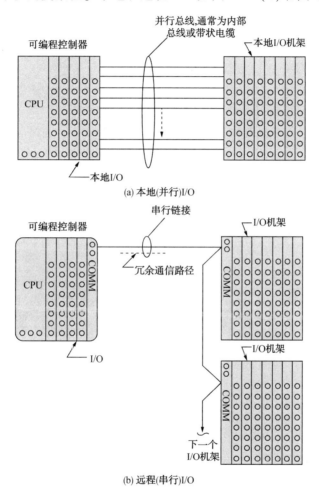

(a) 本地(并行)I/O

(b) 远程(串行)I/O

图 C.10 本地和远程 I/O

由于本地 I/O 位于控制器旁边，一般与控制器位于同一个机柜内，会让人觉得本地通信不必像远程 I/O 设备那样的安全。造成本地 I/O 往往采用并行通信或安全度较低的通信技术。如果机柜内设备布置得当，并且设备安装正确，这也没有什么问题。不过，如果用户或制造商出现了安装错误，则有可能导致 I/O 通信丧失对 EMI/RFI 的防护。经验表明，这种类型的 I/O 通信存在一定的噪声问题。

即使 I/O 位于本地，也可以使用远程 I/O 结构。由于很难将并行总线延长几英尺，因此远程 I/O 采用串行通信。远程 I/O 通道更容易出现通信问题，与本地通信通道相比较，本质上更可取的物理安防特性且对 EMI/RFI 有更好的防护等措施通常被运用在远程串行通道通信中。基于这样的性能特点，在安全应用场合，即使 I/O 位于处理器附近，也往往选用远程

I/O 通道类型。安全应用通常有冗余通信路径，并应对所有远程 I/O 通信诊断数据位进行监视报警，远程机架应组态为通信中断时执行进入特定安全状态的动作。

分布式 I/O 和多点配置新技术（例如，现场总线）的现场经验（即，以往使用证据）相对匮乏，在将它们整体推荐用于 SCAI 之前，还需要更长时间的积累和总结。图 C.11 给出了多点配置的示例。当这些技术应用于任何安全现场总线时，应该遵循 ISA TR84.00.06 (2009)给出的建议。

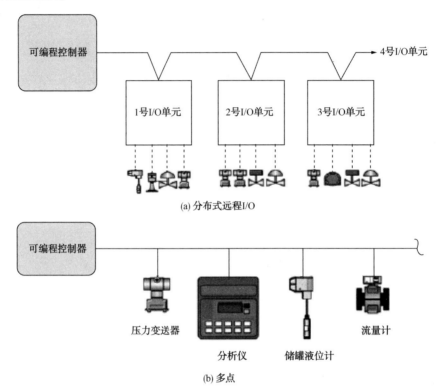

(a) 分布式远程 I/O

(b) 多点

图 C.11　分布式 I/O 和多点配置

C.5.6　无线通信配置

无线通信有三种常见的配置结构（图 C.12）：

①点对点——无线设备直接连接到要使用无线数据的设备。

②星形——多个无线设备连接到 HUB 或访问接入点，然后连接到上层设备或网络进行数据分发。

③网状——无线设备有多个访问接入点（和路径）传输数据。其中一个访问接入点作为主机，并连接到上层设备或网络。

C.6　常见数据通信问题

下面列出的一些常见问题，是信息自动传送过程固有的。

C.6.1　物理接口

物理接口问题涉及所连接传输介质的物理层(例如，导线、光纤等)。包括电缆或光纤的装配方式，以及电缆连接器在机械和电气方面如何组合在一起。物理链路的可靠性取决于通信系统机械和信号电气特性的可靠性以及使用的协议。通信链路采用稳健(高度可靠)的协议，往往会掩盖传输或互连介质的真实状态。支持自动重发或纠正错误数据的协议，应提供报告错误的能力，从而对传输通道进行有效维护。测量物理连接可靠性的状态信息，不同应用常常并不一致。在一个应用中报告出的状态信息，仅涉及硬件可靠性特征的测量；而在另一个应用的状态信息，测量指标也可能包括相关协议和支持软件的稳健性。以下是物理链路的一些额外考虑因素：

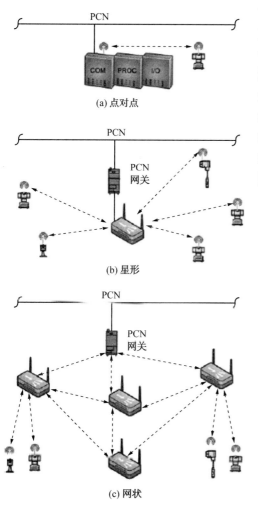

(a) 点对点

(b) 星形

(c) 网状

图 C.12　点到点、星形和网状无线拓扑

- 通信电缆有时需要现场安装的连接器。基于部件质量保证，首选工厂组装好的连接器。若不可能或不可行，则应由有资质的人员按照制造商的建议在现场加工制作。连接器应该紧固，并有物理保护。涉及断开连接器的维护活动，应确保恢复后连接器达到所需的紧固程度。

- 连接器周围的环境状态(例如，湿度、温度、大气、振动等)会显著影响连接的可靠性。

- 所使用的电缆及其连接器应符合制造商的建议，并且有高的质量。更换电缆和连接器也是如此。

- 电缆敷设应尽量减少位于电力系统影响范围，并防止电缆受到机械损伤。在信号频率较高时，电缆弯曲对信号传输有很大影响，所有电缆都有机械弯曲限值。

- 没有采用穿线管或其他金属线槽敷设的电缆更易受到外部电磁环境的影响，机械防护能力也欠佳。

- 低频(小于100kHz)和高速/频率(大于100kHz)通信链路的电缆，其屏蔽和接地要求各不相同。电缆屏蔽和接地应符合制造商的建议并遵循良好的工程实践。

C.6.2　建立逻辑连接

逻辑连接是指信息发送者辨识出接收者，而接收者借助通信机制/介质从发送者获取信息。建立逻辑连接可能很简单：当物理连接就位后，则本地逻辑连接也就随之成立了(例如，点对点连接）。不过，这通常只限于单一板卡部件之间（微连接）或系统间的简单连接。对于更复杂的连接，在硬件上有一些需要设置的开关（奇偶校验、地址等）以及必须在软件中指定的其他参数。

逻辑地址和物理地址可能不同。例如，逻辑地址可能从 0 开始，而物理地址可能从 1 开始。建立逻辑连接是在数据链路层完成的，通常包含一系列"握手"，并且可能需要严格的信息和响应时间限制。"握手"包括采用特定顺序的软件信息（例如，XON/XOFF）或硬件信号（例如，RTS 和 CTS）的交换。在两个实体之间建立逻辑连接可能需要使用数个不同的物理路径，以及建立辅助逻辑连接。局域网和广域网大抵都是如此，它们可以提供网状拓扑的逻辑功能，有别于其他方式，它实际上并不需要大量物理互连。

单一的物理通道可同时支持多个逻辑连接（例如，一个数据段上的多个现场总线设备）。有多种共享单一物理通道的机制，包括时分多址访问（TDMA）、带冲突检测的载波侦听多路访问（CSMA / CD）、媒介访问控制（MAC）、带冲突避免的多路访问（MACA）和频率多路传输。这些机制可单独或共同用于单一物理通道。DCS/PLC 利用这些概念在控制器、接口、外围设备和外部设备之间进行通信。当对任何应用场合定义过程控制系统的适宜性时，过程控制通信网络（例如，端到端）的实时信息响应能力非常关键。例如，从最终元件收到指令触发动作开始，到最终元件位置传感器输入信号感知到动作发生之间会有延时，要确保这样的响应速度能够被接受。

C.6.3　数据和控制的安防

网络安全已经成为现代各类计算机的紧迫问题。尽管对潜在的恶意或恐怖行为关注度增加，但由于其专有属性和限制外部访问，一直以来人们普遍认为过程控制系统问题并不突出。从安全和经济观点看，制定灾难恢复计划和培训是确保网络安全的重要组成部分。这通常需要人员的广泛参与，及时响应也是成功恢复的关键。

2002 年，ISA 成立了 SP99 委员会，着手处理网络安全问题。从那时开始，该委员会陆续出版了一些技术报告和标准。2010 年，ANSI/ISA SP99 标准重新编号为 IEC 62443（2009-13）系列。2010 年涉及西门子 PLC 的震网（Stuxnet）蠕虫网络攻击，改变了人们对过程控制的以往认知。同样在 2010 年，韩国海上平台遭受到网络攻击，当时该平台正从其建造现场运往南美洲，导致平台网络瘫痪 19 天。如今，网络安全是可编程过程控制系统设计以及在役系统操作的重要考量。对如何控制过程控制系统的外部连接以及管理内部非受控访问变得尤为重要。有些用户允许制造商从外部访问控制网络进行故障处理，这种方式应受到严格控制。比较好的做法，是最终用户在现场安排一位称职的人员并对网络访问操作拥有完全控制的权限，从远程访问开始到终止全程监视。另外，外部通信端口应及时关闭，不能始终处于开放状态。

市场上有多种产品可帮助解决网络安全问题，许多制造商已经将网络安全特性或可用的商用技术整合到其产品中。ISA 已联合一些用户和制造商组建了 ISA 自动化标准合规学会（Automation Standards Compliance Institute，IASC），采用 ISA99 标准路线图的框架监管 ISASecure™ 认证程序。工业控制设备制造商获取了 ISASecure™ 认证，就意味着该产品的安全特性以及制造商的研发制造流程符合了业界公认的网络安全规范的要求。ISASecure™ 认证程序提供三个等级认证。等级越高，表明其网络安全稳健性越好。ISA84 委员会也认识到，网络安全和整体安防是 SIS 应用中的重要关切点。他们为此成立了一个工作组,为确保 SIS 的整体安防提供指导原则。相关细节可参阅 TR84.00.09 (ISA2013)。

PC 作为操作站、工程站以及故障处理面板的普及应用,移动设备使用日益增多,潜在地增大了恶意软件侵入过程控制系统的风险。监督计算机、管理信息系统、PLC、单回路控制器等外部设备和各种计算机外围设备,都可能通过 LAN/WAN 访问过程控制数据。系统中的各类 PC 大都有外部便携式存储设备(CD、软盘、U 盘等)端口,可能会成为引入病毒和其他恶意软件的渠道。据推断,震网蠕虫病毒来自过程控制网络 PC 的 U 盘。应注意确保适当的安防措施,以防止数据损坏或对过程控制系统未经授权的操控。这在系统维护和修改期间尤为重要。应通过防火墙、密码、书面规程以及管理控制等方式对过程控制系统的各种访问进行权限控制。应尽量减少共享密码,在设备安装后应及时更改制造商的缺省密码。

过程控制系统可能需要和安全系统进行通信,对此类通信链路有更多的安防要求。即使出现了网络安全漏洞,也要确保安全操作。解决方案之一,是安装符合 IEC 62443 (2009-2013)标准《工业通信网络 第 1~3 部分》(Industrial communication networks. Part 1-3)要求的防火墙。简单地说,防火墙的目标是最大程度降低对过程控制网络(PCN)或 SCADA 系统内部组件进行非授权访问(或网络流量)的风险。IT 系统使用的防火墙可能不足以保护过程控制系统,建议使用专门为过程控制设计的防火墙[参见 Byres、Karsch 和 Carter (2005)]。过程控制系统防火墙的最新技术之一是深度数据包检测[参见 Byres (2012)]。如图 C.13 所示说明了通用多区域防火墙保护系统。

数据也可能受到 EMI/RFI、电源线路干扰、不同电位接地点以及雷电等外部因素的影响。接线、电缆管以及安装应遵循制造商的安装说明[另参见 IEEE 1100 (2005d)]和良好的工程实践。如果需要调整方案,应在设计阶段获得制造商的认可。安装方案的文档形式,应便于维护,并能够在不损害数据安全的前提下完成改动。不过,外部电磁环境不断变化,通常变得更加复杂,可能会影响过程控制系统(Macaulay,Singer 2012)。

C.7 过程控制系统和安全系统通信

过程控制系统和安全系统之间一般都需要进行通信。在多数应用中,可能只需要过程控制系统能够从安全系统读取数据(例如,SIS 安全联锁状态在过程控制 HMI 上显示)。不过,在某些情况下,需要操作人员将信息下达给安全系统(例如,采用软开关的手动停车按钮启动、批处理关断值设置等)。主要的要求,是过程控制系统能够在不损害安全系统安全功能的前提下完成通信任务,即使在过程控制系统出现故障时也应如此。

- 如图 C.15 所示,在过程控制逻辑控制器或 HMI 与 SCAI 逻辑控制器之间具有硬接线信号连接的气隙隔离。
- 具有共享网络的集成系统,其通过外部设备、PLC 网关,或过程控制器卡件,或 HMI,与过程控制系统进行数字通信。Modbus 或 Modbus/TCP 是最常见的非专用通信协议。主要用于过程控制 HMI 或专用安全 HMI 向操作人员提供 SCAI 信息。也可使用 OPC 完成。虽然这不是经过安全认证的通信方案,但应具有基本的错误检查(奇偶校验、纵向冗余检查、循环冗余检查、信号交换检查等)、接线安防特性以及从过程控制系统向 SCAI 写入的安防权限设置。基于此,由过程控制系统和 SCAI 系统之间的防火墙提供串行和以太网连接的安防特性，该防火墙一侧是非置信协议、另一侧是置信协议（例如，Triconex Tofino 防火墙和霍尼韦尔 Modbus 只读防火墙）。此结构如图 C.16 所示。

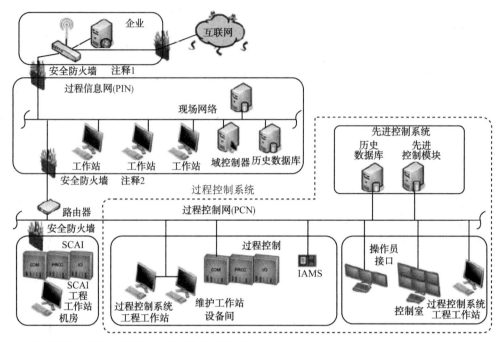

注：1. 防火墙还代表在网络攻击情况下可对系统进行隔离的点；
　　2. 该图表明防火墙的最小数目。有些情况下，在通信出入区域的点可能有防火墙（例如，在两端）

图 C.13　通用多区域防火墙保护系统

第 3 章讨论了最常见的几种网络集成形式。在此仅摘取其中的一部分以及一些问题做进一步说明：

- 气隙隔离（即，物理上没有集成在一起）如图 C.14 所示，操作员接口通常是处于控制室的控制盘或本地操作盘。

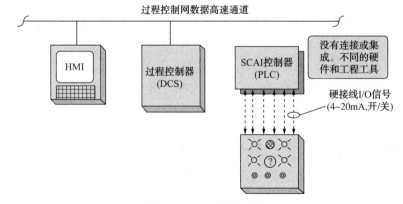

图 C.14　气隙隔离结构

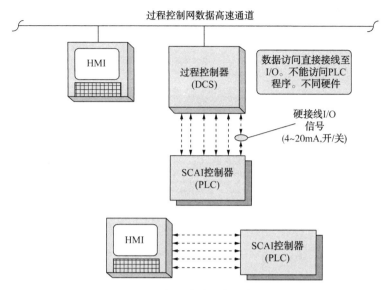

图 C.15 具有硬接线通信的气隙隔离

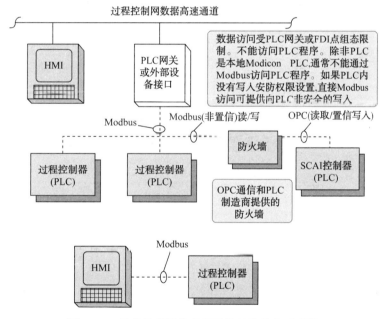

图 C.16 具有共享网络串行通信结构的集成系统

- 紧密耦合的系统，由过程控制器和安全控制器本地连接在一起，是具有共享网络集成结构的子集。这种结构的设备通过本地通信协议共享信息，也不需要外部设备网关进行通信，如图 C.17 所示。在某些情况下，紧密耦合设备由同一制造商研发。不过，也有许多制造商通过收购，将其 PLC 紧密集成到自身系统中，例如，Invensy（Foxboro）收购了 Triconex，Honeywell 收购了 Pepperl + Fuchs 的系统。
- 像 SCAI 系统与过程控制系统本地紧密耦合的网络结构，很多时候会有很强的关联性。尽管 SCAI 有自己的控制器，并与过程控制器隔离，由于 SCAI 和过程控制系统在网络结构上结合得如此紧密，其共享部件必然要影响安全功能的性能。例如，

SCAI 可使用共享网络提供 I/O 功能，如图 C.18 所示。这些通常需要有第三方认证才能用于 SCAI 应用（例如，Emerson DeltaV Smart SIS、Yokogawa ProSafe）。

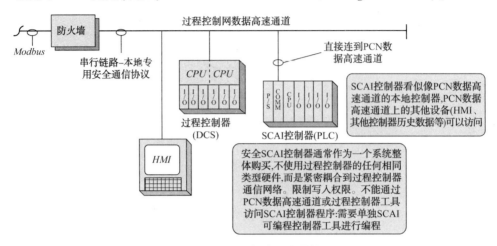

图 C.17　紧密耦合系统结构

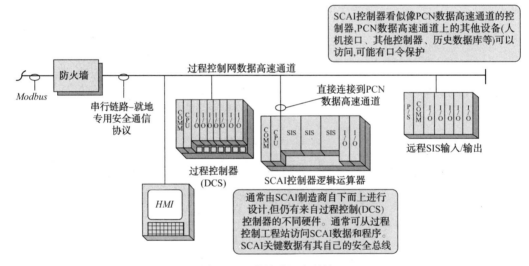

图 C.18　强关联组合系统

- 在完全共享的逻辑控制器中，过程控制和 SCAI 功能由同一平台的控制器执行，按照 IEC 61508（2010c）设计并由第三方认证——通常此类设备仅在 SCAI 和控制的功能上简单划分（例如 ABB 800xA），如图 C.19 所示。成套设备中常见的专用控制器，将控制和 SCAI 功能结合在同一硬件平台，也属于这一类。安全和控制处于同一控制器可能不符合行业 SCAI 标准，除非针对这样的特定用途，专门遵循 IEC 61508 进行设计和认证。

在现代分散控制系统出现之前，由于在物理和技术上自然的分离，过程控制系统和安全系统之间几乎没有通信，如图 C.14 所示。

图 C.15 所示的硬接线连接，是过程控制系统与没有数字通信能力的安全系统（例如，机电继电器、非微处理器系统以及某些可编程电子系统）之间进行通信的传统方法。

硬接线方式仍然是过程控制系统和安全系统之间，以及不同安全系统之间需要非常可靠的通信时常用的通信方法。但使用这种方法进行大量的信息交换不切实际，只有当只需少量的信息交换时才会采用；或者串行通信不能提供令人满意的安防特性时，也会使用这种方法。

当两个系统都是基于数字计算机技术，并且需要传递大量信息时，需要比硬接线更有效的通信手段来传递数字信息。图 C.16 展示了为满足共享网络集成系统需要而开发的串行通信链路。由于逻辑控制器不能彼此或与 HMI 使用相同的本地语言进行对话，需要使用更通用的语言，并且由网关或外部设备接口管理与 PCN 之间的通信。这种类型的结构也可称作松散的耦合。Modbus 是用于此类非安全应用的最常见通信协议。不过，在过程控制和 SCAI 之间，通常提供不了足够有效、可测试的安防控制。

最透明的解决方案是设置专门的安全防火墙。它通过非置信过程控制系统的开放式协议，如 Modbus 或 Modbus/TCP，以及安全系统制造商选定的置信协议（例如，某制造商使用 OPC），实现过程控制系统与安全系统的通信，并为安全系统提供网络安全功能。过程控制系统读/写至防火墙，但不能直接写入到安全系统。该防火墙通过硬件结构和/或应用程序防止信息直接交换，但允许对安全系统进行置信读写。首选使用只读通信设定。

为避免被外部攻击者轻易击垮，要不断开发替代技术以满足安全通信的需要，如单向光学通信技术。如果无法采用安全防火墙系统或类似网络安全技术，首选在通信链路的两端都实施相应的安全对策，以确保写入不会负面影响安全功能。例如，一些安全控制器隔离或分区写入到缓冲区或安全空间，并只允许预先定义的写入从缓冲区提取出来并与应用程序交互对话，充当主机型防火墙角色。

紧密耦合的系统是具有共享网络集成系统的子集，DCS 和 PLC 属于同一制造商，但采用不同的硬件。安全系统直接连接到 PCN 网络，如图 C.17 所示。这种类型的结构一般是 DCS 制造商整体收购 PLC 或与 PLC 制造商合作，将 PLC 集成到 DCS 通信网络结构中。过程控制网络采用本地方式进行通信。制造商，当使用与其 DCS 不同硬件的安全系统以本地方式集成到过程控制网络时，内部通信安全总线通常要获得第三方认证，并可使用黑通道安全协议。目前有经第三方认证可用于安全应用的现场总线，也可用于安全系统数字通信。除了用于将安全通信安全区域与 PCN 其他非安全通信隔离的防火墙以外，安全控制器系统设计通常还必须提供某种形式的主机-防火墙软件安防措施（例如，密码、钥匙硬锁等），防止从过程控制器和 PCN 安全区的其他设备对安全系统进行意外更改。

图 C.18 展示了具有很强关联性的组合系统。这里的安全系统与过程控制网络系统本地连接，不过，它有独立于过程控制器硬件的单独安全控制器硬件。这样的配置通常要获得符合 IEC 61508（2010c）的第二方认证。它采用专有安全可靠的通信协议并通过 PCN 网络进行通信，通常采用黑通道安全协议。这样的协议也可以通过 PCN 数据高速通道用于远程安全 I/O 通信。本地安全系统通常具有内置的读写保护安防特性，并提供其他安防措施，确保安全系统功能的完整性。这种结构的显著区别在于，集成包括了执行安全功能所必需的公共硬件，并通过共享通信网络执行 SCAI 的 I/O 通信。这意味着公共通信系统将直接影响安全功能的性能，而不仅仅是影响到 HMI 和历史数据库的信息通信。

如果安全系统和过程控制系统采用不同的技术，通常就不会共享通用编程环境。不过，在过程控制器和安全系统控制器使用相同或非常相似的硬件时，这样的组合系统往往具有很强的关联性。由于采用共同的控制器技术，这些系统就会使用通用编程环境。在这种情况下，有必要进行功能隔离。有些使用此结构的设备，已经通过了 IEC 61508（2010c）认证。安全系统通信通常采用专有安全通信协议，并借助过程控制数据高速通道实现安全通信。如同前面的例子所述，SCAI 逻辑控制器或者网络防火墙必须增设附加的安防特性，在 SCAI 逻辑控制器和过程控制器之间，提供读/写权限限制、密码访问、更改跟踪以及安防措施。

图 C.19 展示了成套安全系统(例如，喘振控制器)中的隔离概念，这样的方式一般并不多见，这些系统有完全共享的逻辑控制器。这种方法将过程控制系统和安全系统逻辑集成在单一控制器。过程控制系统程序与安全系统程序分开，尽量减少过程控制程序组态或修改等操作对安全系统程序的意外影响。在这种情况下，过程控制部分也必须遵守与安全系统等同的管理实践，包括信息安全区设置和管理规则。

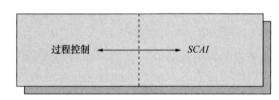

图 C.19　完全共享的逻辑控制器——嵌入了过程控制功能的安全系统

这样的分割达不到前面所讨论技术同等的隔离程度，除非专门按 IEC 61508 要求为这些特定用途进行专门的认证，否则不能用于高完整性系统。

安全系统和过程控制系统之间的通信，促进了过程控制系统诊断和可靠性方面的其他应用。典型应用之一，是在过程控制系统中对安全系统逻辑进行"镜像"组态。当在工艺过程超过安全限值时，过程控制系统与安全系统并行输出动作指令；或者在过程控制系统检测到过程控制与安全系统逻辑动作之间存在差异时发生报警。另外，过程控制系统还能提供辅助诊断信息，如过程控制和安全系统输入信号差异报警，或者输出指令与现场状态反馈不一致报警。

C.8　SCAI 通信

本节介绍 SCAI 通信链路传输信息以及各种通信技术的适用性。SCAI 与外部设备通信，如与安全接口的通信，关键要求是通信链路失效不能影响 SCAI 功能。一般来说，应当优先考虑过程控制和 SCAI 之间设置防火墙，以控制写入到 SCAI 系统。

SCAI 采用外部数字通信链路传输安全信号的做法，并不是常见的工程实践。第三方认证协议的出现，打开了安全应用使用现场总线的大门。ISAS84 委员会认识到了这一点，并出版了 TR84.00.06（2009）《过程工业领域安全现场总线设计考虑》(*Safety Fieldbus Design Consideration for the Process Industry Sector Applications*)，提供了指导原则。对于通信系统组件的配置和应用，必须遵循制造商安全手册的要求，确保通信链路和 SCAI 的安全操作。

传输介质失效、错误率高、I/O 超时以及看门狗定时器失效等，都是降低通信可靠性的因素。一般而言，在安全应用场合，建议用于控制最终元件的数字通信链路失效时，最终元件应进入安全状态，实现故障安全。如果不能采取进入安全状态的动作，建议在采用这样的数字通信链路之前，进行人因可靠性分析，辨识发生失效时如何通过操作规程和系统，借助人员手动响应管理风险。

SCAI 通常使用串行通信链路与 HMI、工程工作站、编程面板以及其他设备进行通信。Modbus 是过程控制系统和 SCAI 之间进行通信的常用协议，一般通过 PLC 网关进行。内部和 I/O 通信采用各种串行或并行协议，并在电路板或模块层面，借助背板与外围设备、系统中的其他部件(例如，远程和本地 I/O)实现通信链接。

C.6.3 对网络安全进行了一般性讨论。ISA TR84.00.09 (2013)给出了针对 SCAI 的安防指南。SCAI 与其他系统之间的通信应受规程和管理控制，也强烈建议 SCAI 和过程控制系统设置各种有效的安防特性。建议采用专为过程控制系统设计的深度数据包检测技术防火墙。

参 考 文 献

ANSI/ISA. 2010. *Batch Control Part 1: Models and Terminology*, 88.00.01-2010. Research Triangle Park: ISA.

ANSI/ISA. 2011c. *Wireless systems for industrial automation: Process controls and related applications*, 100.11a-2011. Research Triangle Park: ISA.

Byres, Eric, John Karsch, and Joel Carter. 2005. *Firewall Deployment For SCADA and Process Control Networks - Good Practice Guide*. British Columbia: National Infrastructure Security Co-ordination Center.

Byres, Eric. 2012. "Understanding Deep Packet Inspection for SCADA Security," White Paper. British Columbia: Tofino Security.

Fieldbus Foundation. 2003. *Technical Overview - FOUNDATION Fieldbus*. Austin: Fieldbus Foundation.

HART Communication Foundation. 1999. *HART Communication Application Guide*. Austin: HART Communication Foundation.

IEC. 1997-2009. *Batch Control – Parts 1-4*, 61512. Geneva: IEC.

IEC. 2007-14. *Digital data communications for measurement and control - Fieldbus for use in industrial control systems*, IEC 61158. Geneva: IEC.

IEC. 2009-2013. *Industrial communication networks, - Part 1-3*, IEC 62443. Geneva: IEC.

IEC. 2010c. *Functional safety of electrical/electronic/programmable electronic safety related systems, - Parts 0-7*, IEC 61508. Geneva: IEC.

IEC. 2010d. *Industrial communication networks - Wireless communication network and communication profiles - Wireless HART™*, IEC 62591. Geneva: IEC.

IEEE. 2003a. *IEEE Standard for Information technology-- Local and metropolitan area networks-- Specific requirements-- Part 11: Wireless LAN Medium Access Control (MAC) and Physical Layer (PHY) Specifications: Amendment 5: Enhancements for Higher Throughput*, Standard 802.11n. New York: IEEE.

IEEE. 2003b. *IEEE Standard for Information technology-- Local and metropolitan area networks-- Specific requirements- Part 11: Wireless LAN Medium Access Control (MAC) and Physical Layer (PHY) Specifications: Further Higher Data Rate Extension in the 2.4 GHz Band*, Standard 802.11g. New York: IEEE.

IEEE. 2003c. *IEEE Standard for Information Technology - Telecommunications and Information Exchange Between Systems - Local and Metropolitan Networks- Specific Requirements - Part 11: Wireless LAN Medium Access Control (MAC) and Physical Layer (PHY) Specifications: Higher Speed Physical Layer (PHY) Extension in the 2.4 GHz Band*, Standard 802.11b. New York: IEEE.

IEEE. 2005a. *IEEE Standard for Information technology --Local and metropolitan area networks --Specific requirements -- Part 15.1a: Wireless Medium Access Control (MAC) and Physical Layer (PHY) specifications for Wireless Personal Area Networks (WPAN)*, Standard 802.15.1. New York: IEEE.

IEEE. 2005b. *IEEE Standard for Local and metropolitan area networks -- Part 15.4: Low-Rate Wireless Personal Area Networks (LR-WPANS)*, Standard 802.15.4. New York: IEEE.

IEEE. 2005d. *Recommended Practice for Power and Grounding Electronic Equipment*, Standard 1100, The Emerald Book. New York: IEEE.

IEEE. 2012. *IEEE Standard for Information Technology - Telecommunications and Information Exchange Between Systems - Local and Metropolitan Networks- Specific Requirements - Part 11: Wireless LAN Medium Access*

Control (MAC) and Physical Layer (PHY) Specifications, Standard 802.11-2012. New York: IEEE.

ISA. 1992. Fieldbus *Standards for Use in Industrial Control Systems*, 50.02. Research Triangle Park: ISA.

ISA. 2009. *Safety Fieldbus Design Consideration for the Process Industry Sector Applications*, TR84.00.06-2009. Research Triangle Park: ISA.

ISA. 2013. *Security Countermeasures Related to Safety Instrumented Systems (SIS)*, TR84.00.09-2013. Research Triangle Park: ISA.

ISA. Forthcoming. *Guidance for Application of Wireless Sensor Technology to Safety Applications, and Interlocks*, TR84.00.08. Research Triangle Park: ISA.

ISO/IEC. 1994. *Information technology -- Open Systems Interconnection -- Basic Reference Model: The Basic Model*, 7498-1:1994. Geneva, ISO.

Liptak, Bela, ed. 2011. *Instrument Engineers' Handbook, Fourth Edition, Volume 3: Process Software and Digital Networks*. Boca Raton: CRC Press.

Macaulay, Tyson, & Bryan L. Singer. 2012. *Cybersecurity for Industrial Control Systems: SCADA, DCS, PLC, HMI, and SIS*. Boca Raton: CRC Press.

Verhappen, Ian. 2012. *The Hidden Safety Network*. Schaumburg: Control Design.

Control (MAC) and Physical Layer (PHY) Specifications, Standard 802.11-2012. New York: IEEE.

附录 D　报警管理

D.1　报警

报警是通过视和/或听手段(声响和/或显示)向操作人员发出信号,提示已出现了过程偏差、异常状态或设备故障,需要及时响应以减轻或防止一个相关的后果。报警应要求操作人员按照规定程序做出响应,而一般性状态、指示或警告信息,则不一定需要有书面规程。处于正常操作范围内的工艺过程,不应有任何报警存在。

报警可能从许多 IPL 产生(图 2.12)。报警是过程控制系统的核心功能之一,有助于确保正常和安全的操作。现代化的过程设施非常复杂,需要可靠的报警系统协助操作人员按照优先次序做出响应。如果报警系统设计不考虑性能成因(表 3.3 和表 6.1),按照现代控制系统强大的组态能力,很容易导致报警系统混乱、效率低下,甚至没有条理。

D.2　标准和资源

最早的报警管理导则之一是 EEMUA 出版的 191 指南,《报警系统—设计、管理和采购导则》[*Alarm Systems- A Guide to Design, Management and Procurement* (1999)]。ISA 也发布了广泛认可的过程报警及其管理的标准 ISA 18.1《信号器顺序和技术规范》[*Annunciator Sequences and Specifications* (2004)]和 ANSI / ISA 18.2《过程工业报警系统管理》[*Management of Alarm Systems for the Process Industries* (2009b)]。同时,ISA 也出版了几个报警管理的技术报告:TR18.2.4《增强和先进的报警方法》[*Enhanced and Advanced Alarm Methods* (2012c)]、TR18.2.5《报警系统监视、评估和审核》[*Alarm System Monitoring, Assessment, and Auditing* (2012b)]以及 *TR*18.2.6《批量和离散过程报警系统》[*Alarm Systems for Batch and Discrete Processes* (2012a)]。

ANSI/ISA - 84.91.01《过程工业安全控制、报警和联锁的辨识与机械完整性》[*Identification and Mechanical Integrity of Safety Controls, Alarms, and Interlocks in the Process Industry* (2012c)],专门针对管理机构(通常是用户或当地监管部门)分类为过程安全保护措施的仪表。该标准提出了仪表可靠性程序的要求,包括检查/测试以及如何将检查/测试结果形成合适的文档。ISA TR84.00.04 (2015)提供了如何辨识与 SIS 相关的安全报警的指导原则。

D.3　报警管理

报警管理是一个生命周期的方法,利用工作流程并结合工程实践,确定、文档化、设计、操作、监视以及维护报警系统。报警管理需要强有力的现场承诺支持管理流程，确保性能的可持续性。与工艺装置的其他生命周期管理流程无缝整合也是持续保持报警完整性的关键。如，有必要将仪表可靠性、功能安全管理、风险评估、管理控制以及监督等技术和管理活动运用到安全报警。

D.3.1　为什么需要报警管理？

理想情况是在过程操作期间没有报警，或者在工况出现扰动时仅出现必要的报警，以便快速诊断问题并将过程恢复到正常操作范围内（图 D.1）。而最糟糕的情况是操作人员在正常和/或异常操作状态下接收过量的报警，致使无暇顾及所有信息，而不能及时纠正过程问题。全面的报警管理程序可以提高报警系统的有效性，使其更接近理想情况，而非相反。

当使用操作盘时，报警数量自然受到操作盘空间的限制。单点报警设备需要在操作盘上分散排布，占用大量有效空间。尽管操作盘并不提供优先级分配，也没有好办法处理误报或持续存在的报警，但操作盘尺寸的限制使得报警数量保持在易于管理的水平。

使用现代可编程 HMI，报警成本很低。画面空间仅限制能够显示的报警方块数量或者信息列表长度，但很容易生成多个关联页面。每个回路可组态多个报警，如高报、高高报、低报、低低报、输入和输出变化率以及 PV 坏值。测量变量与可组态报警数量之间的物理关系从 1 台设备 1 个报警，扩展到 1 台设备 10 多个报警。

理想情况：

> 一个班次只有一个报警，也只是告知咖啡机已切换至手动模式。

最糟糕的情况：

> 出现213个新报警－均为紧急优先级

> 一定是在开玩笑！

图 D.1　报警设置应该适当（由唐纳德·坎贝尔-布朗提供）

人机界面是操作人员介入过程操作的窗口，现代 HMI 可轻松组态报警，提示操作人员。为了应对操作人员的错误，第一反应可能是添加更多报警，这很容易造成依赖报警进行操作响应，而不是前瞻性地主动控制工艺过程。表 D.1 是操作人员可能疏忽或出错的典型决策要素清单。更大数量的报警增大了操作人员辨识并做出决定的负担，进而出错的机会也会更多。

表 D.1　决定/行动要素（CCPS 1994）

决定/行动要素	目的	典型错误形式
初始警示	问题初期阶段的警示/信号检测	分心/心不在焉/警惕性低
观察	通过仪表观察/收集数据	不当的假设/惯性思维
识别	识别系统状态	信息过量造成时间延迟
理解	理解发生的事情及其影响	未考虑其他可能原因/坚持错误判断，固执己见

续表

决定/行动要素	目的	典型错误形式
评估	可选目标的评估和选择	未考虑副作用/只专注于主事件本身
计划	计划成功路径	由于论证时走捷径以及对常见状态的刻板反应，造成错误的任务安排
规程选择/制定	选择或制定规程，达到所需目标	遗漏/颠倒规程执行步骤（尤其是割裂相互关联）
执行	执行选定的规程	采取行动时方向或标志（上/下/左/右）颠倒，习惯性错误
反馈	观察系统状态的变化，表明行动结果正确	反馈信息被忽视或曲解

与报警有关的一些知名案例包括：1979 年的三哩岛核电厂事故，由于事故时报警泛滥，很多重要报警被错过；1994 年位于米尔福德港的德士古炼油厂爆炸，在爆炸发生前 11min，两名操作人员面对必须响应的 275 个报警无所适从，最多时每秒出现 3 个报警；更近一些的案例是发生在澳大利亚埃索石油公司朗福德天然气处理厂的爆炸（1998 年），事后一些专家推断是由于操作人员习惯性地忽视报警导致。一直以来他们之所以经常这样做，自认为这不会出现什么负面影响。根据 EEMUA（1999），报警响应失效的一些根本原因有：

- 没有一致的报警基本原则；
- 危险评估不充分；
- 操作人员培训不足；
- 操作画面设计不佳；
- 对工厂实践和规程重视不够
- 设计时规定的报警限值，在实际运行状态下很少重新审视其有效性；
- 报警系统组态不好；
- 由于预算低，合理化工作不足；
- 报警点不断添加，很少删除。

D.3.2　报警管理问题有哪些征兆？

由于现代工艺过程装置的复杂性、信息负载以及控制策略抽象等因素，报警量增加是很自然的事情。如果报警不按照专业方式进行管理，不受控的报警就可能增加很多，最终会使整个报警系统崩溃，在最需要的时候反而无效。如果报警系统具有以下一个或多个特征，则有可能失控（EEMUA 2013，Mostia 2005）：

- 在异常工况时出现大量报警，其中许多都毫无用处；
- 在出现重大的工艺过程波动时，报警数量超出可管理限度；
- 日常或正常操作期间存在大量报警，其中大多都毫无用处；
- 高的报警负荷率（单位时间报警数量、每个操作人员同时面对的报警数量、每次事件的报警数量等）；
- 操作人员错过了报警系统提供的关键数据，或报警系统未能提供这些信息，导致事故或未遂事件；

- 大量高优先级报警同时出现；
- 一切正常时，出现报警或者持续存在报警；
- 存在冗余的报警；
- 习惯性忽视报警，操作人员没有立刻采取应对行动；
- 报警长时间持续存在；
- 报警无故定时或间歇性反复出现（颤动、一闪而过或短暂）；
- 报警数量不清；
- 报警设定值无法追溯，或弄不清楚最初为何这样设定；存在多个不同设定值一览表；
- 报警分类不清晰（例如，没有区分安全、工艺操作、财务、资产保护、一般信息或系统状态等）；
- 操作人员不清楚报警含义；
- 操作人员不清楚如何响应报警；
- 操作规程未规定如何响应报警；
- 最近的报警测试记录缺失；
- 报警没有实际用途，甚至混乱或者含糊不清；
- 大量的垃圾报警；
- 没有工厂级的报警基本原则；
- 报警设置或删除没有管理规程或统一规定，即任何人都可根据自己的权限设置报警或更改报警设定值；没有 MOC 管理流程；
- 报警文档过时或缺失；
- 没有书面的报警管理规程或规定。

D.3.3 报警系统的问题

报警问题可分为三类：功能性、混乱和系统性问题。

功能性问题——此类问题示例如下：

- "要求"时报警失效。常见原因是设备失效、信号缺失、组态不正确、维护不够或旁路不当。
- 对于异常工况，没有设置报警或报警组态不正确。常见原因是危险分析不全面或工程实施出现错误。
- 已组态报警，但不能及时给出报警信息。常见原因是安装不当引起的滞后、传感器信号漂移以及对过程动态特性缺乏了解。
- 异常状态报警设定值错误。常见原因是在选择设定值时对仪表响应的滞后缺乏了解；或者依靠静态模型选择设定值，对过程的动态特性认知不足。

混乱问题——报警杂乱无章，模糊了有效处理异常状态所需的警报，增加了操作人员认知难度，有碍操作人员完成所需任务。其中一些问题说明如下（ISA 2004）：

- ***报警泛滥***——一定时间出现的报警数量超出了操作人员能够有效响应的能力。报警泛滥期间，通常由单一事件触发的报警在短时间内出现多个（伴随着一个过程扰动事件发生，可能会在 10min 内出现 10 个以上报警）。报警泛滥是报警系统最危险的问题之一，解决起来最为复杂。报警泛滥被认为是德士古彭布鲁克工厂（1994）和三哩岛核电站(1979)等重大事故的根本原因。报警泛滥让操作人员应接不暇，很难有效处理报警、确定事件的原因和优先级。另外，由于意外事件仍在持续发展或者引发关联事件，新的报警不断产生，更加难以招架(Bullemer, et al 2011)。

- **数量和多样性**——操作盘面报警数量受限于成本和可安装空间，但随着可编程控制器的应用，报警易于实施，设置一个报警的成本几乎为零。可编程控制器还具有内在的组态灵活性，可组态许多不同类型的标准报警(例如，每个回路可有 10 个或更多的可组态报警)，这会导致大量形形色色的报警需要操作人员理解。
- **滋扰报警**——这是报警系统最常见的问题。这些报警信息出现时，并非意味着状态异常，或者只是存在轻微的问题，通常并不需要操作人员做出响应动作。滋扰报警很多时候会自行消失，滋扰报警大多归结为维护问题导致，有时也会因为报警设定值设置不当。虽然不需要响应，但这些报警会分散操作人员注意力，时间一长会造成操作人员对报警不敏感，潜在地降低对真实报警的响应能力。

陈旧或长期存在的报警——这些报警长期处于报警模式，是由于不需要操作人员马上采取行动，即使采取了必要的动作也不会消失，或者工艺过程状态持续稳定了很长一段时间，这些报警也不会消除。

- **报警含义不清晰**——操作人员对报警原因或所需响应不清楚时，可能会延迟或不采取应有的动作，导致报警无效。
- **报警优先级错误**——优先级错误或定义不一致，会导致操作人员忽略重要报警。
- **"狼来了"报警**——这些报警定期出现，不予理睬也没有明显的负面影响。不过，在某些操作状态下(例如，开车、不同批次等)，无视这些报警有可能会导致灾难性后果。
- **无明确响应的报警**——没有为操作人员书面列明原因和/或规定对报警如何响应。
- **停用的报警**——当前已停运设备的报警，或者不论是否授权已停用的报警。
- **冗余报警**——多个报警指明要采取相同的动作。

系统性问题——这些问题通常与管理过程有关：
- 缺乏正式的报警基本原则；
- 没有报警合理化；
- 未遵循报警生命周期管理；
- 缺少报警系统文档；
- 缺乏报警系统培训；
- 缺乏报警管理纪律，报警设置不断增加却很少删除，很少按规程执行；
- 操作人员界面设计不佳；
- 缺乏报警设定值管理；
- 安全报警管理不严格；
- 没有为报警系统指标设置基准或对其进行监测；
- 未将变更管理规则用于报警系统的更改；
- 仅依赖报警控制工艺过程。

D.3.4 报警管理生命周期

报警管理是一个生命周期过程，需要在整个使用年限内对报警系统及其报警进行有效管理。报警管理不是在项目工程阶段或新建期间一次性完成即可，而是不断持续改进的过程。新项目应该遵循报警管理生命周期，任何新报警都应整合到工艺装置主报警数据库。报警管理生命周期包括一系列工作步骤，如图 D.2 所示的生命周期流程。

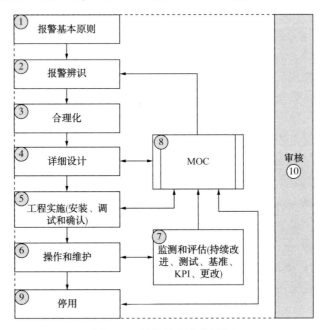

图 D.2　报警管理生命周期

报警管理对于工艺装置安全有效操作非常重要，但报警本身有时并不是唯一的问题所在。过程操作需要报警，设计会设置适当的优先级和设定值，但仍可能会存在不可接受的指标，如报警过多、报警停留时间过长或者需要时报警失效。导致报警率比预期高的一些影响因素包括：

- 正常操作设定值过于接近操作限值，即使轻微的过程波动也可能触发大量报警；
- 操作纪律松懈，工艺操作马虎大意；
- 仪表可靠性管理程序不够好；
- 维护不足；
- 设备可靠性低；
- 没有针对可能的进料量变化对工艺过程进行良好的设计；
- 没有针对操作环境状态对工艺过程进行适当的设计。

上述大多是系统性失效。为减少这些问题，要理解为什么需要报警(例如，报警存在的正当理由)？对报警如何进行响应？有多少场景会触发报警？正常和异常操作期间如何降低触发报警的可能性？落实好这些方面非常重要。

ANSI/ISA18.2 (2009b)阐述了报警管理生命周期。本书无意重复 ANSI/ISA18.2 的详细要求。本节只针对一些关键概念给出进一步的概述。

①**报警基本原则**——报警基本原则为整个报警生命周期的准则、目标、定义、方法和工程实践建立框架(见 ANSI / ISA 2009b)。它给出报警系统的基本定义和基础方法。采用分析过程对报警进行辨识、评判、分类，并指定报警系统特性。报警基本原则应包括：

- 报警系统目标；
- 基本报警术语定义；
- 操作报警术语定义(例如，报警优先级、结构化、分类、指标、性能限制和报告要求等)；
- 针对所在组织建立特定的报警生命周期及其各阶段的工作流程，并明确每阶段的输入和可交付项；
- 制定报警系统规格书，为系统设计提供具体指导，并考虑人为因素的影响；
- 报警展示媒介和 HMI 指南；
- 定义报警位号，并标示在 P&ID 和其他工程设计图纸上；
- 特殊级别的报警，如安全报警；
- 报警操作纪律(例如，明确角色和职责、要求、规程、工程实践、安全文化等)；
- 报警设定值数据库的管理；
- 更改报警或其设定值的变更管理(MOC)；
- 报警维护实践和测试要求；
- 报警基准及指标；
- 不断改进和可持续性考虑事项；
- 可追溯的报警日志记录；
- 适用标准。

ANSI / ISA 18.2 条款 6.2 (2009b)给出了确定报警基本原则的具体指导，该标准的图 8 展示了报警原则相关内容的详细检查表。ANSI/ISA18.2 中的安全报警规则服从 IEC 61511 (2015)。18.2 标准建立了严格管理报警的特别分类。IEC 61511 对任何不遵循其要求实施的系统限定了所能声称的风险降低能力，参见本书第 5 章的相关讨论。SIS 产生的安全报警应按照 IEC 61511 的要求执行。ANSI / ISA 84.91.01 要求在规格书、安装图、维护规程、测试程序以及 MOC 等方面，都要涵盖安全报警。

在制定报警系统规格书时，应以清晰、一致且可持续的方式给出实施报警基本原则所必需的细节要求。

②**报警辨识**——报警辨识所采用的方法一般在报警生命周期之外定义。因此，辨识阶段的方法论被视作报警生命周期前端的预先定义工作过程。报警辨识是通过风险分析、设计审查、事故和未遂事件调查给出的建议、良好生产实践、环境许可、法规要求、规定了具体要求的规范标准、维护规程审查或者操作规程审查等活动完成的。报警辨识也可能不是上述中规中矩的方式，例如，执行 MOC 过程的操作人员建议。ISA-dTR18.2.2 (2015a)给出了报警辨识的指导原则。IEC 61511 (2015)认同安全报警可用作降低风险的手段。

③**报警合理化**——报警合理化是为工艺设施的安全有效操作而对报警数据库进行优化的系统性分析过程(Mostia 2005)。应面向整个现场操作采用结构化的方法确定报警合理化要求。报警系统规格书应列明所需的规程和工程实践。合理化过程会使所确定的报警需求或报警系统更改，与报警基本原则以及报警系统规格书相一致。报警合理化是通过风险分析建立

报警优先级，基于未能采取及时行动的后果严重程度。报警合理化评判通常使用检查表、引导词或其他结构化格式完成。

ISA-dTR18.2.2（2015a）给出了报警合理化指导原则，并建议将安全报警定为最高优先级。IEC 61511（2015）要求应清晰指明安全报警。ISA-TR84.00.04 附录 B（2015c）提供了哪些报警应视为安全报警，哪些仅是状态报警的指导。

报警合理化一般还包括按照特定报警系统预先定义的分类要求，将报警划分为不同的类别（ANSI/ISA 2009b）。这些类别一般包括安全、环境、经济影响和质量。分类一旦完成，就应采用报警系统规格书的标准要求。ANSI / ISA 84.91.01《过程工业安全控制、报警和联锁的辨识和机械完整性》[*Identification and Mechanical Integrity of Safety Controls*, *Alarms*, *and Interlocks in the Process Industry*（2012c）]给出了 SCAI 的一般分类原则。

报警合理化是基于规则的分析，通常由操作、维护、工程设计和安全等岗位的代表组成工作小组一起完成。应安排一个富有经验的协调人，使小组尽可能有效地跟踪并收集信息。需要与操作人员充分沟通，以获取工艺过程及其报警的实际操作经验（即，以往使用）。该小组也应具有足够的工程实施专业知识和经验。为了保证报警合理化的持续一致性，在工作小组中应有相对固定的成员。

报警合理化的分析结果应形成文档，通常记录在主报警数据库（如，批准的动态文档或文件）中，并在报警系统的使用年限内持续维护。应对报警数据库的更新进行版本控制。

④**详细设计**——报警系统的设计要符合报警基本原则，并满足报警合理化的要求。报警规格书应以操作和维护人员易于理解的行文方式解释报警系统，最好是将打印好的报警规格书存放在中控室供相关人员审阅。

报警系统设计包括确定报警参数，如报警设定值、操作人员响应时间、过程安全时间、报警死区和时间延迟等。先进报警设计方法还包括报警抑制、报警逻辑、基于状态的报警、报警梯度、帮助信息、动态原因分析、人工智能协助以及先进的 HMI 设计（ANSI / ISA 2009b，ISA 2015c）。安全报警需要设置独立、隔离的界面（CCPS 2007b，ISA 2015c）。

ISA-TR84.00.04（2015c）附录 Q，对如何选择报警设定值提供了指导。详细考虑了操作限值、过程滞后和延迟、测量不确定性和安全裕度。附录 F 讨论了过程控制系统以及与其他风险降低措施的关系。附录 B 给出了安全报警、声称的风险降低能力以及人为因素考虑等方面的详细指导。

一旦报警合理化分析完成并将报警点加入 P&ID，就应遵循 MOC 流程处理后续的报警设置更改。设计和组态欠佳是造成报警管理问题的主要原因。ISA TR18.2.3（2015b）给出了基本报警设计的指导原则。

⑤**报警实施**——报警实施是指如何将报警投入实际操作，即从设计到操作的转变。包括安全报警的安装、调试、测试、确认以及培训等活动。定期测试和保鲜培训是持续进行的活动。应该有变更管理（MOC）流程，以处理实施过程中的任何报警更改。

⑥**操作与维护**——由于日常频繁处理操作优先级、人员优先级、人员变动、资源受限等原因，该阶段最容易忽视或管理不当。本书第 6 章介绍的管理控制涵盖了安全报警系统，包括操作规程、维护规程、变更管理以及仪表可靠性程序。如果不能严格执行操作和维护纪律，就可能无法维持报警系统完整性。

所有报警都应与操作规程绑定在一起。所有安全报警相关规程的步骤不能太多，一般限定在

5~10 步。在规程中规定的响应动作，应该表述清晰、不能含糊其词，并只涉及有限的故障排除范围。如果出现的故障无法排除，应该有明确的操作指引，说明何时采取何种安全动作。

报警性能受限于人员的行为表现。IEC 61511（2015）指出，对任何 SCAI 假设的风险降低能力，都受限于人为错误的考量，应通过设计分析进行合理性评判，最终通过测试进行确认以及定期审核。ISA-TR84.00.04 附录 B（2015c）给出了安全报警声称的风险降低能力判断标准推荐表。可以利用动态过程仿真和实操演练进行培训，并确认操作人员的实际技能水平。

在此生命周期阶段涉及的任何报警更改，都应遵循报警 MOC 管理规定，并根据变更的影响范围，返回到适当的生命周期阶段。应有相应的规程，对变更影响到的所有相关文档进行同步更新，用适当的方式告之相关人员，并将提供适当的培训也作为 MOC 流程的一部分。所有安全报警设定值的更改都应遵从 MOC 规程，并随之更新报警设定值数据库中的信息。

⑦**监测和评估**——监测和评估用于检查报警系统在操作和维护期间收集的可靠性数据。定期将报警系统实际性能与报警基本原则和规格书确定的目标性能进行比对。考核指标用于验证当前的实际性能，测量性能变化，并长期跟踪报警趋势。持续收集这些数据可能有一定难度。

报警考核指标（ANSI/ISA 2009b，EEMUA 2013）示例如下：

- 单位时间内产生的报警总数；
- 单位时间内呈现给操作人员的报警总数；
- 单位时间内"颤动"报警出现的数量；
- 滋扰报警的数量；
- 频繁出现的报警数量；
- 系统中的报警总数以及各报警位号出现的报警次数；
- 安全报警数量；
- 停用报警数量（维护禁用和抑制的报警数量）；
- 重复的报警数量；
- 长期存在的报警数量；
- 每个重大事件的报警数量；
- 报警更改的数量。

ANSI / ISA 18.2 条款 16.9 的图 14（2009b），给出报警指标和典型工业目标值列表，如同 EEMUA 191（2013）中的参考值。ISA 还编写了技术报告 TR18.2.5《报警系统监视、评估和审核》[*Alarm System Monitoring，Assessment，and Auditing*（2012b）]。这些指标实际值应该可以随时"抓拍"，并定期向相应管理层报告（通常是按月）。应对人工报告的指标值按指定的时间间隔进行审查。由于人工收集并分析数据的资源有限，大中型报警系统应该采用自动化方式报告指标值。

对定期测试记录进行监督也是确保报警功能正常并识别不良报警的关键举措。应跟踪报警指标的实际值并向管理层报告，如已测试的报警数量、测试发现的报警失效数量、测试发现反复出现失效的报警数量以及未按计划进行测试的报警数量等。相较于非安全报警，对安全报警的测试、报告和文档要求通常更严格。

⑧**变更管理**——在报警生命周期的各个阶段都应遵循变更管理规则，确保更改以适当、

安全的方式完成，所有文档保持更新，并且所有必要的培训都已进行。很多方面都会发生变更，如增设新报警或报警停用、报警设定值更改、测试频次和优先级变更、操作人员响应时间和其他报警属性修改，以及 HMI 报警显示更改。应遵循 MOC 管理流程对变更进行评估和批准。

一方面，实施报警管理生命周期是获得有效且可靠报警响应的重要保证；与此同时，必要的操作纪律和安全文化对长期维持报警系统完整性也同样重要。如果没有纪律，报警系统会很快降级退化。

MOC 流程应确保妥善处理以下问题（ANSI / ISA 2009b）：

- 变更的技术基础是什么？
- 变更对健康、安全、环境、财务以及过程操作的影响是什么？
- 与报警基本原则和报警系统规格书要求一致吗？
- 如果修改是基于操作规程的需要，谁负责更新操作规程？
- 对于临时变更，变更的有效存续时间是多少？延期需要哪些审批？
- 对变更有哪些审批要求？
- 如果是安全相关报警，在旁路或者停用进行维护期间，必须采取哪些补偿措施，以确保同等的过程安全水平？
- 在对修改进行审查活动中，谁是具有相应专业经验和技能的适当人选？
- 报警系统的变更是否遵循所有适当的后续报警管理生命周期阶段？
- 是否有与变更有关的维护问题存在？
- 哪些文档必须同步更新以及由谁负责？
- 需要怎样的操作和维护培训？谁负责执行这些培训？

⑨*停用*——在工艺过程扩容或改造时，经常会增加新的报警点，也会根据操作经验（以往使用）删除一些现有报警。MOC 管理流程应该用于报警停用。作为 IPL 的报警删除时，或者将依据历史事件设置的安全报警停用时，应深思熟虑、慎重对待。

⑩*审核*——就任何生命周期过程而言，保持长期操作的可持续性都是重要关切之一。需要严格的纪律、组织架构和管理层的支持来维持高质量报警系统生命周期的实施、制定管理规程、对人员进行培训，从而获得预期的收益。但是一段时间之后，现实往往会出现各种纷扰，优先级会变化，资源配置会改变，不断出现各种现实问题。这些因素如何影响过程安全，取决于操作纪律和整个生命周期严格执行的程度。ISA TR18.2.5 (2012b)《报警系统监测、评估和审核》(*Alarm System Monitoring, Assessment, and Auditing*)，探讨了审核活动如何开展。

审核是对报警系统相关工作流程、文档和指标进行的定期（通常为 3~5 年）审查活动。对于新建的工艺过程，初期的审核可能会频繁一些（例如，每年一次），直到报警系统趋于完善。审核过程是管理机制之一，有助于确保报警系统在其操作年限内维持必要的功能性和完整性。报警系统审核应该有明确的预期效果和符合性要求。为保证必要的审核独立性，应考虑邀请第三方审核员进行这项工作。

基于报警系统监测和审核结果，可能需要定期分析整个系统报警的合理化。就多数生命周期过程而言，"报警管理永远在路上"(Errington DeMaere, Reising 2004)。

D.4 管理报警的安全问题

报警可分为两大类：安全和非安全(例如，工艺操作、控制、财务等)。安全报警的定义在不同公司之间可能会稍有不同，不过，所有定义都要求安全报警用于降低危险事件的风险。

ANSI / ISA-84.91.01《过程工业安全控制、报警和联锁的辨识和机械完整性》[*Identification and Mechanical Integrity of Safety Controls, Alarms, and Interlocks in the Process Industry* (2012c)]，专门针对作为过程安全保护措施的仪表系统，并确立了有关仪表可靠性程序的要求，包括检查/测试活动以及如何书面记录结果。

分类为安全报警应有充分的理由证明其合理性。此类报警需要严格管理，应符合以下特征：

- 从显示/声响/优先级等方面，能够很容易辨识出报警是否为安全报警；
- 报警要求操作人员及时做出响应；
- 操作人员有足够响应时间防止危险发生，过程安全时间和操作人员的响应时间都已经过计算确认；
- 报警明确针对特定过程危险提供防护；
- 操作人员对报警有程序化的响应步骤，并对如何响应进行了专门培训；
- 基于良好工程实践，对报警定期进行测试、检查和审核。

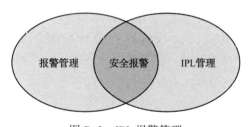

图 D.3 IPL 报警管理

对于 SCAI，报警分为具备保护措施资格的报警和支持所需风险降低的报警。前者是提供特定风险降低的安全报警。后者通常是状态警示信息，不执行任何安全保护意图。报警划分为保护措施时，IPL 和报警管理生命周期之间存在交集，如图 D.3 所示。对于重叠部分，说明需要将报警规则与 IPL 规则结合在一起。一般而言，IPL 管理实践比过程报警管理要求更为严格。

D.5 报警系统性能基准

在理想情况下，工艺过程处于正常操作范围内，不应有任何报警发生。当异常事件触发报警时，报警系统应以清晰、非常明确的方式向操作人员提供报警信息。操作人员据此能够迅速确定报警优先级、需要采取的动作以及所需的响应时间。可惜许多报警系统并不总是那么理想。为确立报警系统应有的性能，必须随着报警生命周期的进程明确目标基准。依据报警系统性能的"抓拍"统计，可以监测当前是否存在问题，但这并不能随时比照行业实践进行性能评估。定期确定报警系统的性能基准是良好的工程实践。通常是在报警合理化分析过程一开始，就设定性能基准并开始融入报警管理系统的工作流程。对于一个新项目，应在获得了一些与报警有关的操作经验之后(例如，每隔一个月收集一次报警指标，并积累了一年以上)设置性能基准。这样就为报警系统性能建立了初始基准线并用于报警生命周期，同时也能够与未来设置的基准进行比较。

　　在重大过程扰动、未遂事件、意外事故发生时应调查报警系统的性能表现，帮助改进报警系统。另外，此项调查还可用于确定所选指标是否能够清楚地发现报警系统存在的问题。

　　报警系统的性能表现，可以大致分为五类：

- **过载**——在过程扰动工况下，持续涌现大量报警，系统性能快速退化。即使正常操作状态下，这样的系统也很难有好的性能表现。
- **活跃**——相对于过载系统有很大的改观，但是在过程扰动期间报警率的峰值过高仍难以管理。
- **稳定**——正常操作状态表现良好，但在过程扰动或异常操作期间表现欠佳。此系统比活跃的系统要好些，报警率的平均值和峰值通常都有明显降低。
- **稳健**——对于可预见的异常、危险和扰动场景，平均报警率和峰值均处于可控范围。采用了动态报警机制。在处理异常状态和维持过程安全方面展示了持续的有效性，操作人员对报警系统充满信心。
- **预测**——报警系统完全达到 ANSI/ISA 18.2（2009b）和 EEMUA191（2013）的目标要求，在处理过程扰动或异常工况时表现出持续的有效性，能够长期维持过程安全。报警可以有效地帮助操作人员预测工艺过程随之而来的工况变化。

D.6　报警管理软件

　　报警管理软件在行业内很常见，可以用来管理报警全生命周期或其中一部分，例如，合理化分析、性能监测等。这些软件包有广泛的连通性，例如串口、TCP/IP、OPC、OBDC等。大多数过程控制器制造商都有自己的报警管理系统，或者与其系统绑定的第三方软件。

　　主报警数据库应建立在电子数据库中，便于维护管理。存储数据的信息量和有效可用的工具方面，关系数据库好于 Excel 表格。

参 考 文 献

ANSI/ISA. 2009b. *Management of Alarm Systems for the Process Industries*, ANSI/ISA-18.2-2009 and associated Technical Reports. Research Triangle Park: ISA.

ANSI/ISA. 2012c. *Identification and Mechanical Integrity of Safety Controls, Alarms and Interlocks in the Process Industry*, ANSI/ISA-84.91.01-2012. Research Triangle Park: ISA.

Bullemer Peter T., Mischa Tolsma, Dal Vernon C. Reising, & Jason C. Laberge. 2011. "Towards Improving Operator Alarm Flood Responses: Alternative Alarm Presentation Techniques." *ISA Automation Week*, Mobile, AL Oct 17-20.

CCPS. 1994. *Guidelines for Preventing Human Error in Process Safety*. New York: AIChE.

CCPS. 2007b. *Guidelines for Safe and Reliable Instrumented Protective Systems*. New York: AIChE.

EEMUA. 1999 (Replaced). *Alarm Systems - A Guide to Design, Management and Procurement 1st Edition*, EEMUA 191. London: EEMUA.

EEMUA. 2013. *Alarm Systems - A Guide to Design, Management and Procurement 3rd Edition*, EEMUA 191. London: EEMUA.

Errington, J., T. DeMaere, & D. Reising. 2004. "After the alarm rationalization: Managing the DCS alarm system," Paper presented at AIChE Spring Meeting, New Orleans, LA, April 25-29.

IEC. 2015. *Functional safety: Safety instrumented systems for the process industry sector - Part 1-3*, IEC 61511. Geneva: IEC.

ISA. 2004. *Annunciator Sequences and Specifications*, 18.1-1979 (R2004). Research Triangle Park: ISA.

ISA. 2012a. *Alarm Design for Batch and Discrete Processes*, 18.2.6-2012. Research Triangle Park: ISA.

ISA. 2012b. *Alarm System Monitoring, Assessment, and Auditing*, 18.2.5-2012. Research Triangle Park: ISA.

ISA. 2012c. *Enhanced and Advanced Alarm Methods*, ISA-TR18.2.4-2012. Research Triangle Park: ISA.

ISA. 2015a. *Alarm Identification and rationalization*, dTR18.2.2-forthcoming. Research Triangle Park: ISA.

ISA. 2015b. *Basic Alarm Design*, TR18.2.3-2015. Research Triangle Park: ISA.

ISA. 2015c. *Guidelines for the Implementation of ANSI/ISA 84.00.01- Part 1*, TR84.00.04-2015. Research Triangle Park: ISA.

Mostia, William, Jr. 2005. "How to Perform an Alarm Rationalization." ControlGlobal.com, http://www.controlglobal.com/articles/2005/320.

Norwegian Petroleum Directorate. 2004. *Principles for alarm system design*, YA-711. Stavanger: NPD.

附录 E   现场设备考虑因素

现场设备是过程控制和 SCAI 的重要组成部分。它们位于工艺装置现场和自然环境中。有许多标准为现场设备选型提供了指导或一系列技术要求，本章也会引用这些标准规范。随着技术的发展，许多标准和实践会被不断地更新，查阅时要注意是否为最新版本。

在选用现场设备时，要考虑正常和异常操作工况的双重需要。SIS 现场设备选型要充分考虑工艺过程和环境条件的安全裕度，以确保在其"可使用寿命期"内安全可靠的操作。

E.1   信号安全

可靠、精准的过程控制和安全系统信号，对于化工和炼油装置的安全操作是最基本的要求。本节将就信号的安全问题进行讨论，涉及信号特性、信号传输媒介以及如何保护信号免遭干扰。

根据第 4 章的介绍，基于传送信息的方式，仪表信号可分为三种基本类型(二进制、模拟和数字)。每个类型采用各自不同的方式与现场设备进行输入输出信息传送。通常称为 ON/OFF 开关量的二进制信号，代表两个逻辑状态。模拟信号(3~15psig，4~20mA，0~10V 等)在 API 推荐的"工程实践 552-传输系统(Transmission Systems)(1994)"中有充分的介绍。数字通信可以分为：

- 现场总线：通过数字通信协议（例如，FUNDATION、PROFIbus、AS-i、CAN、Modbus 等)直接与现场设备连接；
- 现场无线网络［例如，无线 HART，ANSI/ISA100.11a（2011c），IEEE 802.15.4（2005b），Zigbee 等]
- 更高层通信：采用诸如以太网等标准通信协议(例如，HI 双向现场总线，PROFIbus DP、多路转换现场总线)，这些通信方式在各种标准［例如，ISA S50.02（1992），IEC 61158-2（2007-14)]中都做了规定。

有关数字现场总线的技术细节，可参见技术报告 ISA S50.2。大多数现场总线也有自己的行业标准化组织，提供应用和安装等技术信息。技术报告 ISA TR84.00.06《过程工业领域应用的安全现场总线设计考虑》［*Safety Fieldbus Design Considerations for Process Industry Sector Applications*(2009)]，涵盖了 SIS 的现场总线应用。还有一种称为 HART(数据高速通道可寻址远程传感器协议–Highway Addressable Remote Transducer protocol)的混合仪表数字通信协议，采用 Bell 202 FSK 调制技术将数字信号搭载在 4~20mA 信号线上，实现点对点通信。关于有线和无线通信协议的详细讨论，请参见附录 C。

设备和信号按照技术、能级和过程应用进行分类。

E.1.1 非零最小输出

非零最小输出概念适用于标准化的电信号。非零最小输出是一种诊断技术，信号零电位高于电路断电时的数值(例如，标称0psig、0V或0mA)。以这种方式提升信号零点，使得过程控制或安全系统能够借此检测信号电源丧失。由于可以自动检测信号中断，如断线或部件失效，提高了可靠性和安全性。非零最小输出增大了信噪比，从而也提高了信号精度。这是在具有各种电噪环境中维持可靠信号连接的关键。在两线制系统中，非零最小输出的另一个优点，是允许传输信号的两根接线同时为现场设备供电。

控制系统的气动信号通常有一个标准化的范围。最常见的范围是 3~15psig(20.7~103.4kPa，20~100kPa)，可用于气动控制器、变送器、计算设备，包括阀门定位器等的线性操作。由于这些气动信号范围的下限非零压力值等于0%的过程变量或输出，因此，这类信号制也被认为具有非零最小输出。

这个概念被扩展到模拟电信号，例如 4~20mA(类似于老系统中的 10~50mA 或 1~5mA)，其中 4mA 代表非零最小输出；或者 1~5V，其中 1V 代表非零最小输出值。类似地，在 4~20mA 智能变送器中，非零最小输出概念用于输出信号低于下限值(例如，≤3.75mA)时，代表变送器低出正常范围失效或断路。基于相同的概念，信号处于 20mA 以上时，代表变送器出现短路，基于诊断失效偏置到高限值关断。NAMUR 在 NE43(2003)中对诊断到的不同电流值含义给出了标准定义，不过，一些制造商有时也会采用他们自己的标准或者根据应用对不同电流值自定义。

现场总线也借助非零最小输出，用于检测现场设备通信缺失等问题。不过，如果仪表通信不是定时传输(例如，由控制系统进行定时 Ping 请求)以及基于异常才更新数据，就不具有这样的特性。

在表征过程变量时采用非零最小输出机制，维护和故障排除等会更加有效，优势更加明显。例如，气动信号处于 0 psig 时，可能意味着信号完全缺失，也可能表示气动信号管路断开或供气阀关闭。

在信号测量中，非零最小输出与测量范围零点抑制或抬升不是同一概念，后者是刻度形式。通常，选择刻度范围是提高传送信号准确度和/或精度的有效手段。通过确定整个有效的信号范围，刻度具有自身的安全含义，但不影响可靠性或可维护性。

如今的可编程控制器可能会采用类似于非零最小输出的概念，称为输出信号的"接线终端(end-of-line)"检测或监视。这是在接线回路中建立一个小信号，检查信号传输介质的开路、短路和接地等状态(完整性)。该诊断信号通常是"非侵入式的"，因此它不会被控制器检测为正常过程信号，也不会激活被监视电路中的组件。这种诊断机制要足够灵敏，借助这个小信号检测出故障状态。不过，窄脉宽诊断脉冲(通常为微秒级)可能会出现虚假诊断或误激活连接在该数字输出通道的高感性负载。在这种情况下，如有可能，需要调整诊断脉冲宽度。IEC 61511(2015)条款 11.2.11 和 11.6.2 规定，对于得电动作(Energize-to-trip，ETT)电路，要配置"接线终端监视"功能。

E.1.2 危险过程区域信号

环境中可能含有可燃性物料的区域，其信号传输必须确保安全。本节讨论适用于此类区域用途的信号类型。

E. 1. 2. 1   气动设备和信号

仪表系统使用的气动设备和信号是本质安全的，不可能点燃可燃或易爆气体、气化物或粉尘。不过，一些气动装置可能会造成其他的人员危险，必须进行安全管理，例如由氮气（非生命维持气体）、天然气或管道气体（可燃气体）等作为驱动能源而非仪表空气气源。此外，用于弹簧和隔膜操作控制阀定位的气动信号，在需要强力驱动时，气动信号可能远高于大多数应用场合的一般压力范围为（6~30psig），甚至可能还会更高。

E. 1. 2. 2   电动设备和信号

电动信号和设备，包括基于电气技术的仪表，具有足够的电能或热能，通过电弧、火花或产生的热表面点燃大气中的危险气体。电动仪表信号通常分为低能量或高能量两种等级。本质安全和非易燃的电路采用专门的工程方法，形成一个完整的低能量电气设备和接线系统，可在危险区域安全使用。下面的简要概述只针对电动仪表直接用户而不是此类设备的设计人员，也并非权威性的讨论。Ernest Magison 所著的《危险场所中的电动仪表》[*Electrical Instruments in Hazardous locations*, 4th Ed（2007）]是仪表应用于危险区域的经典工程文献。Jonas Berge 编著的《过程控制现场总线》[*Fieldbuses for Process Control*（2002）]讨论了现场总线的本质安全问题。

E. 1. 2. 2. 1   区域分级

仪表和电气设备所安装的生产装置区域，根据可能存在的可燃气化物或粉尘类型，该类物质浓度处于可燃范围内的可能性，以及存在的程度划分等级，这称之为危险区域分级。OSHA PSM 1910. 119（美国 OSHA 1992-2014）要求，每个装置都应有区域分级图，标识装置的电气（分级）危险区域及其范围。区域分级是定义电气设备安装和布线要求的技术基础，其目的是降低电气设备和布线成为点火源，导致易燃物料着火或爆炸的风险。这些要求还用于防止电气系统导致危险气化物、火灾或爆炸从一个分级区域扩散到另一个分级区域，或者从危险分级区域扩散到非危险区域。

有两种可接受的危险区域划分方法：Division 分区或 Zone 分区。

历史上看，美国和采用美国国家电气规范 NFPA 70（ NEC）（2014a）的国家普遍使用 Division 分区方法；采用 IEC 和欧洲标准（EN）、特别是 IEC 60079-10 （2008，2009a）和 ATEX95 设备指令（EC1994）的国家，更多采用 Zone 分区方法。NEC （NFPA 2014a）500-506 和 510-517，以及 ANSI / API RP 505 （2008）为 NEC Zone 分区提供了指导。IEC 60079（1-35）（2006-14）和 EI 15 （EI 1995，以前的 IP 15）则针对电气设备在 IEC Zone 不同危险区域如何使用提供了指导。

NEC 于 1996 年接受了 Zone 分区的概念，并将其应用在 NFPA 70 的 505 中，针对可燃液体、气化物、气体等物料，后来在 506 中将 Zone 应用到粉尘。500 基于可燃物料的特性定义了分级（Class）和分组（Group），并根据这些物料可能存在的概率规定了 Division 分区。505 基于 Zone 的区域划分方法给出了相同的定义。NFPA 495 （2013b）提供了各种物料的组别列表。适用于炼油厂的 API 500 （2014b）和适用于化工厂的 NFPA 497 （2012，Class Ⅰ）及 499 （2013a，Class Ⅱ）为电气危险区域分级提供了进一步的应用指南。

由于大多数仪表都是回路供电（即信号线路也用于为现场仪表供电），因此，用于危险区域安全传输电信号的方法通常与仪表本身紧密关联在一起。

所有安装在危险区域的电气设备，必须获得国家认可的测试实验室（Nationally

Recognized Testing Laboratory，NRTL)和权威机构[如 NEC 90.4（NFPA 2014a）]针对特定区域分级应用的认证批准。所有经第三方认证批准的设备，还必须被当地主管部门认可，也要附有认证标识，表明认证机构的名称，例如 FM、UL、CSA 等，以及该设备被认证批准适用的危险区域。北美认证设备和 IEC 认证设备的认证标志有所不同，在北美，设备必须获得安装地点(国家)所在地的认证。

表 E.1 提供了术语和区域分级的进一步说明。区域分级按下列形式对危险进行分类编码：

{物理性质} {爆炸属性} {发生的可能性和范围}

{Class} {Group} {Division 或 Zone 分区}

危险区域电气保护的基本原则，是不能由于该电气设备和接线的存在，比没有它们时带来更大的危险性。要提供至少两个不相关的(独立的)保护层次。同时，这些保护层次中的任何一个丧失功能，都不可能导致危险状态出现。也就是说，任何单一故障都不会造成从安全状态演变为危险事件。

粉尘区域的仪表信号一般只需要防尘设计。分级用于含有易燃或可燃液体、气化物危险区域的仪表信号和仪表，通常要获得以下四种方法之一的认证批准：

- 无火花；
- 非易燃；
- 本质安全；
- 点火源隔离。

有关这些术语的含义描述，请参阅 NEC 505（NFPA 2014a)中的定义。仪表和电气设备的选型和在生产装置中的可安装位置，应采用标准规范中定义的、上述适用的一种或多种方法。

E.1.2.2.2 无火花

信号或仪表在正常状态下，如果其中不产生电弧、火花或者不存在热表面，NEC 允许该仪表和信号在危险场所使用。热表面被定义为其表面温度大于所涉及物料自燃温度的80%。这被认定为 zone 分区的 nA 型(无火花)保护，也在 IEC 60079-15（2010a)涵盖的范围内。该方法允许低电平信号(例如，4~20mA)或高电平信号(例如，120VAC)。三相感应电动机依据此方法通常可用于 Division 2/Zone 2 区域。

表 E.1 危险区域分级

物理性质 （NEC）	Group （NEC）	Group （NEC & IEC）	Division1 （NEC）	Division 2 （NEC）	Zone0 （NEC & IEC）	Zone1 （NEC & IEC）	Zone2 （NEC & IEC）
Class I — 易燃气体、 气化物和 液体	A（乙炔）&B（氢气等）	ⅡC	正常状况易燃或可燃物质一直存在	仅在异常工况下存在易燃或可燃物质	持续存在易燃物质	正常状态下存在易燃物质	仅在异常工况下存在易燃物质
	C(乙烯)	ⅡB					
	D(丙烷、汽油等)	ⅡA					

续表

物理性质 （NEC）	Group （NEC）	Group （NEC & IEC）	Division1 （NEC）	Division 2 （NEC）	Zone0 （NEC & IEC）	Zone1 （NEC & IEC）	Zone2 （NEC & IEC）
Class Ⅱ—粉尘	E（可燃金属粉尘）	N/A			N/A	N/A	N/A
	F（可燃含碳粉尘）	N/A			Zone 20	Zone 21	Zone 22
	G（面粉、谷物、木材、塑料等）	N/A					N/A
Class Ⅲ—纤维飞絮	无	N/A					

注：1. 未分级区域视为非危险区域；

　　2. Zone 2 和 Division 2 通常认为是一样的。

E.1.2.2.3　非易燃和本质安全

电动控制仪表用户应该了解本质安全和非易燃电路的基本概念以及如何影响安全。设备用户应熟知相关标准、设备制造商提供的安装规程，以及非易燃和本质安全的基本原理，以便安全、有效地使用和维护这些设备。

非易燃［NEC 500&501（NFPA 2014a）、ANSI／IS A-12.12.01-2013（2013c）和 IEC 60079-11（2012b）ic 类］和本质安全［NEC 条款 504（NFPA 2014a）、UL 913（2013）和 IEC 60079-11］电路的基本原理，是限制危险区域能量的聚集（电弧或热表面）。其目标是在定义状态下（正常或异常工况，以及存在一个或两个故障），将分级区域内的电能限制在不足以点燃危险化学品中最易燃的混合物。

非易燃设备和本质安全设备之间的主要区别在于，在正常操作期间，不论因为热能还是电能，特定危险物质即使处于最易点燃的浓度下，非易燃设备也不会成为点火源。而另一方面，处于危险区域的本质安全设备，不论是在正常还是异常操作工况都不会成为点火源，甚至故障存在（例如，线路接反、短路、断路、误接地等）时也是如此。在 Division 1，或者 Zone 0 和 Zone 1 危险区域，一般有两种类型的本质安全设计，它是基于本安仪表回路存在一种（i 类）或两种（ia 类）电气故障的情况下，如何提供保护定义的。这些本安（IS）回路还要内置有 1.5 倍的安全系数。顺便说明，按 IEC 60079-11（2012b）的定义，ic 类本质安全相当于非易燃型。因此，本质安全型设备可用于正常环境存在可点燃物质的危险区域，例如，Division 1 区域，以及 Zone 0（ia 类）和 Zone1（ib 类）区域；而非易燃设备只能用于在异常工况下，工艺过程意外释放可点燃物质的区域，例如 Division 2/Zone 2（非易燃/ ic 类）区域。非易燃和本质安全设备及其接线，必须按照其防爆区域划分图的要求进行安装和维护。本质安全接线（通常为蓝色）必须与任何非本安接线分开。接地也很重要，必须严格按照制造商的说明、相关标准和良好工程实践等的要求实施。另外，对于按照 IS 设计的系统，在对现场设备及其接线进行日常维护和校验时，无须采取特别的防护措施。不过，在维护期间还是要谨慎小心，确保符合防爆区域划分图纸的要求。

本质安全现场总线应遵守现场总线本质安全概念(Fieldbus Intrinsically Safe Concept, FISCO);如果采用现场总线非易燃接线,则应依照现场总线非易燃概念(Fieldbus Nonincendive Concept,FNICO)。FISCO 和 FNICO 电路都应结合应用场合的具体情况,遵循标准 ANSI / ISA-60079-27(12.02.04)-2006 (2006),或者 IEC 60079-27 (2009b)。

对于本质安全和非易燃设备,制造商通常要获取公认的第三方测试实验室[例如,在美国:OSHA 的国家认可的测试实验室(NRTL),或者在欧洲:国家认证机构(National Certified Body)]的正式认证。一些比较有名的第三方测试实验室包括:FM(Factory Mutual Research Corporation)、UL(Underwriters Laboratories, Inc.)、CSA(Canadian Standards Association)以及 TUV。制造商可以基于"回路",获取本安回路的整体认证;或者由用户按照本质安全标准规范,基于"实体"(即采用单独认证的仪表设备)进行设计。有一点需要注意,这些认证和标准规范通常都是基于正常的大气压力、空气成分和环境温度条件。而在某些工艺过程中可能存在的特殊状态并未被本安和非易燃安全标准涵盖,在这种情况下,在此讨论的这些技术可能并不适用。

本质安全和非易燃系统的设计,要关注整个控制系统回路,包括位于控制室或设备间,并与生产装置危险区域的现场仪表相关联的设备。这些设备的设计和安装,要遵循前面提及的 ISA 和 NFPA 标准。必须注意安全回路要与非安全设备和接线保持分开,不应超过特定的现场电气参数(例如,接线间的电容、电感)要求,并且要防止出现可能导致系统达到点火能级的电源和接地故障。利用限能安全栅将本质安全设备与非本质安全侧设备隔离开。持续的安全需要通过细致的检验并遵守维护规程得以实现。应定期进行检查,包括检查设备是否降级,是否存在未经授权的修改、是否存在损坏或老化的各种征兆,并最终确保系统按照预期的性能操作。现场安全设备应有清晰的标识,以便提醒相关人员这些设备受专门的规程管控。

本质安全栅将传送到现场的能量限制在可以作为额定区域分级点火源的水平之下。通常有两种类型的安全栅:齐纳二极管和电气隔离。齐纳栅通常由齐纳二极管、电阻和保险管组成,并需要连接到专用的本安接地上($<1\Omega$)(参见附录 B)。电气隔离的本质安全栅具有电流隔离机制,如采用变压器或光电隔离器,不需要接地。

E.1.2.2.4 高能信号和设备的隔离

对于高能量设备或信号(例如,120VAC 开关或继电器断开/闭合),前述低能电气设备采用的风险降低技术可能并不具有实用性。因此,高能电气设备和信号必须以其他方式保证安全。这些方法一般包括隔离点火源(例如,封装、密封、吹扫),或者将可能产生的内部爆炸或着火限制在设备壳体之内,以最大限度地降低外壳之外发生更大规模爆炸的风险。密封(例如,不透气密封)是适用于 Division 2/Zone 2 区域的方法,而封装则是在 Division 2/Zone 1 和 Zone 2 都可用的方法。

除了封装和密封技术之外,另一种预防方法是采用空气等气体吹扫这些设备,阻止易点燃物质与壳体或箱体内的热表面或非限能电气设备接触。在北美通常被称为吹扫,但实际上是吹扫和加大背压并举。在欧洲,这样的做法称为增压。吹扫,小或称为增压,是阻止有足够高含量的易点燃物质进入或积聚在仪表壳体/箱体内。在有人的受限空间内不应使用惰性气体进行吹扫,因为这存在缺氧的危险。按照 NFPA 496 (2013c),有三种类型的吹扫,X型用于 Division 1 到非危险区域,Y 型用于 Division 1 到 Division 2 区域,而 Z 型则用于 Division 2 到非危险区域。有关吹扫的进一步要求，可参阅 NFPA 496、IEC 60079-2（2014b）、ISA 12.4（2012d），以及 Magison（2007）。

如需打开吹扫或增压的壳体/箱体对仪表进行校验或测试，应在断电后再等待一定的时间，让仪表组件充分冷却。切断机柜电源，如果有联锁，并需要对其进行旁路的话，应严格遵循相关的管理控制规程。采用吹扫方式的壳体/箱体在启用前，要验证壳体/箱体内没有危险气体存在，或者对壳体/箱体内进行了充分的置换，通常为 5~10 倍壳体/箱体内部体积量的气体吹扫。需要在壳体/箱体正面挂牌标明吹扫的具体要求。对吹扫的壳体/箱体以及吹扫设备，应定期检查，并测试与其有关的报警和联锁。

防爆（Explosion-proof）或隔爆（Flameproof）方法，是通过控制火焰路径管控壳体或箱体内部潜在的爆炸。壳体/箱体设计，必须防止火焰路径蔓延到壳体/箱体外部，并防止壳体/箱体表面温度超过所涉及物质自燃温度的 80%。该方法涉及壳体/箱体采用法兰式或螺扣式连接盖板处的设计间隙，通过阻断火焰前缘的热量向外传导达到灭火的目的，并在壳体/箱体与穿线管连接处的密封措施实现内外隔离。为了管控内部压力和热能冲击，防爆壳体/箱体一般十分坚固。虽然这两种类型的壳体/箱体具有类似的设计意图，但是本质区别体现在壳体/箱体设计、工程实施以及测试依据的标准。在北美，此类壳体/箱体被称为防爆型，并遵循 ANSI / UL1203《用于危险（分级）场所的防爆和粉尘阻燃电气设备》[*Explosion-Proof and Dust-Ignition-Proof Electrical Equipment for Use in Hazardous（Classified）Locations*（2013）]。在欧洲，这种壳体/箱体被称为隔爆型，并遵循 IEC 60079-1《隔爆壳体/箱体的设备保护》[*Equipment Protection by Flameproof Enclosures "d"*（2014a）]的要求。许多设备都可配置防爆型/隔爆型壳体/箱体。标准由 UL、FM、CSA、PTB 等机构制定。

防爆/隔爆壳体/箱体应获得适用安装区域的认证，要按照制造商的要求进行安装和密封，并保持密封面没有损坏。法兰式壳体/箱体通常有许多螺栓，外观结构很笨重。所有螺栓不能有缺失并都需全部适当拧紧。安装不当或螺栓松动、法兰面划伤或螺纹连接溢扣，都会损害壳体/箱体的防爆性能。如果采用有铰链连接的盖板，会使得维护便利一些并可降低法兰面损坏的风险。此外，与正压设备一样，在设备没有断电以及没有静置冷却的情况下，不得打开防爆外壳，除非获得了动火作业许可并对安装区域进行了气体检测，这类设备也需要定期检查密封面是否损坏。

防爆/隔爆外壳设计用于 Division 1/Zone 1 场所。也有其他适用于 Division 2 场所的类似外壳。在许多情况下，也有适用于 Ⅰ 级和 Ⅱ 级区域的双重外壳可用。

与上述方法相比，本质上更安全的替代方案是设法将高能电气设备安装在非危险区域（例如，安装在控制室或设备间），而不是现场。

E.1.3　信号传输媒介

在针对不同的过程设施选择控制系统和安全系统信号的传输媒介时，必须考虑几个涉及安全的问题。除了潜在的点火源问题，还有精度和可靠性问题，以及与特定应用场合有关的问题。在下面的章节，将讨论常用的信号传输媒介。

E.1.3.1　管路

气动信号是最早出现的允许将控制设备置于远程的传输媒介。气动信号会受到传输延迟的影响，长距离时尤其如此，并且管路口径过小或损坏（例如，弯曲应力、热应力、振动等)会使动态传输响应非常差。同样，响应时间是关键考量的情况下，不应使用限流阀(特别是阀后有相对较长的管路)和缓冲气罐。另一方面，短的管路与一些气动装置，如高增益气动继电器组合在一起时，有时也会导致气动系统振荡。气量增压器和快速排气阀可用于缩短响应时间。在老式气动控制系统中，采用四管或五管系统气路设计，包括控制站和现场设备之间的附加传输管路，都能用于加速控制响应。

信号管路材料的选择受周围环境的腐蚀和冷热影响。塑料管中高温时就容易损坏。不过要注意到，有时会特意使用塑料管作为一种安全手段，确保系统在火灾时中断信号并进入安全状态。热熔断器或易熔塞也可以用于此类场合。有些塑料管损坏可能是由于紫外照射环境温度高、受力或不当使用造成的。气动管路需要适当的支撑和防护，以免遭受物理应力、热应力和振动等的损害。大多数气动信号使用铜管或PVC保护层的铜管。不锈钢管路通常用在高腐蚀性环境中。铜管也可采用管束形式进行配管。引压管通常采用不锈钢或蒙乃尔合金材质。

E.1.3.2　光纤

从可靠性的观点来看，非金属光缆适用于系统和网络之间通信、信号传输，以及不同建筑物、过程装置不同区域、不同接地点位之间通信。在位于两个不同接地点位的电子设备之间互连或者对不同接地点位能级水平、浪涌、雷电等提供保护时，都可将非金属光纤作为可选的通信媒介。

现场仪表很少使用光纤通信，这是因为控制回路无法通过光缆供电。不过，有些仪表也使用光纤作为测量技术的一部分，而一些四线制现场仪表使用光纤仅作为信号传输的媒介。

即使没有屏蔽或特殊的防护措施，非金属光缆也不受任何形式的电磁干扰影响。非金属光缆还提供完全的电气隔离。此外，光纤电缆安装在危险区域也是安全的(由于它将能级维持在足够低的水平，即本身并不构成点火源)，要注意的是，发送和接收设备必须符合危险区域分级。有关危险区域光缆的考虑因素(这也在ATEX指令涉及范围内)，请参阅ANSI / ISA-TR12.21.01 (2013d)和IEC 60079-28 (2010b)。光纤提供高质量的信号通信、噪声和信号衰减都相对较低。不过，光缆的安装和维护需要专用工具和专门的规程。

电信工业协会发布的大量标准都涉及光纤系统的测试。美国楼宇布线系统的大多数制造商和用户都使用TIA / EIA 568(2012)建筑物布线标准。国际上大都采用ISO / IEC 11801 (2010)。过程工业采用ANSI / TIA-1005-A《工业厂房电信基础设施标准》[*Telecommunications Infrastructure Standard for Industrial Premises*(2012)]。

E.1.3.3　无线电波(无线)

无线作为传输媒介变得越来越受欢迎。无线有很多种类，包括许可的无线电、扩频无线电、手机、卫星以及视线微波。许可的无线电通常用于广域(高达50mi)无线电通信网络。卫星通信用于远程SCADA系统应用，而微波则提供点对点通信和视线应用。

在过程工业，无线技术领域增长最快的部分是2.4GHz和5GHz的非许可证(自由使用)频段。主要制造商目前提供2.4GHz频段、电池供电的无线仪表，它们采用IEEE 802.15.4 (2005b)和/或ANSI / ISA 100.11a (2011c)协议以及加密或不加密的FHSS传输。这些仪表通常使用多个接入点或网关，接入到可自我修复、自我组织的网状网络中。这类仪表大多用作指示器，用于监视远程应用、设备操作状态或健康状况、声学监测以及有线信号不易连接的地方。

当无线技术比其他通信手段更具成本效益时，就会进一步推动工业领域的应用。它一般受限于视线范围。视线限制可以通过使用中继器或多个接入点等措施化解，如网状布置。无线传输并不具有严格的确定性，例如，信号传输的时间延迟就有很多变数，影响因素包括：为成功传输信号所需的重复次数、扫描更新的滞后以及通过多个接入点传输而引起的滞后等。

无线电波容易受到一系列干扰源的影响，比如大气条件（例如，雨和雪）、太阳耀斑、RFI、EMI、闪电以及雷雨等。抗干扰程度以及数据传输的速度（即数字数据的波特率）取决于所使用的频率和调制方法。与光纤信号一样，无线电波的能量很低，不足以成为点火源，但发送和接收设备的安装场所必须获得危险区域分级认证。

无线设备通常使用 IEEE 802（2005c）作为通信主干和专有协议。不过，开放性标准协议正变得越来越普遍，大都基于 ANSI／ISA100.11a（2011c）、IEEE 802.11（2012）、802.15.4（2005b）或者无线 HART。IEEE 802.11 网络（WiFi）无线电用于支持其他工业无线应用，例如移动设备、固定位置、视频和通信。

无线 HART 网络利用 IEEE 802.15.4（2005b）的网状网络架构，每个设备能够传输自己的数据并中继网状网络中其他设备的信息。这些类型的网络通常提供冗余的传输路径，如主路径和次路径。无线 HART 标准使用 TDMA 在网络上调度数据传输。无线 HART 能否在控制领域有所作为很大程度上取决于用户的认可，不过，还是有许多的制造商持乐观态度。

至本书（英文原版）出版之时，无线系统的"以往使用"数据仍不支持无线技术直接用于 SIF。无线系统用于 SIS 拟采用"黑通道"协议，例如 PROFIsafe 和 FF-SIS。即将出版的技术报告 ISA TR84.00.08，初步计划将对无线技术应用的指导限定在安全应用监视功能以及安全控制、报警和联锁（SCAI），仍将 SIF 排除在外。

远程应用的 SCADA 系统使用遥测技术，通常是利用卫星或点对点微波进行数据传输。

将无线电波通信用于过程控制或安全应用，需要审慎考虑大气层作为传输媒介的各种风险。另外，无线通信也在附录 C.4 中进行了讨论。

E.1.4 信号接线

信号接线包括数字信号传输和通信（例如，现场总线、以太网等）使用的铜同轴电缆和双绞电缆，以及电子模拟信号（例如，4～20mA、0～10VDC、热电偶和 RTD 信号）使用的双绞线。同轴电缆一般不用于现场仪表，多用于 PLC 之间的数字通信，以及 PLC 和远程 I/O 机架之间的通信，如 ModbusPlus（同轴电缆）和 Allen-Bradley Blue Hose（双同轴电缆）。化学或大气腐蚀、机械损坏、火灾、潮湿、不充分的电气隔离，以及接地问题都是控制和仪表专业人员关注的安全问题。信号接线需要进行物理保护（例如，使用穿线管、电缆槽，接线导管等），也需要电气干扰防护措施（屏蔽、走向、隔离、双绞线等），防止受到其他信号或电路可能引起的串扰或干扰问题。API 552（1994）对此话题进行了更广泛的讨论。

电信号会受到各种形式的噪声和干扰的影响，双绞线通常比同轴电缆更容易受到干扰。简单的非双绞线或非屏蔽双绞线接线可能更容易受到干扰，在不采用专门技术的情况下，不能用于长距离的低电平模拟信号。电气设备的供电电路和信号传输电路都会产生共模电压干扰（出现在两条信号线上）。通常可以通过电气隔离、物理分开、走向以及屏蔽技术进行预防。正常模式电压干扰（仅出现在一根信号线上）通常是接地不当（即接地回路)或传导噪声的结果。同轴电缆可承载一个信号通道(基带)或同时多个不同频率的信道(宽带)。

铜线非常可靠,可用于按照行业公认的电气实践安装的大多数应用场合。租赁外部公用设施线路或利用内部电话中继线系统进行信号传输是可以接受的,其前提是依赖公用设施的任何通信设备要设计为断电时置于安全状态。应对租用的线路连接配置独有的标识和物理保护措施(例如,接线端子要有保护盖),防止日常维护不经意间损坏这些导线。不推荐将铜线用于室外的通信电路或者长距离电路(>1km),因为两端的接地电位不同会带来问题。在这些情况下,光纤是首选的传输方法。

现场总线的应用为现场信息的数字传输带来了额外的接线要求。这些接线系统的设计应遵循制造商的建议和相关现场总线标准化组织的指导,例如 Fieldbus Foundation、PROFIbus Nutzerorganisation eV、AS-International 等给出的推荐做法。其中 Fieldbus Foundation 提供了《31.25kbit/s 的接线和安装、电压模式、接线媒介以及应用指导原则》[*Wiring and Installation of 31.25kbit/s, Voltage Mode, Wire Medium, Application Guide* (1996)]。与其他接线一样,现场总线易受 EMI 和 RFI 的影响,也需要采用接地和屏蔽技术。来自现场设备的现场总线信号多路转换技术,以太网的标准协议(例如,FOUNDATION HSE)是典型的例子。现场总线允许使用各种接线方式(多点、环形、星形等),这一点与模拟信号截然不同,后者通常仅限于采用星形接线。一些现场总线的接线系统可以通过信号线提供回路电源,而另一些现场总线接线系统则限于四线制电路。现场总线可以将诊断信息传送给过程控制器、SIS 和/或 AMS。

现场仪控专业人员应该了解相关的 ISA、IEEE、NEC、其他 NFPA 规范、生产设施有关的 IEC 标准规范,以及联邦、州和地方法规(译注:针对美国国内情况)。

E.1.5 信号保护

信号接线需要进行物理保护(例如导管、槽盒、穿线管等),并防止其他信号或电路引起的电气干扰(屏蔽、走向、隔离、双绞线等)。虽然本安型和非易燃型接线允许在电气分级的危险区域内使用普通的接线方法,但对安装在危险区域的任何设备和接线,仍有必要提供足够的保护措施。API 552 (1994)对这个话题进行了广泛的讨论。在已知存在火灾风险的区域,可能需要采取特殊的预防措施,以确保控制和安全关键信号的完整性。

E.1.6 仪表气源质量

高质量的仪表气源对于化工厂气动系统的可靠操作至关重要。即使在广泛采用可编程电子系统的现代化工厂也是如此,仪表气源用于阀门驱动和仪表吹扫。仪表气源应不含微粒和腐蚀性物质,并应干燥无油,在最大仪表气源工作压力下的露点至少为-40°F。如果遇到最低的环境温度低于-40°F,露点比该温度至少还要再低10°F。仪表气源应来自专用系统,决不能用于其他用途,例如操作气动工具,或者止回阀失效可能导致系统污染或压力损失等场合,所用的工厂风源都不能用仪表气源替代。仪表气源也必须保持必需的压力,以保证相关用气设备的有效操作。气源系统应为每个用户提供至少 80~100 psig 的压力。应该建立健全应对仪表风中断的应急操作预案,包括对仪表风中断报警的响应。

仪表气源设计应包括备用系统,如可切换使用的供气源、储气罐或储气瓶、备用空气压缩机或其他应急计划。只有在紧急情况下，或者受客观条件限制无法考虑其他备用气源的情况下，氮气方可用作仪表气源的临时备用措施。如果使用氮气或其他惰性气体，应提供必要的指示和报警，指明操作方法以及所处的操作状态。当在这种备用模式下操作时，任何可能积聚氮气以及氧气被替代的区域，都应被视为密闭受限空间，要配置相关的保护装置，如带警示灯的氧气监测器。一些国家和国际标准［例如，ISA - 7.0.01（1996）、ISO 8573.1（2010a）、API 552（1994）］对这一常见问题都做出了相关规定。

E.1.7　电磁干扰（EMI）

电磁干扰通常是指低于 RF 波段（通常＜100kHz）的、对电信号具有负面影响的、不希望出现的电磁现象。这种形式的电噪声通常源于电源干扰、电机、变速驱动装置、变压器、电力线路以及线圈（例如，电磁操作的设备）等。

串扰是指一个通道的信号传输，在另一个通道出现的干扰信号，一般是在多芯电缆中会有这种现象。串扰是由交流、数字或者脉冲信号产生的，干扰同一电缆或临近电缆的类似通道。不良接线工程实践导致的干扰可视为特殊类型的 EMI。

EMI 通过磁场或电场效应耦合到接线系统和电子设备中，并且主要是通过接线传输的共模噪声。EMI 会损坏传输的信号完整性，可能导致信号零点和量程范围的瞬时或永久漂移，以及随机输出变化。这可能导致虚假报警或停车。在诸如现场总线等数字通信中，EMI 会引起信号电平变化，导致通信数字错误，进而造成传输重试或通信超时。

有必要遵循良好的接线工程实践（采用双绞线、防止静电和辐射噪声的屏蔽以及隔离技术等措施），在控制设备或数据系统的输入端子处将 EMI 衰减到可接受的水平。AC 和 DC 系统需要相互隔离，避免混在同一穿线管、导管或槽盒中。其他类型的 EMI 辐射，如高强度光源，可能会损坏可擦除存储器以及其他可编程电子设备中的信息。同样，应防止工厂无损检测所用设备产生的 X 射线对仪表的影响。尤其是，核（伽马射线）密度探测器会受到测试焊缝所用 X 射线设备的影响，造成错误的控制动作输出。为了减少噪声，传输 4~20mA 或 4~20mA HART 信号的接线，通常采用双绞线（磁性/电感耦合噪声防护）并带有铝箔屏蔽（电容/静电耦合噪声防护），可考虑将 4~20mA 不同电压等级的输入信号组合在同一多芯电缆中（共模噪声防护）。

大地不是一个无限的噪声消化池，本身也不是噪声源，例如，噪声不能被泄入大地。电路中的噪声会像其他信号或电源电路一样影响回路。噪声始终有去有回，构成回路，欧姆定律和基尔霍夫电压定律在此也适用。如果噪声泄入大地，它一定有离开地面并回到源头的返回路径。

一般的电气干扰，特别是 EMI 和 RFI，在参考文献 Morrison（2007）和 Ott（2007）中都有讨论。

E.1.8　射频干扰（RFI）

射频干扰源自无线电频率范围（通常为 0.1~500MHz）的杂散信号。RFI 通常是辐射的，可以通过点火系统、双向通信设备、无线仪表、焊接设备、控制设备、计算机、无线电台等就地产生。可由电路中的组件接收到，然后通过传导噪声传播到其他组件。随着高频通信源越来越多的使用，增大了 RFI 进入仪表电路的可能性。

RFI 可以作用在数字集成电路直接影响数字设备组件，而不一定要通过接线传导 RFI。由于电感和电容效应，RFI 会在电路中产生一次短距离的影响。RFI 重在预防而并非仅是将其过滤掉，因为滤波可能会造成数据质量的损失。不过，当没有其他有效方法时，滤波有时也是必要的措施。

除了射频滤波器之外，还可以采用诸如通过与射频源隔离、屏蔽以及保护性外壳设计等方法防止 RFI。任何独立的金属外壳，如果上面所有开孔的最大尺寸小于最高噪声波长（λ/20）的 1/20，就能有效地防止辐射噪声。要注意的是，在维护或校验时，可能需要临时打开箱体或外壳，在此期间会受到手持通信设备的影响。另外，如果为了维护便利，随意将箱体或外壳长时间地处于打开或开口松动状态，防护效果也会受损。

对于如何应对 RFI，有很多相关标准可以参考，例如 IEEE 1100（2005d）、IEC 61000-6-4《通用标准 工业环境排放标准》[Generic standards Emission standard for industrial environments(2011)]以及 IEC 61000-6-2《电磁兼容性（EMC）第 6-2 部分：通用标准 工业环境的抗扰度》[Electromagnetic compatibility（EMC）—Part 6-2：Generic standards Immunity for industrial environments(2005a)]。

E. 2 现场设备选型

无论过程控制还是安全应用，精确、可靠的工艺过程和公用工程操作状态测量，对于任何控制系统都是必要的输入条件。仪控人员应该意识到，传感器会出现漂移，给出错误的读数，甚至驱动反馈控制回路进入不安全的状态。应对现场设备进行分析，了解其可能的失效模式。在可能的情况下，应采用自动手段，检测已知的失效模式，例如外部诊断、接线终端检测、信号中断报警等。最常见的失效原因是断路、短路、对地短路、组态错误以及传感器漂移等。

同样，无论控制系统主要依赖手动操作还是复杂的可编程控制器，操作人员或控制系统本身都必须采取一些动作来改变物料的流量。这通常意味着需要操纵阀门或者风门的开度、改变泵或压缩机传动器的速度。在批量操作中，大部分阀门处于全开/全关状态，搅拌器、泵、鼓风机等的电机处于运转/不运转。还有一些节流控制阀、受控风门和变速驱动泵等需要操控。在连续操作的生产装置中，过程控制系统的大部分自动阀都是节流或调节控制型。尽管变速控制应用已经很普遍，大多数电机仍采用恒速型。另外，在蒸汽供给稳定充裕的一些场合，蒸汽透平在过程应用中也很常见。最终元件动作过慢、过快或者没有足够的稳健性改变物料流量以防止过程危险，都意味着控制无效或者安全性能不足。

传感器和最终控制元件直接连接到工艺过程，受环境和过程状态的影响，会使现场设备成为控制系统最薄弱的环节。在安全问题是重要关切的场合，控制和信息系统中的仪表性能更成为装置安全的重要影响因素。现场设备适当的选型、安装、操作以及维护，都可以确保获取正确的过程信息并以预期的方式用于过程操控。

API RP 551~555（2007、1994、2007-08、2012c、2013）提供了仪表和控制系统安装的指导原则。若了解进一步的详细信息，也可参阅文献 Lipak（2003）、Boyes（2010），以及 Emerson（2005）。另外，还可以在过程工业实践（PIP）联盟[Process Industry Practices（PIP）Consortium]（http：//www. pip. org/）的网站上查阅到有关的仪表工程实践。传感器、变送器

和最终元件的选型，应基于实践证实的可靠性和应用场合的具体要求。

对于 SIS，应基于"用户批准（user approval）"的管理流程建立首选设备清单（参见附录 F）。应根据用户经验的不断积累，对这些清单定期评估。安装和维护规程的制定，应综合考虑被操控物料的化学特性、工艺过程的类型、环境、所选设备的类型、精度和可靠性要求等各种影响因素。可能需要冗余（包括过程连接一次元件的冗余配置）来实现上述要求。采用冗余 SIS 传感器时，需要各自的过程连接（管嘴），以保证独立性并减少共模失效。许多现代仪表具有多种过程变量测量能力或具有多种类型信号输出能力，例如压力、温度和流量；液位和界面；质量流量和密度；电流、脉冲和触点等。如果 SIS 提供回路电源，并且第一／第三信号不会成为 SIS 回路的"要求"来源，可以允许 SIS 与过程控制系统共享这些第一／第三现场输入信号（无隔离器）。

E.2.1 智能变送器

大多数现代变送器之所以被称为智能变送器，是由于从 20 世纪 90 年代开始出现的数字变送器可以提供比标准模拟变送器电流（mA）信号更多的信息（例如，组态数据、诊断信息、校准数据等），因此，厂商在市场推广上给出了"智能"的称号。智能仪表也具有一些其他的能力：

- 多变量变送器；
- 一台变送器实现多种测量方式，例如提供液位和界面；
- 计算，例如流量补偿，对过程控制测量进行统计分析；
- 环境和过程温度补偿；
- 过程诊断，例如，引压管堵塞检测、电气回路完整性检测；
- 现场总线的就地控制能力。

通过 HART，可实现额外的数字信息传输（例如，在 4~20mA 回路上搭载 Bell 202 FSK 调制信号或者直接采用 HART 数字模式），例如 FOUNDATION 或 PROFIbus 等的现场总线，或者像 Honeywell DE（数字增强型）采用专有通信协议。一般来说，智能变送器比标准的模拟电子变送器更精确、更通用、更可靠。虽然不像可编程控制器那样编写应用程序，用户仍可以借助手持通信器，本地、远程，甚至有时以无线方式对变送器进行组态。不过，由于这类设备以不同的通信模式（数字、模拟等）进行操作，因此必须注意其具体应用。例如，数字通信模式的数字显示，如果变送器更改为模拟模式，其量程校验值可能会发生漂移。如果基于现场总线的变送器用于带有安全栅的本安型系统中，该安全栅的选型与常规仪表使用的安全栅完全不同，安装也应符合现场总线本质安全概念（FISCO）。如果采用非易燃接线方式，就要遵循现场总线非易燃概念（FNICO）标准［参见 ANSI／ISA-60079-27（12.02.04）-2006］（2006）。

智能这个术语已经失去了它曾有的光环，因为大多数现代化的现场设备都具有智能能力，另外，今天的设备更多是以数字或模拟分类。由于数字变送器有许多参数可以设置或组态，重新更改组态也很容易，组态和版本控制不可或缺。对于 SIS 而言，再组态的便利性会导致安防和 MOC 问题。安全应用选用智能设备，应该有专门的规程和措施控制其组态。应考虑使用电子手段进行防护，如只读通信或密码保护以及物理手段，采用跨接线或开关设置，都是常见的安防措施。

数字变送器产生的信号在时间和幅度上都是离散的，这与连续信号的模拟变送器有本质不同。数字变送器信号的更新频率通常大约为250ms，对于过程工业大多数控制回路来说，可以提供令人满意的性能。不过，对于某些特定控制应用场合(例如，喘振控制)，这样的刷新频率可能还不够快。

E.2.2　选型依据的准则

现场设备是大多数过程控制系统中最薄弱的环节。其性能对过程控制以及SIS的可靠性和可用性影响最大。应该基于过程应用信息，采用严格的工程应用准则选择和安装现场仪表。这些信息包括一般过程信息和正常操作的应用要求，以及专门的操作特性或状态，例如开车、停车和已知的异常工况。

选型时依据的准则包括：

●**过程条件和适用性**——流体状态、黏度、密度、固体夹带、侵蚀性流体特性、压力、温度、侵蚀、腐蚀、潮湿表面(隔膜、O形环、垫圈、填料等)，环境适用性(例如，高限和低限环境温度范围、环境腐蚀、大气压力和湿度)等。

举例：两相流动状态的流体使大多数流量测量设备所依据的工作原理变得毫无意义。

●**可调范围**——所测量过程变量的最大测量值与最小测量值之比。

举例：对于差压式流量计，流量和压差平方根之间的关系限制了可调范围。超出可用范围的测量值不可靠或者不稳定，这时需要使用其他替代技术或者多个不同量程范围的流量仪表。

●**精确度**——传感设备必须满足应用场合的精确度和重复性要求。ANSI/ISA 51.1-1979(R1993)(1993)《过程仪表术语》(*Process Instrumentation Terminology*)给出了精确度、偏差、重复性和再现性等的详细定义。融合了现代智能技术，大大提高了传感器的精确度技术指标(例如，传统模拟变送器可参考的精确度为满量程的0.5%~0.25%，而智能变送器精确度为满量程的0.04%~0.1%)，同时也降低了温度/压力影响造成的误差，改进了传感器的稳定性。不过，大多数仪表实际安装后的精确度要低于制造商规格书列出的指标，后者通常是基于实验室环境的测试结果。所有传感器都有特定的应用约束条件和操作环境限制。超出这些限制范围，可能会导致数据错误或出现早期失效。

举例：标准热电偶公差可能导致在相同的温度下出现不同的读数，但读数应该仍落在热电偶允许的误差范围之内。例如，对于J型热电偶，标准误差为2.2℃，或者读数的±0.75%。

精确度技术规格很少只是一个数字(例如，基准精确度、温度对精确度的影响、静态压力影响、稳定性、滞后等)。测量回路的精确度，是基于回路中所有组件的精确度以及回路中涉及的所有影响参数的计算结果。精确度的组合通常采用根和平方(Root Sum Squared，RSS)算法(如果对流量信号进行计算，则可能需要使用偏微分方程计算)。精确度值通常以不同的术语给出。其中最常见的是基于比率的误差，一般用于测量元件(例如，通过孔板流量的±0.75%)和基于满量程百分比的误差，这最常用于过程变送器(例如，差压流量变送器的基准精确度为满量程的±0.04%)。

●**分辨率**——仪表可以检测到的测量值的最小变化；这与精确度不同。对于变送器回路的数字电路，是指模拟信号被分成数字信号的精细程度[例如，12 位 ±(0~4095) 计数或 15 位±(0~32767)计数]。分辨率与信号转换重构时的信号保真度有关。大多数数字设备也会有±1/2 位的误差。

- **响应时间**——传感器或最终元件固有的滞后时间。就传感器而言，精确度和响应时间可能是累加的。误差和延迟的累积效应可导致系统无法在充足的时间和受控的方式下对过程扰动做出及时响应。

举例：相对于裸装的热电偶，热电偶保护套管产生的热传导延迟可能使滞后时间增加20 倍。传感器的响应时间也是传感器安装位置的函数，例如色谱仪或 pH 传感器所在位置与采样混合点有一定的距离。口径非常大的阀门全行程动作需要以分钟量级衡量，而小型截止阀通常只需几秒就能完成打开或关闭。

- **材质兼容性**——工艺管道材质可能不适合现场仪表装配。

举例：一些科里奥利流量计使用的薄壁管段可能无法考虑腐蚀裕量，因此，在某些应用场合可能就需要采用更高规格的合金。另外，还必须考虑密封部件(O 形圈、垫片、填料等)的兼容性。

- **失效模式**——安全考虑需要明确最可能的失效偏置方向。必须谨慎选择内部诊断机制检测到失效时，驱动仪表信号输出的方向。首选是将失效组态为置于特定的安全状态。本质安全化的设计实践，是所设计的安全功能会将传感器的坏值信号作为过程关断的表决条件之一，而不管仪表信号失效的方向。同样，安全应用最终元件断电或信号中断的主导失效模式应该组态为置于安全状态。

举例：压力变送器的毛细管压力传感液体泄漏时，将给出虚假的低信号。

- **可靠性**——ISO 给出的可靠性定义是："…在所处的操作条件下，在预期的一段时间内，设备足以完成其意图的概率"。仪表的可靠性是仪表内在强度与仪表所处的工艺过程及周围环境等应力因素对应关系的函数。为了确保仪表的性能，仪表可能需要具有特殊的强化结构，或者参考以往成功应用的经验。

举例：正如人们具备的一般常识，越不放心越要多留出裕量。回路的可靠性也可以通过采用多个同型传感器冗余配置或传感器多样性技术实现。虽然这样的措施增加了仪表系统的可靠性，由于需要维护的仪表组件数量增加，更多的备件，甚至多样性配置需要更多的维护培训等，额外带来一些维护问题。SIS 对回路可靠性有更高的要求，因此，在 SIS 设计时必须慎重考虑仪表的可靠性、应用、安装和维护等一系列问题。

- **经验**——现场仪表的以往使用历史或操作经验，对于个人而言可能更多的是直观感受，受限于个人的喜好以及缺乏详细的背景信息；而如果是基于维护管理或可靠性管理系统等积累的经验数据，则具有清晰的可追溯性，改进了信息收集的持续性，是首选的方法。系统地书面记录失效数据，是持续改进仪表可靠性的主要工具。

举例：应用经验可以连续记录在控制系统和仪表设备"批准的制造商清单(Approved manufacturer's list)"中，或者记录在 SIS 回路应用、具有特定考虑事项的"用户批准清单(User approved list)"中。为保持关联性，根据仪表设备最新状态信息和操作维护的经验教训，定期更新这些清单是必要的。

- **耐用性**——一般等同于物理强度，主要体现在应对使用环境和工艺过程等应力因素的能力。不过也要注意，仪表设备超出其适用范围也无法保证其耐用性。

举例：为适应短时间极端温度的影响，对电子部件进行专门设计；与工艺介质接触的部件选用更高规格的合金；电路板喷敷涂层等。

- **防火等级**——在发生火灾时，对传感器、最终元件和/或接线电缆性能或行为的考量。常常关注的是最终元件，有时也会涉及传感器。有一系列的规范、标准，甚至地方法规对此有相应的要求和规定。

举例：铝制部件在炽热的火焰中会熔化，热铸铁部件在遇到冷的消防水喷淋时可能会破裂。

- **可维护性**——在现场环境下，可以方便地对仪表设备进行维修和维护。安装时要确保该设备的可维护性，即进行拆除、更换、校验、维修和测试等活动。

举例：隔离和泄压能力；吹扫、排气和排液至安全位置的能力；现场访问、照明、运出、就位、布置、位号标记、文档更新以及备件等要求和可用性的考虑。

- **稳健性**——在静态情形下，对应前述的耐用性(各种条件或状态)。对于动态情形，它对应从超应力、失效或故障中恢复的能力。

举例：各种环境条件的机械耐用性，超量程公差，以及超应力过后仪表的恢复能力。稳健性也体现在安装以及人与现场设备的互动上。例如：现场承受物理损害的能力，或者在过程出现过压等扰动工况下仍能够保持正常操作。

- **安装要求**——安装现场传感器时，这些要求一般由机械和应力因素、精确度要求、工艺过程状态以及特定应用要求等综合考虑决定。

举例：对直接与设备连接管道上的应力进行适当控制，或采用厚壁管段预防设备连接处可能出现断裂。工艺过程的温度和振动是仪表和仪表管路上常见的应力源。考虑因素包括腐蚀、侵蚀、温度、物料的相态，以及潜在的堵塞。精确度要求一般会决定流量计的安装要求，例如流量计上游和下游的最小直管段长度。

- **环境和工艺过程考虑因素**——传感器适用流体的特性指标，应该与引压管内以及传感器直接接触的工艺介质过程状态相匹配。设备必须能够承受所处的所有环境条件(例如，环境温度、振动、环境腐蚀等)。

举例：由于环境温度低，造成工艺管线冻凝(例如，水<32℉时结冰)。

- **电气危险场所**——基于装置的危险区域等级划分图，仪表必须符合安装位置所在的危险区域要求。

举例：有关仪表的防爆要求，在 ANSI / ISA 61241-0 (2001)、IEC 60079 (2006-14)第0~35 部分(易燃气体或气化物)以及 ANSI / ISA 61241 (1994-2011)第 0~18 部分(粉尘)等标准规范中有相应的规定。

安装其他注意事项包括：

- **采样技术**——确保测量值真正代表实际的工艺过程状态。

举例：避免热电偶安装在流体停滞区域；在过滤器的下游安装压力测量元件；或者通过样品线和样品处理后进行色谱采样。

- **引压管路或取压管嘴**——确保传感管路不会抑制传感器的及时响应，任何取压口的吹扫系统都要保持取压口畅通，以获得精确的测量结果。

举例：湿气测量引压管路连接要确保凝液自排(连续倾斜)；或者引压管路配置可调温的伴热线，防止工艺流体在引压管路内冷凝或冻结；避免引压管路过长以及口径过小，减少潜在的现场测量问题。

- **最小化传送滞后**——除了传感设备本身固有的响应时间之外，将工艺物料导入传感器所采用的方法，也会产生附加的测量延迟。要确保测量值始终代表工艺过程真实的状态。

举例：在分析仪采样回路中，使用尽可能短的采样管路，或尽可能高的旁路回路流量；确保温度测量反映工艺过程的实时动态；尽可能靠近混合点安装 pH 采样系统等。

- **功能测试**——在安装设计中，要确保充分考虑了功能测试要求。现场传感器的验证，往往采用便携式测试设备模拟过程状态。要特别注意：在实验台校验的现场传感器和仿真电子信号，并不能代表与过程连接设备的实际现场性能。在确定测试覆盖率时要评估不同测试方法的局限性。对于 SIF，必须考虑在线和离线检验测试要求。有关仪表可靠性程序，参见 ISA-TR84.00.03（2012e）和本书附录 I 给出的指导原则。

以上所述并不详尽，旨在帮助仪控人员认识到有哪些重要问题需要考虑。

E.2.3　失效模式

并非所有的仪表失效都可预测，还存在一些不可预测的失效模式。智能变送器比传统模拟变送器更可靠，并具有更强的诊断能力检测变送器本身和过程失效。在制定过程控制系统规格书时应充分考虑采用本质安全化的实践，这对于 SCAI（参见第 3.4 节）取得所需的风险降低十分重要。

虽然大多数电子部件失效往往导致信号偏置到量程下限，有些失效模式也会驱动信号偏置到量程上限，而另一些则使信号在正常量程范围内给出不正确的数值。了解传感器潜在的各种失效模式，是安全仪表选型和应用程序设计的必要前提。例如，液位变送器的某种失效模式导致读数处于下限值，显示为低液位。该失效可能致使控制系统不正确地向过程容器持续加入物料。在这种情况下，可能需要安装一个独立的高液位开关进行报警，或关断进料以防溢流。

在高可靠性设计中，故障避免是主要工具，通常使用多个传感器和冗余架构提供故障裕度。另一种技术是现场测量设备采用多样化配置，减少共因失效。如果对失效进行调查、分析并保存在数据库，从中也可以不断积累现场经验。这是 IEC 61511 条款 5.2.5.3（2015）中对 SIS 设备的明确要求。

严格的在线仿真和检验测试，并结合日常保养和预防性维护，可以提高关键系统的可靠性，便于发现隐含的故障。必须对所有安全设备进行严格的测试并保存书面文档，对其性能进行正规的分析，确保 SCAI 持续的高可用性。有关仪表可靠性程序，参见 ISA-TR84.00.03（2012e）和本书附录 I 给出的指导原则。

人工智能技术可以用于确认传感器的读数。过程控制器和 SIS 可以计算可接受的工艺参数变化率、偏差以及其他关注事项在线进行此类确认。

E.3　流量测量

流量测量是过程工业使用最广泛的一种测量方法，可能占到现场传感器的 70%。在选择和安装流量计之前，有必要了解流体的化学和物理性质、流量计的精确度和量程要求、结构材质、配管系统以及流量计用于批量还是连续操作。就具体应用而言，最常见的问题是流量计技术选择不合适和安装不当。在大多数流量计量应用中，需要将流量计本体安装在工艺管道上，确保在腔体内充满工艺流体。两相流是流量测量的难点之一。液体流量计中含有气体或气化物，会给出错误的读数或根本不能正常工作。气体或蒸汽流量计中含有液体或固体，可能因高速粒子撞击使得传感器损坏（Miller，1996）。

在流量计安装之前，操作和维护人员必须对校准和验证方法达成一致。危险物料输送管道上的流量计，可能需要法兰或焊接连接，而不能选用对夹式连接方式。

流量测量设备一般有两种类型：

- 体积流量计（压差式、速度或正压移动式）；
- 直接质量流量计。

体积流量计，例如孔板，皮托管，平均皮托管，涡街，涡轮流量计，锥形流量计，电磁流量计，超声波流量计，靶式流量计等，通过直接或间接推论的方式测量流速，并根据工艺管道直径和补偿因数计算出标准压力和温度（例如，14.73PSIA／60℉）下的体积流率。正压移动式流量计，对移出流量计腔体的流体体积进行计数，以此测量出体积流量。正压移动式流量计本质上是采用机械原理。这种类型流量计包括活塞式流量计、转盘式流量计、滑动叶片式流量计和齿轮流量计等。

体积流量测量设备可以按选定的液体或气体计量单位进行标定。液体计量单位如：美制加仑/分钟（gpm）、英制加仑/分钟、磅/小时（lb/h）、桶/天（b／d，bpd，bbl／d）以及kg／h等；气体计量单位如：标准立方英尺/小时或/分钟（SCFH／SCFM）、实际立方英尺/分钟（ACFM）、标准立方米/小时（SCMH）等。体积流量计的流量单位也能够表示质量流量，不过，对于速度型流量计，只有在实际流动状态与流量计算中依据的条件相同时数值才准确。为了获得更高的测量精度以及全流量量程以质量单位（如lbs/h）计量，常常要对流量进行实际压力（气体）和温度（气体和液体）补偿修正，特别是用于商业付费和监管意图的流量计计量。

质量流量计，如科里奥利和热式流量计，直接读取质量流量，通常以单位时间磅或千克数为单位。一些质量流量计也可以提供密度测量（lb/ft^3，kg/m^3）。

几乎所有体积流量计和有些质量流量计的精确度和重复性都受到流量计上游和下游直管段的影响。未考虑到此安装要求是速度流量测量中最常见的安装错误。

流量计的测试经常会存在一些问题，在现场条件下，许多流量计很难就地进行全面测试。对于SIS应用来说，在现场原始安装状态就地进行全面测试更加重要。若完成全面测试，有的流量计需要使用流量校准装置，有的只能设法在现场标定，有的却要送到外面的专业流量标定实验室。现代流量计量仪表电子技术有了更广泛的诊断能力，可以弥补这些限制，不过，其诊断覆盖率通常仍难以确定。

E.3.1　压差式流量计

体积流量测量使用最广泛的方法是压差（压头）流量计。它由一个差压（d/P）变送器与孔板、文丘里管、流量喷嘴、皮托管、平均皮托管、楔形浮子等一起组合构成。之所以被称为差压式流量计，是因为它们通过流体流束中的动能（速度落差）测量流量。如图E.1所示。浮子流量计是一种差压式流量计，它保持压头不变，通过改变管路直径（节流）进行测量。浮子流量计并不限于玻璃类型，也有铠装设计。差压式流量计通常对管道上游和下游直管段以及管道配置形式非常敏感，装配不当会导致旋涡或其他流束干扰。流经节流装置产生的不可恢复压降可能是一个问题。孔板流量测量最新的技术进步，是所谓的平衡式或状态可调式孔板，可以减少直管段要求，降低干扰噪声，并提供更多可恢复的压降。另一个对压差和其他体积流量计造成影响的技术进步是多变量变送器的出现，它允许在一台仪表中进行压力和温度补偿并完成流量计量计算，而无须采用一台单独的流量计算机[见 API MPMS（2014a）14.3.1、AGA 3（孔板式）（2000−13）、AGA 7（涡轮式）（2006）、AGA 9（超声波式）（2007）、AGA 11（科里奥利）（2013）等]。图 E.2 给出了气体流量测量示意图。多变量变送器通常采用工程单位提供数据，并通过现场总线或HART 连接进行数字通信。

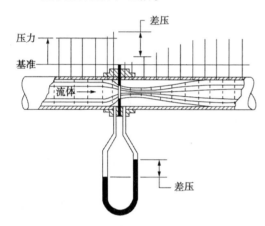

图 E.1　孔板流量计（Superior Products
Company 提供）

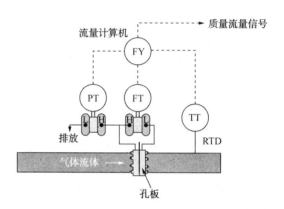

图 E.2　具有压力和温度补偿的
孔板流量计

　　一般来说，取压口堵塞和引压管路的尺寸是压差和压力仪表的两个主要问题。现在有一种趋势，即将变送器与取压口尽可能靠近连接，减少出现这类问题的可能性；不过，这可能带来可维护性问题（例如，可访问性、现场作业安全性等）。建议尽可能配置变送器阀组。

　　压差式流量计具有以下优点：

- 简单；
- 用户习惯使用；
- 有很多可选的节流类型（孔板、文丘里管、流量喷嘴、均速管、皮托管、楔形浮子、U 形弯管等）；
- 可以连接多台变送器；
- 尺寸限制更少；
- 易于校验和测试；
- 在某些场合成本更低。

　　压差式流量计易于在线或离线测试，对一次测量元件检查也很简便，与其他大多数流量计量设备相比，具有明显的测试优势。这类流量计的主要缺点如下：

- 与其他类型流量计相比，精度相对较低；
- 由于压差和流量之间的平方根关系，量程比低；
- 引压管和取压口问题；

- 可恢复压力损失问题；
- 严格的安装要求。

虽然新的体积和质量流量电子测量方法提供了重要的选项，不过，与差压(d/P)变送器组合使用的孔板，或许仍然是最常用的流量计。

E.3.2 涡街流量计

涡街流量计是一种无活动部件并在管道嵌入式安装的设备，它基于流束流经阻流体产生的旋涡数量确定流量。它的流量输出信号具有线性特性，从而使量程比和精确性得以改善。某些版本无须从管线上拆下表体就可更换传感器，有的版本可配置冗余传感器。涡街流量计坚固耐用，适用范围宽，可用于不洁净的液体以及蒸汽流量测量。不过，这种技术的流量计需要有最小流体速度，才能获得精确的读数，以及提供足够的流动能量产生可检测的、稳定的旋涡。如果速度下降到这个最小值以下，由于流动状态从湍流变成层流，漩涡将变得不稳定或完全消失。精确测量所需的流速下限，通常大约对应雷诺数 $Re=20000$ 左右。随着流速下降，流动状态从湍流接近到层流区(大约 $Re=5000$)，流量计内部电路通常将流量值强制置为零(例如，小流量切除)。因此存在不能检测到更低流量的可能性。工艺过程中的振动/脉动工况会影响某些技术指标，损害其性能。参见图 E.3。

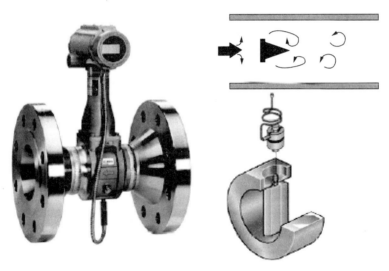

图 E.3　涡街流量计(Emerson 提供)

涡街流量计有如下的优点：

- 没有活动部件；
- 精确度高，并具有长期的稳定性；
- 高量程比(高达 40-1)；
- 可提供模拟和/或脉冲输出(用于体积累积或积分计算)；
- 可在同一台变送器中可易于将压力和温度信号与体积流量结合起来，提供补偿的质量流量；
- 基于一次元件的尺寸对一次元件进行校验；
- 在同一个流量计中可以配置冗余传感器和泄流棒(buff bodies)，提供冗余的流量测量；

- 可以缩小内径尺寸。

现代涡街流量计具有诊断功能，可通过内部或外部仿真的传感器信号对电子部件进行测试。可用于检测引起异常流动状态的高振动是否存在。现代涡街流量计一般也具有监测和分析漩涡是否正常的诊断能力，这增加了诊断覆盖率和可测试性。

涡街流量计也有下面的缺点：

- 在流动状态低于 5000~20000 雷诺数（取决于制造商的技术规格）时，不能对流量进行测量（从本质上没有足够的能量形成稳定漩涡）。
- 可能需要减小管线尺寸以提供足够的雷诺数。
- 一般限制在 12in 及以下的管线，并且有直管段要求。
- 如果没有流量校准装置，无法就地对一次元件传感器进行全面测试，只能返回制造厂进行流量校验检查，或送到流量标定实验室。对于具有相对频繁测试要求的 SIS 应用时，这可能是比较突出的缺点。

E.3.3   电磁流量计

电磁（MAG）流量计适用于计量导电物料（通常 ≥5μS/cm），例如用于计量污水、泥浆或具有腐蚀性、脏、黏滞的，或其他难以测量的液体。电磁流量计一般不适用于烃类、蒸馏水和许多非水或低电导率溶剂。流量计安装时要特别注意，金属电极要接触到被测工艺液体，即表体内要全部充满液体，以确保精确测量。量程比通常超过 10-1。应按照制造商的说明，将电磁流量计进行良好的接地。这种流量计的主要优点如下：

- 精确度高（0.2%~0.5%），插入型流量计大都精度较低；
- 被测液体在表体内无障碍流通（无压降）；
- 可测量低流量，甚至有时也可处理非满管流量；
- 有插入型；
- 能够测量很脏的物料；
- 有各种衬里和电极可用。

电磁流量计的主要缺点如下：

图 E.4   电磁流量计（Venture
Measurement Company 提供）

- 仅限于液体或泥浆计量；
- 在某些应用场合，受不均匀流体动力学效应的影响，会出现不稳定的输出信号；
- 仅适用于导电的工艺物料，对于烃类测量受限；
- 没有流量校准装置用于就地测试，只能离线在流量实验室校验。另外，必须采用实际工艺流体而不能用水替代进行测试，才能获得精确的结果。与涡街流量计一样，对于 SIS 应用，对电磁流量计进行检验测试时，测试局限性可能是比较突出的缺点。

这种仪表的新技术是出现了两线制版本，简化了安装要求，它采用平衡的电极面，消除了接地回路，也降低了噪声。电磁流量计示例如图 E.4 所示。

E.3.4　涡轮流量计

涡轮流量计(有时称为螺旋桨式流量计)通常用于要求高精确度、高重复性，和/或高量程比的清洁流体计量。可输出模拟和/或脉冲信号(用于体积累积)。涡轮流量计可以很容易与同一台变送器中的压力和温度信号结合，以提供补偿的质量流量。管道式通常限制在12in，但插入式可以扩展到更大的口径，不过，精确度会受到一定的影响。它们常用于1in以下的应用。流体黏度必须在制造商推荐的范围内。现代涡轮流量计的电子部件能够对过程状态变化的影响进行补偿修正，而这些影响对老式流量计是无法克服的问题。在流量计直管段前端需要安装入口过滤器和除气设备，以防止涡轮损坏，也可能需要安装整流装置。过程流动状态在流量计内或叶片处的闪动，会造成涡轮叶片超速，进而损坏转子轴承。转子轴承是主要的失效点之一，因此，轴承材料和设计，例如轴颈、滚珠轴承、开/闭轴承套圈等，是此类仪表选型和应用时的重要考虑因素。对于流体为气体的涡轮流量计，气体夹带的液体会撞击快速旋转的叶片，导致转子失效，并且汽化会引起涡轮突然超速。图E.5展示了具有整流装置的涡轮流量计。

有可供选择的插入式涡轮流量计用于清洁的非腐蚀性流体(例如蒸汽、水、氮气或空气)。这个类型的涡轮流量计特别适用于工艺管道不能停用，但可以在管道上带压安装截止阀的场合。除了具有管道式流量计相同的要求和限制条件外，插入式涡轮流量计在流束中的位置会影响计量精确度，因为它检测到的流速可能并不准确。流动机械力大也会损坏涡轮。插入式流量计的精确度通常低于管道式。

现代诊断技术允许对涡轮流量计的电子部件进行测试，不过，对这些流量计的校验和整体测试需要提供流量校准装置，对于SIS应用的检验测试仍是很麻烦的问题。

E.3.5　科里奥利流量计

科里奥利流量计是高精确度的质量流量计量设备。这类流量计的主要优点，是直接读取质量流量，通常也提供附加的密度测量。压降、尺寸限制、安装要求和成本是主要的缺点。每个制造商都有自己的流路形式(U形管、环路、Ω形、直通型等)，以达到所需的精确度、灵敏度、量程比、压降以及其他特性要求。双U形管流量计如图E.6所示。

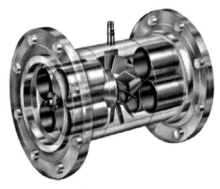

图E.5　涡轮流量计示例　　　　　　　图E.6　双管科里奥利流量计
（Cameron 提供）　　　　　　　　　　（Emerson 提供）

这类仪表的主要问题是对管道应力和振动的影响比较敏感，特别是这种仪表的早期产品更是如此。传感器必须安装在适当装配和支撑的管道系统中。在高风险应用中，可能需要再外配一个保护箱，防止其薄壁振动管、焊缝或铜焊缝等脆弱部位的失效。一些质量流量计的内管直径可能比外接工艺管道直径小很多，并产生明显的压降，特别是当流体黏度增大或在低密度气体应用场合。科里奥利流量计口径可达16in，较大的尺寸通常占用的安装空间明显大很多。现代诊断技术允许对科里奥利流量计的电子部件进行测试，检测内管的气泡或栓塞流以及监测内管的刚度；不过，精确度校验和整体测试通常需要流量校准装置，或者送到流量实验室进行标定，这对于SIS应用的检验测试仍是很麻烦的问题。

E.3.6　超声波流量计

非浸入式超声波流量计采用多普勒或传播时间方法测量流动物料的速度。有些可以将其传感器安装在管道外部，消除了结构材质、机械磨损以及流量计本体周围或其本身可能出现泄漏等问题。不过，此类流量计通常比管道式流量计精确度要稍微低些。超声波流量计还可配置便携式流量计量表头。超声波流量计可在管道正常使用状态下安装，不需要排空。这与那些直接接触工艺流体的传感器明显不同。其精度和可重复性受流体中的气泡或泥浆影响较大，有些流量计并不适合于某些应用场合。这种流量计的精确度取决于工艺流体中的声速。如今超声波流量技术发展到了很高水平，已被认可用于气体和液体的监管输送计量［AGA第9号报告（2007）关于气体以及API MPMS（2014a）第5.8章关于液体］。多路超声波流量计通常也被用于监管输送应用场合。不过，这种技术对应用条件很敏感，应该与制造商确认流动液体所有基本物理特性以及管道技术参数（如管道尺寸、材质）。虽然这种类型的流量计有许多成功的应用，但在技术层面仍具有挑战性。在一个场合应用成功并不意味着在另一个看似相同的应用中也会如此。

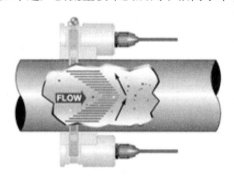

图E.7　钳式超声波多普勒流量计（Dynasonics提供）

现代诊断技术允许对超声波流量计的电子部件进行测试，不过，整体校验和测试仍然需要一个流量校准装置，对于SIS应用的检验测试仍是很麻烦的问题。钳式安装超声波流量计如图E.7所示。

E.3.7　热式质量流量计

热式质量流量计（图E.8）是将工艺物料流束加热，然后测量表体上游和下游两点之间的温差。这个温差，是所加热量和物料热特性的综合体现，与质量流速有关。热式质量流量计有工艺管道式和插入式两种型式，其最大优势是满足高量程比和低压降低等应用场合。探头受流速特性和插入深度不当的影响较大。被测流体热特性的改变也会影响测量的精确性。气体流束中的粉尘、其他微粒、气化物

图E.8　热式质量流量计（Sierra提供）

以及水分等都会影响流量计的精度。管道热式质量流量计口径一般限于4in以下，而插入型可用于口径大一些的工艺管道。管道型通常用于小于1in的应用场合。许多装置将此类型流量计用于流量阈值监视，即将其流量信号只做有无流量的判断。设计用于液体插入式测量的流量计，当管道中无液体流动时，由于加热干烧，高温会引起潜在的危险。这些插入型热式流量计经常用在大口径管道上，比如火炬管线。

E.3.8　正压移动式(PD)流量计

正压移动式(Positive Displacement，PD)流量计(图E.9)是体积流量计，而非速度型流量计。这种流量计有多种类型(例如，活塞式、椭圆齿轮式、转盘式等)。都是依据流体流经一个固定体积的腔室，单位时间的体积个数进行流量计量。其输出表头实质是一个就地计数器，以某一流量单位(例如，GPM)标定，通常还附带常闭触点向外部输出远传信号。这类流量计通常用于物料平衡或输送应用，而非过程控制。

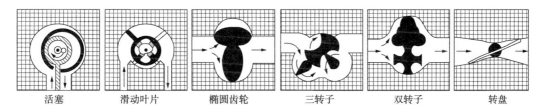

活塞　　　滑动叶片　　　椭圆齿轮　　　三转子　　　双转子　　　转盘

图E.9　典型正压移动式(PD)流量计(Smart Measurements，Inc.提供)

E.4　压力测量

有许多技术可用于现场压力、差压、真空或绝对压力的测量。在压力变送器选型时，精确度、接触工艺物料部件材质的选择、隔离膜片密封的使用以及正或负迁移等都是需要考虑的因素。还需要考虑压力超量程的影响，特别是对于极低量程的型号，这是因为隔离的设备和管道中会产生热膨胀引起的非常高的液压。特定应用的安装要求也是重要的考量。采用远程密封方式简化了许多安装上的考虑。压力变送器及其一次元件的示例，如图E.10所示。

图E.10　压力变送器及其一次元件示例(Invensys-Foxboro提供)

压力开关是过程工业常见的开关(即超过/未超过)类或限值检测的压力仪表。按照制造商的说明选型、安装以及维护，其可靠性还是不错的。它们的主要缺点是只有 on/off 信号，不像过程变送器那样提供工艺参数的连续测量信号以及具有非零最小输出特性。因此，工业控制系统使用压力开关时，应定期进行测试。在用于安全应用场合时，定期测试是不可或缺的要求。电子压力开关有很多型式，包括无表头、数字显示表头、触点输出，甚至可选模拟输出。对于 SIS 应用，由于变送器增加的在线诊断能力，变送器在很多场合要优于过程开关。

压力表可以用来测量并指示绝对压力、真空压力和表压。工艺流体上所用的压力表应该是工业型、并具有防爆裂措施（首选 NPT / DIN 连接方式）、引出管或弯管（用在蒸汽压力测量上），以及截止和排放阀（类似于变送器）。建议正常的操作压力范围限定在满刻度的 25%～75%［ASME B40. 100（2013）］。有些特殊设计的压力表，例如充油型或带有脉动阻尼器，可以防止因振动、脉动和超量程等造成仪表失效。受益于新的电子技术进步，也出现了电池供电的两线制输出压力表，这种压力表表头具有数字指示、故障处理辅助信息显示，某些版本甚至提供 4～20mA 输出等功能。压力表对于操作人员了解工艺过程操作状态，以及其他相关仪表故障排查，都是非常重要的帮手。

E. 5 物位测量

物位传感器，更多的是液位传感器，可以采用各种不同的操作原理，其中差压式液位仪表是最常见的一种。物位测量包括模拟量或者点式两种形式，其操作原理往往是相同的。点式物位测量仪表产生二进制输出，指示物位是否已达到该点。点式物位测量与模拟量输出相比，仪表结构相对简单。

物位计一般有两种常见的安装类型：直接读取容器中的物位或者采用外部的浮筒或吊带。外部浮筒测量方式一般用于液位，该类型液位仪表具有易于校准、维护和测试等优点，这对于检验测试也十分有利。并且也较少受到容器内物理条件的影响，如液位晃动、旋涡或其他搅动。其缺点是下部过程连接管路会出现堵塞，造成容器中的液位与外部浮筒液位不平衡，出现错误的液位测量等问题。需要插入传感器元件（例如，探头、浮子、空中雷达天线锥体，超声波探头等）或需要在储罐中安装传感器（例如，导波雷达用电缆）的液位测量，比从外部浮筒或吊带测量更直接，不过，在校验、测试和维护方面有一定的难度。对于料位，例如塑料粉末、滑石粉、颗粒物料等，由于可能堵塞，通常有必要采用直接测量方式。

下面介绍的物位计主要用于液位测量，但在某些情况下也可用于料位，例如雷达、超声波、电容式等物位计。

E. 5. 1 压差式液位测量

最常见的测量液位的仪表是差压变送器，差压变送器测量容器两个工艺过程接口之间的液体质量（压力），可用于承压容器、常压容器以及敞口储罐。对于常压容器或明渠测量，只需要一个连接点或接口。

差压（d/P）液位计根据液体的相对密度和测得的压差计算液位高度。只有计算采用的相对密度与液体的实际相对密度相同时，液位测量才能准确。采用差压（d/P）液位计的复杂性，在于许多场合由于不同过程操作模式导致被测液体改变，使得相对密度会随之变化。对于相对密度变化的安全应用场合，通常选用安全考虑最坏情况的相对密度，或进行温度/密度补偿。

确定液位变送器的校准范围，需要了解被测液体的特性以及操作状态下的相对密度。压差式仪表通常以高度单位进行校准，例如英寸水柱(inwc)或毫米汞柱(mmHg)。液位变送器一般采用校准仪器提供的标准压力源进行校验。输出到控制器的信号为0~100%，不需要进行液位转换。如果需要0~100%之外的其他量程表达方式，通常在控制系统中通过组态完成转换。

液位变送器的安装常常涉及正或负迁移，以补偿或消除流体参照管中的静压头。采用毛细管的远程密封引压管，通常需要进行正负迁移。

与所有压差型式的仪表一样，压差液位计的主要问题也是取压口堵塞和引压管敷设不当。为了尽量减少堵塞的可能性，在容器上有较大开口的场合，一般采用膜片、扩展膜片或远传密封连接。当测量容易造成堵塞的液体时，通常使用对工艺过程无不利影响的流体吹扫取压口。

许多应用场合(例如蒸馏塔)，在容器底部(塔盘下方)有液位取压口，当处于溢流工况时，液位可能超过上部取压口(连接点)，引发潜在的危险状态。在这种情况下，差压和浮力型液位变送器实际成了相对密度变送器，但输出会被误认为是液位读数。如果相对密度保持不变，不存在问题。如果相对密度降低，变送器会在溢流工况时出现液位下降的误指示。这种情况在得克萨斯炼油厂事故中发生过(参见第4章案例10)，最终导致了多人死亡。当时塔内溢流使得液位超过浮力式液位变送器顶部取压口的位置。在液位处于上部取压口上方时，由于塔底在加热，这降低了底部物料的

图E.11　具有远程密封的差压变送器
(Emerson 提供)

相对密度，给操作工"液位正在下降"的虚假指示，而实际上液位还在上升。如果使用差压式液位变送器，也会出现相同的错误读数。有时特意将差压变送器设计为保持两个取压口都充满液体进行操作，以进行相对密度测量，例如，用于静压储罐液位或密度测量。

经常采用密封膜片毛细管简化过程连接，这种方式可以减少维护量并有助于隔离工艺流体(图E.11)。在采用这种形式的差压变送器时，要特别注意最大限度地降低温差对密封系统的影响，并考虑膜片密封的高度差。在安装这类膜片时需要小心谨慎，因为它们的尺寸可能相对较大(3in或更大)，薄且容易损坏。有关密封和吹扫仪表取压管路的更多信息，请参阅附录E.5.11。智能变送器技术也采用组合形式，即用第二个压力变送器取代了上部的(低压侧)膜片密封毛细管，再将其连接到高压侧压力变送器，并进行差压/液位计算。该计算也可以在过程控制器中完成。

可凝结流体会污染直接接触介质的下部参照引压管，或者气相中凝液残留会污染上部无介质引压管，都会导致液位读数无效。有时用氮气吹扫防止出现这样的污染，不过，由于氮气是不凝气，混在工艺过程中有时也会带来负面影响。如果直接接触被测介质的下部参照引压管中灌装隔离液，必须考虑与工艺过程的相容性。乙二醇是一种常用的流体，但在某些过

程中却可能是污染物。使用乙二醇也可能造成环境问题。使用食品级丙二醇可能是一种可接受的替代方案。

差压(d/P)方法的另一种形式是吹泡法或称吹泡管。吹泡法有一根插入容器的管子(长度受机械和结构限制)，在低压侧有一个参照引压管(在常压容器上不需要)。少量的空气或氮气以恒定的流率[一般在一个 SCFH(标准立方英尺/小时)量级]向液体吹入，一旦插入管中的吹气压力大于容器中的液位压头，就会有气泡逸出。容器的尺寸、插入管长度、鼓泡速率以及液体相对密度都是影响校验和精确度的关键因素。这样的测量单元安装就位并投入操作之后，主要的关切点是插入管堵塞和泄漏，这将导致错误的读数。对于一个密闭系统，吹泡用流体必须与工艺过程液体相容(例如，易燃液体中使用空气吹泡

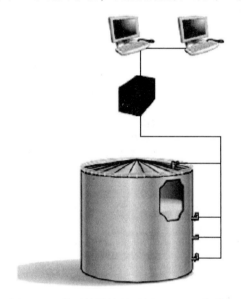

图 E.12　静压储罐计量示例(Emerson 提供)

不可取)。吹泡法通常是液位测量不得已的最后一个手段，有时用于其他液位测量技术不适用的场合。吹泡法通常用于明渠、污水和水井的液位测量。吹泡液位计有更多的部件易于失效；其中一些无法借助自动诊断检测出来，或者不能通过配置或组态使其在失效时进入安全状态。由于这些问题的存在，将该技术用于 SCAI 存在明显的挑战。

用于储罐的压差式液位测量新技术是静压储罐计量(Hydrostatic Tank Gauging，HTG)法，其中除了压差测量之外，还进行相对密度测量，以获得更精确的液位测量。有时还增加一个温度测量，用于修正计算罐内物料的标准体积。静压储罐计量的示例如图 E.12 所示。

E.5.2　电容/导纳液位计

电容探头和 RF(射频)导纳探头通常是采用带聚四氟乙烯涂层的不锈钢棒，直接安装在容器上。探测信号取决于流体的电导率和介电常数，但与液体相对密度和压力无关。这些探头通常用作物位开关，可以同时用于液位和料位测量；不过，这类物位测量技术在涂料应用场合有一定的限制。RF 导纳型同时测量电容和电阻，在涂料应用场合有很好的适用性。如果探头直接安装在容器中，校验和测试都可能成为问题。理想的方法当然是将它们安装到容器中，先使变送器归零，然后按照实际操作工况向罐中充装工艺物料并进行校验标定。不幸的是，这类变送器通常用于危险化学品测量，很难接近查看容器内部。因此，操作和维护人员应在设计阶段，而不是在设备投入使用之后，落实校准和验证的适用方法并达成一致非常重要。这类物位计探头可能也会遇到填料压盖处泄漏、探头承受振动或机械外力、涂层以及机械损伤等问题。

E.5.3　浮子(浮力)型液位测量

浮子(浮力)式液位仪表可以测量液位、相对密度或界面的变化。被测流体的这些变化会引起浮子的浮力改变。浮力差值被传送到变送器机构。浮子并不一定漂浮在液面上，也会

沉入流体中。浮子液位仪表如图 E.13 所示。

伺服式液位计的浮子吊挂在钢索上,并部分浸入液体中。伺服系统通过浮子重量改变检测液位变化,钢索随液位上升或下降相应地卷起或展开,直至浮子的重量与新液位处的浮力相同为止(即浮子再次处于重量和浮力处于平衡状态)。

浮子式液位仪表适用于清洁、无腐蚀、非涂料化工应用场合。机械部件结构和物理尺寸/质量都导致维修和检修规程相对复杂。这类液位测量仪表一般安装在一个外部浮筒室内,借助测试流体可以从外部很容易地对其进行测试。也有内浮子液位计可供选用。

关于液位高于浮子上部取压口的情况,请参见附录 E5.1 差压式液位仪表关于这种情形的论述。在这种情况下,浮子的功能从测量液位变为测量比重(相对密度)。

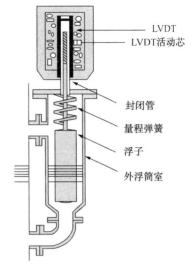

图 E.13 浮子式液位仪表示例
(Magnetrol International 提供)

E.5.4 浮球式

有许多液位开关和变送器采用浮球。如图 E.14 和图 E.15 所示,浮球开关可以使用磁致伸缩传感器或者连接微动开关的连杆和杠杆组合。浮球对液体相对密度很敏感,通常用于特定场合(相对密度、压力和温度)。例如,用水校准的浮球可能会沉入碳氢化合物中。高压和高温会使浮球损坏。浮球式仪表常见的失效模式是浮球上出现孔洞,会导致浮球下沉。对于高液位报警或关断应用,这是典型的危险失效。

图 E.14 磁致伸缩浮球式液位开关
(GEMS Sensors and Controls 提供)

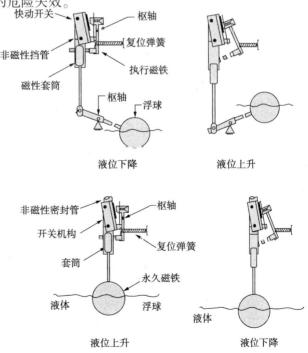

图 E.15 机械浮球式液位开关
(由 Magnetrol International Inc. 提供)

　　磁性液位计用于清洁液体测量可以取代标准液位仪表。这类液位计采用浮球带动非磁性腔体中装配的磁铁，激活红色和黄色的磁性翻板，从外部指示液位。这些指示可视性非常好（高达100′）。液位开关/报警器/变送器可以很容易地安装在这种磁性液位表头上，实现液位测量模拟信号输出（例如，借助磁致伸缩传感器、磁簧片开关等）。

　　磁性液位计对被测液体的相对密度很敏感，应与之相匹配。磁性液位表头与GWR雷达液位变送器组合很常见。这样做的好处是可以方便地将雷达测量的液位信号与磁性液位表头的就地液位指示相比较。这种组合形式很容易对其进行调试和测试。

　　钢索导向浮球有时与钢带卷尺系统组合在一起。浮球与钢带连接，钢带通过弹簧驱动传到外部表头。这种类型的仪表可提供就地机械指示，也可以将读数发送给控制室。除了浮球上出现孔洞之外，钢带系统还会有其他的失效：钢带扭结、分离、腐蚀或者绷绳松脱。这类浮球在大型储罐上很常见，但很多场合已被雷达或静压储罐计量仪表取代。

　　散体颗粒料位有时通过悬吊于钢索的铅锤或重物（例如，浮球）进行测量，钢索放松下探到罐中，直到铅锤接触到固体料位。料位通过测量伸展出去的钢索长度确定。钢索和铅锤随后被收回，直到下一次再进行料位测量。由于是不断重复上下运动，这种测量方式通常也被俗称为溜溜球（Yo-Yo）。

E.5.5　雷达

　　雷达液位计有两种类型，即直接雷达和导波雷达。雷达使用时域反射法检测液位。在直接式雷达中，雷达波（例如，微波）从雷达发射器发射，穿过容器液面上部的气相空间，再从液面反射回雷达探测器。对雷达波到达液面以及返回的传送时间进行计量，首先将其换算为传输距离，然后再基于容器的外形尺寸转换为液位。这种类型的雷达液位计通常安装在储罐或容器的顶部，并直接测量储罐中的液位。

　　导波雷达（Guided Wave Radar，GWR）不同于前述雷达波直接穿过空气，而是通过探头（金属棒或线缆）导波。雷达波沿着导波机构和周围的空气向下传播，在不同物料断层界面处都会反射，并将反射的回波接收到液位变送器。GWR可以安装在容器内部也可以安装在容器外部。外部GWR安装在一个外部接管上，通常与一个磁性液位计组合使用，如图E.16所示。这样的组合形式一般用于替代浮子式液位测量。

　　这两种类型的雷达波除了初始遇到的液体表面反射，另外的雷达波也会在下方每一个不同物料界面处反射，直到雷达波到达罐底部并返回。当不同物料界面处具有足够的介电强度差时，折射特性会有明显的不同，据此可用于测量界面。

　　外部GWR很容易测试并可与磁性液位计进行比较，而直接雷达和内部GWR则不行。GWR和直接式雷达都有初始安装的校验问题，不过，一旦这些问题得到妥善解决，后续就可以提供可靠和精准的液位测量。高级诊断技术通常可用于维护。雷达液位计存在的一些问题包括：

- 在雷达波传播路径上存在干扰物体（不过，多数情况下可以描述出来）；
- 起伏不平的液位表面（平静的表面散射更少，反射更好）；
- 泡沫；
- 易气化物料；
- 罐中气相空间存在粉尘颗粒物；

- 表面呈现整体或不规则斑块状胶质化;
- 涂层;
- 不同的介电强度;
- 冷凝气化物(导致不稳定的回波)。

E.5.6 超声波物位计

超声波物位测量与雷达波物位测量的概念相类似,只是它采用超声波。其工作原理是一样的:即从液面反射声波并测量往返时间。其本质上不直接接触物料。没有雷达物位测量仪表复杂,也没那么昂贵。超声物位计不适合于真空的场合,影响测量的因素包括:液位表面状态(例如,在油/水界面存在泡沫、胶质层)、入射和反射角度、操作压力和温度、涂层以及对气相空间工艺状态敏感(例如,气相空间中的物质、气化物成分、冷凝物、污染物等都影响声速)。超声波液位计其自身特点决定了测试困难,并且应用

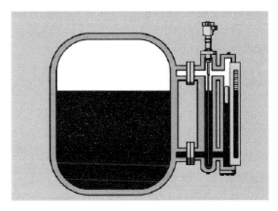

图 E.16 GWR 与磁性液位计组合
(Vega Controls 提供)

场合非常有针对性,通常需要与制造商密切协作才能成功应用。另外,还有将液位变送器安装在罐底部的超声波液位测量技术。

超声波点式物位传感器,或者通过一个小间隙的传输信号变化,确定是否有液体存在;或者当出现物料时将改变振动探头的超声谐振频率,随之激活一个开关输出信号。在这类仪表的应用中,涂层是影响测量的主要问题。

E.5.7 核物位测量

核物位测量主要用于没有其他有效的可靠技术可供选择的场合。核物位测量设备安装在容器的外部,适用于测量容器壁很厚,又是黏稠的物料,以及其他技术类型的物位测量仪表很难安装,例如带搅拌的容器等应用场合。通过有效的设计、安装和维护,核物位计也并不比其他类型物位测量设备更危险。不过,在大多数应用场合,通常都需要获得政府的特种设备应用许可,并指定有资质的人员妥善管理现场放射源。需要采取严格的管理规程防止员工暴露于辐射环境,也可能需要现场作业人员穿戴必要的个人防护设备。背景辐射量和放射源半衰期等都会造成偏离校准值。

面临的一个棘手问题是废弃放射源的处理,另外放射源接收探测器对环境湿度和温度的变化也很敏感。

中子反向散射物位测量技术,采用中子源发射中子穿过容器壁测量物位。撞击氢分子会减慢中子的速度,也会使其中一部分反向散射到中子探测器上。反向散射中子的数量与探测器前方的氢原子数量成正比。将这个浓度变化与气相空间的气体浓度进行对比,就可以表征出烃类、水和其他液体的液位。这类仪表通常用于厚壁容器,并采用点式物位探测器。也会借助便携式探测器验证密闭容器中的物位和其他过程操作状态。

核物位测量可以是点式或模拟量输出，也可以用于测量密度。这种类型物位计很难进行测试，这对于 SIS 应用是一大问题。

E.5.8　物位开关

物位开关是一种点式物位测量设备，用于不需要模拟物位测量的场合，或者用作物位变送器的备用。开关可以使用前述同样的测量原理（浮子、浮球、超声波、振动、旋桨、热式等），要特别注意具体的应用要求（选型、安装等）以及维护和测试要求（例如，对于 SIS 应用，一次元件必须要进行测试）。物位开关一般是相对简单的设备，给出可靠的 on/off 信号，用于报警或联锁等应用场合。

E.5.9　玻璃液位计

玻璃液位计，也被称为视镜，是操作人员在工艺过程出现扰动，并涉及液位或液位变送器问题时首先对照检查的就地显示仪表。玻璃液位计一般是操作人员日常巡视时观察的对象，是生产设施确保安全操作的重要组成部分。不过，玻璃液位计往往得不到很好的维护，或者设计不当（选型、安装等）。

玻璃液位计应是铠装反射式或透明式，具有顶部和底部连接口。不过，对于高度腐蚀性物料，选用这类液位计应谨慎。对被测物料可能损坏玻璃的应用场合，应在玻璃内壁加装云母防护衬里。腐蚀性环境或有毒工艺物料不宜使用玻璃、垫片或螺纹连接时，应考虑选用铠装磁性液位计。玻璃液位计安装应使用截止阀和过流中止阀（球型中止阀）。热应力和螺栓扭矩也是重要的考虑因素。

E.5.10　罐区液位测量仪表

监视储罐液位对于装置物料平衡操作非常重要，要密切关注液位变化，确保英国邦斯菲尔德罐区（2005）、美国加勒比石油公司罐区（2009）和印度石油公司罐区（2009）那样的火灾和爆炸事故不再重演。前面已经讨论了能够用于罐区液位测量的许多技术，例如钢带/浮球系统、雷达、超声波、静压和液位开关以及人工液位检尺测量。许多储罐液位计的输出信号可以通过现场总线和以太网，并使用电缆和无线通信方式连接在一起。有关储罐溢流防护的标准是 API Std 2350：2012 （2012a）《石油设施储罐的溢流防护-第 4 版》（Overfill Protection for Storage Tanks in Petroleum Facilities-4th edition）。英国 HSE 依据邦斯菲尔德事故调查给出的建议，也出版了《燃料储存场所的安全和环境标准》（Safety and environmental standards for fuel storage sites）（2007）一书。

E.5.11　密封和吹扫仪表引压管

安装压力和差压（d/P）变送器，标准做法是当测量介质为液体和蒸汽时，变送器与过程取压口齐平或安装在其下方；而当测量介质为气体时，则安装在取压口上方。在液体和蒸汽应用场合，引压管要充满液体并据此调整零点，以便获得精确的读数。

取压口的常见问题，是有些化学物质处于环境温度就可能冻凝或堵塞引压管，即使工艺物料恢复到正常操作条件时也可能如此，从而导致不正确的测量结果。例如，物料在高温下通常是黏稠的、低温下变成固态的应用场合。在这种情况下，如果环境温度低于冰点，引压管可能会破裂。填充隔离液，诸如甘油、乙二醇或乙二醇和水的混合物，替代工艺物料直接测量，是解决此问题最小化的常见手段。也可以采用伴热和保温措施防止冻凝。不过要特别注意，不要使引压管中的液体温度升到沸点或降解点。也有带温控器或自限温度范围的电伴热系统可供选用。不过，应提供具有报警功能的故障检测系统，以确保电伴热电路都能按需进行操作。

保持引压管清洁的另一种方法，是用惰性气体或与工艺物料相容的流体进行吹扫。在这种情况下，小量的流体在流量受控的状态下进入检测引压管路，通常要配套使用吹扫流量调节器、带针阀的转子流量计和防止回流的止回阀。定期检查和/或设置报警功能是确保吹扫系统可靠操作的有效措施。对于安全关键应用，可能需要吹扫低流量报警并定期对过程连接口进行检查。

引压管的另一种可选方案是使用化学密封(远传密封)。这类密封有各种各样的类型、连接形式、结构材质和填充液。填充液需要与过程流体相容，以防泄漏。硅油是标准填充物，相对不活泼，但会与氯发生反应。化学密封液应从变送器制造商处购买，制造商负责设计、充液和校验。重新充装密封液时应格外小心，如有可能，用户应尽量避免出现这种情况，因为重新充装需要在真空和受控条件下进行。这是专业操作，通常只有原制造商才能成功完成。远传密封一般需要 2in 或更大口径法兰连接。参见图 E.11 具有远传密封的差压变送器示例。

E.6　温度测量

老式温度变送器使用液体、气化物或充气系统，根据热膨胀原理检测温度。随着智能温度变送器的技术发展，一般配套使用热电偶(T/C)或热电阻(RTD)检测温度，早期基于热膨胀和机械原理的温度变送器已经极少使用。不过，就地温度指示仪仍然使用双金属片或上述机械原理，主要是因为它们不需要能源支持。T/C 和 RTD 变送器相对于机械传感器的主要优点是：

- 可以部分使用电子传感器仿真设备对其进行校验和测试。
- 不再需要从热敏元件到变送器的超长保护毛细管。
- 变送器可以安装在控制室、机柜间或现场(可以靠近或远离一次元件安装)。
- 对温度变化的反应更快。

RTD 或 T/C 可以直接连接到某些控制器的温度输入卡。这减少了接线端子的数量以及现场变送器安装和校验的需要。温度变送器可以安装在机柜间 DIN 导轨上或安装于 RTD 或 T/C 套管顶部。

T/C 信号通常也接到多点记录仪/指示仪，或者现场输入/输出多路转换箱，以实现对大量温度测量点集中监视。不过，对于 RTD 信号一般不采用这样的方式。如果温度测量值超出量程，多点记录仪可能输出缺省值(例如，置于零)，这可能会误导操作人员。由于存在安全和维护方面的问题，应避免将多点记录仪或指示仪安装在现场。

将 T/C 信号引入到控制室/机柜间需要专门的中间接线，称为补偿导线。补偿导线与热电偶有相同的特性，但可以有不同的温度范围和精确度技术参数。如果温度范围限制在 20~250℉，补偿导线可以与热电偶有不同的特性，但要有类似的温度响应，以便提供足够的精确度。

采用 T/C 补偿导线直接连接到控制室的优点，是不需要在现场安装温度变送器，特别是对于有大量温度测量点（例如，蒸馏塔和反应器）的应用场合优势更加明显。温度控制器一般采用变送器输入信号。T/C 补偿导线比一般铜线更加昂贵，毫伏级信号长距离传输比对等的 4~20mA 接线更容易受到噪声的影响，因此，有必要在每一个应用场合，具体评估采用直接连接 T/C 信号取代现场安装变送器的利弊得失。

热电偶类型采用字母标识，例如，J 型—铁康铜；K 型—铬镍铝镍合金；T 型—铜康铜合金；E 型—镍铬铜镍合金；芯线采用颜色编码。热电偶补偿导线通常在热电偶字母后加一个 X 识别，颜色编码相同。不过，这些颜色编码在不同国家之间没有统一的标准。以 J 型为例：美国颜色是白色（+）和红色（-），英国则是黄色（+）和蓝色（-），而 IEC 584-3（2005c）是黑色（+）和白色（-）。从不同国家采购这些设备或材料时，要特别注意，例如，美国与日本对 J 型热电偶的颜色代码正负极性正好相反。在美国和加拿大，红色线总是代表负极。

热电偶要求每根导线连接处都是同质的，例如 J 型的铁或康铜。高温下热电偶会老化，导致校准漂移。老化是混装在一起的两种材质，高温导致连接处单根导线变得不同质的一种现象。对于 J 型铁-康铜 T/C，铁可能会生锈；K 型铬镍铝镍合金 T/C，暴露于还原环境（例如，氢气与氧气一起存在）时会发生绿腐。这会导致铬镍线因氧化变成绿色，使得 T/C 读数偏低。应根据当地的维护和校准经验，定期更换热电偶，包括接线，特别是在高温应用场合。

敷设热电偶导线时，应认真检查，保持极性正确。如果导线极性接错两次，则产生的误差等于现场接线箱与导线最终端子之间的温度差。这个误差在夏天可能很小，但在冬天会很大，并且很难察觉。

T/C 安装设计还必须考虑穿线管和电缆桥架的布局。热电偶导线是刚性的实心线。如果穿线管没有足够的弯曲半径，或者电缆在电缆槽中弯曲不当，则可能导致 T/C 接线损坏。

由于标准热电偶电压对应温度值以 0℃ 为基准，因此对于测量端子处的非零温度需要进行补偿。这种冷端补偿通常以电子方式进行，T/C 直接连接到控制器时，在 I/O 卡上完成，使用温度变送器时则在温变上完成。

RTD 通常用于测量比热电偶更窄的温度范围，但可调范围宽，精确度也高。温度上限一般限制在约 800℃（1475℉），482℃（900℉）以上并不常用，而 T/C 则可以超过 2200℃（4000℉）。三线制和四线制 RTD 比两线制 RTD 更精确。两线制 RTD 能够提供比 T/C 更高的信号水平，也没有额外的失效模式。采用标准双绞线、有屏蔽的仪表导线即可，不像 T/C 需要专门的补偿导线。在使用 RTD 时也不用担心冷端补偿误差。不过，从另一方面来看，在大多数过程工业应用中，T/C 在正常操作范围之外，也可以提供很好的温度测量，在下限以下或上限以上都是如此。

RTD 元件对振动比较敏感。还必须注意确保 RTD 元件、接线和变送器类型都匹配。过程测量用的 RTD 通常是 100Ω 铂电阻，而电机通常采用 10Ω 铜电阻。RTD 有几个确定校准系数（α）的标准 [ISA、DIN（Deutsches Institut für Normung）以及 SAMA（Scientific Apparatus Manufacturers Association）]。校验和替换时要特别小心。RTD 的失效模式并不总是可以预测的，在安全敏感应用场合必须考虑到这一点。

T/C 通常有上限或下限断偶（开路）保护，RTD 有开路检测诊断。可拆卸套管的或表面安装的 T/C 和 RTD，可使用烘箱或油浴校准设备在现场进行测试，略显笨拙。这种测试通常需要热工作业许可证，特别是在有防爆分级的危险区域。这些现场校准设备也可能有一定的高温范围限制。很多时候是在车间校验，或者将测温元件与已知温度(周围的环境温度、临近可参照的其他测温元件或温度指示仪、插入式温度计等)进行比较。直接插入到容器或插入式多点 T/C 更难测试。直接插入式的 T/C 检查和测试只能在设备停工、打开，并在没有易燃或有毒物质存在的环境下进行。测热元件套管表面及其整体完整性，一般只能在停工时检查。

众所周知高温反应器中的 T/C 会出现失效，在修复之前，会在正常操作范围内出现虚假读数。在具体应用程序组态中，应关注这种潜在的危险失效模式及其行为特征，并做出针对性的处理(例如，在出现这种失效时，手动或自动地将 T/C 标记为坏值，直到被更换为止，复位后再恢复为"正常"状态显示)。

E.7　工艺过程在线分析

过程分析仪表可以定义为无人值守的、连续(或半连续)监测过程流路的一种或多种化学成分含量的仪表。将连续在线分析与实验室取样分析进行对比，以支持工艺过程操作。

某些过程测量(温度，流量等)是间接控制产品或中间物料的成分。操作人员在现场采样，在装置实验室通过样品分析，检查现实的操作绩效。这种操作规程存在的问题包括：

- 数据仅限于取样时的样本数据；
- 取样时会暴露于有害或有毒物质环境，取样瓶中的样本成分发生变化或被污染；
- 取样技术不恰当，会导致分析数据不准确；
- 为了确认过程工况是否出现异常，有时需要重新取样进行再次分析，导致时间延迟；
- 分析结果用于支持过程校正动作之前，有时间滞后；
- 为了验证工艺操作校正动作的有效性，重新取样再分析，需要时间等待(对于批量操作，在校正动作之后，可能没有足够的时间允许重新取样)。

在线分析仪用于控制或监视操作，以减少不合格物料、控制副产物形成，并将有害成分及其数量控制在一定的范围内。在线分析可以探测潜在的问题，帮助操作人员及时进行整改，甚至将物料切换到不合格品储罐。在线分析仪也有助于更好地控制焚烧炉和洗涤设备，减少大气污染。所有这些都将最终转化为实质性的经济收益、更高的产量、改善物料平衡(再循环)、降低能耗，并提高安全性。如果需要优化的最终过程变量没有被测量，则会丧失过程控制系统能够提供的许多好处。

由于分析仪表能够对潜在的危险工况及时地给出警告，也会提高操作的安全裕量。确保物料成分始终符合规格书要求，有利于减少腐蚀或堵塞的可能性，并使反应稳定在允许范围内。

工艺过程流路、环境空气和废水所需的成分分析设备，需要专门的工程实施。从需求的认知开始，评估各种分析方法的优点和潜在问题，测试拟采用的方法，完成详细设计，并对处于工作状态的分析系统进行调试。最终的系统必须包含过程样本处理的管路，并形成校验标准气。API 555 (2013)提供了过程分析仪设计和安装的指导原则。

设计过程分析仪及其采样系统存在许多认知误区，过程分析系统的设计一般应由分析仪专业人士完成。由于分析仪信号要集成到过程控制系统中，同时分析仪子系统需要特有的仪表和采样预处理系统，因此分析仪专业人员需要在常规仪表、过程控制以及机械和工艺工程等方面拥有很强的背景知识和经验。

过程分析仪通常安装在分析小屋内，其中大多数采用暖通空调（HVAC）进行温度控制。分析仪小屋处于受控的环境，可以提高精确性、可靠性和可维护性。校验管路也很容易与小屋外的标准气体连接在一起，便于维护和标定。分析小屋的主要缺点是成本高、连接到小屋所需的取样管路比较长、样本的排放处理以及需要提供新鲜空气。如果进入小屋的仪表气源采用氮气作为后备，改用氮气时应发出报警，因为这样的切换可能使小屋内的人员处于窒息的危险当中，另外，如果小屋中丧失了足够的新鲜空气通风，对于进入人员也面临同样的窒息危险。一些现代分析仪可以直接安装在取样点旁边，避免了分析小屋的某些缺点和采样系统问题。不过，它们也有其自身的维护和校验问题。例如，当复杂的仪表安装在现场、暴露于外部环境状态时，有可能对可靠性和维护造成不利影响。

过程分析仪的一个重要特点，是测量精确度与设定的校验标准气有关，而非工艺过程。过程分析仪校验参照的标准气通常是校验用混合气体。整个分析过程一般很慢，并且由于需要维护，可能造成较长时间的停用；由于存在以上这些问题，过程分析仪很少用于关键的安全应用。

在线过程分析仪的一般特性包括：

- 大多数分析仪和所有采样管路及其预处理系统，对于测量和控制算法增加了明显的死区时间。
- 样品系统的设计，所耗费的时间和需要付出的努力，不亚于分析仪本身。
- 大部分的维护需求和问题，主要来自采样系统和校验。
- 分析仪系统的精确度，可能受到采样系统冷凝器、过滤器和其他硬件的影响。在样本进入分析仪之前，这些设备可能会将某些化学成分清除或者改变样本构成。
- 为了确保分析仪系统的精确性和可操作性，需要在设计阶段提供完整、有效的过程信息，以及将过程操作维持在设计限值以内。如果将分析仪系统用于设计的过程条件之外，可能引发严重的问题。
- 分析仪系统设计、建造、测试以及最终移交给装置分析部门，需要很长的时间。
- 分析仪系统需要专门的维护人员。
- 大多数系统需要专门的空调小屋，安置采样系统、传感器和电子分析仪系统。

E.7.1　传输滞后

传输滞后与所用分析仪的类型、取样口的位置以及采样系统的设计有关。分析仪不能有效跟踪工艺过程的被分析参数，很多问题都可以追溯到用于降低采样系统操作压力的泄压阀或气化阀的安装位置、采样管路的长度和直径以及样品流体的流速。分析仪并不直接测量过程流路，而是经过预处理的样品。采样预处理系统的温度和压力变化，能够对样品造成实质性的影响。

很多时候会采用加速或旁通回路，构成样本到分析仪以及返回工艺过程的快速传输系统。从更大、更快的回路提取少量样品，并以较短的回路连接到分析仪，减少了样品的总传输时间。

上述因素涉及采样系统设计的各个部分。不过，也有一些通用规则概括如下：

- 尽可能将泄压阀或气化阀靠近取样口安装；
- 采集的样品要具有代表性；
- 尽量缩短并简化采样管路；
- 通过旁路管路或快速回路，清除明显多于分析仪实际需要的流体。

E.7.2 分析仪失效模式

分析仪采样系统的失效可能比分析仪本身的失效还多。分析仪系统相当于一个复杂的微型化工装置，本身具有复杂的控制和联锁系统，会存在一些与工艺装置相同的问题。因此，为了提供可靠的性能，应考虑主装置采用的所有安全保护措施，尝试用于分析仪系统，例如，安装低流量开关，检测过滤器、管路或换热器是否出现堵塞。

分析仪本身需要定期维护。老式分析仪的许多机械部件，已被基于微处理器的电子技术所取代。不过，许多部件仍然需要保持清洁，生命期有限的传感器或者其部件需要定期更换（例如，化学电池）。

E.7.3 环境安全分析仪

通常称为火气(Fire&Gas)系统的环境安全分析仪，用于监测可燃性气体、火灾、火焰、有毒气体(例如，硫化氢)和氧含量。由于这些系统的用途是减少损失事件造成的伤害，通常被归类为SCAI，因此大都被列为过程安全保护措施。安全分析仪用于指明需要采取的动作，以防止后续进一步演变成更危险的工况，和/或将危险的后果降低到最低程度。这些减灾系统的适当设计和维护，是维持生产装置安全的关键因素之一。对于火气系统，请参见技术报告 ISA - TR84.00.07 (2010)。ANSI／ISA 12.13.01 (2013b)、12.13.02 (2012b)、12.13.04 (2014)以及 TR12.13.03 (2009a)，这是有关气体探测器的一系列标准和技术指导原则。

E.7.4 过程特性分析仪

过程特性分析仪测量工艺过程的物理性质，如密度、pH值、氧化还原电位(Oxidation Reduction Potential，ORP)、黏度等。一些特性分析仪比成分分析仪更易于使用，维护也相对简单。不过，有些 pH 应用可能成为繁重的维护负担，包括频繁的(有时以天计)校验、用多种缓冲溶液标准化以及检查传感器表面是否存在沉积物。

E.8 自动阀门

自动阀门可分为两大类：开关(或切断阀)和节流控制阀。开关(on-off)阀通常是球阀、旋塞阀、楔形阀、蝶阀或闸阀，主要用于 SIS 停车系统或隔离系统。这些阀门大多使用气动执行机构，但偶尔也可能安装电动或液压驱动系统。节流阀通常为球形截止阀或蝶阀，但有时也使用高性能的球阀，如 Fisher 的 Vee-Ball。在标准 ANSI／FCI 70-2 (2013) 和 IEC 60534-4 (2006)中，定义了控制阀的泄漏等级为 Ⅰ~Ⅵ。不过，在 P&ID 上标出的严密切断 (Tight Shut Off, TSO)阀的技术规格往往会有些模糊，可能是以企业标准自行给出的定义。

标准 ANSI／FCI 70-2 定义了控制阀的切断级别，没有定义 TSO。对于严密切断阀，可以参考标准 API 598（2012d）。API RP 556《燃烧加热器的仪表、控制及保护系统》[*Instrumentation，Control，and Protective Systems for Fired Heaters*(2011)]，将 ANSI／FCI 70-2 定义的等级 V 或 VI，或者根据 API 598 标准定义的气泡级密封阀门，等同定义为安全切断阀的严密等级。API RP 553《炼油厂控制和安全仪表系统的阀门和附件[*Refinery Valves and Accessories for Control and Safety Instrumented Systems*（2012c）]，将严密切断阀定义为泄漏等级至少要达到 V 级。在 P&ID 上经常出现的阀门 TSO 要求，大都没有明确清晰的泄漏性能陈述。需要慎重考虑给定的阀门泄漏性能要求，它可能没有给出 TSO 泄漏率的直观量化指标，而在阀门的整个使用年限内保持其 TSO 等级又极为重要。

开关阀通常和工艺管线的尺寸一致，这意味着没有专门的口径计算规程（执行机构除外）。对于特定的应用场合，这些阀门的主要要求，是通过阀座的初始泄漏率必须可接受。有关更多信息，请参阅 API 598（2012d）或 MSS-SP-61（2013）。虽然 ANSI／FCI 70-2（2013）是针对控制阀，这些方面的考虑也常用作参考。需要绝对隔离的应用场合，可能需要双切断阀、并在双阀间安装一个排放或吹扫阀。此外，执行机构（气缸或弹簧隔膜、电机、液压系统）与阀体装配组合时，要确保拆卸固定螺母不会造成与阀体分离。

开关阀一般配有限位开关，向控制系统提供信号，显示阀门的状态信息：已完全打开、关闭或正处于动作当中。不过，这些限位开关如果安装不正确，可能会造成比阀门本身更多的问题，因此适当的选型、安装、设置以及投用前进行测试非常重要。设计时还必须认真考虑与阀门的连接件、支架以及传感间隙。使用一体化、直接或磁力驱动，或者电感接近开关，可以改善限位开关的可靠性。

SIS 阀检验测试，是通过测试确认阀门按"要求"操作。通常称之为全行程测试（Full Stroke Test，FST）。该测试是见证测试，证明阀门按照要求打开或关闭、动作平滑，并在规定的响应时间内完成。这样的测试并不能完全测试出阀门的打开或关闭性能，尤其是有严密关闭（TSO）要求的阀门关闭位置的状态。如果一个阀门指定 TSO，则必须定期进行阀座密闭性测试，对于 TSO 这样的特定要求，SIS 阀门的选型技术规格书中必须明确指明。此外，对于有 TSO 要求的 SIS 阀门，应定期从管线上拆卸下来，彻底检查阀体内部和阀门部件的操作性能，确保处于"完好如新"状态，以符合 SIS 安全要求规格书（SRS）。

阀门测试方面的技术进步，包括部分行程测试（Partial Stroke Testing，PST）。PST 通常是在线测试，将阀门动作很少的量，比如指定 15%~20% 的开度，查看阀门是否按要求开始移动（即没有卡住），并且是否在预期的时间内完成动作（即响应速度不慢）。卡住或响应慢是开关阀门常见的失效模式。

PST 技术有多种类型，从手动方法到全自动版本。PST 早期版本采用一套机械系统。这些测试方法是人为中断阀门的气源供给，强制阀门从正常的操作状态动作特定的开度。如若改变阀门测试开度，要在测试设计允许的行程范围内。对阀门动作状态进行测量，也可以检测出阀门执行机构的一些失效模式。监测阀门行程时间的变化，还能够检测出升降式阀门阀杆的某些失效模式。这些方法总体上已被能提供阀门状态数字特征的自动系统所取代。先进的 PST 系统可能相当复杂，需要大量的专业知识进行规划设计和实施。取决于 PST 方法的不同，代表阀门状态的数字特征可以基于时间、开度位置或扭矩。通过对这些变量的解读，可以辨识 SCAI 阀门是否存在问题。对过程控制阀进行早期诊断，已证明有很多的好处。

如果能够有效应用并对发现问题及时响应，部分行程测试可以改善 PFDavg。不过，估计通过这样的测试检测出的失效率所占百分比，以及是否能够及时的解读并对存在的问题进行响应，要充分考虑可能存在的系统性错误并加以控制。对于每个阀门，要评估所采用 PST 方法的有效性，对 PST 在 SIL 计算中影响的可信度进行评判。

PST 是对阀门性能的部分测试，有假定的诊断测试覆盖率。该方法的难题在于声称能够达到的测试覆盖率估算，即通过测试检测出的阀门危险失效占总危险失效的百分比。通常情况下，如果阀门制造商提供 PST 手段，也应给出估计的 PST 测试覆盖率，它是综合考虑阀门安装、操作和维护等相关影响因素的假设，基于对阀门进行 FMEA 或等效方法得出的推断结果。如果用户要求基于对实际安装进行工程分析，则可能需要单独的 FMEA。某些阀门的第三方认证报告提供了估计的 PST 测试覆盖率，或者给出了可以自行计算的分类数据。

控制阀用于调节各种工况下的流体流量，因此非常复杂，有许多种类和选项。不管阀门特性随着时间的推移是否仍然保持一致，阀门和执行机构选型不当可能使其无法在规定的灵敏度范围内调节流量。阀门口径不合适、泄漏、腐蚀、堵塞、汽蚀(可能损毁阀门和配管)，都会使噪声超出可接受限度，并成为主要的维护问题。设计人员首先要获取阀门将要承受的所有正常操作状态和异常工况、流体特性以及全面的工艺过程数据。包括单相或多相流路(气体，液体，浆料或蒸汽)、温度限制、黏度、气化压力、最小/正常/最大流量、相应的压降、比重(相对密度)或密度等。

数据准确的重要性怎么强调都不为过。试图为每个阀门指定标准的压降值，并非良好的工程实践，会导致不正确的阀门口径选择。应该认识到，控制阀通常用作压降吸收器而不是压降制造者。由于上游压力条件的改变，流经阀门的压降会随之动态变化。据估计，目前使用的许多阀门，口径偏大比较普遍，这是由于在设计时过度增加了尺寸余量或者对可能存在的压降估计不足。超大阀门在关闭位置附近(小于10%开度)操作时，可能导致无规则的流动状态以及出现线状流束。线状流束出现在阀门几乎关闭时，环绕阀座的高速流体从其表面拉出线状流束形体，最终导致阀座失效。阀门口径不够，会制约流量提升。

自动阀的阀体形式选择，需要了解流体和配管要求。例如，在压降大、阀门推力大，或者执行机构尺寸有问题时，应考虑平衡设计。如果流体在阀体内的滞留量是关切问题之一时，设计人员应该意识到标准球形阀体内会容留数量更多的液体，而其他结构形式则更容易使流体泄放出去。

具有硬化接触面阀内组件的旋转阀用于硬质浆料，是更好的设计选择。相较于滑动杆阀的标准填料和无填料阀，旋转阀的密封泄漏量往往更小。当用于高危险物料并要求向外部环境的泄漏量为零时，波纹管密封和双填料都是可选用的措施。

对于易燃、致命和有毒物料的应用场合，应考虑选用"火灾安全型(Fire-safe)"阀门[API 6607(2010)]，以尽量减少火灾时的内部泄漏以及向外部环境泄漏。根据 API 553(2012c)，在火灾区域内的紧急切断阀和 SIS 阀必须是火灾安全型。在 SIS 应用中，如果需要，可以将火灾安全作为 SRS 的一项要求。这些防火阀使用金属对金属阀座的柔性密封，并具有备用金属或石墨密封，当主柔性密封因火灾性能降级时，备用件可起到补充作用。火灾安全型阀门通常应采用带缠绕垫片的法兰连接或者焊接安装。

过程设计常常不太清晰的一个基本观念，是严密切断和隔离要求。有时将控制阀设计为具有切断特性的最终元件，满足过程控制要求，但这并非安全要求。在某些应用中，自动隔离阀和切断阀相互独立，分别设计并应用于各自的特定意图。如果控制阀本身的泄漏量不会造成安全或产品质量问题，也可以用于切断。

E.8.1　阀门配管

自动阀的连接和垫片必须与管道技术规格要求相吻合。对于蒸汽、热流体、易燃或高危物料，应采用法兰连接或焊接。在这些场合，选用螺纹型阀门或者对夹式并用长螺栓固定阀门，都是不可接受的。阀门最理想的安装位置，应该是易于接近维护，并按照可接受的安装实践(包括阀门和执行机构)予以支撑和固定。这并不意味着所有的自动阀必须安装在低处，在某些应用场合也可以设置维护平台。有些阀门设计了所谓的在线维护特性。理论上，这样的配套设计，一个人(例如，一个仪表技师)就可以在现场完成对阀门的维修活动。不过，工厂的规章制度可能并不允许对阀门进行这样的就地修理。

许多节流控制阀的阀体尺寸或阀内件设计比管线系统管径小。在这种情况下，确定控制阀的口径时，必须考虑截止阀和变径造成的压降。有些公司内部规范要求只能选用和管线管径相同的截止阀和内缩孔颈的、相同尺寸控制阀。另一些公司则规定每个控制阀前后安装截止阀、控制阀还要配置旁通阀，以方便维护。如果现场手动操作不当也会存在危险，操作人员应以等同自动控制系统的精确度和速度给定旁通阀的开度。很多时候为获得更多流量打开旁通阀，这种做法可能会导致控制问题。SCAI 阀的旁通阀应加铅封/链锁。对于 SCAI 旁路阀的启用和操作，应有操作规程和管理控制措施对其限制和跟踪。如果某些单个阀门对过程操作很关键，即无论如何不能导致停车，应安装备用阀门，并采取上述的访问限制和管理控制措施。当前后截止阀用于隔离控制阀时，还需要用于泄压、排液和/或冲洗意图的阀门，以便在管道打开之前，排净和/或清扫控制阀。截止阀和旁通阀阀座泄漏量不得过大，其填料的密封性能要确保不能将工艺流体渗漏到大气环境。由于更严格的隔离要求，上锁/挂牌做法可能会在一定程度上限制旁路阀对维护活动的有效性。用于泄压、排液、排气和/或冲洗等意图阀门的管口，应配置阀帽或丝堵。

E.8.2　结构材质

自动开关阀的阀体材质通常要与其管线系统相同。不过，有些情况会使用不同的材质，尤其是阀内件和阀座。固定法兰的螺栓在安装时扭力过大，也可能会使阀体变形或损坏。要特别注意配管法兰、垫片和扭矩等之间的协调，这有助于消除潜在的问题；当然，在现场可能难以把握。铸铁、可锻铸铁、或者刚性铸铁阀门，不宜用于蒸汽、易燃、有毒、危险化学品、腐蚀性化学品，甚至温度高于 $200°F$ 或者压力高于 250 psig 的应用场合，因为这类材质比较脆，如果受到硬物撞击或受到高温冲击容易破裂。

与相应的同类型手动阀门相比，自动开关阀的阀内组件材质应该采用更好的合金(即更耐腐蚀或侵蚀)。比如碳钢球阀或旋塞阀，采用有镀层的球形或旋塞阀芯是常见标配。即使在相对温和的应用场合，球形或旋塞阀芯表面也不会始终很光滑，往往出现麻点。经过多次反复操作，由于粗糙的金属表面摩擦，阀座性能开始逐渐降级。采用更高标号的合金，如316 不锈钢(316SS)，有助于减少这种磨损。如果将 316SS 作为最小可接受的球形或旋塞阀芯材料，也需要谨慎对待，确保它能达到令人满意的程度(注意氯化物以应力开裂形式对奥氏体不锈钢的破坏速度要快于低异种材质)。也不能忽略阀门内部接触工艺流体的其他材料。某些过程物料单体会渗透到像特氟隆(Teflon®)这样的材料中发生聚合反应,引起溶胀。使用软阀座材质实现严密切断时也要特别注意,因磨损造成阀座损伤之后,其密封效果可能比硬金属密封还差。

球形控制阀的阀座和旋塞阀芯周围,以及旋转阀的阀瓣或球体阀芯边缘处,其流体流速都比较高,因此许多控制阀制造商提供了更高性能的合金材料作为标配。举例来说,许多球形控制阀大都以316SS或其他硬质不锈钢作为标准配置。另一个例子,氯气应用场合选用的碳钢阀,都使用蒙乃尔合金(Monel®)、哈氏合金(Hastelloy®)、钽或特氟隆(Teflon®)涂层的不锈钢阀杆、旋塞阀芯和阀座圈。在其他情况下,可能需要硬质不锈钢、司太立合金或哈氏合金,以减少蒸汽、浆料、汽蚀或闪蒸等的侵蚀影响。

当流体压力在阀门内部流通路径最小横截面积处(缩流断面)下降到流体的气化压力之下时,就会出现闪蒸和可能的汽蚀现象。如果发生这种情况,在流束中就会形成气泡。如果压力随着物料从缩流断面向阀门出口流动而充分恢复,气泡就会破裂,产生汽蚀。汽蚀是流体控制阀的克星,会损坏阀门并产生更大的噪声。如果压降幅度进一步超过汽蚀点,会产生更多的气泡,即使下游压力再降低,缩流断面处的气泡也会限制阀门的流通量增加。这种状态通常被称为阻塞流,在这一点上,流量只受控于阀门上游压力的变化。在实际应用中,出现气蚀和阻塞流时的压降受到阀体设计型式(例如,球形截止阀、球阀、蝶阀)和阀芯的影响。在高压降应用场合,需要进行特殊的阀门设计。在气体应用场合,气流速度通过缩流断面达到声速时,阀门也会出现与上述情形类似的阻塞。

E.8.3　阀门附件

位于控制室并监视画面显示的操作人员,需要知道控制阀的阀位开度状态。取决于HMI的设计方式,在控制器的输出表头或者画面显示给出的0~100%范围,未必能告诉操作人员阀门正处于打开还是关闭状态,除非同时也有明确的标识,指示出是气开还是气关阀。同样,阀内可能会出现失效,阻止它开启到所需的阀位或者达不到控制器期望的动作速度。这意味着可能需要定位器或提供阀位反馈。类似的,开关阀也可能需要阀位指示器,向操作人员确认阀门已经按照预期改变了阀位。

大多数控制阀配置气动弹簧和隔膜执行机构,或者配置单作用或双作用气动活塞执行机构。这些执行机构随着气源压力的增加打开或关闭阀门。如果安装了弹簧返回执行机构,这些阀门被称为故障关(FC、AFC等)或故障开(FO、AFO等)。这种组合通常认为是本质安全化的设计,它的失效状态偏置方向与过程危险场景出现时所需阀门动作方向一致。使用双作用气动执行机构可能导致失效时处于失效前的最后状态(FL或AFL),或者借助外部组件,在气源中断时失效于特定的方向。双作用阀门一般用于需要人推力的应用场合,必须采用更高压力的气源或液压系统,或者需要更紧凑的结构形式。SIS系统使用双作用阀门,其故障安全特性相当于采用得电动作(Energized-To-Trip, ETT)系统,IEC 61511-1条款11.2.11和条款11.6.2(2015)中有附加的要求,例如配置冗余的气源以及采用额外的线路完整性监测措施。通常采用带有止逆阀的气瓶或储气罐、低压报警、可靠的气源、外部关断阀等实现。对于液压系统来说,液压设计一般需要采用故障容错措施并对其部件的机械完整性进行更严格的管理等满足这些要求。例如,系统可能包括冗余液压泵、冗余蓄能器、冗余关断组件、定期维护等。进一步的故障容错要求,依据SIL和IEC 61511-1条款11.4的规定。在某些情况下，弹簧返回式故障关液压阀，可能是一种比较经济的选项。

模拟电子控制器通常有指示阀门行程方向的开关。对于可编程电子系统，可以借助软开关帮助操作人员知道阀门的动作状态。输出仪表（有时也称为阀位指示器）可以设置为显示0%时阀门处于关闭状态，在100%时处于完全打开。举例来说，控制器可以将4mA对应为0%，而20mA对应为100%（反之亦然）。电子信号传送到现场转换器（I/P）、模拟或智能定位器，再将4~20mA信号转换为作用于阀门的气动信号。由于阀门和执行机构是机械部件与弹簧及其他迟滞因素的组合，另外，工艺流束的压力有波动，因此，当信号从0到100%变化时，阀门行程可能不会相应地从0移动到100%。在某些情况下，特别是旋转阀，阀门可能在控制器输出达到25%或更高时才开始开启，而在75%时就已经完全打开。使用设计恰当的定位器，可以实现大约0.5%的定位精度。在工作台上校准控制阀时，尤其需要遵循制造商铭牌的数据。

如果阀门机械操作性能和附件都维持在良好状态，控制输出信号就应该是阀门开度的对应指示。不过，输出信号增大时，并不一定意味着阀门行程正在同步移动。阀位（限位）开关或变送器可应用于阀门行程位置和阀门响应速度等需要得到证实的场合。例如，阀位限位开关可以自动监视SIS最终元件的现场旁通阀的开度。

①阀门转换器——大多数阀门都需要I/P转换器并设置在阀门侧面，并由制造商随阀门整体安装。这节省了现场工作，并使气源管路较短。阀门制造商通过气源过滤调压器容量、管路直径和长度、电磁阀、气量增压器以及安装在执行机构上其他附件的综合设计，整体确定对阀门响应时间的影响。大多数现代I/P可以应对气源管路系统的正常振动。如果振动过大，应检查管路系统，和/或将I/P重新安置到阀门的其他位置。仪表气源质量差是气动系统的天敌，I/P也不会幸免。

在一些升级项目中，气源系统被电子系统取代，采用架装远程I/P，并集中安装在与阀门有一定距离的地方。在这种情况下，应检查过滤调压器的气源容量、I/P气源容量和管路长度，以确定这些因素对控制阀响应能力的影响。例如，安装在阀门上的I/P容量超过5SCFM，信号管路长度就要小于2ft；而有些架装设备的额定值为1SCFM，信号管路可以超过50ft。当I/P容量小和/或管路配管长度长时，可能需要在阀门上安装定位器或增压器，用于提供足够的行程速度。

②阀门定位器——阀门定位器是安装在控制阀上的机械、电子或数字（智能）仪表，用于检测和控制阀杆或传动轴的运动位置。定位器接收来自控制器或I/P转换器的信号，与实际的阀杆或传动轴位置状态进行比较，并向执行机构发送信号以将阀杆或传动轴置于指定行程位置。实际上，它是串级系统的快速二级反馈控制回路（经由阀杆行程位置的受控变量），使得阀杆能够从0线性移动至100%（一些阀门具有非线性特性，除非通过定位器进行线性化处理），并增加了对信号响应的灵敏度和速度。阀门定位器和I/P转换器可以组合为一个单元。单独的定位器可以配置组合单元不具备的旁路开关。定位器通常由制造商出厂时安装在阀门的执行机构上。这样，过滤调压器、气源管路直径和长度、电磁阀和其他附件等对阀门性能的综合影响，能够在制造厂得到验证测试。

评估是否使用定位器的一些原因有：

· 活塞驱动执行机构必须配套使用；
· 用于温度，pH或液位等慢速回路，提供更好的响应能力；

- 用于大型阀门，通过增加气源压力提供更快的响应；
- 用于石墨填料阀，应对增大的摩擦力；
- 用于反向气信号；
- 用于操作分程阀。

需要注意的是，将定位器用于快速回路应慎重。阀门定位反馈回路和几乎同样快的过程控制回路的串级相互影响，会导致阀门开度控制不稳定。

定位器最常见的一个用途，是用于分程控制阀。气动和模拟电子控制器只有一个输出（可编程电子控制器可能有多个），如果需要同时操控多个控制阀，则可以使用定位器对其操作进行排序。例如，有加热和冷却要求的温度控制回路。当信号从 0 增加到大约45%，冷却阀对应的是从全开到全关。从大约45%~55%，两个阀都关闭。从大约55%~100%，加热阀从全关到全开。通过这种方式，在信号或仪表气源中断时，冷却阀将打开，而加热阀会关闭。也可以将输出设置为50%全部关闭两个阀门。分程阀也适用于阀门的量程比要求过高，以至于一个阀门无法完成全部操作工况的场合。在这种情况下，一台大阀和一台小阀配合使用，在小阀完全打开以后，大阀才开始启动。多个阀可以交错排列，以提供大范围的量程比。

过程逻辑控制器通常能很好地进行操控，但伴随着定位器的使用也出现了一些控制问题。模拟定位器大多问题是无法校准并持续保持特定的性能。可能导致校验问题的一些例子如下：

- 在分程控制应用中，校准重叠部分可能使冷却阀和加热阀同时打开。
- 在分程压力控制中，排气阀和增压阀会同时打开。
- 在 pH 控制中，可能同时需要两种类型的分程（例如：酸碱阀和用于增大量程比的每个类型的多个阀门）。在这种情况下，对于很小的输入范围对应 3 ~ 15psig（1psig = 6894.76Pa）的宽范围输出，一些定位器可能无法完成。

大多数可编程控制系统都可以输出多个 4 ~ 20mA 信号，这些信号可以根据需要组态不同的范围以及反向，并分别控制每个阀上各自的转换器。这样，最终元件的任何组合都可以按任何顺序操作，由程序员决定如何分程。这消除了在设定信号范围时的机械/气动问题，但并不是说一定能让它更容易地投入正常操作。

智能定位器和数字阀门控制器有许多有益的特性。其中包括易于分程、阀门数字特征码便于故障排除、外部可靠性数据采集、具有预测性维护的能力、能够修改或表征阀门的安装特性、采用现场总线可使用本地 PID 控制器、过程信息的可用性等。许多智能定位器可以为 SCAI 阀提供部分行程测试，并在阀门的全行程测试时提供阀门的操作数据。有些智能定位器可能对气源质量比较敏感，SCAI 系统应用是个问题。若通过定位器排放操作，就像电磁阀一样会有容量和响应时间问题。排气口尺寸不足是导致阀门行程动作缓慢的原因之一，因此，应该测试检查排气口规格和气源流路阻力等对排气能力的影响。另外，气源质量问题或外部泥沙等沉积物，更容易造成较小排气口的堵塞。

对于带定位器的 SCAI 阀，关断电磁阀应配置在定位器和执行机构之间的管路上。

③**阀位变送器**——阀位变送器本质上是反向阀门定位器。它们连接到阀门的阀杆上，基于阀门所处的行程位置输出 3 ~ 15psig 或 4 ~ 20mA 信号。与限位开关相比，价格相对较高，一般仅限于关键阀门使用。如果采用现场总线，智能定位器也能提供这些信息；不过，如果

有独立性要求，还是要单独配置阀位变送器。控制系统或控制室操作人员可以根据阀位信号的变化趋势确定阀门是否处于正确位置，并检查阀门的行程速度。对于截止阀和 SCAI 阀，如果仅需要了解一个或两个位置，例如是否处于全关和/或全开，则可以使用限位开关。对于所有限位开关的选择、安装和校验，应该小心谨慎，予以足够重视。

④过滤调压器——转换器和定位器都需要过滤调压器，将生产装置供给的气源降至所需压力。这些过滤调压器通常带有压力表（一般来说，这是最容易损坏的设备，应根据需要及时更换），通常由制造商将其安装在阀门组件上，成套提供。过滤调压器一般称为过滤减压阀。

⑤电磁阀——电磁阀是经常包含在阀门组件中的另一种附件。电磁阀应安装在气源到执行机构的管路中。这样，如果定位器或转换器超出校验范围或出现故障，电磁阀仍然能够根据需要从执行机构侧排气，或者向其供气。

电磁阀应根据所安装的区域进行分级（例如 NEMA 4 或 4X，和/或 NEMA 7 或 9，如果需要），有适用于工业领域连续工作的成型线圈设计，其特定等级应与应用场所的温度范围一致。电磁阀电气线圈的最低温度等级应为 F 级，优先选用 H 级或 HT 级。电磁阀也有温度上限和下限要求。超过温度上限会导致过早失效，而低于温度下限则可能导致操作失效（例如，冻凝）。一些电磁阀的操作温度下限为 32°F。

⑥响应时间——为了提供所需的响应时间，电磁阀的容量需要足够大，以防气源流量受限。电磁阀通常孔径很小，可能会出现堵塞并阻碍驱动介质的流通。电磁阀有气动和液动不同版本，典型应用在双作用阀门上。排气口是关注点之一，有时需要设置防虫丝网防止昆虫在排气口筑巢。有时在电磁阀排气口安装针阀，以控制阀门的操作速度或响应时间。

⑦增压器——在某些情况下，增压器（气量倍增器）可用于增大驱动执行机构的风量和/或压力。在选型、安装和测试时必须予以足够重视，确保增压器和定位器不会因相互干扰损害系统。建议所有这些附件都由阀门制造商成套安装和完整测试。

⑧快速排气阀——快速排气阀将阀门移动到所需的行程位置，并通过连杆、滑梭或膜片接通输送到执行机构的气源气路。当快速排气阀的先导压力下降时，它的连杆、滑梭或膜片将连接关断阀执行机构的信号气路切换至高容量排气出口，使得施加在执行机构上的气源压力快速泄放。

所有阀门附件都需要明确规定操作要求，特别是对于关键应用尤其如此，这有助于制造商验证核查交付的阀门能够按要求进行操作。

E.8.4　阀门失效模式

驱动力（气源、电源、液压源）或控制信号（气动或电子信号）中断时，应使自动阀移动到预定的安全状态。大多数将化学物料或加热蒸汽送入过程设备的阀门都应是故障关闭型。而用于冷却水、压力排放和冷却蒸汽阀门通常是故障打开型。必须针对每个具体应用进行评估，以确定哪个失效方向是安全的。对于双作用阀门，故障时滞留在最后的位置、故障锁定以及故障时状态不确定，是常见的失效模式。

膜片、汽缸、活塞或电动阀的执行机构，有多种本质安全化的配置。弹簧返回特性是最常见的形式。在仪表气源或电源中断时，弹簧将自主关闭或打开阀门。

当用于安全系统、没有弹簧的活塞执行机构发生气源失效时，通常要提供带止回阀的气瓶，储气量要至少保证阀门完成三次全行程操作。气动关停和气源锁定中继器也用于这样的场合。没有弹簧的电动马达执行机构，在断电或电机失效时，阀门位置将停留在故障前的最后位置。

基于通用的工业仪表数据，最终元件失效频率比传感器更高，并且往往不能及早发现。阀门附件也是导致这些失效的因素。

电磁阀特别容易受到外界影响，失效原因包括潮湿、环境温度低或高、仪表气源质量差、阀门长时间处于某个行程位置导致卡涩（机械原因）以及内部管路堵塞。因此，为了实现电磁阀的可靠操作，有时需要在寒冷气候环境配置有加热措施的外壳、高质量气源过滤器、NEMA 4X 外壳、高温成型线圈等。制造商还要提供失效率数据，例如平均失效间隔时间（MTBF）等。将可靠性数据来源依据的环境和应用假设条件，与现场实际操作环境进行比较，确定对数据假设前提的可能影响。例如，当预期应用是低要求模式时，如果电磁阀制造商提供的失效率数据是基于高要求或连续模式操作，就需要评估其中的差异。在低要求模式应用中，阀门的机械部件卡在某个位置的可能性要高很多，在这种应用工况下，连续模式的数据不能充分代表预期应用的性能水平。

自动阀可能会因阀杆和阀芯腐蚀、填料性能降级、O 形圈磨损、活塞衬里或弹簧生锈、膜片疲劳、阀杆弯曲、连接以及阀座表面结垢等问题出现故障。工艺侵蚀和腐蚀、工艺物料积聚、阀座或密封表面损坏以及泄漏，也是一些可能的失效模式。

微型控制阀特别容易受填料泄漏腐蚀阀杆的影响，轻微碰撞也许会使阀杆弯曲变形。

如果阀门执行机构的规格只有很小的裕量，或者阀门处于某个开度位置时间太长，阀门就有可能会卡住。有些阀门的执行机构需要含油的气源，如果忽略了这一特殊要求，就可能导致阀门卡顿。例如，一台新的输送分流阀，安装在 12ft 高处，采用仪表气源驱动，而维护人员都没有意识到气源中需要加油的要求（因而没有预先注油）。该阀不能进行正常操作。阀门必须拆下维修，后来被列入到预防性维护程序中。

对于软阀座阀门，在临界温度下操作时，阀座或密封材料受到冷流束的影响，可能无法全开或全关。如前所述，经过阀座处的高速流体会导致阀座因线状流束或其他因素损坏。高压降可能会导致闪蒸（外观上出现有光泽的损坏）或气蚀（外观上出现麻点）以及高噪声和振动。

取决于应用场合，一些阀门、执行机构、附件和接线可能有特定的防火要求。

E.9　电机

E.9.1　恒速电机

从仪表角度来看，恒速电机通常使用开/关型马达启动器，并作为联锁或 SIS 的最终元件。马达启动器的选型应在设计阶段进行审查，以确保系统的可靠性和兼容性。许多马达最终元件也需要在过程控制系统或 SIS 与电机之间安装中间继电器，这通常是因为电压等级的改变，例如 24VDC／120VAC，或者 24VDC／125VDC 转换。

超过 600 VAC 或 600hp（1hp＝735W）的电机控制器，不属于 NEMA 类别的启动器（这通常是失电动作马达起动器上限），这时要选用开关柜式电机接触器。其中大部分属于得电动作系统，采用分流动作、弹簧驱动断开电机触点。通常使用 125VDC 电池先启动电机接触器弹簧，然后用于控制电压。这些电池配备充电器维持电池电压。对于 SIS 系统，要符合 IEC 61511-1 条款 11.2.11 和条款 11.6.2(2015)关于得电动作的要求。

E.9.2　变速驱动器

调速电机驱动可以连续改变并控制泵、搅拌器、压缩机等电机的速度，节能、无须控制阀，并有更宽的量程比范围。

半导体、微电路和数字控制技术的进步，使得电机转速控制电子系统体积更小、元件更少，诊断性能显著提高，可靠性更好，改进了可调节性能。为了使驱动系统与应用场合相匹配，有必要确定好负载类型(泵、搅拌器、风扇等)、速度范围和精度、控制类型以及电机和控制器的操作环境。变速驱动有可能使电机超速运行或低于设计速度运行，可能会导致过热。

大多数应用场合使用 AC 和 DC 驱动。尽管交流驱动系统可以与标准的感应电机一起使用，但推荐使用变频电机。在变频调速应用中，变频电机的电路设计能够更好地防止过早烧坏。交流电机由整流器、直流环节和逆变器控制。逆变器将 AC 电源转换为 DC，然后再将 DC 电源合成为可变电压和变频控制，驱动电机。速度控制用的直流驱动通常使用有刷直流电机。电子设备将交流电源以正确电压转换为直流电源控制电机电枢；电压越高，转动越快。

交流驱动使用简单的感应电机，但是电子系统复杂，而直流驱动却相反(即电机复杂，而电子线路简单)。直流电机的主要缺点是需要维护和更换电刷，用于危险场所认证的外壳成本也高，而交流驱动通常不需要。目前的交流驱动技术通常使用功率晶体管的电压源逆变器。交流驱动在 500hp 以下有许多优点，但是直流驱动器在大容量上有优势。最终的选择取决于应用场合和操作环境。

当变速驱动用作联锁或 SIS 的最终元件时，变速电机关断通常通过触点闭合实现。

测量变速驱动的电压、电流和功率需要准确的 RMS(均方根)测量仪表。测量电机功率比仅仅测量电机输入电流要好。

E.10　蒸汽透平变速驱动

电子调速器具有优异的性能和可靠性，正在取代蒸汽透平的机械调速器。调速器电子装置的输入信号来自磁性速度传感器，输出 3～15psig 气动或液压信号至蒸汽控制阀。速度可通过校准刻度盘或标准过程控制器输出进行调节，或者电动或者气动信号。这些系统的特点包括：

- 手动按钮或自动启动/停止；
- 冗余配置；
- 输入信号中断时本质安全化组态；
- 欠速和超速报警和关断；
- 转速计输出；
- 电池后备；

- 双磁性速度传感器；

- 防爆封装。

　　关停蒸汽透平通常包括润滑油(通常用于润滑和液压控制流体)中断时动作的速关节流阀(TTV)，或使用关断电磁阀防止透平超速。透平超速可能是透平驱动器和驱动负载之间耦合断开，或者驱动负载本身突然中断造成的。速度控制还可以在危险工况时降低透平速度，并用独立的 SIS 入口蒸汽切断阀来保护系统。

参 考 文 献

AGA. 2000-13. *AGA Report No. 3, Orifice Metering of Natural Gas Part 1-3*, XQ1201, XQ0002, XQ1304, XQ9211. Washington, D.C.: AGA.

AGA. 2006. *AGA Report No. 7, Measurement of Natural Gas by Turbine Meter*, XQ0601. Washington, D.C.: AGA.

AGA. 2007. *AGA Report No. 9, Measurement of Gas by Multipath Ultrasonic Meters*, AGA XQ0701. Washington, D.C.: AGA.

AGA. 2013. *AGA Report No. 11, Measurement of Natural Gas by Coriolis Meter*, Second Edition, XQ1301. Washington, D.C.: AGA.

ANSI/API. 2008. *Recommended Practice for Classification of Locations for Electrical Installations at Petroleum Facilities Classified as Class 1 Zone 2, Zone 1, and Zone 2*, RP 505. Washington, D.C.: API.

ANSI/FCI. 2013. *Control Valve Seat Leakage*, 70-2. Cleveland: FCI

ANSI/ISA. 1993. *Process Instrumentation Terminology*, 51.1-1979 (R1993). Research Triangle Park: ISA.

ANSI/ISA. 1994-2011. *Electrical Apparatus for Use in Zone 20, Zone 21, and Zone 22 Hazardous (Classified) Locations, Parts 0-18*, 61241. Research Triangle Park: ISA.

ANSI/ISA. 2001. *Electrical Apparatus for Use in Zone 20, Zone 21, and Zone 22 Hazardous (Classified) Locations - General Requirements*, 61241-0 (10.10.02)-2006 (R2011). Research Triangle Park: ISA.

ANSI/ISA. 2006. *Fieldbus intrinsically safe concept (FISCO) and Fieldbus non-incendive conception (FNICO)*, 60079-27 (12.02.04-2006). Research Triangle Park: ISA.

ANSI/ISA. 2009a. *Guide for Combustible Gas Detection as a Method of Protection*, TR12.13.03-2009. Research Triangle Park: ISA.

ANSI/ISA. 2011c. *Wireless systems for industrial automation: Process controls and related applications*, 100.11a-2011. Research Triangle Park: ISA.

ANSI/ISA. 2012b. *Explosive Atmospheres - Part 29-2: Gas detectors - Selection, installation, use and maintenance of detectors for flammable gases and oxygen*, 12.13.02-2012. Research Triangle Park: ISA.

ANSI/ISA. 2013b. *Explosive Atmospheres - Part 29-1: Gas detectors - Performance requirements of detectors for flammable gases*, 12.13.01-2013. Research Triangle Park: ISA.

ANSI/ISA. 2013c. *Nonincendive Electrical Equipment for Use in Class I and II, Division 2 and Class III, Division 1 and 2 Hazardous (Classified) Locations*, 12.12.01-2013. Research Triangle Park: ISA.

ANSI/ISA. 2013d. *Use of Fiber Optic Systems in Class I Hazardous (Classified) Locations*, 12.21.01-2004 (R2013). Research Triangle Park: ISA.

ANSI/ISA. 2014. *Performance Requirements for Open Path Combustible Gas Detectors*, 12.13.04-2007 (R2014). Research Triangle Park: ISA.

ANSI/TIA. 2012. *Telecommunications Infrastructure Standard for Industrial Premises*, 1005-A. Arlington: Telecommunication Industry Association.

ANSI/UL. 2013. *Explosion-Proof and Dust-Ignition-Proof Electrical Equipment for Use in Hazardous (Classified) Locations*, Standard 1203. Northbrook: UL.

API (American Petroleum Institute). 1994. *Transmission Systems*, RP 552. Washington, D.C.: API.

API. 2007. *Process Measurement Instrumentation*, RP 551. Washington, D.C.: API.

API. 2007-08. *Process Control Systems Part 1-3*, RP 554. Washington, D.C.: API.

API. 2010 *Fire Test for Quarter-turn Valves and Valves Equipped with Nonmetallic Seats, 6th Edition*, Std 607. Washington, D.C.: API.

API. 2011. *Instrumentation, Control, and Protective Systems for Gas Fired Heaters Second Edition*, RP 556. Washington, D.C.: API.

API. 2012a. *Overfill Protection for Storage Tanks in Petroleum Facilities Fourth Edition*, Standard 2350. Washington, D.C.: API.

API. 2012c. *Refinery Valves and Accessories for Control and Safety Instrumented Systems*, Second Edition. RP 553. Washington, D.C.: API.

API. 2012d. *Valve Inspection and Testing Ninth Edition*, S 598. Washington, D.C.: API.

API. 2013. *Process Analyzers*, RP 555. Washington, D.C.: API.

API. 2014a. Manual *of Petroleum Measurement Standards (MPMS) Set*. Washington, D.C.: API.

API. 2014b. *Recommended Practice for Classification of Locations for Electrical Installations at Petroleum Facilities Classified as Class 1 Division 1 and Division 2*, RP 500. Washington, D.C.: API.

ASME. 2013. *Pressure Gauges and Gauge Attachments*, ASME B40.100. New York: ASME.

Berge, Jonas. 2002. *Fieldbuses for Process Control: Engineering, Operation, and Maintenance*. Research Triangle Park: ISA.

Boyes, Walt Ed. 2010. *Instrumentation Reference Book, 4th Edition*. Boston: Elsevier.

EC (European Community). 1994. *Directive 94/9/EC on equipment and protective systems intended for the use in potentially explosive atmospheres* ATEX 95. Official Journal of the European Communities.

Emerson Process Management. 2005. Control Valve Handbook, 4th Edition. Fisher Controls International: http://www.documentation.emersonprocess.com/groups/public/documents/book/cvh99.pdf

Energy Institute. 1995. Part 15: *Area classification code for installations handling flammable fluids*, EI 15. London: Energy Institute.

Fieldbus Foundation. 1996. *Wiring and Installation of 31.25 Kbit/s, Voltage Mode, Wire Medium, Application Guide*. Austin: Fieldbus Foundation.

IEC. 2005a. *Electromagnetic compatibility (EMC) – Part 6-2: Generic standards - Immunity for industrial environments*, TR 61000-6-2. Geneva: IEC.

IEC. 2005c. *Thermocouples - Part 3: Extension and compensating cables - Tolerances and identification system*, 60584-3 Geneva: IEC.

IEC. 2006. *Industrial - Process control valves - Part 4: Inspection and routine testing*, IEC 60534-4 Geneva: IEC.

IEC. 2006-14. *Explosive atmospheres - Part 0-35*, IEC 60079. Geneva: IEC.

IEC. 2007-14. *Digital data communications for measurement and control – Fieldbus for use in industrial control systems*, IEC 61158. Geneva: IEC.

IEC. 2008. *Explosive atmospheres - Part 10-1 Classification of areas - Explosive gas atmospheres*, IEC 60079-10-1. Geneva: IEC.

IEC. 2009a. *Explosive atmospheres - Part 10-2 Classification of areas - Combustible dust atmospheres*, IEC 60079-10-2. Geneva: IEC.

IEC. 2009b. *Explosive atmospheres - Part 27: Fieldbus intrinsically safe concept (FISCO)*, IEC 60079-27. Geneva: IEC.

IEC. 2010a. *Explosive atmospheres - Part 15: Equipment protection by type of protection "n"*, IEC 60079-15. Geneva: IEC.

IEC. 2010b. *Explosive atmospheres - Part 28: Protection of equipment and transmission systems using optical radiation*, IEC 60079-28. Geneva: IEC.

IEC. 2011. *Electromagnetic compatibility (EMC) – Part 6-4: Generic standards - Emission standard for industrial environments*, TR 61000-6-4. Geneva: IEC.

IEC. 2012b. *Explosive atmospheres - Part 11: Equipment protection by intrinsic safety "i"*, IEC 60079-11. Geneva: IEC.

IEC. 2014a. *Explosive atmospheres - Part 1: Equipment protection by pressurized enclosure "d"*, IEC 60079-1. Geneva: IEC.

IEC. 2014b. *Explosive atmospheres - Part 2: Equipment protection by pressurized enclosure "p"*, IEC 60079-2. Geneva: IEC.

IEC. 2015. *Functional safety: Safety instrumented systems for the process industry sector - Part 1-3*, IEC 61511. Geneva: IEC.

IEEE. 2005b. *IEEE Standard for Local and metropolitan area networks -- Part 15.4: Low-Rate Wireless Personal Area Networks (LR-WPANS)*, Standard 802.15.4. New York: IEEE.

IEEE. 2005c. *IEEE Standard for Local and metropolitan area networks*, Standard 802. New York: IEEE.

IEEE. 2005d. *Recommended Practice for Power and Grounding Electronic Equipment*, Standard 1100, The Emerald Book. New York: IEEE.

IEEE. 2012. *IEEE Standard for Information Technology - Telecommunications and Information Exchange Between Systems Local and Metropolitan Networks- Specific Requirements - Part 11: Wireless LAN Medium Access Control (MAC) and Physical Layer (PHY) Specifications*, Standard 802.11-2012. New York: IEEE.

ISA. 1992. *Fieldbus Standards for Use in Industrial Control Systems*, 50.02. Research Triangle Park: ISA.

ISA. 1996. *Quality Standard for Instrument Air*, 7.0.01-1996. Research Triangle Park: ISA.

ISA. 2009. *Safety Fieldbus Design Consideration for the Process Industry Sector Applications*, TR84.00.06-2009. Research Triangle Park: ISA.

ISA. 2010. *Guidance on the Evaluation of Fire and Gas System Effectiveness*, TR84.00.07-2010. Research Triangle Park: ISA.

ISA. 2012d. *Instrument Purging for Reduction of Hazardous Area Classification*, 12.4. Research Triangle Park: ISA.

ISA. 2012e. *Mechanical Integrity of Safety Instrumented Systems (SIS)*, TR84.00.03-2012. Research Triangle Park: ISA.

ISA. Forthcoming. *Guidance for Application of Wireless Sensor Technology to Safety Applications*, TR84.00.08. Research Triangle Park: ISA.

ISO. 2010a. *Compressed Air - Part 1: Contaminants and Purity Classes*, 8573-1. Geneva: ISO.

ISO/IEC. 2010. *Information Technology - Generic Cabling for Customer Premises*, 11801. Geneva: ISO.

Lipak, Bela, ed. 2003. *Instrument Engineers' Handbook, Fourth Edition, Volume 1: Process Measurement and Analysis*. Boca Raton: CRC Press.

Magison, Ernest. 2007. *Electrical Instruments in Hazardous Locations, 4th Ed*. Research Triangle Park: ISA.

Miller, Richard W. 1996. *Flow Measurement Engineering Handbook, 3rd Edition*. Boston: McGraw-Hill.

Morrison, Ralph. 2007. *Grounding and Shielding Techniques in Instrumentation, 5th Ed*. New York: Wiley Interscience.

MSS. 2013. *Pressure Testing of Valves*, SP-61-2013. Vienna, VA: MSS.

NAMUR. 2003. *Standardisation of the Signal Level for the Failure Information of Digital Transmitters*, NE043. Leverkusen: NAMUR.

NFPA. 2012. *Recommended Practice for the Classification of Flammable Liquids, Gases, or Vapors and of Hazardous (Classified) Locations for Electrical Installations in Chemical Process Areas*, 497. Quincy: NFPA.

NFPA. 2013a. *Classification of Combustible Dusts and of Hazardous (Classified) Locations for Electrical Installations in Chemical Process Areas*, 499. Quincy: NFPA.

NFPA. 2013b. *Explosive Materials Code*, 495. Quincy: NFPA.

NFPA. 2013c. *Standard for Purged and Pressurized Enclosures for Electrical Equipment*, 496. Quincy: NFPA.

NFPA. 2014a. *National Electrical Code (NEC)*, 70. Quincy: NFPA.

Ott, Henry. 2007. *Noise Reduction Techniques in Electronic Systems, 2nd Ed*. New York: Wiley Interscience.

TIA/EIA. 2012. *Commercial Building Telecommunications Cabling Standard Set*, TIA-568. Arlington: TIA.

U.K. HSE. 2007. *Buncefield Standards Task Group Final Report: Safety and environmental standards for fuel storage sites*. Sudbury: HSE.

UL. 2013. *Intrinsically Safe Apparatus and Associated Apparatus for Use in Class I, II and III, Division 1, Hazardous (Classified) Locations*, UL-913. Northbrook: UL.

U.S. OSHA. 1992-2014. *Occupational Safety and Health Standards: Process safety management of highly hazardous chemicals*, 29 CFR 1910.119. Washington D.C.: OSHA.

附录 F SIS 设备选型

设备选型应遵循良好的工程实践，包括工程、操作或者维护活动等各方面（CCPS 2006）。必须遵循 IEC 61511（2015）中的相应规定，确保 SIS 满足所需的风险降低要求，符合 SIS 应用的设计意图。SIS 选型原则一般也适用于 SCAI 的设备选型。从根本上说，选型涉及设备的设计质量、功能性能、人为因素、在用（或以往使用）历史，以及是否能够满足特定应用的安全要求规格书等诸方面的综合工程判断。选型在很大程度上还受到已在多少装置使用、所需技术特性、最佳适用性以及本地技术支持等因素的影响。

设备安装后，应根据以往使用经验定期对其进行重新评估，使用经验的积累从投用之时就要开始。用户可以建立"用户批准设备清单（user-approved equipment list）"管理制度，随之通过仪表可靠性程序监测所安装设备的实际性能。遵循 ANSI / ISA 84.91.01（2012c）收集的维护记录，足以启动对所安装 SCAI 设备的性能跟踪。另外，检查报告、工作单以及其他维护发现都可用于辨识性能不佳的设备，例如在测试中发现某些失效重复多次出现，或者非计划工单中那些平均无失效时间甚至少于一年的仪表设备。如果特定产品、设备或技术被确定为性能不良或不可靠，就应从清单中剔除。

这一管理过程在其他出版物中称之为"用户批准"或"用户批准用于安全"（CCPS 2007b，ISA 2015c）。这个概念最初出现在本书的第一版以及后来 1996 年发布的 ANSI / ISA S84.01（1996）中。基于以往使用历史进行设备选型的概念在 IEC 61508（2010c）中称之为"经使用证明（proven in use）"，在 IEC 61511（2015）中称之为"以往使用（prior use）"。"经使用证明"是基于制造商的设计基础（例如，温度限值、振动限值、腐蚀限值、期望的维护支持能力）。"以往使用"指的是实际在用的设备在特定的操作环境下、在具体的过程应用中的性能表现。显而易见，实际操作环境状态与厂商的制造场所往往不同。

F.1 选型基础

任何自动化设备的选型都取决于其功能性、可靠性、操作环境以及过程应用的要求。除此之外，SIS 设备选型还要满足 SRS 规定的每个 SIF 的特定 SIL。IEC 61511-1（2015）条款 11.5.2.1 规定："选定用作 SIS 一部分、具有特定 SIL 的设备应符合 IEC 61508-2：2010 和 IEC 61508-3：2010，和/或 11.5.3~11.5.6 要求（如适用）。"本条款描述了 SIS 应用设备选型的两类依据：

- IEC 61508-2（2010c）（硬件）和 61508-3（软件）符合性评估。这通常涉及特定产品的第三方认证。
- 以往使用或历史数据。这些数据通常来源于类似操作环境的设备性能表现。

使用这些方法的出发点，是选择高完整性、可信赖的设备，同时尽量降低选型、设计以及工程实施过程的系统性失效。无论采取什么样的证据评判设备选型的合理性（例如，第三方认证、以往使用或者将二者相结合），设备最终应适合于过程应用场合，满足风险降低和误动率要求，并且适用于其意图。

尽管制造商针对特定产品给出了声称的 SIL 能力，但 SIL 是一个回路概念而非单个设备属性。SIL 1 传感器连接到 SIL 1 逻辑控制器，并输出到 SIL 1 最终元件，整个回路不太可能实现 SIL1。像这样构成的链路，每个子系统失效的可能性叠加在一起。在大多数情况下，有必要选择具有更高 SIL 能力的设备，这样才能使整个回路达到所需的 SIL。此外，无论制造商声称的单个设备 SIL 能力如何，还必须满足 SIS 的其他特定要求。

注意：制造商声称的 SIL 能力，一般会声明只有在按照安全手册应用的前提下，其产品适用于其意图时才能达到特定的 SIL。请务必阅读认证报告的详细内容，并按照安全手册的规定使用设备。

IEC 61511-1（2015）只要求在 SIL3 应用场合选用的 PLC 必须是符合 IEC 61508（2010c）的设备。IEC 61511-1 反复提及以往使用信息的重要性。

例如：IEC 61511-1 条款 3.2.53 的注释 1 有下面的说明："根据以往使用为基础评定 SIS 设备时，用户可以将该设备在类似操作环境取得的令人满意的性能表现形成书面文件。有必要明了设备在操作环境中的行为表现，已经具有高度令人信服的确定性，表明设计、检查、测试、维护和操作实践足够充分"。条款 11.5.3.1 的注释 1 也陈述道："以往使用评定的主要意图是收集证据，表明与所需的安全完整性要求相比，危险的系统性故障已经减少到足够低的水平。"

用户通常只能在其安装的设备上收集以往使用证据，而制造商为许多不同的用户提供设备，就有可能通过他们的产品技术支持部门发现共性的问题所在。因此，制造商应制定质量保证和变更管理程序，书面记录现场反馈、厂商内部失效检测、失效判定等信息，并及时向用户发布安全相关问题的通告。

IEC 61511-1（2015）没有对在役设备的停用做出具体要求。只是在条款 5.2.5.4 规定："对于根据本标准发布前的规范、标准或实践设计并建造的在役 SIS，用户应确认其设备是以安全的方式设计、维护、检查、测试以及操作。"以往使用信息对证明在役 SIS 是否符合这一要求必不可少。

F.1.1　IEC61508 的合规性

IEC 61508（2010c）是安全相关系统的基础安全出版物。各工业领域依据 IEC 61508 的框架和核心要求制定了各自的功能安全标准。IEC 61511（2015）就是过程工业领域关于 SIS 的标准。制造商只允许声称其产品具有 IEC 61508 界定的合规性，而不可以违背 IEC 61511 条款 1b 的要求（2015），对产品超范围夸大其 SIL 能力。

IEC 61508（2010c）允许厂商自我认证或用户认证。不过，大多数制造商都寻求 SIS 设备的第三方认证。许多营利性公司提供 SIS 产品的第三方认证业务，如 TUV、Factory Mutual Global、SIRA、INERIS、exida、SIS-TECH 等。关键要记住一点，制造商要为评估及发布报告支付费用，因此评估市场的这些机构面对着（厂商）要求其出具声称具有高 SIL 能力报告的压力。使用第三方认证的设备，可以转移用户自我评估并形成 IEC 61508 合规性书面文件的部分负担，但归根结底，最终批准并认可这些设备适用于特定应用场合仍旧是用户的责任。

　　设备安全手册要声明使用第三方认证设备的限制条件。用户要阅读认证机构出具的认证资料和厂商提供的手册，了解必需的设计、安装、操作和维护要求，以确保合规性。不过，第三方认证无法保证其设备一定适合于特定的过程应用、操作环境或具体的 SIS 配置。

　　一些认证报告是基于失效模式和影响分析（FMEA），提供失效率、硬件故障裕度、检验测试覆盖率以及安全使用限制条件等信息。绝大多数 FMEA 是基于通用元件数据对产品研发设计进行理论推导性的工程分析，并没有考虑现场的具体问题，如误用、操作环境影响、疏忽或系统性失效。制造商的认证基础通常只限于其责任范围内的产品研发设计和制造方面。FMEA 报告大都不涉及 IEC 61508（2010c）的所有要求，但它们基于工程分析也为用户提供附加的安全信息，这些可在用户批准过程中予以考虑。

　　有些认证报告提供了更为详细的信息，如安全完整性等级（SIL）、硬件故障裕度（HFT）、安全失效分数（SFF）、系统能力（SC）以及估算的失效率等；而其他一些报告给出的信息则非常有限，甚至只提供 SIL。也有制造商自行评定其设备符合 IEC 61508（2010c）的情况。一般而言，自行评定不如第三方认证那么有说服力，需要用户对制造商的信任度更高。任何情况下，声称的 SIL 能力都应以书面报告的形式提供给那些对 SIS 各方面负有责任的人员。

　　质量驱动的制造商监测其设备性能，将出现的关键性问题告知用户，并根据问题的性质适时升级设备。一些制造商借助这类监测数据获得第三方对 SIS 应用的认证。应了解这些记录的收集方法，因为有些声称的性能水平仅仅是根据质保退货数据做出，这通常只涵盖初期安装的设备。这些结论易于让人乐观，因为制造商可能会排除与操作环境、过程应用或者安装等方面相关的失效，其理由是用户有责任确保设备的正确选择和应用。不过，必须了解这些失效的存在，并在设计、验证和确认中予以考虑。

　　在选用基于 IEC 61508（2010c）合规性认证的设备时，需要考虑如下问题：

- 在设备安全手册中通常会强调一些限制条件，可能并没有在认证证书上列明。这些限制条件可能是需要进行特定配置、附加的外部诊断、独有的故障减轻机制、特殊安装细节、操作限制或者硬性规定的维护时间间隔等。因此，同时审慎阅读认证报告和安全手册显得尤为重要。如果不遵守安全手册的限制条件，认证证书可能会无效。
- 许多第三方认证是由营利公司做出的。由于他们的工作人员并不直接掌握用户已安装设备的实际使用状况，对产品的了解没有像用户那样的知识、经验和认知。因此，这些报告有可能对某些特殊工艺过程、特定应用或实际操作环境无效。
- 认证报告的质量、分析水平和文件行文格式等差异很大，有些制造商会寻求对其更友好的第三方机构做认证，在报告中尽可能给出最低的失效率量值。
- 不同的第三方机构对基础数据源、计算依据的方法论、认证产品的边界范围以及认证中不予考虑的影响因素，可能会有很大的差异。由于认证依据的假设前提不同，可能会造成某厂商的产品比另一厂商的同款产品更有优势的错觉，而实际上它可能只是分析的假设前提比实际设计条件更理想。再次强调，审核第三方认证依据的方法和认证报告的细节非常重要。
- 认证报告依据的前提条件可能与期望的应用状况不符。
- 制造商依据 IEC 61508（2010c）标准获得的产品认证有可能是应用于其他非过程工业行业。因此，要注意有些按 IEC 61508 标准认证的设备并不适合于过程工业应用。例如，在汽车制造业应用的可编程控制器，也可以通过 IEC 61508 认证，这并不能说明该设备在过程工业应用也必然适用，实际上这两个行业的操作环境和可靠性预期差异很大。

- 制造商的安全手册中很可能有关于设备使用的限制条件以及与操作环境相关问题的免责声明。

F.1.2　以往使用方法

IEC 61511（2015）条款 3.2.53 和 11.5.3 陈述了基于以往使用进行设备选型的通用规则。声称符合这些条款时，需要收集和分析历史记录，例如过程安全事件日志和维护记录。以往使用需要用户明了随机失效和系统失效的来源，以便采取措施减少它们的发生。以往使用涉及在类似的操作环境中收集和设备性能相关的操作和维护记录。与 IEC 61508（2010c）方法通常只考虑制造商的产品本身不同，以往使用关注设备的实际在用问题，并且包括过程界面、完整的设备边界、通信及公用支持系统。在没有太多的设备作为样本（例如，专用分析仪和可编程控制器），或者设备采用了新技术或进行了重大技术升级时，可能很难收集到足够量的使用经验。不过，所有安全设备从安装的那一刻起，就已经开始积累以往使用证据了。

以往使用允许用户自我判定用于 SIS 的设备，通过实际使用经验并证明其性能，支持用户的选择。以往使用帮助评估设备是否适合其用途。现场设备（例如，传感器和最终元件）在满足既定的技术规格书的情况下，在正常操作环境下的性能行为，不论是安全还是非安全应用通常是一样的。因此，非安全应用类似设备的性能证据，也可以用于以往使用合理性的评判。

以往使用是一个分析过程，确定对某个设备的设计、安装、操作和维护等各方面有了足够的了解，可以达到所需的可靠性和完整性。以往使用也为所安装设备的持续评定（或再认证）提供了必要的机制，基于对历史性能的审查，认定能够满足安全要求。将以往使用数据导入到数据库，可以用于硬件失效率计算。以往使用不仅辨识硬件失效及其根本原因，还有必要遵循 IEC 61511-1（2015）条款 5.2.5.3 的要求，辨识相关的系统性失效。

IEC 61511-1（2015）条款 5.2.5.3 规定："应执行相应的管理规程，按照所需的 SIS 安全要求评估其性能"：

- 辨识并防止可能危及安全的系统性失效。
- 监测并评估 SIS 的可靠性参数是否与设计时假设的一致。
- 如果失效率大于当初设计时的假设量值，确定必要的纠正措施。
- 将 SIF 实际操作期间的"要求率"与前期进行风险评估并确定 SIL 要求时的假设量值进行比较。

有关 SIS 应用的适当性证据包括：

- 考虑制造商的质量保证、变更管理规程以及文档控制流程等方面。
- 对组件或子系统性能表现的充分辨识以及有足够全面的技术规格书。
- 组件或子系统在类似操作和物理环境中的性能展示（可能包括类似应用的过程控制设备）。
- 有足够量的操作经验（即以往使用证据）。

基于以往使用原则选择设备时需要考虑的问题:

- 质量维护记录和信息可能有限。用户需要收集设备失效、失效模式和在用时间等方面的数据。
- 为了确保失效报告的一致性,需要进行专门的维护培训,因为对失效的定义也可能有不同的理解。
- 需要可靠性分析工具以及经过培训的人员。

从各种工业数据收集程序发表的现场失效率数据来看,实际在用设备的危险失效率明显高于大多数第三方认证报告声称的量值。对于现场设备,认证报告声称的危险失效率一般比实际安装使用所收集的低 3~10 倍,参见附录 F.1.3 和 CCPS (2007b)。对于 PLC 来说,声称的危险失效率可能比实际在用系统获得的数据低一个或一个以上数量级。

虽然有些第三方认证报告考虑了应用场合的严酷性,但对于用户原因造成的系统性错误,几乎所有的制造商拒绝承担责任。当在认证中考虑了由于制造商的原因可能导致系统性错误时,一般会在报告中声明;否则应假定这些因素未包括在内。在安装、系统配置、操作和维护方面人为因素的影响,可能会显著增加发生系统性错误的可能性。监测人为因素的影响程度,可以通过审查历史记录、与各有关岗位人员进行讨论等判定。

F.1.3 认证的历史由来

早期的 PLC 会频繁死机并意外中止数据处理。用户普遍认为由于 PLC 固有的复杂性,制造过程存在瑕疵的可能性会很高,因此许多用户最初并不愿意将 PLC 用作安全逻辑控制器。为辨识用于"要求模式"系统的 PLC 失效,用户通常会安装外部看门狗定时器,对 PLC 的操作状态进行主动诊断,一旦 PLC 意外中止数据处理则发出报警,参见附录 F2.3、CCPS (2007b) 和 ISA (2015c)。从及时纠正失效的意义上,检测出危险失效无疑是必要的;不过,如果 PLC 出现故障,PLC 内的所有功能都会随之失效,工艺过程的持续操作面临着重大的风险。为了解决对 PLC 死机的担忧,有时会在过程控制系统中镜像安全逻辑(见第 5.2.5 节),或者并行配置一套执行相同逻辑功能的硬接线系统,参见附录 A.1.5 和 U.K. HSE (1987)。

在整个 20 世纪 70 年代和 80 年代,业界一直慎重接受 PLC 用于安全应用场合。人们普遍认为:需要新的设计架构以改进 PLC 的风险降低能力(参见附录 A.1.3、第 5.2.2 节、第 5.3.2 节)以及增强面对单点失效时的恢复能力(参见第 2.4 节);需要对失效进行内部诊断,以提供集成的实时检测和自动报告功能;需要在产品制造过程中采用质量保证管理流程确保降低 PLC 的失效率。

从 20 世纪 80 年代开始,一些 PLC 制造商开始寻求第三方认证,以证明其特定的系统架构符合德国标准 DIN V VDE 0801 (DIN 1990, 1994)。在那个时候,这是专门针对 PLC 用于安全应用场合的唯一标准。认证为用户提供了另外的证据,表明 PLC 至少满足了安全标准的要求。该德国标准在 20 世纪 90 年代后期被 IEC 61508 (1998a) 标准取代。CCPS IPS (2007b) 对基于德国标准认证与基于 IEC 61508 (2010c) 标准认证之间的相关性进行了讨论。

其他设备,如气动传感器、联锁信号放大器、电动传感器以及阀门,也都在进行 IEC 61508 (2010c) 符合性评估。有些设备包含机械部件,受操作环境影响的程度更大。IEC 61508 的相关要求,主要关注制造商在产品研发和制造的设计、确认和质量保证的全过程上。大多数评估都未包括操作环境影响和可能的误用，因为这些方面是用户问题，而非制造商。因此，一个产品即使获得了基于 IEC 61508 的设备认证，并不能保证在某一特定操作环境或应用中具备所声称的性能。在用户批准过程中，必须综合考虑有效的制造商信息和已安装设备的历史经验，即以往使用证据。随着设备从工程项目阶段转到长期的日常操作，有效的可靠性证据也会从工程分析转向以往使用经验的积累。需要监测设备的在用状况，辨识出没有达到所需性能的产品，并采取必要的校正措施。SCAI 设备用于特定的应用场合，必须经过用户批准管理程序的最终认可，并且评判在操作环境中具有适合其用途的合理性。

F.1.4　选型方法的优缺点

前述的两种选型方法各自都有优缺点。大多数公司在将新技术用于安全应用之前，都需要一些以往使用数据作为参照。基于 IEC 61508（2010c）的评估通常并不包括设备在特定应用场合对其操作环境的适宜性，也不涉及现场维护设备的能力。以往使用是了解设备在设计、安装、检查、维护、测试和操作过程中存在哪些潜在失效的最佳方法。

使用第三方认证的设备，将分析、计算、形成技术文档，以便评判其设备是否适用于安全应用的部分责任，从用户转移到了制造商。不过，制造商由此增加的成本，最终还是会分摊到用户身上。即便如此，采用第三方认证仍有很多优点，特别是对于没有可用资源和数据执行 FMEA 的小用户尤其明显。工程公司和用户经常在新项目上通过指定第三方认证设备，试图降低本身的人工成本和资源需求。不过，大多数第三方认证是基于推理性的工程分析，并没有考虑过程应用因素诱发的失效机制影响。

在认定设备具有足够高的可用性和可靠性时，以往使用规则允许用户在过程控制和 SIS 应用上选用同类仪表。在这种情况下，SIS 设备的高可用性和可靠性考虑，对于过程控制设备的选用也有着积极的影响，可以推动持续改进，并帮助剔除两类仪表应用中的不良设备。困难在于必须收集和管理大量的数据，也必须保持完整的系统文档。所幸的是，仪表可靠性程序所需的数据记录类型，与过程安全法规要求的形式相一致，无形中节省了很多人工成本。最后强调一点，为以往使用建立的良好文档体系，对于证明 SIS 设备适用于其用途提供了基础。

F.2　其他考虑事项

如此前讨论过的，在选择用于 SIS 的设备时，必须满足操作环境中的功能、风险降低和可靠性要求。还有一些适用于设备选型的附加考虑，例如诊断、多样性、检验测试以及其他一些为满足系统需要的制约因素，如隔离和硬件故障裕度等。

F.2.1　隔离指南

硬件、接线、一次元件管路、通信、接口、系统软件和应用程序编程必须考虑隔离。隔离可以是物理的或者功能性的。物理隔离是指在物理上相互分离的设备中执行功能，而功能隔离是在一个设备内部实现功能的分离。功能隔离的一个例子，是将那些非安全功能，如诊断、资产保护、测试逻辑，也设置在安全控制器中，但它们与安全功能有各自分离的程序模块。隔离可有助于实现独立性以及减少共因失效。

本书讨论的隔离指导原则，是公认的良好工程实践。有些安全控制器与过程控制器紧密互连，例如，这两类控制器可能共享背板或机架。从人为错误角度来看，这些相互连接极大地模糊了隔离的界限。需要通过慎重分析，确定隔离的程度在过程应用、操作环境，以及为避免现场错误进行管理的方式等是否适当(参见第6.6节)。硬件、系统软件、数据通信，以及应用程序组态等所需的隔离，应在安全要求规格书中明确规定。

F.2.2　多样性指南

IEC 61511-1 (2015)条款3.2.18将多样性定义为："采用不同的方式执行所需功能。多样性可以通过不同的物理方法或不同的设计方式实现"。

多样性经常用于减少共因失效。应考虑逻辑控制器、现场设备、数据通信设备及其通信链路的多样性。在认为潜在的共因失效比较突出的环节，如硬件、系统软件以及应用逻辑中，有必要采用多样性设计。硬件和软件的多样性可以通过下述不同措施实现：

- 技术；
- 制造商；
- 来自同一制造商的不同产品；
- 由不同的人员完成应用程序组态。

过程控制和安全应用之间的多样性，一般通过采用不同技术的逻辑控制器实现。有时也可以采用基于不同技术的现场仪表(例如，导波雷达和d/p液位计，或者压力变送器和压力开关)，或者程度稍逊一些，选用两个不同品牌的设备实现同一功能。历史上，相对于过程控制器，安全逻辑控制器要么采用不同的技术，要么采用相同的技术(例如，两者都为可编程)而有各自不同的硬件/软件。这种硬件独立性配置，减少了潜在的共因失效，仍是目前流行的做法。完全意义上的多样性很难实现，因为设计意图和实现方式总是存在很多共性。这两类系统通常共享支持系统，如电源、接地、其他公用设施，甚至在工程实践方面，不可避免地存在共同之处。

不过，当使用硬件多样性时，设计、工程、安装和支持人员仍然是相同的，这就意味着即使采用了多样性，还是为一些共因错误或失效打开了一扇门。在SIS和过程控制系统之间，当使用不同的技术或逻辑控制器时，则会在软件之间自然地形成多样性(不同形式的应用程序组态和不同的编程人员)。历史上也自然形成了另一方面的多样性，即由不同的部门或不同角色人员负责各自的系统：过程控制硬件一般由控制专家和技师负责，传统上安全系统由仪表工程师和电仪技术人员负责。

由于现代趋向于使用相同的工程工具，使得SIS与过程控制系统更紧密地结合在一起，这与历史传统完全不同，失去了旧系统中一些固有的多样性。另外的一些趋势，通过减少不同类型仪表的库存降低成本，通过减少仪表类型降低维护和培训费用，这些利益驱动都背离多样性原则。

多样性的主要缺点是需要支持多种不同的设备(技术/硬件/软件)，并且潜在地影响一些诊断或其他特性。例如，将变送器与检测开关组合成1oo2架构，在提供多样性的同时，也失去了将变送器信号做诊断比较的机会。

F.2.3　诊断

诊断是安全逻辑控制器的标志性特点。由于 SIS 逻辑控制器的复杂性和故障容错要求，为确保其正常操作，高水平的诊断是必要的。要特别注意，由于用户对许多这类诊断机制无法测试，诊断的功能性是否良好，对用户而言或多或少会感觉有些神秘。系统诊断功能即使可以做得很强大，但做不到完美，用户应定期在实际可能的范围内测试逻辑控制器的诊断。如果 SIL 计算考虑了外部诊断的影响，则应将这些诊断作为检验测试的一部分进行测试。

所有诊断提示和报警信息，都应包含在操作和维护规程中予以适当响应。在某些情况下，如果发生失效，可能还需要按照补偿措施管理规程的要求，采取特定的直接行动（参见第 6.4.8 节）。

可编程仪表通常有内置的主动诊断功能，可检测设备本身的失效，覆盖率达到 60% 或更高（例如，报警信息和标志量）。这些诊断功能在检测到失效时，可以使仪表输出偏置到量程上限或下限。外部诊断用于检测失效并有助于确保仪表的可用性（例如，偏差报警、看门狗定时器）。外部诊断可以分为被动或主动两种类型。

被动诊断是借助定义的事件，手动进行测试（例如，全面或部分检验测试，或者在 SIS 上人工施加安全"要求"）。被动测试有局限性，因为设备失效只有在启动测试时或者恰有"要求"需要 SIS 正确地执行动作时才能辨识出来（例如，在"要求"时，阀位开关指示切断阀没有正确关闭）。被动诊断的间隔时间，不应大于安全功能预期"要求"间隔时间的一半（即：对于 1/10 年的要求率，被动诊断测试时间间隔不应大于 5 年）。

主动诊断是自动测试，以远高于检验测试的测试频率监视子系统的操作状态（例如，对 SIS 输入信号背离正常范围进行自动报警）。根据 IEC 61508-2（2010c）条款 7.4.4.1.4 规定，对于 HFT = 0 的低要求模式系统，诊断测试间隔时间与为达到或者保持安全状态而执行规定动作所需时间的总和，应小于过程安全时间。对于 HFT = 0 的高要求操作模式，诊断测试频率与要求率的比值应大于 10。对于 HFT>0 的高或低要求操作模式，诊断测试间隔时间加上将检测出的失效修复并恢复到在线工作状态的时间总和，应小于 SIL 计算中假定的 MTTR。

有效可用的内部和外部诊断功能，在 SIS 设备选型和 SIS 系统设计时，要予以充分考虑。在技术可行时，应将外部诊断功能添加到 SIS 的设计中。通常情况下，主动诊断优于被动诊断，因为前者可以更快地检测到问题。SIL 等级越高，通常相应地需要诊断覆盖率（可检测危险失效的占比）越高。在 SIS 应用中增加诊断覆盖率固然可取，但它不能替代设备本身应有的内在可靠性。

一些数字系统只在启动时会运行一些诊断程序并检查系统状态/配置，但如果不是重新上电启动或者执行一次系统复位操作，它们不一定会重新运行。因此，为了运行这些诊断，用户必须手动重启电源或复位系统。

大多数系统有内置的 I/O 超量程范围检测能力，有一些甚至可能有内置的偏离正常值检测功能块和其他可用的诊断功能。现场仪表应始终考虑执行可能的内置或外部诊断。按照安全手册的规定，利用好制造商提供的安全设备可用诊断功能。

数字系统的其他一些关注点和考虑因素包括：

①**内部诊断**——数字控制器和其他组件变得越来越复杂、系统配置更加灵活。一般情况

下，主要依赖供货商提供的诊断信息告知支持和维护人员设备正处的工作状态。设备必须具有哪些类型的算法才可以声称为"内部诊断"，至今还没有统一的标准。因此，内部诊断多种多样，可以是对用户完全透明的，例如给出隐含具体信息的错误代码，或者将详细的诊断信息很好地集成并显示在HMI上。内部诊断也还包括内存检查、在电源上设置状态指示灯、内部看门狗定时器、I/O确认、通信设备设置状态指示灯等形式。

对于不属于HMI或DCS固有组成的PLC，可能需要通过读取PLC的诊断寄存器信息，向HMI报告PLC失效状态。与这些PLC或其他设备通信的大多数界面，都有I/O超时指示，以点的形式检测与PLC的通信失效。在一些情况下，可能需要HMI/DCS中的看门狗定时器监视并保证PLC程序时序的正常执行。用户充分利用好内部诊断，是系统维护并确保可持续操作的重要方面。每次必须请制造商进行诊断并检测出失效，会大幅度增加系统的平均恢复时间（MTTR）、增大维护成本，进而也影响控制系统的可用性和安全性。

内部诊断可以由控制器的软件或硬件执行，以警示操作人员注意或者采取预定的纠正动作。某些诊断结果的报告设施，需要定期检查，例如指示灯、电压和电流读数显示，以及其他就地指示单元。控制器投用于危险的工艺过程之前，必须了解这些子系统的诊断功能，使其在确保可靠性和安全操作方面发挥重要作用。

数字控制系统通常具有许多诊断指示，给出目前所处的正常/异常状态。在某些情况下，诊断通过LED的显示形式变换或闪烁予以辨识。了解这些指示灯的含义，是模块和通道层面进行故障排除的关键。

内部看门狗定时器诊断，一般是检查制造商认为需要监测的重要功能，但是这些功能可能不包括对用户应用而言很关键的每项因素。系统可以有多个内部看门狗定时器（例如，系统周期、程序周期、I/O通信等），其中大多数的时间设置是用户无法访问的。不过，有些PLC的程序/更新周期看门狗定时器允许用户设定时间。内部看门狗定时器系统可以提供一些可选项，包括失效时将某单个功能通道置于本质安全化输出值或关停整个控制器。

虽然内部看门狗定时器可以在可编程控制器内采用单独的硬件，但它们也会因为与控制器失效相同的原因发生失效。另外，这些内部看门狗定时器可能并不监测用户认为重要的一些功能或项目。除了控制器手动复位或关停开关之外，内部看门狗定时器也可能没有外部触点或其他有效的外部方式给出控制器操作状态的警示信息。控制器制造商应提供内部看门狗定时器和诊断监测的功能和项目列表，以及基于检测到的失效所执行的系统动作。内部看门狗在检测系统状态时的局限性，可能需要借助外部看门狗或其他附加外部诊断措施弥补。

大多数制造商在I/O卡件上提供一些内部诊断。这些诊断基于点或模块层面，通常涵盖I/O卡件的内部功能，但是也可能包括对数字I/O现场设备接线的诊断，以及检测模拟输入的故障（例如，通过PLC对变送器信号进行超出量程范围上下限的检测，表征故障）或信号中断。有些PLC制造商还提供某种形式的输出卡诊断，通常用于"得电动作（Energized-To-Trip，ETT）"系统，可以检测开路、短路或接地等状态。用户应验证I/O卡件现场设备诊断的功能性，因为其诊断方式可能会各有不同。

智能变送器的诊断功能，需要在逻辑控制器中组态附加逻辑予以使用。除了量程上限和下限检测，一些变送器还可以检测出输出信号的"冻结"，这种失效可能是由于电路故障、引压管堵塞或根阀意外关闭等原因造成。

在评估潜在的失效模式并确定这些模式的后果时，应将内部诊断的作用考虑在内。内部诊断的主要缺点之一，是无法进行功能测试或验证，在 SIS 应用中是个问题。

②**外部诊断**——外部诊断通常用于功能检查，例如操作指令与最终响应结果不一致报警，即采用自动手段验证现场控制动作是否已按照指令执行。DCS 通常在过程控制器外部设置系统诊断，用于验证过程控制器通信是否正常。当与其他系统进行数字通信时，非混合控制器通常采用外部看门狗定时器（WDT）和外部通信看门狗。

在控制器出现未检测到失效并有可能导致危险工况的场合，应考虑设置外部诊断。外部 WDT 可以用作监视应用程序、检测控制器控制循环周期的手段，也可以为用户提供可组态的联锁输入触点。总之，外部 WDT 可以发出警告报警，强制控制器或其输出失电，或给 SIS 提供输入点用于组态。

外部 WDT 通常由两部分组成：控制器或 PLC 的内部部分，通过逻辑生成 WDT 脉冲；控制器的外部部分，检测 WDT 脉冲，并在检测到 WDT 脉冲问题时执行特定动作。大多数 DCS 的 I/O 是本地的，但是许多 PLC 具有多个 I/O 机架，其中一些设置在远程。在这些情况下，可能需要多个 WDT 确保分散各处的 I/O 机架正常操作。WDT 的外部部件（当在离散控制器组件中实施时）通常由 ON 延时定时器和 OFF 延时定时器组成，以检测 WDT 脉冲是否整齐产生，并且一个脉冲状态是否持续太久。目前业界有定型的 WDT 模块，可以用于单个模块并提供所需的监测功能。

另一种外部诊断形式是对输入信号进行比较。它可以检测变送器信号飘移。采用这种诊断方法时，应考虑传感器的精度和过程测量的正常误差。如果设置两台变送器的信号差值过大，就无法足够早地检测到变送器信号出现飘移，达不到及时发现并予以处理的理想效果；而如果两个变送器信号差值设置过小，稍小的信号波动就可能导致虚假报警和/或联锁关停。

在某些应用中，接近传感器可用于检测不正确的阀门行程位置。这对监测顺序操作非常有用。当信赖并采用这种诊断时，应将接近传感器纳入仪表可靠性程序，进行定期检查和测试。

F.2.4 硬件故障裕度（HFT）

IEC 61511-1（2015）条款 3.2.23 将故障裕度定义为"在出现故障或错误时，功能项目持续执行所需功能的能力"。本质上，故障裕度是在子系统或系统的硬件中存在一个或多个危险失效时，仍然继续执行所需功能的能力。目的是确保 SIS 应用有足够的容错能力。

IEC 61511-1 在条款 11.4 规定了最低 HFT 要求。例如，如果 HFT = 0，系统不能忍受任何故障：单个故障就会导致系统失效；如果 HFT = 1，系统可以容忍一个故障，即仍然处于功能状态。HFT 可以在系统或在每个子系统层面提供。指定最低 HFT 的意图是为了弥补设计和管理假设中的潜在缺陷，并补偿设备实际失效率的不确定性。

有关硬件故障裕度要求，有如下 4 种不同的途径可供参考：

- 符合 IEC 61508（2010c）认证设备的安全手册；
- IEC 61511（2015）条款 11.4；
- 符合 IEC 61508-2 条款 11.4.3 的路径 1H，遵循条款 7.4.4.2 的要求，考虑诊断和 SFF；
- 符合 IEC 61508-2 条款 11.4.3 的路径 2H，遵循条款 7.4.4.3 的要求。

在过程工业应用中，最常见的是遵循 IEC 61508 认证设备的制造商要求，并按照 IEC

61511-1 条款 11.4 执行附加的 HFT。

F.2.5 系统能力(SC)

对于符合 IEC 61508 (2010c)标准的设备，系统能力被定义为："当一个组件按组件符合项安全手册的规定应用时，针对规定的组件安全功能，组件的系统性安全完整性满足规定的 SIL 要求的置信度的度量(表示为 SC1~SC4)。"SC 与 SIL 直接相关，例如，对于 SIL 2 和 SIL1，SC2 是足够的。在通过冗余组合设备，以期达到更高 SC 时应审慎考虑(参见 IEC 61508-2 条款 7.4.3)。例如，将各自具有 SC N 的相同组件(例如，相同的变送器)组合时，制造商声称的系统能力限制为最高 N+1。

系统能力的定义，目前仅限于按照 IEC 61508 (2010c)认证的设备。对于基于以往使用的在役设备，仪表可靠性程序应该用于从设备维护记录中辨识系统错误。

F.2.6 检验测试

定期检验测试和检查，对于辨识无法检测出的失效，证明系统某些方面的功能处于正常状态非常有效。检验测试通常利用大检修机会进行，或者由所需风险降低的要求确定。检验测试间隔时间应小于或等于预期"要求"间隔时间的一半，即：对于 1/10 年的要求率，检验测试间隔时间应为 5 年或更短。否则，安全功能在检验测试进行之前是否仍然保持应对过程"要求"的能力面临挑战。

连续、高要求操作模式的 SIS，也需要定期进行功能测试，但是出发点稍有不同。连续、高要求系统更可能受到过程"要求"而非检验测试频率的挑战。不过，"要求"并不能实际测试出系统的方方面面(例如，冗余系统操作、报警、诊断、初期或降级失效等)。因此，这些类型的系统仍然需要定期测试和检查，以确保不存在故障，如降级、多重故障累积、腐蚀等。

SIS 设备的选择、设计和安装，必须考虑 SRS 中规定的检验测试要求。其他考虑事项还包括：①危险失效模式；②所处位置或安装要求造成的测试困难；③在线和离线测试要求；④最终元件测试时的可用性限制(可能仅允许在大检修或计划停车期间进行测试)。FMEA 结果可用于指导检验测试方案的设计。SIS 设计还应尽可能降低检验测试过程诱发人为错误的可能性，并最大限度地辨识出存在的降级操作或失效状态。

F.2.7 环境关注点

SCAI 逻辑控制器的适用环境应符合 ANSI/ISA71.04 (2013a)的要求。将 I/O 和逻辑控制器安装在室外环境时，即使处在额定使用环境条件下，也要充分考虑附加的保护措施。环境温度、腐蚀性环境和湿度会对电子元件产生不利影响。恶劣的环境状态预示着未来有很多方面不可预测。除现场传感器和最终元件之外，所有 SIS 组件所处的安装区域，都要有适当的温度控制措施，避免环境温度处在 40°F 以下，或者高于 100°F。湿度要求既要避免在设备上出现湿气冷凝，也要避免因过于干燥出现静电问题，要在这两者之间达到平衡。湿度正常应保持在 40%~60%的范围内，但不应超过 90%。此外，应提供足够的通风，防止灰尘或暴露于腐蚀性烟雾之中，即使空气中的含量很小(ppm 级别)也应适当防护。

当在 SIS 中安装有多个子系统、或多个 SIS 安装在同一区域时，不要让环境或共同的位置成为失效的公共原因。这意味着 SIS 逻辑控制器不应安装在出现火灾、爆炸等可能危及生产装置、紧急情况下妨碍 SIS 有效使用的区域。安装位置和线路敷设方式对于得电关停系统的布线路径尤为重要，因为在出现火灾并需要系统动作时，由于火灾可能导致线缆损坏，丧失线路完整性，系统无法执行所需动作。

电源和接地问题可导致整个系统发生共因失效。要严格遵循制造商的安装建议、业界实践，以及配电和接地的良好工程实践。

参 考 文 献

ANSI/ISA. 1996 (Replaced). *Application of Safety Instrumented Systems for the Process Industries*, S84.01-1996. Research Triangle Park: ISA.

ANSI/ISA. 2012c. *Identification and Mechanical Integrity of Safety Controls, Alarms and Interlocks in the Process Industry*, ANSI/ISA-84.91.01-2012. Research Triangle Park: ISA.

ANSI/ISA. 2013a. *Environmental Conditions for Process Measurement and Control Systems: Airborne Contaminates*, 71.04-2013. Research Triangle Park: ISA.

CCPS. 2006. *Guidelines for Mechanical Integrity Systems*. New York: AIChE.

CCPS. 2007b. *Guidelines for Safe and Reliable Instrumented Protective Systems*: AIChE.

DIN (Deutsches Institut für Normung). 1990 (Withdrawn). *Principles for computers in safety-related systems, Original language*. DIN V VDE 0801. Berlin: Beuth Verlag BmbH.

DIN. 1994 (Withdrawn). *Principles for computers in safety-related systems, Amendment A1*. DIN V VDE 0801-A1. Berlin: Beuth Verlag BmbH.

IEC. 1998a (Replaced). *Functional safety of electrical/electronic/programmable electronic safety-related systems*, IEC 61508. Geneva: IEC.

IEC. 2010c. *Functional safety of electrical/electronic/programmable electronic safety related systems - Parts 0-7*, IEC 61508. Geneva: IEC.

IEC. 2015. *Functional safety: Safety instrumented systems for the process industry sector - Part 1-3*, IEC 61511. Geneva: IEC.

ISA. 2015c. Guidelines for the Implementation of ANSI/ISA-84.00.01-2004 (IEC 61511 Mod), TR84.00.04 Part 1. Research Triangle Park: ISA.

U.K. HSE. 1987. *Programmable Electronic Systems Safety Related Applications PES 2 General Technical*. Sudbury: HSE.

附录 G 人机界面设计

G.1 概述

人机界面(HMI)是安全操作的关键要素。本书的案例研究(表1.3)列举了由于操作人员错误或未及时响应成为损失事件诱发因素的诸多例子。在过程工业中，还有很多的事故(损失可能比本书案例小很多)频繁发生，事后发现往往是因为操作人员应对不当所致。案例研究表明，在操作人员处于以下情形时，很可能会响应不到位：①未及时接收所需信息；②接收不到或没有能够确定关键的信息；③由于错误信息误导、混乱或不可信，导致不能理解数据表达的准确含义。

图G.1展示了操作人员、操作界面和过程数据之间的复杂关系。操作人员获得的过程数据，必须使之能够清楚地理解过程状态，数据形式要易于接受，有助于据此做出有效的判断。可以使用各种显示方式呈现数据，操作人员使用不同类型的控制方式做出响应。在采取行动时，操作人员会通过诊断和思考判断，最终选择应有的响应动作，这一过程既依据现实的场景也包括长期的经验积累。在异常事件期间，操作人员有可能陷入表6.1中的某种认知现象。为减少人为错误，呈现清晰且无歧义的数据，完善的操作规程和严格的培训都必不可少。

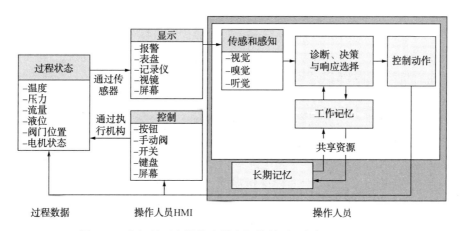

图G.1 人机界面和操作人员之间的关系(选自 CCPS 1994)

HMI是操作人员观察工艺过程的窗口，其规模限制了操作人员的视野。HMI设计应提供状态感知和信息优先级。HMI应与操作人员的职责、所执行任务，以及过程和相关设备如何操作的认知模式(例如，排产订单、装置操作、物理位置及属性)相协调。信息应按操作的逻辑顺序进行分组，使操作人员易于确认相关数据而无须浏览多个画面相互印证。

在制定HMI规格书时应考虑到人为因素，确保信息以一致的、合乎逻辑的方式呈现，从而尽量减少误解。HMI 的主要目标有：

- 以清晰、一致并且及时的方式，向操作人员提供过程操作和设备状态信息；
- 有助于操作人员辨识过程问题，对这些问题的响应进行优先排序，并诊断要采取的正确动作，实现或维持安全操作。

对于模拟或离散控制器，HMI 通常集成在控制器中。一般是集中安装在仪表盘上，这样可以按照功能任务将信息显示在逻辑分组中。控制器的面板显示详细信息。还可以使用全画面模拟盘，以过程流程图或 P&ID 的格式显示来自控制器的过程信息。

DCS 和 PLC 控制器没有面板提供信息显示。在过去，由于缺乏集成显示，人们称之为盲控制器。不过，现在已经大不相同，制定 HMI 规格书成为每个工程项目设计任务的关键考虑因素。

在第一代 DCS 中，HMI 是阴极射线管显示器，以数字视频形式展示控制系统和过程操作状态。现在，HMI 已演变为等离子、LCD 及 LED 屏幕。过程信息通常以列表、控制器和指示器面板、趋势图或过程流程图等各种形式呈现。

现在，一般建议采用流程图画面和趋势图，而非早期的列表和控制器面板类型的显示方式。前者可以为操作人员提供更好的过程状态展示。控制器面板通常用于底层的近景显示，提供控制回路或指示器的具体信息。提供高效的总貌和汇总画面是有益的。参见标准 ISA101《人机接口》(*Human-Machine Interfaces*) (n. d.)。

让操作和管理人员参与 HMI 规格书制定，是实现高效的、用户友好的画面显示的关键一环，也有助于操作人员对系统有更高的接受程度。

如果操作人员没有情景状态感知，就易于做出糟糕的判断，容易导致损失事件发生 (Mostia 2010)。情景状态感知可以看作是操作人员对过程信息认知和理解后的综合判断，也能够据此对系统状态做出预测。高质量的 HMI 设计确保应对正常和异常操作工况的情景感知，从而使操作人员能够及时有效地对过程偏差或操作模式改变作出响应。HMI 应以用户友好的形式，将数据按照操作前后的关联关系及时地传达给操作人员，减少认知负担。

由于 HMI 显示的信息既包括控制系统状态，也包括工艺过程本身状态，因此 HMI 规格书应确定如何有机组织这些信息并呈现给操作人员。当工艺过程应用复杂控制策略时，这点尤为重要。复杂控制策略更容易使操作人员失去情景感知。现代逻辑控制器能够提供更直接的过程控制(例如，针对不同过程操作状态的顺序逻辑)。

过去，操作人员必须更贴近工艺过程进行监视，以便明白何时以及如何按照操作计划调整过程操作状态。现在，系统可以自动地完成这些过程模式改变(顺控步骤)。这也会使操作人员无法直观地知道过程正处于哪种操作模式，除非 HMI 上提供了相关信息。一旦逻辑控制器未能使过程保持在预期状态，就要警示操作人员并在 HMI 上提供足够的必要信息，使操作人员做出明智的决定，将过程重新置于可控状态。控制策略越复杂，操作人员所需信息就越多。

IEC 61511 (2015)条款 11.7.2 规定了作为操作员界面一部分提供信息的要求。界面可以是简单的手动按钮和指示灯，也可以是复杂的可组态 HMI。将写保护的 SIS 操作和诊断信息传送到维护界面，允许维护人员读取，而不必直接访问 SIS。

G.2　操作人员界面标准与资源

控制室操作人员采取正确、及时的行动，可以防止许多损失事件的发生。操作人员工作站良好的 HMI 设计，可以提升操作人员的工作绩效，有助于防止出现操作错误。操作人员界面会极大地影响对异常工况成功响应的能力。ISA 101《人机界面》(*Human Machine Interfaces*) (n. d.) 是 HMI 设计的宝贵技术资源。其目录如下：

- 条款 0：总则；
- 条款 1：范围；
- 条款 2：引用标准；
- 条款 3：术语和缩略语的定义；
- 条款 4：HMI 系统管理；
- 条款 5：人为因素/工效学；
- 条款 6：画面类型；
- 条款 7：用户互动；
- 条款 8：性能；
- 条款 9：文档和培训。

报警的显示形式、数量、刷新速率和优先级都是操作人员界面的一部分。ISA 有若干关于过程报警及其管理的标准和技术报告。报警标准有 ISA-18.1《报警信号器顺序与技术规范》(*Annunciator Sequences and Specifications*，2004) 以及 ANSI/ISA-18.2《过程工业报警系统管理》(*Management of Alarm Systems for the Process Industries*，2009b)，后者涉及 HMI 的设计开发。与报警相关的 ISA 技术报告有 TR18.2.4《先进的报警方法》(*Enhanced and Advanced Alarm Methods*，2012c)，TR18.2.5《报警系统监测、评估和审核》(*Alarm System Monitoring, Assessment, and Auditing*，2012b)，以及 TR18.2.6《批处理和离散过程报警系统》(*Alarm Systems for Batch and Discrete Processes*，2012a)。此外，ISA 还有一系列的相关推荐的实践 (Recommended Practice，RP) 标准，其中 RP 77.60.02、04、05 (ISA 2010-13) 涵盖电厂应用 HMI 技术要求。

API 也有与管道相关的 HMI 标准 RP 1165 (2012b)《管道 SCADA 显示画面推荐的实践》(*Recommended Practice for Pipeline SCADA Displays*)。

EEMUA 已经发布了两个操作人员界面指南：EEMUA 201《利用人-机界面的过程装置控制桌面：设计、操作，以及人-机界面问题指导》(*Process plant control desks utilizing human-computer interfaces: a guide to design, operational and human-computer interface issues*，2010) 以及 EEMUA 191《报警系统-设计、管理以及采购指导》(*Alarm Systems -A Guide to Design, Management and Procurement*，2013)。

欧洲标准 (European Norm，EN) 894-1, 2, 3《机械安全-显示与控制执行机构设计工效学要求》(*Safety of machinery-Ergonomics requirements for the design of displays and control actuators*，BS 2008-10)，涵盖机械安全系统的 HMI 实践。

"异常工况管理 (Abnormal Situation Management，ASM) 联合会"(https://www.asmconsortium.net/) 是由各公司和大学组成的领导集团，由霍尼韦尔过程解决方案业务部发起。其成立目的是研究异常工况及其如何减轻和管理，以改善工厂的操作和安全。ASM 联合会将异常工况定义为："导致过程操作偏离其正常操作状态的某种干扰或一系列干扰。" ASM 联合会针对报警、人为因素和 HMI 议题发表了很多论文、案例研究以及白皮书，是很好的资料来源。

"操作人员绩效中心"提供了改善操作人员工作表现的相关研究、论文以及专题文章。

NASA 色彩运用研究实验室（http：//chrousage. arc. nasa. gov），提供了使用彩色画面的可视化信息指导。它包括在复杂界面图形化设计中如何使用色彩的详细步骤，并给出了两个航天领域显示画面的详细示例。提供了颜色选择工具，支持所推荐的设计过程，并包括关于颜色使用的信息、适用的颜色科学知识以及其他有效资源。

G.3　仪表盘

尽管模拟控制系统正在被数字控制系统取代，但传统仪表盘仍然很常见。仪表盘涉及的很多安全关切都与模拟设备的具体特性相关，具体细节参见附录 E。本附录仅讨论有关仪表盘的布置、指示灯测试功能和开关的防护。

G.3.1　仪表盘布置

图 G.2　简单的仪表盘
（由 SIS-TECH 供图）

盘装仪表应按功能和过程上下游逻辑关系布置，使操作人员易于理解控制系统以及所呈现的过程状态（图 G.2）。理想情况下应该有模拟过程流程图，展示各设备的准确位置和相互关系。模拟过程流程图可以设置在控制盘上方，或者集成为全流程图盘面。应将属于一个过程分区的所有控制器和指示器组织在一起布置，串级回路中的控制器和指示器应该彼此相邻。控制器和指示器的布置应使操作人员形成对过程的整体画面感，例如，头脑中很容易浮现出从进料准备开始，一直到产品贮存结束的整个流程。工艺过程变量记录仪应位于其相关控制器附近。报警器应位于密切关联的仪表上方或旁边。

控制盘应该照明良好，仪表表头尽量避免眩光，安装位置要远离容易令人分散注意力的设备、机械和通行区域。所有的控制器、指示器、记录仪、开关和报警器应容易靠近操作或维护，并且有整齐一致的标牌，便于清晰辨识。

对多个并列的相同工艺单元的相关设备，要采用不同的颜色区分，或者采用一致的辨识方法和位号编排规则，体现各自的关联性。控制盘的设计应采用人因工程学。例如，仪表盘的盘面设计必须考虑文化因素和思维习惯，西方文化大都是从左到右、从上到下排布。例如，A、B 和 C 三台泵的控制器和指示灯，将按照字母顺序 A-B-C 从左到右排列，灯在顶部，按钮在底部。

G.3.2　指示灯的可测试特性

应提供可测试功能，验证所有盘装指示灯和报警器的功能是否正常。

G.3.3　开关的机械防护

关键开关应有防止意外触碰的措施。可以为开关设置保护罩、下沉凹槽设计，或者采取其他机械防护手段。按钮和控制器的安装位置应远离盘面边缘。应考虑采用盘装、旋转启动（不同于按下启动）开关。

G.4　可组态的操作人员工作站

许多过程控制系统使用可编程控制器，支持过程控制功能、数据处理、信息交换和状态显示。HMI 是操作人员工作站的一部分。工作站可以由一个或多个界面组成（图 G.3）。操作人员工作站不同于工程和维护工作站。操作人员工作站可以有多台监视器，将各特定单元的数据和信息分别集中展示。在任何一台监视器中，都可以有多个屏幕。不过，每个操作人员负责的屏幕过多，接收信息量就太大，容易导致操作人员出错。此外，操作人员的视野也是有限的，这就限制了同一时间能够处理的画面数量。业界正逐渐采用 16∶9 格式（宽高比）的全高清显示器。当主要任务是通过读数或文本指令操控时，4∶3 宽高比被认为更舒适。此外，也经常会设置独立于操作台的大型监视器（48in 或更大）。

图 G.3　现代图形 HMI 操作台（由 ABB 供图）

基于 P&ID 的全流程图画面已经取代了控制器面板或者早期 DCS 技术的列表显示；不过，目前又有趋向简单数据显示形式的趋势。操作人员界面的目标是为操作人员提供过程当前状态和即将到来可能状态的总体景象。图 G.4 展示了由不同类型图形组成的高水平画面显示。触摸屏也变得越来越普遍。

画面有不断减少所用颜色的趋势，至少是谨慎使用颜色。减少颜色有两个原因，一是在正常操作（柔色）和异常工况（亮色）之间要形成鲜明的对比；二是颜色过多会给操作人员中的色盲者造成困扰。色盲率取决于诸多因素，包括遗传、种族背景和性别（以美国为例，男性色盲比例约为 7%，女性约为 0.4%）。不过，颜色过少也可能无法清晰区分一些异常工况的演变趋势。

操作人员界面设计以明确的 HMI 策略为前提。它涵盖 HMI 结构的基本规则、技术范围和原理。HMI 策略应综合考虑人为因素、操作模式、功能要求以及良好的工程实践。HMI 策略为用户和 HMI 设计和组态人员提供了设计基础。

HMI 策略确定之后，接下来就要编制 HMI 设计样式说明书，为显示画面提供总体设计要求。例如，一般规定出特定的画面样式以及 HMI 所需的特性。样式说明书强调人为因素的重要性，并设定 HMI 的性能目标。

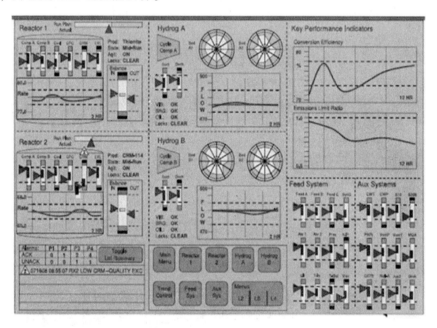

图 G.4　高水平画面显示（图片来自高性能 HMI 手册-PAS）

虽然允许单个操作人员工作站可以访问数百个回路，但向一名操作人员提供的画面和过程数据不应超出过程扰动时能应对的数量。在开车、停车以及需要执行应急操作规程时，人机交互的实时性是关键考量，设计不佳的 HMI 可能会导致操作人员负担过重。每名操作人员能接受的画面数量取决于过程单元的大小、单元布局、任务的编排顺序、控制功能和安全要求。这些考虑因素将决定总貌一览、趋势图、报警通告、关键报警等画面以及安全 HMI 的整体设计思路。

工作站画面经常是传统面板形式或流程图画面的组合。面板的样式一般是模仿已被取代的物理控制盘面（例如控制器、指示器、趋势记录仪），显示能力有限。面板形式通常包括：
- 控制器和指示器面板（在操作分组中）；
- 总貌；
- 历史趋势；
- 报警列表。

流程图画面的显示，组态更加灵活，通常包含：
- P&ID 和设备图形；
- 操作组画面；

- 报警组画面;
- 点细目显示;
- 总貌和一览;
- 历史趋势图;
- 专门的显示(例如,安全报警、SIS HMI、设备监视、先进控制、总貌以及维护画面)。

这两种类型,通常都包含系统信息显示,内容包括:

- 通信网络状态;
- 系统和设备状态;
- 系统诊断。

每个操作人员工作站也有输入设备,如键盘、触摸屏、鼠标和轨迹球,主要功能如下:

- 过程控制操控键;
- 鼠标、其他定位设备或触摸屏,用于输入指令或过程画面操控;
- 软键;
- 组态键;
- 文本输入键;
- 特殊功能键。

在正常操作期间不应进行更改的参数,应通过硬钥匙或密码访问加以保护。操作人员工作站日常处于操作模式;不过,维护或工程模式通常也是可用的。工程模式用于离线系统组态。维护或诊断模式用于通信数据高速公路故障排查、操作人员工作站或其他系统层面问题的处理。建议为控制的工程和维护功能提供独立的工程操作站。

面向特定的过程应用,采用流程图方式展示出过程设备的相互连接、过程状态以及自动控制系统的状态和输出。将人因原理用于创建用户友好的显示画面,增强操作人员与显示画面的互动能力。过程显示的信息呈现形式,应有助于操作人员对受控过程在脑海中形成直观印象。屏幕色彩、画面组态用的图例符号和指示,应当标准化并具有一致性。例如,所有阀门行程位置的输出指示应使用相同的表达惯例。在一种习惯表达中,绿色可能表示阀门处于开启状态,而在另一种惯例中,绿色的含义可能是指失电,即此时阀门处于关闭状态。

无线和互联网技术正在迅速发展,手机、iPad™、平板电脑、工业移动显示器等提供了新的移动界面。一些平板电脑和智能手机显示技术正融合到大屏幕 HMI 中,比如更好的触摸屏界面。这些移动技术也影响了仪表的维护方式,可以无线连接被校验仪表,可以无线访问过程、设备和故障处理信息。用于电气危险分级区域的移动设备,必须符合所在区域防爆分级要求。有关移动设备在危险区域内使用的技术指导,参见 ANSI/ISA-12.12.03《适用于Ⅰ和Ⅱ级、2区、Ⅰ级2区和Ⅲ级、1和2区危险分级区域便携电子产品标准》[*Standard for Portable Electronic Products Suitable for Use in Class Ⅰ and Ⅱ, Division 2, Class Ⅰ Zone 2 and Class Ⅲ, Division 1 and 2 Hazardous (Classified) locations*, 2011b]。移动式操作人员界面的示例见图 G.5、图 G.6 和图 G.7。

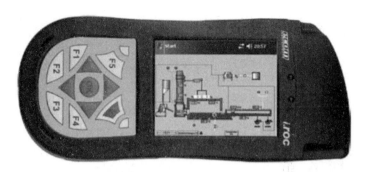

图 G.5　移动式操作人员界面（由 ECOM Instruments 供图）

图 G.6　移动式操作人员界面
（由 Siemens 供图）

图 G.7　移动式操作人员界面
（由 ExLoc Instruments 供图）

G.5　过程报警

过程报警是操作人员界面的重要组成部分。理想的报警系统应在正常工况下不会产生报警，异常工况也不会因为操作诱发任何报警。本节讨论改善操作人员对过程报警做出响应的技术。过程报警通常可分成两类：①危险分类（例如，安全、环境、商务或资产以及操作）；②事件严重性（例如：高、中、低）。也可以根据所需的操作人员响应时间要求（例如，紧急、中等、低紧急程度）进行分类。

报警系统通过各自发光的视觉显示、流程图画面或面板和/或报警列表的显示改变（例如，颜色变化、闪烁），告知操作人员异常过程状态、工况改变或设备故障。视觉提示信息一般和发声设备（例如，蜂鸣器、音调、喇叭、颤音器、语音）配合使用。视觉显示通常以不同的闪烁形式以及不同颜色区分报警优先级（例如，在灯屏报警器上，白色代表警告，红色代表关键报警；而在计算机监视器类型的画面上，还可能使用其他颜色）。各种不同的音调也被用于区分不同报警优先级。状态警告也包括过程控制系统状态的改变。

过程控制系统可组态生成多个报警。如果不好好规划，很容易给系统设置过多的报警。有关安全报警，已经在第 5 章和附录 D 报警管理中做了详细讨论。

报警被用于：

- 警示操作人员已经出现了可能需要手动干预的异常工况；

- 指示需要采取动作的紧急程度(优先级);
- 帮助确定何时应采取纠正措施;
- 指明已恢复到正常状态;
- 显示报警发生的顺序(例如,第一报警)。

报警通常需要某种形式的确认操作,这由报警信号器的顺序决定[见 ISA-18.1《报警信号器顺序与技术规格》(2004)]。顺序状态包括正常、报警(警告)、消音、确认和返回。关键报警不应自动复位。

G.5.1　报警系统 HMI 要求

当报警状态呈现给操作人员时,它应具有以下特点:

- 对操作人员而言,视听清晰;
- 易于与此前确认过的报警区分;
- 可迅速辨识;
- 报警原因明确无误;
- 清晰指示优先级。

标准背光灯屏信号器可用于小型工艺装置。有时也用灯屏信号器的不同显示区分安全、关键或者其他需要严格管理的报警。灯屏信号器的示例见附录 G.8。现在的报警通常显示在操作人员工作站的监视器上。对于高优先级报警,一般也会设置专门的监视器进行显示。灯屏信号器还可能被用作这些系统的冗余措施,也会视过程需要独立设置。现代灯屏信号器有内置的可编程和数字通信能力(例如,Modbus、以太网等)。现场报警一般是为每个报警点分别配置简单的盘装信号灯(闪光灯、旋转闪光信号灯或者附带喇叭)、多点防爆或本安型报警信号器,或者数字灯屏。图 G.9 举例说明了防爆报警信号器。

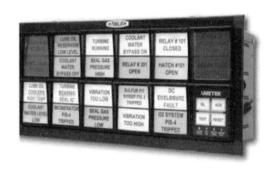

图 G.8　灯屏型报警信号器(由 Ametek 供图)　　图 G.9　防爆型报警信号器(由 Ronan 供图)

由于装置日益复杂,需监控的变量增加很多,满足报警要求变得越来越难。如果将每一个报警点和报警类型都分别指定一个报警信号器窗口,则报警显示或描述会让操作人员难以管理。如果同一事件导致许多报警同时发生,也可能使操作人员反应不过来(即,报警泛滥)。为确保操作人员 HMI 有效,必须进行报警管理。附录 D 讨论了报警管理。

报警应将操作人员的注意力集中到最严重的状况上。操作人员应能够利用报警信息,并结合其他过程信息,快速、自信地诊断存在的问题,并确定应对动作的优先顺序。

将报警和先进的显示画面相结合,可增强操作人员及时发现报警事件并做出反应的能力。这些系统能够以较低成本处理众多报警。通过警示操作人员面对异常状态需要采取哪些特定动作，也进一步地提高报警效能。不过，报警成本低也可能导致报警系统难以管理，使操作人员不堪重负(例如，报警泛滥或者每个操作人员在单位时间内承受的报警数量过多)。

必须对工艺过程进行适当监控，确保安全、高效地操作。同时，所有过程扰动和设备故障也必须充分报告出来。例如，在过程出现扰动期间，会生成许多报警状态，如：

- 相互关联的报警触发后续磁抚报警；
- 循环入出报警产生；
- 停用设备产生的磁抚报警。

必须规范报警管理，避免可能出现的报警泛滥。由于可编程控制器中潜在的报警数量剧增，报警管理成为不可或缺的一项正式任务。报警管理通常涉及报警点的选择、报警数量、报警呈现形式、信息内容及其优先级等多方面。

G.5.2 报警考虑因素

如果报警系统设计不佳，操作人员就很难辨识关键信息并确定所需的响应动作。信息过多并不能使操作人员更好地了解情况，反而会导致其不知所措。在短时间内向操作人员提供过多信息，误读或混淆在所难免。报警系统的一些考虑因素如下：

①**报警系统设计**——应基于下面的一些原则：

- 使用闪烁显示并伴随音响警告信号，是向操作人员传达报警紧急性的最佳方式；
- 向操作人员提供充分的数据，以便在出现报警时采取适当动作；
- 记录所有报警及事件数据；
- 安全报警的设计应采用本质安全化的实践(例如，失电报警)，也建议将本质安全化的实践用于过程报警，设备状态或警告信息可以采用得电动做设计。

按照重要性(优先级)、有序分组以及关联设置是管理和配置报警的重要准则。这些规则更直接反映操作人员面对报警时首先要思考判断的问题：

- 该事件有多重要？需要多长时间处理它？并不是每个报警的重要性都一样，所以操作人员需要了解一个报警相对于其他报警有多重要。
- 什么情况报警？报警逻辑分组一直以来是报警管理的有效工具之一。过去是将闪光灯(报警信号器)进行物理分组。例如，将某个反应器相关的报警点归并在窗口式信号器的一个区域。现代过程控制系统可以提供更加灵活的组态分组能力(例如，在工艺流程图画面中，将报警点组态在反应器周围实际物理位置显示)。
- 报警发生时工艺过程处于怎样的状态？过程状态(例如，批量过程中的某个阶段)提供重要的关联信息。一个事件对操作人员来说可能重要，也可能不重要，取决于过程状态。过程状态及其向操作人员的呈现方式在报警管理中的作用不言而喻，要有助于操作人员快速辨识某个报警的重要程度，并确定需要采取的响应动作。
- 发生报警时应该采取什么响应动作？操作人员应该知道需要采取哪些响应处理引起报警的工况。操作人员工作站可以为操作人员提供操作规程帮助信息。

②**信号器顺序**——信号器顺序是指在异常过程工况出现或手动测试启动之后，信号器按时间先后顺序给出一系列的动作指令和状态(ISA2004)。ISA 18.1 (2004)定义了三种基本的

信号器顺序：

- 自动复位(A)；
- 手动复位(M)；
- 重复报警(R)。

一旦报警状态得到确认并且过程状态恢复正常，自动复位(A)就会使报警自动返回到正常状态。手动复位(M)与自动复位(A)非常相似，区别在于在报警状态得到确认，过程工况已恢复到正常状态，并按下手动复位按钮之后，报警才恢复到正常状态。当过程状态恢复正常时，重复报警(R)给出不同的视或听信号(或两者兼有)。重复报警(R)还可以用于周期性地重新启动警告信息，以提醒操作人员某个报警状态尚未解除(例如，SIS 旁路报警)。选定的报警顺序在使用中应保持一致性。

第一报警(第一警告)是辅助特性，与 A、M 和 R 三种顺序一起使用。当一个报警可能触发另外的报警时，锁定第一报警有助于确定一系列报警由哪个先触发。例如，压缩机停车和低油压停车报警可能同时出现。由于这种情形发生得太快，难以确定是油压低导致压缩机停车，还是因为压缩机停车导致油压低。第一报警功能能够显示一组报警点中哪个报警首先触发。第一报警还可用于辨识在联锁信号触发时，是否所有冗余通道的输入均同时处于关停状态。

③过程控制和安全报警分开设置——根据 ISA-TR84.00.04 附录 B (ISA，2015c)，安全报警是被用作安全保护措施的仪表系统，通知操作人员及时采取所需动作，防止过程安全事件发生。要实现风险降低> 10，必须将安全报警与过程控制系统分开，除非过程控制系统被认定符合 IEC 61511（2015）要求。

此外，当 SCAI 启动动作时，无论是关停部分工艺过程，还是防止过程不安全的顺序操作，都必须通知操作人员。通常的做法是对引发 SCAI 动作的过程变量设置报警，并确认 SCAI 动作的完成状况。即使过程控制工作站出现故障，SCAI 状态信息也应该能够有效获得。这就是为什么在建立报警策略时，将独立的 SCAI 界面作为重要考虑因素的原因所在。设置专用的 SCAI HMI 提供故障容错能力，这样即使过程控制工作站出现故障，有助于确保操作人员获得 SCAI 状态信息。

G.5.3 非可编程报警系统

当使用非可编程系统时，通常将报警点在信号器盘面上显示，即将一系列报警点汇集在一个盘面上，并由公共电源一并供电。每个报警点包括：

- 一个过程报警开关(输入触点)；
- 一个提供报警顺序的逻辑模块；
- 一个可视显示单元。

信号器报警点共享一些部件(例如，喇叭或铃之类的声觉信号设备、闪光器和/或确认和试验按钮)。有些制造商通过接通电源零线激活声觉信号设备。这可能会给维护人员带来安全问题，除非维护人员清楚这样的电路设计。通断电源线的火线比零线更安全。

信号器盘面对报警点数量有物理限制，如果需要增设新的信号器盘，附加报警点的成本可能很高。虽然报警点的数量受信号器窗口布局的限制，却也简化了报警管理，报警优先级也无须划分控制。不过，这也造成了普遍向高优先级靠拢，越来越多的报警点被视为高优先级，超过了实际需要。

G.5.4　可编程报警系统

可编程控制器有许多报警功能，可以方便地组态使用。

①**报警显示类型**——监视器显示可用于提供传统形式的报警视觉显示界面（例如，在外观上如同报警灯屏信号器的专门报警模拟画面，用于显示高级别报警）或自定义报警显示。还可以采用列表、文本或符号等形式的文字报警信息显示报警，在工艺流程图画面中，呈现在相关设备附近。报警显示形式可以是闪烁、变换颜色，或者两者兼而有之，直到得以确认。也可以启动声觉信号装置。在颜色搭配设计上，显示画面应使色盲的人员也能明确区分报警及其含义。

报警在 HMI 上通常以列表或表格形式显示，并可以用打印机进行打印。表格中的各个报警点通常都有时间标签，标识出报警何时启动、确认并恢复到正常状态。这种形式的显示可以将每个报警点的大量信息汇总到一个页面上。不过，从这个页面上可能难以将每个报警点与其在过程中的实际位置关联起来。为此，报警表格（列表）通常以流程图画面作为补充，显示报警所在的实际位置。

当使用监视器时，传统灯屏信号器显示通常具有专门的报警监视器形式，用于重要报警点，并伴随特定的声音。相比一般的流程图画面报警、报警信息或报警面板显示，专门的显示画面能更快地引起操作人员对关键报警的直接关注。

②**推断报警**——可编程控制器可以生成间接的推断报警。这些报警是基于计算的变量或组合逻辑输出，而不是直接测量值或触点传感信号。

举例来说，通过测量连续反应器的流量和温差来推断反应速率。据此计算值生成报警。另外一个例子，推断容器是否适当密封。基于一系列指示信号：锁定机构已启动、截止阀已关闭，但在预定时间间隔之后，内部压力一直低于最小值，从而推断出容器密封存在问题。应考虑输入信号失效如何影响报警计算值（例如，失效时将报警设计为置于特定的安全状态）。

③**报警诊断**——先进控制系统可用于帮助操作人员诊断问题。其目的是告诉操作人员问题的原因所在，而不仅仅是表面现象。化学反应器可能会有多个温度、压力和流量报警。这些点的报警组合预示着一定出了什么问题，但难以确定根本原因，因为这种情形可能来自多个因素，包括反应器的内部和外部问题。可编程控制器具备检查判断所有这些可能组合所需的逻辑和计算能力。特别是在过程出现重大扰动时，操作人员可能难以或不可能从这些复杂关联中直观地发现根本原因。

研究人员建议用过程模型作为建立报警的基础。动态过程仿真可以展示出存在扰动的工艺过程如何偏离正常操作工况。另一种建议的方法是采用专家系统，利用经验丰富的过程工程师提供的一套操作规则建立决策树。后一种方法需要全面详细地了解扰动期间有哪些瞬时状态会发生。

具有现场总线或 HART 功能的现场设备，也可生成诊断报警或警告信息。智能现场设备/变送器还可以通过达到预定信号电流值（即 3.6mA 或 23mA，具体取决于传感器的组态或制造商设置）指示故障的存在。基于设备的失效可用于传感器组态的降级操作（例如，1oo2D 降级到 1oo1），从而降低误动作的可能性。用于指示 PV 坏值或传感器故障的报警也很有必要，有助于及时通知维护人员将传感器恢复到正常工作状态。

④顾问信息——报警系统也可向操作人员提供应对报警采取哪些响应动作的建议。顾问信息以帮助页面出现，一般是以文本形式描述，但也可能是文本和图形画面组合，如详细信息近景画面。在某些情况下，顾问信息可能非常重要，对操作人员而言，调用紧迫性与报警显示可能一样。对于安全报警，应考虑显示报警响应操作规程，提高正确响应的可能性。

G.6 SIS 对 HMI 的影响

建议使用专门的 SIS HMI 提供连续的 SIS 状态显示。专门的 SIS HMI 也为操作人员过程显示提供故障容错，确保在单一工作站出现失效时仍然保持 SIS 状态的可视。提供 SIS 数据和信息的操作人员界面，应确保不间断地为操作人员显示 SIS 状态信息。状态信息包括联锁投用或解除、旁路状态、正常状态、超限报警、维护报警、诊断报警、最终元件行程位置和操作状态，等等。在确定将哪些状态信息显示在操作人员过程显示画面时，必须以不损害 SIF 功能为原则（例如，对 SIF 状态信息只允许进行只读访问）。

IEC 61511（2015）条款 11.7.2 给出了 SIS 操作人员界面的附加要求。SIS 状态显示可通过多种方式实现。最终选择哪种方式取决于特定的 SIS 结构、SIS 通信形式、用于过程控制的控制器类型，以及操作人员在正常和异常工况（例如，操作人员 HMI 中断）操作期间与 SIS 的人机交互要求。可接受的显示形式包括：

- 在操作人员工作站画面上显示；
- 在单独的视频显示设备上用专门的图形显示；
- 盘装图形显示；
- 盘装状态指示灯。

G.7 控制中心环境

多数操作人员操作台都集中安置在环境状态受控的中央控制室。ISA 有一系列关于控制室设计的标准 RP 60. x（1990a、1995、1985、1990b、1984、1978、1981、1991）。也可参照 ISO 11064《控制中心功效学设计》(*Ergonomic Design of Control Centres*，2000-13)。

控制室位于远离危险的区域，使之成为安全港，并考虑在控制室配置过程操作紧急停车按钮，在出口处设置断电措施。控制室设计必须符合所有相关的防火规范和建筑物标准要求（必须提供充足的火灾探测、报警和灭火系统），必须位于有适当接地和防雷保护的建筑物内。

当室外物质进入控制室环境（例如，痕量 H_2S、NH_3、SO_2 和氮氧化物 NO_x）时，会损害工作站的电子元器件，可能导致严重的共模失效。其他潜在问题也会影响控制室，包括所在区域洪水、噪声、电涌、不良接地和静电放电、物理安防措施差、振动、大型供电设备和电机的电气干扰、备份软件缺乏安全存放条件，以及没有为机柜等设备安装留出足够的进出门口。为照明和通信配置紧急电源必不可少。有关控制室的更多信息，请参见 ISA RP60.3（1985）。

G.8   视频

CCTV（闭路电视）可为操作人员提供工艺过程关键部分的实时可视信息。例如，CCTV通过可视化和红外（IR）光谱监视装置火炬。在生产装置上还使用 CCTV 监视关键操作，例如装/卸车。更新的技术是将红/紫外（IR/UV）探测和 CCTV 结合起来，对探测到有火警的区域提供视频显示。红外视频可以用于探测泄漏或工艺热点。现代视频技术可使用远程操作摄像头和彩色 CCTV，并为再现意外事件过程提供视频记录。

传统 CCTV 监视器通常安置在过程控制 HMI 上方。现代 HMI 可支持嵌入视频的集成多媒体显示。控制室一般也有 CCTV 用于显示公司信息，也提供包括其他工艺装置在内出现紧急情况时的指挥指令。

操作人员实时视频和过程显示画面可以和语音通信相结合，将过程控制系统变成视频会议系统。通过视频会议，操作台可变成协作中心，过程工程师、机械工程师、公司专家、内操和外操等相关人员一起协同会商解决复杂问题。如有可能，当大型联合装置的多个工艺单元需要协同解决问题时，采用这种方式非常有用。不过，这也会分散操作人员注意力，在决定使用此类视频会议功能之前，要慎重规划，并评估对控制网络和其他过程控制资源的影响。

G.9   未来的操作人员界面

事实表明，人因和操作人员失误是许多损失事件的诱发因素。HMI 设计作为改进操作人员效能的关键因素之一，越来越受到重视，业界在这方面的努力仍将持续。将已经成熟的人因技术融入工业应用的先进显示技术之中，将促进新一代产品的出现。

操作人员界面受视频监视器和人机界面工具（鼠标、键盘等）的技术限制。视频监视器的尺寸变得越来越大、越来越轻薄、彩色画面显示，并有更高的分辨率。不过，操作员界面仍延续与早期视频显示单元相同的概念。虽然计算能力几何级数增长，但操作人员界面仍局限于提供一个或一组过程操作窗口。新的界面技术，如谷歌眼镜、3D 视频、虚拟现实（VR）、X-Box Kinect、移动设备技术等，必将改变 HMI 的未来世界。这些技术进步将给操作界面的安全、有效设计带来新的利益和挑战。

G.10   HMI 设计考虑事项检查表

早期 HMI 受限于显示器硬件和软件技术。当代显示器硬件和软件技术有了很大的进步，包括具有更高分辨率［例如，高清（HD）］的更轻薄彩色大屏幕。与可编程控制器的功能相结合，为显示提供了更大的灵活性，但同时也需要更加关注人为因素的影响，最大限度地提高人机交互效率和显示效果。人因和受控工艺过程的复杂性，成为影响 HMI 设计的主要考虑因素（表 G.1）。

表 G.1　过程控制系统操作人员界面检查表

1. 操作人员工作站是否友好(例如，易于阅读、直观、易于理解、使用简单、易于学习以及易于导航交互操作)？

2. 选用的控制室技术是否围绕操作人员目标、任务、责任和操作人员能力要求？

3. 操作人员界面是否围绕操作人员如何接收过程信息并做出响应决定进行设计并组态？

4. 是否已经对操作人员任务进行了分析并置入功能层次结构中？与目标相关吗？时效性怎样？单个任务和/或多个任务之间的各要素关联性怎样？公共任务关联性？

5. 显示格式是否清晰？例如，各显示项目的功能是否醒目？是否一致并且清晰无误？

6. 是否在正常操作时使用柔和颜色，异常工况操作时使用亮色以便引起注意？

7. 屏幕显示元素之间是否有充分的对比度，例如，是否容易区分图形元素？形状、大小、颜色和动作表达是否一致？

8. 过程状态是否显示清晰？

9. 流程图或其他显示形式是否能够传递信息，而不仅仅依赖数据？

10. 显示导航功能是否高效，例如，标准化、直观，并且尽可能少地涉及键盘按键或鼠标操作？

11. 操作人员在意识到输入错误时，是否可以很容易地退回到之前状态？

12. 操作人员输入指令是否需要确认才能继续进行？

13. 操作人员输入数值是否有可接受范围标准的限制，以检测输入错误，并防止输入不可接受数值？

14. 操作人员是否能够即时看到操作项目或动作的失效，例如：PV 坏值(bad PV)、指令与动作结果不一致等？

15. 显示画面是否存在不必要的细节、凌乱或信息过载？画面布局是否适当，容易区分屏幕上的各图形元素和信息？

16. 是否有足够的显示类型，提供充分的数据控制和监视工艺过程，并在需要时提供详细信息(例如，总貌、回路、分组、趋势、数据库、流程图画面、SIS 批处理顺序、特殊的操作等)？有用于维护的画面吗？有系统层面的状态信息画面吗？

17. 是否有足够的画面显示，涵盖过程单元操作、专门操作、不同过程操作模式、公用工程等？

18. 每个工作站是否有足够监视器，操作人员人数与工作站数量是否匹配，以便能够控制和监视工艺过程，同时提供高效的操作人员访问能力？操作人员配备是否充足？应对异常工况(例如，开车、停车、检修)时人手是否足够？

19. 是否提供了操作指导说明、用户帮助屏幕和其他文本显示？

20. 针对操作人员在环境照明条件下长时间注视画面，是否考虑了会出现疲劳等人为因素的不利影响？

21. 在操作台和显示画面的设计中是否使用人因工程学，例如，正前方向和侧向操作的人因影响？是否考虑了操作人员界面物理形状的影响(例如，人体工程学)？
是否适当地组态通用显示(任意监视器任意显示)和专门显示？

22. 显示刷新速度是否足够满足过程应用需要？响应操作反馈如何？

23. 不同过程操作模式是否都有清晰的画面显示？

24. 屏幕高宽比例和分辨率是否足以满足过程应用需要？

25. 显示屏幕是否靠近正在进行的作业任务，以实现有效的信息访问？

26. 是否考虑了界面的网络安全？是否执行访问控制措施？是否需要操作人员登录？是否更改了缺省密码？是否为操作应用提供了相应的安防特性(例如，硬钥匙锁、密码等)？

27. 允许操作人员更改关键报警参数吗？如何更改设定值？

28. 报警响应是否便利可行(响应动作能有效执行的数量)？

29. 报警发生的预期速率和报警类型分配是否在推荐的允许范围之内？

30. 报警指示级别和属性(闪烁、颜色变化、反向显示)是否标准化、区分明显，并且规则持续一致？

31. 是否存在可能同时发生多个报警，令操作人员感到困扰的报警状态(报警泛滥)？是否需要第一报警功能？采用的报警顺序类型？需要报警抑制功能吗？

32. 管理控制和设定值更改执行，是否足以确保安全变更？

33. 位号名称、标识和工程单位是否可识别并保持一致？

34. 用户是否可生成自定义画面显示，用于非常规操作状态或对关键过程参数密切监视？

续表

35. 显示数值的精度是否适合于过程应用？
36. 为避免意外的或不经意发出指令，是否有适当的防止措施？
37. 键盘是否达到防水喷溅防护水平？
38. 是否有足够能力将显示屏幕和其他信息进行硬拷贝？彩色？黑白？
39. 变量显示形式(棒状图、仪表盘、雷达、趋势或曲线)是否能够表达足够信息？
40. 每个显示屏是否允许有足够的变量坐标点或趋势图？
41. 是否有报警和异常操作状态的顺序事件记录？时间分辨率是否适当？
42. 是否为 HMI 制定了如何显示的报警策略？
43. 是否实施了报警管理，将操作人员报警处理的负荷降低到可接受水平？
44. 是否提供了单独的 SCAI 工程工作站？
45. 是否已经在 HMI 图形画面上适当地标识了 SCAI 现场设备？
46. 是否能够充分控制、监视和报告 SCAI 的旁路措施？
47. 是否提供了 SCAI HMI 以便实时告知操作人员 SCAI 状态？
48. 是否提供了确保 SCAI 信息可用性的足够冗余，如果工作站显示故障，是否仍然能够有效地向操作人员提供 SCAI 状态信息？

参 考 文 献

ANSI/ISA. 2009b. *Management of Alarm Systems for the Process Industries*, ANSI/ISA-18.2-2009 and associated Technical Reports. Research Triangle Park: ISA.

ANSI/ISA. 2011b. *Standard for Portable Electronic Products Suitable for Use in Class I and II, Division 2, Class I Zone 2 and Class III, Division 1 and 2 Hazardous (Classified) Locations*, ANSI/ISA-12.12.03-2011. Research Triangle Park: ISA.

API. 2012b. *Recommended Practice for Pipeline SCADA Displays,* RP 1165. New York: API.

BS (British Standard). 2008-10. *Safety of machinery - Ergonomics requirements for the design of displays and control actuators Part 1-4.*British-Adopted European Standard EN 894. London: BSI.

CCPS (Center for Chemical Process Safety). 1994. *Guidelines for Preventing Human Error in Process Safety*. New York: AIChE.

EEMUA (The Engineering Equipment and Materials Users' Association). 2010. *Process plant control desks utilising human-computer interfaces: a guide to design, operational and human-computer interface issues 2nd Edition,* 201 London: EEMUA.

EEMUA. 2013. *Alarm Systems - A Guide to Design, Management and Procurement 3rd Edition*, EEMUA 191. London: EEMUA.

IEC. 2015. *Functional safety: Safety instrumented systems for the process industry sector - Part 1-3,* IEC 61511. Geneva: IEC.

ISA. 1978. *Electrical Guide for Control rooms,* RP60.8. Research Triangle Park: ISA.

ISA. 1981. *Piping Guide for Control rooms*, RP60.9. Research Triangle Park: ISA.

ISA. 1984. *Nameplates, Labels, and Tags for Control rooms,* RP60.6. Research Triangle Park: ISA.

ISA. 1985. *Human Engineering for Control rooms*, RP60.3. Research Triangle Park: ISA.

ISA. 1990a. *Control room Facilities*, RP60.1. Research Triangle Park: ISA.

ISA. 1990b. *Documentation for Control room,* RP60.4. Research Triangle Park: ISA.

ISA. 1991. *Crating, Shipping, and Handling for Control rooms,* RP60.11. Research Triangle Park: ISA.

ISA. 1995. *Control room Design Guide and Terminology*, RP60.2. Research Triangle Park: ISA.

ISA. 2004. *Annunciator Sequences and Specifications,* 18.1-1979 (R2004). Research Triangle Park: ISA.

ISA. 2010-13. *Fossil Fuel Power Plant Human-Machine Interface - Part c, 4, and 5,* PR 77.60.02, 7760.04 and 77.60.05. Research Triangle Park: ISA.

ISA. 2012a. *Alarm System for Batch and Discrete Processes,* 18.2.6-2012. Research Triangle Park: ISA.

ISA. 2012b. *Alarm System Monitoring, Assessment, and Auditing,* 18.2.5-2012. Research Triangle Park: ISA.

ISA. 2012c. *Enhanced and Advanced Alarm Methods,* ISA-TR18.2.4-2012. Research Triangle Park: ISA.

ISA. 2015c. *Guidelines for the Implementation of ANSI/ISA 84.00.01- Part 1,* TR84.00.04-2015. Research Triangle Park: ISA.

ISA. n.d. *Human Machine Interfaces for Process Automation Systems.* ISA 101 Draft. Research Triangle Park: ISA.

ISO. 2000-13. *Ergonomic Design of Control Centres - Parts 1-7,* 11064. Geneva: ISO.

Mostia, William, Jr. 2010. "Why bad things happen to good people." *Journal of Loss Prevention in the Process Industries* vol. 23(6) pp799-805.

附录 H 应用程序编程

H.1 软件类型

可编程控制器软件可分为四类:

①**内嵌系统**——该软件与可编程控制器一起提供,使用全可变语言编写。更新内嵌或嵌入式软件,需要对控制器进行完全测试,并重新评估其用户批准状态。该软件是处理操作系统软件的基础,由制造商负责。允许用户使用控制器对过程进行监视和执行控制动作,并借助操作系统:

- 收集并存储过程数据;
- 访问 I/O;
- 实现不同控制器和远程 I/O 之间的通信;
- 支持可编程控制器的人机交互动作;
- 对于安全应用,内嵌系统软件一旦更新,就需要对 SCAI 应用程序进行完全测试。

②**操作系统**——该软件与可编程控制器一起提供,使用全可变语言编写。控制器的功能能力取决于其操作系统,包括如何控制与其他设备或系统的互连。该软件在确定控制器的预期使用寿命方面起着重要作用。该软件是操作逻辑控制器硬件必不可少的有机组成部分,是制造商的责任范围,用户通常对其不能访问。操作系统更新通常来自制造商的需要:

- 纠正操作系统使用期间发现的内在错误;
- 升级系统的功能能力,确保过程工业市场的竞争力;
- 修改操作系统之后,需要对控制器进行完全测试并对用户批准状态重新评估。对于安全应用,只要更新操作系统软件,就需要对 SCAI 的应用程序进行全面测试。

③**公用软件**——公用软件用全可变语言编写,实现可编程控制器的多种功能,包括:

- 逻辑控制器的接口(人机界面通常位于工程工作站上);
- 配置控制器硬件结构;
- 组态应用程序;
- 组态 HMI;
- 故障处理诊断窗口;
- 工程软件由制造商提供,也可配置第三方工程软件作为补充,实现附加功能。修改工程软件需要重新评估用户批准状态。

④**应用程序**——应用程序使用有限可变语言编写,通常依赖于标准编程惯例,如梯形逻辑、功能块和结构化文本,参见 IEC61131(2000-13)。应用程序由用户使用工程工作站组态,提供所需功能性,对过程进行监视和执行控制动作。对应用程序所做的任何更改,用户有责任进行影响分析和最终确认。

H.2 应用程序开发

应用程序利用可编程控制器兼容的工程工作站开发。应用程序开发应遵循正规化的工作过程，采用验证和确认模型使潜在的编程错误降到最低。程序人员遵循书面的开发计划，确保应用程序满足既定要求。应用程序更改通常遵循变更管理流程，确保执行所需要的影响评估和风险分析。

随着项目的进展，最初的开发计划可能需要更新，以妥善处理程序开发过程中的变更。如果计划不适时更新，可能会诱发人为错误，即典型的系统性错误，导致应用程序潜在的不安全隐患和不充分的文档。举例来说，将模拟系统升级到现有 DCS，如果未经任何正规的修改过程，仅是把模拟回路简单地复制到 DCS 并参照 P&ID 开发 HMI，DCS 的能力则不能充分利用。如果对 DCS 与模拟系统之间的差异缺乏认识，就无法应对升级的控制系统可能出现的新失效机制和模式。

由于应用程序本质上依赖于具体应用，很多时候它是独一无二的，开发新的应用程序大都不具有一个或多个现场实际运行的经验可供借鉴。因此，在投入使用之前需要进行非常彻底的分析和测试。

最终用户、系统集成商、工程承包商、制造商或咨询机构都可以开发应用程序。开发过程应考虑下面的要求：

- 着手任何编程活动之前，应先制定和完善应用程序要求规格书。
- 应优先考虑有限可变语言组态。业界对这些语言有很好的理解并广泛接受，容易获得技术支持。
- 不建议应用程序编程使用全可变语言(例如汇编语言、指令表等)，由于此类语言的高可变性，容易诱发潜在的系统性失效。全可变语言一般用于开发自定义驱动程序，与应用程序进行通信，以及用于高级控制和仿真系统软件包。
- 编程方法必须易于应用程序开发和支持人员理解。例如，如果采用梯形图逻辑编程，相关人员必须熟悉并具有所选控制器梯形逻辑设计方面的经验。对于控制或监视危险过程设备的应用程序，不建议采用特殊的、不常见的编程方式。
- 经过全面测试和审查的现有应用程序模块，如有可能，可以重复使用。
- 必须遵循生成和维护文档(例如程序注释、组态流程图、控制逻辑图、因果图等)的管理规程。
- 必须制定应用程序变更控制的规程，清楚何时适用变更管理规定。在应用程序开发过程中，应保持记录变更日志，并对任何更改都进行适当管理，确保变更影响到的所有各方都了解变更的内容及其原因。
- 在开发应用程序过程中，应定期进行设计审查。审查时应将操作、工艺技术、维护、管理和项目组成员包括在内。
- 最终应用程序交付之前，应依据应用程序要求规格书进行测试。测试组的某些成员应独立于应用程序开发小组，并具有类似的工程应用经验、熟悉适用的标准规范等能力。
- 应为应用程序开发提供适当的工具。例如，便于打印应用程序及其附加注释的设备、用于体现输入与输出关系的 I/O 列表、梯形逻辑的线圈及其触点列表、模拟输入逻辑状态以及检查程序是否正确操作的仿真工具等。

- 在交付安装和调试之前，必须制定测试应用程序的方法。
- 应设计良好的测试方法，对异常工况以及正常预期状态应用程序的功能进行模拟测试。
- 应有应用程序备份管理规程并遵照执行。根据应用程序修改的频繁程度，确定多久需要进行一次备份。

应用程序现场安装后会经常进行一些更改。保持最新的应用程序要求规格书对于验证、确认、维护、故障处理、培训审核以及变更管理审查等活动至关重要。对变更的审查应依据系统功能规格书和应用程序要求规格书，确保：①预期的变更不会对其他系统功能造成负面干扰；②变更不会引入新的失效模式；③变更不会增加损失事件的可能性。

H.3   应用程序编程语言

历史上看，早期应用程序是用全可变语言（例如，Fortran、Basic、C、C ++等）开发的。这些语言允许程序员在编写程序上有完全的灵活性。不过，这些语言并不能保证程序生成过程持续一致。当用于控制器时，这些语言一般允许访问系统功能和 I/O 点处理。这些功能实质上增加了潜在的程序/组态错误和意外的程序行为。

一般来说，使用功能性和灵活性受限的应用程序编程语言，是本质安全化的方式。使用复杂性较低的工具，出现程序/组态错误会少。工具简单，所产生错误也就更容易排除、检测和纠正。反之，编程语言越灵活、越不受限制，就越容易出现不正确的组态、复杂的程序运行错误、意外的操作，或者系统响应行为更难以定位并排除故障。

梯形逻辑可能是为工业应用程序编程专门开发的第一款有限可变语言。PLCopen 成立于1992 年，是工业制造商和用户的独立国际协会。PLCopen 成员所关注的主要领域之一，是为 PLC 编程标准化制定技术规范，以便降低编程成本，实现跨不同制造商平台的程序相通以及编程技能的可移植性。

IEC 61131（2000-13）已将编程语言标准化。验证和确认所需严格程度随功能复杂性而增大。该标准分为 8 个部分：

- 第 1 部分：一般信息；
- 第 2 部分：设备要求与测试；
- 第 3 部分：编程语言；
- 第 4 部分：用户指南；
- 第 5 部分：通信；
- 第 6 部分：功能安全；
- 第 7 部分：模糊控制编程；
- 第 8 部分：编程语言应用和实施指南。

用户在构建项目时，IEC 61131-3（2013）允许在同一个应用程序内基于应用的需要混合并匹配不同的编程语言。大多数 PLC 和 DCS 制造商已经采用了这些语言，并将其作为编程工具箱的基础。制造商提供的编程工具通常具有可移植性、代码可重用性、固化的标准功能块，以及从一种语言转换到另一种语言等特性。有些厂商还沿用 IEC 61131-3 发布之前的传统编程方法，提供其他类型的有限可变语言。61131-3 给出的编程语言如下：

- 梯形图，是基于继电器梯形逻辑的图形语言，在 PLC 中广泛接受并使用。这种语言开发的初衷，是为了替代电磁继电器和时序逻辑，现已扩展到包括 PID 控制算法在内的更多软件功能。由于梯形逻辑概念上非常简单，因此，梯形逻辑中的复杂程序往往就难以理解和维护。梯形逻辑可以通过自定义功能块扩展功能，即允许重复使用可信的软件子程序以及调用以 61131-1（2003b）其他语言编写的功能块。

- 功能块图，是图形化语言，可将功能块连接在一起，类似于与/或（AND/OR）门逻辑图。功能块在概念上容易理解，适宜简单组态，但对于复杂功能的编程难度较大。有标准功能块可供选用，也可以创建自定义功能块，即允许重复使用可信的软件子程序。功能块编程通常用于 DCS 和 PLC。DCS 也可以使用非图形版本的功能块编程，即用表格形式组态各功能块的输入/输出实现连接。

- 结构化文本（Structured Text，ST）是文本语言，更接近全可变语言，如 PASCAL 或 C 语言。该语言版本可用于 SIS 应用程序。一些软件专家可能会将某些形式的结构化文本视为全可变语言。

- 指令表（Instruction List，IL），是类似于全可变语言的文本语言。这种语言由许多行代码组成，每行恰好代表一个操作。有限可变版本可用于安全应用。

- 顺序功能图（Sequential Function Chart，SFC）是类似于计算机流程图的图形化语言，用编程元素构建程序，对操作顺序和并行控制进行处理。它使用步序和转换完成特定的操作或动作。

虽然大多数现代控制器都使用 IEC 61131-3（2013）的编程语言，但 SIS 控制器通常仅限于其安全手册规定的特定语言。编程时应理解并考虑到这些限制。IEC61508-3（2010c）和 IEC 61511（2015）允许使用 3 种编程语言，并规定了 SIS 应用中选择以及执行这些编程语言的具体要求：

①FPL（固定编程语言，Fixed Programming Language）——支持非常有限的编程能力。FPL 通常用于专利权所有的、如智能变送器、分析仪、定位器、单回路控制器以及涡轮机等专用功能设备。例如，按照制造商的手册和仪表规格表组态或设置参数，从而完成系统的功能编程。

②LVL（有限可变语言，Limited Variability Language）——支持严格的编程模型，例如梯形逻辑或功能块编程。这些语言设计用于过程领域和其他工业用户，提供将预定义的、针对具体应用的功能符号库组合在一起的能力，实现安全要求规格书（SRS）的要求。有限可变语言比固定编程语言更为灵活，由预开发并经过测试的逻辑、定时功能和数学函数关系等组成。有限可变语言包括梯形逻辑、功能块图和顺序功能图。

③FVL（全可变语言，Full Variability Language）——支持通用编程语言（例如 C、C ++、PASCAL）、通用数据库语言（SQL）或通用科学和仿真程序包。这些语言通常用于系统层面的编程访问。机器和汇编代码以及那些类似代码（例如，标准版本的结构化文本、指令表）也被视作 FVL。市面上也有结构化文本和指令表编程的有限可变语言版本用于安全应用。对于可编程电子系统，全可变语言通常用于操作系统和内嵌软件。

H.4 应用程序开发模型

过程工业有各种模型用于描述应用程序开发的生命周期。这些模型的主要意图是通过不同层面的验证和确认活动减少程序的系统性失效。应用程序的完整性水平由验证和确认过程的严格程度确定，证明最终投用的程序符合应用程序要求规格书的要求。这些模型一般可分成两类图形表达形式：瀑布和 V 模型。

瀑布模型是软件工程的经典模型，最初由 Winston W. Royce 在 1970 年的论文中提出。该模型是最早的模型之一，已广泛用于整个工业领域。图 H.1 提供了一个为过程工业量身定做的瀑布式程序开发生命周期版本。这种模式强调通过制定计划尽量减少程序错误。系统和功能要求为程序架构设计、详细设计、编程、测试以及维护提供了基础。瀑布模型是许多其他生命周期模型的基线。

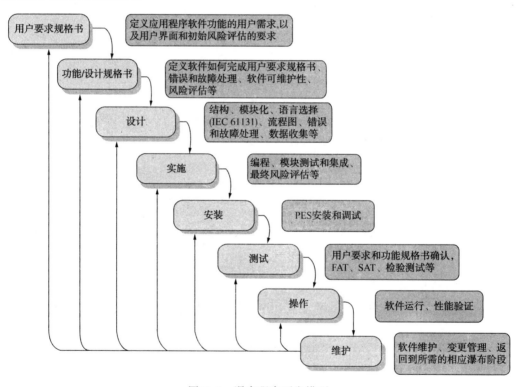

图 H.1 瀑布程序开发模型

V 模型也被称为验证和确认模型(图 H.2)。它提供了一个连续的路径，每个开发阶段必须完成之后才能开始下一个阶段。与瀑布模型相比，V 模型强调在每个阶段都要进行分析和测试。为了确保测试充分，系统测试计划应在任何编程开始前，及早确定设计过程采用的测试规程。测试计划着眼于满足安全要求规格书指定的功能性要求。测试计划通常包含以下内容：

- 设备测试；
- 集成测试；
- 系统测试；
- 验收测试。

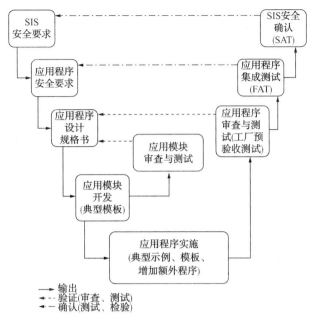

图 H.2　V 模型（IEC 2015）

H.5　过程控制应用程序

本节讨论与过程控制系统应用程序设计和编程语言选择有关的安全问题。数据可靠性话题也包含在内。本节的基本原则结合 IEC 61511（2015）的附加要求，也适用于 SIS。

应用程序的独特之处在于它没有物理形态，通常比运行可编程控制器的软件（如内嵌系统）更抽象。由于应用程序缺乏物理形态存在，使其难以直观观察、测试和记录，容易受到系统性失效的影响。人为错误会诱发系统性失效，对程序质量产生重大影响。使用适当的编程语言、开发工具并关注细节有助于减少系统性失效。高质量的编程，很大程度上取决于应用程序要求规格书是否完备。应用程序应在其整个生命期内提供可靠操作。为此，应用程序应该做到：

- 根据其应用程序要求规格书要求执行；
- 采用逻辑化、模块化和结构化的方式，便于将来更方便地修改，更容易排除故障；
- "稳健（robust）"（例如，容忍用户数据输入错误、直观、用户友好等）；
- 有足够的安防特性，防止无意的、恶意的或未经授权的更改；
- 有足够的程序注释说明和其他软件文档，有助于安全、高效地维护以及故障排除；
- 提供版本修订管理。

可靠的应用程序设计需要规定以下内容：

- 程序整体设计的各个阶段、设计（或选择）过程中所有参与者的责任、软件开发的主要节点；
- 每个开发阶段的输入和可交付成果；
- 程序开发各个阶段需要形成的文档以及有关文档的标准；

- 设计的各个阶段采用的标准或规程；
- 开发的各个阶段采用的验证要求和测试规程；
- 按照应用程序要求规格书如何进行全面测试，以及用于最终确认的正式测试计划；
- 用户 HMI 交互以及应用程序的设计和架构规划中，人为因素的考虑。

方法和技术：

- 组织并优化程序的技术，包括控制流程结构、模块化、数据分区、错误捕获和恢复以及并行处理等有关方面；
- 编程语言标准；
- 程序分析、验证和测试技术；

在应用程序开发之前，应首先建立验证规程。内容包括：

- 风险评估；
- 项目组内部审查和外部独立审查；
- 开发各阶段的设计审查；
- 开发各阶段结束时的检查和批准规程；
- 转入下一阶段应满足的验收标准；
- 测试规程和性能验收通过/失败标准。

一旦应用程序要求规格书最终确定，后续再进行更改都应在 MOC 控制之下。这样做是为了确保：

- 确定变更的影响，并在实施前获得相关方对拟议修改的批准。
- 对于影响安全的变更，应评估对前期所做风险分析的影响，并采取必要的措施维持所需的风险降低。
- 与所有参与应用程序和相关设备设计的人员沟通变更情况。
- 对文档相应更新。

不同的工程项目，其应用程序开发计划涉及的实际阶段会有所不同，但一般有以下典型阶段：

①应用程序要求规格书——这一阶段首先编制技术文件说明应用程序如何完成系统所需的功能(例如，控制安全、诊断、报警、界面等)。还包括操作人员和安全 HMI。应用程序要求规格书是程序最终确认和现场验收测试的基础。尤其重要的是，该规格书必须全面、正确，并且叙述清晰。

编制应用程序要求规格书，应考虑下面的问题：

- 用户的要求、功能和界面是否已清晰定义？
- 应用程序要求规格书是否包含了以下内容：
  - 简明清晰描述应执行的每个关键功能；
  - 每个过程操作模式应提供的信息和交互操作；
  - 依据操作人员指令所需的应用程序动作，包括应对非法或意外(但已知)的指令；
  - 按照受控工艺过程单元的构成，将应用程序细分为程序模块，并有适当的标识；
  - 在操作人员 HMI 上应显示的信息和控制；
  - 对检测出故障所做响应的描述；
  - 逻辑控制器和其他设备之间的通信要求；

- 所有内部变量和外部接口的初始状态；
- 在关闭电源和上电恢复时所需的动作(例如，将关键数据保存到非挥发存储器)；
- 每个过程操作模式的要求；
- 输入变量的预期范围以及超出范围所需动作；
- 硬件对软件的约束(例如，速度、内存大小、字长)；
- 应执行的内部自检以及检测到失效、故障或错误后的动作；
- 速度、准确度、精度等指标性能要求；
- 是否考虑了人为因素？例如，HMI 设计是否考虑了操作人员错误，以及如何通过设计将对系统的影响降至最低？
- 编制软件规格书有哪些应遵循的标准和规程？
- 是否有足够的监督和控制措施，确保符合软件标准、规程和相关指导原则？
- 应用程序要求规格书编制的行文方式，对系统设计人员、程序员、操作和维护人员来说是否清晰易懂？
- 是否使用了标准化格式、模板或其他形式确保规格书的清晰无误？
- 是否有管理规程确保提供并保持应用程序的足够文档？
- 是否有变更管理规程？
- 在软件规格书编制期间如何进行设计审查，是否将用户、系统设计人员和程序员包括在内？
- 是否需要程序员以外的独立人员，根据应用程序要求规格书对最终程序进行检查？
- 是否有测试规范？该文件的编写是否依据与应用程序要求规格书相同的标准和规程？
- 所有的应用程序要求是否完全可测试？

②**功能设计规格书**——这个阶段定义应用程序编程采用的技术、规程和标准以及程序要执行的功能。制定程序架构/结构，然后对所需功能进行模块化和标准化设计。还应考虑程序的可维护性和可测试性。

应指定所执行的功能，格式必须能够与安全要求规格书相关要求相对应，便于对照检查和确认，也要便于将这些功能的文字描述精准地转换为程序设计和代码。还应规定错误检测和处理要求。很多时候，将应用程序实现的功能先采用中间通用伪代码编写，可以将应用程序设计规格书的要求，很容易地转换成实际编程代码。

技术创新总体上是件好事，但是编程方面的创新，特别是在安全系统上，应该用批判性的眼光看待。不建议使用内嵌软件无文档记录功能，由于这些功能尚未经过测试并正式确认，有可能下次更新而消失。编程应始终遵循良好的工程实践。

③**程序设计**——随着所用编程语言从 FPL 到 LVL，再到 FVL，程序的复杂程度会依次增加。相应开发过程所需管理的严格程度也要随之增加。SIS 的应用程序设计要遵从 IEC 61511-1 条款 12(2015)的要求。

对 FPL 设备进行组态是为了提供预期的功能。智能现场仪表采用 FPL 编程语言，意味着要将仪表规格表的可组态参数输入到仪表中。对于可组态的离散控制器，组态内容记录在工程文档或仪表数据库中。保持和更新仪表规格表数据库、其他数据库和组态文档，是关键的维护和工程实践活动。仪表资产管理系统也可以用于存储所有仪表的可组态参数。

LVL 和 FVL 程序开发应使用前面已讨论的瀑布模型或 V 模型，并且对开发过程进行更正规、更严格的管理，确保最终程序设计满足应用程序要求规格书并减少潜在的系统性失效。大多数过程控制系统采用 LVL 组态，而高级控制应用程序有可能采用 FVL。后者通常不适用于 SIS 应用程序编程。如果将 FVL 用于 SIS，应用程序编程必须遵循 IEC 61508（2010c）。

久经考验和测试的标准应用程序包，如梯形逻辑或 IEC61131-3（2013）其他编程语言，可用于许多应用程序，并应尽可能使用。

应用程序开发的每个阶段，都应形成充分的书面记录，以便：

- 在设计程序的所有参与者之间充分沟通；
- 随着设计的进展适时进行审查；
- 设计各个阶段完成时，都要进行检查和确认批准；
- 保持应用程序的完整记录，以支持将来的安全变更；
- 以可控制的方式合并更改；
- 对更改进行全面测试，以证明按照 SRS 的要求正确操作；
- 对变更的全部影响进行评估；
- 为风险评估提供足够的信息。

④**实施**——实施是使用选定的编程语言，依据程序设计和功能规格书进行编程的阶段。对设计阶段规划设计的模块进行组态，并最终集成为系统的整体应用程序。

可在承包商的设备、用户实际项目设备、系统仿真设备、纯电脑仿真设备，或者作为备件的设备上，进行应用程序开发或集成测试。

⑤**安装**——在这个阶段，将组态完成的程序下装到实际项目系统中。如果使用实际项目的系统开发应用程序，这一步代表着程序完成阶段。

⑥**系统测试**——这是根据应用程序要求规格书和功能规格书，将可编程控制器作为集成系统进行整体测试的阶段。依据上述的要求规格书，还要编制单独的测试规格书，以减少共因失效的可能性。该阶段可包括用户和制造商之间约定的验收测试活动（例如，FAT）。

⑦**操作**——操作阶段是指将应用程序运行于实际生产过程。此时，操作人员有机会实地检验应用程序。在操作阶段对应用程序进行更改，必须受到控制、管理并获得批准认可，确保不出现没有留存任何书面记录或未经审批的任何改动，即确保任何变更都受到跟踪。应将变更内容与规格书进行比对，如果有必要，则对规格书等相关文件适时修改更新。

⑧**维护**——需要对应用程序进行维护，纠正用户检测到的错误或对应用程序升级。维护原因还可能有：更改应用程序要求；操作系统或内嵌系统软件升级；制造商更改系统硬件导致应用程序功能随之修改。

H.6 SCAI 应用程序

最小化程序错误，对于实现 SCAI 预期的风险降低至关重要。为此，一般使用类似于 IEC 61511-1（2015）条款 11.5.4、11.5.5、11.5.6 和 12 对 SIS 所要求的验证和确认过程，审查和测试 SCAI 应用程序。IEC61511-1 条款 12.3 特别针对应用程序设计，IEC 61511-2 A.12 提供了 SIS 应用程序编程的指导原则和示例。

符合 IEC 61508（2010c）的可编程控制器，通常采用 IEC 61131-3（2013）编程语言。在某些情况下，可编程控制器安全手册会明确说明对编程语言使用的特别限制(例如，仅使用梯形逻辑)。SCAI 应用程序的编程人员，应具备足够的能力，确保程序质量并减少人为错误。

与 SIS 应用程序要求规格书相关的附加要求，参见 IEC 61511 (2015)条款 10.3.3～10.3.6。规格书必须足够严谨和翔实，确保系统性错误足够低，满足声称的风险降低>10 倍的能力要求。

SIS 应用程序编程应考虑 SIS 的安防问题(例如，程序访问、外部通信以及 PC 与 SIS 控制器连接)。有关安防的更多指导原则，参考 ISA TR84.00.09 (2013)《安全仪表系统(SIS)相关的安防对策》[Security Countermeasures Related to Safety Instrumented Systems (SIS)]。在可编程控制器选型时，应考虑以下内容:

- 对与硬件一起供货的内嵌系统及操作软件，进行了独立性评估的证据;
- 类似过程应用相当长时间的以往使用证据;
- 制造商硬件和软件产品的声誉;
- 制造商系统配套的文档要全面翔实，包括编程、安全手册和工程工具，足以支持逻辑控制器的操作、维护以及变更管理所需;
- 制造商技术服务人员具备能力并能够提供及时的技术支持。

应用程序必须遵守安全手册的要求，执行安全要求规格书指定的功能，并满足应用程序要求规格书的具体要求。应用程序开发应遵循一个有序组织的、结构化的、严格的验证和确认过程，类似于附录 H.4 中的图 H.2 所示。安全应用程序应该采用模块化设计，并附有充分的注释，以便各安全功能易于辨识。安全功能逻辑应与非安全逻辑明确分开。

应编制符合 IEC 61511-1 (2015)条款 10.3.3～10.3.6 的应用程序要求规格书。应将该规格书与系统安全要求规格书相结合，制定最终确认测试计划。最终确认完成后，应依据测试过程所做的应用程序修改，对应用程序要求规格书进行相应的更新。特别强调，对应用程序的任何改动，都要遵循变更管理规定，获得批准认可。

参 考 文 献

IEC. 2000-13. *Programmable Controllers - Part 1-8*, IEC 61131. Geneva: IEC.

IEC. 2003b. *Programmable controllers - Part 1: General information*, IEC 61131-1. Geneva: IEC.

IEC. 2010c. *Functional safety of electrical/electronic/programmable electronic safety related systems, - Parts 0-7*, IEC 61508. Geneva: IEC.

IEC. 2013. *Programmable controllers - Part 3: Programming languages*, IEC 61131-3. Geneva: IEC.

IEC. 2015. *Functional safety: Safety instrumented systems for the process industry sector - Part 1-3,* IEC 61511. Geneva: IEC.

ISA. 2013. *Security Countermeasures Related to Safety Instrumented Systems (SIS)*, TR84.00.09-2013. Research Triangle Park: ISA.

Royce, Winston W. 1970. "Managing the Development of Large Software Systems," Paper presented at Western Electronic Show and Convention (WesCon), Los Angeles, CA, August 25-28.

附录 I　仪表可靠性程序

I.1　引言

危险辨识和风险分析过程会对过程控制系统进行评估，了解功能失效如何导致损失事件。过程控制系统失效会成为触发事件，并对 SCAI 产生过程"要求"。在风险分析时会假设过程控制失效的可能性，以估计潜在事件的频率。过程控制设备的可靠性影响过程安全和盈利能力。较高的可靠性会减少过程扰动、停车和重新开车的次数。从本质上讲，过程控制设备越可靠，过程单元就越安全。

过程安全的关键目标是辨识失效、差距或状态，并在诱发重大过程安全事故之前予以纠正(CCPS 2010b)。

由于涉及大量仪表，对所有过程控制设备进行详细性能跟踪是资源密集型活动。为此，许多业主/运营方建立了分类方案辨识并划分仪表优先级(见第 2.2 节)。造成安全、环境，或者重大业务影响(如资产、产量或质量)等后果的损失事件，是过程危险辨识和风险分析的关注点，与这些损失事件相关的仪表，一般都包括在仪表可靠性程序中。

在风险分析时，对每种安全保护措施，包括 SCAI，都预先假设风险降低水平。从设备进入安装和调试阶段开始，则成为在役设备，其后必须通过维护记录证明是否满足设计假设(ANSI／ISA 2012c、IEC 2015)。新设备上市可能会出现以前未知的失效原因。随着 SCAI 设备的老化，以前很少发生的失效会更频繁地发生。一些设备可能需要更换以维持 SCAI 所需的风险降低要求。强烈建议为 SCAI 建立仪表可靠性程序，以便：

- 提供反馈以确认风险分析时的假设；
- 识别并消除系统性失效；
- 提供以往使用信息，判定是否适用；
- 提供数据验证假设的设备失效率；
- 支持 SCAI 设备选型；
- 辨识出性能不佳的设备，并采取必要的措施纠正发现的缺陷。

为避免风险分析过于乐观或悲观，数据假设需要与所安装系统的实际能力相符。本附录涵盖了仪表可靠性程序的基本要素，可用于过程控制和 SCAI 设备。需要建立管理程序辨识并跟踪失效，这样就能够在发生损失事件之前，对性能的负面趋势做出响应。成功的仪表可靠性程序需要持续改进的企业文化氛围，采取积极主动的前瞻措施减少危险和误动作失效。一旦发现失效，就及时调查并采取纠正动作，可靠性程序确保设备失效不会常态化。

仪表可靠性程序包括：

- 依据功能定位和设备记录等级辨识和跟踪失效(ISO 2006)；
- 调查失效原因以及对系统性能和过程安全的影响(ISA 2012e，IEC 2015)；

- 将实际失效率与风险分析和设计时的假设进行比较(ISA 2015d，IEC 2015);
- 将实际误动作率与风险分析和设计时的假设进行比较(ISA 2015d，IEC 2015);
- 识别品质不良的设备并采取纠正措施(ISA 2012e，IEC 2015);
- 跟踪并解决发现的问题(ISA 2012e，IEC 2015);
- 分享经验教训(ISA 2012e)。

I.2　跟踪失效

　　IEC 61511 (2015)要求执行评估 SIS 性能的管理规程，针对安全要求辨识和防止可能危及安全的系统性失效，评估在用设备可靠性参数是否符合设计假设。IEC 61511(2015)条款5.2.5.3 进一步阐明，业主/运营方需要验证 SIS 的"要求率"以及 SIS 的可靠性参数。需要建立管理规程，确保对辨识出的缺陷及时采取纠正措施(条款 5.2.5.1)。有关 SIS 仪表可靠性计划的更多指导原则，参见 ISA-TR84.00.03 (2012e)。IEC 61511 仪表可靠性要求和 ISA-TR84.00.03 指导原则也广泛适用于 SCAI。

　　为了尽量减少导致功能中断的潜在设备失效，需要建立规程收集失效信息，并制定有关失效的有效度量指标。需要具有一定能力胜任该项工作的人员，评估和分析数据，随后制定和实施改进 SCAI 可靠性的计划。当失效率超过设计假设值时，业主/运营方必须采取纠正措施。ISA-TR84.00.04 附录 R (2015c) 和 ISA-TR84.00.03 (2012e) 为选择 SIS 可靠性度量指标提供了指导原则，这些指标也同样适用于 SCAI。有许多不同的度量指标可用于评估性能，包括：

- 要求率;
- 总失效率;
- 平均无失效时间;
  - 平均检测到失效时间(MTTF);
  - 平均误动作失效时间;
- 平均失效间隔时间(MTBF);
  - 平均工作指令间隔时间;
  - 平均校正维护间隔时间;
  - 平均预防性维护间隔时间;
  - 平均预测性维护间隔时间;
- 平均恢复时间(MTTR);
- 维修时间最长的工作指令;
- 重复维修或工作指令多的仪表;
  - 并未发现问题的重复工作指令请求;
- 仪表的累积维修时间;
- 旁路(或超驰)总时间;
- 手动模式总时间(例如，处于手动模式的控制器输出)。

　　为了收集失效信息，需要建立数据库记录在用时间和以数据分类法定义的其他信息。该数据库既可以像电子表格一样简单，也可以像计算机维护管理系统(Computerized

Maintenance Management System，CMMS)那样复杂。数据来源包括：

- 设备检查记录；
- 预防性维护记录；
- 检验测试记录(例如，功能符合预期，不能操作)；
- 操作记录(例如，异常操作、过程"要求"，误动作)；
- 来自其他现场的记录(例如，制造商、其他用户、集成商、工业数据收集机构)；
- 损失事件(例如，未遂事件和意外事故)。

　　需要确立易于遵循的采集方式，技术人员便会更加主动、准确地记录信息，并明确指定改善仪表可靠性相关人员的职责。应考虑自动记录 SCAI"要求"及其相关的过程状态，支持后期的事件分析。一些业主/运营方设置专门负责仪表和控制系统可靠性的工程师岗位，但这些人员往往会把大部分时间和精力用于处理日常的维护问题，而不是努力改进可靠性。如果收集方法过于复杂或繁重，也会影响数据的质量。技术人员需要知晓收集信息的意义所在，也需要围绕生成高质量的记录，建立管理规程并进行有针对性的培训。

　　对于执行维护的人员来说，要求他们进一步确定设备失效是安全的还是危险的，通常并不太实际。维护人员看到的失效影响可能只是系统体现出的直接结果。

　　例如，将系统能够检测出的危险失效组态为将工艺过程置于安全状态，这是本质安全化的实践(见第3.4节)。在这个示例中，装置出现此类失效会导致安全停车(另外也称其为误停车)，但设备失效仍归类为危险失效。

　　维护人员对设备进行初次检查时，应将所发现的失效做好详尽记录。最好是由熟悉系统架构和配置的人员进行数据分析并确定分类。

　　一旦收集到足够的信息，就能够辨识出品质好的和不好的设备，制定并实施针对性的计划，消除不好的设备，改善可靠性。所谓好品质的设备，是指通过大量的操作经验证明其性能可靠，适用于其用途(即以往使用证据)的设备。好品质的设备要以证据表明满足以往使用的要求(IEC61511，2015)。应了解需要什么具体证据认定设备有好的品质，这有助于辨识整个生命周期，如编制规格书、建造、安装、操作以及维护各阶段，所需的现场实践。

　　品质不好的设备，是指仪表重复失效的频率过高，达不到设计假设或过程操作的需要。这不仅是可靠性问题，还增加了操作和维护成本，耗费更多的维护资源。将品质不好的设备变成品质好的设备，通常意味着随机和系统性失效的减少。企业辨识品质不好设备的典型做法，通常基于重复失效频次、累计维修时间，或者设定的更换成本阈值综合评定。一旦不好的设备辨识出来，就需要进行更详细的跟踪，分析并解决规格书、设计、安装、维护、测试、操作，甚至操作环境等方面的根本问题。辨识出品质不好的设备并解决潜在的根本问题，就可以大幅度改进设备的可靠性。

I.3　数据分类法

　　收集失效率数据需要足够详细的数据分类法，以建立度量指标。该分类法可基于ISO14224 (2006)建立，该标准为所有类型的设备提供了相当详细的分类法。出于仪表可靠性程序的意图，分类法可以非常简单，例如为确定平均非计划工作指令间隔时间所需的数据，或者基于在用时间和失效记录确定平均失效间隔时间(MTBF)。随着品质不佳的设备被辨识出来，可以将分类法扩展到收集更多的附加信息，以支持更详尽的认知失效机制。

分类法所需数据类型的详细程度，只要能够跟踪失效和失效趋势，进而辨识出品质不佳的设备即可。分类法可包括以下信息类型：

- 设备的功能定位；
- 设备的位号或其他唯一标识；
- 设备执行的功能；
- 分类方式（例如，控制、安全、资产、产量、质量或其他）；
- 场合（或操作环境）描述；
- 技术类型（例如，压力变送器、联锁信号放大器、安全 PLC、失效关闭切断阀，参见附录 A 和附录 E）；
- 失效描述或失效机制（例如，技术类型与现场过程应用不匹配、仪表实际设定值与规格书不一致、在正常操作期间设备始终处于旁路状态，或者夏季仍然开着伴热管线）；
- 失效模式（例如，卡在某一行程位置、失效偏置到上/下限、偏离校准值的漂移等）；
- 失效如何被检测出来（例如，操作人员观察、安全"要求"、误关停操作、检查、诊断以及检验测试）；
- 检查结果；
- 执行的预防性维护；
- 修理措施和总修理时间；
- 在用时间（即从上次修理或更换至今的累计时间）。

I.4 数据收集工作

一些工业组织为收集失效率数据提供技术支持。每个组织都有各自规定的收集方式、分类法、目的和应用领域。这些组织是：

①过程设备可靠性数据库（Process Equipment Reliability Database，PERD）。CCPS 支持这种基干签约用户的数据收集工作。PERD 建立了一套数据分类法，用于收集与过程事件、过程设备失效和安全保护措施失效相关的数据。CCPS 出版了一本关于 PERD 数据收集的技术指南，其中也发表了对泄压阀的详细分析，PERD 目前仍在收集签约用户提交的数据（http://www. aiche. org/CCPS/ActiveProjects/PERD/index. aspx）。

②PDS 论坛。这项工作起始于 1995 年，它为海上应用的安全系统开发，交流设备的经验教训提供论坛。该组织为使用 PDS 方法量化 SIS 可靠性和可用性出版了技术指导，并以 PDS 数据手册的形式定期向公众发布数据（http：//www. sintef. no/Projectweb/PDS-Main-Page/）。

③OREDA，海上设备可靠性数据（The Offshore Reliability Data，OREDA）项目于 1981 年建立，旨在收集用于海上和水下工业应用领域安全设备的可靠性数据。该项目出版了OREDA 数据手册（SINTEF 2015）（http：//www. oreda. com）。

④仪表可靠性网络。该协作网络于 2012 年在得克萨斯州 A&M 大学的 Mary Kay O'Connor 过程安全中心成立。该网络的宗旨是对过程工业仪表和控制的性能进行基准测试，定义通用的分类法，从维护和检验测试活动中持续收集数据和信息，并分享改进仪表和控制可靠性方

面的经验教训。该组织试图发表和共享从用户现场应用中收集的数据（https：//irn.tamu.edu）。

⑤WIB，国际仪表用户协会（International Instrument Users' Association，WIB）包括欧洲各国、中东、日本、非洲和北美关注工业自动化、测量和控制的成员。不接受从事商业用途的仪表或控制设备制造或销售的公司参加。该协会收集有关安全应用仪表和控制的数据（http：//www.wib.nl）。

⑥NAMUR，NAMUR 总部位于德国，是知名的国际自动化技术用户协会。NAMUR 通过汇集过程工业自动化技术用户的技能和能力，支持其成员公司在数据收集方面的努力。功能安全工作组主要处理安全仪表系统方面的主题，自 2001 年以来一直在不断收集和分析会员公司的 SIS 失效数据。

以下出版物和数据库，提供了过程工业过程控制和 SCAI 应用有关的失效率数据。

①OREDA *Offshore Reliability Data Handbook*，*Volume 1 - Topside Equipment*，*Volume 2 - Subsea Equipment*，*6th Edition*（SINTEF 2015）。该参考文献提供海上平台使用的大量过程和控制系统设备的数据。数据由运营方公司提供，可视作海上应用的"以往使用"；不过，由于许多石化和炼制过程有着与此类似的工艺过程操作环境，这些数据受到了石化和化工行业的认可。每个版本（第 1~6 版）涵盖这些运营方公司不同年份的数据。

②SIL Solver®（SIS-TECH 2015）。该数据库自 2002 年以来被广泛使用，是采用 Delphi（译注：德尔菲法，也称专家调查法，1946 年由美国兰德公司创立）分析过程得出的结果，通过专家评判，给出典型过程操作环境适当的失效率。该数据库涵盖过程控制和安全系统使用的电气、电子、可编程电子、气动和液压设备。它支持以往使用评估，提供危险和误动作失效率估值，进一步支持安全和关键功能的要求失效概率（PFD）和误停车率（STR）计算。

③EPRD—电子部件可靠性数据（Electronic Parts Reliability Data，EPRD）（Mahar、Fields、Reade 2014）。该数据库包含商用和军用场合使用的电子零部件可靠性数据。其中包括集成电路、分立半导体（二极管、晶体管）、电阻器、电容器和电感器/变压器等的失效率数据。

④PDS 数据手册（SINJEF 2010）。本手册包含海上和水下应用场合，过程控制和安全系统部件的可靠性数据估值。数据库涵盖输入设备（例如，传感器、分析仪）、逻辑控制器（例如，电气和电子）以及最终元件（例如，阀门）。数据表格提供的推荐数据，参考了专家评判意见和其他外部数据来源。数据意图是用于 SIS 可靠性分析。

⑤NPRD-95—非电子部件可靠性数据（Non-electronic Parts Reliability Data，NPRD）（Mahar、Fields，Reade 2014）。包含各种电气、机电和机械部件以及装配件的失效率。

⑥IEEE 标准-493-2007《可靠的工业和商业电力系统设计实践》（*Recommended Practice for the design of Reliable Industrial and Commercial Power Systems*，2007）。该参考文献包含电气设备的数据。这些数据是通过对工业和商业电力设施的调查确定的。在过去，由于该书采用金色封面，也被俗称为"金皮书"。

⑦安全设备可靠性手册（*Safety Equipment Reliability Handbook*，exida 2015）。本手册提供的数据是对 SIS 仪表设备研发设计的理论分析，即采用失效模式、影响和诊断分析（FMEDA）推导出的结论。

⑧电气和机械部件手册（*Electrical & Mechanical Component Handbook*，exida 2012）。该手册提供了使用 IEC 62380（2004）预测分析得出的数据。该数据库提供电子部件、PCB（印刷

电路板）和设备的失效率估值。

I.5 失效调查

理想情况下，有无限的人力资源和无限的时间进行分析。而现实的一切都是有限度的，调查的程度必须与要吸取的教训成比例。确定是否需要进行更深入的调查，需考虑的影响因素包括：

- SCAI 失效的成本影响；
- 在不同的过程应用出现的类似失效；
- SCAI 失效的成本影响；
- SCAI 失效的安全或环境影响；
- 影响多个设备的系统性失效。

当发现 SCAI 出现重复性失效时，通常应进行根原因分析，确保纠正措施足以防止失效再次发生。仪表可靠性程序应根据事件的不同类型，辨识数据捕获和分析的层级，例如，什么情形出现时有必要进行深入调查，应召集哪些资源以及如何升级仪表可靠性问题的处理级别。

损失事件的调查涉及自动化系统失效时，通常是企业环境、安全和健康管理部门的责任。与他们一起对自动化系统的失效进行辨识和分类，有助于确保失效报告的持续一致。

I.6 失效率的计算

所有设备都有固有的失效可能性。失效具有许多让我们感兴趣的特性，如失效模式、原因、影响、失效率、关键程度、可检测性、依从性、公共原因、使用年限末期等。仪表可靠性程序应积极检查过程控制和安全系统的在用性能，辨识改进可靠性和完整性的途径，实现可操作性和可维护性目标。适宜的设计、操作以及维护，可确保自动化系统的高可用性和高可靠性。

设备失效的原因可能是由于随机或系统性事件。随机失效通常通过单个设备或回路记录进行跟踪，促使对系统做出适当更改，弥合不可接受的性能缺口。例如，一个设备可能会被性能更好的其他技术取代，或者有必要提高硬件故障裕度，减少系统的潜在功能失效。

系统性失效一般通过类似的数据模式或重复性事件进行辨识，分析这些类似的情形，并不一定只关注同一过程应用。它们很难辨识，但可能大范围影响许多不同的 SCAI。与随机失效只影响设备个体不同，系统性失效可能导致多台设备、多个回路功能失灵，甚至在一个装置或企业范围内的多个系统都受到波及。这是因为系统性失效与现场"做事的方式"有关。

如同在附录 I.3 所做的讨论，可通过多种方式将失效按照一般分类法划分类别。失效分类法可用于选择适当的数据进行分析。将所有数据都包括在分析中并不合适。例如，安装在环境状态受控的建筑物内，用于清洁介质测量场合的变送器失效率，很可能会好于采用相同技术，但安装在靠近加热炉并且测量易堵塞物料的变送器数据。选用数值的置信水平，也会影响到性能数据的可变性。

表 I.1 列出了现场设备在典型的过程工业应用中的平均无危险失效时间（$MTTF^D$）和平均无误动作失效时间（$MTTF^{SP}$）的一般范围。这些数据表明，如果没有提供附加的故障裕度和外部故障检测特性，大多数现场设备所能达到的风险降低能力都限定在<100。对于逻辑控制器，表 I.2 展示了性能指标的范围，具体数值取决于系统配置和技术。

失效率和失效分布是评估失效概率的常用参数。一般用希腊字母 λ 表示失效率。λ 数值可以通过计算（例如，部件数量、失效模式影响分析）或者测量（例如，通过测试或者现场收集）获得。测得的失效率函数 $\lambda(t)$ 可定义为

$$\lambda(t) = \frac{失效数}{在用数量 \times 在用单位} \tag{I.1}$$

其中，在用单位是每单位时间、周期、里程等。

表 I.1　现场设备 $MTTF^D$ 和 $MTTF^{SP}$ 范围示例[SIL Solver 数据库（SIS-TECH 2015）]

说明	$MTTF^D$/a	$MTTF^{SP}$/a
分析仪	0.35~4.00	0.35~4.00
流量开关	25~50	10~50
流量变送器	50~175	25~80
物位开关	25~125	25~75
物位变送器	25~250	15~150
压力开关	15~80	15~80
压力变送器	75~200	75~125
温度开关	10~100	10~50
温度变送器	75~250	25~100
电磁阀(失电关停)	30~100	10~30
切断阀(失效关)	25~100	50~200
控制阀(失效关)	15~60	30~100

表 I.2　逻辑控制器的 $MTTF^D$ 和 $MTTF^{SP}$ 范围示例[SIL Solver 数据库（SIS-TECH 2015）]

说明	$MTTF^D$/a	$MTTF^{SP}$/a
非安全配置可编程控制器：单通道	10~30	10~30
安全配置可编程控制器：单通道	100~250	5~15
继电器	100~1000	100~500
联锁信号放大器——可编程	300~600	150~275
联锁信号放大器——非可编程	500~850	150~250
IEC 61508 SIL 3 认证的控制器：冗余通道	2500~50000	10~1000

在风险降低分析中，在用单位一般采用在用时间；不过，对于不同的可靠性考虑，可以使用其他在用单位（周期、里程等）。式(I.1)可重写为

$$\lambda(t) = \frac{失效数}{\Sigma\, 在用数量的累积在用时间} \tag{I.2}$$

如果失效率是从已知的设备总体数量计算得出的，它表示一个时间点或瞬时，总体设备的失效率估计值，意味着在这个时间点之前所有的设备都还没有失效。估计值的不确定性与

选定用于计算失效率的数据在多大程度上代表样本总体数量有关，即要有足够的失效原始数据并具有较高的置信度，使得计算出的失效率数值能够代表操作环境的总体设备。

功能安全管理系统(IEC 2015)与现场实际应用获取数据和信息的反馈过程相结合。生命周期的前期阶段，基于公认的工业预期数值进行工程估算。在最终的实际在用阶段，通过对在役设备的可靠性参数监测，获得实际数据并进行估算。在许多情况下，准确的在用时间可能是未知的。合理的假设是从最后的测试日期或最后的修理日期开始计算在用时间。

有时，可用的失效数据非常有限，因为失效(或事件)尚未发生。如果在 n 年的时间段内没有发生失效，则可以用下面的公式保守估算事件失效率 $\lambda_{事件}$。

$$\lambda_{事件} = 1/n \tag{I.3}$$

计算示例：如果在 11 年内未检测到失效，则估算值 $\lambda_{事件}$ = 1/11 年 = 0.09/年。这相当于这一时间段内假定出现一次失效。

该估算有三个条件：

- 有完善的仪表可靠性计划，确保检查和检验测试规程有能力检测出功能失效。
- 审慎考虑仪表可靠性数据的质量。查核维护记录，获取准确的校准前状态数据。
- 估算时，至少有类似设备 10 年的数据，表明在这一时间段内尚未发生需考虑在计算之内的事件。

分析人员可使用 1/(3n) 规则细化估算(Welker，Lipow，1974)。使用这种方法计算的失效频率是试图估计出平均失效率，不同于 1/n 方法取上边界值。

$$\lambda_{事件} = 1/(3n) \tag{I.4}$$

计算示例：如果在 11 年内没有发现或检测到失效，那么估算值 $\lambda_{事件}$ = 1/(3×11 年) = 0.03 年。

还有更复杂的方法，可用于更高级别的研究，如定量风险分析采用的方法(Bailey 1997，Freeman 2011)。

由于总体的性能以点估算确定，统计推理成为一个关注的问题，因此应考虑数据的置信水平。置信水平也是可能性估计，代表点失效率在多大程度上能够反映出所述设备总体的真实失效率。显然，随着总量数据的增加，这个点估算值更有可能反映总体的失效率。图 I.1 展示了正态分布的统计置信水平。根据 IEC 61511 条款 11.4.9，用于计算 SIS 失效概率的可靠性数据，应具有至少 70% 的统计置信上限。

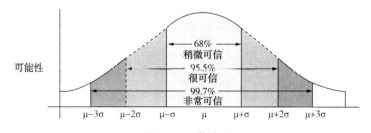

图 I.1　置信水平

失效率分布通常使用双边分布中代表预期最坏失效率的一侧。如果样本总体数量足够大，在用时间足够长，失效就会呈现正态分布；而如果样本总体数量较少，失效往往不会呈现出正态分布。卡方(Chi Squared，X^2)分布通常用于建立表征样本总体数量较少的失效率模型。

还有一种定性的置信水平表达形式，它表征设备的性能强度与预期应用和操作环境状态应力两者数据的吻合程度。虽然设备理应在符合其环境规格书要求的应用场合操作，但一些操作环境状态会比其他场合更苛刻。如图 I.2 所示，在设备应力影响开始与设备强度区域重叠时，开始出现失效。

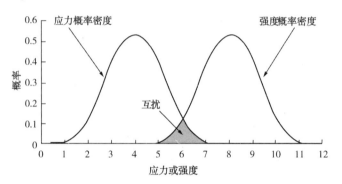

图 I.2　应力与强度对比(来源：http://www.theriac.org)

对设备总体数量的影响进行一些讨论是合理的，这是因为从不同总体数量样本中获得的失效率数值有很多差异。这些设备总体样本可以是相同的设备(例如，某一制造商或型号)、特定的应用领域(例如，北海海上)、特定技术(例如，电子压力变送器)，或者按照类别统计总体数量(例如，压力传感器)。一般来说，样本总体分类越通用，估算出的失效率越高，某一设备失效率落在该总体失效率范围内的可能性就越大。这就是为什么德尔菲法虽然是定性的，但却可以很好地估计设备的性能。

I.7　验证

验证的目的是确保所安装的设备满足功能和性能要求。仪表可靠性程序应从操作和维护记录中收集足够的数据和信息，证明在用设备的可靠性参数与性能计算假设相吻合。验证通过以下工作完成：

- 确保在平均恢复时间(MTTR)内完成维修；
- 调查多次重复出现"未发现问题"的工作指令，防止将失效状态认定为正常；
- 对反复出现的失效做出响应，采取措施防止再次发生；
- 清楚了解那些失效率低于意料之外的原因(用于总结经验)；
- 消除系统性失效。

确定应在什么情形有必要采取纠正措施，这涉及在多大程度上了解风险分析时的性能要求存在哪些固有的不确定性(Freeman 2012、2013a)，以及在性能计算中存在哪些不确定性(Freeman，Summers 2015)。当风险分析发现存在必须新增或修改保护层才能弥补的风险降低缺口时，管理层经常提出下面的这些问题(Freeman 2012)：

- 风险分析结果的不确定性是什么？
- 基础数据对分析结果的影响有多敏感？
- 风险分析采用的方法保守程度有多大？

● 是否应该增设附加的保护层对单点失效提供故障裕度?

风险分析可以采用定性、半定量或定量方法完成。采用数字和数学方法量化会使分析过程看起来比真实情况更准确。实际上,分析方法本身会在估算中带入错误。例如,即使依据相同的假设条件、分析方法的运用也恰当,并选用合理的输入数据,不同的分析团队使用常用的风险分析方法进行分析时,给出的结果在数值上可能相差 2~3 倍。如果输入的数据不能反映实际的过程操作历史,那么风险评估也可能错的离谱。

性能计算使用的所有可靠性参数,都有一定程度的不确定性;一般来说,数据源脱离实际应用越远,设计达到目标性能的不确定性就越大。使用冗余方案时,不确定性的影响是非线性的。由于可靠性参数和计算方法的不确定性,设计验证应包括一定的安全余量,以便提高系统在现场投用后符合预期要求的可能性。建议将安全余量定义为现场具体要求,并作为功能安全管理系统的一部分。否则,不同的设计项目在风险控制和不确定性管理上,所采用的方法和尺度可能大相径庭。

当数据的可信度不足时,进行不确定性分析很有必要。感知到的性能差异可能仍处在预期的不确定性范围内。在这种情况下,试图更改现有的执行方式并不会改善风险,甚至可能增加不必要的系统性失效机会。

CCPS (2014b)给出的失效率范围标准,可用作方差分布分析的输入,以便确定典型的不确定性范围。Freeman (2013b)研究表明,SIS 设计目标基于提供的风险降低能力处于 SIL 范围的中间值时,考虑 90%的不确定性区间,最终的风险降低能力几乎散落在该 SIL 的整个范围。表 I.3 提供了 SIL 1~SIL 3 的 90%的置信上限和置信下限。

表 I.3　基于设计的 RRF 目标值的 90%置信上限和置信下限(Freeman 2013a)

SIL	目标风险降低因数	90%下限	90%上限
1	50	12	85
2	500	123	847
3	5000	1247	8475

无论选定了怎样的置信区间,基于上限计算出的风险降低能力总是小于(或劣于)根据参数平均值计算出来的性能结果(Freeman,Summers 2015)。危险和风险评估规定最小风险降低要求,这是基于风险管理的需要,确保将过程风险控制在企业功能安全管理系统确定的可容许水平之内。安全要求规格书应定义具有安全余量的目标风险降低要求,确保设备性能即使面对潜在的不确定性影响,其功能仍可提供所需的最小风险降低能力。遵循良好的工程实践,是确保过程"要求"发生时,大概率实现成功操作的关键所在。

一个持续的仪表可靠性程序,旨在不断提高性能,应对品质不佳的设备、过高的失效率、不寻常的失效模式以及意识到的系统性失效。应对负面指标采取必要的响应措施,改进系统设计或管理的某些方面,例如,更多的预防性维护、更频繁的测试、选用不同类型的设备、修改工艺过程一次元件连接方式,或者选用更高的失效率修正风险分析等。

参 考 文 献

ANSI/ISA. 2012c. *Identification and Mechanical Integrity of Safety Controls, Alarms and Interlocks in the Process Industry,* ANSI/ISA-84.91.01-2012. Research Triangle Park: ISA.

Bailey, R. 1997. "Estimation from Zero Failure Data." *Risk Analysis* Vol. 17. No. 3:375-380.

CCPS. 2010b. *Guidelines for Process Safety Metrics.* New York: AIChE.

CCPS. 2014b. *Guidelines for Initiating Events and Independent Protection Layers in Layers of Protection Analysis.* New York: AIChE.

exida. 2012. *Electrical & Mechanical Component Reliability Handbook* - 3rd Ed. Sellersville: exida.

exida. 2015. *Safety Equipment Reliability Handbook* - 4th Ed. Sellersville: exida.

Freeman, Raymond. 2011. "What to Do When Nothing Has Happened." *Process Safety Progress*, September, Vol. 30, No. 3: 204-11.

Freeman, Raymond. 2012. "Quantifying LOPA Uncertainty," Process Safety Progress, Vol 31, No 3, pp 240-247.

Freeman, Raymond. 2013a. "Simplified Uncertainty Analysis of Layer of Protection Analysis Results," Process Safety Progress. Vol 32, No 4, pp. 351-360.

Freeman, Raymond. 2013b. "Impact of LOPA Uncertainty on Safety Instrumented System Design." Paper presented at Texas A&M 16th Annual International Symposium. College Station, TX, October 22-24.

Freeman, Raymond and Angela Summers. 2015. "Evaluation of Uncertainty in Safety Integrity Level (SIL) Calculations." Paper presented at 11th Global Congress on Process Safety, Austin, TX, April 27-29.

IEC. 2004. *Reliability data handbook. - Universal model for reliability prediction of electronics components, PCBs and equipment,* IEC 62380. Geneva: IEC.

IEC. 2015. *Functional safety: Safety instrumented systems for the process industry sector - Part 1-3,* IEC 61511. Geneva: IEC.

IEEE. 2007. *Recommended Practice for Design of Reliable Industrial and Commercial Power Systems*, Standard 493-2007. New York: IEEE.

ISA. 2012e. *Mechanical Integrity of Safety Instrumented Systems (SIS),* TR84.00.03-2012. Research Triangle Park: ISA.

ISA. 2015c. *Guidelines for the Implementation of ANSI/ISA 84.00.01- Part 1,* TR84.00.04-2015. Research Triangle Park: ISA.

ISA. 2015d. *Safety Integrity Level (SIL) Verification of Safety Instrumented Functions*, TR84.00.02-2015. Research Triangle Park: ISA.

ISO. 2006. *Petroleum, petrochemical and natural gas industries - Collection and exchange of reliability and maintenance data for equipment,* 14224:2006. Geneva, ISO.

Mahar, David, Fields, William and John Reade. 2014. *Electronic Parts Reliability Data* - NPRD-2014. Utica: Quanterion Solutions Incorporated.

Mahar, David, Fields, William and John Reade. 2016. *Nonelectronic Parts Reliability Data* - NPRD-2016. Utica: Quanterion Solutions Incorporated.

SINTEF. 2010. *PDS Data Handbook.* Trondheim: SINTEF.

SINTEF. 2015. *OREDA (Offshore and Onshore Reliability Data) Handbook.* Trondheim: SINTEF.

SIS-TECH. 2015. *SIL Solver®.* (Version 7.0) [computer program] http://sis-tech.com/software.

Welker, E., and M. Lipow. 1974 *Estimating the Exponential Failure Rate from Data with No Failure Events*. Proceedings of the 1974 Annual Reliability and Maintainability Symposium, Los Angeles, California. New York: IEEE.

附录 J 验收测试指南

J.1 验收测试

验收测试是为了确定设计、规格书、采购订单，和/或相关合同的要求是否得到了满足。在过程工业，验收测试一般分为两类：工厂验收测试(Factory Acceptance Testing，FAT)和现场验收测试(Site Acceptance Testing，SAT)。

过程控制系统和 SCAI 系统的 FAT 通常是在现场安装之前进行。有时也会对这两类系统进行集成测试，检验数据通信功能。FAT 是在受控的环境条件对设备进行严格的测试，没有现场测试时所面对的进度压力。不过，用户也可能选择只进行 SAT，这是因为他们对拟验收的系统非常熟悉，或者由于系统的规模、复杂程度与现场在役应用相类似。

FAT 可用作特定设备的确认活动，并纳入确认计划中。不过，系统的整体确认只能在安装之后并通过 SAT 完成。在执行了 FAT 的情况下，如果某些功能特性从此没有任何更改，就没必要重复测试，即 SAT 的范围可以适当减少。如果没有执行 FAT，则 SAT 应涵盖全部的测试。对于更换系统或者新建项目，FAT 是必要的环节。对于现役应用的一般性扩容改造，通常不做 FAT。

J.2 标准

标准委员会 ISA 105 涉及范围涵盖工业自动化系统的调试、回路检查，以及工厂和现场验收/集成测试。该委员会已发布了测试标准 ANSI/ISA-62381(IEC 62381 修订，2011a)《过程工业自动化系统-工厂验收测试(FAT)、现场验收测试 (SAT)以及现场集成测试(SIT)》[*Automation Systems in the Process Industry-Factory Acceptance Test (FAT)*，*Site Acceptance Test (SAT)*，*and Site Integration Test (SIT)*]。该标准的 IEC 版本见 IEC 62381 (2012a)；英国标准见 BS EN 62381 (2012)。此外，ISA 还有一个标准可以在 SAT 中用到，即 ANSI/ISA-62382-2012(IEC 62382 修订版，2012a)《过程工业自动化系统—电气和仪表回路检查》(*Automation Systems in the Process Industry-Electrical and Instrumentation loop Check*)。

IEC 标准 61131-2 (2007)《可编程控制器-第 2 部分：设备要求与测试》提供了 PLC 测试的指导。《安全和可靠的仪表保护系统指南》(*Guidelines for Safe and Reliable Instruments Protective Systems*，2007b)一书，也为 FAT 和 SAT 提供了指导。

J.3 工厂验收测试

FAT 在制造厂进行，确定并记录设备硬件和软件符合其规格书及订单要求。包括功能要求、故障管理与恢复、通信、互操作性、支持/公用工程系统以及用户界面要求。对于高度集成的控制系统，鉴于可能发生的潜在问题的复杂性，FAT 尤其重要。对于制造商负责完成应用程序的可编程控制器，FAT 要证明交付的应用程序在特定的目标系统硬件内运行正常，并满足应用程序要求规格书的全部要求。

进度计划、成本、人力资源、复杂性以及设备的就位状态，是 FAT 之前必须考虑的一些问题。FAT 可能会增加制造商的资源和测试设备投入、占用更多的用户人员，以便加快进度。在有些时候，这些额外成本支出和进度计划影响看起来似乎并没有必要，因为后期还要做 SAT。而在另外的场合，则认为 FAT 提供的早期测试所付出的时间和金钱非常值得，及早发现问题会对降低整体项目成本和压缩后期进度产生积极的影响(Jacob 2013)。FAT 过程处理疑难问题总比 SAT 要来得更容易。SAT 现场环境大都较差，不像 FAT 那么井然有序，因此留给 SAT 解决的问题越少越好。

建议 FAT 用于复杂系统、高度集成的可编程控制器、高级人机界面(HMI)或 SCAI 应用。对于 SIS，IEC 61511(2015)条款 13 规定了 SIS 设备的 FAT 要求。这对于包含复杂应用逻辑或者冗余架构的系统(例如，1oo2、1oo2D、2oo3、2oo4)尤为重要。全面的 FAT 是减少这些系统的错误或失效数量、降低成本行之有效的措施。否则，系统存在的诸多问题留待 SAT 期间再处理会显得十分被动(2007b)。

在见证 FAT 之前，制造商应对设备进行全面测试。任何需要用户进行的老化测试要求，应在制造商提供的设备手册中特别注明。如果忽略了这一点，可能导致 FAT 过程占用过多的时间，并有可能推迟或重新计划 FAT。在测试之前，应将测试的期望与制造商充分沟通，好的 FAT 计划会大大减少这些潜在问题。

FAT 小组不应有仓促完成测试的想法，或在整改清单(Punch-list)所列问题未经妥善处理就匆忙发货。发货装运前未经充分模拟和测试的设备，早期失效、不当的接线、严重的软件缺陷等原因，导致失效率较高。对这些问题需要经过多次调整/修改，系统才能达到可接受的操作效能。

FAT 通常是系统集成项目的重要里程碑。因此，FAT 应该非常正规，由用户和制造商共同见证，形成正式完备的测试记录，其中包含 FAT 期间发现的任何偏差和不符合项，以及这些问题最终如何解决。

可以聘请高资历的独立人员或技术专家(Subject Matter Expert，SME)对 FAT 提供支持。

FAT 的目标是在系统发运到现场之前发现并解决系统中存在的任何问题。FAT 应包含验证系统所有硬件和软件符合规格书要求的测试。其中可能包括对工厂提供的应用程序和 HMI 组态进行测试和验收。对于中、大型系统，这些活动通常是由制造商和用户共同完成。而对于小型系统，则可以只由制造商完成测试，再由用户在 SAT 时最终验收。涉及的系统集成商也要参与到 FAT 之中，FAT 可在系统集成商的系统集成场地进行。如果涉及多个制造商，则也可能会有多个集成测试。

圆满完成 FAT 之后，系统就会被拆卸并装运至客户现场，在那里对系统再进行重新组装，并接受后期的 SAT 和/或现场集成测试(SIT)。SIT 可以是 SAT 的一部分，有时也会安排单独的测试，意在确认多个制造商的设备集成在一起，满足系统的互操作性要求。见证多个制造商的系统集成和系统安防特性验收测试，也被称为工厂集成验收测试(Integrated Factory Acceptance Test，IFAT)。

J.3.1　角色和职责

一般来说，职责取决于所涉及的过程应用和设备。参与到 FAT 过程中的每一位小组成员，都应分配特定的任务和职责。FAT 测试计划应尽可能明确这些任务分工。应针对被测试的特定系统，编制出小组成员的角色和职责分工图表。

参与人员可包括用户、制造商、主要自动化承包商、系统集成商、控制系统专家以及其他工程承包商。联合小组由负责系统不同方面的人员组成，如：

- 系统规格书；
- 软件编程/组态；
- 硬件集成与安装；
- 操作；
- 维护；
- 其他必要成员。

FAT 小组的组建一般先指定用户工程师和制造商代表。应推选一名成员做负责人，这一角色通常由用户工程师担任。随后再由用户和制造商确定其他组员。参与人数取决于所涉及的技术、待测系统的规模/复杂性。IFAT 会涉及多个制造商。FAT 过程应始终有用户人员在场，并且要熟悉待测系统及其测试要求。操作和维护人员也应参加 FAT，他们具有显示画面操作方面的实际经验。此外，这也会提高他们对系统的接受程度。

J.3.2　计划

用户应明确规定制造商验收测试要求、计划安排以及用户的测试期望。项目组编制测试计划和测试步骤、规程。FAT 测试计划应由 FAT 小组代表审查和批准，确保 FAT 范围符合预期。在 FAT 测试开始之前，应对 FAT 测试的时间分配进行审查，通常取决于系统规模、复杂性和其他的项目进度计划协调问题。FAT 小组可能想修改某些细节，这些拟议的更改应由系统设计人员进行审核，确保修改后的测试计划仍然能对预期的设备功能做出全面的最终确认。

无论是由用户、系统集成商，还是制造商主导测试，FAT 计划都是十分重要的。不应只是随机测试，FAT 应该是有组织、有书面记录，并按照计划按部就班逐项完成的测试。FAT 不仅要全面检查设备的功能性，还应验证全部项目文档是否准确、清晰以及全面、完整。

FAT 小组的测试纪律、组织以及保持测试步骤和测试结果的书面记录，都是实现测试的预期目标并按照计划完成 FAT 的关键因素。测试计划应包括但不限于：

- FAT 的意图、目标；
- 基于系统规格书，对测试步骤、规程的总体描述；
- 测试任务的辨识，确定每项测试任务的责任；
- FAT 人员的安排，包括哪些人全程参加，哪些人基于单项任务参加；
- FAT 的地点和日期；
- 进度计划表，展示 FAT 期间预期的每日活动安排；
- 测试任务清单；
- 测试期间，FAT 场地所需的系统和用户文档清单；

- 执行 FAT 所需要的测试设备、仿真设备和仪表清单；
- FAT 需遵循的详细测试步骤、规程；
- 系统性能要求以及通过/未通过标准；
- FAT 测试记录和整改项清单的表格形式；
- 被测试硬件和软件最新修订版本的规格书；
- 被测试设备最终详细配置规格书；
- 测试期间需要注意的人员安全问题，针对任何安全关切的安全计划；
- FAT 报告的文档要求。

确保书面记录所有结果，保持测试记录表单和整改清单，记录测试期间发现的任何错误、故障或问题。整改清单有助于确定完成整改问题的优先排序和关注点，尽可能减少对 FAT 进度的影响。整改清单应包括谁发现了错误？在哪里发现了错误？错误是如何纠正的？以及消除错误之后重新测试的完成情况。整改清单每一项都应按顺序编号，注明发现日期，并以易于理解的格式描述每个整改项的影响级别、当前状态，需整改完成的日期，以及完成整改后重新核实检查的日期。

跟踪发现问题到解决问题的整个过程，有助于确保最终系统的质量。一旦设备或功能被成功测试，或者整改清单中的每一项整改完成并成功进行了重新测试，后续的任何更改都必须遵循 MOC。适用于配置、编程、内嵌软件和硬件。开车前的安全审查（Pre-Startup Safety Review，PSSR）应验证所有的整改清单、MOC 项目和测试都已妥善完成并有责任人签字。

J.3.3 FAT 进度计划

FAT 进度计划应列明每天的活动，明确系统中每个项目检查测试的具体日期。每天进度计划应包括足够的时间审查问题清单。每天的"工具箱"安全会议也是不错的做法。如果小组成员并不完全熟悉所有设备，工作计划应安排出一定的时间，在开始测试之前先进行一些演示训练。

应留出足够的时间处理问题清单项目。FAT 小组负责人应将待处理项目控制在可管理的工作量范围内，这样所有的问题都能在测试结束之前得以解决。有些项目可能无法在 FAT 期间解决，但应尽可能在装运之前完成。这可能需要安排第二次 FAT，或者形成共识将这些问题留待 SAT 时最终关闭。这些遗留项目的数量应保持在最低限度，SAT 获得制造商的支持在很多方面受限。

J.3.4 FAT 活动

FAT 活动应包括：
- 严格遵守 FAT 测试计划和进度计划；
- 在每天工作开始之前，召开工作进展和安全会议，确保 FAT 安全、有效，也要总结经验并改进任何不足；
- 外观见证检查，包括机械结构、端子（紧固适当）、接线、焊接、机械装配、各类标识、喷涂等，这些检查对于机械设备尤其重要，例如控制盘、成套设备、分析小屋、远程仪表箱体等；
- 在 FAT 结束时，进行一次详细的检查，确保所有规格书、性能要求以及各订单要求均已得到满足。

J.3.5　FAT 文档

系统的 FAT 测试计划应列出测试所需的用户和制造商文档。下面是一个清单示例：

- 系统结构图；
- 硬件规格书；
- 功能规格书；
- 安全要求规格书(如适用)；
- 系统 I/O 清单；
- 过程控制系统描述；
- 控制逻辑规格表；
- 组态工作表；
- 逻辑流程图；
- 仪表规格表；
- 流程图 P&ID 与流程图；
- 画面设计图；
- 程序清单(文档)；
- 系统自动生成的打印文档；
- 系统排布图；
- 端子接线清单；
- 制造商手册；
- 制造商图纸；
- 所有设备供货清单，标明序列号；
- 所有软件供货清单，标明版本号；
- 问题清单模板；
- 应用程序要求规格书。

FAT 计划应指定人员负责提供上述清单中的文件。在 FAT 结束时，所有文档都应准确地描述最终的系统状态。应将任何未决问题包含在问题清单或偏差清单中。所有的问题清单项目必须予以妥善处理，所有的"红线"文件必须予以更新，至此才能视为 FAT 完全结束。

大尺寸的逻辑图、流程图和端子图等，要易于阅读、减少错误、方便借助图纸检查并处理故障。

J.3.6　FAT 测试设备

FAT 测试计划应列出执行 FAT 所需的测试设备(表 J.1)。应将该测试设备清单提供给 FAT 小组确认。所有各方应落实提供这些设备的责任者。测试设备清单应包括完成 100% 测试所需的全部设备，也应包括测试过程中故障处理所需的必要设备、器具。

必要的时候，FAT 规程应要求列明测试设备的序列号和校准日期。所有的测试设备都应精准(在 1 年校验有效期以内)，适用于 FAT 用途，并处于良好的工作状态。

表 J.1　测试所需的典型设备

设备	用途
数字式万用表	监测系统输出，对接线进行故障排查
DC mA 电流发生设备	输入电流信号
DC mA 电流接收设备	输出电流信号
两线变送器模拟器（仪表仿真）	输入电流信号
DC mV/TC 信号源	热电偶或其他低电压输入模拟
脉冲发生器	输入脉冲信号
脉冲计数器	监视脉冲信号
RTD 校准器	RTD 模拟
可变 DC 电压源（仪表仿真）	输入电压信号
信号断接箱	对数据通信链路进行故障排查
现场总线模拟器	模拟现场总线信号
数字示波器	监视系统输出，对接线进行故障排查
离散设备模拟盘（具有离散开关设备、指示灯，若需要还配置电源）	测试逻辑顺序（阀门、开关和触点信号模拟）

J.3.7　FAT 详细测试规程

详细的测试规程应确保系统的所有方面都按照系统文件进行检查。至少包含以下内容：

- 清晰描述使用适当的测试设备对系统内各类 I/O 进行典型的回路测试。应以量程的 0%、25%、50%、75% 和 100% 对模拟输入信号进行测试。如有可能，应按照变送器制造商的说明书验证仪表的超量程特性。应对输出信号的 0%、50% 和 100% 三个值进行检查。
- 说明硬件、诊断以及失效模式，包括处理器、电源、通信模块、远程 I/O 模块以及 I/O 模块和机架。
- 描述系统功能的测试方法。
- 需要对用户流程图画面进行哪些检查。这可能包括画面布局、层次、操作导航、颜色规定、文本、触摸区、分页功能、点显示和寻址、性能要求以及特定系统的独有特性。
- 提供测试方法确认点组态恰当。检查项应包括组态点的量程范围、信号处理、报警设置、人工操作的约束或限制以及点的类型。
- 提供检查外围设备的方法，比如历史记录、打印机、事件顺序记录、通信模块以及远程 I/O 通信。
- 提供检查系统所有其他方面的方法（如外观、报警呈现、趋势图、系统失效通告和报警等）。
- 描述要进行的硬件诊断检查、系统故障管理以及诊断的验证方法（如主处理器失效/切换、I/O 失效/切换、PV 坏值报警、命令不一致报警、系统失电恢复、电池或电源失效、冗余通信路径等）。包括通过模拟错误确认故障管理（例如，断开供电电缆、通信电缆，关闭模块、拆下模块、输入超设定范围数值，或者错误的输入值等）。
- 评估应用程序整体架构、可理解性、注释以及文档的方法。
- 签到记录。
- 每日考勤记录。

- 角色和职责。

J.3.8 FAT 设备验收

FAT 顺利完成之后，设备可以交付装运。应由用户 FAT 小组负责人和制造商代表双方签署正式的验收文件。验收文件应说明问题清单的开口项目后期如何处理，以及何时何地最终关闭，例如，在装运前、在现场等。用户应有权返回工厂，对双方同意在工厂解决的任何项目进行复查。方便起见，用户可选择放弃该权利，对这些项目留待 SAT 时处理。

应对 FAT 过程出现的多次重复性失效进行调查，如有必要，可能需要重新安排 FAT。多次失效很可能是由于制造商未进行充分的质保检查，或者未进行足够时间的老化处理所致。在评估制造商的质量时，应考虑 FAT 的整体质量和测试结果。

J.3.9 FAT 完工文档

FAT 完工文档应包括 FAT 测试计划、已签字的测试报告、测试依据的系统图纸以及最终签署的验收文件。FAT 期间进行的任何专门测试，也应参照计划进行的测试那样，留存测试记录。应提供给制造商一套交工文档副本，原件由用户保存，以便后续查阅和存档。应对FAT 时所做的任何设计变更进行安全影响审查，并对发现的安全问题及时解决。

J.4 现场验收测试(SAT)

SAT 的目的是在过程控制和安全系统用于操作装置之前，确认其完全可操作，符合其功能规格书要求。SAT 通常包括一系列不同形式的测试，范围涉及验证所有控制设备已经达到订单所规定的良好操作状态，一直到确认控制系统在装置开车期间功能正常。

在成功完成 FAT 之后，SAT 的意图之一是提供资料证据，证明已交付至最终用户现场的设备或系统没有因运输或安装造成任何损害。SAT 同时也将检查验证所供货的设备，已经按照原始订单全部交付。

一般来说，新控制系统可能涉及很多制造商的不同技术。如何成功地将不同的设备整合成一个系统，并使其作为一个整体进行操作是面临的挑战。通常每个系统都有各自的 FAT，后续在集成场地和用户现场进行集成测试。很多系统的整体集成和系统层面功能(比如，控制系统和现场其他设备的相互通信、网络功能、网络安全、联合调试等)，只有在系统安装并全部集成之后才能进行测试。有些项目也会将这样的整体测试安排在集成场地进行，但更常见的是在用户现场完成，它们也是现场整体验收或调试测试的一部分。Farquharson 和 Wiesehan (2011)讨论了一个工厂集成验收测试(IFAT)的例子。该例子将主控制系统的一部分代表性部件在工厂场地集成，并将制造商、现场人员和中立的第三方联合在一起，在一个单独的场地对控制系统的网络和安防应用环境进行确认和测试。

SAT 一般包括系统功能的检查、试运和确认。这些 SAT 活动可作为内部培训的机会。

检查阶段验证所有设备的安装、内部连接均正确无误，能够完成预期功能。检查必须严格，确保装置的安全开车和操作。该阶段通常在安装后和调试阶段末期进行。调试阶段的某些测试可视为 SAT 活动的一部分(比如，供电系统测试、接地测试、现场仪表校验等)。检查阶段通常包括功能测试，比如回路测试、系统层面测试、系统集成测试、确认测试以及承包商/用户的交接活动。

确认活动表明已安装设备满足设计规格书的要求，并且系统能够按照设计要求操作。确认通常由操作、维护以及技术代表见证和认可，根据需要还可能邀请独立的第三方参加。有时也确认系统已具备试车和开车条件。检查阶段还包括对系统装运前问题清单遗留开口项目的测试(按照双方 FAT 时达成的一致意见)。检查阶段一般主要由承包商、维护方、工程方参与，有时还包括运营方。

试运行活动一般是将非危险物料引入装置(例如，装置引入水或氮气，进一步确认开车前过程控制和安全系统操作正常)。有时称为水联运(water batching)。试运行阶段需要操作部门的大力支持，也需要维护和工程部门的配合。

SAT 一般是承包商按回路向现场操作和维护部门交接所有权。所有权交接代表着从建造施工阶段转移到最终用户的装置运行阶段，也意味着用户的生产管理规程开始启用，尤其重要的是 MOC。随着 SAT 的进行，为开车前的安全审查(PSSR)提供证据。PSSR 是评估已安装系统是否有效地完成了确认活动，装置开车准备是否就绪。

J.4.1 角色和职责

一般来说，职责取决于 SAT 面对的过程应用、系统规模和复杂性。SAT 计划应定义每一名组员的角色和职责。SAT 计划应详细说明如下活动的责任者：

- 执行实际的测试；
- 见证测试；
- 记录测试；
- 纠正发现的任何缺陷；
- 验收完成的测试。

SAT 的参与者应涵盖工程、操作部门、仪表和电气维护、施工单位人员。有时，还应包括制造商和系统集成商。

SAT 测试负责人和组成成员应从项目团队中选择。参与人员的数量取决于被测试系统所涉及的技术、规模和复杂性。一般要将 HMI 操作人员考虑在内。操作人员的参与值得推荐，因为他们有具体应用的实际操作经验，并有助于现场人员更快地接受新系统。

J.4.2 制定计划

SAT 小组负责人应制定测试计划、测试步骤和规程。在 SAT 启动之前，SAT 负责人应将 SAT 测试计划提供给 SAT 小组。如果希望某些修改调整，应该大家讨论同意，形成共识。SAT 计划也适用于用户、系统集成商和制造商。测试计划应包含：

- 目的和范围；
- 地点和日期；
- 测试清单；
- 测试任务及其负责人；
- 每天活动进度计划；
- 测试规程的描述；
- SAT 人员配备，注明全程参加还是基于特定需要参加；

- 系统功能要求；
- 验证符合 SRS 的详细检查和测试；
- 系统和用户文档清单；
- 测试设备、模拟仪器和仪表清单；
- SAT 期间需要遵循的详细测试规程；
- 功能要求及通过/未通过标准；
- SAT 问题清单模板；
- 被测试硬件和软件最新修订版的规格书；
- 被测试设备最终详细配置规格书；
- 测试期间需注意的人员安全问题；
- SAT 文档要求；
- 应用程序要求规格书；
- 评估变更带来的安全影响，并确保开工前得以解决的管理流程。

常见的做法是围绕每个回路关联的仪表设备组织 SAT，以"每个回路对应一个文件夹"的形式建立文件归档系统，定义好颜色编码规则，在测试表格中用不同的颜色标示出测试状态。被测试系统的其他部分可以被划分到不同的文件夹内。

J.4.3 文档

SAT 通常需要以下文档：

- 安全要求规格书；
- 应用程序要求规格书；
- 系统架构图纸；
- 通信接口；
- 网络部件；
- 系统 I/O 清单；
- 过程控制描述；
- 控制逻辑规格表；
- 组态工作表；
- 逻辑流程图；
- 仪表规格表；
- P&IDs 与流程图；
- 流程图画面设计图纸；
- 程序清单(文档)；
- 系统自动生成的打印文档；
- 系统排布图；
- 端子接线清单；
- 制造商手册；
- 制造商图纸；
- 问题清单模板；

- 检查规程；
- 试运行规程(例如，水联运)；
- 开车规程。

SAT 不仅检查系统的功能和性能，还应检查文档是否准确、清晰以及全面、完整。在 SAT 结束时，所有文件应准确说明最终的系统状态。在 SAT 过程中，应将任何未决问题置于 SAT 问题清单内，并在工程设计图纸上用红线标注。在 SAT 完成之前，所有的问题清单项目必须予以解决，所有的红线图纸必须完成更新。SAT 文档为今后的故障处理、维护、性能测试提供基准。

J.4.4 测试设备

SAT 测试计划应列出现场缺乏的必要测试设备或工具。所有测试设备都应精准(在 1 年校验有效期以内)，适用于 SAT 用途，并处于良好的工作状态。典型测试设备清单的示例见表 J.1。

J.4.5 详细测试规程

详细的测试规程应确保系统的所有方面都按照系统文件进行检查。它至少应包含以下内容：

- 清晰描述使用适当测试设备对系统内不同类型 I/O 进行典型的回路测试。应以量程的 0%、25%、50%、75%和 100%对模拟量输入信号进行仿真测试。应对输出信号的 0%、50%和 100%三个值进行检查。应按照变送器制造商的说明书验证超量程特性和报警。应包括阀门行程时间测定，同时关注变送器的实际操作状态。
- 描述系统各类软件程序测试的典型方法(例如，控制、报警、联锁、SIS、特殊计算块、顺序控制程序、数据采集等)。应用程序应依据相关规格书确认，比如过程控制规格书或 SCAI 安全要求规格书。
- 说明应对用户流程图画面进行哪些检查。这可能包括画面布局、层次结构、操作导航、颜色规定、文本、触摸区、分页功能、点显示和寻址，以及特定系统的独有特性。这些可能已经在 FAT 期间完成了，因此可以不再重复或者只进行有限的检查。这些检查同时也可用作操作和维护人员的培训机会。
- 提供确保点组态恰当的测试方法。检查项目应至少包括量程范围、信号处理、报警设置、人工操作的约束或限制，以及点的类型。如果已经在 FAT 期间完成了，在此可以省略或者只进行有限检查。这项验证活动也可以在调试阶段进行。
- 提供检查通信接口和外围设备的方法，比如历史记录、打印机、事件顺序记录、通信模块以及远程 I/O 通信。
- 检查系统所有其他方面的方法(如外观检查、报警呈现、趋势图、系统失效通告和报警等)。
- 描述要进行的硬件诊断检查、系统故障管理以及诊断的验证方法(如主处理器失效/切换、I/O 失效/切换、PV 坏值报警、命令不一致报警、系统失电恢复、电池或电源失效、冗余通信路径等)。包括通过模拟错误审查故障管理(例如，断开供电电缆、通信电缆、关闭模块、拆下模块、输入超量程设定范围数值，或者错误的输入值等)。如果已经在 FAT 期间完成了，在此可以省略或者只进行有限检查。
- 说明如何评估应用程序整体架构、易读性和注释，这会影响用户后续维护和安全修改程序的能力。如果已经在 FAT 期间完成了，可将这项检查省略。

- 说明如何评估系统的安防性能(例如，防止未授权访问和更改的措施)。这可能已经在 FAT 阶段完成了。
- 说明如何评估应用程序与内嵌软件的兼容性。如果已经在 FAT 期间完成了，在此可以省略或进行有限检查。
- 说明如何评估系统响应时间。
- 说明试运行(例如，水联运)后对设备进行净化/处理的方法。
- 验证现场仪表诊断和故障安全特性组态。
- 完成 SIS 设备制造商安全手册规定的任何测试要求。
- 检查位号和各类标识是否齐全。
- 测试完成后消除所有人工强制或模拟数值。

J.4.6　竣工文档

SAT 竣工文档应包括 SAT 测试规程、完成并有执行人员签字的测试记录、测试期间依据的系统图纸、SAT 期间完成的问题清单、签署的验收文件以及最终的问题清单。所有随机测试也应参照计划测试留存测试记录。SAT 结束是一个关键的项目里程碑。应将 SRS 和应用程序要求规格书更新为竣工文件。测试结果和 HMI 画面截屏、过程控制和 SCAI 应用程序都应存档。SAT 期间的所有红线文件都要及时更新。

参 考 文 献

ANSI/ISA. 2011a. *Automation Systems in the Process Industry - Factory Acceptance Test (FAT), Site Acceptance Test (SAT), and Site Integration Test (SIT)*, 62381 - 2011 (IEC 62381 Modified). Research Triangle Park: ISA.

ANSI/ISA. 2012a. *Automation Systems in the Process Industry- Electrical and Instrumentation Loop Check*, ANSI/ISA-62382-2012 (IEC 62382 Modified). Research Triangle Park: ISA.

BS. 2012. *Automation systems in the process industry. Factory acceptance test (FAT), site acceptance test (SAT), and site integration test (SIT)*, British-Adopted European Standard EN 62381. London: DSI.

CCPS. 2007b. *Guidelines for Safe and Reliable Instrumented Protective Systems*. New York: AIChE.

Farquharson, Jerome and Alexandra Wiesehan. 2011. "The Advantages of an Integrated Factory Acceptance Test in an ICS Environment," White Paper. St. Louis: Burns & McDonnell.

IEC. 2015. *Functional safety: Safety instrumented systems for the process industry sector - Part 1-3,* IEC 61511. Geneva: IEC.

IEC. 2007. *Programmable controllers - Part 2: Equipment requirements and tests*, IEC 61131-2. Geneva: IEC.

IEC. 2012a. *Automation systems in the process industry - Factory acceptance test (FAT), site acceptance test (SAT), and site integration test (SIT)*, IEC 62381. Geneva: IEC.

Jacob, Greg. 2013. " Factory Acceptance Tests - A Winning Combination for the Buyer and Seller," White paper. Covington: Allpax Products, Inc.

索　引